清华
开发者书库

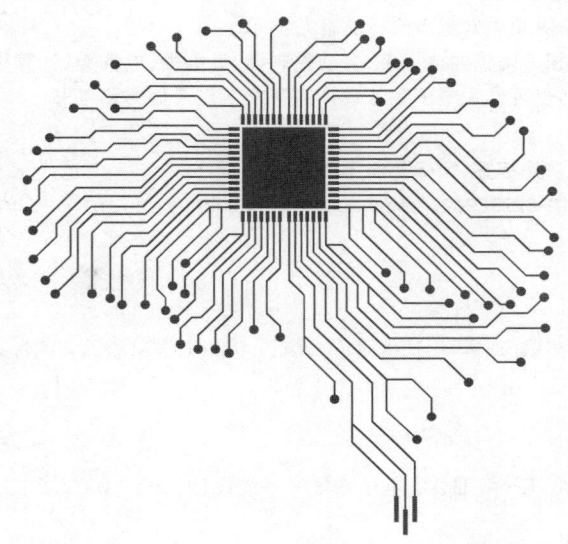

现代电子系统
综合设计与实践

刘 辉 王 征◎编著

清华大学出版社
北京

内 容 简 介

全书共分为模拟电子、数字电子以及现代电子技术三大部分。模拟电子部分主要介绍了使用基础元器件实现各种电子电路,包括放大电路、信号发生与转换电路、电源电路等,为电子系统的设计打下坚实的硬件基础。数字电子部分重点介绍了单片机与嵌入式系统的设计与应用。借助 Arduino 入门单片机、通过 STM32 进行提高、经由树莓派领略高级程序设计思想,逐步提高软件设计能力。现代电子技术部分着重介绍如何结合互联网、物联网、人工智能等相关现代技术,构建更为复杂的电子系统。全书涉及知识面广,但并不是简单地罗列,而更看重设计的思想与方法。另外,本书十分注重知识的实用性,强调理论与实际相结合,并配有丰富的实例来对相关知识点进行验证与演示。

本书既可作为工科院校及相关院校的电子类、自动控制类、机电类、电气类、计算机类等相关专业开展电子制作和科技创新的参考书,也可作为电子系统设计与开发工作人员的参考书。

图书在版编目(CIP)数据

现代电子系统综合设计与实践/刘辉,王征编著.—北京:清华大学出版社,2021.10(2023.11重印)
(清华开发者书库)
ISBN 978-7-302-59067-5

Ⅰ.①现… Ⅱ.①刘… ②王… Ⅲ.①电子系统—系统设计 Ⅳ.①TN02

中国版本图书馆 CIP 数据核字(2021)第 176213 号

责任编辑:赵 凯 李 晔
封面设计:李召霞
责任校对:李建庄
责任印制:沈 露

出版发行:清华大学出版社
  网 址:http://www.tup.com.cn,http://www.wqbook.com
  地 址:北京清华大学学研大厦 A 座 邮 编:100084
  社 总 机:010-83470000 邮 购:010-62786544
  投稿与读者服务:010-62776969,c-service@tup.tsinghua.edu.cn
  质量反馈:010-62772015,zhiliang@tup.tsinghua.edu.cn
  课件下载:http://www.tup.com.cn,010-83470236
印 装 者:三河市铭诚印务有限公司
经 销:全国新华书店
开 本:185mm×260mm 印 张:27.75 字 数:675 千字
版 次:2021 年 12 月第 1 版 印 次:2023 年 11 月第 3 次印刷
印 数:2501~3000
定 价:89.00 元

产品编号:087760-01

前言
PREFACE

随着科技的发展与完善,电子产品与我们的生活越来越息息相关,人们的衣、食、住、行等各个方面都越来越离不开电子产品。电子产品涉及的范围很广,电子类的设计者所需要掌握的知识也越来越广,单一技术已不能满足实际需求。

尤其是近年来互联网、物联网、人工智能等相关技术的快速发展,使人们的生活发生了翻天覆地的变化,智能穿戴等智能硬件层出不穷。因此本书顺应时代发展潮流,将电子设计与互联网、物联网、人工智能等相关技术相结合,让学习者对电子设计相关知识有一个全面的认知。

本书共分为三大部分,分别为模拟部分、数字部分与现代电子技术部分,共 12 章,覆盖知识面广。但限于篇幅,本书只对相关内容的关键问题进行详细介绍,例如,开关电源中电感的选择、循迹小车中 PID 算法的控制思想、机器学习的回归与分类问题等。本书强调知识的实用性,在书中介绍的每个知识点都会结合实例来进行验证,并且书中还包含多个综合性实验,例如,循迹小车、数字电源、远程监控系统、无人驾驶小车等实验。

本书第 1~4 章对模拟电子部分进行了详细的介绍。第 1 章对电子设计中常用的元器件、设计与实物制作等方法进行了介绍,让读者对电子设计有初步的了解。第 2 章详细介绍了如何使用三极管和运算放大器构成小信号与功率放大电路,并对运算放大器的分类与选择进行详细的探讨。第 3 章介绍了使用模拟电路生成常用波形,并完成彼此之间的信号转换。第 4 章介绍了常用的电源变换电路,包括整流电路、恒压源电路、恒流源电路等。

本书第 5~8 章对数字电路、典型的单片机与嵌入式系统进行了详细介绍。在第 5 章中使用 Arduino 让读者入门单片机系统,引导读者通过 Arduino 快速搭建单片机系统。第 6 章以 STM32 开发为例,让读者对单片机的寄存器等底层工作原理有更进一步的了解。第 7 章介绍了 CMSIS-RTOS 实时操作系统相关知识,让读者了解操作系统中线程、信号量、锁等相关知识,带领读者写出更加稳健的应用程序。在第 8 章以树莓派为平台介绍 Linux 操作系统相关知识,让读者对嵌入式 Linux 系统有初步的了解,同时介绍使用 Python 高级语言对树莓派外设进行驱动开发。

本书第 9~12 章着重介绍了电子系统如何与互联网、物联网、人工智能等相关技术相结合。第 9 章介绍了 STM32 与树莓派两种方式实现互联网中相关协议,包括 TCP、UDP、HTTP 等。其中 STM32 为低成本、低性能的单片机系统的典型代表;树莓派为高成本、高性能的嵌入式系统的典型代表。第 10 章介绍了通过云服务构建物联网系统,在云端实现物联网系统中数据的转发,实现真正的万物互联。第 11 章对机器学习思想与实现过程进行了详细的介绍,并在树莓派中实现相关机器学习算法。第 12 章介绍了深度学习算法的搭建与实现,特别针对深度学习模型训练的加速优化进行了详细介绍。

　　本书既可作为工科院校及相关院校的电子类、自动控制类、机电类、电气类、计算机类等相关专业开展电子制作和科技创新的参考书,也可作为电子系统设计与开发工作人员的参考书。

　　本书第1～4章由王征撰写,第5～12章由刘辉撰写,全书的统稿与整理由刘辉完成。蔡长青、周文良、王源、欧阳南、闫占辉、贾振国、吕超对本书提出了很多宝贵意见与建议,在此表示衷心感谢! 由于编者水平有限,书中难免有疏漏、欠妥和错误之处,恳请各界读者多加指正,以便今后不断改进。

编　者

2021 年 10 月于长春

主要符号表

R	电阻
C	电容
L	电感
D	二极管
Q	场效应管
T	三极管
Ψ	磁通链
ϕ	磁通
I、i	电流的通用符号
U、u	电压的通用符号
V_{CC}	集电极回路电源电压
V_{BB}	基极回路电源电压
V_{EE}	发射极回路电源电压
V_{REF}	参考电压
f	频率通用符号
ω	角频率通用符号
Q	电荷
A	放大倍数
P、p	功率的通用符号
W	电能
t	时间
T	周期
Δ	变化量
X	向量、矩阵
D	占空比
θ	参数向量

目 录
CONTENTS

源代码

第 1 章

初识电子设计

电子产品在日常生活中几乎无处不在,从复杂的手机到简单的时钟等均是由电子设计者创造与制作的。其中,电子元器件是电子设计中最基本的组成单元。在电子设计阶段,需要通过一种或多种电子元器件的组合实现整个电子设计的功能。由于工艺的差异与限制,同一种电子元器件的参数与特性会不一致,因此在实物制作阶段,还需要根据电子元器件的特性与参数进行选型。可以说电子产品从设计到制作的整个过程中都涉及电子元器件,可以认为它是电子设计的基础。

虽然在很多书中均对电阻、电容、电感等元器件进行了介绍,但普遍不够深入,且与实际联系不够紧密。因此在本章中会深入、系统地对常用的电子元件进行介绍,并从实际出发指出对应元件在实际应用中应注意的地方。

1.1 电阻

1.1.1 电阻的基本特性

电阻元件,简称电阻,其图形符号可以表示为图 1-1(a)所示。电阻在电子设计中最为常见,几乎所有的电子产品中都会使用此元件。在理想情况下,一般认为电阻具有以下特性:在任何时刻其两端的电压和电流都服从欧姆定律,即

$$U = R \times I \tag{1-1}$$

式中,R 为电阻最重要的参数,称为元件的电阻值,单位为 Ω(欧姆,简称欧);U 为电阻两端电压,单位为 V(伏特,简称伏);I 为流过电阻两端电流,单位为 A(安培,简称安)。

如果绘制一条曲线,将电压作为横坐标,电流作为纵坐标,则根据电阻的伏安特性可以得到一条经过原点的曲线,由于电压与电流单位分别伏特与安培,因此可以称此曲线为电阻的**伏安特性曲线**,如图 1-1(b)所示,可以看出理想电阻属于线性元件。在理想状态下,电阻的电阻值是固定不变的。但在实际中,电阻值通常会随着温度的变化而变化,因此,严格地说电阻是带有非线性因素的。而且由于工艺的限制,电阻也是会存在误差的,普通电阻精度通常分为 $\pm 1\%$、$\pm 5\%$、$\pm 10\%$ 3 种。

正常情况下,当电压加载在电阻两端时,就会有电流经过电阻,电阻则会消耗电能,其消耗的功率为

$$P = U \times I = I^2 \times R = \frac{U^2}{R} \tag{1-2}$$

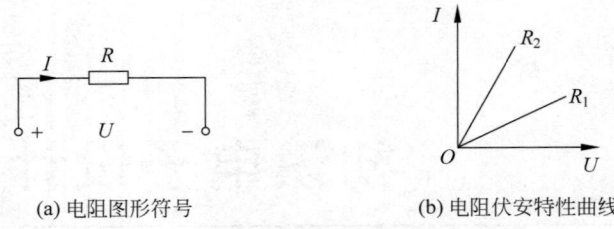

(a) 电阻图形符号   (b) 电阻伏安特性曲线

图 1-1   电阻的图形符号及其伏安特性曲线

在电阻上消耗的电能为

$$W = P \times \Delta t \tag{1-3}$$

电阻一般会将消耗的电能转换成热能,如果消耗电能较大,电阻会发出较大热量,从而改变电阻自身与环境的温度。由于材料的限制,电子元件只能在一定范围的温度下正常工作,否则会烧坏元件。因此在实际的设计工作中,需要从功率的角度合理选择电阻。

在实际的生产过程中,厂家通常只会生产固定阻值的电阻,因此对于非标准值的电阻则可以通过电阻的串、并联电路来得到。

如图 1-2(a)为 n 个电阻 $R_1, R_2, \cdots, R_n$ 的串联,串联电路等效电阻 R' 的计算公式为

$$R' = R_1 + R_2 + \cdots + R_n \tag{1-4}$$

在串联电路中流过所有电阻的电流均相等,当 $R_1 = R_2 = \cdots = R_n = R$ 时,每个电阻两端的电压 $U_n = U/n$,且等效电阻 $R' = nR$,可求得每个电阻消耗的功率 $P = U_n^2/R$,并且每个电阻消耗的功率为等效电阻 R' 的 $1/n$。

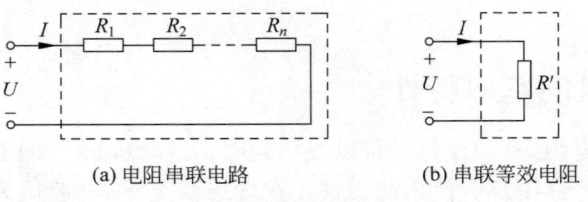

(a) 电阻串联电路   (b) 串联等效电阻

图 1-2   多电阻串联

如图 1-3(a)为 n 个电阻 $R_1, R_2, \cdots, R_2$ 的并联组合,并联电路等效电阻 R 的计算公式为

$$R' = 1/R_1 + 1/R_2 + \cdots + 1/R_n \tag{1-5}$$

在并联电阻中所有电阻两端电压相等,当 $R_1 = R_2 = \cdots = R_n$ 时,等效电阻 $R = R_1/n$。类似地,也可求得每个电阻消耗的功率为等效电阻 R 的 $1/n$。

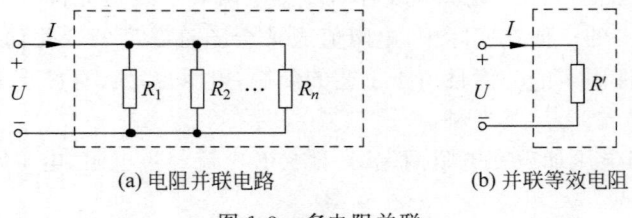

(a) 电阻并联电路   (b) 并联等效电阻

图 1-3   多电阻并联

因此,通过串并联组合电路不仅能够得到任意电阻值,而且可以提高等效电阻的实际功率。假设某一电阻值为 R 的电阻最大只能承受 1/4W 的功率,那么可以通过 4 个电阻值为 $4R$ 的电阻并联或者 4 个电阻值为 $R/4$ 的电阻串联得到等效电阻 R,那么此等效电阻最大可承受 1W 的功率。

1.1.2 实际电阻

在实际应用中,不仅电阻值存在不同,电阻的封装形式、阻值特性、制造材料也存在差异。

可以按照伏安特性曲线的线性与非线性,将电阻划分为**线性电阻**与**非线性电阻**。线性电阻表现形式为伏安特性曲线斜率固定,虽然可能因为温度因素造成电阻值存在误差,但可以认为其电阻值固定不变。非线性电阻表现形式为其伏安特性曲线斜率不固定,例如半导体,此类电阻值会跟随电压变化而变化。甚至出现斜率为负数的情况,此时电阻呈现负电阻特性,即在电阻两端增加加电压,但流过电阻的电流反而减少。

可以从封装形式上将电阻分为**接线柱式**、**直插式**和**贴片式** 3 种,接线柱式电阻实物如图 1-4(a)所示,通常用于大功率电阻中。直插式与贴片式电阻通常用于小功率电阻中,直插式电阻实物如图 1-4(b)所示,贴片式电阻实物如图 1-4(c)所示。

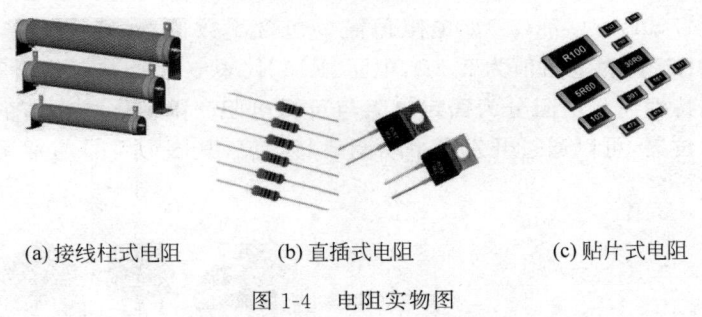

(a) 接线柱式电阻　　　　(b) 直插式电阻　　　　(c) 贴片式电阻

图 1-4　电阻实物图

对于小功率直插电阻可以根据表面色环来获取电阻值。不同颜色代表不同的数字含义,通过色环的组合表达电阻阻值和精度的信息。最为常见的是五环电阻,其中,第 1~3 环代表阻值的 3 位有效数;第 4 环代表阻值有效数应乘的倍数;第 5 环代表电阻的误差精度范围。具体对应颜色代表含义如表 1-1 所示。

表 1-1　电阻色环含义对照表

色环	第 1 环	第 2 环	第 3 环	第 4 环	第 5 环
	第 1 位数	第 2 位数	第 3 位数	应乘倍数	精度
棕	1	1	1	10^1	±1%
红	2	2	2	10^2	±2%
橙	3	3	3	10^3	
黄	4	4	4	10^4	
绿	5	5	5	10^5	±0.5%
蓝	6	6	6	10^6	±0.2%
紫	7	7	7	10^7	±0.1%

续表

色环	第 1 环	第 2 环	第 3 环	第 4 环	第 5 环
	第 1 位数	第 2 位数	第 3 位数	应乘倍数	精度
灰	8	8	8	10^8	
白	9	9	9	10^9	
黑	0	0	0	10^0	$\pm 10\%$
金				10^{-1}	$\pm 5\%$
银				10^{-2}	$\pm 10\%$

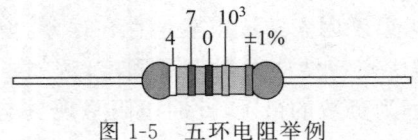

图 1-5　五环电阻举例

例如图 1-5 所示五环电阻,第 1 环为黄色代表 4,第 2 环为紫色为 7,第 3 环为黑色代表 0,第 4 环为黄色代表 3,也就是需要乘以 10^3,第 5 环为棕色代表误差为 $\pm 1\%$。根据这些色环信息可以计算出电阻值 $R = 470 \times 1000\Omega = 470\mathrm{k}\Omega$,因此这个电阻阻值范围是 $465.3 \sim 474.7\mathrm{k}\Omega$。

对于贴片式电阻可以根据电阻表面数字直接判断。通常用 3 位数字来标明其阻值:第 1 位和第 2 位为有效数字,第 3 位表示需要乘以的倍数信息。例如电阻"472"表明电阻值 $R = 47 \times 10^2\Omega = 4700\Omega = 4.7\mathrm{k}\Omega$。如电阻值需要包含小数信息,则通过字母"R"代表小数点,例如,电阻"2R2"代表电阻值为 2.2Ω,电阻"R15"代表电阻值为 0.15Ω 等。

按照按阻值特性可将电阻分为**固定电阻**与**可调电阻**。阻值不可调节的称为固定电阻。可调电阻也称**电位器**,可以通过开发者手动调节其阻值,其图形符号与常用实物图如图 1-6 所示。

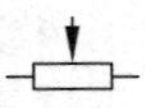

(a) 滑动变阻器图形符号

(b) 滑动变阻器实物

图 1-6　电位器图形符号与实物图

按照制造材料可将电阻分为金属膜电阻、金属氧化膜电阻、碳膜电阻、无感电阻、特种电阻等,具体特性如表 1-2 所示。

表 1-2　不同材料电阻特性表

类　　型	主要特性与用途	实　物　图
金属膜电阻	工作环境温度大($-55 \sim +125$℃)、温度系数小、噪声低、体积小。因此广泛用于稳定性要求高的场合	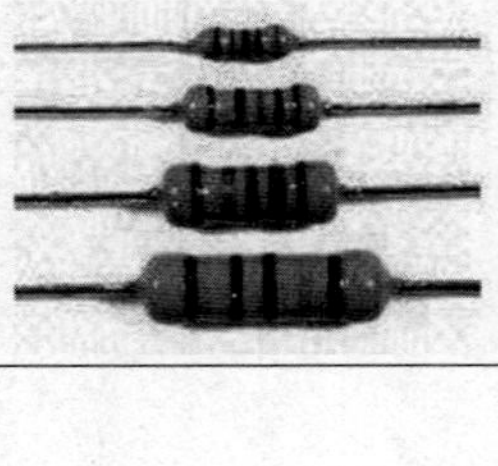

续表

类　型	主要特性与用途	实　物　图
金属氧化膜电阻	利用高温燃烧技术于高热传导的瓷棒上面烧附一层金属氧化薄膜。它在高温下仍可保持其稳定性,具有耐酸碱能力强、抗盐雾等特点,因而适用于在恶劣的环境下工作	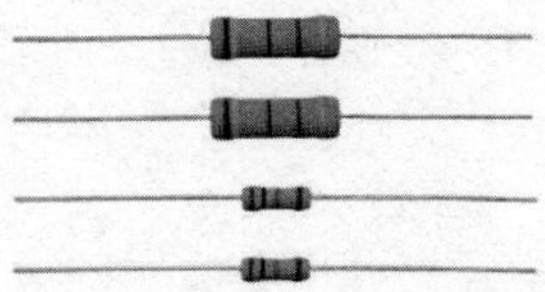
碳膜电阻	为最早期也是最普遍使用的电阻器,利用真空喷涂技术在瓷棒上面喷涂一层碳膜,再将碳膜外层加工切割成螺旋纹状,最后在外层涂上环氧树脂密封保护而成。其阻值误差虽然较金属膜电阻高,但其价格低	
无感电阻	一般无感电阻常用于作为负载,用于吸收产品使用过程中产生的不需要的电量,或起到缓冲、制动的作用	
特种电阻	也称为敏感电阻,使用比较广泛的有热敏电阻、压敏电阻、光敏电阻等,通常用于检测环境中的某些参数,例如,热敏电阻对温度敏感,可用于检测温度;压敏电阻对压力敏感,可用于检测压力等	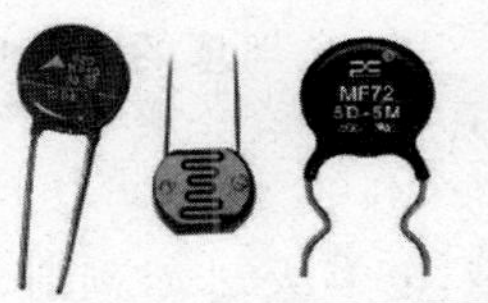

1.2　电容

1.2.1　电容的基本特性

电容元件简称电容,其图形符号可以表示为图 1-7(a)所示。电容是由间隔以绝缘介质的两块金属组成。当电容的两个极板之间加上电源时,电容就会储存电荷,当移除电源后,电容可以保持电荷的存在,因此可以认为电容是一种储能元件。

在理想情况下认为电容具有以下特性:电容两端的电荷 Q 与电压 U 为代数关系。线性电容的元件特性为

$$Q = C \times U \tag{1-6}$$

式中,C 为电容元件的参数,称为电容元件的电容值,单位为 F(法拉,简称法),由于单位法拉太大,因此在实际应用中常用单位是 μF(微法)和 pF(皮法)。Q 为电容两端的电荷,单位为 C(库伦,简称库),以 Q 和 U 作为坐标轴可以画出电容的**库伏曲线**,如图 1-7(b)所示,线性电容的库伏曲线是过原点的直线。

但是在实际应用中,电荷是很难测得到的,因此需要确定电容两端电压与电流的关系。因为单位时间的电荷变化就是电流,即

$$I = \frac{dQ}{dt} = \frac{d(C \times U)}{dt} = C\frac{dU}{dt} \tag{1-7}$$

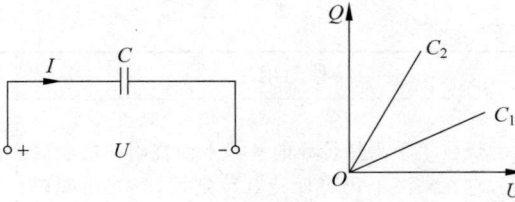

(a)电容图形符号　　　　(b)电容库伏曲线

图 1-7　电容元件图形符号与库伏曲线

上式表明流过电容的电流与电压的变化率成正比。当电容两端电压发生变化的频率越快，通过电容的电流就越大。当电容两端的电压为直流，那么通过电容两端的电流为零。即电容在电路中起到的作用是：通交流、隔直流。

相反地，也可以根据流过电容的电流求解电容两端的电压，即

$$U = \frac{1}{C}\int_{t_0}^{t_1} I\,\mathrm{d}t + u(t_0) \tag{1-8}$$

上式表明电容两端的电压不仅与电容从 t_0 到 t_1 时刻流过的电流有关，还与 t_0 时刻的电压 $u(t_0)$ 有关，因此电容元件是一种有"记忆"的元件。

一个理想的电容吸收的功率为：

$$P = U \times I = CU\frac{\mathrm{d}U}{\mathrm{d}t} \tag{1-9}$$

则，电容从 t_0 时刻到 t_1 时刻吸收的能量为

$$W_c = \int_{t_0}^{t_1} u(t)i(t)\,\mathrm{d}t = \int_{t_0}^{t_1} Cu(t)\frac{\mathrm{d}u(t)}{\mathrm{d}t}\,\mathrm{d}t = \int_{t_0}^{t_1} C\frac{\mathrm{d}u(t)}{\mathrm{d}t}\,\mathrm{d}u(t) = \frac{1}{2}Cu^2(t_1) - \frac{1}{2}Cu^2(t_0) \tag{1-10}$$

如初始时刻 t_0 电容的能量为 0，那么在 t 时刻电容吸收能量可以写为

$$W_c(t) = \frac{1}{2}Cu^2(t) \tag{1-11}$$

假如在电容两端通入正弦交流电压，即 $U = U_m\sin\omega t$，由式(1-7)得到在 t 时刻通过电容电流 I 为

$$I = C\frac{\mathrm{d}(U_m\sin\omega t)}{\mathrm{d}t} = \omega CU_m\cos\omega t = \omega CU_m\sin\left(\omega t + \frac{\pi}{2}\right) \tag{1-12}$$

其中，U_m 为正弦波形的幅值，当常数 $\omega = 1$、电容 $C = 1\mathrm{F}$ 且赋值 $U_m = 1\mathrm{V}$ 的条件下，可求得

$$U = \sin(t) \quad 且 \quad I = \sin(t + \pi/2) \tag{1-13}$$

此时电容两端电压与电流关于时间 t 的波形如图 1-8 所示。通常，将同一个周期内两个波形与横坐标的两个交点(正斜率过零点或负斜率过零点)之间的坐标差值看成两者的相位差，先到达零点的波形超前后到达者。可以看出，电容两端电压 U 前流过电容电流 I，相位相差 90°。图 1-8，虽然为 ω、U_m、C 取特定值时产生的波形，但由式(1-12)可得，这些参数只会影响波形幅值，并不会影响电容的电压与电流之间相位的关系。

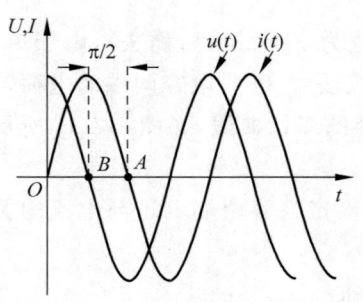

图 1-8　电容两端电压和流过电流的波形

1.2.2 实际电容

以上考虑的为理想电容元件,但在实际应用中,由于制造工艺的限制,电容中会存在内阻消耗自身能量,一般称为**漏电**。如果将电容作为储能元件使用或者用于低功耗的应用中,则应考虑其漏电大小。一个电容的漏电越小,可以认为其质量越好。测量电容漏电流大小的一般方法为:将可调直流稳压限流电源调节到电容额定工作电压,并联到电容两端,待电源输出电流恒定不变时,可认为这是的电流为该电容产生最大漏电电流的大小。

与电阻相同,市面上能买到的电容也只有几种固定电容值的电阻,也可以通过电容的串并联得到非标准的电容。但是与电阻不同的是,电容并联时等效电容值变大,电容串联时等效电容值减小。

电容串联时计算公式为

$$C = \frac{1}{C_1} + \frac{1}{C_2} + \cdots + \frac{1}{C_n} \tag{1-14}$$

电容并联时计算公式为

$$C = C_1 + C_2 + \cdots + C_n \tag{1-15}$$

因为电容是由间隔以绝缘介质的两块金属组成,不同绝缘介质与金属的组合形成了现实生活中多种多样的电容。

可以从封装形式上将电容分为**接线柱式**、**直插式**和**贴片式** 3 种,接线柱式电容实物如图 1-9(a)所示,此类电容通常可以承受非常高的电压或非常大的电流,因此其体积也非常大;直插式电容体积次之,实物如图 1-9(b)所示;贴片式电容体积最小,实物如图 1-9(c)所示。

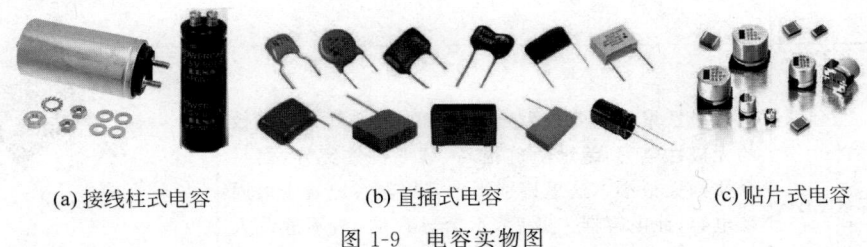

(a) 接线柱式电容　　　　(b) 直插式电容　　　　(c) 贴片式电容

图 1-9 电容实物图

对于体积较大的电容通常在表面对容量直接进行标注。对于小体积的电容则采用数字来标明容量。与电阻类似,采用 3 个数表示实际电容大小。但需要注意的是电容的单位,默认单位是皮法(pF)。例如,电容"473"表明电容值 $C = 47 \times 10^3 \, \text{pF} = 47000 \text{pF} = 0.047 \mu\text{F}$。

从制作工艺与材料上可以将电容分为瓷介电容、涤纶电容、云母电容、独石电容、铝电解电容、钽电解电容等,具体如表 1-3 所示。

表 1-3 不同材料电容结构与实物表

类 型	结构与用途	实 物 图
瓷介电容(CC)	用陶瓷材料作介质,在陶瓷表面涂敷一层金属薄膜,再经过高温烧结后作为电极而成。一般用于高频电路中	1042 500V

类 型	结构与用途	实 物 图
涤纶电容(CL)	有级性聚酯薄膜为介质制成的具有正温度系统的无极性电容,此电容温度升高时,电容量变大。一般用于中、低频电路中	
聚苯乙烯电容(CB)	用聚苯乙烯为介质制成的一种无极性电容,有箔式和金属化式两种类型。一般用于中、高频电路中	
独石电容(MLCC)	用钛酸钡为主要介质的陶瓷材料烧结成的多层叠片状超小型电容器。广泛用于谐振、旁路、耦合、滤波等	
云母电容(CY)	采用云母作为介质,在云母表面喷一层金属膜作为电极,按需要的容量叠片后经浸渍、压塑在胶木壳内构成。一般在高频电路中作信号耦合、旁路、调谐等作用	
聚丙烯电容(CBB)	用无级性聚丙烯薄膜为介质制成的一种负温度系数的无极性电容,绝缘阻抗很高,频率特性优异,而且介质损失很小。这里特别指出安规电容也属于聚丙烯电容,此电容器失效后,不会导致电击,不危及人身安全的安全电容器。安规电容通常只用于抗干扰电路中,起到滤波作用	
铝电解电容(CD)	将附有氧化膜的铝箔(正极)和浸有电解液的衬垫纸,与阴极(负极)箔叠片一起卷绕而成,在铝壳外有带颜色的塑料套	
钽电解电容(CA)	属于电解电容的一种,使用金属钽做介质,不像普通电解电容那样使用电解液,本身几乎没有电感,很适合在高温下工作	

按级性可将电容划分为**有极性**和**无极性电容**。有极性电容一般用于直流电源中,其图形符号可以表示为图 1-10(a)所示,在实际连接过程中需要注意其正反极。对于接线柱式电容,套管上有明确的正负极标识,正极用"+"、负极用"-"表示,如图 1-10(b)所示;对于直插式电容正极一般引脚长、负极引脚短,如图 1-10(c)所示;有的也会和接线柱式电容一样在套管上进行标记;对于贴片式铝电解电容在外观有半边黑色被涂黑标记对应引脚为负极,如图 1-9(d)所示;对于贴片钽电解电容会在表面有一横杠,代表正极,如图 1-10(e)所示。

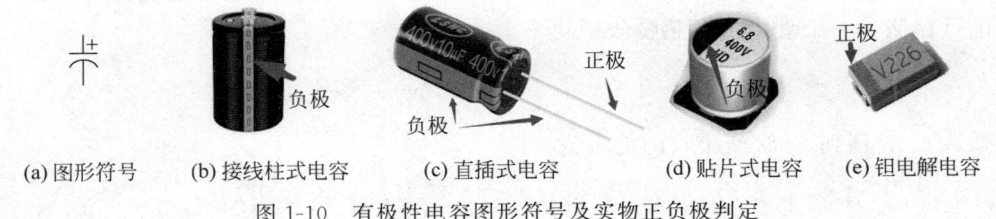

(a) 图形符号　　(b) 接线柱式电容　　(c) 直插式电容　　(d) 贴片式电容　　(e) 钽电解电容

图 1-10　有极性电容图形符号及实物正负极判定

1.3　电感

1.3.1　电感的基本特性

电感元件简称电感,其图形符号可以表示为图 1-11(a)所示。在理想情况下,一般认为电感具有以下特性:在没有非线性导磁物质存在的条件下,一个载流线圈的磁通链 Ψ(或磁通 ϕ)与线圈中的电流 I 成正比,即

$$\Psi = N \times \phi = L \times I \tag{1-16}$$

式中,N 为电感元件绕制的线圈匝数;L 为电感元件的参数,称为电感元件的电感值。由于单个线圈中磁通链是由线圈本身的电流产生的。因此电感值也称自感系数,单位为 H(亨利,简称亨)。在实际应用中常用单位是 mH(毫亨)、μH(微亨)和 nH(纳亨)。以 Ψ 和 I 作为坐标轴可以画出电感的**韦安曲线**,如图 1-11(b)所示,线性电感的韦安曲线是过原点的直线。

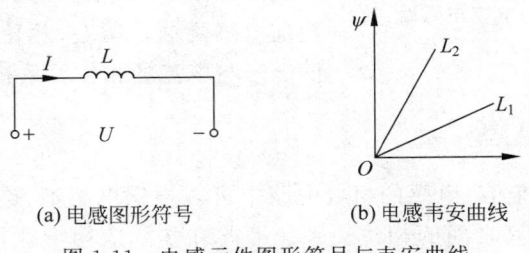

(a) 电感图形符号　　　(b) 电感韦安曲线

图 1-11　电感元件图形符号与韦安曲线

由于在实际应用中,磁通链是很难测量的,因此需要确定电感两端电压与电流的关系。由电磁感应定律可知,电与磁之间是可以相互转换的。当磁通链 Ψ 随时间变化时,在线圈的端子间会产生感应电压,其关系为

$$U = \frac{\mathrm{d}\Psi}{\mathrm{d}t} \tag{1-17}$$

结合式(1-16)与式(1-17)可得,线圈两端电压与流过电流之间的关系为

$$U = L \times \frac{\mathrm{d}I}{\mathrm{d}t} \qquad (1-18)$$

上式表明电感两端电压与流过的电流成正比。相反地,也可以根据电感两端的电压求解流过的电流:

$$I = \frac{1}{L} \int_{t_0}^{t_1} U \mathrm{d}t + i(t_0) \qquad (1-19)$$

因此,可以看出,电感与电容一样,也是一种有"记忆"的元件。电感能将能量以磁场的形式进行存储。一个理想的电感吸收的功率为:

$$P = U \times I = LI \frac{\mathrm{d}I}{\mathrm{d}t} \qquad (1-20)$$

则电感从 t_0 时刻到 t_1 时刻吸收的能量为

$$W_L = \int_{t_0}^{t_1} u(t)i(t)\mathrm{d}t = \int_{t_0}^{t_1} Li(t) \frac{\mathrm{d}i(t)}{\mathrm{d}t}\mathrm{d}t = \int_{t_0}^{t_1} L \frac{\mathrm{d}i(t)}{\mathrm{d}t}\mathrm{d}i(t) = \frac{1}{2}Li^2(t_1) - \frac{1}{2}Li^2(t_0)$$

$$(1-21)$$

如初始时刻 t_0 电感的能量为 0,那么在 t 时刻电感吸收能量可以写为

$$W_L(t) = \frac{1}{2}Li^2(t) \qquad (1-22)$$

假如在电感两端通入正弦交流电流,即 $I = I_m \sin\omega t$,根据式(1-18)的电感两端电压 U 为

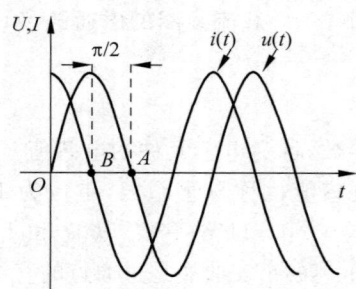

$$U = L \frac{\mathrm{d}(I_m \sin\omega t)}{\mathrm{d}t} = \omega L I_m \cos t = \omega L I_m \sin\left(\omega t + \frac{\pi}{2}\right)$$

$$(1-23)$$

其中,I_m 为正弦波形的幅值,当角频率 $\omega = 1$、电感 $L = 1\mathrm{H}$ 且赋值 $I_m = 1\mathrm{A}$ 的条件下,可求得

$$I = \sin(t) \quad \text{且} \quad U = \cos(t) \qquad (1-24)$$

图 1-12　流过电感的电流与两端电压的波形

则流过电感电流 I 与电感两端电压 U 关于时间 t 的波形如图 1-12 所示。可以看出,流过电感电流 I 超前电感两端电压 U,相位相差 $90°$。正好与电容的电压与电流的相位关系相反。

1.3.2　绕制电感

如前所述,在电阻、电容、电感的组合电路中可以根据电阻值、电容值、电感值的任意组合来改变输入电压与电流之间的相位关系。因此在实际应用中往往需要使用不同的电感值。与电阻、电容一样,通常实际生产的标准电感的电感值也是有限的,其实物图如图 1-13(a)所示,当然也可以电感通过串、并联的方式得到任意的等效电感值。两个互相没有影响的电感串、并联后的等效电感的计算公式与电阻类似。

但在实际应用中很少使用此方式得到非标的电感,而是在磁芯表面缠绕漆包线来得到电感,通过漆包线围绕磁芯匝数来改变其电感值,实物图如图 1-13(b)所示。

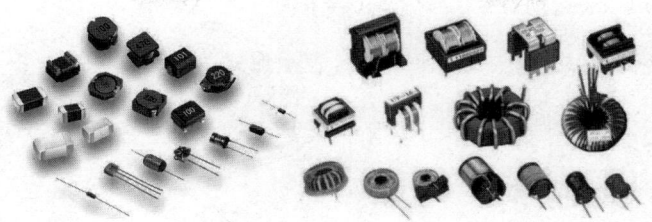

　　(a) 标准生产电感　　　　　(b) 漆包线绕制电感

图 1-13　电感实物

在实际绕制电感的过程中,有以下几点注意事项:

(1) 根据电流选择线径。一般选择铜芯的漆包线绕制线圈,铜线会随着绕线的匝数变多而变大,当通过线圈的电流很大时,容易发热甚至烧断。因此需要根据电流大小合理选择绕线的线径。

(2) 不同频率选取不同材质的磁芯。工作频率不同的线圈,具有不同的特点。低频用铁氧体作为磁芯材料。在音频段的电感线圈,通常采用硅钢片或者钼坡莫合金作为磁芯材料。在高频通常采用铁硅铝或铁氧体作为磁芯材料。在频率高于 100MHz 时一般不再采用铁硅铝或铁氧体,而是使用空心线圈;如果作为微调,可用铜芯。

(3) 根据功率选择磁芯尺寸。对于同种材料的磁芯来说,通常磁芯的尺寸与功率有关,功率越大,所需磁芯尺寸越大。

1.4　阻抗

1.4.1　定义

对于某一负载通入正弦交流电压,若流过负载电流滞后交流电压,则认为此负载为**容性负载**。若流过负载电流超前交流电压,则认为此负载为**感性负载**。若电流与电压刚好重合,则认为此负载为**纯阻性负载**。在式(1-1)表示的欧姆定律中,U、I、R 分别为实数域的值,虽然该式能很好地表示电压值、电流值与电阻值之间大小的关系,但是不能表征彼此之间的相位关系,因此这里引入阻抗的概念,阻抗通常表现为如下复数形式

$$Z = R + \mathrm{j}X \tag{1-25}$$

式中,Z 代表**阻抗**,因为以复数形式进行表示,所以也被称为复阻抗,单位也为欧姆(Ω)。R 代表阻抗中的等效电阻分量(实部),表征等效电阻对输入电源的影响。X 代表阻抗中的电抗分量(虚部),表征等效储能负载(电容或电感)对输入电源的影响。

当 $X > 0$ 时,Z 为感性阻抗(以下简称感抗),当 $X < 0$ 时,Z 为容性阻抗(以下简称容抗)。Z 也可以使用复平面的三角形进行表示,如图 1-14 所示,其中 $\angle\varphi_Z = \arctan\left(\dfrac{X}{R}\right)$,在电子电路中真实物理意义为电压超前电流的角度。

在纯感性负载(理想电感)中,$X = \omega L$,表示形式为

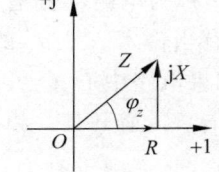

图 1-14　阻抗的复平面三角形表示

$$X = \mathrm{j}\omega L \tag{1-26}$$

在纯容性负载(理想电容)中,$X = -\dfrac{1}{\omega C}$,表示形式为

$$X = -\frac{\mathrm{j}}{\omega C} \tag{1-27}$$

使用阻抗表示的欧姆定律为

$$U = ZI = (R + \mathrm{j}X)I \tag{1-28}$$

式中,U 为负载两端的电压向量,I 为流过负载的电流向量。即,在电路中,电压与电流不仅有大小还有方向。此时输入给负载的电压或电流一般为交流正弦信号。例如,$i(t) = \sqrt{2}\,I_m\cos(\omega t + 60°)$ 的向量形式就是 $I = I_m\angle 60°$,这样可以简化电压与电流的表现形式。

1.4.2 串联电路阻抗分析

为了让读者熟悉使用阻抗相关定义与用途,本节以阻抗形式来分析电阻、电感、电容(RLC)串联电路的频率响应,具体电路如图 1-15 所示。

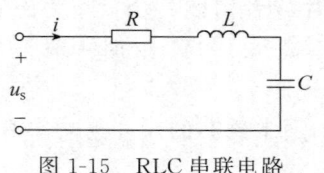

图 1-15 RLC 串联电路

图 1-15 的负载阻抗可以表示为

$$Z = R + \mathrm{j}\left(\omega L - \frac{1}{\omega C}\right) \tag{1-29}$$

则,在可变频的正弦电压源 u_s 的作用下,对应感抗、容抗随着频率的变化而变化,因此电路中电压、电流响应也随着频率变动,如图 1-16 为阻抗随着频率变化的频率响应曲线。

可以看出,当 $\omega < \omega_0$ 时负载为容性。当 $\omega > \omega_0$ 时负载为感性。当 $\omega = \omega_0$ 时,$X = 0$,负载为阻性,此时电路工作中将会出现一些重要的特征,表现为:

(1) 因为 $X = 0$,可得 $\angle\varphi_X = 0$,因此 U、I 同向,工程上将电路的这一特殊状态定义为谐振,因为此电路为 RLC 串联电路,又称**串联谐振**。由以上分析,得到谐振发生的条件为:

$$\omega_0 = \frac{1}{\sqrt{LC}},\quad 即\quad f_0 = \frac{1}{2\pi\sqrt{LC}} \tag{1-30}$$

可以看出,RLC 串联电路的谐振频率只有 1 个,而且,仅与电路中 L、C 有关,与电阻 R 无关。ω_0(或 f_0)称为电路的固有频率(或自由频率)。因

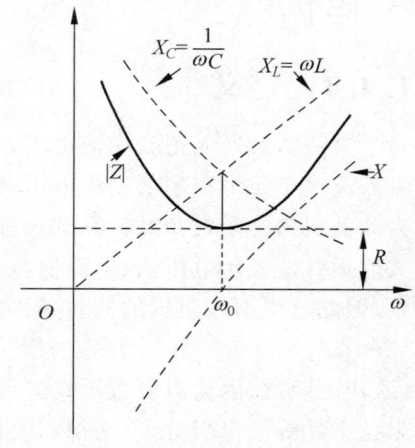

图 1-16 RLC 串联电路频率响应曲线

此,只有当输入信号 u_s 的频率与电路的固有频率 f_0 相同时(合拍),才能在电路中激起谐振。如果电路中 L、C 可调,改变电路的固有频率,则 RLC 串联电路就具有选择任一频率谐振(调谐),或避开某一频率谐振(失谐)的性能,也可以利用串联谐振现象,判别输入信号的频率。

（2）谐振时阻抗 $Z=R$ 为最小值，那么电路在谐振时的电流 I 最大，即

$$I_m=\frac{U_m}{R} \tag{1-31}$$

此最大值又称为谐振峰，这是 RLC 串联电路发生谐振时的突出标志。据此，可以判断电路是否发生了谐振。当 u_s 的幅值不变时，谐振峰值仅与电阻 R 有关，所以，电阻 R 是唯一能控制和调节谐振峰的电路元件，从而控制谐振时的电感和电容的电压及其储能状态。

（3）因为负载电抗 $X=0$，即有

$$I=\frac{U}{R} \tag{1-32}$$

可得，L、C 串联端口相当于短路。但 U_L 与 U_C 均不为零，两者相等且反相，相互完全抵消，即

$$U_L=j\frac{\omega_0 L}{R}u_s \quad 且 \quad U_C=-j\frac{1}{\omega_0 CR}u_s \tag{1-33}$$

根据这一特点，串联谐振又称为电压谐振。此外工程上将式中的比例 $\frac{\omega_0 L}{R}=\frac{1}{\omega_0 CR}$ 定义为谐振电路的**品质因数** Q（称为 Q 值），即

$$Q\stackrel{\text{def}}{=}\frac{\omega_0 L}{R}=\frac{1}{\omega_0 CR}=\frac{1}{R}\sqrt{\frac{L}{C}} \tag{1-34}$$

则式（1-33）可写成

$$U_L=jQu_s \quad 且 \quad U_C=-jQu_s \tag{1-35}$$

显然当 $Q>1$ 的时候，U_L 与 U_C 是大于输入电压 u_s 的。在高压系统中，如电力系统，这种过电压可能会非常高，因此可能会危及系统的安全，需要采取必要的防范措施。但在低压系统中，如无线电接收系统，则需要使用谐振出现过电压来获取较大的输入信息。

除了串联谐振，还有 RLC 的并联谐振，读者可自行求解谐振频率、Q 等相关电路特性。

1.5　变压器

1.5.1　变压器的基本特性

变压器属于一种感性元器件，单个电感由于自感作用会对电路产生影响，变压器则是由具有互感作用的两个或两个以上的线圈（电感）构成的。如图 1-17 所示为变压器的图形符号与结构示意图，由初级线圈（也被称为原边或变压器一次侧）、次级线圈（也被称为副边或变压器的二次侧）、磁芯组成，u_1 与 u_2 代表变压器输入与输出电压，n_1 与 n_2 分别代表初级线圈与次级线圈的匝数。

由于各个线圈存在互感作用，因此可以利用变压器这种元器件实现交流信号的耦合、阻抗变换和交流能量的隔离传递。

对于一个理想变压器来说，既不消耗能量，也不存储能量，从初级线圈进入理想变压器的功率全部传输到次级线圈的负载中。当变压器的原线圈接在交流电源上时，磁芯中便产生交变磁通，变压器是通过电流与磁之间转换来传递能量，整个磁芯构成了闭合的磁回路，因此初级线圈与次级线圈通过的磁通链相同，即有

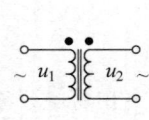
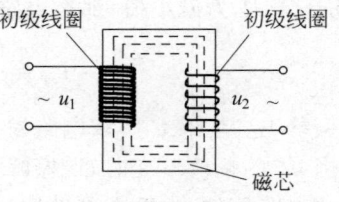

(a) 变压器图形符号　　　　(b) 变压器结构示意图

图 1-17　变压器图形符号与结构示意图

$$u_1 = n_1 \frac{\mathrm{d}\phi}{\mathrm{d}t}, \quad u_2 = n_2 \frac{\mathrm{d}\phi}{\mathrm{d}t} \tag{1-36}$$

因此有

$$\frac{u_1}{u_2} = \frac{n_1}{n_2} = k \tag{1-37}$$

式中 k 为初级、次级线圈匝数比,即可以通过 k 来改变输出电压。而在理想变压器中,输出与输入的功率是相等的,即有

$$u_1 \times i_1 = u_2 \times i_2 \tag{1-38}$$

结合式(1-36)与式(1-37)可求得

$$\frac{i_1}{i_2} = \frac{u_2}{u_1} = \frac{n_2}{n_1} \tag{1-39}$$

从上式可以看出,理想变压器初级、次级线圈电流与匝数成反比。在实际应用中,因为通过改变匝数比来将高电压降低到电子电路中可测的电压等级;又因为原边和副边的电压通过电磁传递能量,没有经过导线直接相连,因此起到了隔离保护的作用。

现假设在副边处加上电阻负载 R,如图 1-18 所示。

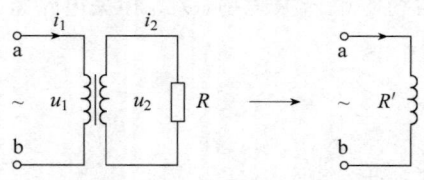

图 1-18　变压器等效电阻

由欧姆定律可得

$$R' = \frac{u_1}{i_1} = \left(\frac{n_1}{n_2}\right)^2 \times R \tag{1-40}$$

通过以上描述可知,可以利用变压器元器件实现交流信号的耦合、电压电流变换、阻抗变换和交流能量隔离传递的作用。

虽然以上内容介绍的是理想变压器,但是其特性对于实际变压器依然适用。只是在能量传递过程中有磁损、铜损等能量的损耗。有

$$P_2 = \eta P_1 \tag{1-41}$$

式中,η 为变压器的效率,在理想变压器中 $\eta = 100\%$。

1.5.2　实际变压器

针对输入变压器电压的频率不同,可以将变压器分为工频变压器、音频变压器和高频变压器。

1. 工频变压器

工频变压器也称为电源变压器,将市电(中国采用频率 50Hz、有效值为 220V 的交流

电)转换为电子设计需要的低电压等级的交流电,由铁芯、骨架、线圈和绝缘纸等构成。

对于有些精密的电子设备,对电源变压器要求较高。这时的电源变压器要有多层屏蔽(或全屏蔽)。屏蔽层一般采用很薄的铜皮制成,屏蔽层要和初级、次级线圈绝缘,屏蔽层一端接地,另一端为空,其首尾不能短接。

2. 音频变压器

常见的音频变压器,主要是指输入变压器和输出变压器。输入、输出的变压器作用是阻抗匹配、耦合、倒相等。输入变压器通常接在信号源与放大器输入端之间,起到阻抗变换的作用,输出变压器通常接在输出电路与负载之间。

输入、输出变压器的大小、外形相似,输入变压器的初级和输出变压器的次级皆为两根引线,但前者导线细、匝数多、阻值大,可以此来区分。

3. 高频变压器

这里的高频变压器主要指两种:一种为无线电接收电路或者无线电发送电路中的振荡线圈以及中频变压器;另一种为开关电源中使用的开关变压器。

(1) 中频变压器。收音机或电视机的中频变压器,俗称中周,分别用在收音机、电视机的中频放大电路中,主要是起到中频耦合和阻抗变换的作用,可使接入电路后能达到稳定的谐振频率。在我国,调幅收音机的中频频率为 465kHz,调频收音机的中频频率为 10.7MHz,电视机第二伴音的中频为 6.5MHz,图像中频为 38MHz。如图 1-19 为中周的实物图。

图 1-19　中周实物

(2) 开关变压器。开关变压器主要用于开关电源中,其中变压器能将电能通过脉冲的形式传递给负载,因此也称为脉冲变压器。本书第 4 章将详细介绍开关电源。

1.6　开关及接插元件

开关和接插元件的作用是断开、接通或转换电路,是生产生活中接触最多元件之一,比如房间灯的开关是开关元件之一,平时使用的 USB 插头是接插元件之一,等等。下面对电子设计中常用开关及接插元件进行介绍。

1.6.1　开关元件

单组开关按照其常态可分为常开和常闭两种开关。常开开关常态为断开状态,常闭开关常态为闭合状态,图形符号如图 1-20 所示,应遵循"横画下开上闭口朝左,竖画左开右闭口朝上"的原则进行。

在实际电子设计中,常用的开关元件以单组或多组开关的组合形式存在,常用的有轻触开关(微动开关)、自锁开关、拨动开关、船形开关等。

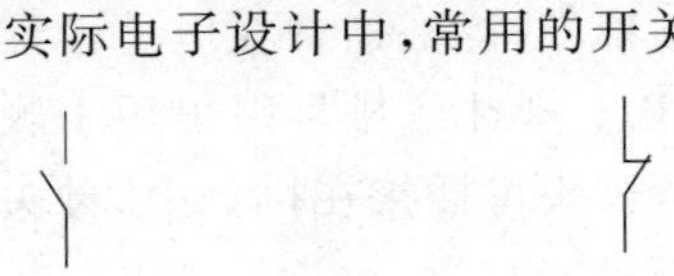

图 1-21(a)为常用轻触开关实物图,轻触开关需要按下的行程很短,因此也叫作微动开关,当松开后自动复位,常用作复位或者电路板上的

(a) 常开触点　　　　　(b) 常闭触点

图 1-20　开关的图形符号

(a) 轻触开关　　(b) 自锁开关　　(c) 拨动开关　　(d) 船形开关　　(e) 拨码开关

图 1-21　常用开关元件实物图

调试按键。

图 1-21(b)为自锁开关实物图,初始为断开状态,按下闭合后开关会自动锁定闭合状态,再次按下后恢复到断开状态,常用于在电路板上接通和断开电源。

图 1-21(c)为拨动开关的实物图,通过开关柄来控制通断,常用于在电路板上接通和断开电源。

图 1-21(d)为船形开关实物图,开关上方标有"O"与"|"两个符号,"O"被按下表明为断开状态,"|"被按下表明为闭合状态。

图 1-21(e)为拨码开关实物图,每一个键对应的背面上下各有两个引脚,拨至 ON 一侧,则下面两个引脚接通;反之则断开。这四个键是独立的,相互没有关联。此类元件多用于二进制编码。

1.6.2　接插元件

在电子设计中常用的接插元件有排针、排母、接线端子、杜邦线、航空插头等。下面介绍几种在电子设计中常用的几种接插元件。

如图 1-22(a)为插针的实物图,广泛应用于 PCB 的连接上,有万用连接器的美名。有单排、双排、三排、四排,最多为四排。其针脚有直脚、弯脚。一般与其配对使用的为排母,如图 1-22(b)所示。

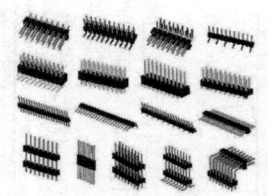　　　

(a) 排针实物图　　　　　　　(b) 排母实物图

图 1-22　排针与排母实物图

图 1-23　杜邦线实物图

如图 1-23 所示为杜邦线,由于经常以一排一排的形式出现,也被称作排线,通常在电子设计的调试阶段使用,将 PCB 上排针或排母引出用于测量。有公头和母头两种,公头可插接在排母上,母头可插接在排针上。

如图 1-24 为接线端子,用于对外提供连接接口,可通过螺丝拧紧,相比于排针与排母更为牢固,因此在电子设计成品中也较为常见。

如图1-25所示为航空插头,它有一个旋转紧锁结构,具有防反接功能,并且抗振性较好,同时还容易实现防水密封以及电磁屏蔽等特殊要求。

图1-24　常用接线端子实物图　　　　　　　　图1-25　航空插头实物图

在实际应用中,开关与接插元件大多是串接在电路中的,而且其质量及可靠性直接影响电子系统或设备的可靠性。其中突出的问题是接触问题,接触不可靠不仅影响电路的正常工作,而且是噪声的重要来源之一。合理地选择和正确使用开关及接插元件,将会大大降低电子设备的故障率。影响开关和接插元件质量及可靠性的主要因素是温度、湿度、工业气体和机械振动等。温度、湿度、工业气体易使触点氧化,致使接触电阻增大,绝缘性能下降。振动则可能造成接触不稳。因此需根据产品的技术条件规定的电气、机械、环境、动作次数、镀层等合理地进行选择。

1.7　半导体元件

1.7.1　半导体基础知识

半导体元件是构成电子电路的基本元件,它们所使用的材料是经过特殊加工且性能可控的半导体材料,通常半导体材料性能与环境温度密切相关,虽然对温度的这种敏感性可以用来制作热敏和光敏元件,但这也是半导体元件温度稳定性差的原因。

纯净的具有晶体结构的半导体称为**本征半导体**,而本征半导体的导电性能很差且导电性能不可控。因此在本征半导体中掺入少量合适的杂质元素,便可得到杂质半导体。按掺入的杂质元素不同可形成 **N 型半导体**和 **P 型半导体**。

在纯净的硅晶体中掺入五价元素(如磷),使之取代晶格中硅原子的位置,就形成了 N 型半导体。由于五价比正常硅原子多一个电子,因此多出来的电子不受共价键的束缚,只要很少的能量就能成为自由电子,在电场的作用下自由电子的定向移动就会形成电流。而 P 型半导体则正好相反,在纯净的硅晶体中掺入三价元素(如硼),这就比正常硅原子少一个电子,就产生了一个"空位"。

采用不同的掺杂工艺,将 P 型半导体与 N 型半导体制作在同一个硅片上,在它们的交界面上就形成了 **PN 结**,P 侧称为阳极,N 侧称为阴极,且处于平衡状态。如果在 PN 结的两端外加电压,就将打破原来的平衡状态。当外加电压极性不同时,PN 结表现出截然不同的导电性能,即呈现出**单向导电性**。当 PN 结中 P 接电源正极、N 接电源负极,称为 PN 接外加正向电压,此时处于**导通状态**;相反,则称为 PN 结外加负向电压,此时处于**截止状态**。

1.7.2 二极管

将 PN 结使用外壳封装起来,并加上电极引线就形成了半导体二极管,简称二极管,也具有 PN 结的单向导电性。二极管图形符号以及常用二极管如图 1-26 所示。可以通过封装区分二极管的阳极与阴极,通常带有色带的一侧为阴极,如图 1-27 所示。

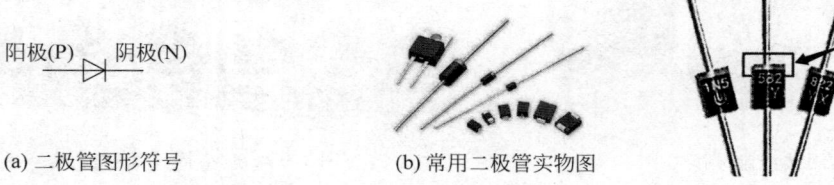

阳极(P) ▷|阴极(N)

(a) 二极管图形符号   (b) 常用二极管实物图

图 1-26 二极管图形符号以及常用二极管实物图   图 1-27 二极管阴极区分方法

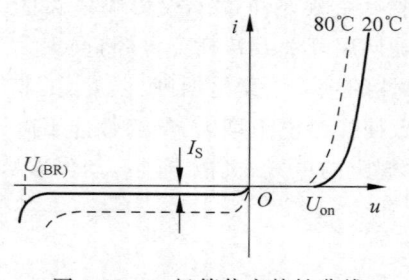

图 1-28 二极管伏安特性曲线

实测二极管的伏安特性曲线时可发现,只有在正向电压足够大时,正向电流才从零随着电压按指数规律增大,当然实际中电流不能无限大,否则会因功率过大而烧坏,其允许长期运行时通过的最大正向平均电流称为二极管的**最大整流电流** I_{FM}。使二极管开始导通的临界电压称为**开启电压** U_{on},如图 1-28 所示。当二极管所加反向电压数值足够大时,会产生漏电流 I_S。反向电压太大会使二极管击穿,不同型号的二极管击穿电压差别很大,从几十伏到几千伏。

由伏安特性曲线的正向特性折线化得到的等效电路如图 1-29 所示,图中粗实线为折线化的伏安特性,虚线表示实际伏安特性,下边电路为等效电路。

图 1-29(a)所示的折线化伏安特性表明二极管导通时正向压降为零,截止时反向电流为零,称为理想二极管,用空心的二极管符号来表示。

图 1-29(b)所示的折线化伏安特性表明二极管导通时正向压降为一个常量 U_{on},截止时反向电流为零。因而等效电路是理想二极管串联电压源 U_{on}。

图 1-29(c)所示的折线化伏安特性表明当二极管正向电压大于 U_{on} 后,其电流 I 与 U 呈线性关系,直线斜率为 $1/R_D$。二极管截止时反向电流为零。因此等效电路是理想二极管串联电压源 U_{on} 和电阻 R_D,且 $R_D = \Delta U / \Delta I$。

通常二极管导通后电压变化范围很小,所以在大多数情况下可以认为导通时二极管两

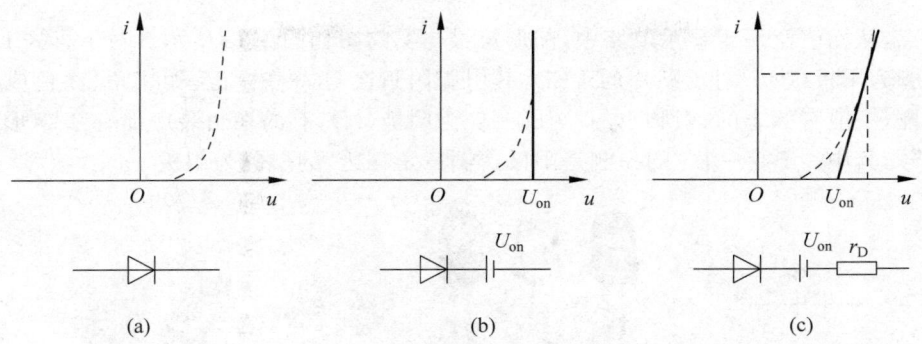

图 1-29　由伏安特性曲线正向特性折线化得到的等效电路

端的电压基本恒定,在图 1-30 中,对于锗管可取 $U_D = U_{on} = 0.2V$,对于硅管 $U_D = U_{on} = 0.6V$。因此回路电流 $I = \dfrac{V - U_{on}}{R}$。

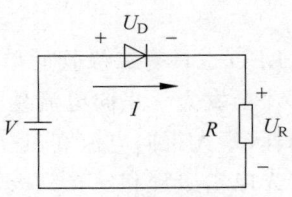

图 1-30　二极管加正向电压

为了计算出更接近实际回路电流 I,应该使用图 1-29(c) 的模型。在近似分析中,3 个等效电路中图 1-29(a) 误差最大,图 1-29(c) 误差最小,图 1-29(b) 应用最普遍。

1.7.3　其他二极管

在实际应用中,因为不同材料的特性,造就了不同的二极管特性,除了利用二极管的单向导电性外,还有其他几种常用的二极管类型:稳压二极管、发光二极管、光电二极管。

稳压二极管也称稳压管,当反向击穿时,在一定功耗范围内(或者说电流范围内),其端电压不变,表现出稳压特性,因此常用于稳压电压与限幅电路中。稳压二极管的符号以及伏安特性曲线如图 1-31 所示。当稳压二极管外加反向电压的数值到达一定程度则击穿,击穿区的曲线很陡,几乎平行于纵轴,表现其稳压特性。只要控制电流不超过一定值,管子就不会因过热而损坏。

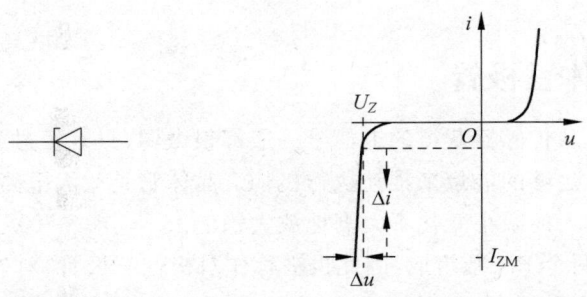

(a) 稳压二极管图形符号　　(b) 稳压二极管伏安特性曲线

图 1-31　稳压管图形符号及伏安特性曲线

发光二极管(LED)包括可见光、不可见光、激光等不同类型,在实际电子设计应用中,可见光二极管应用十分广泛,这里只针对可见光二极管进行简单介绍。LED 的发光颜色取决于不同材料,目前有红、绿、黄、蓝等颜色,因为可见光二极管具有驱动电压低、功耗小、寿命长等优点,从而广泛用于显示电路中,图形符号与实物图如图 1-32 所示。对于直插 LED,一般长引脚为阳极(P)。对于贴片的 LED,其引脚附近会有一些标记,如切角、涂色或引脚大小不一样,一般有标志的、引脚小的、短的一侧为阴极(N),有的在封装底部有 T 字形或倒三角形符号,其中,"T 字一横"的一侧是阳极、"倒三角靠边"的一侧为阳极。

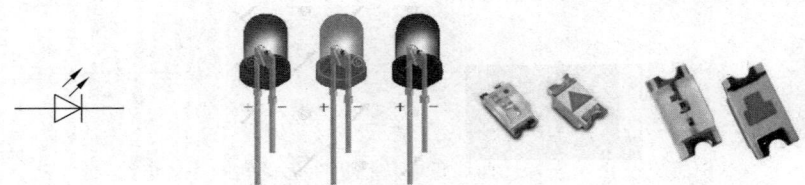

图 1-32　可见光二极管图形符号及实物图

　　LED 也具有二极管的单向导电性,只有当外加的正向电压使得流过二极管的电流足够大时才会发光。正向电流越大,发光越强,但在实际使用过程中,应特别注意不要超过其最大功耗、最大正向电流和击穿电压等极限参数。

　　光电二极管和发光二极管刚好相反,用于将光能与电能进行转换的元件,通常接收的是红外线。其图形符号如图 1-33 所示。

图 1-33　光电二极管图形符号与实物

　　除上述特殊二极管外,还有利用 PN 结势垒电容制成的变容二极管,可用于电子调谐、频率的自动控制、调频调幅、调相和滤波等电路中;利用高掺杂材料形成 PN 结的隧道效应制成的隧道二极管,可用于振荡、过载保护、脉冲数字电路中;利用金属与半导体之间的接触势垒而制成的肖特基二极管,因其正向导通电压小、结电容小而用于微波混频、检测,集成化数字电路等场合。

1.7.4　晶体三极管

　　在实际应用中,从传感器获得的电信号一般都很微弱,只有经过放大后才能做进一步的处理,或者使之具有足够的能量来推动执行机构。晶体管是放大电路的核心元件,它能够控制能量的转换,将输入的微小变化不失真地放大输出。

　　晶体三极管由两个 PN 结组成,因此也被称作双极性三极管,对外部引出 3 个电极分别为基极 b、发射极 e 和集电极 c。它有两种类型:NPN 型和 PNP 型,其结构示意图和图形符号如图 1-34 所示。在图形符号中 NPN 与 PNP 符号区别在于基极 b 与发射极 e 之间的箭头,此箭头代表发射极电流的实际方向。常用晶体三极管实物如图 1-35 所示。

　　晶体三极管具有如下基本特性:

　　(1) 使三极管工作在放大状态的外部条件是:发射极正向偏置且集电极反向偏置,即对于 NPN 三极管 $U_b > U_e$ 且 $U_c > U_b$,而对于 PNP 三极管 $U_b < U_e$ 且 $U_c < U_b$。

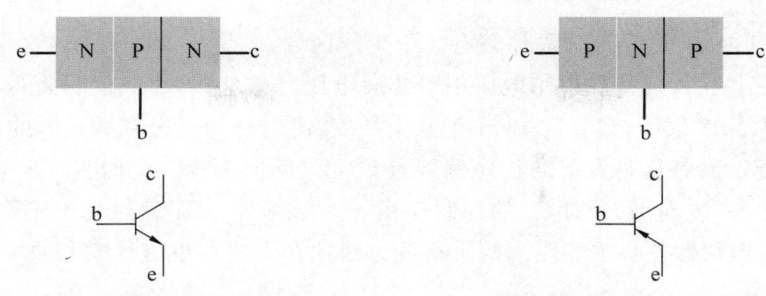

(a) NPN三极管结构示意图与图形符号　　　　(b) PNP三极管结构示意图与图形符号

图 1-34　NPN 与 PNP 三极管结构示意图以及图形符号

图 1-35　常用三极管实物图

（2）在合适的直流偏置下，即满足特性（1），集电极电流 I_c 为基极电流 I_b 的 β 倍，β 为晶体三极管的放大倍数，即

$$I_c = \beta \times I_b \tag{1-42}$$

（3）流过发射极 e 的电流 I_e 为流过基极 b 电流 I_b 与集电极 c 的电流 I_c 的总和，即

$$I_e = I_c + I_b \tag{1-43}$$

由于 NPN 与 PNP 十分类似，因此本节中只针对 NPN 做详细的介绍。如图 1-36 所示为三极管的基本共射极放大电路，图中 V_{BB} 与 V_{CC} 为提供直流偏置的电源，Δu_i 为需要放大的信号，R_b 为限流电阻，R_c 为集电极负载电阻。

当基极电流 I_B 为常数时，集电极电流 i_C 与管压降 u_{CE} 之间的关系定义为三极管的输出特性曲线。对于每一个 I_B 都有一条与之对应的输出特性曲线，因此可形成输出特性的一组曲线，如图 1-37 所示。

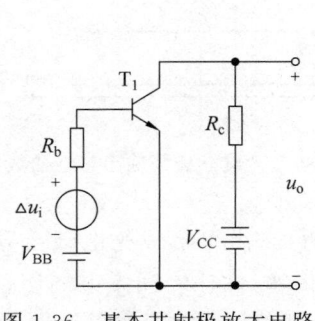

图 1-36　基本共射极放大电路

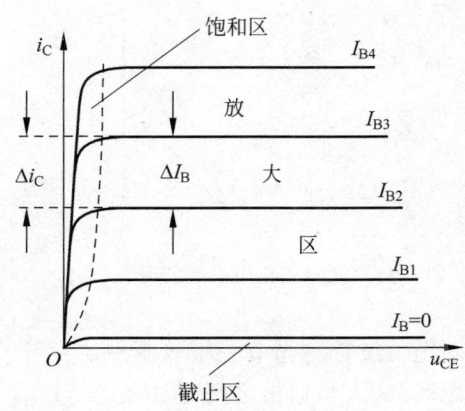

图 1-37　三极管输出特性曲线

从输出特性曲线可以看出,晶体管有 3 个工作区域。

(1) **截止区**: 其特征是发射结电压小于开启电压且集电结反向偏置,此时 $I_B = 0$,小功率硅管的 i_C 在 $1\mu A$ 以下,锗管的 i_C 小于几十微安,可以认为三极管截止时的 $i_C \approx 0$。

(2) **放大区**: 其特征是发射结正向偏置且集电结反向偏置。此时,i_C 几乎仅决定于 i_B,而与 u_{CE} 无关,表现出 i_B 对 i_C 的控制作用,$I_C = \beta \times I_B$。在理想情况下,当 I_B 按等差规律变化时,输出特性是一组等距离的平行线。因此在需要对小信号放大的场景,应使三极管处于放大状态。

(3) **饱和区**: 其特征是发射结与集电结均处于正向偏置,对于共射电路,$u_{BE} > U_{on}$ 且 $u_{CE} < u_{BE}$。此时 i_C 不仅与 i_B 有关,而且明显随 u_{CE} 的增大而增大。当 I_B 足够大时,u_{CE} 的电压趋近于 0,此时三极管处于深度饱和状态,u_{CE} 趋近于 0,相当于 V_{CC} 的全部电压加载在负载 R_C 上,即 $I_C = V_{CC}/R_C$。但此时 I_B 的大小仍然比 I_C 小很多,因此三极管也常用于小电流驱动大电流的场景中。

可以看出,三极管放大并不是凭空放大,仍然遵守能量守恒定律,其放大的电流 i_C 是由电源 V_{CC} 提供的能量。即在放大电路中放大后的电压不会超过其电源电压,因此在放大小信号时需特别注意防止进入饱和区与截止区导致的失真。

由于半导体材料受温度影响大,三极管也不例外,在实际电路中,即使 I_B 不变,而环境变化,得到的 I_C 也会发生变化,因此无法用于实际的应用中,对于可实际使用的放大电路将在第 2 章中进行详细讨论。

1.7.5 光电三极管与光耦

光电三极管依据光照的强度来控制集电极电流的大小,其功能可等效为一只光电二极管与一只晶体管相连,并仅引出集电极与发射极,如图 1-38(a) 所示。其图形符号如图 1-38(b) 所示。

光电三极管与普通三极管的输出特性曲线类似,只是将参变量基极电流 I_b 用入射光强 E 取代,如图 1-39 所示。

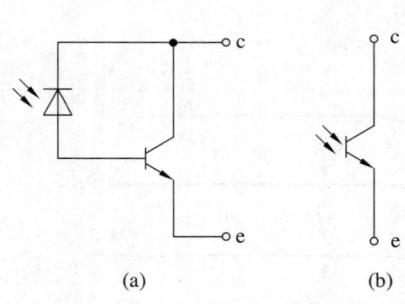

图 1-38　光电三极管图形符号

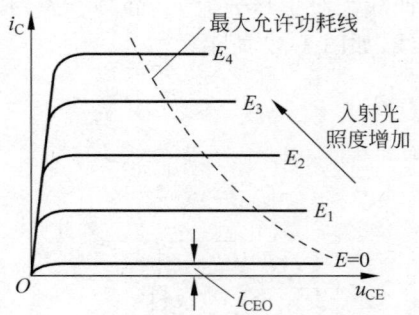

图 1-39　光电三极管输出特性曲线

如将发光二极管与光电三极管封装在一个元器件里面,就可形成**光电耦合器**,简称光耦。对于光耦,输入与输出之间通过光进行耦合与信号传递,彼此之间无电气连接,因此被广泛应用于输入与输出需要隔离的场景中。其对应图形符号与实物图如图 1-40 所示。

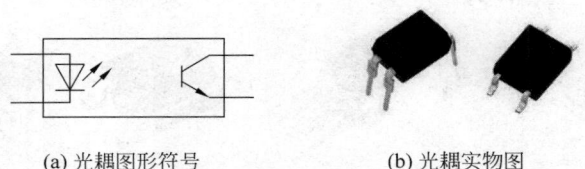

(a) 光耦图形符号   (b) 光耦实物图

图 1-40　光耦图形符号与实物

1.7.6　场效应管

场效应晶体管(Field Effect Transistor,FET)简称场效应管,是以控制输入回路的电场效应来控制输出回路电流的一种半导体元件,属于电压控制型半导体元件。场效应管主要有两种类型:结型场效应管(Junction FET,简称 JFET)和金属-氧化物-半导体场效应管(Metal-Oxide Semiconductor FET,简称 MOS-FET 或 MOS 管),MOS 管在电子设计中最为常见,分为 N 沟道和 P 沟道两类,每一类又分为增强型和耗尽型两种,对应的图形符号如图 1-41 所示。

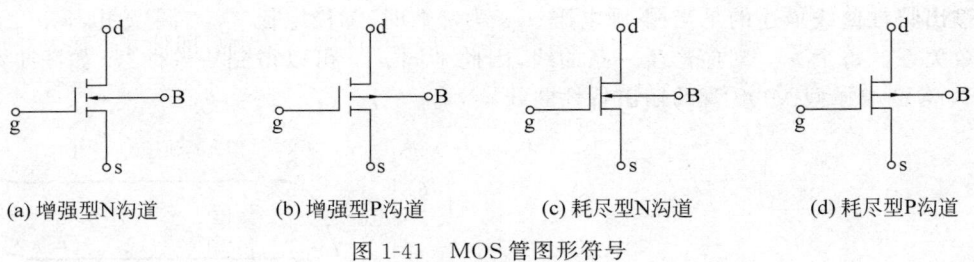

(a) 增强型N沟道　　(b) 增强型P沟道　　(c) 耗尽型N沟道　　(d) 耗尽型P沟道

图 1-41　MOS 管图形符号

因为在实际应用中对于增强型 MOS 管应用更为普遍,而 N 沟道与 P 沟道原理相似,因此本节只针对 N 沟道增强型 MOS 管进行详细介绍,其他可参考进行分析。如图 1-42 所示为 MOS 管的结构示意图。

在一块 P 型硅片(半导体)衬底(B)上,形成两个高掺杂的 N+区,分别命名为源区与漏区,从中引出的电极分别称为源极(s)与漏极(d),于是在管中天然形成两个 PN 结(二极管)。在 P 型衬底表面覆盖薄薄的一层 SiO_2 作为绝缘层,叫栅氧化层或栅绝缘层,再在上面覆盖一层金属,引出的电极称为栅极(g),这也是金属-氧化物-半导体名称的由来。可以看出,图 1-41(a)的图形符号也是根据其结构确定的。

实际的 MOS 管通常把衬底 B 与源极 s 连接在一起,这样两个电极的电位是一致的,也可以避免体效应引起的阈值电压的漂移,因此一般在实物中通常仅有 3 个引脚,看不到衬底电极,如图 1-43 所示。

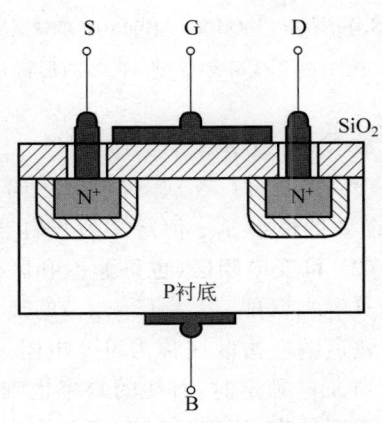

图 1-42　N 沟道增强型 MOS 管
结构示意图

图 1-43　常见场效应管实物

正因为将 B、s 极短接，导致 MOS 管中左侧的二极管被短接，在管中就只剩下右侧的 PN 结，通常称此为寄生二极管。因此实际使用过程中也经常使用图 1-44 表示增强型 MOS 管。

可以看到，增强型 MOS 管的结构和图形符号与晶体三极管十分相似，都可以应用在放大和开关电路中，场效应管的源极 s、栅极 g、漏极 d 分别对应三极管的发射极 e、基极 b、集电极 c。场效应管与三极管中图形符号中的箭头均代表 PN 结的方向，在三极管中需要将箭头的 PN 接入正向电压，而在场效应管中则相反，需要将箭头代表的 PN 结上接入反向电压，即对于 N 沟道增强型 MOS 管 U_{GS} 应大于 0、P 沟道增强型场效应管 U_{GS} 应小于 0。

输出特性曲线描述的是当栅-源电压 u_{GS} 为常数时，漏极电流 i_D 与漏-源电压 u_{DS} 之间的函数关系。每个 u_{GS} 对应产生一条曲线，因此不同 u_{DS} 可以得到一簇曲线，如图 1-45 所示为 N 沟道增强型 MOS 管的输出特性曲线。

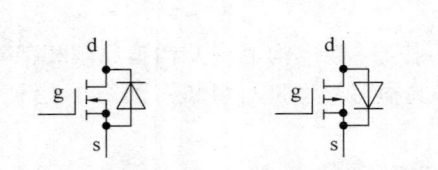

(a) N沟道增强型MOS管　　(b) P沟道增强型MOS管

图 1-44　实际增强型 MOS 图形符号

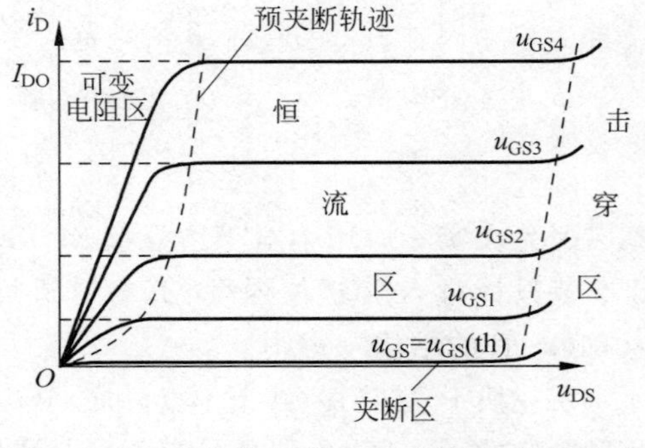

图 1-45　N 沟道增强型 MOS 管输出特性曲线

该 MOS 管有 3 个工作区域。

(1) **夹断区**：当 $u_{GS} < U_{GS(th)}$ 时，$I_D \approx 0$，即图中靠近横轴的部分，称为夹断区。使 $I_D > 0$ 所需要的最小 u_{GS} 值定义为开启电压 $U_{GS(th)}$。

(2) **可变电阻区**（也称非饱和区）：图中的虚线为预夹断轨迹，它是各条曲线上使 $u_{DS} = u_{GS} - U_{GS(th)}$（即 $u_{GD} = U_{GS(th)}$）的点连接而成的。u_{GS} 越大，预夹断时的 u_{DS} 值也越大。预夹断轨道的左边区域称为可变电阻区，即 $u_{GD} > U_{GS(th)}$，该区域中曲线近似为不同斜率的直线。当 u_{GS} 确定时，直线的斜率也唯一地被确定，直线斜率的倒数为 d-s 间的等效电阻。因而在此区域中，可以通过改变 u_{GS} 的大小（即压控的方式）来改变漏-源等效电阻的阻值，故称之为可变电阻区。如需将 MOS 管应用于开关电路中，MOS 管应处于该区域。

(3) **恒流区**（也称饱和区）：图中预夹断轨迹的右边区域为恒流区。当 $u_{DS} > u_{GS} - U_{GS(th)}$（即 $u_{GD} < U_{GS(th)}$）时，各曲线近似为一族横轴的平行线。当 u_{DS} 增大时，i_D 仅略有

增大。因而可将 i_D 近似为电压 u_{GS} 控制的电流源,故称该区域为恒流区。利用场效应管作放大管时,应使其工作在该区域。

因此,可以看出三极管是电流控制元件,即通过基极电流 i_B 控制集电极电流 i_C;而场效应管是电压控制元件,通过 u_{GS}(栅-源电压)来控制 i_D(漏极电流),又因为场效应管输入电阻很大($10^7 \sim 10^{12}\,\Omega$),因此所需要的驱动电流很小。当场效应管完全导通后,其导通电阻很小,可小于几毫欧,即使通过很大电流发热也不严重,因此场效应管比三极管更适合用于开关电路。

1.8　半导体集成电路

半导体集成电路采用一定的制造工艺,将电阻、电容、晶体管、场效应管、二极管等许多元器件组合成具有完整功能的电路,并制作在同一块半导体基片上,然后加以封装所构成的半导体元器件。由于它的元件密度高、体积小、功能强、功耗低、外部连接及焊点少,从而可以大大提高电子设备的可靠性与灵活性。在电子设计中,更多的是介绍集成电路的使用而非其本身的设计,本书中对于集成电路的使用将在后续章节中进行详尽介绍。

1.9　继电器

在电子设计中,一般使用的电压等级多为 3.3V、5V 等小于 36V 的安全电压,但是我国市电标准电压是 220V 的交流电,因此在实际应用中弱电控制强电的应用很多,继电器则非常适合于在这种情况下使用。

继电器是一种根据输入控制信号选择接通或断开的可控元器件,其种类很多,这里主要介绍电子设计中常用的小型电磁式继电器和无触点的固态继电器。

电磁式继电器的典型结构与实物如图 1-46 所示,主要部件是线圈(或称电磁铁)、衔铁和触点。当线圈通电后,铁芯被磁化产生足够的电磁力,吸合磁铁,使动节点 3 与静节点 5 断开,而与静节点 4 闭合,这叫作继电器的"吸合"或"动作"。当电磁力消失后衔铁受弹簧弹力作用返回原来的位置,动节点 3 也恢复到原来位置,这叫作继电器的"释放"或"复位"。

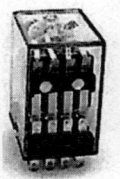  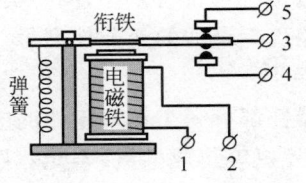

(a) 常用电磁式继电器实物　　　　　　　(b) 电磁式继电器内部结构

图 1-46　电磁式继电器典型结构与实物

通常将线圈不通电情况下导通的触点称为常闭触点,在通电情况下才导通的触点称为常开触点,继电器的图形符号如图 1-47 所示。

由于电磁式继电器需要借助磁力产生吸合的动作,因此需要较大的电流。对集成芯片来说,它们的引脚输出电流一般较小,无法直接驱动电磁式继电器。因此,在这种情况下需

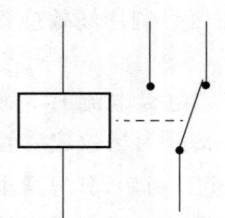

图 1-47　继电器图形符号

要驱动电路,如图 1-48 所示为继电器常用驱动电路,其中场效应管或三极管为驱动管,光耦则起到隔离作用,防止继电器开关和闭合时产生瞬间的高电压对芯片造成影响。另外,通常需要在继电器线圈两端并联二极管,这样在继电器断电时构成续流回路,快速释放线圈中残留的能量。

　　固态继电器(Solid State Relay,SSR)与电磁式继电器不同,它是由固态电子元件组成的无触点开关。因此固态继电器除具有与电磁继电器一样的功能外,还具有输入功率小、灵敏度高、电磁兼容性好、噪声低、工作频率高、耐振、耐机械冲击以及良好的防潮、防霉、防腐蚀性能等特点。如图 1-49 为固态继电器的实物图。

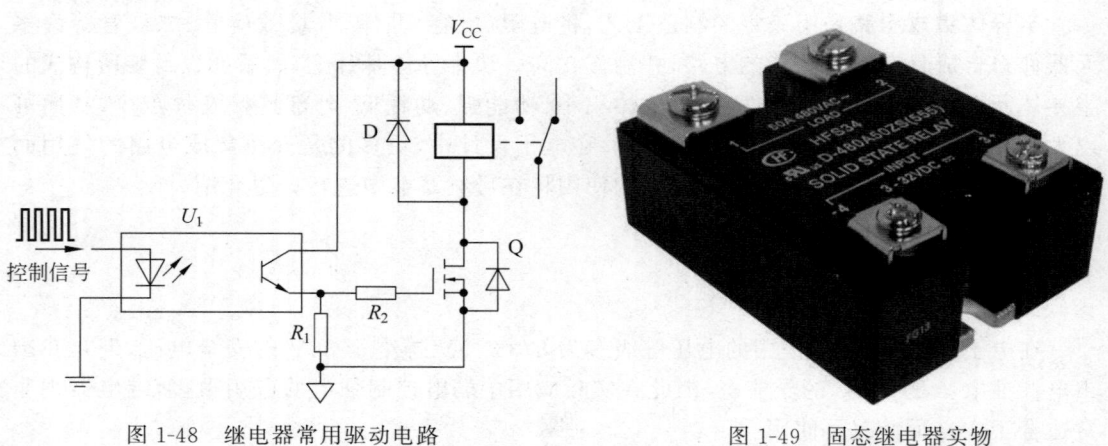

图 1-48　继电器常用驱动电路　　　　　　　　图 1-49　固态继电器实物

　　因为固态继电器中不存在电感线圈,且内部集成了隔离电路,因此驱动起来更加容易,只需要使用场效应管或三极管进行驱动即可。

1.10　常见电子元器件选型与使用注意事项

　　由于制造工艺与材料差异,同一类型的元器件的具体特性与参数也会不同,因此需要根据设计的电路选择合适的元器件型号,基本上可以通过电压、电流和频率 3 个方面进行综合考虑进行选型。

　　任何元器件都有一个正常工作的电压范围,在元器件两端电压过小,元器件可能无法正常工作,如单片机等集成电路,若元器件两端电压高于其最大工作电压,则会对元器件造成不可修复的永久损坏。因此,在选择元器件型号时需要充分考虑此元器件在电路中起到的作用,并合理估算可能出现的最大电压是多少。

　　当电流通过元器件时,就会产生热能,在电流过大或散热不好的情况下,会导致元器件的温度非常高,最终导致元器件产生不可修复的永久损坏。因此元器件厂家都会在手册中标出该元器件所能承受的最大工作电流或最大工作功率。通常最大工作电流或最大工作功率越大,其体积也会越大。在某些大电流工作条件下,为了保证元器件正常工作,通常配备合适的散热片,将元器件产生的热量快速导出。

　　电容是由间隔以绝缘介质的两块金属组成,因此生产出来的元器件引脚之间均会产生寄生电容。电容是储能元件,而且其阻抗会随着频率的变化而变化,尤其是在高频的电路下需要特别注意。例如,二极管两端寄生电容两端电压不能突变,因此在高频电路中使用普通二极管时,会出现二极管无法及时关闭的情况,尽管电路原理设计没有问题,但是由于硬件选型的错误会导致二极管发烫,甚至实际电路无法正常工作。再如,场效应管用作开关时受栅极与源极之间电压的控制,若栅极与源极之间寄生电容过大,则会导致电容存储的能量没有及时释放,此时场效应管没有及时关断而导致电路无法工作,甚至损坏元器件。

　　设计电路时也应考虑人为操作或其他因素导致短暂过压、过流等可能损害元器件的情况,并单独设计对应保护电路。

　　当然除了从电路参数上去选择合适的元器件,还需要综合考虑外部环境因素。例如,我国北方冬天温度可达−40℃,会出现手机被冻关机的情况,这是因为在寒冷情况下电池性能大大降低,导致手机无法正常工作。通常来说,民用级元器件工作温度范围一般在 0～70℃,工业级元器件工作温度范围一般在−40～85℃,车载级元器件工作温度范围一般在−40～125℃,军用级元器件的工作温度范围一般在−60～125℃。

　　因此在选择元器件时,需要统筹考虑,权衡利弊,不盲目追求某单一方面性能特别优秀,因为对于多数电子电路来说,当其某方面的性能改善时,另一方面的性能往往会变坏。其次,能用通用型元器件能实现的,就不用专用型元器件,从而降低系统造价。

1.11　电子设计实物制作

　　实践是检验真理的唯一标准,当电子原理图设计与仿真完成后,就需要制作对应的实物来对原理图进行实际检验。在实验阶段,通常使用面包板、洞洞板、腐蚀板以及 PCB 打样的方式制作实物。

1.11.1　面包板

　　面包板的板子上有很多小插孔,是专为电子电路的无焊接实验设计制造的,因此可以快速地搭建测试的硬件平台,面包板实物图如图 1-50 所示。整板使用热固性酚醛树脂制造,板底有金属条,元器件插入孔中时能够与金属条接触,从而达到导电目的。一般将每5个孔板用一条金属条连接。板子中央一般有一条凹槽,这是针对需要集成电路、芯片试验而设计的。板子两侧有两排竖着的插孔,也是5个一组。这两组插孔是用于给板子上的元件提供电源。

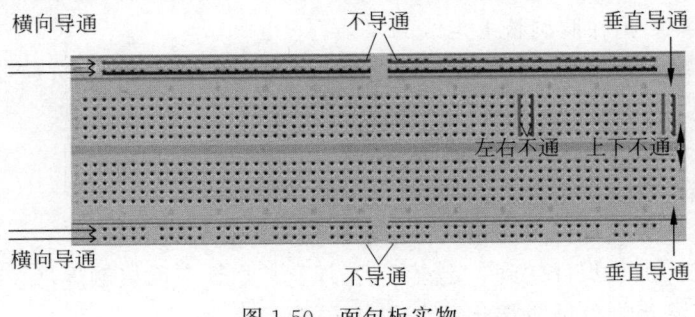

图 1-50　面包板实物

下面通过面包板完成第一个实验——点亮一个 LED 灯,其电路原理图如图 1-51 所示。使用面包板实现该原理图的接线如图 1-52 所示。

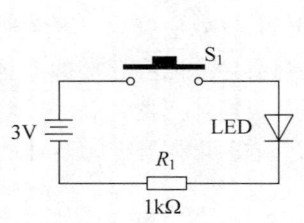

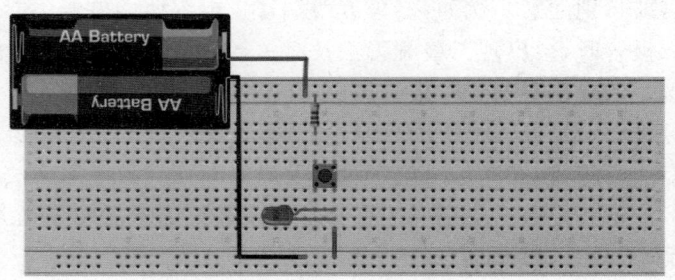

图 1-51　点亮 LED 灯原理图　　　　　　　图 1-52　面包板接线图

利用面包板虽然可以非常快速地搭建测试硬件,但是依靠插拔来实现电路的连接,整体硬件运行起来并不可靠,容易出现因为连接不牢而出现断路的现象。

1.11.2　万能电路板

万能电路板也叫万用板、实验板,是一种通用设计的电路板,通常其板上布满标准间距(2.54mm)的圆形独立焊盘,看起来整个板子上都是小孔,因此俗称"洞洞板"。万能电路板根据含有焊盘的面数分为单面板和双面板,其实物如图 1-53 所示。

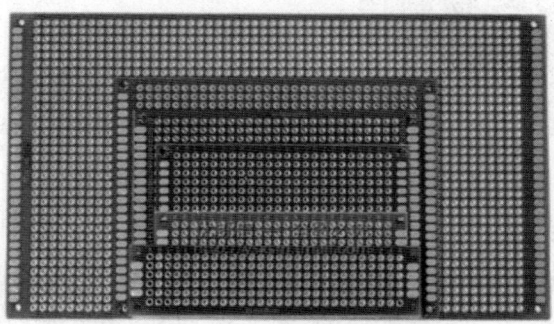

图 1-53　万能电路板实物

通常在实际焊接实物前,选择根据原理图选择大小合适的万能电路板,并对照电路图对元器件进行布局,一般从关键元器件为中心开始布局,其他元器件围绕着中心逐步展开。布局合理与否会直接影响在洞洞板上走线的复杂程度。

固定元器件制作实物需要的工具有烙铁、焊锡、钳子与镊子,对应实物图如图 1-54 所示。

对于直插式元器件,采用五步操作法,如图 1-55 所示。

① 准备焊接。右手拿烙铁,处于随时可焊接状态。

② 加热焊件。加热焊件引脚以及对应电路板的位置。

③ 送入焊丝。加热焊件达到一定温度后,焊丝从烙铁对面接触焊件。

④ 移开焊丝。当焊丝适量熔化后,立即移开焊丝。

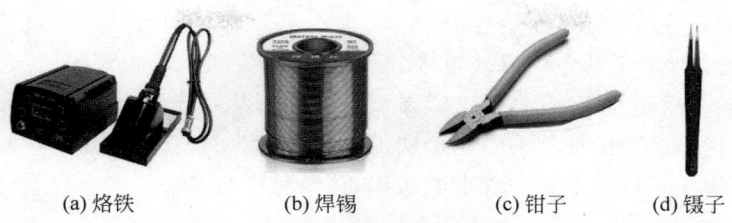

(a) 烙铁　　　　(b) 焊锡　　　　(c) 钳子　　　　(d) 镊子

图 1-54　万能电路板焊接需要的工具

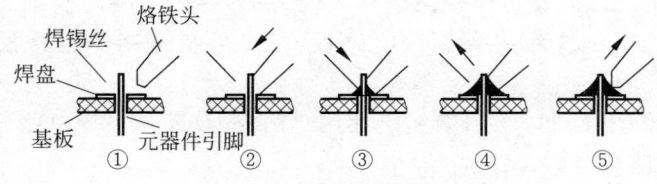

图 1-55　焊接五步操作法

⑤ 移开烙铁。焊锡浸润焊盘或焊件的焊接部位后，即可移开烙铁。

对于不同元器件，应掌握不同的焊接速度和节奏，需要通过长时间的焊接经验的积累才能很好地掌握。在实际焊接过程中容易出现**虚焊**的问题，它会导致看上去焊接成功了，但是实际上焊锡与元器件或焊盘接触不好，在实际工作中会出现时好时坏的现象，影响电子电路的正常工作。如图 1-56 所示为常见焊点形状。

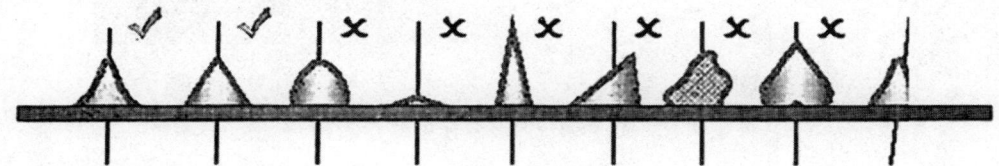

图 1-56　常见焊点形状

由于万用电路板由于焊盘之间的间距为 2.54mm，因此只能焊接封装较大的贴片式元器件，比如 0805 封装的电阻、电容等等。焊接此类贴片式元器件，参考步骤如下：

（1）在需要固定位置的一个空焊盘上涂上焊锡。

（2）用镊子夹起元器件，同时加热焊盘上焊锡，迅速将元器件放在加热处。

（3）移开烙铁，并保持元器件固定，等待或吹气完全冷却焊锡，可用镊子轻微拨动试探元器件是否固定在万能电路板上。

（4）将贴片式元器件其他引脚进行焊接。

固定完元器件后需要通过导线完成不同元器件之间的连接，从而完成整个电路图的连接，俗称走线。在固定直插元器件时，需要将较长的引脚剪断，在两个元器件距离较短时，可使用这些引脚来充当导线或跳线。对于两个元器件距离较长，则需使用细铜线芯作为导线。对于单股硬线芯可直接弯折固定后焊接在万能电路板上。对于多股铜芯线由于质地柔软，剥皮后铜线太过散乱，需拧成一束线后涂上焊锡再焊接在电路板上。在走线时需要特别注意以下两个方面：

（1）由于铜线或其他材质的导线都具有电阻，因此要考虑通过电流大小合理选择导线的直径；

（2）由于双面板上下两个焊盘是短接的，在走线时要防止走线短路。

使用万用电路板制作实物时，通常需要根据实际情况对布局与走线进行微调，对于较为复杂的电路，可将整个功能细化为一个个功能块，焊接完一个功能模块后应对此功能模块进行验证，这样可快速定位焊接或原理上的错误，并及时进行修改。

1.11.3 腐蚀电路板

在试验阶段，会出现需要制作相同电路板的情况，如使用洞洞板则会做很多重复的工作，效率也非常低。下面介绍一种腐蚀电路板方法，可快速制作电路板实物。具体步骤如下。

（1）原理图与 PCB 绘制：在计算机上使用 Altium Designer 等电路设计软件绘制电路原理图以及印制电路板（PCB）图。

（2）打印 PCB 图：将热转印纸放入普通打印机，调整合适的打印比例（通常为 1∶1），打印出黑白的 PCB 图，如图 1-57 所示。

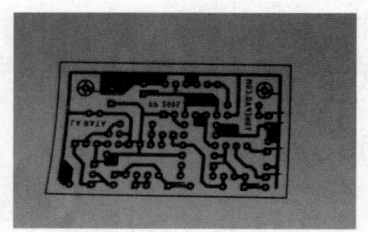

(a) PCB热转印纸   (b) 打印后的PCB图

图 1-57　热转印纸与打印后的 PCB 图

（3）打磨覆铜板：用砂纸打磨掉覆铜板表面的氧化层，使覆铜板看起来既光滑又光亮。

（4）转印：将第（2）步中打印有 PCB 图的热转印纸固定在第（3）步打磨的覆铜板上，并送入热转印机中，使得含有 PCB 图的墨粉经过热压的方式转印在覆铜板上，如图 1-58 与图 1-59 所示。

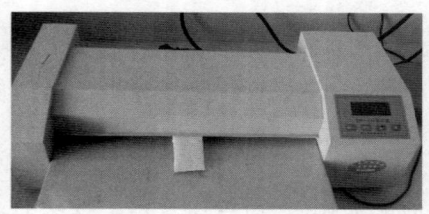

图 1-58　热转印   图 1-59　转印后的覆铜板

（5）补墨：由于有些走线较细，在第（4）步中，可能导致一些走线的墨水不完整，可通过墨水笔手动补墨。

（6）腐蚀：将腐蚀液（一般为三氯化铁溶液）倒入塑料盒，然后再往腐蚀液中放入第（4）步打印有 PCB 图案的覆铜板，经过一段时间（不同浓度的腐蚀液所需时间长短不一样）的腐蚀,大概半个小时到一个小时,倒掉腐蚀液,并捞出被腐蚀过的覆铜板,用砂纸轻轻打磨掉覆铜板上 PCB 图案上的碳粉,就可以得到与 PCB 图案一模一样的铜板电路走线,如图 1-60 所示。

(7) 打孔与焊接:将第(6)步得到的覆铜板放入钻孔机按照 PCB 图的所有孔位置逐个打孔,最后就能把元器件对应焊接上去了,整个 PCB 就制作完成了。

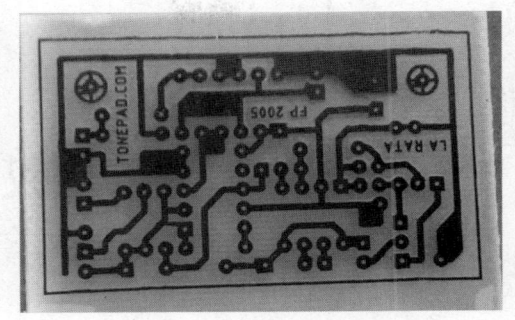

图 1-60　腐蚀后的覆铜板

1.11.4　打样

对十分复杂、易受干扰的电路或使用到封装特别小、引脚特别密集的芯片时,前面介绍的 3 种方法已经不能满足需求,必须使用 PCB 打样来制作测试电路板,俗称 PCB 打样。在计算机上绘制好 PCB 图后发送给打样厂家即可得到 PCB 空板,之后再焊接元器件即可。如图 1-61 所示为根据本书后面内容设计完成的 PCB 设计效果图以及制作完成的 PCB。

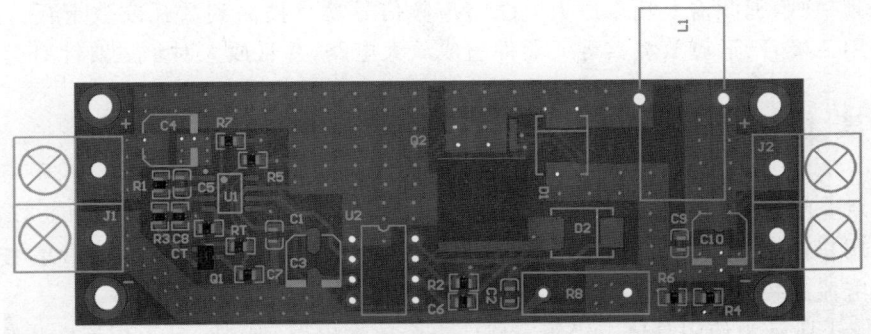

(a) PCB设计效果图

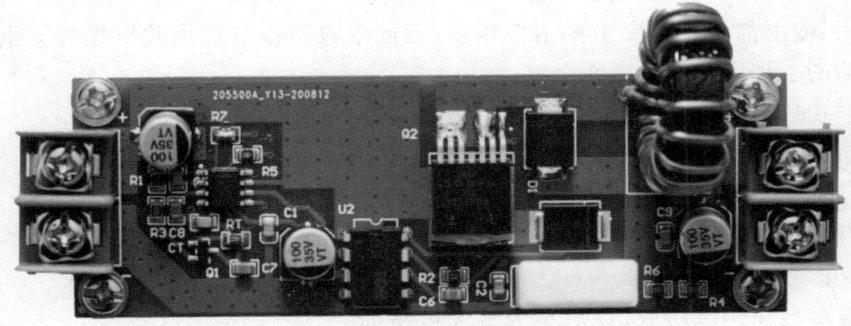

(b) PCB实物图

图 1-61　PCB 设计效果图与打样的 PCB 空板

第 2 章

放 大 电 路

在现实生活中会遇到很多需要放大电路的情况,大体上可以分为信号放大和功率放大两种。其中,信号放大是指将微弱的信号放大到人们所需要的数值,以便用于测试与使用。通常用于传感器的检测电路中,例如,温度传感器(热电偶等)的输出信号只有毫伏级别,对于这种微弱的信号不方便采集、处理与显示,必须将它们放大到一定数值。而功率放大是指在保证信号不失真的条件下,整体提高信号源的功率数值,即放大后信号波形与放大前的波形形状相同或者基本相同。在生活中最常应用在音响系统中,由于通常音频的输入无法直接驱动音频喇叭,因此需要功率放大电路将声频信号功率提高到数瓦或数十瓦。本章将着重介绍使用三极管、运算放大器等元器件组成放大电路,并且放大对象主要针对交流信号。

2.1 基本放大电路

第 1 章介绍了三极管具有 3 个工作区域:截止区、放大区与饱和区,如图 1-37 所示。如果需要使用三极管组成放大电路,则需要保证三极管工作在放大区,即三极管集电极的电流受到基极电流的控制。

如图 2-1 所示为使用晶体三极管完成的一个放大电路,其中,u_i 为交流输入信号源,u_o 为输出信号,R_L 为外接的负载,C_1 与 C_2 分别连接输入与输出信号的隔直流电容。由于该电路中输入、输出都与三极管 T 的射极相连,因此该电路也被称为共射极放大电路。下面对这个电路的工作原理进行详细介绍。

当 $u_i=0$ 时,称放大电路处于静态。为了保证三极管 T 工作在放大区域,需要保证三接管 b-e 间的电压 U_{BE} 要大于开启电压 U_{on},且电源 V_{CC} 的电压要足够高来保证三极管集电结反向偏置。基极电阻 R_b 连接电源 V_{CC} 可满足此条件。由于 $u_i=0$,只有直流电源单独作用三极管,此时称为放大电路的静态工作点 Q,将三极管的基极电流、集电极电流、b-e 间电压、管压降分别记作 I_{BQ}、I_{CQ}、U_{BEQ} 和 U_{CEQ}。在近似估计中可以认为 U_{BE} 为已知常数,例

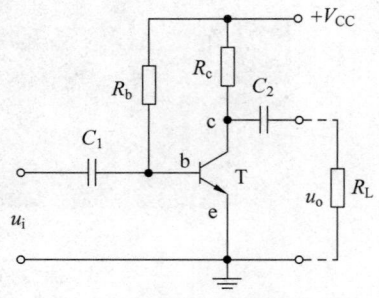

图 2-1 共发射极放大电路

如,硅管为 0.7V 左右、锗管为 0.2V 左右。在静态工作点中,三极管集电极电流 I_C 取决于 V_{CC} 与 R_b 的大小,即有

$$I_{CQ} = \beta I_{BQ} = \beta (V_{CC} - U_{BEQ})/R_b \tag{2-1}$$

其中，β 为此三极管 T 的放大倍数，从而可以确定 c-e 间电压为

$$U_{CEQ} = V_{CC} - I_{CQ} R_c \tag{2-2}$$

当 $u_i \neq 0$ 时，在放大电路的输入侧，会在静态值的基础上产生一个动态的基极电流 i_b。相对地，在三极管集电极则会形成动态的电流 i_c。集电极电阻 R_c 就会将集电极电流转换成电压，从而使得管压降 U_{CE} 变化。由于电容能起到隔直流、通交流的作用，因此管压降的变化就会形成输出电压 u_o，从而实现电压的放大。

值得注意的是，虽然三极管能放大输入信号，但同样是遵循能量守恒定律的。输出信号的能量全部是由电源 V_{CC} 提供的，同时三极管的静态工作点也是非常重要的，例如，如图 2-2 所示为没有设置合适静态工作点的放大电路。静态时可以得出 $I_{BQ} = 0$、$I_{CQ} = 0$、$U_{BEQ} = 0$、$U_{CEQ} = V_{CC}$，此时三极管处于截止状态。当输入信号 u_i 很小时，由于 U_{BE} 小于开启电压 U_{on}，则在 u_i 的整个周期内晶体管均处于截止状态，因此 U_{CEQ} 一直等于 V_{CC}，输出电压中没有任何交流成分。即使 u_i 幅值足够大，三极管也只能在输入信号的正半周期内大于 U_{on} 部分处于放大状态，因此输出电压会严重失真。

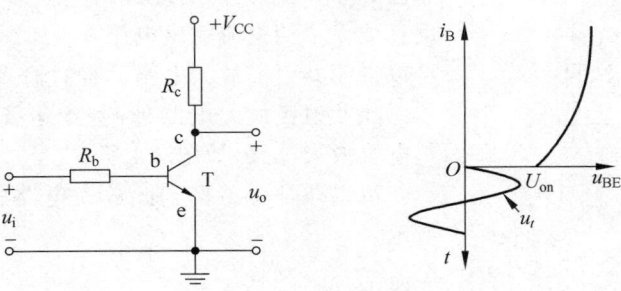

图 2-2　没有设置合适的静态工作点

因此，放大电路中的静态工作点直接影响放大电路的性能，在一个合适的静态工作点下，可以得到 u_i、i_B、i_C、u_{CE}、u_o 的波形，如图 2-3 所示。

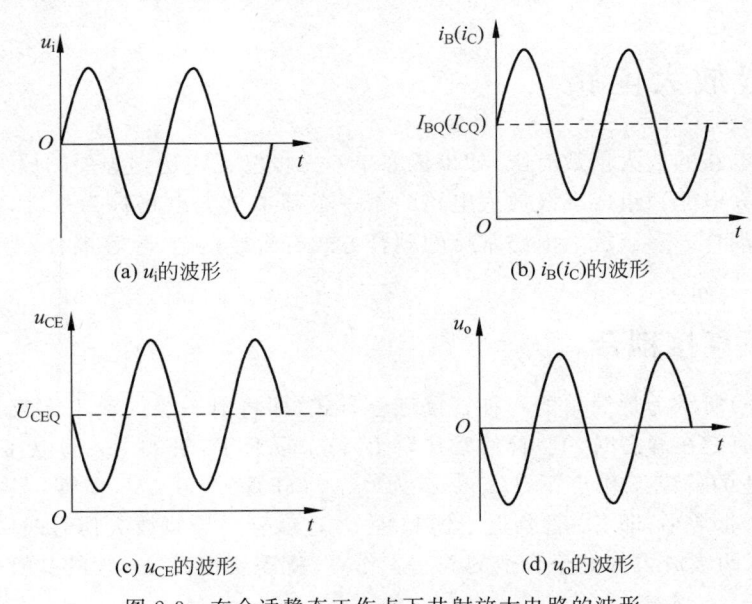

(a) u_i的波形　　　　　　　　　　(b) $i_B(i_C)$的波形

(c) u_{CE}的波形　　　　　　　　　(d) u_o的波形

图 2-3　在合适静态工作点下共射放大电路的波形

当有输入电压时,基极电流是在原来的直流分量 I_{BQ} 的基础上叠加一个正弦电流 i_b,因此基极总电流为

$$i_B = I_{BQ} + i_b \tag{2-3}$$

如图 2-3(b)中实线所画的波形为基极总电流。根据三极管基极电流对集电极电流的控制作用,集电极电流也会在直流分量 I_{CQ} 的基础上产生一个正弦交流电流 i_c,且 $i_c = \beta i_b$,则集电极的总电流为

$$i_C = I_{CQ} + i_c = I_{CQ} + \beta i_b \tag{2-4}$$

因此,不难理解,集电极的交流电流分量 i_c 将会在集电极电阻 R_c 上产生一个与 i_c 波形相同的交流电压。而由于 R_c 上的电压增大,管压降 u_{CE} 必然减小。相反地,R_c 上的电压减小,管压降 u_{CE} 必然增大。因此,管压降是在直流分量 U_{CEQ} 的基础上叠加一个与 i_c 变化相反的交流电压 u_{ce}。管压降总量为

$$u_{CE} = U_{CEQ} + u_{ce} \tag{2-5}$$

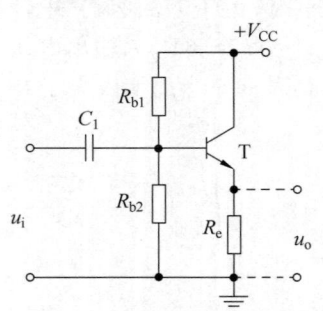

图 2-4 共集电极发射电路

u_{CE} 的波形如图 2-3(c)所示。经过隔直电容后会将直流分量 U_{CEQ} 去除,则最终得到一个与输入电压 u_i 相位相反且放大了的交流输出电压 u_o,如图 2-3(d)所示。这也可以说明共射极放大电路具有对输入信号反向的功能。

除共射极放大电路外,基本运算放大电路还包括共集电极放大电路,如图 2-4 所示。

可以非常容易得到此放大电路的静态工作点,如下所示。

$$\begin{cases} U_{BQ} = \dfrac{R_{b2}}{R_{b1} + R_{b2}} V_{CC} \\[2mm] I_{EQ} = \dfrac{U_{BQ} - U_{BEQ}}{R_e} = I_{BQ} + I_{CQ} = (1+\beta) I_{BQ} \\[2mm] U_{CE} = V_{CC} - I_{EQ} R_e \end{cases} \tag{2-6}$$

2.2 多级放大电路

单级放大电路的放大倍数有限,如果依靠单一三极管无法达到想要的放大倍数,这时可以选择多级放大电路。组成多级放大电路的每一个基本放大电路称为一级,级与级之间的连接称为级间耦合。多级放大电路常见的耦合方式有直接耦合、阻容耦合、变压器耦合和光电耦合。

2.2.1 直接耦合

如图 2-5(a)所示为最简单的一种直接耦合方式,即将前一级的输出端直接连接到后一级的输入端。但是在静态时,T_1 管的管压降 U_{CEQ1} 等于 T_2 管的 b-e 间电压 U_{BEQ2}。要保证 T_2 管在合适的静态工作点下,U_{BEQ2} 应为 0.7V(硅管)或 0.2V(锗管)左右。这也说明 T_1 管的 U_{CEQ1} 非常小,即 T_1 管临近于饱和状态,这就容易导致放大信号时引起饱和失真。因此,为了保证两级放大都处于合适的静态工作点,就需要提高 T_2 管的基极电压。可以在

T_2 管的发射极添加电阻 R_{e2},如图 2-5(b)所示。

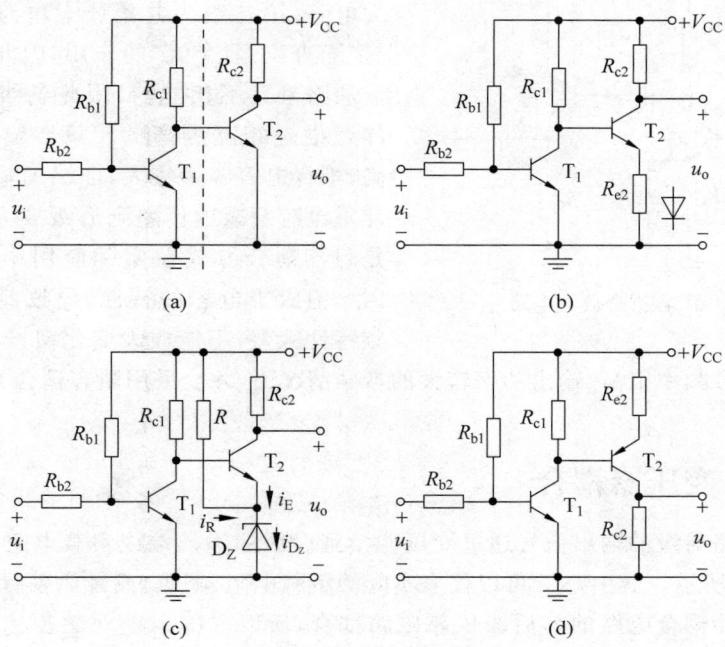

图 2-5 直接耦合放大电路

添加电阻 R_{e2} 后,虽然在参数取值得当时,放大电路中前后两级都可以在合适的静态工作点上,但是由于 R_{e2} 的增加会导致第二级的放大倍数下降,从而影响整个电路的放大效果。因此需要选择一种元器件取代 R_{e2},并且此元器件在静态与放大时呈现不同的状态。在静态时它相当于一个电压源,能提高 T_2 管的基极电压。在放大交流信号时可以等效于一个小电阻,从而不影响整体的放大倍数。二极管或稳压管都能满足这种非线性的要求,如图 2-5(b)所示。在静态时,二极管导通且两端电压为一个恒定值。在放大交流信号时虽然流过的电流会变化,但是由于二极管的特性其两端电压仍然为一个固定值,因此等效电阻 $(R = \mathrm{d}u/\mathrm{d}i)$ 非常小,从而对放大电路的影响较小。稳压二极管也可以实现同样的效果,如图 2-5(c)所示,读者可自行分析。

在图 2-5(a)、(b)、(c)中,为了让各级晶体管处于一个合适的静态工作点上,核心思想是提高 T_2 引脚的基极电位。但是随着级数的增加,如果仍然采用 NPN 管构成共射极放大电路,则集电极的电位会不断增加,以至于接近电源电压,这样会导致后级静态工作点不合适。这种情况下,可以混合使用 NPN 与 PNP 型三极管,因为 PNP 型三极管处于放大状态时需要 $U_E > U_B$ 且 $U_B > U_C$,如图 2-5(d)所示。

直接耦合放大电路各级放大电路直接耦合,因此静态工作点相互影响,那么当输入信号为零时,前级由温度变化所引起的电流、电位的变化(温漂)也会被逐级放大,会导致系统放大不稳定。为了避免这种问题,本章后续会介绍差分放大电路。但相反地,这种结构也让此电路具有良好的低频特性,可以放大变化缓慢的信号。

2.2.2 阻容耦合

将放大电路的前级输出端通过电容接到后级输入端,称为阻容耦合方式。如图 2-6 所

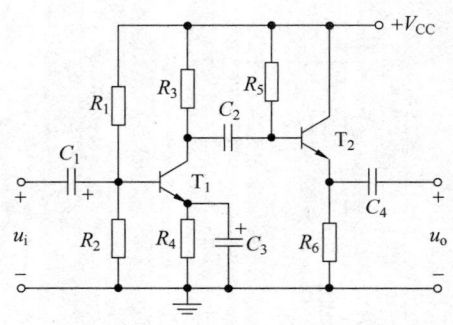

图 2-6　阻容耦合放大电路

示为两级阻容耦合放大电路，第一级为共射放大电路，第二级为共集放大电路。由于电容具有"隔直流、通交流"的作用，因此各级之间的直流通路是互不相同的，因此各级之间的静态工作点也是相互隔离的。只要输入信号频率较高，耦合电容容量较大，前级的输出信号就可以几乎没有衰减地传递到后级放大电路中。这也是阻容耦合方式在实际应用中广泛使用的原因。但由于电容的特性，导致此放大电路的低频特性很差，不能放大变化缓慢的信号。因此，通常只有在信号频率很高、输出功率较大的特殊情况下，才会采用阻容耦合方式的分立放大电路。

2.2.3　变压器耦合

将放大电路前级的输出信号通过变压器接到后级的输入端或负载电阻上，称为变压器耦合，如图 2-7 所示。其中，R_L 可以代表实际的负载电阻(喇叭)或者代表后级放大电路。

由于变压器耦合电路的前后级依靠磁路耦合，所以与阻容耦合电路一样，它的各级放大电路的静态工作点相互独立，便于分析、设计和调试。同时，此电路的低频特性也很差，不能放大变化缓慢的信号。由于变压器较为笨重，因此该电路也不适合集成化。

与前两种耦合方式相比，其最大特点是可以实现阻抗变换。在实际系统中，负载电阻的数值可能很小，例如扬声器，其阻值一般为 $3 \sim 16\Omega$。若忽略变压器自身的损耗，则原边损耗的功率等于副边负载电阻所获得的功率，则

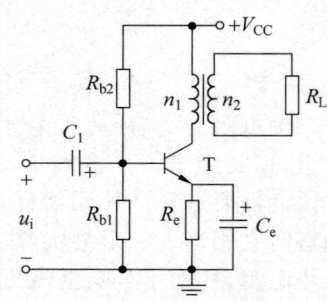

图 2-7　变压器耦合放大电路

$$R'_L = \left(\frac{I_2}{I_1}\right)^2 R_L \tag{2-7}$$

其中，I_1、I_2 为变压器原边电流、副边电流，R'_L 为等效负载。因为变压器副边电流与原边电流之比等于原边线圈匝数 N_1 与副边线圈匝数 N_2 之比，可得

$$R'_L = \left(\frac{n_2}{n_1}\right)^2 R_L \tag{2-8}$$

可以看出，通过调整原边、副边的匝数比，可以调整放大电路的等效负载。

2.2.4　光电耦合

光电耦合是以光信号为媒介来实现电信号的耦合和传递的，并因其抗干扰能力强而在实际中得到了广泛应用。如图 2-8 所示为光电耦合放大电路，其中信号源既可以是真实的信号源，也可以是前级放大电路。

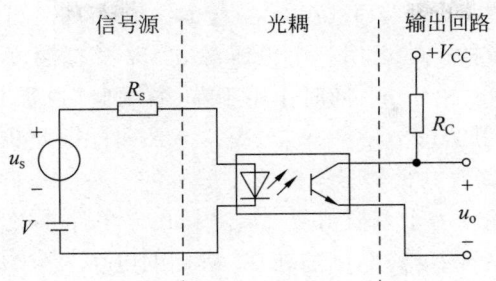

图 2-8 光电耦合放大电路

2.3 差分放大电路

如图 2-9 为典型的差分放大电路,由于电阻 R_e 接负电源 $-V_{EE}$,从原理图的形状上看很像一个尾巴,因此也称此电路为长尾式电路。理想的差分放大电路中两边参数对称,即 $R_{b1} = R_{b2} = R_b$、$R_{c1} = R_{c2} = R_c$。T_1 管的特性与 T_2 管的特性相同,$\beta_1 = \beta_2 = \beta$、$r_{be1} = r_{be2} = r_{be}$。$R_e$ 为公共的发射极电阻。

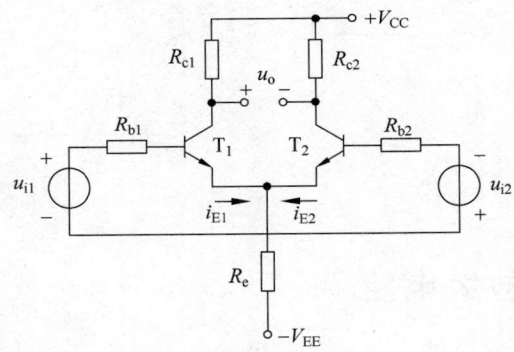

图 2-9 典型差分放大电路

首先从静态状态分析此电路,即 $u_{i1} = u_{i2} = 0$,电阻 R_e 中的电流为 T_1 与 T_2 发射极电流之和,即

$$I_{R_e} = I_{EQ1} + I_{EQ2} = 2I_{EQ} \tag{2-9}$$

根据左侧的基极回路,可得方程

$$I_{BQ1}R_{b1} + U_{BEQ1} + 2I_{EQ1}R_e = V_{EE} \tag{2-10}$$

通常情况下,R_{b1} 与 I_{BQ1} 的值都很小,因此可以忽略 R_{b1} 上的压降,从而可得到发射极静态电流

$$I_{EQ} \approx \frac{V_{EE} - U_{BEQ1}}{2R_e} \tag{2-11}$$

上式中,U_{BEQ1} 为固定值。由于左右两侧电路属性一致,因此只需要合适 V_{EE} 与 R_e 就可以设置电路的静态工作点。又由于 $R_{c1} = R_{c2}$,因此此时电路输出 $u_o = 0$。

在实际应用中,三极管的放大倍数、电阻的阻值等都会受到温度的影响,从而影响系统的放大效果。在图 2-9 中，T_1 管与 T_2 管、R_{b1} 与 R_{b2} 在布局时可以距离很近，因此可以认定它们受温度影响是一致的。这里用一个电压源 u_{ic} 来模拟温度的变化，从而对电路性能进行分析，如图 2-10 所示。由于 u_{ic} 同时作用于左、右两侧（也称共模信号），基极电流与集电极电流的变化量是相同的，即 $\Delta i_{B1} = \Delta i_{B2}$、$\Delta i_{C1} = \Delta i_{C2}$。因此集电极的电位也是相等的，即 u_o 仍然为 0。即此电路对共模信号不放大。

当给差分放大电路输入一个差模信号 Δu_{id} 时，由于电路参数的对称性，Δu_{id} 经过分压后，加在 T_1 管侧的电压为 $+\Delta u_{id}/2$，则加在 T_2 管侧的电压为 $-\Delta u_{id}/2$，如图 2-11 所示。以将此电路划分成左右两个相同部分，R_L 也可分成两部分。由于左右两部分的输入虽然方向相反，但是幅值都为 $\Delta u_{id}/2$。因此，在 R_L 上产生的电压变化等同于使用一个三极管的放大 Δu_{id} 效果。由此可见，差分放大电路是以牺牲一个三极管的放大倍数为代价来换取低温漂的效果。

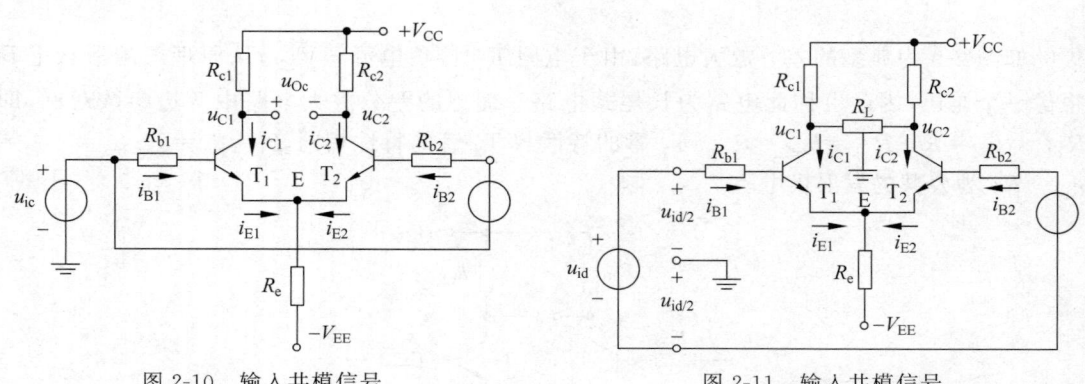

图 2-10　输入共模信号　　　　　　　　　图 2-11　输入共模信号

2.4　集成运算放大电路

显然，通过电阻、电容与晶体管等元器件的组合可以实现很复杂的功能，但由分立元器件组成的电路通常体积较大，而且元器件间的一致性也较差。例如，在如图 2-9 所示的典型差分放大电路中，T_1 与 T_2 三极管应保证一致性才能更好地让电路表现出更好的性能。**集成电路**（Integrated Circuit，IC）支持可以将晶体管、场效应管、二极管、电阻和电容等元器件以及它们之间的连线所组成的完整电路制作在一起，因此能保证系统集成度更高、体积更小且元器件的一致性更好。集成放大电路最初多用于各种模拟信号的运算上，例如，加法、减法、积分、微分等运算。因此也被称为**运算放大器**，简称运放。相比于分立元件，集成运算放大器性价比高、所构成的电路更简单，因此被广泛应用于模拟电路中。如图 2-12 所示为一个实际运算放大器（LM358）的实物图以及对应的引脚封装。

在模拟电路的设计与分析过程中，通常将一个运算放大器假定成理想状态，这可以简化分析。对于理想运算放大器一般可做出如下假设。

（1）假设流入运算放大器输入端的电流为零，即运算放大器的输入阻抗是无穷大。

（2）假设运算放大器的**增益**（可以简单理解为放大倍数）无穷大，即运算放大器可以输出任意大小的电压，以满足任意输入电压。

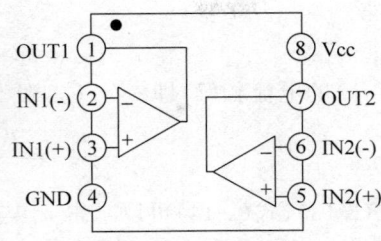

图 2-12 LM358 运算放大器的实物图与引脚图

（3）无穷大增益的假设还意味着输入信号差必须为零，即两个输入端之间的电压差为零。这是由于运算放大器的增益会把输出电压一直驱动到使两个输入端之间的电压为零。两个输入端之间的电压为零则意味着，如果理想运算放大器的一个输入端连接到某一个电压源上，那么另一个输入端也处于同一电位。即理想运算放大器的**失调电压**（为了在输出端获得恒定的零电压输出，而需在两个输入端所加的直流电压之差）也为零。

（4）输出阻抗为零。即理想运算放大器可以驱动任意负载，不会因为输出阻抗而产生任意的电压降。

（5）理想运算放大器的频率响应是平坦的。也就是说，运算放大器的增益将不会随着频率的增加而改变。

在本章后面会着重使用假设（1）与假设（3）进行分析，可以简单记作"电压虚短、电流虚断"。

表 2-1 列出了理想运算放大器基本假设对应的一些参数值。

表 2-1 理想运算放大器的基本假设

参 数 名 称	参 数 符 号	参 数 值
输入电流	I_{IN}	0
输入失调电压	V_{OS}	0
输入阻抗	Z_{IN}	∞
输出阻抗	Z_{OUT}	0
增益	α	∞

2.5 运算电路

所谓运算电路，就是以输入电压作为自变量，以输出电压作为函数输出。当输入电压变化时，输出电压将按一定的数学规律变化，即输出电压反映输入电压某种运算的结果，如加、减、乘、除、乘方、开方、积分、微分等运算。

2.5.1 比例运算电路

1. 反相比例运算电路

如图 2-13 所示为反相比例运算电路，可以根据"电压虚短、电流虚断"的特性，对此电路进行分析。由"电压虚短"可得

$$u_N = u_P = 0 \tag{2-12}$$

由"电流虚断"可得

$$i_N = i_P = 0 \tag{2-13}$$

那么在流过 R 与 R_f 的电流相等，即 $i_F = I_R$，即

$$\frac{u_i - u_N}{R} = \frac{u_N - u_o}{R_f} \tag{2-14}$$

结合式(2-12)、式(2-13)、式(2-14)可以求得 u_o 与 u_i 的关系为

$$u_o = -\frac{R_f}{R} u_i \tag{2-15}$$

可以看出，最终输入与输出是成比例关系的，$-\dfrac{R_f}{R}$ 即表示 u_o 与 u_i 反向。比例系数大于1则为放大电路，比例系数小于1则为信号衰减电路。此外还可以看出电路的放大系数只与 R_f 与 R 有关，这是由于 R_f 将输出信号反馈到了运算放大器的负输入中(负反馈)。如果在某一时刻 u_o 增加，那么 N 点的电位上升，此时 N 与 P 两点的电位就会不相等，那么运算放大器就会调整输出(降低)使得 N 与 P 点的电位相同，反之亦然。因此，正是由于负反馈的存在，使得电路的放大倍数与运算放大器本身的增益无关，而且会使电路放大倍数变得十分稳定。

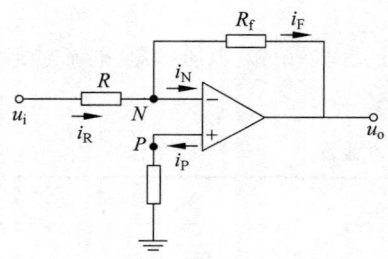

图 2-13　反相比例运算电路

在实际应用中，运算放大器输出电压的范围是不能超过供电电源的电压，即输出最大值不能超过电源的正电源，最小值不能小于电源的负电源。因此为了有效输出负电压，图 2-13 的电源应采用双电源供电，即 $\pm V_{CC}$。如果采用单电源供电，即负电源为 0V，则此电路会一直输出 0V。

2. 同相比例运算电路

如图 2-14 所示为同相比例运算电路，其结构与反相比例运算类似。不同之处在于，输入信号 u_i 接运算放大器的正输入端。根据"电压虚短、电流虚断"可以求得 u_o 与 u_i 的关系为

$$u_o = \left(1 + \frac{R_f}{R}\right) u_i \tag{2-16}$$

上式表明 u_o 与 u_i 同相且 u_o 大于 u_i。当 R 断开，即 $R \to +\infty$，如图 2-15 所示。显然 $u_o = u_i$，因此该电路也被称作为电压跟随器。虽然该电路的输出电压与输入电压是相同的，但是该电路可以保护输入端不受输出端所接的其他电路的影响。

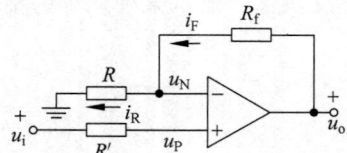

图 2-14　同相比例运算电路

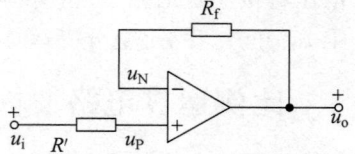

图 2-15　电压跟随器

2.5.2　加减运算电路

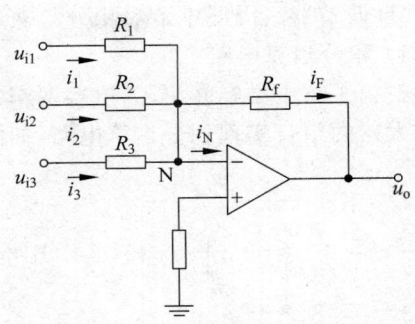

图 2-16　反相求和运算电路

将反相比例运算电路增加几个输入，即可构成一个反相求和运算电路，如图 2-16 所示。

可以使用叠加定理来计算每一个输入信号所产生的输出电压，然后将这些输出电压以代数和的形式叠加在一起，就得到了总的输入电压。式(2-17)为 u_{i1} 单独输入，u_{i2} 与 u_{i3} 接地的输出电压值。式(2-18)与式(2-19)则分别为 u_{i2} 与 u_{i3} 单独输入产生的输出值。式(2-20)为叠加后的电压输出。

$$u_{o1} = -\frac{R_f}{R_1}u_{i1} \tag{2-17}$$

$$u_{o2} = -\frac{R_f}{R_2}u_{i2} \tag{2-18}$$

$$u_{o3} = -\frac{R_f}{R_3}u_{i3} \tag{2-19}$$

$$u_o = u_{o1} + u_{o2} + u_{o3} = -\left(\frac{R_f}{R_1}u_{i1} + \frac{R_f}{R_2}u_{i2} + \frac{R_f}{R_3}u_{i3}\right) \tag{2-20}$$

显然，此电路的输出电压与输入电压相反，与反相比例运算电路一样，此电路也需要双电源对运算放大器供电。对于同相求和运算与加减法运算电路分别如图 2-17 与图 2-18 所示，其结果分别如式(2-21)与式(2-22)所示，读者可自行求解。

$$u_o = R_f\left(\frac{u_{i1}}{R_1} + \frac{u_{i2}}{R_2} + \frac{u_{i3}}{R_3}\right) \tag{2-21}$$

$$u_o = R_f\left(\frac{u_{i3}}{R_3} + \frac{u_{i4}}{R_4} - \frac{u_{i1}}{R_1} - \frac{u_{i2}}{R_2}\right) \tag{2-22}$$

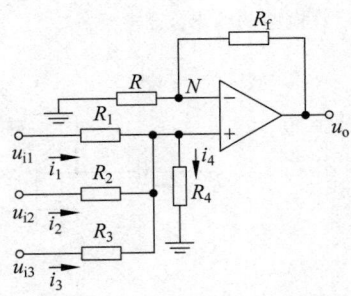

图 2-17　同相求和运算电路

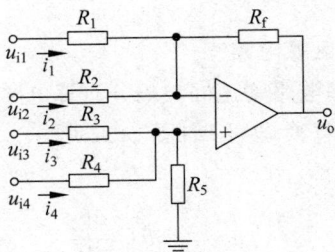

图 2-18　加减法运算电路

2.5.3　积分与微分运算电路

在自动控制领域中常常需要使用比例、积分、微分运算电路组成一个完整的闭环控制系统(PID 调节器),因此本节对积分与微分运算电路进行介绍。

1. 积分运算电路

在第 1 章中已经介绍了,电容两端的电压是电路的积分,因此可以根据电容、电阻与运算放大器的组合实现积分运算电路,如图 2-19 所示。

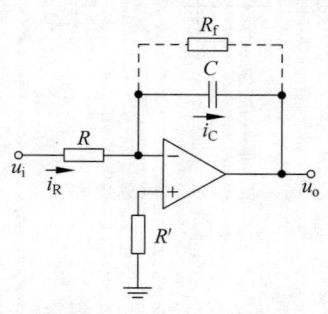

图 2-19　积分运算电路

由"电压虚短"可得

$$u_N = u_P = 0 \tag{2-23}$$

即电容上的电压与输出电压的关系为

$$u_o = -u_C \tag{2-24}$$

由"电流虚断"可得

$$i_C = i_R = \frac{u_i}{R} \tag{2-25}$$

又因为电容上的电压等于其电流的积分,因此可得

$$u_o = -\frac{1}{C}\int i_C \, dt = -\frac{1}{RC}\int u_i \, dt \tag{2-26}$$

显然,当输入为直流信号时,电容会被不断充电,导致电容两端电压会直线上升,如图 2-20(a)所示,但在实际应用中,这种现象是不会发生的,因为运算放大器最大输出电压会受到电源电压的限制。当输入方波信号时,在高电平期间电容会被不断充电,而在低电平期间电容会被不断放电,因此输出信号为三角波,如图 2-20(b)所示。另外,由于电容的电流相位超前于电压,因此此电路还可实现正弦、余弦间的转换,如图 2-20(c)所示。

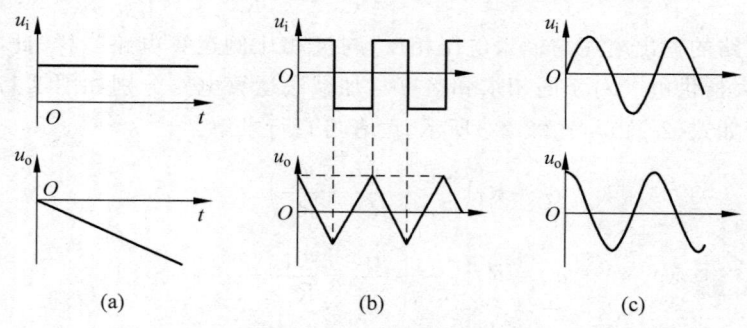

(a)　　　　　　　(b)　　　　　　　(c)

图 2-20　不同输入信号下积分运算电路的输出波形

2. 微分运算电路

微分运算电路则正好与积分运算电路相反,将图 2-19 中的 R 与 C 替换即可,如图 2-21 所示。输入与输出之间的关系为

$$u_o = -RC \frac{du_i}{dt} \tag{2-27}$$

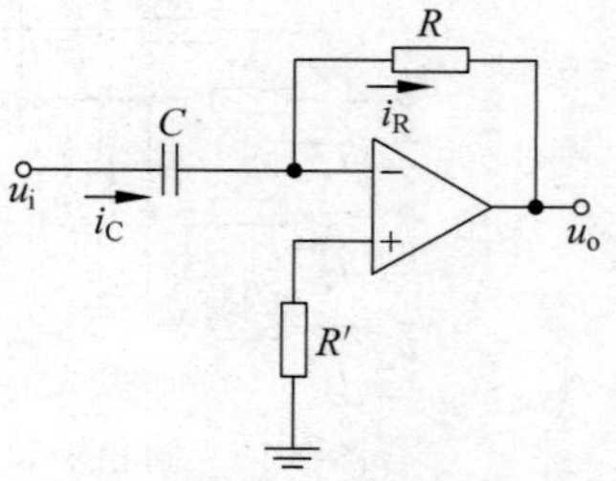

图 2-21　微分运算电路

2.6　实际运算放大器

虽然前述电路中均使用理想运算放大器进行分析,但是这种分析方法在实际应用中也是合理的。因为随着现代电子技术的进步,目前的一些运算放大器在性能上的确接近于完

美状态。甚至当运算放大器工作在几千赫兹时,使用理想运算放大器进行分析得到的结果也十分精确。下面对理想运算放大器的5种假设与实际情况进行对比:

(1)假设流入运算放大器输入端的电流为0,这说明运算放大器的输入阻抗是无穷大。这个假设对于FET运算放大器几乎是完全正确的,这是因为FET运算放大器的输入电流在1pA以下。但对于双极性晶体管型的高速运算放大器这个假设则不一定正确,因为双极性晶体管型的高速运算放大器的输入电流有时可以到几十毫安。

(2)假设运算放大器的增益无穷大。实际上,根据分立元器件的放大电路可以得出,放大后的电压一般不会超过电源电压。对于运算放大器也一样,当输出电压接近于电源电压时,运算放大器就会进入饱和状态。在实际使用过程中也并不是否定这个假设,只是给这个假设限定了一个输出电压的最大值。

(3)理想运算放大器的两个输入端之间的电压为0(根据假设(2)产生的)。在实际应用中,运算放大器的增益可以做到很大,因此在合适输入电压范围内,输入端之间的电压是非常趋近于零的。

(4)输出阻抗为0,即理想运算放大器可以驱动任意负载,不会因为输出阻抗而产生任意的电压降。在小电流下,大多数运算放大器的输出阻抗在零点几欧姆的范围内,所以,这个假设在大多数情况下是成立的。

(5)理想运算放大器的频率响应是平坦的。也就是说,运算放大器的增益将不会随着频率的增加而改变。在实际应用中,在合适的频率范围内使用运算放大器,即可保证这一假设的正确性。

需要注意的是,应根据自己不同的应用选择不同的运算放大器。事实上,没有任何一种运算放大器是万能的。例如,运算放大器的增益是与频率有关系的,因此可以很好地放大传感器信号的运算放大器,在射频应用中可能表现很差。现在市场上存在很多型号的运算放大器,厂家以略微不同的方式对某些参数进行优化,因此设计者的任务是需要在众多元器件中找出适合具体应用的运算放大器。

2.7 比较器

如图2-22所示为一个最基本的比较器电路,比较器会比较两个输入端的电压,当u_P>u_N时电压会输出高电平,否则输出低电平。这在实际中有广泛的应用,例如,可以通过比较器来用于报警信号的产生:u_N接入设定的阈值,u_P接入采集的电压值,当电路中的电压超过u_N比较器就会输出高电平用于报警信号。此外,比较器还可很方便地产生非正弦信号,具体将在第3章中详细介绍。

可以看出,比较器与运算放大器十分相似,在实际应用中也有将运算放大器作为比较器使用的案例,此时运算放大器工作在饱和状态,并且"虚短"与"虚断"的假设也不再成立。事实上,运算放大器与比较器存在一定的区别,主要在于输出端电路有很大的不同:

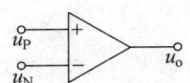

图 2-22 比较器电路

运算放大器的输出端被优化成线性操作的,更适合信号放大的应用;而比较器的输出端则能在更短的时间内实现高低电平的转换,因此更适用于做比较的应用场合。另外,有些比较器的输出端集电极开路或漏极开路,在实际使用中需要添加上拉电阻。

图 2-22 的电路能比较一个阈值的电压，因此也被称为单限比较器。但是如果输入的检测信号 u_P 在阈值 u_N 附近有微小的干扰，那么输出电压就会出现振荡，如图 2-23(a)所示。

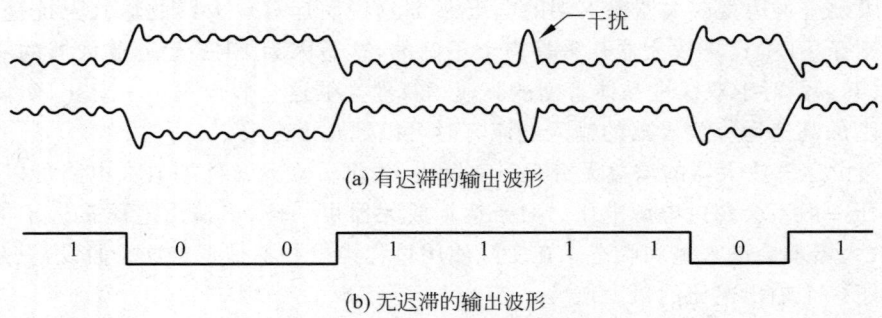

(a) 有迟滞的输出波形

| 1 | 0 | 0 | 1 | 1 | 1 | 0 | 1 |

(b) 无迟滞的输出波形

图 2-23　有和无迟滞的输出波形

使用迟滞比较器可以解决此问题。图 2-24(a)为一个迟滞比较器的原理图。当 u_o 输出高电平(u_{OH})时，比较器的阈值为 $T_H = R_{f1}(u_{OH} - u_{ref})/(R_{f1} + R_{f2})$；当 u_o 输出低电平(u_{OL})时，比较器的阈值为 $T_L = R_{f1}(u_{ref} - u_{OL})/(R_{f1} + R_{f2})$。图 2-24(b)为此电路的电压传输曲线，可以看出，当 $T_L < u_i < T_H$ 时 u_o 可能为高电平也可能为低电平，这取决于当时比较器的输出电压。因此当 u_i 发生轻微抖动时，比较器的输出并不会发生振荡，效果如图 2-23(b)所示。

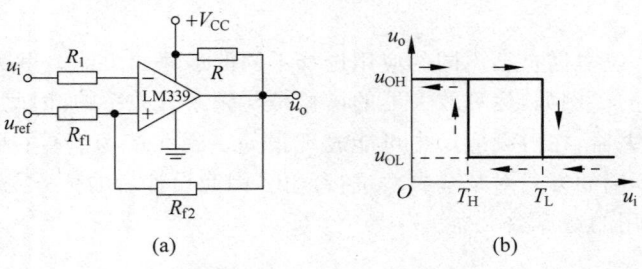

图 2-24　迟滞比较器电路

2.8　放大电路实例——单电源供电的比例放大电路

如图 2-25 所示为单电源供电比例放大电路，图中 $V_{CC} = 5V$、$R_g = R_f = 100\text{k}\Omega$、$R_L = 10\text{k}\Omega$，可以很容易得到这个电路的输出与输入电压之间的关系为

$$u_o = (u_i - V_{REF}) \frac{R_f}{R_g} = u_i - V_{REF} \tag{2-28}$$

当 $V_{REF} = 0$ 时，$u_o = u_i$。显然对于理想运算放大器来说，当 $u_i < 0$ 时 u_o 也小于零。但是此电路为单电源供电，负电源端接地(0V)。因此该电路实际输出与输入之间的关系为

$$\begin{cases} u_o = 0, & u_i < 0 \\ u_o = u_i, & 0 \leqslant u_i < 5 \end{cases} \tag{2-29}$$

现在使用两个运算放大器对这个电路进行测试，两个运算放大器分别为 LM358 与

TLV2471。其真实曲线如图 2-26 所示。可以看出,在 5V 供电范围内 LM358 输出电压的范围是 $0.3\sim3.7\text{V}$,这正是由于单电源供电限制了电路的动态输出范围,也可能在放大过程中造成对大信号的失真。TLV2471 是轨对轨运算放大器,即运算放大器的最大值/最小值非常接近或等于电源的正/负电压值,因此得出的曲线非常符合理论值。

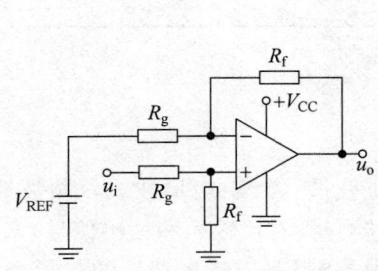

图 2-25 单电源供电比例放大电路

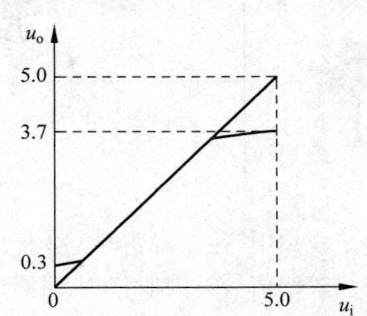

图 2-26 LM358 与 TLV2471 放大的结果

从这个例子可以看出,不同的运算放大器具有不同的性能,需要在实际应用中选择最合适的运算放大器。

第 3 章

波形发生与变换

在电子应用中,往往需要产生各种波形的信号(正弦波、方波、矩形波或三角波等)作为测试信号或控制信号。例如,在电路测试中,可以通过测量、对比输入和输出信号,来判断信号处理电路的功能和特性是否达到设计要求。而作为控制信号,产生波形的各项指标直接影响电路输出的性能。同时,为了将采集到的信号用于控制、驱动负载或输入计算机,常常需要将信号进行转换,例如,将电流信号转换成电压信号、将正弦波信号转换成频率相同的方波驱动信号等等。

波形发生器(也称信号发生器)可用于产生周期性或按某一函数规律的变化的时域信号。目前市场上很多成熟的波形发生器都是通过微控制器来实现信号的发生,由于波形发生电路能够更好地促进读者对振荡、滤波等知识点的学习,因此本章将主要介绍如何通过模拟电路来实现波形发生与信号转换的功能。

3.1 一个简单的方波发生器电路

如图 3-1 所示为一个方波发生器的原理图。其中,T_1 与 T_2 是两只 NPN 型的晶体管。R_1 与 R_2 分别为 T_1 与 T_2 的集电极电阻,R_3 与 R_4 则为 T_1 与 T_2 的基极偏流电阻,T_1 的集电极经 C_1 耦合到 T_2 的基极,T_2 的集电极经 C_2 耦合到 T_1 的基极。

接通电源后,T_1 与 T_2 两管都趋向于导通,但发展是不平衡的,设 T_1 的集电极电流 i_{C1} 增长较快,则 R_1 两端的压降会减小,经过 C_1 引起 u_{b2} 下降。经 T_2 的反向放大使 u_{c2} 上升。又经过 C_2 的耦合使 u_{b1} 上升,经 T_1 后使得 u_{c1} 进一步减小,形成了正反馈。这种正反馈使得 T_1 饱和导通、T_2 完全截止。但这种状态并不会持久,因为此后电容 C_2 要被充电而 C_1 要被放电。当 C_1 逐渐放完电时,T_2 的发射结由反向偏置转为正向偏置,于是 T_2 的集电极电流 i_{C2} 开始上升,这会引起与之前相反的正反馈,即这种正反馈使得 T_1 完全截止、T_2 饱和导通。就这样,通过正反馈与放大使得电路产生振荡,表现形式即为矩形波。

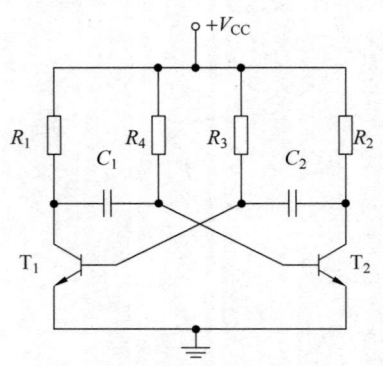

图 3-1 使用三极管实现方波发生器的原理图

3.2 使用放大电路构成正弦波振荡器

由 3.1 节中简单的例子可以看出,使用模拟电路产生周期性的信号,需要振荡电路的参与。这与第 2 章的放大电路正好相反,在放大电路中应尽量避免放大器的振荡,即要求稳定地放大,这也是放大电路增加负反馈的原因。事实上,不合适的负反馈也能让放大电路产生振荡现象,因此能从原理上判定放大电路是否会发生振荡是非常有必要的,这对设计与调试放大以及振荡电路有很大帮助。

3.2.1 闭环与反馈

无论为放大电路增加正反馈还是负反馈,都构成了信号传输的闭环,即输出信号也作为了输入的一部分。而自动控制理论经常被应用于闭环控制系统的稳定性,因此可借助控制领域的稳定性理论去分析放大电路的稳定性。图 3-2(a)对典型控制系统中的一些术语进行了定义,其中矩形框中 G 代表向前通道的传递函数,矩形框中的 H 则表示反馈通道的传递函数。这里的函数可以为一个常数,如图 3-2(b)所示;也可以为一个复杂的数学函数,如图 3-2(c)所示;圆形框为信号的叠加,圆形框的输入箭头标有"+"或"−"号,代表信号的相加或相减,也可依次来区分控制系统为正反馈还是负反馈。

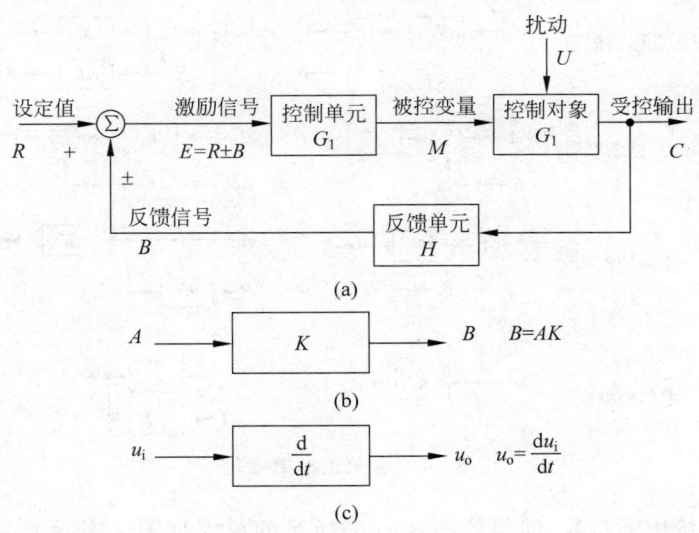

图 3-2 控制系统的术语定义

实际中的控制系统往往比较复杂,如图 3-3(a)所示为一个多环路的反馈系统,这个图形看起来非常复杂,但是反馈框图是可以合并的,简化后的反馈框图如图 3-3(b)所示,一个无论多复杂的框图都可以基于图 3-3(b)的反馈框图去分析系统的稳定性。

常见的框图变化如图 3-4 所示。

3.2.2 反馈与稳定性

无论多复杂的反馈框图,均可以变换成如图 3-5(a)所示的表达形式。将图 3-5(a)中的

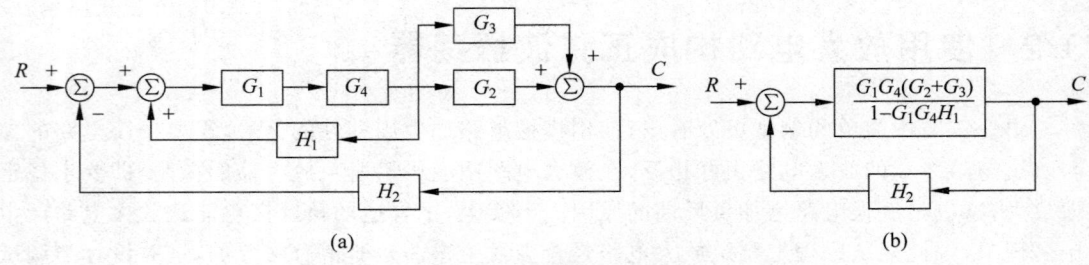

图 3-3 多环路的反馈系统与简化后的反馈框图

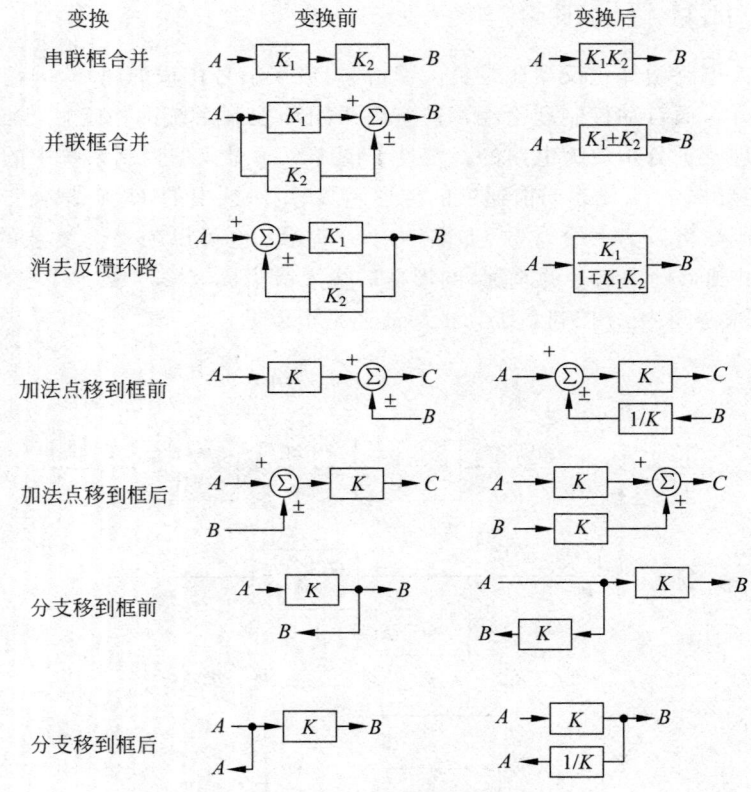

图 3-4 常见的框图变化

符号换成电子系统中的符号,即得到图 3-5(b)所示的反馈框图。实际上,其数学过程是一致的,只不过它们面向不同的系统工程师。因此由电路产生的反馈框图也是可以简化的,而且不论多复杂的电路,均可将由电路得到的复杂反馈框图简化为如图 3-5(b)所示的简化形式。

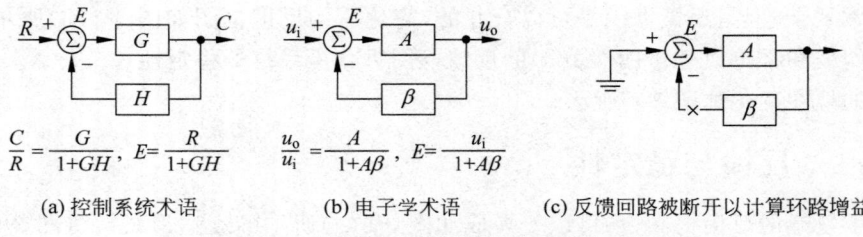

$\dfrac{C}{R}=\dfrac{G}{1+GH}$, $E=\dfrac{R}{1+GH}$ $\dfrac{u_o}{u_i}=\dfrac{A}{1+A\beta}$, $E=\dfrac{u_i}{1+A\beta}$

(a)控制系统术语   (b)电子学术语   (c)反馈回路被断开以计算环路增益

图 3-5 控制与电子领域的典型反馈系统

如图 3-6 所示为将反相比例放大电路转变成反馈框图的例子,其中,A 代表**开环增益**,在此电路中等于运算放大器本身的开环增益,β 代表反馈系统。在反相比例放大电路中,反馈是使用两个电阻进行反馈的,即反馈系统可以为

$$\beta = \frac{R_1}{R_1 + R_f} \tag{3-1}$$

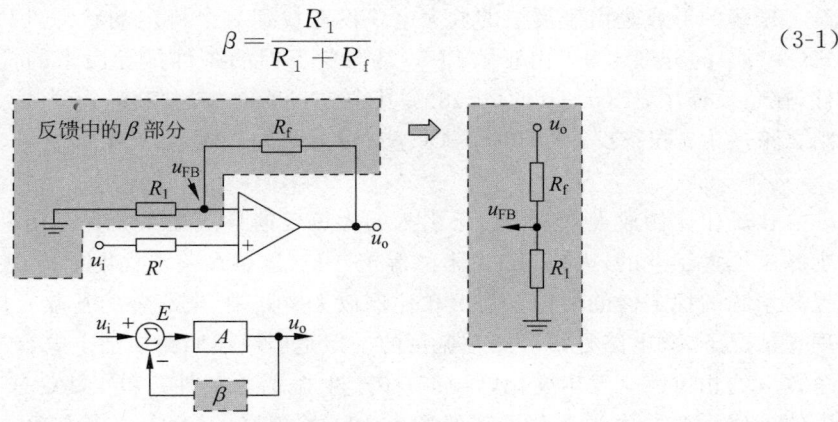

图 3-6 将反相比例放大电路转换成反馈框图

那么在此电路中 $0 < \beta < 1$。当 R_f 断路时,即 $R_f = \infty$,由式(3-1)得 $\beta = 0$,此时电路为开环状态;当 R_1 断路时,即 $R_1 = \infty$,则 $\beta = 1$,此时电路为电压跟随器。同时,可以根据反馈框图很方便地求出输出方程为

$$u_o = EA \tag{3-2}$$

且误差信号 E 为

$$E = u_i - \beta u_o \tag{3-3}$$

利用式(3-2)与式(3-3),可得

$$\frac{u_o}{A} = u_i - \beta u_o \tag{3-4}$$

通过简单的变化,即可得到输入与输出的关系

$$\frac{u_o}{u_i} = \frac{A}{1 + A\beta} \tag{3-5}$$

显然,当 $A\beta \gg 1$ 时,$\frac{u_o}{u_i} \approx \frac{1}{\beta}$。

在式(3-5)中,$A\beta$ 是一个非常重要的参数,被称为**环路增益**。参考图 3-5(c),将输入电压接地(对于电流则为开路)以及把环路断开,所计算的增益就是环路增益。那么当 $A\beta = -1$ 时,式(3-5)趋向于无穷。由于实际运算放大器输出最大电压为电源电压,输出无法无限增长,此时运算放大器内的元器件就会表现出非线性的现象,运算放大器的增益会降低,从而开环增益 $A\beta$ 不再等于1。那么此放大电路可能有两种表现:

(1)电路可以在到达最大值后稳定,这称为**锁定**(lockup);

(2)电路将会在最大与最小输出电压之间来回跳动,这就是振荡。

综上所述,在设计振荡电路时,需要确保 $A\beta = -1$,而在设计放大电路时需要避免这个条件,从而提高系统的稳定性。另外,在计算环路增益时,输入信号是断开(电压)或短路(电流)的,因此输入对稳定性是没有影响的。这说明振荡器不需要输入信号,振荡器会利用反

馈将生成的输出信号作为输入。

3.2.3　正弦波振荡电路的设计

振荡的形成是由于反馈的放大电路没有找到一个稳定的状态,因此设计振荡器需要让式(3-5)中的分母为 0。由于式(3-5)是在负反馈的条件推导出来的,因此为了满足振荡条件,在负反馈中,$A\beta=-1=1\angle180°$,其中 180° 为对应的相移,需要通过电阻、电容和电感的组合来产生;在正反馈中,由于式(3-5)中分母"+"号会变成"-"号,因此需要保证 $A\beta=1=1\angle0°$。

在反相比例放大电路中由于引入的为负反馈且反馈系数 β 是由两个电阻分压组成的,则 β 是恒大于 0 的,因此 $A\beta$ 也不能等于-1。这也在一定程度上体现出了引入负反馈是能提高系统的稳定性的。由于在反相比例放大电路中,电路中的基础元件只包含电阻,因此在理想情况下,此电路是不会产生振荡的。但是当反馈回路中加上电容与电感元器件后,反馈系数 β 的相位就会发生变化,就具备了产生振荡的条件。单个 RC 或 RL 电路只能产生最大的相位为 90°,由于振荡器需要产生 180° 的相移,因此需要多个 RC 或 RL 来构成振荡电路。当所有 RC 或 RL 的组合相移累积到 180°,就可能发生振荡。

实际上,放大电路在振荡的过程还分为两种情况。第一种是当运算放大器输出到达最大值或最小值时,此时进入饱和状态并保存一段时间,接着回到线性区,然后输出电压再朝着相反的电压变化。第二种情况是当输出电压到达一定值后,运算放大器输出电压变化的方向就改变了,即整个运算放大器在振荡过程中始终处于线性状态。第一种情况会产生高度失真的波形(准方波),而第二种情况则产生正弦波。

根据以上描述,很容易想到如图 3-7 所示的相移振荡器。假设这些 RC 相移之间是相互独立的,则此电路的环路增益为

$$A\beta = A_1\left(\frac{1}{\mathrm{j}\omega RC+1}\right)^3 = A_1 K \tag{3-6}$$

其中,A_1 为 TLV2474 产生的增益。

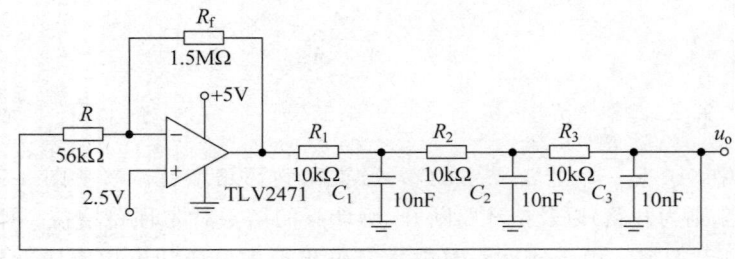

图 3-7　相移振荡器

若要求环路的相移为-180°,那么需要每一级 RC 相移为-60°,即 $\omega RC=\arctan(60°)$,因此

$$\omega = \frac{\arctan(60°)}{RC} \approx \frac{1.732}{RC} \tag{3-7}$$

此时 K 的幅值 $|K| \approx \left(\frac{1}{2}\right)^3$,因此如果需要产生正弦波,那么在这个频率上的运算放大

器增益 A_1 应该为 8。

　　按照图 3-7 搭建出来的电路效果如图 3-8 所示,实际振荡频率约为 3.76kHz,而不是计算的 1.73kHz,而且使得振荡启动的增益为 27,也不是计算的 8。最主要的原因是之前假设了各个 RC 之间是独立的,这其实与实际不符合。如图 3-9 所示的电路每级 RC 之间都通过电压跟随器来进行缓冲,由图 3-10 可以看到,得到的结果与计算的结果非常接近了。

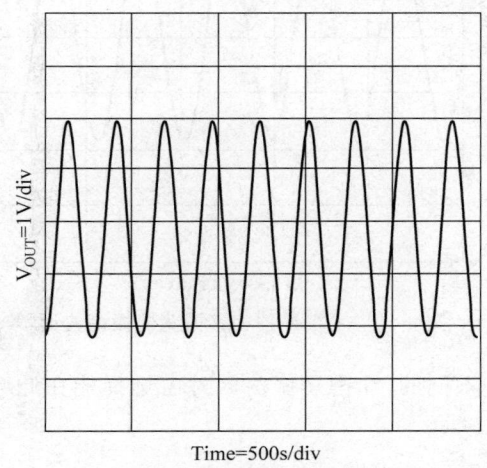

Time=500s/div

图 3-8　相移振荡器振荡波形

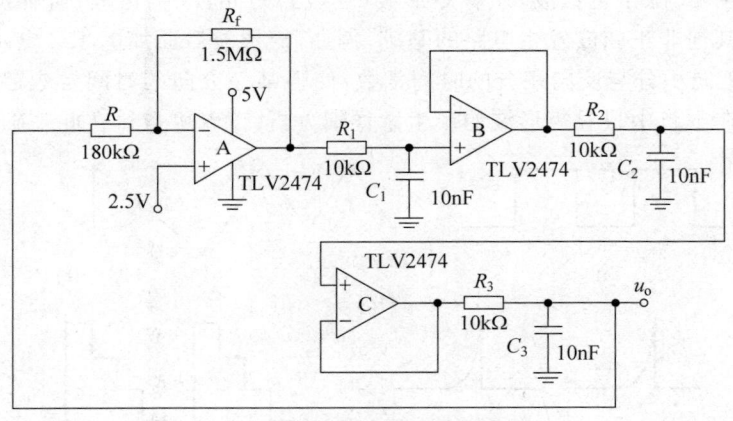

图 3-9　带缓冲的相移振荡器

　　振荡器在振荡频率点处的环路增益必须等于 1,因为需要满足 $A\beta = -1\angle 180°$,但是在实际应用中 R_f 存在误差,因此很难保证系统的环路增益等于 1。但是为什么振荡还是发生了呢?这是由于当环路增益大于 1 且相移为 180° 时,有源元器件(运算放大器)的非线性会将增益降低到 1。例如,运算放大器的输出电压接近与电压的任意一端时,就会出现这种非线性。如果当环路增益小于 1,那么此振荡器会停止振荡。因此在实际应用中,为了让振荡器的稳定,可以将最坏情况下的环路增益设计成大于 1,但需要注意的是,环路增益设置过大又会引起正弦波的失真。

　　另外,前面对正弦波振荡器的讨论都是假设运算放大器不受频率的影响,事实上,不同

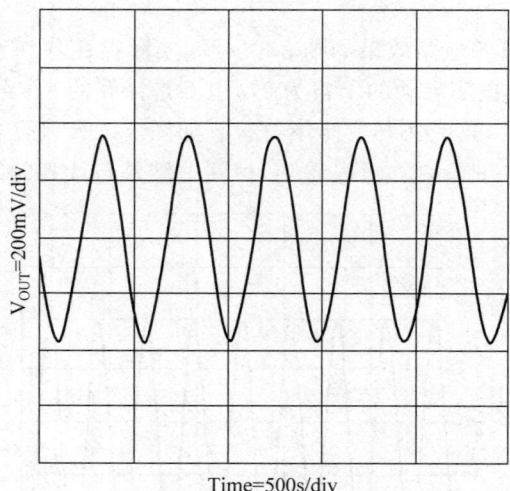

图 3-10　带缓冲的相移振荡器振荡波形

运算放大器的频率响应是不同的,在搭建振荡器时需选择能在此频率下正常工作的运算放大器。

3.2.4　矩形波发生电路

在实际应用中,除了正弦波,还有矩形波(方波)、三角波、锯齿波、阶梯波,如图 3-11 所示。矩形波是其他非正弦波发生电路的基础,例如,矩形波后面加上积分电路即可形成三角波;如果改变正向积分与反向积分的时间常数,使得某一方向的时间常数趋于 0,则可获得锯齿波。因此在本节中只对矩形波的产生做详细分析,读者可自行在此基础上扩展。

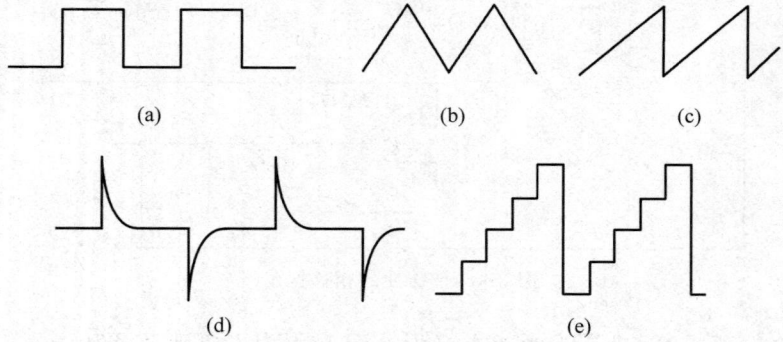

图 3-11　常见的非正弦波波形

由于矩形波只有两种状态:高电平与低电平,因此运用比较器能产生较为理想的矩形波。如图 3-12 所示为一个矩形波发生器,R_4 与 R_5 构成振荡器的反馈电路。通过 R_1 实现对电容 C_1 的周期性充放电,即可形成周期性的矩形波。

当电容 C_1 两端电压小于 R_4 两端电压,则比较器输出高电平,此时电容 C_1 会被充电;若电容 C_1 两端电压大于 R_4 两端电压,则比较器输出低电平,此时电容 C_1 会被放电。显然电容充放电的一个周期为方波的周期。

电容充电的最高电压为

$$u_{\mathrm{Cmax}} = \frac{R_4}{R_4 + R_5}(u_{\mathrm{Omax}} - V_{\mathrm{REF}}) \qquad (3\text{-}8)$$

其中,u_{Cmax} 为充电的最高电压;u_{Omax} 为比较器输出的最高电压;V_{REF} 为单电源下的偏置电压。

电容放电的最低电压为

$$u_{\mathrm{Cmin}} = \frac{R_4}{R_4 + R_5}(V_{\mathrm{REF}} - u_{\mathrm{Omin}}) \qquad (3\text{-}9)$$

其中,u_{Cmin} 为充电的最低电压;u_{Omin} 为比较器输出的最小电压。

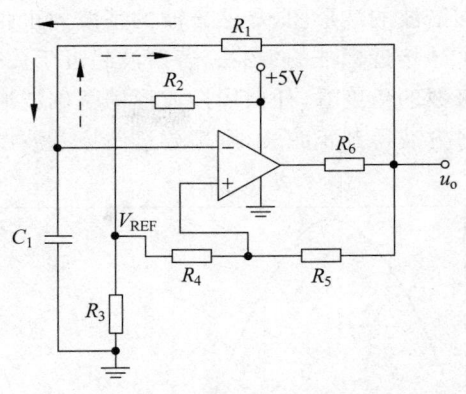

图 3-12　矩形波发生器

由以上分析可知,调整电路中的 R_4 与 R_5 就可以改变电容 C_1 充放电的最高与最低电压,从而改变电路的振荡频率。

3.3　正弦波转换为方波

要将正弦波转换成方波非常容易,使信号通过过零比较器即可。图 3-13 为一个有迟滞的过零比较器。由于实际电路中可能存在着噪声,迟滞比较器可以消除由噪声引起输出振荡。

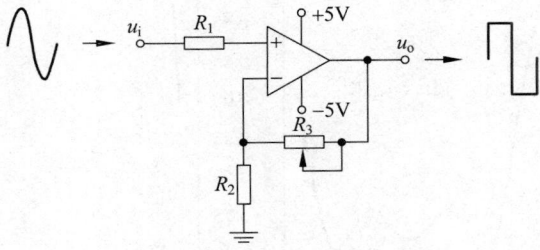

图 3-13　正弦波转方波电路

3.4　滤波器

3.4.1　傅里叶级数

在介绍滤波器之前,有必要先了解傅里叶级数,其公式如下

$$f_{\mathrm{T}}(t) = \frac{a_0}{2} + \sum_{k=1}^{+\infty} a_k \cos(k\omega_0 t) + b_k \sin(k\omega_0 t) \qquad (3\text{-}10)$$

上式表明,任何周期信号都能够由不同频率的正弦波与余弦波叠加而成。其中,$\dfrac{a_0}{2}$ 为此波形的直流分量;$a_k \cos(k\omega_0 t) + b_k \sin(k\omega_0 t)$ 可以理解为这个波形的 k 次谐波,$k=1$ 的波形也被称为基波。

首先,可以从实际波形的叠加效果去理解傅里叶级数。图 3-14(a)和图 3-14(b)为累加不同谐波的波形图，显然方波的基波为正弦波。同时也可以看出，随着谐波次数增加，波形越来越接近标准的方波。若谐波趋近于无穷，则可以得到一个标准的正弦波。因此，从傅里叶级数的角度看，任何周期波形的基础波形都为正弦波。由式(3-10)也可以看出，如果需要通过方波得到正弦波，则需要过滤掉基波以外的高次谐波，即滤波。

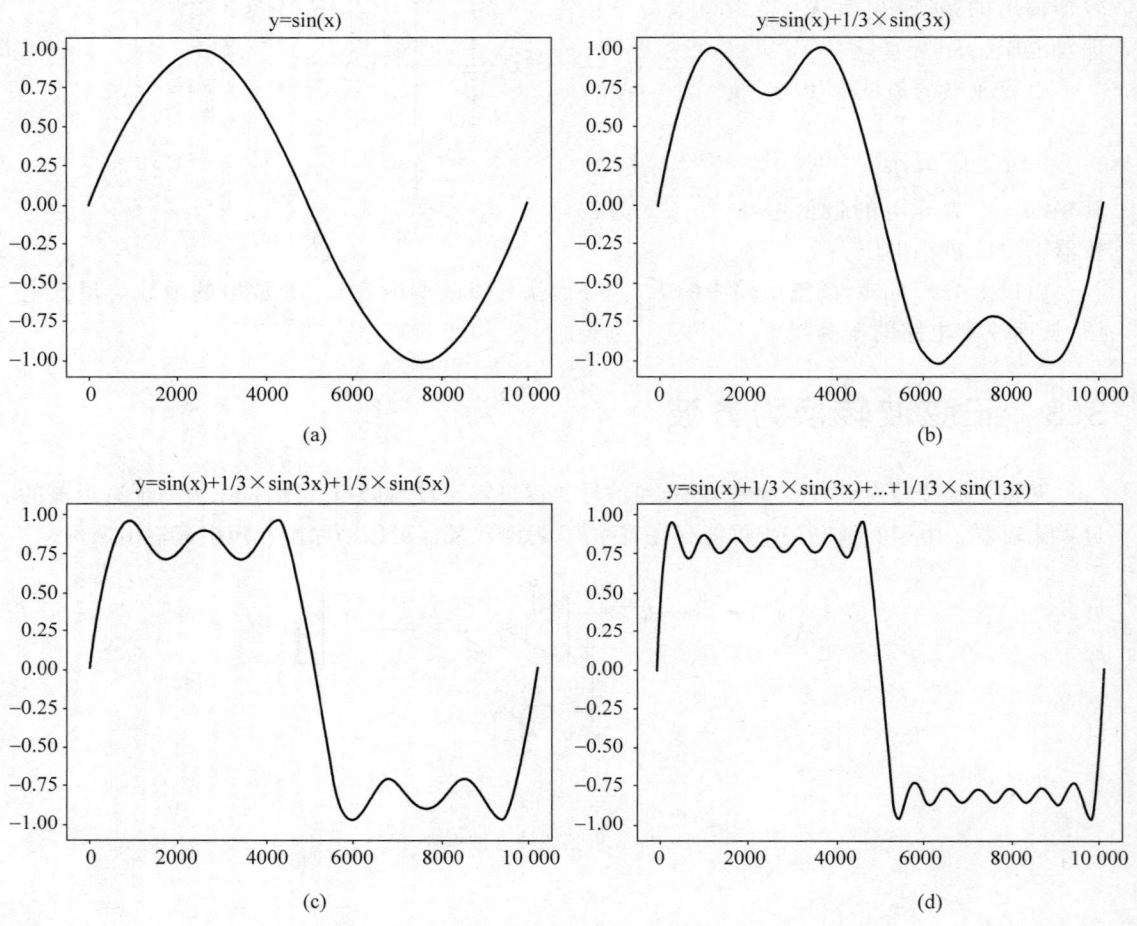

图 3-14　不同频率正弦波的叠加组合

3.4.2　滤波器简介

滤波器是一种使某些频率或频带上的电信号通过，并同时阻止其他信号的装置。例如，正弦波滤波器的一种实现方式为：将方波中的高次谐波过滤掉，只留下基波。实际上，滤波器根据过滤效果可以分为低通滤波器、高通滤波器、带通滤波器、带阻滤波器以及全通滤波器。低通滤波器只允许低于设定频率 f_p 的谐波通过，高于频率 f_p 的谐波会被衰减；高通滤波器则与低通滤波器正好相反，高于频率 f_p 的信号能够通过，而低于频率 f_p 的谐波将会被衰减；设定低截止频率 f_{p1}、高截止频率 f_{p2}，在 (f_{p1}, f_{p2}) 频率范围内的谐波能够通过，其他谐波都会被衰减即为带通滤波器；而带阻滤波器则刚好相反，在 (f_{p1}, f_{p2}) 频率范围内的谐波会被衰减，其他谐波能通过；全通滤波器并不会对指定频率的谐波进行衰减，只是会对信号中的每一个谐波都加上一个线性的相移。

低通滤波器、高通滤波器、带通滤波器、带阻滤波器的理想状态如图 3-15 所示。图中 $|A|$ 表示滤波器在不同频率下对于输入信号的放大倍数，即输出电压与输入电压之比；$|A_p|$ 为所有频率下的最高放大倍数。因此滤波器对于某个频率的衰减，可认为在此频率下滤波器的放大倍数非常小($|A|\to 0$)。

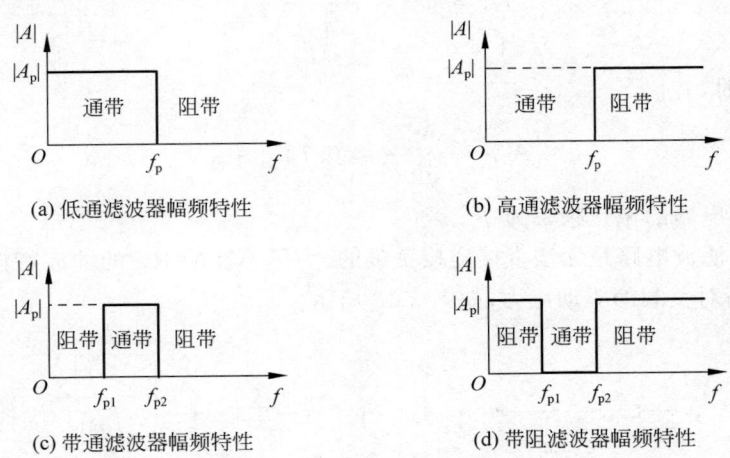

(a) 低通滤波器幅频特性   (b) 高通滤波器幅频特性

(c) 带通滤波器幅频特性   (d) 带阻滤波器幅频特性

图 3-15 理想滤波器的幅频特性

但是实际上的滤波器是不可能具有图 3-15 这样的幅频特性曲线，在通带与阻带之间存在着过渡带，过渡带越小越接近理想滤波器，同时也代表滤波器的效果越好。如图 3-16 所示为一个实际的低通滤波器的幅频特性曲线，其中，$|A_0|$ 为滤波器输入电压与输出电压之比。当信号经过滤波器衰减为 $|A_0|/\sqrt{2}\approx 0.707|A_{u0}|$ 时的频率称为通带截止频率 f_p。从 f_p 到 $|A|\approx 0$ 的频段被称为过渡带。在 $|A|\approx 0$ 的频段被称为阻带。

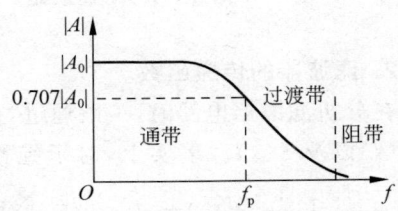

图 3-16 低通滤波器的幅频特性曲线

3.4.3 低通滤波器

1. 一阶低通滤波器

如图 3-17 所示为最简单的 RC 低通滤波器，当信号频率趋于 0 的时候，电容的阻抗趋于无穷大，此时的放大倍数为

$$A_0 = \frac{u_i}{u_o} = 1 \tag{3-11}$$

当输入频率不为 0 时，有

$$A = \frac{V_{IN}}{V_{OUT}} = \frac{\dfrac{1}{j\omega C}}{R + \dfrac{1}{j\omega C}} = \frac{1}{1 + j\omega RC} \tag{3-12}$$

由 $\omega = 2\pi f$，$f_p = \dfrac{1}{2\pi RC}$，得

$$A = \frac{1}{1 + \mathrm{j}\dfrac{f}{f_p}} = \frac{A_0}{1 + \mathrm{j}\dfrac{f}{f_p}} \tag{3-13}$$

经过滤波器后,幅值会被放大(缩小),系数为

$$|A| = \frac{|A_0|}{\sqrt{1 + \left(\dfrac{f}{f_p}\right)^2}} \tag{3-14}$$

当 $f = f_p$ 时,有

$$|A| = \frac{|A_0|}{\sqrt{2}} \approx 0.707|A_{u0}| \tag{3-15}$$

即 RC 滤波电路的截止频率为 f_p。

显然此 RC 滤波电路是无法直接连接负载的,为了不影响 RC 的滤波特性,通常通过电压跟随器来提高对负载的驱动能力,如图 3-18 所示。

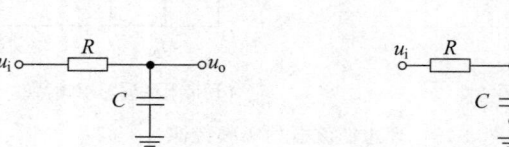

图 3-17　RC 滤波器　　　　图 3-18　带驱动的 RC 滤波器

2. 滤波器的传递函数

在分析滤波器电路时,一般通过"拉普拉斯变换"将电压与电流信息转变为复频域的信号 $U(s)$ 以及 $I(s)$。事实上,对于纯粹的正弦波 $s = \mathrm{j}\omega$,经过拉普拉斯变换后 $R(s) = R$、$C(s) = \dfrac{1}{sC} = \dfrac{1}{\mathrm{j}\omega C}$、$L(s) = sL = \mathrm{j}\omega L$。对于如图 3-18 所示的滤波器,输入与输出构建的传递函数为

$$A(s) = \frac{U_o(s)}{U_i(s)} = \frac{\dfrac{1}{sC}}{R + \dfrac{1}{sC}} = \frac{1}{1 + sRC} \tag{3-16}$$

其中,s 的指数系数为滤波器的阶数。例如式(3-16)中 s 的指数为 1,因此此滤波器为一阶滤波器。如果想要获得更高阶的低通滤波器,最简单的方式是通过串联的形式,并使用运算放大器来实现滤波器之间的解耦,如图 3-19 所示。

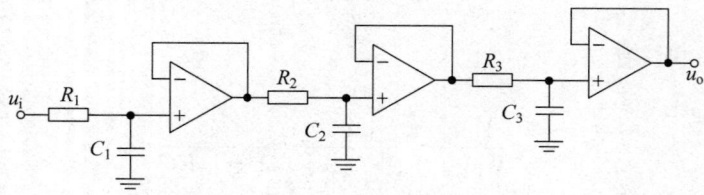

图 3-19　三阶低通滤波器

构建滤波器的传递函数为

$$A(s) = \frac{1}{(1+\alpha_1 s)(1+\alpha_2 s)\cdots(1+\alpha_n s)} \tag{3-17}$$

当所有的滤波器的截止频率 f_p 相同时,那么系统就变为了 $\alpha_1 = \alpha_2 = \cdots = \alpha_n = \alpha\sqrt{\sqrt[n]{2}-1}$。显然,每个部分滤波器的截止频率要高于总滤波器的频率,且为总滤波器频率的 $1/\alpha$。图 3-20 显示了不同阶的低通滤波器的幅频特性曲线示意。

3.二阶低通滤波器

从如图 3-19 所示的结构看,对于多阶滤波器需要对应多个运算放大器,因此对应成本会稍微提高。如图 3-21 所示,使用单个运算放大器即可实现一个二阶低通滤波器。

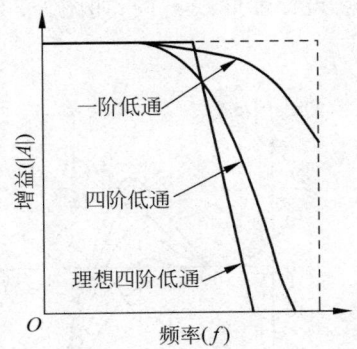

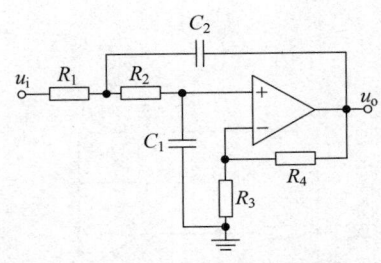

图 3-20　不同阶的低通滤波器的幅频响应曲线　　　图 3-21　二阶低通滤波器

使用拉普拉斯变换获得此滤波器的传递函数为

$$A(s) = \frac{A_0}{1 + [C_1(R_1+R_2)+(1-A_0)R_1C_2]s + R_1R_2C_1C_2s^2} \tag{3-18}$$

其中,当 $R_1 = R_2 = R$ 且 $C_1 = C_2 = C$ 时,上式可以简化为

$$A(s) = \frac{A_0}{1 + (3-A_0)sRC + (sRC)^2} \tag{3-19}$$

上式中 $A_0 = 1 + \dfrac{R_4}{R_3}$,只有当 $A_0 < 3$ 时,分母中的一次项系数才会大于 0,电路才会稳定,而不会产生自激振荡。

令 $s = j\omega = j2\pi f$,$f_0 = \dfrac{1}{2\pi RC}$,则式(3-19)可以变为

$$A(s) = \frac{A_0}{1 - \left(\dfrac{f}{f_0}\right)^2 + j(3-A_0)\dfrac{f}{f_0}} \tag{3-20}$$

当 $f = f_0$ 时,有

$$A(s) = \frac{A_0}{j(3-A_0)} \tag{3-21}$$

令 $Q = \dfrac{1}{3-A_0}$,有

$$|A(s)| = Q|A_0|$$
(3-22)

可见，$f = f_0$ 时的电压放大倍数与通带放大倍数之比为 Q。

另外，在 2.5.3 节中介绍了积分电路，将方波可以转换为三角波。事实上，这体现出积分电路具有低通特性。但是当频率很低的时候，此电路的放大倍数趋于无穷，因此通常积分电路需要并联一个反馈电阻。由于此电路的输入与输出反向，因此也称为反向低通滤波器。与之前介绍的同向滤波器类似，增加阶数也可以让滤波器的过滤带变窄，衰减的斜率值加大。如图 3-22 所示为反向低通二阶滤波电路，读者可自行分析。

4. 品质因素 Q 与滤波器分类

一般定义 Q 为滤波器的品质因素，也称滤波器的截止特性系数，其值决定于 $f = f_0$ 附近的频率特性。不同 Q 值对应二阶低通滤波器的幅频特性曲线不同，如图 3-23 所示。事实上，当 Q 越高，滤波器就越不稳定。

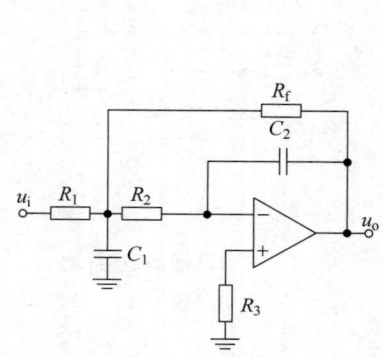

图 3-22　反向低通二阶滤波电路

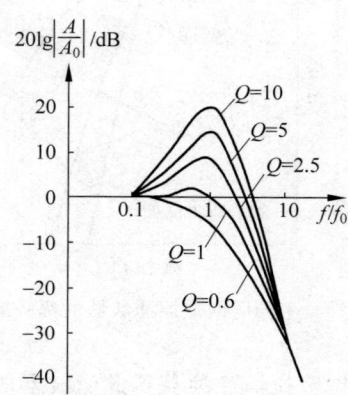

图 3-23　二阶滤波电路的幅频特性曲线

对于更高阶的低通滤波器，通常由一个或几个一阶或二阶低通滤波器串联而成。因此对于低通滤波器来说，其通用传递函数可以写成如下形式

$$A(s) = \frac{A_0}{\prod\limits_{i}(1 + a_i s + b_i s^2)}$$
(3-23)

其中，一阶滤波器的系数 $b_i = 0$。

对于低通滤波器来说，Q 表示奇点的品质，并可以被定义为

$$Q = \frac{\sqrt{b_i}}{a_i}$$
(3-24)

不同滤波器的 Q 值不同，对一个的幅频特性也不同。根据滤波器的幅频特性，可将滤波器大致分为巴特沃斯(Butterworth)低通滤波器、切比雪夫(Chebyshev)低通滤波器和贝塞尔(Bessel)低通滤波器。对于二阶低通滤波器来说，巴特沃斯低通滤波器、切比雪夫低通滤波器与贝塞尔与低通滤波器的 Q 值分别为 0.707、1 与 0.56。如图 3-24(a)所示为 3 种类型的二阶滤波器的幅频特性。其中：

(1)巴特沃斯低通滤波器可以提供最大的平坦度，因此这种滤波器被经常用于通带内能保存精确信号的电平，例如信号转换。

（2）切比雪夫低通滤波器的特点是，当频率超过 f_p 后，滤波器的增益会快速下降。但是在通带内的增益不是单调变化的，会有一点波动。当此滤波器的阶数一定时，通带内的增益的波动越大，过渡带中增益下降速度越快。切比雪夫滤波器经常被应用于将信号中的某个频率成分分离出来，在这些应用中保持信号恒定幅度变得次要。

（3）贝塞尔低通滤波器在通带内增益的幅值没有巴特沃斯滤波器平坦，在过渡带中下降速度也没有切比雪夫的速度快。但是贝塞尔滤波器具有最佳的相频特性，如图 3-24（b）所示。

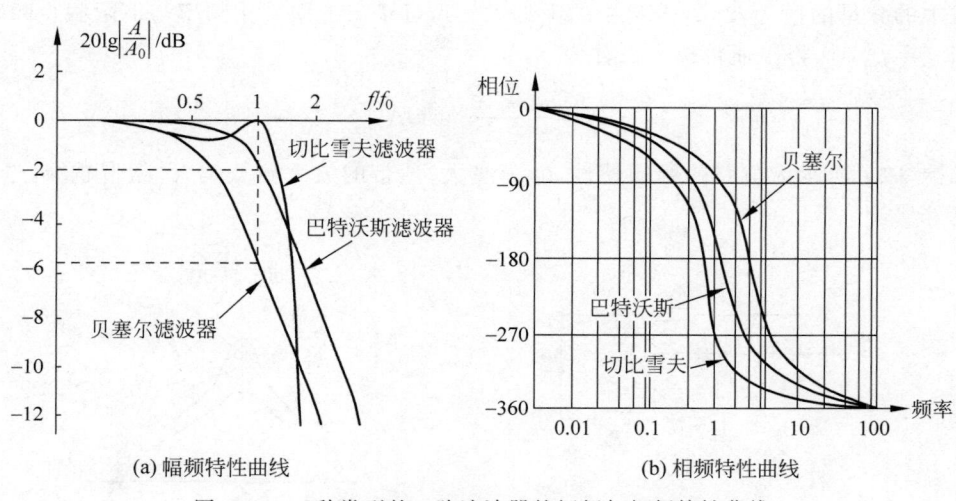

(a) 幅频特性曲线　　　　(b) 相频特性曲线

图 3-24　三种类型的二阶滤波器的幅频与相频特性曲线

3.4.4　其他滤波器

1. 高通滤波器

高通滤波器与低通滤波器电路具有对偶性，将图 3-21 中的电阻与电容位置互换，即得到高通滤波器，如图 3-25 所示。

因此，高通滤波器的通用传递函数为

$$A(s) = \frac{A_\infty}{\prod\limits_i \left(1 + \dfrac{a_i}{s} + \dfrac{b_i}{s^2} \right)} \qquad (3\text{-}25)$$

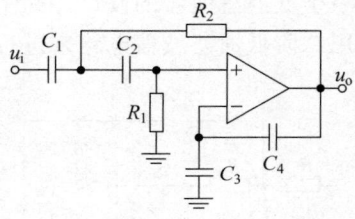

图 3-25　高通滤波器

其中，A_∞（频率为 ∞ 时的增益）为通带增益。

2. 带通滤波器

带通滤波器最简单的方式是将低通滤波器与高通滤波器结合得到。设置高通滤波器的频率为 f_{p1}，高通滤波器的频率为 f_{p2}，则通频带为 (f_{p1}, f_{p2})。如图 3-26 所示为一个二阶带通滤波器。

当电路中 $C_1 = C_2 = C$，$R_1 = R_2 = R$ 时，电路的传递函数为

$$A(s) = A_m \frac{sRC}{1 + (3 - A_m)sRC - (sRC)^2} \qquad (3\text{-}26)$$

其中，A_m 为同相比例放大器的系数

$$A_{\mathrm{m}} = 1 + \frac{R_{\mathrm{f}}}{R_1} \tag{3-27}$$

令中心频率 $f_0 = \dfrac{1}{2\pi RC}$，电压放大倍数为

$$A = \frac{A_{\mathrm{m}}}{3 - A_{\mathrm{m}}} \times \frac{1}{1 + \mathrm{j}\,\dfrac{1}{3 - A_{\mathrm{m}}}\left(\dfrac{f}{f_0} - \dfrac{f_0}{f}\right)} \tag{3-28}$$

令上式中的分母的模为 $\sqrt{2}$，即分母中的虚部为 ± 1，可求出上限截止频率与下限截止频率。

当 $f = f_0$ 时，得出通带放大系数为

$$A = \frac{A_{\mathrm{m}}}{3 - A_{\mathrm{m}}} = Q A_{\mathrm{m}} \tag{3-29}$$

如图 3-27 所示为电路的幅频特性，Q 值越大，通带的放大倍数越大，频带越窄，选频特性则越好。

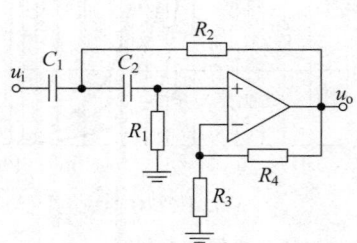

图 3-26　二阶带通滤波器

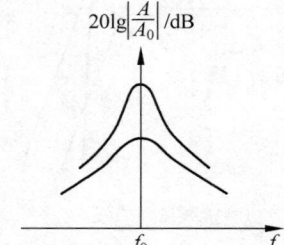

图 3-27　带通滤波器的幅频特性曲线

3.5　方波转正弦波设计

通过前面章节的介绍，可以将方波看成多次谐波的组合，而方波转正弦波的设计可以看成是一个低通滤波器的设计。此滤波器只保留方波中的基波，即可得到所要的正弦波。这里采用二阶低通滤波器电路来进行滤波，如图 3-28 所示，其中 $C_1 = C_2 = C$，$R_1 = R_2 = R$。

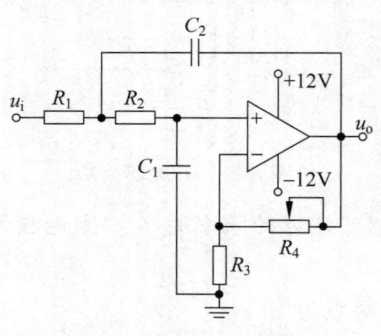

图 3-28　二阶低通滤波器

现假设输入的方波频率为 2kHz，在构成方波的谐波中除去基波后，频率最低的为三次谐波，即频率为 6kHz 的谐波，因此可以设定滤波器的截止频率 f_{p} 为 4kHz。

对于此电路的传递函数如式(3-30)所示。

$$\begin{cases} A(s) = \dfrac{A_0}{1 + (3 - A_0)sRC + (sRC)^2} \\[2mm] A_0 = 1 + \dfrac{R_4}{R_3} \\[2mm] Q = \dfrac{1}{3 - A_0} \end{cases} \tag{3-30}$$

这里的滤波器工作在巴特沃斯类型下。对应地，$Q=0.707$，可求得 $A_0=1.585$。即要求 $R_4=0.586R_3$。本次实验选取 $R_3=15\text{k}\Omega$，$R_4=8.8\text{k}\Omega$。因为 $f_p=4\text{kHz}$ 在此频率下 $|A(s)|=1/\sqrt{2}$。令 $\omega_p=2\pi f_p$ 且 $s=\text{j}\omega_p$，则有

$$\frac{1}{\sqrt{2}}=\frac{1}{\left|\dfrac{1-(\omega_p RC)^2}{A_0}+\text{j}\dfrac{3-A_0}{A_0}\omega_p RC\right|} \tag{3-31}$$

即

$$\left(\frac{1-(\omega_p RC)^2}{A_0}\right)^2+\left(\frac{3-A_0}{A_0}\omega_p RC\right)^2=2 \tag{3-32}$$

解得 $RC\approx5.6\times10^{-5}$，设定 $C_1=C_2=C=10\text{nF}$，可得 $R_1=R_2=R=5.6\text{k}\Omega$。最终实验结果如图 3-29 所示。

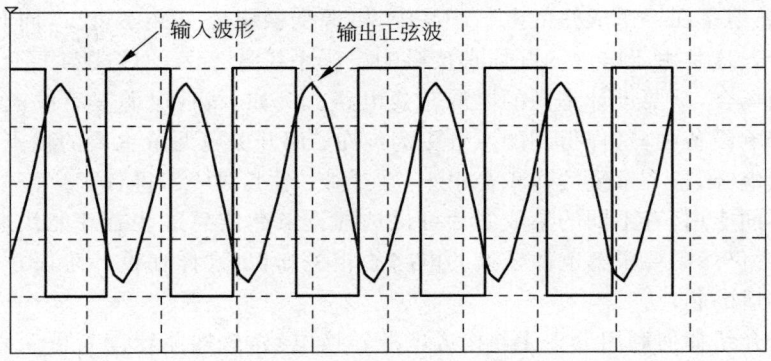

图 3-29　正弦波滤波实际效果图

第 4 章

直 流 电 源

电源在电子设计中占有非常重要的作用,几乎所有的电子产品中都会有一个变换电源的电路,来为电路的其他部分提供稳定的电压或电流。在前面介绍的电路中,其电源均由其他设备来提供,但是在一个成熟的电子产品中,电源变换电路是必不可少,同时也是非常重要的组成部分。这是由于电源的好坏直接影响电子系统或产品的性能与寿命。事实上,对于不同的应用场合,需要设计不同的电源转换电路。例如,线性电源具有纹波小的优点,因此通常用于音响设备中,这样得到的声音更为纯净;而开关电源最主要的优点是效率高,对于相同功率的电源,整个系统的体积会很小,在工业、军工领域都得到了广泛的应用。目前市面上针对不同应用,有不同的集成芯片可供选择。虽然依靠这些芯片能快速实现电源转换电路,但读者仍然需要了解电源转换的电路的相关知识,这样在设计阶段才能更快速、更准确地选择合适的芯片。

本章首先介绍如何利用分立元件构成电源转换电路,这样能让读者更深入了解电源转换的基本原理;再介绍如何使用集成芯片来实现各种拓扑的电源电路,例如 Buck、Boost 等。

4.1 直流电源的组成

在中国,市电为有效值为 220V、频率为 50Hz 的单相正弦交流电,而电子系统中的一些供电电压通常为小于 36V 的直流电。如图 4-1 所示为将市电转换为可用直流电的过程框图,市电经过工频变压器、整流电路、滤波电路与稳压电路 4 个步骤后转换为稳定的直流电压输出。

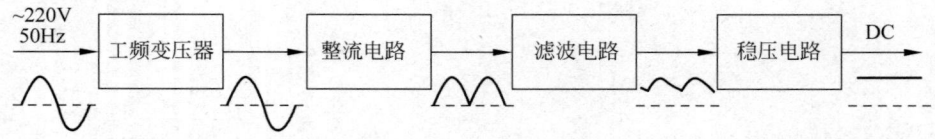

图 4-1　直流稳压电源的整体框图

其中,工频变压器可以降低市电电压,变压器副边电压的有效值取决于后面电路的具体需要。变压器副边的正弦波交流电压经过整流电路后,转变成单一方向的脉动电压。可以看出整流后的电压中均含有较大的交流分量;为了减少电压的脉动,需要通过滤波电路使输出电压更加平滑。但是这里的滤波电路大多为无源滤波电路(并联电容),当接入负载后势必会影响电路的滤波效果,得到的最终输出电压并不稳定。因此,需要添加稳压电路使输出的直流电压基本不受电网电压波动与负载变化的影响,从而获得足够的稳定性。

另外,并不是所有的直流电源都遵循这 4 个步骤。例如,也存在一些直流电源电路,直接将市电进行整流、滤波与稳压。在这几个步骤中,整流与滤波电路相对简单,稳压电路则较为复杂,为直流电源的核心部分,也是本章重点介绍的内容。

4.2 整流与滤波电路

4.2.1 整流电路

在实际应用中,常常利用二极管的单向导电性实现整流功能。可以使用单个二极管实现半波整流,半波整流电路图以及对应波形示意图如图 4-2 所示。

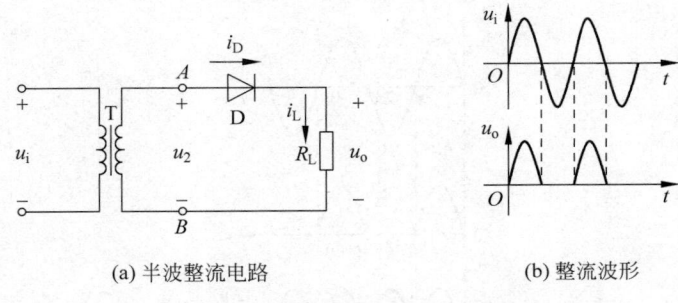

(a) 半波整流电路   (b) 整流波形

图 4-2　半波整流电路及波形示意图

半波整流电路的工作过程是:在 u_2 正半周期,A 点的电压要高于 B 点,因而二极管处于导通状态,u_2 能给负载供电,此时电流从 A 点流出,经过二极管与负载 R_L 流入 B 点;在 u_2 的负半周期,A 点的电压低于 B 点,因此二极管处于截止状态。整流后波形如图 4-2(b)所示,在负载 R_L 上只有半个周期的波形。

假设变压器副边电压的有效值为 U_2,那么其瞬时值 $u_2 = \sqrt{2}U_2\sin\omega t$。当 $\omega t \in (0, \pi)$ 时,$u_L = \sqrt{2}U_2\sin\omega t$,当 $\omega t \in [\pi, 2\pi]$ 时,$u_L = 0$。可以求得负载 R_L 两端的平均电压为

$$U_{L(AV)} = \frac{1}{2\pi}\int_0^\pi \sqrt{2}U_2\sin\omega t\, \mathrm{d}(\omega t) = \frac{\sqrt{2}U_2}{\pi} \approx 0.45U_2 \tag{4-1}$$

由此求得负载的平均电流为

$$I_{L(AV)} = \frac{U_{L(AV)}}{R_L} \approx \frac{0.45U_2}{R_L} \tag{4-2}$$

二极管承受的最大反向电压等于变压器副边的峰值电压,即

$$U_{R_{\max}} = \sqrt{2}U_2 \tag{4-3}$$

在实际应用中,不存在理想的二极管,即它能承受最大导通电流与最大反向工作电压都不能为无穷大,需根据实际情况去选择合适的二极管。一般情况下,允许电网有 10% 的波动,因此在选择二极管时,对于最大整流平均电压 I_F 和最高反向工作电压 U_{RM} 也应保留 10% 的余地,以保证二极管的稳定工作,即选取

$$I_F \geqslant 1.1 I_{L(AV)} \tag{4-4}$$

$$U_{RM} \geqslant 1.1 U_{R_{max}} \tag{4-5}$$

可以看出,半波整流简单易行,只需要一个二极管。但是它只利用了交流电压的半个周期,所以平均输出电压低,效率也较低。在实际电路中多采用单相全波整流电路(也称桥式整流电路),如图 4-3(a)所示,图 4-3(b)为对应的简化画法。

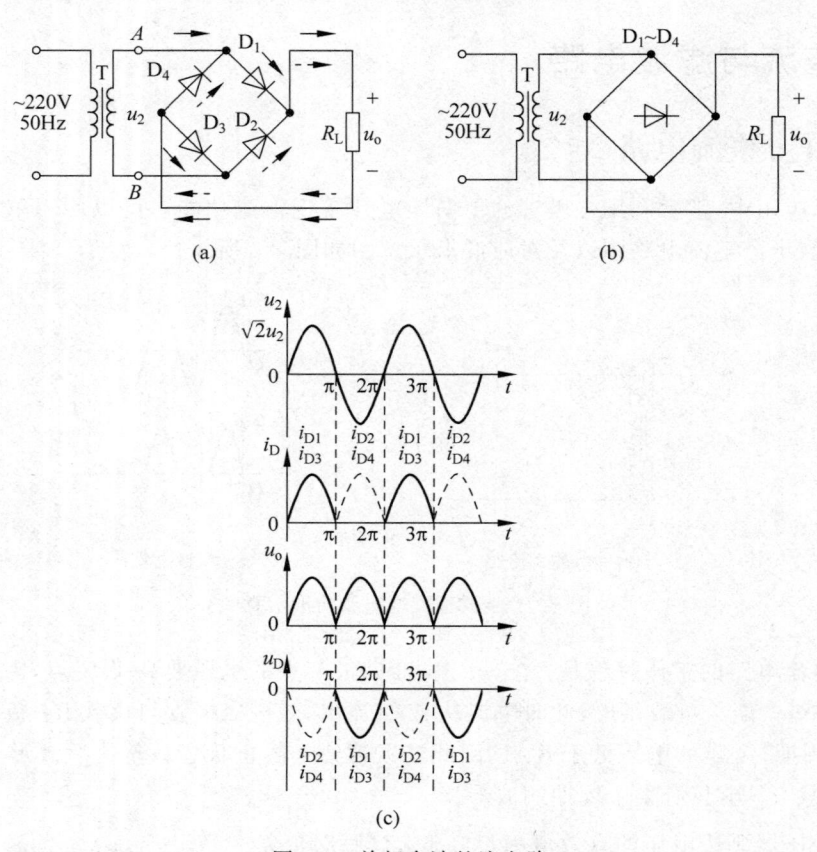

(a)   (b)

(c)

图 4-3 单相全波整流电路

全波整流电路的工作过程是:在 u_2 正半周期,A 点的电压要高于 B 点,因而 D_1 与 D_3 二极管处于导通状态,此时电流从 A 点流出,经过 $D_1 \rightarrow R_L \rightarrow D_3$ 后流入 B 点;在 u_2 的负半轴,A 点的电压低于 B 点,因而 D_2 与 D_4 二极管处于导通状态,此时电流从 B 点流出,经过 $D_2 \rightarrow R_L \rightarrow D_4$ 后流入 A 点。整流结果如图 4-3(c)所示,可以看出,无论 u_2 的正半周期还是负半周期,均能为负载 R_L 供电。

那么,当 $\omega t \in (0, 2\pi)$ 时,$u_L = \left| \sqrt{2} U_2 \sin \omega t \right|$。可以求得负载 R_L 两端的平均电压为

$$U_{L(AV)} = \frac{1}{\pi} \int_0^{\pi} \sqrt{2} U_2 \sin \omega t \, \mathrm{d}(\omega t) = \frac{2\sqrt{2} U_2}{\pi} \approx 0.9 U_2 \tag{4-6}$$

由于全波整流将 u_2 的负半周期也利用起来,因此在变压器副边电压有效值相同的情况下,输出电压的平均值为半波整流的两倍。那么输出电流的平均值为

$$I_{L(AV)} = \frac{U_{L(AV)}}{R_L} \approx \frac{0.9 U_2}{R_L} \tag{4-7}$$

上式表明,在变压器副边电压相同且负载也相同的情况下,输出电流的平均值是半波整流的两倍。但是每个二极管只在变压器副边电压的半个周期内通过电流,因此每只二极管的平均电流只有负载电阻上电流平均值的一半,即

$$I_{D(AV)} = \frac{I_{L(AV)}}{2} \approx \frac{0.45U_2}{R_L} \tag{4-8}$$

另外,在全波整流中,二极管承受的最大反向电压为

$$U_{RM} = \sqrt{2}U_2 \tag{4-9}$$

可以看出,全波整流与半波整流的二极管选择参数的要求是一致的,但是全波整流具有输出电压高、变压器利用率高等优点,因此得到了广泛的应用。

4.2.2　滤波电路

整流电路的输出电压具有较大的交流成分,不能适应大多数电子电路及设备的需要。因此,一般在整流后,还需要利用滤波电路将整流后的电压变得更加平滑。与前面章节介绍的滤波电路相比,在直流电源中采用的滤波电路最具有以下特点:

(1) 均采用无源电路;

(2) 滤波的目的是为了去除交流成分、只保留直流成分;

(3) 需要支持较大电流;

(4) 整流二极管工作在非线性状态,因此滤波特性分析方法也不尽相同。

在直流电源中最为常见的滤波电路为电容滤波电路,即在整流电路的输出端并联一个电容,如图 4-4(a)所示。滤波电容通常容量较大,因而一般采用电解电容,在实际使用过程中需要注意电解电容的正负极。

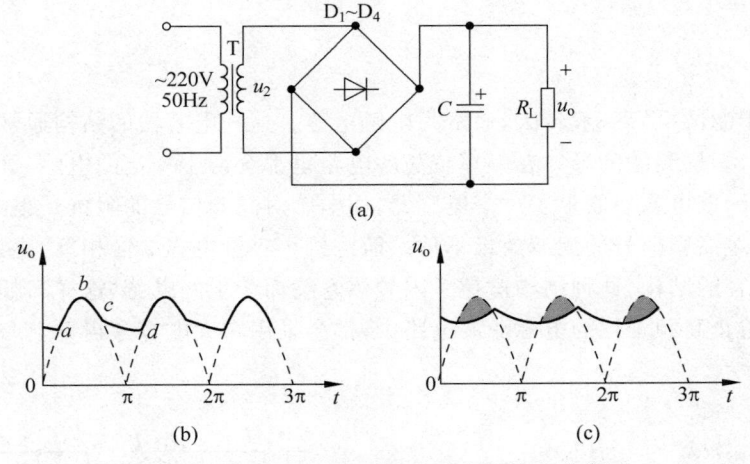

(a)

(b)　　　　　　　　　　(c)

图 4-4　全波整流滤波电路即稳态时的波形分析

当变压器副边电压 u_2 处于正半周期并且电压值大于电容两端电压 u_C 时,二极管 D_1、D_3 导通,电容一路经过负载电阻 R_L,另一路对电容 C 充电,如图 4-4(b)中曲线的 ab 段。当 u_2 上升到峰值后开始下降,电容通过负载电阻 R_L 放电,其两端电压 u_C 也开始下降,趋势与 u_2 基本相同,如图 4-4(b)中曲线的 bc 段。但是由于电容是按指数规律下降,因此当

u_2 下降到一定数值之后，u_C 的下降速度小于 u_2 的下降速度，使 u_C 大于 u_2，从而使得 D_1、D_3 反向截止。此后，电容 C 继续通过 R_L 放电，u_C 按指数规律缓慢下降，如图 4-4(b) 的 cd 段。

当 u_2 的负半周期的幅值变化大于 u_C 时，D_2、D_4 因加正向电压变成导通状态，u_2 再次对 C 充电，u_C 上升到 u_2 的峰值后又开始下降。当下降到一定数值时，D_2、D_4 变成截止状态，电容 C 对 R_L 放电，u_C 按指数规律下降。放电到一定数值后 D_1、D_3 导通，并重复以上动作。滤波结果如图 4-4(b) 中的实线所示，经过滤波后的输出电压不仅变得平滑，而且平均值也得到提高。

结合以上分析，可以看出，电容滤波电路是利用电容的充放电作用，使输出电压趋于平滑。电容充电时，回路电阻为整流电路的内阻，即变压器内阻与二极管导通电阻之和，这个值很小，因此充电的时间常数很小。电容放电时，回路电阻为 R_L，相比于整流内阻，这个值很大，因此放电的时间常数很大。因此滤波效果取决于放电时间。电容越大，负载电阻越大，滤波后的输出电压越平滑，并且其平均值也越大，如图 4-5 所示。

在实际应用中，为了达到较好的滤波效果，在选择滤波电容的容量时，应满足如下条件

$$R_L C = 3 \sim 5 \frac{T}{2} \tag{4-10}$$

上式中，T 为正弦波的周期，我国正弦波周期为 0.02s。

考虑到电网电压的波动范围，电容的耐压值应大于 $1.1\sqrt{2}U_2$。此时负载两端的平均电压 $U_{O(AV)} \approx 1.2U_2$。但是，在实际应用中负载并不一定为电阻负载，也可能为芯片或模块。在这种情况下，可以根据负载的平均电流计算出等效的负载电阻，再来求得电容容量。例如，输出电压平均值 $U_{O(AV)} = 15V$，负载电流平均值为 $I_{L(AV)} = 100mA$，那么 $C = (3\sim5)\frac{0.02}{2} \times \frac{1}{150}F \approx 200\sim333\mu F$。

另外，由于滤波电容一般较大，通常为电解电容。这种电容器的结构通常是采用多层卷绕的方式制作，多层卷绕的导体在频率较高的电路里都会产生一定的电感，这个电感对电路的影响等效于给该电容串联上了一个电感器，而电感对高频信号的阻抗是很大的。所以，大容量电解电容对高频信号的滤波效果不佳。而一些小容量电容恰恰相反，比如瓷介电容，都是平板式的电容的结构，这种结构避免了因导体卷绕而产生的电感，这样高频信号会容易通过。因此，在防止高频干扰的电源滤波电路中，都会采用在大电容旁再并上一个小电容的方式，如图 4-6 所示。

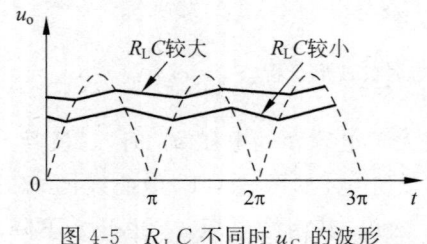

图 4-5 $R_L C$ 不同时 u_C 的波形　　　　图 4-6 带旁路电容的滤波电路

4.3　线性稳压电路

正弦交流信号经过整流、滤波后,虽然能得到相对平滑的电压,但是这个电压并不是十分稳定,很容易受到一些因素的影响。首先,滤波后的输出电压平均值取决于变压器副边电压的有效值,当电网电压波动,输出电压的平均值就会发生变化;其次,由于整流、滤波电路存在内阻,当负载变化的时候,内阻上的电压将会发生变化,输出电压的平均值也会发生变化。例如,如果负载等效电阻减小,则负载电流就会增大,流过内阻的电流就会随之增大。反之,输出电压则会变小。因此整流、滤波后的电路输出电压会随着电网电压与负载的变化而变化。为了保证输出电压的稳定,必须采取稳压措施。

4.3.1　线性稳压电路的工作原理

第 2 章介绍了如何使用负反馈来限定电路的放大倍数,保持放大电路的稳定。事实上,对输出电压的稳定控制也是同样道理。可以采集输出电压 U_o,如果电压升高,则调整(增大)系统内阻,这样输出电压就会下降,反之亦然。因此,对于线性稳压电源来说,一般包括采样电路、基准电压电路、比较放大电路和调整管四大部分,如图 4-7 所示。其中,采样电路用于采集输出电压,并将信息传递给比较放大电路;比较放大电路会将输出电压与基准电压进行比较产生误差,基于此误差信号去调整晶体管或场效应管,从而稳定输出。由于此电路中调整管工作在线性放大区域,因此称这一类电路为线性稳压电路。此外,为了让电路更加安全地工作,还常常在电路中添加保护电路。

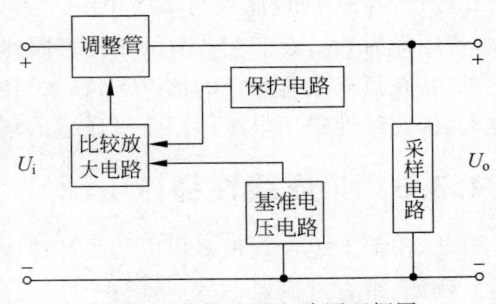

图 4-7　线性稳压电路原理框图

4.3.2　分立元件的线性稳压电源实例

如图 4-8 所示,为分立元件构成的线性稳压电源的一个原理图。其中,R_3、R_4、R_5 组成输出电压的采样电路;R_2 与 D_1 组成基准电压电路,T_3 为晶体三极管,用于放大采样点电

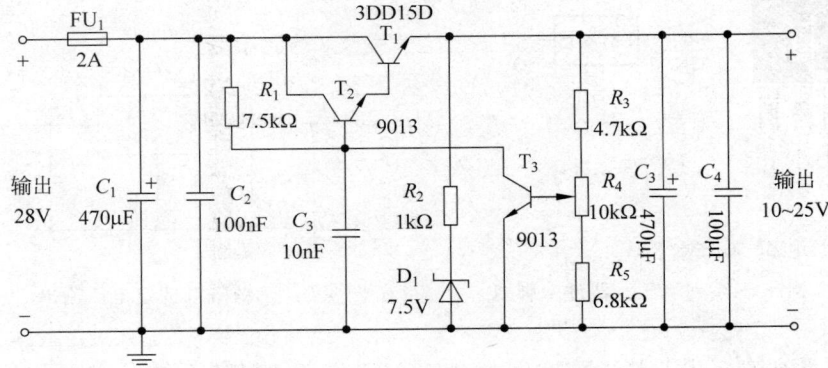

图 4-8　分立元件线性稳压电源实例

压与基准电压的误差信号；T_1 与 T_2 组成调整管；R_1 为偏置电阻；C_2 为滤波电容；FU_1 为 2A 的保险丝。

在上电初始阶段，电容 C_3 两端的电压很低，此时 R_1 会让 T_1 与 T_2 导通，C_3、C_4 两端的电压不断提高。当 C_3、C_4 两端的电压由于某种原因升高时（如电网波动或负载电阻变化），采样电阻采集的输出电压会增大，导致 T_3 基极电位升高，从而 T_1 与 T_2 的基极电位降低，输出电压 U_O 必然会降低。反之亦然，从而保持输出电压的稳定。

该电路可通过滑动变阻器 R_4 来控制电压的大小。最小输出电压与最大输出电压为

$$\begin{cases} U_{O_{max}} = \dfrac{R_3 + R_4 + R_5}{R_5} \times (U_Z + U_{BE}) \\ U_{O_{min}} = \dfrac{R_3 + R_4 + R_5}{R_4 + R_5} \times (U_Z + U_{BE}) \end{cases} \tag{4-11}$$

其中，U_Z 为稳压管产生的基准电压，U_{BE} 为晶体管 T_3 管基极与发射极的电压。

由于本电路中没有设定限流保护电路，因此最大输出电流基本取决于调整管 T_1 支持的最大电流。另外，由于 T_1 处于线性放大区，因此整个电路的效率比较低，而且 T_1 管的发热量比较严重。例如，输入为 20V 的有效值，输出稳定在 12V，负载电流为 1A，那么说明 T_2 的管压降为 8V，会产生 8W 的功耗。因此需要给 T_1 加上合适的散热片。

显然，在负载电流恒定的情况下，输入与输出的电压差越大，在调整管上损耗的电流也就越大，因此线性稳压电源适用于低压差的场合，在实际电路中最合适的压差为 3V 左右。

4.3.3 集成线性稳压电源

目前，市面上也存在很多集成的线性稳压电源元器件，它们的体积更小，而且具有更多功能。例如，带有过流保护、短路保护、芯片过热保护等。这类元器件通常有 3 个引脚，分别为输入端、输出端和接地端（或调整端），因此也称为三端稳压器。LM78xx 系列为典型的代表，其中，xx 通常代表电压等级，例如，LM7805 即为电压固定输出 5V，最大电流为 1.5A，其引脚图如图 4-9 所示。

这类芯片使用起来也非常容易，如图 4-10 所示为使用 LM7805 固定输出 5V 的电路图。

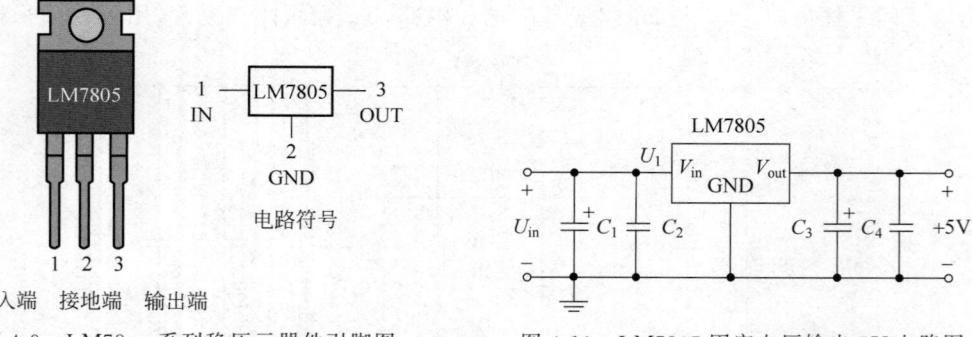

图 4-9 LM78xx 系列稳压元器件引脚图   图 4-10 LM7805 固定电压输出 5V 电路图

此电源系列有孪生芯片 LM79xx，例如，LM7805 与 LM7905 结合使用可生成 ±5V 的电源，可供双电源运算放大器使用。

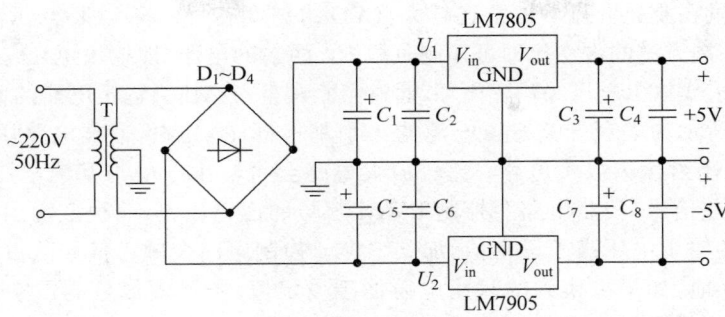

图 4-11　±5V 电压输出

除了此系列三端稳压元器件外，还有很多其他系列的芯片，例如，AMS1117 系列。这类三端稳压元器件使用起来特别方便，读者也可根据自己的实际需求自行选择。

4.4　开关稳压电路简介

前面所述的线性稳压电源具有结构简单、调节方便，并且输出电压稳定性强、纹波电压小等优点。但是调整管始终工作在放大状态，自身的功耗较大。因此电源整体的效率很低，甚至只有 30%～40%。另外，为了解决调整管的温度问题，还需要额外安装散热片，这就必须增大整个电源设备的体积、重量与成本。

开关稳压电路则相反，其只工作在饱和状态与截止状态。在饱和状态下，管压降很小，趋近于 0；在截止状态下，电流趋近于零。在这两种情况下管子的损耗很小，这也就大大提高了系统的效率。在这种电路中，由于调整管只处于开与关的状态，因此也被称为开关管。

4.4.1　脉冲宽度调制

脉冲宽度调制（Pulse Width Modulation，PWM）是开关电源电路中经常用到的一种技术，也被称为占空比（Duty Ratio）控制，即调节高电平在一个周期之内所占的时间比率。如图 4-12(a) 所示为一个方波波形图，其中 t_1 为一个周期内高电平维持的时间，t_2 为一个周期内低电平维持的时间。那么占空比的计算公式为

$$D = \frac{t_1}{t_1 + t_2} \tag{4-12}$$

令方波的高电平电压为 u_H，低电平为 $u_L = 0\text{V}$，那么此方波的平均电压为

$$u_{avg} = D(u_H - u_L) = Du_H \tag{4-13}$$

将图 4-12(a) 的波形加载到图 4-12(b) 中场效应管的控制端，显然，当为高电平的时候 Q_1 导通（饱和状态），低电平的时候 Q_1 关断（截止状态）。因此 LED 与 R_1 两端的平均电压之和为

$$u_{LED} + u_{R1} = DV_{CC} \tag{4-14}$$

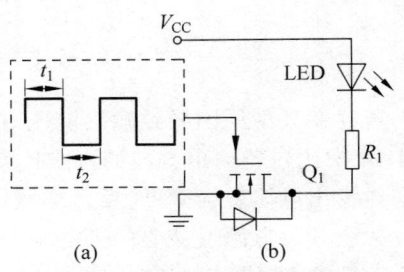

图 4-12　PWM 控制 LED 的亮度

其中,D 为方波的占空比。显然占空比越大,LED 的亮度越大。将 LED 与 R_1 替换为通用的负载 R_L,那么控制方波的占空比即可控制负载 R_L 两端的电压,即输出电压。因此,可借鉴线性稳压的思想,采集输出电压并构建闭环,通过不断调整占空比去稳定电路的输出电压。

如图 4-13 所示为实现开关稳压电源的一个基本框图,其中,采样电路用于采集输出电压,并将信息传递给比较放大电路;比较放大电路会将输出电压与基准电压进行比较产生误差,基于此误差信号,控制电路会控制 PWM 信号的占空比,从而稳定输出。例如,如果采样电路采集到的输出电压高于设定值,那么 PWM 控制电路会减小信号的占空比,从而降低输出电压;相反地,如果采集到的输出电压低于设定值,则增大信号的占空比,从而升高输出电压。另外,为了得到稳定的直流输出,尽量减少输出电压中的交流分量,开关电源的输出应经过滤波电路,过滤掉由 PWM 控制所产生的谐波。

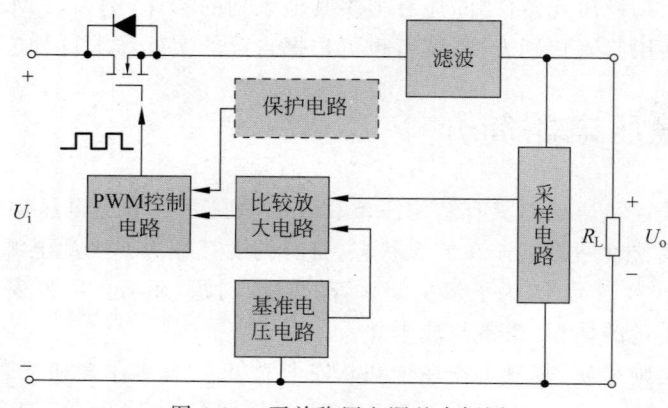

图 4-13   开关稳压电源基本框图

在实际电路中,比较放大电路的输出通常为一个电压值 U_{err},根据 U_{err} 去调整 PWM 的占空比,最简单的方法是结合一个锯齿波。如图 4-14(a)所示,将锯齿波与 U_{err} 分别接入到比较器的输入端,则输出为对应的方波,如图 4-14(b)所示。

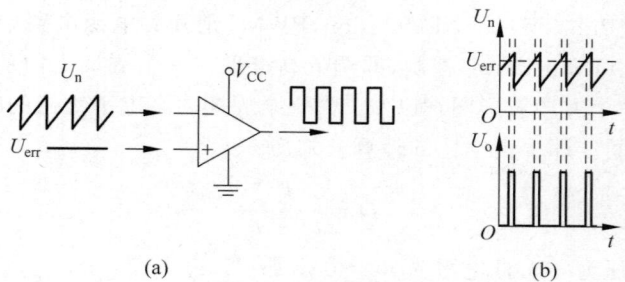

图 4-14   通过锯齿波与误差信号控制 PWM 的占空比

若存在某种原因导致输出电压有上升趋势,则比较放大电路的输出 U_{err} 会增加,那么图 4-14 中比较器输出方波的占空比就会减小,图 4-13 中场效应管的导通时间就会变小,对应整体输出电压就会降低,反之亦然,因此最终实现稳压的效果。

一个开关电源最核心的部分为 PWM 控制电路,在负载或输入发生变化时,此电路需要能稳定且快速地调节 PWM 波形的占空比,从而稳定电压。由于开关电源实现起来比线性电源复杂,因此不推荐初学者使用分立元件搭建。事实上,在市面上也存在许多开关电源的控制芯片,例如 UC3843、TL494 等,它们将 PWM 的控制逻辑封装在了一个芯片中,通过一些外围电路即可实现开关稳压功能。本书推荐使用芯片为 UC3843,接下来是关于该芯片的介绍。

4.4.2 UC3843

如图 4-15 所示为 UC3843 的实物图以及对应的引脚图。其中,VCC(7 脚)与 GND(5 脚)为芯片的供电引脚,该芯片最高供电电压为 35V,最低供电电压为 7.6V;VREF(8 脚)为芯片内部产生的 5V 参考电压输出,为保证电路的稳定,其最大输出电流应小于 10mA;OUTPUT(6 脚)为 PWM 输出引脚,支持最大 1A 的输出电流;COMP(1 脚)与 FB(2 脚)分别为芯片内部运算放大器的输出端与反向输入端,用于对误差信号的放大,从而稳定输出电压;ISENSE(3 脚)通常与电流检测电阻一起使用,当电流增加使得 ISENSE 的电压超过 1V 时,则 OUTPUT 引脚会立即拉低;RT/CT(4 脚)接电阻与电容,用于产生一定频率的斜波,电阻与电容决定电路 PWM 工作的频率,最高频率可至 500kHz。

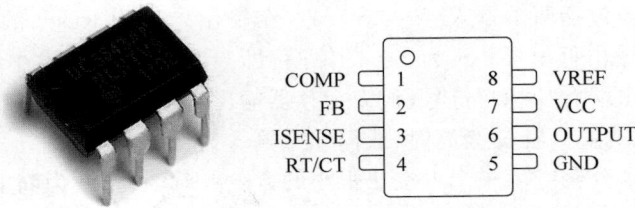

图 4-15 UC3843 实物图以及对应引脚图

如图 4-16 所示为 UC3843 的内部框图,主要分为 4 个部分:内部电源部分、输出控制部分、时钟振荡部分和采样与误差放大部分。

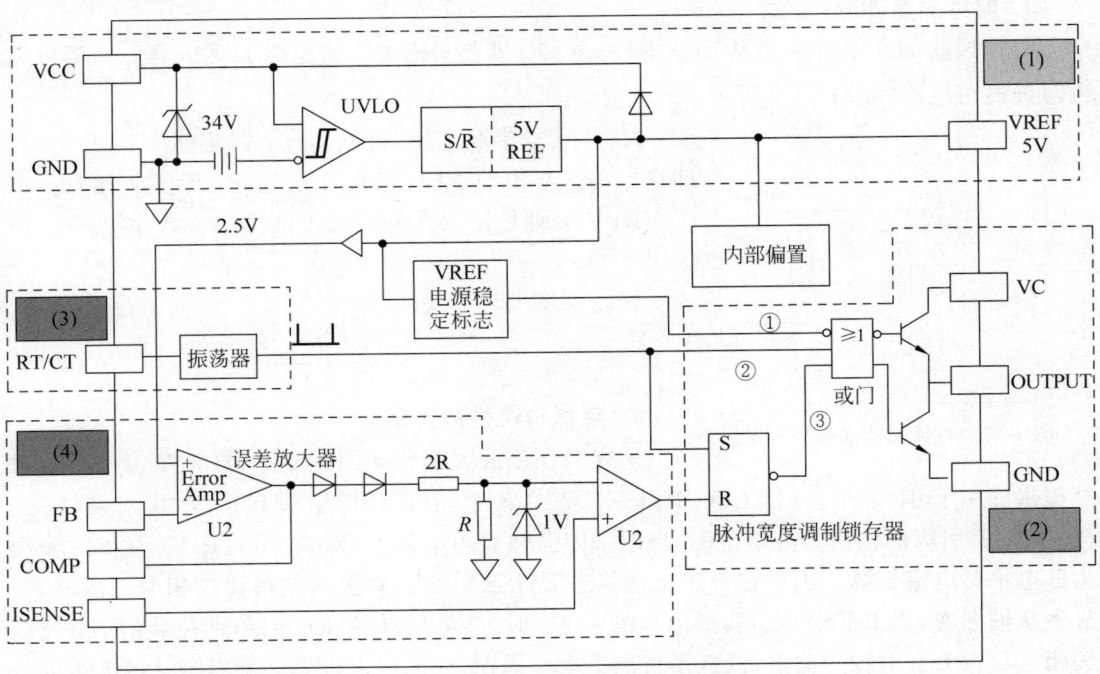

图 4-16 UC3843 内部结构框图

1. 内部电源部分

内部电源部分如图 4-16 中的虚框(1)所示。由 VCC 与 GND 两个引脚供电,芯片内部会自动产生对应的偏置电压以及 5V 电压输出。这部分读者不需过多了解,只要保证供电电压、电流在合适的范围内即可。

2. 输出控制部分

输出控制部分如图 4-16 中的虚框(2)所示。可以看出,OUTPUT 引脚输出电平由或门控制,即或门任何一个输入为高电平,那么或门输出则为高电平。在或门中“圆圈”即表示非门,即当或门输出为高电平时,上方的晶体管的控制端为低电平,下方的晶体管控制端为高电平,则此时 OUTPUT 为低电平。相反地,如果或门输出为低电平,则 OUTPUT 为高电平。可见 OUTPUT 的电平取决于或门的输入,当或门所有输入为低电平时,OUTPUT 引脚才为高电平。当 UC3843 稳定工作时,VREF 引脚是稳定状态的,此时或门以及 OUPUT 输出状态取决于振荡器与脉冲宽度锁存器的状态,即图中标注的②与③号输入。

脉冲宽度锁存器包括两个输入(R 与 S)与一个输出。R 为 Reset 的缩写,即 R 引脚为高电平时此锁存器输出低电平;S 为 Set 的缩写,即当 S 引脚为高电平时此锁存器的输出为高电平。由于输出端有“圆圈”符号,代表锁存器输出电平反向后输入到或门。即当 R 为高时,或门③号输入为高;当 S 为高时,或门③号输入为低。

由于时钟振荡部分会产生一个占空比很小的方波,因此在方波为高电平时,或门②号输入为高,此时 OUTPUT 引脚为低电平;当方波下降沿产生时,锁存器的状态被锁定了,因此或门的②号与③号输入均低了,那么在稳定状态下,此时 OUTPUT 引脚为高电平。即只要时钟振荡的下降沿产生时,输出开启,直到锁存器的 R 引脚被触发或振荡器方波上升沿出现时 OUTPUT 引脚才会变成低电平。

3. 时钟振荡部分

时钟振荡部分如图 4-16 中的虚框(3)所示。外部只需要一个电阻 R_T、电容 C_T,即可完成时钟振荡电路,如图 4-17 所示。

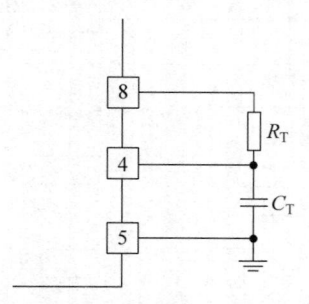

图 4-17　时钟振荡部分原理图

R_T 与 C_T 串联连接,将 R_T 的一段连接 VREF 引脚。即在振荡过程中,VREF 引脚会通过 R_T 给 C_T 充电。由于 VREF 引脚稳定工作的最大电流为 10mA,因此 R_T 应大于 $0.5k\Omega$。

振荡频率的计算公式为

$$f = \frac{1.72}{R_T \times C_T} \tag{4-15}$$

4. 采样与误差放大部分

采样与误差放大部分如图 4-16 中的虚框(4)所示,对外提供的引脚有 3 个:FB、COMP、ISENSE。其中,ISENSE 引脚输入为电流采样,当 OUTPUT 引脚的输出为高电平时,ISENSE 引脚上的电流上升,当 OUTPUT 引脚的输出为低电平时电流下降。因此在稳定工作状态下,ISENSE 引脚上的波形比较相似三角波形。显然从框图看,当 ISENSE 引脚的电压高于 1V 时,会触发脉冲宽度调制锁存器的 R 引脚,关闭 OUTPUT 引脚的输出,低电平直到下一个周期,因此可以根据这个引脚设定电路的最大电流;FB 引脚与 COMP 引脚则分别为误差放大器 U2 的反向输入与输出,若当 FB 引脚的电压略高于 2.5V,那么经过误差放大器 U2 后 COMP 引脚处的电压会下降,从而 ISENSE 引脚上升的时间减少,触发 R 引脚的时间提前,即 PWM 的占空比减小,从而降低输出电压。相反地,如果 FB 引脚电压略低于 2.5V,则 PWM 的占空比会增加。

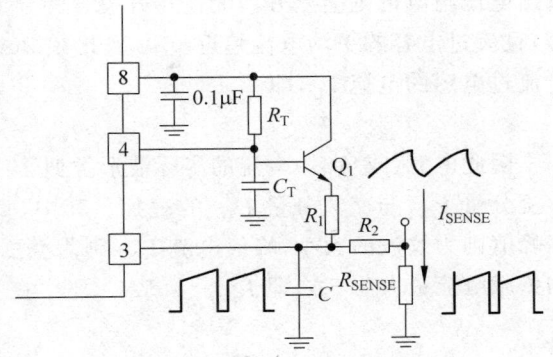

综上所述,UC3843 是在电压与电流共同作用下调节 PWM 波形的占空比,这样不仅能稳定输出电压,还能起到限定最大电流的作用。另外,对于 UC3843 来说通常需要增加一个斜坡补偿电路,由图 4-18 中的 Q_1 与 R_1 组成,否则 UC3843 在 PWM 占空比大于 50% 时不能稳定工作。

图 4-18 UC3843 的斜坡补偿电路

4.5 Buck 降压电路

4.5.1 Buck 电路分析

Buck 电路是一个常见的降压型 DC-DC 变换的电路拓扑,如图 4-19 所示。其核心元器件有开关管 Q、续流二极管 D、电感 L 与滤波电容 C。

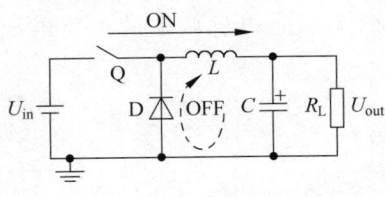

图 4-19 Buck 电路拓扑图

开关管的导通与断开是由 PWM 波控制的,例如,可由 UC3843 产生。开关管开与断时电流会形成不同的回路给负载供电:

(1) 导通时,二极管 D 的阳极电压高于阴极电压,因此电流回路为:U_{in}→开关管 Q→电感 L→负载 R_L 与电容 C→U_{in},从而构成一个闭合回路,如图 4-20(a)所示。

(2) 关断时,由于电感 L 是储能元器件,Q 关断后,L 产生要给相反的电动势,因此此时二极管 D 导通,而且电流的方向不变。因此电流回路为:电感 L→负载 R_L→二极管 D→负载 R_L,从而构成一个闭合电流回路,如图 4-20(b)所示。

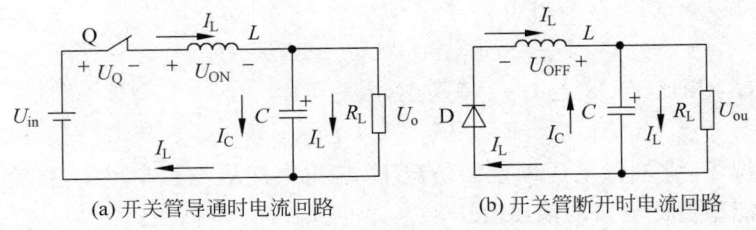

(a) 开关管导通时电流回路   (b) 开关管断开时电流回路

图 4-20 开关管在导通与关断时 Buck 电路的电流回路

在此电路中,充分发挥了电感的储能作用。在开关管关闭时、电感释放能量,能量被消耗,那么此时负载两端电压与电流均会下降。在开关管导通时,U_{in} 给负载供电,电感储能,输出电压与电流则会上升。无论在开关管的导通或截止状态,电感与负载始终处于串联状态,且流过电容的平均电流趋近于 0,因此在 Buck 电路中可以认为流过负载的电流 I_{out} 等于流过电感的电流 I_L,即

$$I_{out} = I_L \tag{4-16}$$

因此电感(或负载)电流的实际波形类似于三角波,如图 4-21 所示。可以看成是由一个直流分量 I_{DC} 与交流分量 I_{AC} 的叠加。其中,直流分量可以等效为平均电流,交流分量的峰峰值则为纹波的大小,峰值电流 I_{PK} 则为叠加后电流的最大值。在实际应用中经常描述的负载电流最大为 5A,即 $I_{out_{max}} = 5A$。那么在 Buck 电路中,在此负载下电感的电流则为 $I_{L_{max}} = 5A$。

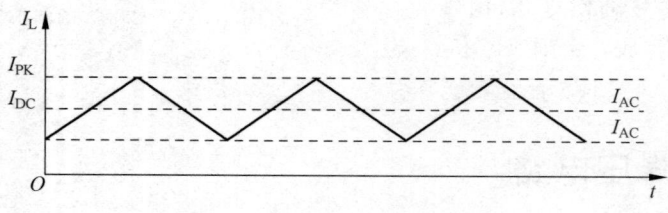

图 4-21 Buck 电路中电感电流

当电路到达稳定状态时,电感上的电压满足如下等式(伏秒定律)

$$U_{ON} \times T_{ON} = U_{OFF} \times T_{OFF} \tag{4-17}$$

其中,T_{ON} 为一个周期内开关管导通的时间,U_{ON} 为开关管导通时电感两端的平均电压,T_{OFF} 为一个周期内开关管关断的时间,U_{OFF} 为开关管关断时电感两端的平均电压,则 PWM 的占空比为

$$D = \frac{T_{ON}}{T_{ON} + T_{OFF}} \tag{4-18}$$

在开关管导通时,可列出回路的电压方程为

$$U_{ON} = U_{in} - U_Q - U_{out} \tag{4-19}$$

其中,U_Q 为开关管的导通时产生的压降。

在开关管断开时,可列出回路的电压方程为

$$U_{OFF} = U_{out} - (-U_D) = U_{out} + V_D \tag{4-20}$$

其中,U_D 二极管导通压降。

结合式(4-17)~式(4-20),可得

$$U_{out} + U_D = D(U_{in} + U_D - U_Q) \tag{4-21}$$

又由于 U_D 与 U_Q 相比于 U_{in} 与 U_{out} 特别小,因此可得

$$U_{out} \approx DU_{in} \tag{4-22}$$

在理想情况下,在输入电压确定的情况下,输出电压值与占空比 D 有关。这也就说明使用 PWM 波能稳定此电路的输出电压。

另外,根据电感两端电压与流过电流波形,可将 Buck 电路分为**连续导通模式**(Continuous Conduction Mode,CCM)与**非连续导通模式**(Discontinuous Conduction Mode,DCM)。CCM 与 DCM 的判定取决于每次在每个开关周期内电感存储的能量是否被

消耗完。在 CCM 模式下,如图 4-22(a)所示,在每个开关周期结束时,在电感中还遗留一些能量。在 DCM 模式下,如图 4-22(b)所示,在开关管关闭期间,电感所有能量都会被完全消耗,因此在开关管在导通的初始时刻电感的电流均为 0。在 CCM 与 DCM 的临界状态被称为临界电流模式(Boundary Conduction Mode,BCM),即在开关管关断时间内电感的能量刚好被消耗完,如图 4-22(c)所示。

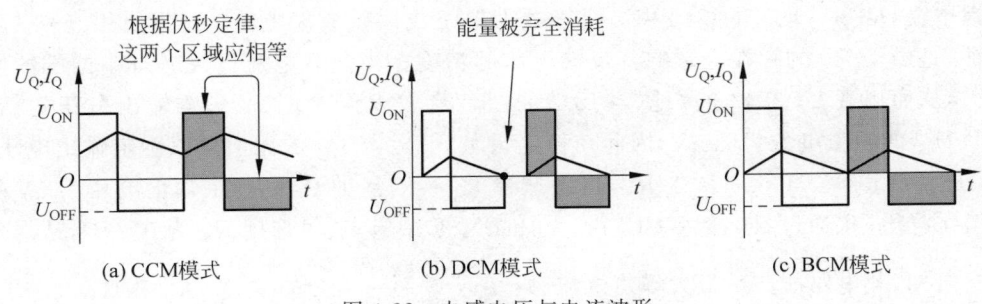

(a) CCM模式　　　(b) DCM模式　　　(c) BCM模式

图 4-22　电感电压与电流波形

4.5.2　Buck 电路实现

假设使用 UC3843 结合 Buck 拓扑电路实现降压稳压电路,其输入电压范围为 12～20V,输出电压需要稳定在 5V,最大负载电流为 4A。如图 4-23 所示为设计的原理图,包括 3 个部分:UC3843 控制部分、IR2117 浮空驱动部分和 Buck 拓扑部分。

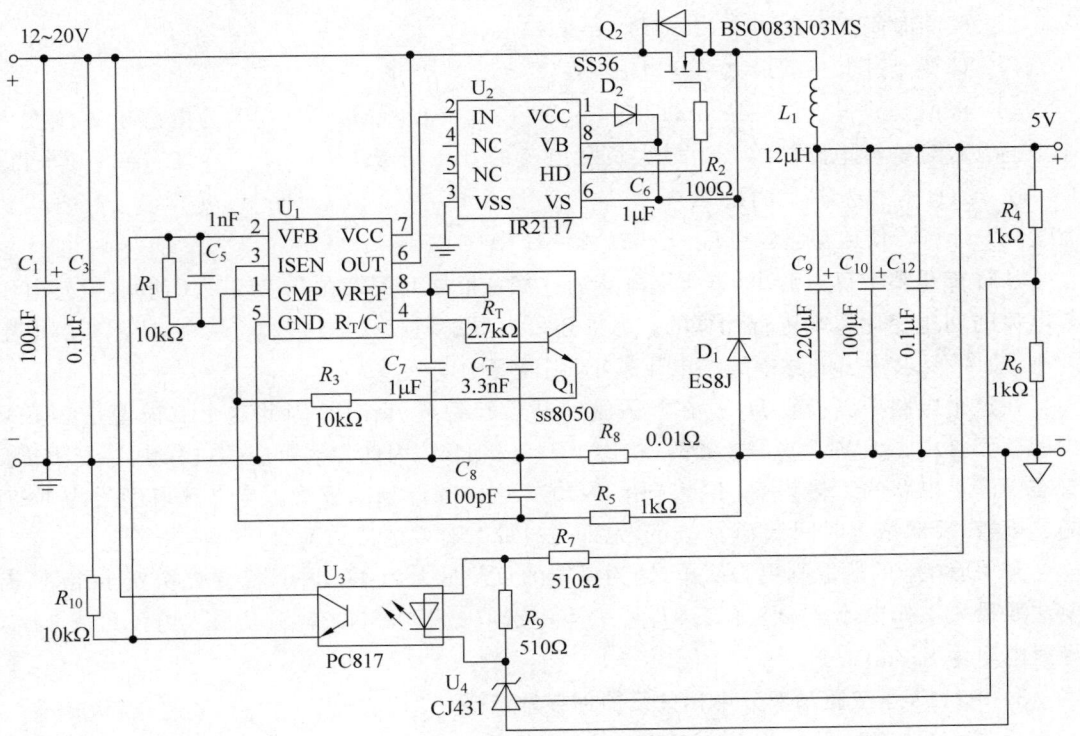

图 4-23　使用 UC3843 实现 Buck 电路

1．UC3843 控制部分中相关元器件参数选择

C_T、R_T 用来确定此电源的开关频率，计算公式为 $f = 1.72/(R_T \times C_T)$，这里选择 C_T 为 3.3nF，设定工作频率为 200kHz，则对应的电阻约为 2.7kΩ；C_3 与 C_1 为供电电源的解耦电容；由于 VREF 引脚产生的参考电压，也作为内部比较器的电源，因此需要接入一个高频旁路电容，这里选择 1μF；输出侧的 R_4 与 R_6 用于采集输出电压；R_7、R_9、U_3、U_4 为误差反馈电流，R_1、C_5 与 UC3843 内部运算放大器组成误差放大电路；这里使用光耦 U_3 进行反馈，是由于 R_8 的存在会影响其反馈电压的精度。当负载电流过大时，R_8 两端的电压会较大，从而出现 UC3843 的"地"与反馈的"地"有较大误差，从而影响输出电压的精度；CJ431（U_4）的参考电压为 2.5V，因此在稳定状态下 R_4 与 R_6 的比值可以确定输出电压，公式为：$U_{out} = 2.5V \times (R_6 + R_4)/R_6$，这里选择 $R_4 = R_6 = 1$kΩ，可确定输出电压为 5V；R_8 为电流采样电阻，通过 R_5 接入 UC3843 的 ISENSE 引脚，这里选用 R_8 为 0.22Ω，从内部框图分析可知，此电路能产生最大峰值电流为：$I_P = \dfrac{1V}{0.22\Omega} \approx 4.5A$；$Q_1$、$R_3$ 构成 UC3843 的斜率补偿电路，保证在占空比大于 50% 的情况下电路的稳定性。

2．Buck 电路拓扑结构中相关元器件的参数选择

在 Buck 电路拓扑结构中，最重要的 3 个元器件分别为开关管 Q_2、电感 L_1 以及二极管 D_1。其中电感大小的选择最为重要。在 CCM 模式下，读者可参考如下步骤进行选取：

（1）在最大输入电压条件下，计算出在理想情况下的占空比：$D = U_{out}/U_{in} = 5/20$。

（2）开关管的开关周期为：$T = 1/f = 1/200\text{kHz} = 5\mu s$。

（3）关断时间为：$T_{OFF} = (1-D)T = 3.75\mu s$。

（4）计算流过电感的最大平均电流：$I_{L_{max}} = I_{out_{max}} = 4A$。

（5）根据公式 $u = L \times di/dt$，即有 $U_{out} \times T_{OFF} = L \times \Delta I$，其中 ΔI 为电感电流纹波大小。通常设定稳压电路的纹波为最大负载电流的 0.4 倍（$\Delta I = 0.4 I_{L_{max}} = 1.6A$），则求得：$L = 11.7\mu H$，本书选取 12μH。

（6）计算峰值电流：$I_P = I_{L_{max}} + \Delta I/2 = 4.8A$。

从计算步骤中可以看出，事实上电感的选择是根据开关管在开启或关闭期间，电感电压与电流的期望变化值来进行计算的。另外还可以看出，频率越高，T_{OFF} 越小，所需要的电感越小；如果要求输出电路中纹波电流越小，则需要的电感越大。

在这个电路中二极管 D_1 是在开关管断开后起到续流作用，因此这个二极管是必不可少的。而且由于 PWM 波是高频的（相比于工频 50Hz），因此在实际应用过程中应注意二极管需要满足电路的工作频率，不能选用 1N4007 这样的低频二极管。本书选取型号为 ES8J 的二极管，反向恢复时间低至为 35ns，允许通过最大有效电流为 8A。

开关管 Q_1 的选取则更为简单，因为设定的负载最大为 4A，并且需要保留安全裕量，需要选取最大工作电流至少选取 $1.2 I_{O_{max}}$。本书选取 BSO083N03MS，其最大电流可为 14A，导通电阻为 8.3mΩ。

3．IR2117 浮空驱动部分中相关元器件参数选择

开关管 Q_2 选用型号为 BSO083N03MS，它完全导通的正常工作电压范围为 2～20V。但由于 Buck 电路中开关管的源极（S）并不直接接地，处于浮空状态，为了保证开关管可靠

导通与关闭,在 UC3843 与 Buck 拓扑之间加了 IR2117 的浮空驱动电路。其中,D_2、C_6 与内部电路形成自举电路,能保证导通与截止期间 Q_2 的源、栅极之间的电压稳定可靠。

事实上,对于同一个电路图,不同元器件参数的选择,对应电路的性能也不一致,而且不合理的元器件型号甚至会导致电路无法正常工作。因此元器件的型号与参数也是十分重要的。例如,在选择二极管或开关管时,并不是工作频率和电流越大越好,比如对于开关管 BUK6C3R3-75C 来说,其最大电流可为 181A,导通电阻低至 3.4mΩ。但对于本电路并不适合,这是因为功率越大的开关管,其栅极(G)、源极(S)之间的结电容越大,所需要的驱动电流越大。而 IR2117 驱动电流仅为 100mA 左右,无法保证 BUK6C3R3-75C 开关管在很短的时间内可靠的导通与关断,导致电路无法正常工作。因此,读者在选择相关元器件从功能、性能与成本综合考虑,选择最合适的元器件。

另外,在此电路中输入电压 U_{in} 直接作为 UC3843 与 IR2117 的电源,因此输入电源也需要满足它们的供电要求,否则需要加上辅助电源给它们供电。

4.6　Boost 升压电路

4.6.1　Boost 电路分析

与 Buck 电路相对应的是 Boost 升压电路,其电路拓扑结构图如图 4-24 所示。

与 Buck 电路相同,开关管在开与断时,电流会形成不同的回路:

(1)导通时,电源的负载只有电感,电感处于蓄能阶段。由于二极管的存在,负载由输出侧的电容供电。

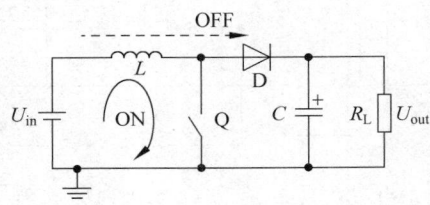

图 4-24　Boost 电路拓扑图

(2)关断时,电源与电感同时对负载测进行供电,因此输出侧的电压可以比输入电源高。

因为输出侧电容的平均电流为 0,流过二极管的平均电流 I_D 与负载 I_{out} 相等,且电感只在开关管 Q 关断时才会对负载侧进行供电,则有

$$I_D = I_{out} = I_L(1-D) \tag{4-23}$$

因此负载输出电流与流过电流的关系为

$$I_L = \frac{I_{out}}{(1-D)} \tag{4-24}$$

针对电压,依旧可根据式(4-17)表示的伏秒定律进行分析。在开关管导通时有

$$U_{ON} = U_{in} - U_Q \tag{4-25}$$

在开关管截止时有

$$U_{OFF} = U_{out} + U_D - U_{in} \tag{4-26}$$

结合式(4-17)可得

$$D = \frac{T_{ON}}{T_{OFF} + T_{ON}} = \frac{U_{out} + U_D - U_{in}}{U_{out} + U_D - U_Q} \tag{4-27}$$

对于输入与输出电压,二极管与开关管的导通压降都非常小,所以可得到理想情况下

Boost 电路的输入与输出之间的关系

$$U_{out} = \frac{U_{in}}{1-D} \qquad (4-28)$$

另外,与 Buck 电路类似,根据电感两端电压与流过电流波形,也可将 Boost 电路分为 CCM、DCM 与 BCM 3 种模式。

4.6.2 Boost 电路实现

先假设使用 UC3843 结合 Boost 拓扑电路实现升压稳压电路,其输入电压范围为 8~ 12V,输出电压需要稳定在 24V,最大负载电流为 2A。如图 4-25 所示为设计的原理图,包括 两大部分: UC3843 控制部分以及 Boost 拓扑部分。本节以此电路为例,介绍 Boost 电路中 相关元器件的参数选择。

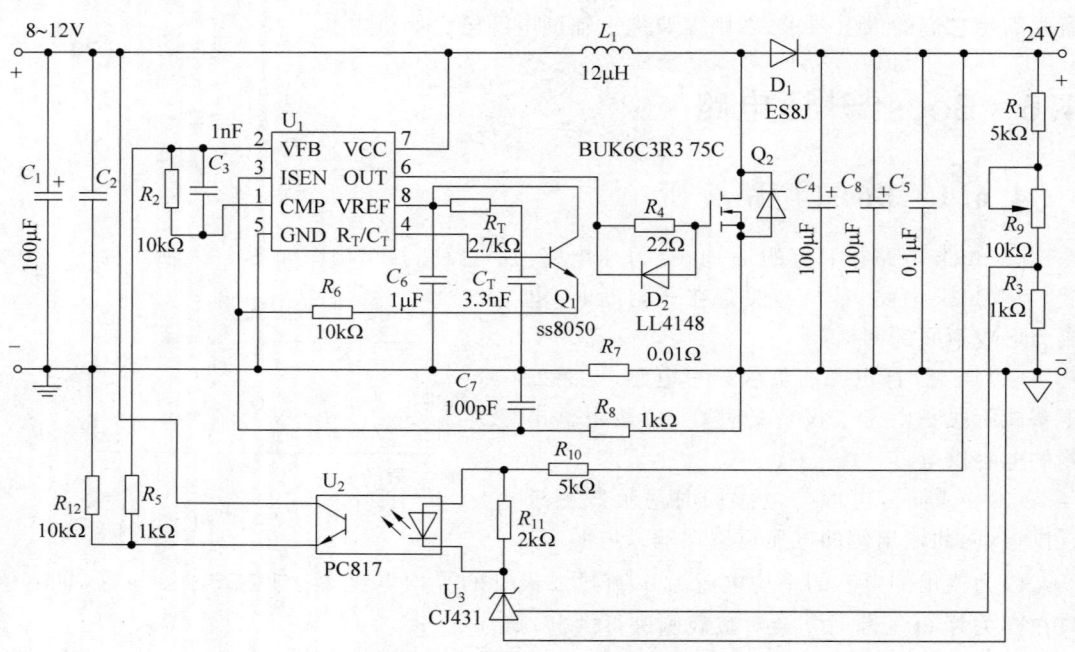

图 4-25　使用 UC3843 实现 Boost 升压电路

UC3843 部分参数选择与 Buck 电路章节中的大同小异,因此不再赘述。对于 CCM 模 式的 Boost 电路中电感的参数的选择,读者可参考如下步骤进行选取:

(1) 在最小输入电压条件下,计算出在理想情况下的占空比为 $D = \dfrac{U_{out} - U_{in}}{U_{out}} = \dfrac{24-8}{24} = \dfrac{2}{3}$。

(2) 开关管的开关周期为 $T = 1/f = 1/200\text{kHz} = 5\mu s$。

(3) 导通时间为 $T_{ON} = DT = \dfrac{10}{3}\mu s$。

(4) 计算流过电感的最大平均电流: $I_{L_{max}} = I_{out_{max}}/(1-D) = 6A$。

(5) 根据公式 $u = L \times di/dt$,即有 $U_{in} \times T_{ON} = L \times \Delta I$,其中 ΔI 为电感电流纹波大小。通 常设定稳压电路的纹波为最大负载电流的 0.4 倍($\Delta I = 0.4 I_{L_{max}} = 2.4A$),则求得 $L = 11.1\mu H$。

（6）计算峰值电流：$I_\mathrm{P}=1.2I_{L_\mathrm{max}}=7.2\mathrm{A}$。

与 Buck 电路一致，频率越高，所需要的电感越小。需要注意的是，在 Boost 电路中电感往往通过电流很大，因此需要保证在电流范围内，电感的磁芯不会出现磁饱和现象。因为一旦出现磁饱和，此电感就等同于导线，不会再像正常电感一样储能，在这种情况下电路不能正常工作。目前市面上标准的电感大都为铁氧体磁芯，铁氧体在储能阶段容易饱和，而铁硅铝材料的磁芯则具有更高的高斯饱和度。因此本书推荐使用铁硅铝磁环来制作此电感。

4.7 Buck-Boost 电路

4.7.1 Buck-Boost 电路分析

Buck-Boost 电路的拓扑结构图如图 4-26 所示。同样地，在 Buck-Boost 电路中，开关管在开与断时，电流也会形成不同的回路：

（1）导通时，与 Boost 电路类似，此时电源的负载只有电感，因此电感处于蓄能阶段。由于二极管的存在，负载由输出侧的电容供电。

（2）关断时，电感将导通期间存储的能量给负载供电，但由于电感电流不能突变，因此输出电压与输入电压是反向的，此时电流回路为：电感 L→电容 C 与负载 R_L→二极管 D→电感 L。

因为输出侧电容的平均电流为 0，因此流过二极管的平均电流 I_D 与负载 I_out 相等，且电感只在开关管 Q_1 关断时才会对负载侧进行供电（与 Boost 电路类似），则有

$$I_\mathrm{L}=\frac{I_\mathrm{out}}{(1-D)} \quad (4\text{-}29)$$

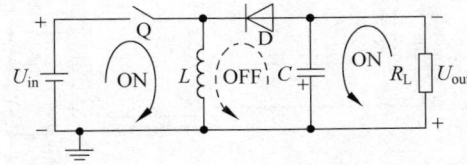

图 4-26　Buck-Boost 拓扑结构图

针对电压，依旧可根据式（4-17）表示的伏秒定律进行分析。在开关管导通时有

$$U_\mathrm{ON}=U_\mathrm{in}-V_\mathrm{Q} \quad (4\text{-}30)$$

在开关管截止时有

$$U_\mathrm{OFF}=U_\mathrm{out}+U_\mathrm{D} \quad (4\text{-}31)$$

结合式（4-17）可得

$$D=\frac{T_\mathrm{ON}}{T_\mathrm{OFF}+T_\mathrm{ON}}=\frac{U_\mathrm{out}+U_\mathrm{D}}{U_\mathrm{out}+U_\mathrm{D}+U_\mathrm{in}-U_\mathrm{Q}} \quad (4\text{-}32)$$

因为对于输入与输出电压，二极管与开关管的导通压降都非常小，因此可得到理想情况下 Boost 电路的输入与输出之间的关系

$$U_\mathrm{out}=U_\mathrm{in}\frac{D}{1-D} \quad (4\text{-}33)$$

值得注意的是，在 Buck-Boost 电路中输出电压是与输入电压反向的，这一点与 Buck 或 Boost 电路均不同。从最后的结果看，Buck-Boost 电路输出电压值既可以比输入高，也可比输出低，因此 Buck-Boost 的输出可调范围更大。

4.7.2　Buck-Boost 电路实现

先假设使用 UC3843 结合 Buck-Boost 拓扑电路实现升压稳压电路,其输入电压范围为 8~12V,输出电压需要稳定在 −24V,最大负载电流为 2A。如图 4-27 所示为设计的原理图,包括两大部分：UC3843 控制部分以及 Buck-Boost 拓扑部分。

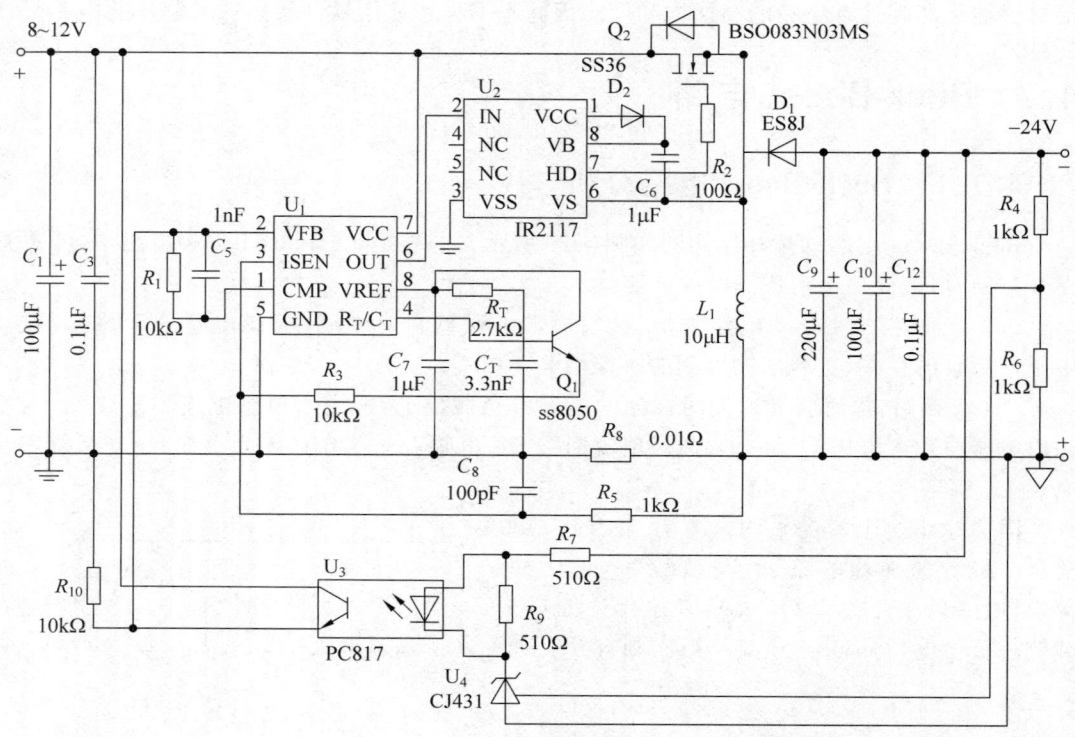

图 4-27　使用 UC3843 实现 Buck-Boost 升压电路

由于 Buck-Boost 电路中开关管的源极也并不是直接接地,因此与 Buck 电路类似,也需要 IR2117 芯片来保证开关管的可靠导通与关断。由于在 Buck-Boost 电路中输出与输入电压极性相反,可以认为两者之间"参考地"不同,因此在使用 UC3843 进行反馈控制时,也需要使用光耦来传递反馈信号。

对于 CCM 模式的 Buck-Boost 电路中电感的参数的选择,读者可参考如下步骤：

(1) 在最小输入电压条件下,计算出在理想情况下的占空比为 $D = \dfrac{V_{\text{OUT}}}{V_{\text{IN}} + V_{\text{OUT}}} = \dfrac{24}{32} = 0.75$。

(2) 开关管的开关周期为 $T = 1/f = 1/200\text{kHz} = 5\mu\text{s}$。

(3) 导通时间为 $T_{\text{ON}} = DT = 3.75\mu\text{s}$。

(4) 计算流过电感的最大平均电流：$I_{L_{\max}} = I_{\text{out}_{\max}}/(1-D) = 8\text{A}$。

(5) 根据公式 $u = L \times \text{d}i/\text{d}t$,即有 $U_{\text{in}} \times T_{\text{ON}} = L \times \Delta I$,其中 ΔI 为电感电流纹波大小。通常设定稳压电路的纹波为最大负载电流的 0.4 倍($\Delta I = 0.4 I_{L_{\max}} = 3.2\text{A}$),则求得 $L =$

$9.4\mu\mathrm{H}$,本书选取 $10\mu\mathrm{H}$。

（6）计算峰值电流：$I_P=1.2I_{L_{max}}=9.6\mathrm{A}$。

可以看出,Buck-Boost 的电感计算与 Boost 电路中的电感计算相似,选取结果也类似。这是由于这两种拓扑电路中的电感均是在开关管导通时储能,在开关管截止时释放能量。因此在 Buck-Boost 电路中也需注意电感的磁饱和现象。

4.8 集成升压/降压电路芯片

UC3843 是较为通用的 DC-DC 变换的控制器芯片,使用 UC3843 与 Buck 或 Boost 拓扑结构理论上可以实现任意输出电压大小与功率的电路。由前面的分析可以看出,使用 UC3843 针对同一或不同拓扑结构,其控制电路大致相同。因此对于低压、小功率的电源变换电路,可将核心的控制电路封装在芯片中,这样不仅可以大幅减小电路体积,而且使得电路设计变得简单。事实上,针对小功率的集成开关电源芯片,TI 公司推出了适用于各种应用的芯片。并且推出了 WEBENCH 在线的电源计算器,读者可设定条件,自主选择最合适的芯片。选定芯片后,WEBENCH 还可根据参数自动生成参考电路,以及电感、电容元件的参数,非常方便。

应用于开关电源的集成芯片的外围电路相比于线性稳压电源芯片更为复杂,这是由于开关电源通常需要大容量的电感与电容元器件,而这些元器件体积通常较大,因此很难集成在芯片内部,但相比于使用 UC3843 实现电源电路则简单与方便得多。由于前面已经对开关电源控制思想有了详细的介绍,即使在面对一款新的电源芯片,也能做到快速理解与使用。

例如,典型的 Buck 降压芯片有 LM2596,它的最高输入电压为 40V,输出电流最大 3A,内部振荡频率为 150kHz。分为固定电压输出版本（3.3V、5V 与 12V）与可调输出版本,如图 4-28 所示为可调输出电压的原理图,可以看出,只需要几个电阻、电容、电感即可完成降压输出,十分方便。另外 LM2596 的 5 脚（$\overline{\mathrm{ON/OFF}}$）为控制引脚,当此引脚为低电平时芯片才工作,方便外部对电源的控制。

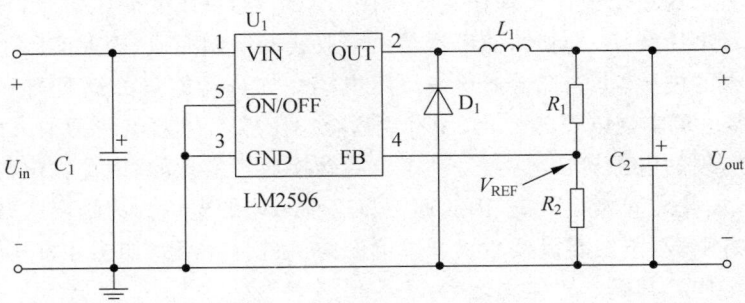

图 4-28 可调输出的 LM2596 实现 Buck 降压电路

针对可调输出版本,可以根据 R_1 与 R_2 的比值改变输出电压,实现任意电压值的输出。但需要注意的是,由于此电路采用 Buck 拓扑结构,因此输出电压是不能高于输入电压的。输出电压的计算公式为

$$V_{\text{OUT}} = \frac{R_1 + R_2}{R_1} \times V_{\text{REF}} \qquad (4\text{-}34)$$

其中，V_{REF} 为 1.23V。

对于 Boost 拓扑结构，则有类似 LM3488 的芯片，此芯片将 FB 引脚的电平稳定在 1.26V，如图 4-29 的电路，改变 R_6 与 R_3 即可调节输出电压。

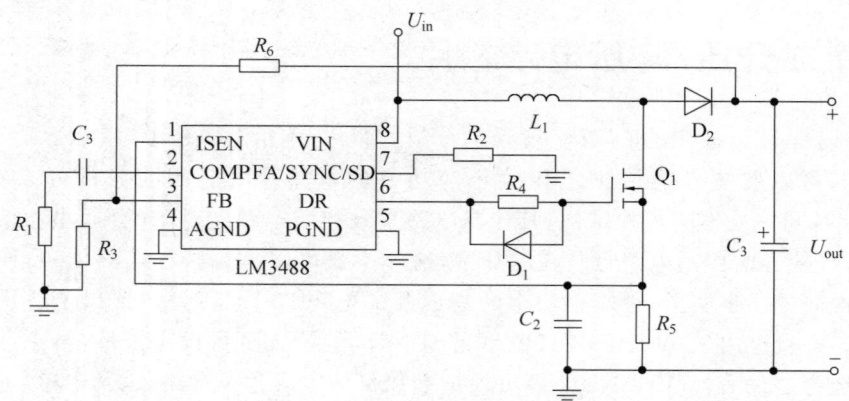

图 4-29　使用 LM3488 实现升降压电路

因此在实际开发过程中，如需实现小功率的 DC-DC 变换，推荐使用集成电源芯片，可极大地方便电源转换电路的设计。

4.9　隔离开关电源

通过之前介绍的 3 种 DC-DC 变换的拓扑结构可以任意进行升压、降压与反向电压输出，但当电压变换器输出与输入差别非常大时，例如需要使用 Buck 电路将 220V 工频整流后的电压降低到 5V，控制器需要输出极小的占空比，并且当输入电压或负载变化时，电路调节占空比的范围也非常小，此时基于前面介绍的拓扑电路很难满足要求。

由于变压器可通过匝数比实现任意电压比的变化，通过改变变压器原、副边的匝数比可非常容易地进行电压转换。同时，变压器是由多股线圈绕制而成，因此实际上也可将变压器看作一个多绕组的电感，也能像普通单一绕组电感一样进行能量的储蓄与释放。因此结合 PWM 与变压器也可实现电压的变化，而且更适合应用于输入与输出差别很大的场合。另外，借助于变压器实现的电源转换电路，是基于电磁转换原理实现的，因此输出与输入没有直接通过导线连接，彼此之间相互隔离，因此通常将这种结构的电源称为隔离式开关电源。

由于篇幅有限，本节主要以反激式开关电源为例进行介绍。如图 4-30 所示为反激式开关电源的基本结构。其基本工作原理为：

（1）开关管 Q 导通时，此时输入电源 U_{in} 的电压加载电感上（变压器的原边），则此时变压器处于储能状态。变压器的副边会产生相反的电压，导致二极管反向偏置，负载 R_{L} 通过输出侧的电容进行供电；

（2）开关管 Q 关断时，存储在变压器原边的能量转移到了副边的绕组中，此时二极管 D 正向偏置，变压器存储的能量被释放用于电容充电以及负载 R_{L} 供电。

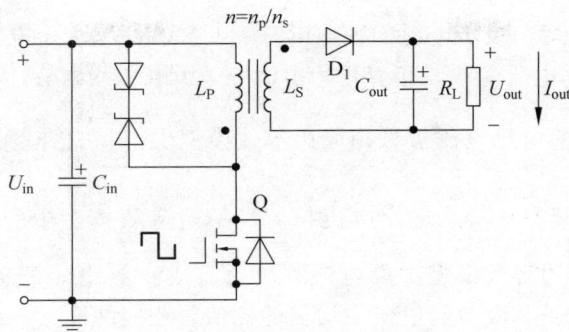

图 4-30 反激隔离开关电源的一般结构

由以上分析可知,反激转换器的工作原理与 Buck-Boost 电路非常相似,均是在开关管 Q 导通时将能量存储在电感中,而在开关管 Q 关断时由电感给负载供电,这也是与 Buck 与 Boost 电路不同的地方(在 Buck 电路中输入电源能量在开关管导通时间内同时传递给电感与负载,而在 Boost 电路中开关管截止时负载由输入电源与电感同时供电),只有在 Buck-Boost 电路中才能在开关管导通与截止期间内,将能量的存储与传递过程完全分开。因此可以将反激转换器看成是 Buck-Boost 的衍生电路。将反激变压器简化为能量存储装置,去等效 Buck-Boost 电路中的电感,从而得到 Buck-Boost 的等效电路。这样做的好处是可以使用之前介绍的 Buck-Boost 电路的方程与设计步骤,如电容、二极管、开关电流等都可应用 Buck-Boost 电路进行分析。但事实上变压器与单绕组电感还是存在差异的,最大的不同在于变压器的漏感以及与之相关的问题,具体会在后面介绍。

值得注意的是,原边与副边的等效电路拓扑结构虽然是一致的,但是对应的参数是不一样的,这是由于变压器的原边与副边的电压、电流、电抗均与变压器的匝数比有关。在分析过程中,需要将电压、电路与电抗从原边折算到另一侧,从而得到两个等效的 Buck-Boost 模型,它们对应的参数如表 4-1 所示。可以使用原边的等效模型计算原反激变换器所有原边的电压、电流,使用副边等效模型计算原反激变换器所有副边的电压与电流。原边与副边变换中电压与电流为乘以或除以匝数 n,而电抗相关(电阻、电容与电感值)的变换为乘以或除以匝数的平方(n^2)。

表 4-1 反激变换器原边与副边等效 Buck-Boost 模型的参数

参数	原边等效 Buck-Boost	副边等效 Buck-Boost
输入电压	U_{in}	$U_{INR} = U_{in}/n$
输入电流	I_{in}	$I_{INR} = nI_{in}$
输入电容	C_{in}	$n^2 C_{in}$
电感	L_P	$L_S = L_P/n^2$
开关管压降	U_{ON}	U_{ON}/n
输出电压	$U_{OR} = nU_{out}$	U_{out}
输出电流	$I_{OR} = I_{out}/n$	I_{out}
电感电流	$I_{OR}/(1-D) = I_{out}/[n(1-D)]$	$I_{out}/(1-D)$
输出电容	C_{out}/n^2	C_{out}
二极管压降	$U_{D1} \cdot n$	U_{D1}
占空比	D	D

对于副边的等效模型,设定电感的平均电流 I_L 与 Buck-Boost 电路中相同,由于在稳定状态下电容流过的平均电流为 0,二极管平均电流等于负载平均电流,因此可得 $I_L = I_O/(1-D)$。将此二次侧模型的电感电流折算到原边等效模型中,则电感电流的平均值 $I_{LR} = \dfrac{I_L}{n} = \dfrac{I_{out}}{n(1-D)} = \dfrac{I_{OR}}{(1-D)}$,其中 I_{OR} 为输出电流折算到原边等效模型中的等效输出电流。同样地,原边等效模型与副边等效模型中的电流纹波也是成匝数比 n 的关系,虽然原边与副边电流纹波大小不同,但是其纹波与电流平均值的比值是相同的。

以上的分析均没有考虑漏感对电路的影响,而漏感对于变压器来说不可避免的。漏感为未能耦合到副边的原边电感部分,它并没有参与能量从输入到输出的传递。可以将漏感看成是与变压器一次电感串联的寄生电感,如图 4-31 所示。

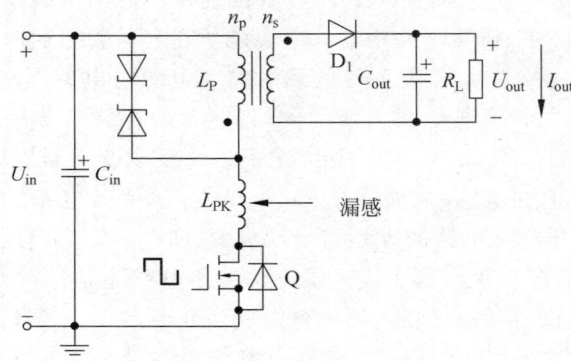

图 4-31 漏感的等效模型

对于开关管 Q 在从开启到关断的时刻,流过这两个电感的电流均为 I_{PKP},即为一次电流的峰值。在关断期间,原边电感所存储的能量可以有效传递到副边的负载中,但是对于漏感却无法与副边建立传递通道,若不吸收此漏感能量,则会引起很大的反向电压尖峰,此时开关管漏极电压为 $U_{DS} = U_{in} + U_{PK}$,其中,U_{PK} 为漏感产生的反向尖峰电压,其值非常大,因此很容易导致开关管的破坏。

为了避免开关管因为漏感而被损坏,通常有以下两种解决方式:

(1) 重新利用,让其返回到输入电容;

(2) 将其简单进行消耗。

由于后者的电路十分简单,因此被广泛使用,较为普遍的方式有两种:

① 如图 4-32(a)所示,直接采用齐纳二极管钳位;

② 如图 4-32(b)所示,采用 RCD 吸收电路,能量可以消耗在电阻 R 中。

显然对于漏感能量的消耗,其整个电源电路效率的影响是很大的。下面以齐纳二极管为例来对漏感产生的能量进行分析。

可以认为每个周期内漏感消耗的能量为 $1/2L_{LKP}I_{PK}$,其中,I_{PK} 为电流峰值、L_{LPK} 为一次漏感。此能量为原边的漏感在关断时刻所具有的能量。在关断时候,由于漏感引起的反向尖峰会导致二极管 D 导通。同时,由于原边绕组与漏感为串联关系,因此在消耗漏感能量期间,原边绕组的能量也会被消耗。因此齐纳二极管消耗的总能量为

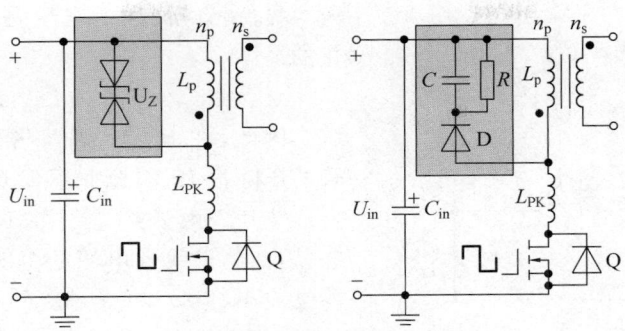

图 4-32　反向尖峰电压的吸收

$$P_{Z} = \frac{1}{2} L_{LK} I_{PK}^{2} \frac{U_{Z}}{U_{Z} - U_{OR}} \qquad (4\text{-}35)$$

上式中，$\dfrac{U_{Z}}{U_{Z} - U_{OR}}$ 为一次电感产生损耗的附加部分，且 U_{OR} 为输出电压等效到原边电感的等效电压。显然当齐纳二极管稳压电压太接近 U_{OR}，损耗的能量会非常大，而 U_{OR} 是与变压器的匝数比相关的，因此在设计期间，需要注意变压器的匝数比。

细心读者可能发现式(4-35)中的漏感符号为 L_{LK}，而非原边漏感 L_{LKP}。这是由于，实际上变压器副边的漏感 L_{LKS} 也会起作用影响损耗在齐纳二极管上的能量。因为在开关管关断时刻，副边电感电流不能突变，在实际输出电流达到要求值之前，一次电流仍需续流，而此时齐纳二极管所构成的支路是唯一续流通道，因此即使原边漏感为 0，齐纳二极管也会有损耗。式(4-35)实际上同时考虑了原边与副边的漏感，并且有

$$L_{LK} = L_{LKP} + n^{2} L_{LKS} \qquad (4\text{-}36)$$

其中，L_{LKS} 为副边的漏感值。

实际上隔离式开关电源可以看成是标准的 DC-DC 变换器拓扑衍生而来的，例如，反激转换器电路可以看成是用多绕组电感代替常用的单绕组电感的 Buck-Boost 电路。类似地，广泛应用于中大功率场合的正激变换器[①]可以看成是 Buck 拓扑的衍生，读者可自行分析。

4.10　恒流源电路

前面介绍的电路均为稳压源，即输入或负载变化能保持输出电压的恒定。实际上，在有些应用场合中还需要输出稳定电流，例如，在锂电池充电管理中，当电池电压距离额定电压较大时，需采用恒定电流模式进行充电，这样充电效率更高。

与稳压源不同，恒流源采集的是电流信号，从而稳定电流的输出。如图 4-33 所示为一个简单的恒流源电路，R_{2} 将电流信号转换为电压信号，在稳定状态下，根据运算放大器的"电压虚短"原则，电路会将 R_{2} 的电压恒定在 U_{in} 的大小，即

$$I_{out} = \frac{U_{in}}{R_{2}} \qquad (4\text{-}37)$$

---

①　正激变换器中变压器原副边同名端与反激变换器中变压器的原副边同名端相反。

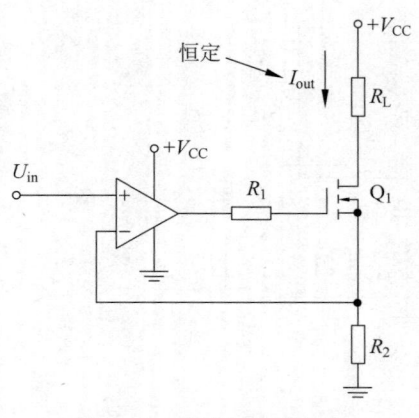

图 4-33　线性恒流源电路

显然，Q_1 两端的电压是随着电流变化而变化的

$$U_{Q1} = V_{CC} - I_{out}(R_2 + R_L) \quad (4\text{-}38)$$

因此，在 R_2 与 R_L 都很小的情况下，MOS 管的压降很大，因此此管发热较为严重，需要加上散热片。由于此电路中 MOS 管工作在放大状态，因此属于线性电源的范畴，也具有线性电源的纹波小，但效率低的特点。

在需实现高效率应用中可采用开关恒流源的方式。事实上，恒流源与稳压源最大的区别是控制对象的不同，而电流与电压可以通过电阻进行转换，因此对于一些开关稳压芯片也可应用于恒流源电路中。例如，使用 LM2596 产生可调恒流源的电路，如图 4-34 所示。其中 R_{SENSE}、R_1、R_4、R_{10}、U_2A 组成比例放大电路，将电流信息转换成电压信息，并与 R_7、R_8 分压组成了基准电压进行比较，比较结果(U_2B)接入 LM2596 的 FB 引脚。LM2596 内部会对误差进行调整，从而使得 U_2B 输出电压保持恒定，保证了流过 R_{SENSE} 的电流的恒定，达到恒流源的效果。显然，改变 R_8 的阻值，其基准电压也变化，电路输出的恒定电流值也将改变，从而达到可调电流输出的效果。

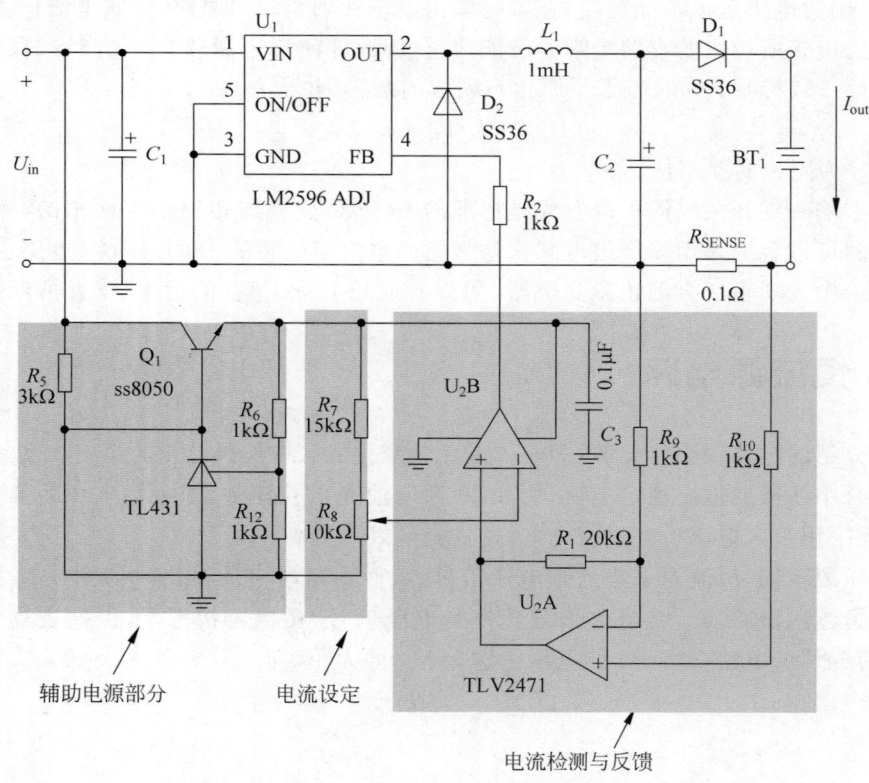

图 4-34　使用 LM2596 实现恒流电源(1)

　　事实上,此电路可以将电流反馈与电压反馈结合起来,同时限定最大输出电流与最高电压。限流部分与图 4-34 相同,但是对于最高电压限制的反馈需要串联二极管 D_2,并接入 LM2596 的反馈引脚,具体如图 4-35 所示。当负载电流很小时,电路处于稳压状态,电压反馈起到主要反馈作用。当负载电流超过设定值,此电路会处于恒流状态,此时二极管 D_2 处于截止状态,电流反馈起到主要反馈作用。

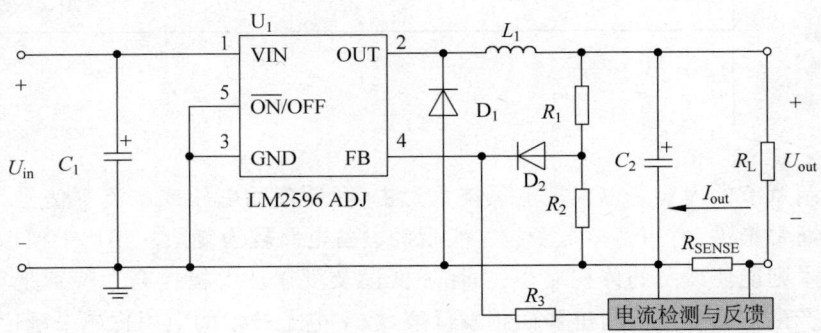

图 4-35　使用 LM2596 实现恒流电源(2)

第 5 章

单片机入门——Arduino

前面介绍章节的内容是以模拟电子技术为主,即处理的电压或电流等信号是随时间连续变化的。通常来讲,使用模拟电子技术实现的设备电路较为复杂。相比于模拟技术,应用数字电子技术则能使设备的体积缩小、功耗降低以及可靠性大幅提高。特别是集成电路的价格随着生产工艺的提高不断进步而越发低廉,数字电子技术的应用也越来越广泛。因此,本章及以后章节均对数字电子相关技术进行介绍。数字技术涉及的内容非常多,包括基础数字电子电路、单片机、PLD、FPGA 等。由于篇幅原因,本书不能对所有内容都进行详细介绍。又由于单片机相关技术应用的特别广泛,包括身边随处可见的家电、工业设备用的各种控制器、汽车电子相关产品以及航空航天系统、尖端武器等军工领域等,因此本书将重点介绍单片机相关技术,其他内容读者需自行查阅相关资料。

事实上,设计基于单片机的电子产品可以认为是设计一台微型、具有特殊功能的计算机,涉及软、硬件的各种知识,这也是初学者较难入门单片机的原因。通常来说,学习过程可以认为是一个从感性思维到理性思维的过程。利用 Arduino 开发单片机系统可以让使用者不用具备太多底层软硬件知识就能轻易上手,有利于让读者对单片机有一个感性的认识,非常适合初学者。因此本章不会介绍过多单片机底层知识,主要介绍如何使用 Arduino 进行一些验证性实验,带领读者入门单片机技术。

5.1 数字电子技术与模拟电子技术

本书第 1~4 章所介绍的为模拟电子技术,可以看出,模拟电子主要实现模拟信号的放大、滤波等功能,从而达到信号处理与能量转化的目的。在模拟电路中,晶体管一般工作在线性放大区域,当外界环境变化时,晶体管的放大特性会发生变化,从而影响信号传输的准确性,甚至是产生失真。因此,模拟电子技术的抗干扰能力与稳定性较差。

数字电子技术主要对离散信号进行处理,一般都采用二进制来表示数字信号。而二进制则可以利用元器件的两个稳定状态来表示,例如,在稳态下,可以让三极管处于饱和区和截止区,则在这两种状态下表现出的现象为电流的有、无或电压的高、低,这种有与无、高与低的状态分别可用二进制中的 1 与 0 进行表示。因此在数字电子电路中,其基本单元电路简单,对电路中各元件精度要求不很严格,允许元件参数有较大的分散性,只要能区分两种截然不同的状态即可。因此数字电子技术具有更好的稳定性、抗干扰性,更适合电路的集成化与小性化。

正是由于这些优点,数字电路得到了更广泛的应用。但是这并不代表数字电子技术可以完全取代模拟电子技术,例如,在大功率的功放电路、小信号放大电路等场景中,模拟电路更具优势。另外,由于数字电路中存在大量的跳变信号(例如,方波),相比与模拟电路,数字电路会产生大量的噪声。因此模拟电子技术与数字电子技术各有其优缺点,在实际应用中,往往需要模拟与数字相结合,充分发挥各自的特点。

5.2 初识单片机——Arduino

Arduino 是一类便捷灵活、方便上手的开源电子原型平台,可使用 C/C++ 语言进行开发。具有一套完整的开发生态链,包含一系列适用不同应用的开源硬件以及丰富的库函数,基于 Arduino 的电子系统开发更多是对库函数的使用,只需要注重应用层的逻辑,不需要了解底层寄存器就可完成复杂的应用,非常适合初学者学习单片机技术。不同 Arduino 硬件之间共用一套成熟的库函数以及对应的 API 接口,因此只需要精通一种 Arduino 硬件即可,本书是以 Arduino UNO 板(以下简称 Arduino 板)介绍 Arduino 的相关知识。

5.2.1 硬件基础

如图 5-1 所示为 Arduino UNO 板的引脚分配图,包含 14 个数字引脚、6 个模拟输入、电源插孔、USB 连接和 ICSP 插头。

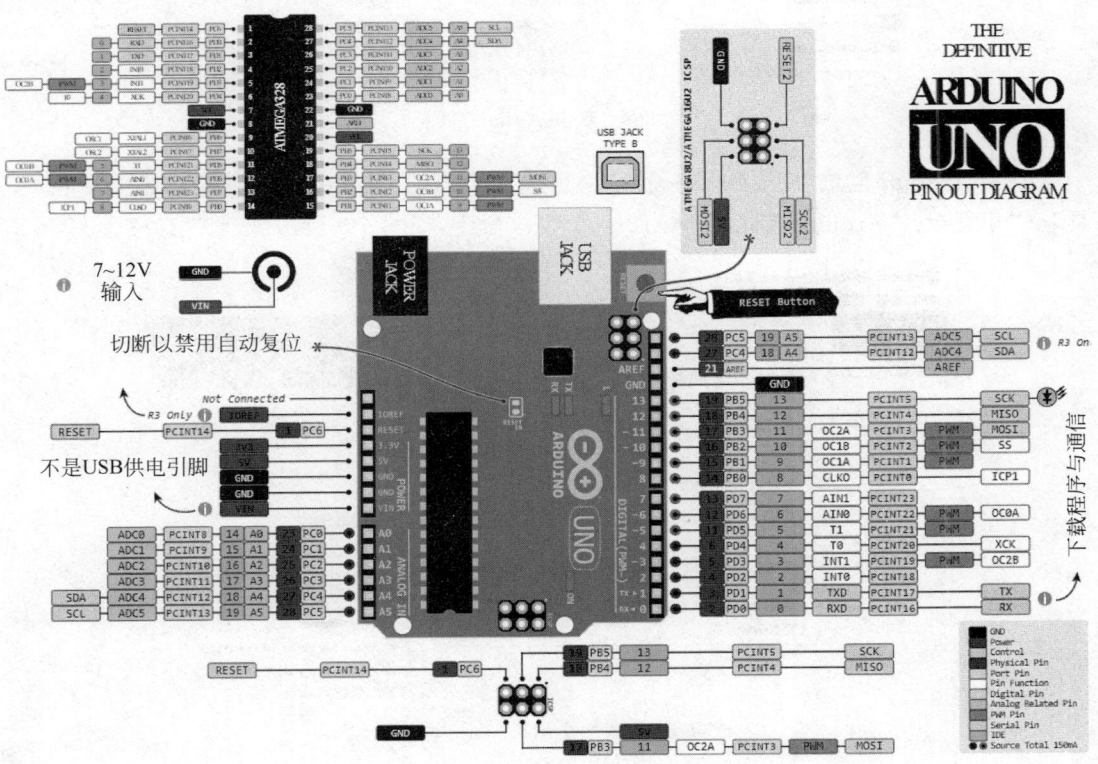

图 5-1 Arduino UNO 板实物示意图

搭建开发 Arduino 的硬件环境非常简单,只需要一根 USB 线将 Arduino 板与计算机连接即可。这里 USB 线既可以给 Arduino 供电,也可以将程序下载到 Arduino 板中。

5.2.2　开发环境安装与配置

Arduino 板有免费配套的开发环境,可以在官网(www.arduino.cc)上进行下载,有 Windows、Mac OS、Linux 版本,读者可根据自己的需要选择。安装完成后,在安装目录下双击 Arduino.exe 图标,如图 5-2 所示。

名称	修改日期	类型	大小
drivers	2020-11-11 10:38	文件夹	
examples	2020-11-11 10:38	文件夹	
hardware	2020-11-11 10:38	文件夹	
java	2020-11-11 10:38	文件夹	
lib	2020-11-11 10:38	文件夹	
libraries	2020-11-11 10:38	文件夹	
reference	2020-11-11 10:38	文件夹	
tools	2020-11-11 10:38	文件夹	
tools-builder	2020-11-11 10:38	文件夹	
arduino.exe	2020-06-16 17:44	应用程序	72 KB
arduino.l4j.ini	2020-06-16 17:44	配置设置	1 KB
arduino_debug.exe	2020-06-16 17:44	应用程序	69 KB
arduino_debug.l4j.ini	2020-06-16 17:44	配置设置	1 KB
arduino-builder.exe	2020-06-16 17:44	应用程序	18,137 KB
libusb0.dll	2020-06-16 17:44	应用程序扩展	43 KB
msvcp100.dll	2020-06-16 17:44	应用程序扩展	412 KB
msvcr100.dll	2020-06-16 17:44	应用程序扩展	753 KB
revisions.txt	2020-06-16 17:44	TXT 文件	94 KB
uninstall.exe	2020-11-11 10:39	应用程序	404 KB
wrapper-manifest.xml	2020-06-16 17:44	XML 文档	1 KB

图 5-2　双击 Arduino 图标

因为 Arduino 包含不同功能的硬件,必须选择正确的 Arduino 板名称,单击菜单栏"工具"→"开发板:"Arduino Uno""→Arduino Uno 命令,如图 5-3 所示。

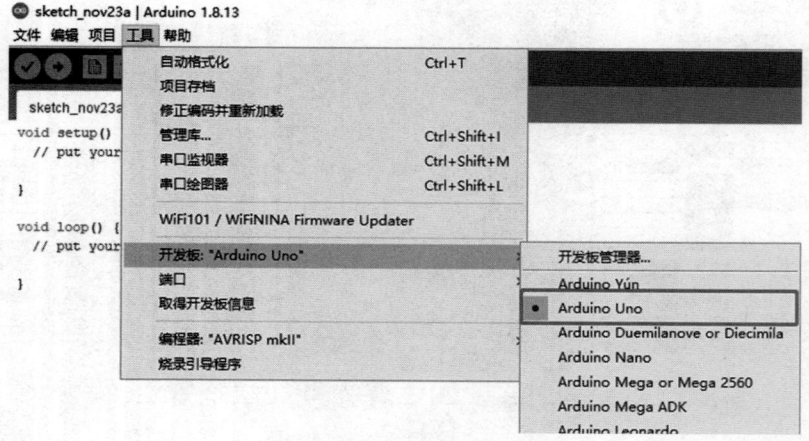

图 5-3　选择正确的 Arduino 板

在计算机端使用串口来将程序下载到 Arduino 板中,使用 USB 连接计算机和 Arduino

板后需要选择正确串口号,单击"工具"→"端口"命令,选择正确的 COM 端口,如图 5-4
所示。

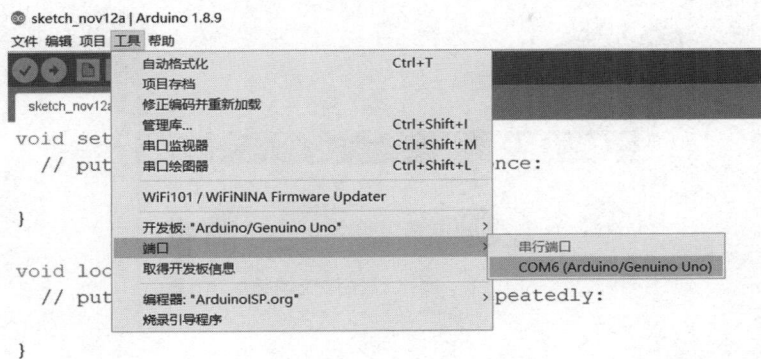

图 5-4 选择串口端口号

在默认的编程环境中,包含很多 Arduino 的例程,单击"文件"→"示例"→01. Basics→
Blink 命令,打开 LED 闪烁的例程,如图 5-5 所示。

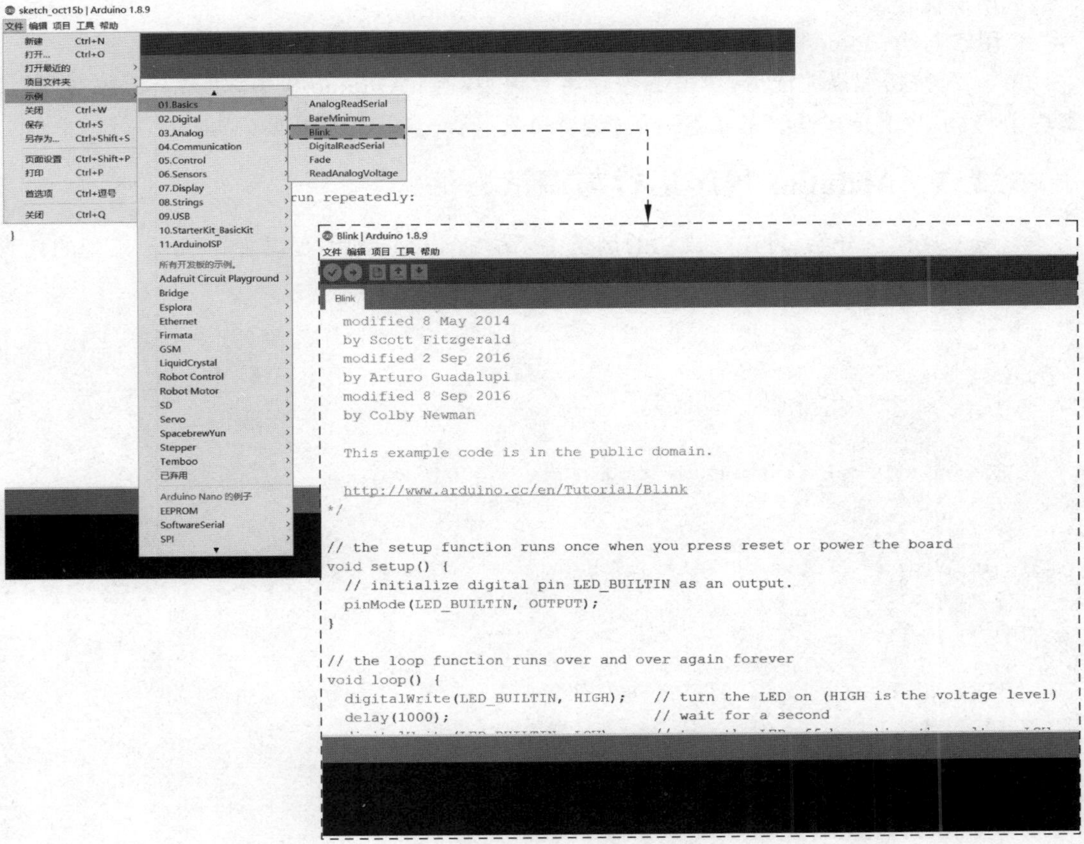

图 5-5 打开 LED 闪烁的例程

接下来需要将程序下载到 Arduino 开发板中,在开发环境有调试程序的快捷键,如图 5-6 所示。

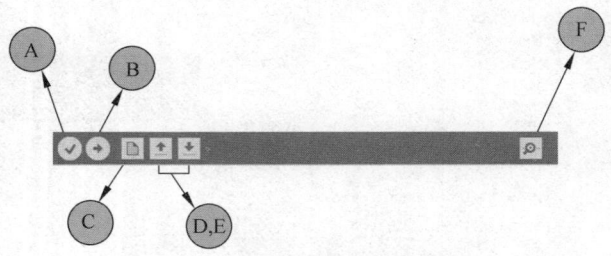

图 5-6　调试程序快捷按钮

其中:

A 为编译按钮,用于检查是否存在任何编译错误;

B 为程序下载按钮,用于将程序上传到 Arduino 板;

C 用于创建新程序文件的快捷方式;

D 用于直接打开示例文件之一;

E 用于保存文件;

F 用于与 Arduino 进行串口通信。

单击 A 按钮编译完成后,单击 B 按钮将程序下载到 Arduino 板中,如果上传成功,则状态栏中将显示"上传成功。"的消息,同时读者可看到板上的 LED 开始闪烁。

5.2.3　Arduino 程序运行与调试方法

学习先从模仿开始,可先从成功的例子中了解 Arduino 的编程思想。Blink 工程的代码如下。

```
/*
  Blink
  Turns on an LED on for one second, then off for one second, repeatedly.

  This example code is in the public domain.
*/

//Pin 13 has an LED connected on most Arduino boards.
//give it a name:
int led = 13;

//the setup routine runs once when you press reset:
void setup() {
  //initialize the digital pin as an output.
  pinMode(led, OUTPUT);
}

//the loop routine runs over and over again forever:
void loop() {
```

```
  digitalWrite(led, HIGH);         //turn the LED on (HIGH is the voltage level)
  delay(1000);                     //wait for a second
  digitalWrite(led, LOW);          //turn the LED off by making the voltage LOW
  delay(1000);                     //wait for a second
}
```

从软件结构上看,主要包含 3 部分:变量声明部分、初始化部分以及主要逻辑部分。

变量申明部分一般位于代码最上方,因为在 C/C++语言中遵循先申明后使用的原则,通常在这部分申明所有需要使用的变量。

初始化部分位于 setup()函数中。setup()函数是程序运行的最开始执行的部分,通常在此函数内初始化变量、引脚模式、启动库函数等等,这个函数在程序运行的生命周期内只会执行一次。

主要逻辑部分位于 loop()函数中。当 setup()函数执行完毕时,就会执行 loop()函数。从实际代码中看,在函数内部并没有任何死循环的操作,但是灯会不断闪烁。即可以把 loop()函数看成一个死循环的函数,此函数会不停重复运行。在 loop()函数体内,digitalWrite(led,HIGH)函数是将对 led 引脚电平置高,delay()函数是 Arduino 自带的延时函数,延时最小单位为 1ms,delay(1000)即延时 1s。

Arduino 是通过串口下载程序的,在程序运行过程中,也可以利用此串口来打印调试信息,从而快速确定程序执行错误的地方。使用方法也非常简单,使用 Serial.begin()函数初始化串口,传递参数为比特率。可以通过 Serial.print()函数将调试信息通过串口发送给计算机。以下代码将 LED 状态进行打印。

```
int led = 13;

//the setup routine runs once when you press reset
void setup() {
  //initialize the digital pin as an output
  pinMode(led, OUTPUT);
  //初始化串口
  Serial.begin(9600);
}

//the loop routine runs over and over again forever
void loop() {
  digitalWrite(led, HIGH);         //turn the LED on (HIGH is the voltage level)
  Serial.println("led has turned on.");
  delay(1000);                     //wait for a second
  digitalWrite(led, LOW);          //turn the LED off by making the voltage LOW
  Serial.println("led has turned off.");
  delay(1000);                     //wait for a second
}
```

打开串口监视窗口,可以看到 Arduino 打印的调试信息,如图 5-7 所示,并将监视器右下角的波特率选择为 Serial.begin()传入的比特率。

串口通信是相互的,也可以使用计算机发送控制指令给 Arduino,从而完成计算机对

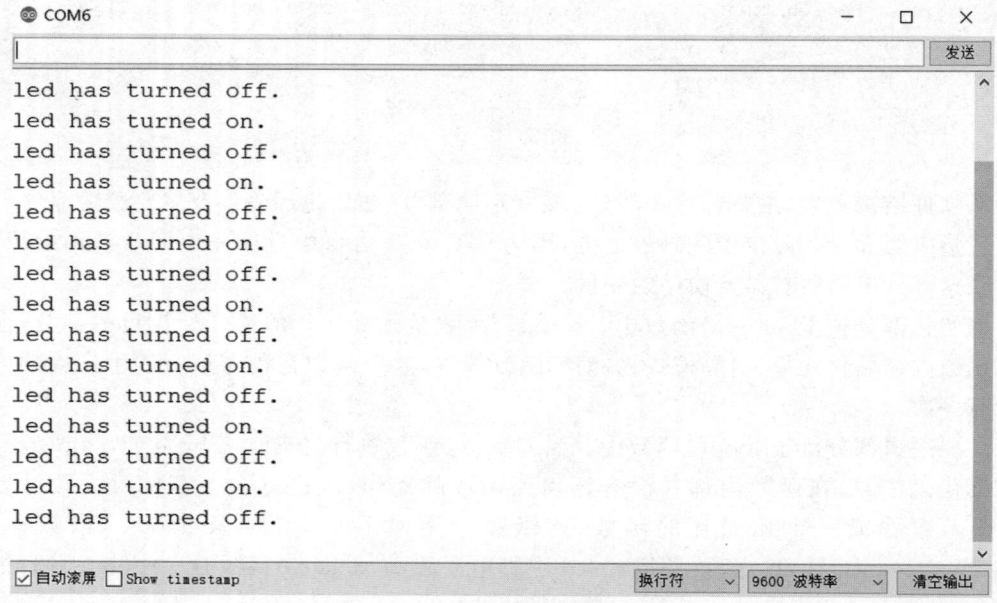

图 5-7　查看调试信息

Arduino 的控制。在串口监视器中的发送文本框中输入要发送的字符,单击"发送"按钮即可将数据发送给 Arduino。在 Arduino 中可以通过 Serial. available()函数获取串口接收到的字符个数,Serial. read()函数获得对应字符。下面为一个接收函数的例子。

```
String recData = "";                        //声明字符串变量,在 C 语言中没有字符串定义

void setup()
{
  Serial. begin(9600);                      //设定的比特率
}

void loop()
{
  while (Serial. available() > 0)           //判断是否有可用数据
    {
      recData += char(Serial. read());      //读数据
      delay(2);
    }

  if (recData. length() > 0)
    {
      Serial. println(recData);
      recData = "";
    }
}
```

5.2.4 Arduino 加载其他库函数

在 Arduino 的开发软件中默认自带一些常用的驱动库函数,但对于复杂的应用是不够用的,因此很多时候需要下载并使用第三方的驱动库。

如图 5-8 所示,在 Arduino 开发软件的菜单栏中单击"项目"→"加载库"→"管理库"命令,打开"库管理器"对话框。

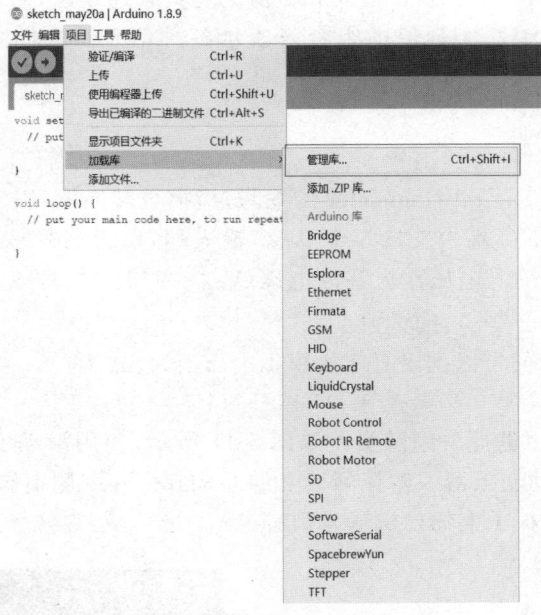

图 5-8 打开管理器命令

在文本框中输入需要下载的驱动库名称,单击"安装"按钮,即可安装成功,如图 5-9 所示。

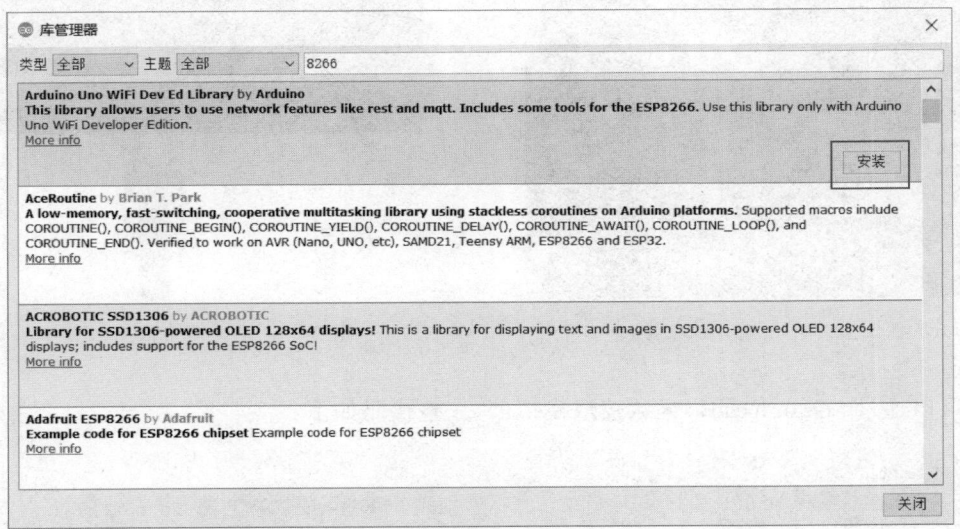

图 5-9 安装驱动库

安装好的驱动库,会出现在"项目"→"加载库"→"推荐的库"中,单击选中即可,最后在代码区域添加头文件(♯include＜xxx＞)便可调用该库。

在后面章节中如发现开发软件中没有对应的驱动库,可使用该方法进行添加。

5.3　模拟与数字的桥梁

模拟电路中充满着各种波形,在时间和数值上均具有连续性,而数字电路中时间和数值具有离散性,通过 0 与 1 两个数值的组合来表示各种信息。它们之间可以通过 ADC 与 DAC 进行转换。

5.3.1　ADC

ADC 为 Analog to Digital Converter 的缩写,指模数转换器,用于将模拟信号转换成数字信号。在 Arduino UNO 板中支持 5 个 ADC 输入端口,为 A0～A5,如图 5-10 所示。其分辨率为 10 位,默认以输入电压作为基准电压($V_{ref}=5.0V$)。即 0～5V 的电压经过 ADC 转换后的变成 0～1023($2^{10}-1$)的数值。

显然,通过 ADC 的值可以推出真实的模拟电压值,公式为

$$V = ADC\_Value \times (V_{ref}/1024) \tag{5-1}$$

下面对 ADC 的使用进行举例说明。如图 5-11 所示,使用滑动变阻器来对 Arduino 输入电压进行分压,将滑动变阻器一侧接到板上的 GND,另外一侧引脚接到 5V 接口,将滑动变阻器中间引脚连接到板子上的模拟输入引脚 A0 上。

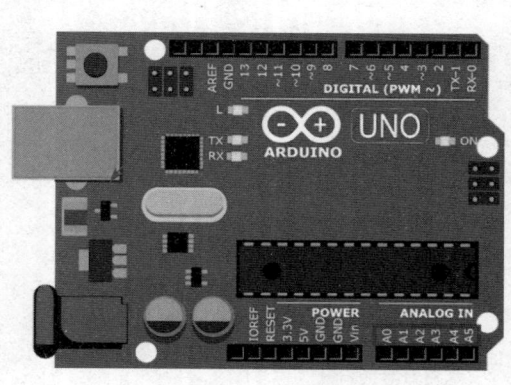

图 5-10　Arduino ADC 接口

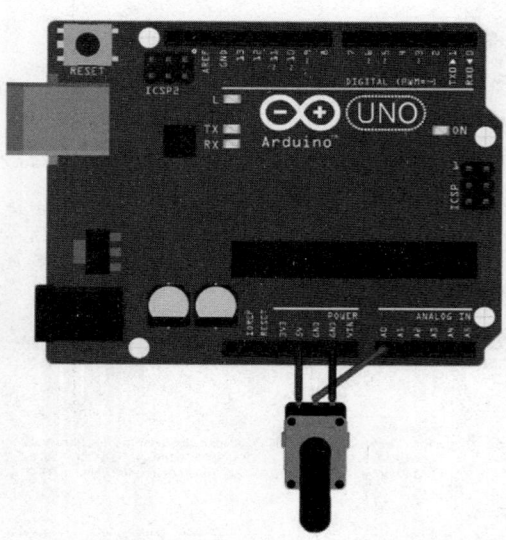

图 5-11　ADC 测试电路图

可以通过 analogRead()函数读取模拟值,完整代码如下:

```
void setup() {
    Serial.begin(9600);              //使用 9600bps 的比特率进行串口通信
```

```
}

void loop() {
  int n = analogRead(A0);                    //读取 A0 口的电压值
  double vol = n * (5 / 1024.0) * 100;       //读取模拟值,结果是乘以 100 后的值
  Serial.println(vol);                       //串口输出模拟值
  delay(500);                                //等待 0.5s,控制刷新速度
}
```

打开串口调试窗口可以看到电压值在变化,在图形绘制窗口看到波形,如图 5-12 所示。

可以看出,analogRead()函数读取的值与其参考电压 V_{ref} 有关,在 Arduino 中可以通过 analogReference(type)函数进行配置,传入的 type 值有 5 个:

(1) DEFAULT——默认模式,为 Arduino 的输入电压;

(2) INTERNAL——内置参考值;

(3) INTERNAL1V1——使用内置 1.1V 参考电压;

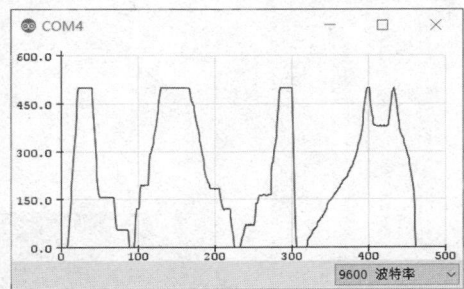

图 5-12 图形绘制窗口显示 ADC 值

(4) INTERNAL2V56——使用内置 2.56V 参考电压;

(5) EXTERNAL——使用外部 AREF 引脚电压作为参考电压,注意请勿使用小于 0V 或大于 5V 的任何值,否则可能会损坏 Arduino 板。

5.3.2 DAC

DAC 为 Digital to Analog Converter 的缩写,即数模转换器,与 ADC 正好相反,DAC 可以将数字信号转换成模拟信号。DAC 接口在 Arduino UNO 的接口位置如图 5-13 所示,共支持 6 个 DAC 输出接口(第 3、5、6、9、10、11 引脚)。

图 5-13 Arduino DAC 输出接口

在 Arduino 中 DAC 比较特殊,它产生的模拟值并不是稳定的一个电压值,而是以 PWM 波的形式输出,也可以将 Arduino 的 DAC 输出理解为有效值输出。可以通过 analogWrite(pin,value)函数输出 PWM。传递参数 pin 为 DAC 输出引脚;传递的参数 value 为占空比,取值范围为 0~255,对应真实 PWM 的占空比为 0%~100%。

下面举一个简单的例子(呼吸灯)介绍 Arduino 中 PWM 的输出,原理图如图 5-14 所示。

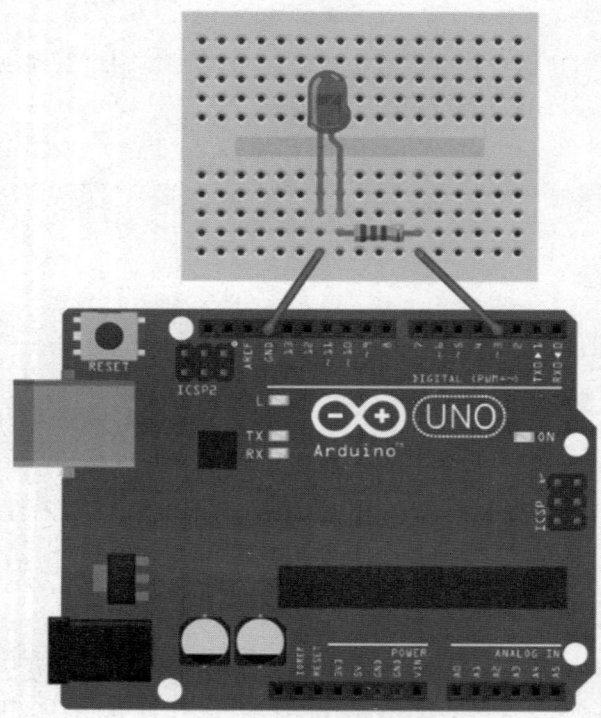

图 5-14 呼吸灯电路图

在 Arduino Uno 中,引脚 5 和引脚 6 的 PWM 输出频率约为 980Hz,其余引脚为 490Hz。但人眼识别连贯图像速度约为 24 帧/秒,因此当 Arduino 输出的 PWM 波形加载 到 LED 上时,人眼无法看到 LED 的闪烁,而是看到 LED 的亮暗程度。那么当 PWM 输出 不同占空比时,LED 的亮度会随之变化。

LED 使用从灭到亮的状态模拟人的吸气,使用从亮到灭的状态模拟人的呼气,在 Arduino 上对应是 PWM 的占空比的变化。完整代码如下所示。

```
int ledPin = 3;

void setup()
{
  pinMode(ledPin,OUTPUT);
}
```

```
void loop()
{
  for ( int a = 0; a <= 255;a++)          //循环语句,控制 PWM 亮度的增加
  {
    analogWrite(ledPin,a);
    delay(8);                              //当前亮度级别维持的时间,单位为毫秒
  }
  for ( int a = 255; a >= 0;a--)          //循环语句,控制 PWM 亮度减小
  {
    analogWrite(ledPin,a);
    delay(8);                              //当前亮度级别的维持时间,单位为毫秒
  }
}
```

PWM 在实际应用中十分广泛,除了在第 4 章中介绍 PWM 在开关电源中的应用,其在电机控制领域也得到了广泛应用,本章后面将详细介绍。

5.4　人机接口

电子产品最终的服务对象是人,因此人机接口就显得尤为重要,它可以让人与电子系统之间建立联系并交互信息。前文通过串口打印调试信息让开发者了解程序的运行流程,这也可以看成是人机接口的一种方式。

人机接口分为输入接口与输出接口。输入接口是人对机器的控制,在电子系统中通常采用按键的方式进行输入。输出接口则是电子系统对人的反馈,在电子系统中通常采用LCD、OLED 等显示屏等对必要信息进行显示。

5.4.1　按键输入

在对 LED 灯控制的时候将引脚配置为了输出模式,当需要读取按键状态时候需要将这个引脚配置为输入模式。如图 5-15 为测试按键输入原理图,通过两个微动开关分别控制LED 的亮与灭。

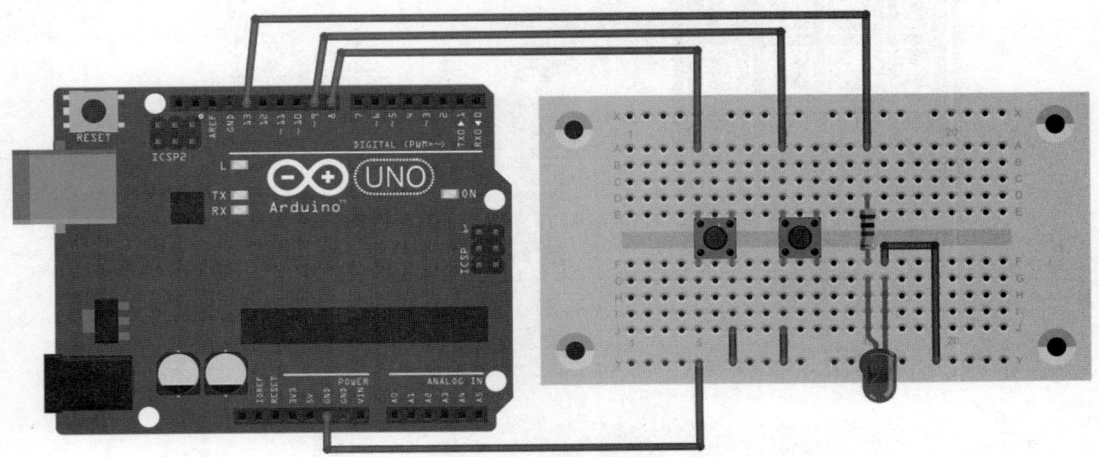

图 5-15　按键输入原理图

需要在 setup()函数中配置 led(13)、开按键(9)、关按键(8)的初始化,并在 loop()函数中判定开关状态从而改变 led 的状态,完整代码如下所示。

```
void setup()
{
  pinMode(13, OUTPUT);
  pinMode(9, INPUT_PULLUP);               //按键设置为 input 的状态
  pinMode(8, INPUT_PULLUP);               //按键设置为 input 的状态
}

void loop()
{
  if (digitalRead(buttonApin) == LOW)     //按键在按下后是 LOW 的状态
  {
    digitalWrite(ledPin, HIGH);
  }
  if (digitalRead(buttonBpin) == LOW)     //按键在按下后是 LOW 的状态
  {
    digitalWrite(ledPin, LOW);
  }
}
```

这种方式的按键输入开发非常方便,但当需要的按键很多时,这种方式就会大量占用硬件的输入引脚,导致引脚不够用。下面介绍解决这种多按键情况的两种方式。

5.4.2 矩阵式 4×4 键盘输入

矩阵式键盘又称为行列式键盘,它是用 4 条 I/O 线作为行线,4 条 I/O 线作为列线组成的键盘,如图 5-16 为其实物与原理示意图。在行线和列线的每一个交叉点上设置一个按键。这样键盘中按键的个数是 4×4 个,这种行列式键盘结构能够有效地提高单片机系统中 I/O 口的利用率。

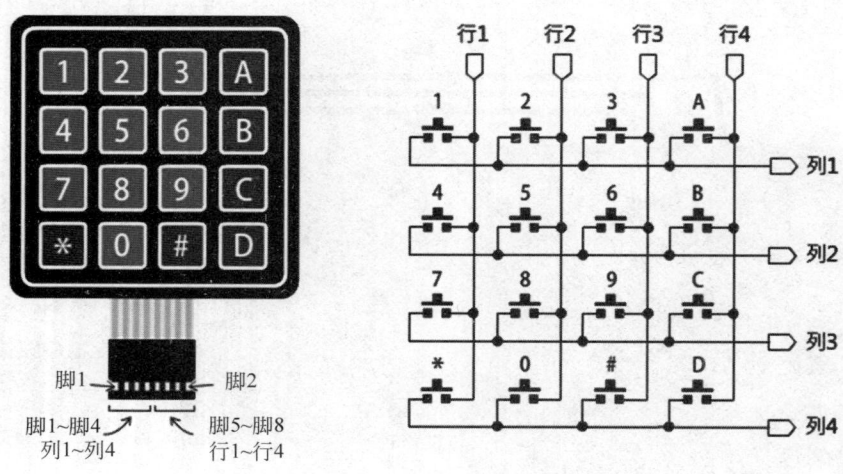

图 5-16 矩阵式按键的实物与原理示意图

判定的一般方法为：分别在行1～行4输出低电平时读取列1～列4的状态，再使列1～列4输出低电平，读取行1～行4的状态。将两次读取结果组合起来就可以得到当前按键的特征编码。

如图5-17所示为矩阵式按键与Arduino连接的硬件图。

在Arduino中有封装好的矩阵式按键的库函数（Keypad.h），定义好键盘行数（KEY_ROWS）、键盘列数（KEY_COLS）、依照行与列排序的矩阵式按键上的符号（keymap）以及行与列连接的引脚（rowPins与colPins）的相关变量，调用Keypad()函数并传递相关参数完成矩阵键盘初始化。最后调用getKey()方法来获取键盘接口。完整代码如下所示。

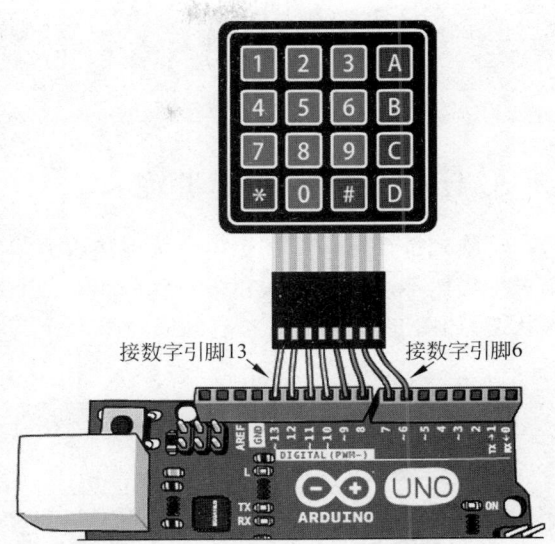

接数字引脚13　　　　接数字引脚6

图5-17　矩阵式按键与Arduino连接的硬件图

```
#include <Keypad.h>                        //调用Keypad程序库

#define KEY_ROWS 4                         //按键模块的行数
#define KEY_COLS 4                         //按键模块的列数

//依照行、列排序的矩阵式按键上的符号
char keymap[KEY_ROWS][KEY_COLS] = {
  {'1', '2', '3', 'A'},
  {'4', '5', '6', 'B'},
  {'7', '8', '9', 'C'},
  {'*', '0', '#', 'D'}
};

byte colPins[KEY_COLS] = {9, 8, 7, 6};     //按键模块,列1～列4的引脚
byte rowPins[KEY_ROWS] = {13, 12, 11, 10}; //按键模块,行1～行4的引脚

//初始化矩阵式键盘
Keypad myKeypad = Keypad(makeKeymap(keymap), rowPins, colPins, KEY_ROWS, KEY_COLS);

void setup(){
  Serial.begin(9600);
}

void loop(){
  //通过Keypad中的getKey()方法读取按键
  char key = myKeypad.getKey();

  if (key){                                //若有按键被按下
```

```
        Serial.println(key);                  //打印被按下的按键
    }
}
```

5.4.3　AD 采样键盘输入

矩阵式按键输入相比于单个按键输入节约了很多硬件引脚资源,但在引脚特别稀缺的场景中仍然不适用。下面介绍 AD 采样键盘电路,只需要一个引脚即可判定多个按键的输入状态,如图 5-18 所示为对应的原理图。

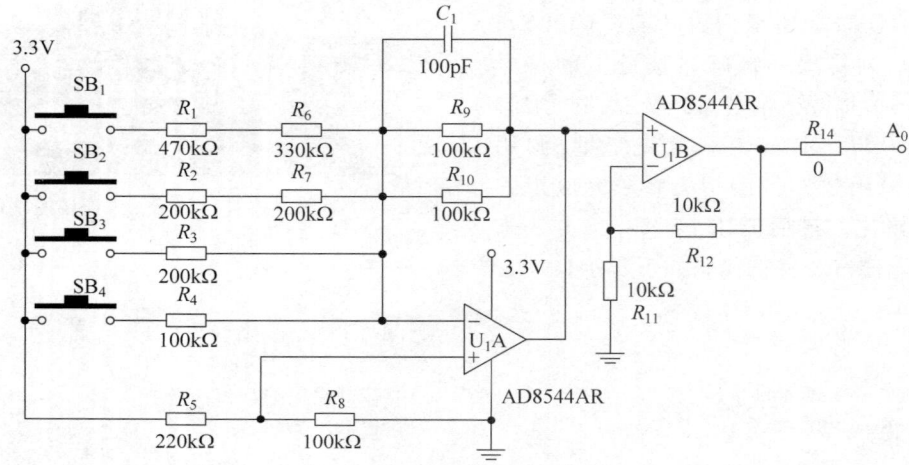

图 5-18　AD 采样键盘电路

当 $SB_1 \sim SB_4$ 都没有被按下时,运算放大器 U_1A 与周围电阻组成的是电压跟随电路,R_5 与 R_8 分压将电源电压缩小大约 3 倍作为电压跟随器的输入,再经过 U_1B 与周围电阻组成的放大电路(放大倍数为 3)得到最终输出电压,约为 3.3V,即没有按键被按下的时候输出电压约 3.3V。当 $SB_1 \sim SB_4$ 有按键被按下时,U_1A 与周围电阻组成的是减法电路,根据与微动开关串联电阻的阻值不同,减去的电压也不同,从而运算放大器最终输出的电压不同,因此可以根据运算放大器输出的电压来判定哪个按键被按下。

5.4.4　LCD1602 显示

LCD1602 是一种常用的工业字符型液晶显示器,能够同时显示 16×02 即 32 个字符,实物图如图 5-19 所示。

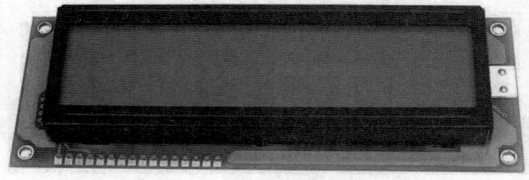

图 5-19　LCD1602 实物

LCD1602 的引脚说明如表 5-1 所示。

表 5-1 LCD1602 引脚说明

引 脚	符 号	说 明
1	GND	接地
2	VCC	5V 正极
3	V0	对比度调整,接正极时对比度最弱
4	RS	寄存器选择,1 数据寄存器(DR),0 指令寄存器(IR)
5	R/W	读写选择,1 读,0 写
6	EN	使能端,高电平读取信息,负跳变时执行指令
7~14	D0~D7	8 位双向数据
15	BLA	背光正极
16	BLK	背光负极

LCD1602 与 Arduino 连接引脚对照表如表 5-2 所示,电路连接示意图如图 5-20 所示。

表 5-2 LCD1602 与 Arduino 连接引脚对照表

LCD1602		Arduino UNO
GND	→	GND
VCC	→	5V
V0	→	旋转变阻器可调引脚
RS	→	3 引脚
R/W	→	GND
EN	→	5 引脚
D0~D3	→	—
D4~D7	→	10~13 引脚
BLA	→	5V
BLK	→	5V

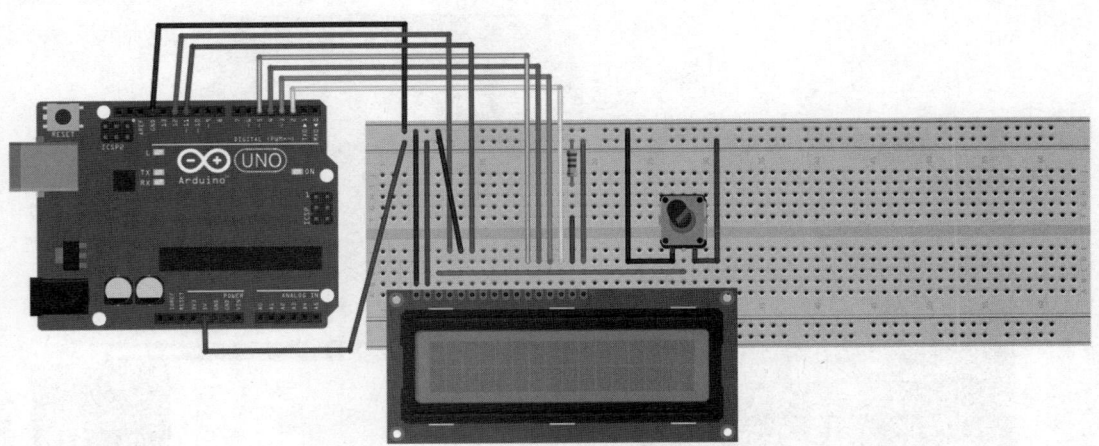

图 5-20 Arduino 与 LCD1602 连接示意图

在 Arduino 中可使用 LiquidCrystal 驱动库对 LCD1602 进行开发,代码如下所示。

```
//引入依赖
# include <LiquidCrystal.h>

//初始化针脚
const int rs = 3, en = 5, d4 = 10, d5 = 11, d6 = 12, d7 = 13;
LiquidCrystal lcd(rs, en, d4, d5, d6, d7);

void setup() {
    //设置 LCD 要显示的列数、行数,即 2 行 16 列
    lcd.begin(16, 2);
    //输出 Hello World
    lcd.print("hello, world!");
}

void loop() {
    //设置光标定位到第 0 列,第 1 行(从 0 开始)
    lcd.setCursor(0, 1);
    //打印从重置后的秒数
    lcd.print(millis()/1000);
}
```

5.4.5　OLED 显示

用 LCD1602 进行开发相对比较简单,但最多只能显示 32 个字符而且体积相对较大,下面介绍一种体积小的显示器——OLED。它是利用有机电自发光二极管制成的显示屏,不需背光源,具有对比度高、厚度薄、视角广、反应速度快、使用温度范围广、构造及制程较简单等优异特性。OLED 显示屏可以显示汉字、字符和图案等,智能手环和智能手表等智能设备一般都选择 OLED 显示屏来作为显示器。

OLED 内部由 SSD1306 芯片对界面进行驱动,支持 SPI 与 I^2C 两种通信协议对 OLED 进行驱动,本书主要介绍 I^2C 驱动的 OLED 显示屏,其实物如图 5-21 所示。在 OLED 的坐标系统中左上角是原点,向右是 X 轴,向下是 Y 轴,可实现 128×64 点阵显示。

使用 Arduino 驱动 OLED 原理图如图 5-22 所示。

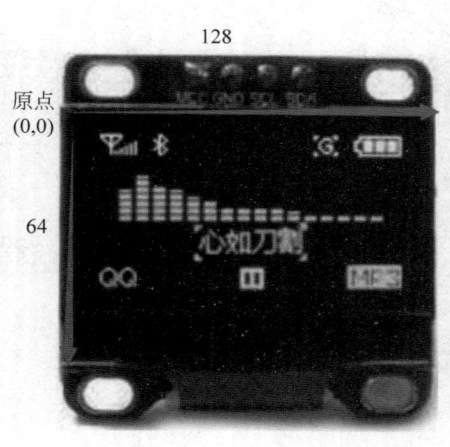

图 5-21　OLED 显示

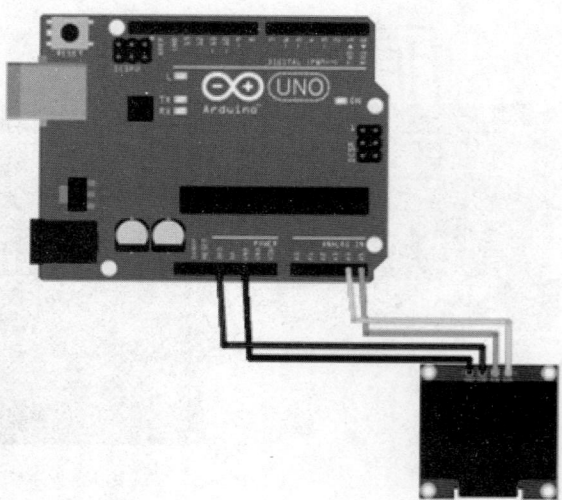

图 5-22　Arduino 驱动 OLED

在 Arduino 中,使用 Adafruit_SSD1306 与 Adafruit_GFX 相结合的形式驱动 OLED。Adafruit_SSD1306 库函数定义了 SSD1306 芯片相关的驱动,Adafruit_GFX 库函数中定义了一系列的绘画方法,包括线、圆、矩形等。

安装完驱动库之后,需要修改 Adafruit_SSD1306 驱动库的配置,默认 SSD1306 驱动的屏的大小是 128×32px,需要修改为 128×64px。进入 Arduino 安装文件夹后,在 libraries→Adfruit_SSD1306-master 文件夹中找到 Adafruit_SSD1306.h 文件,注释代码"♯ define SSD1306_128_32",并对"♯ define SSD_128_64"取消注释,如图 5-23 所示。

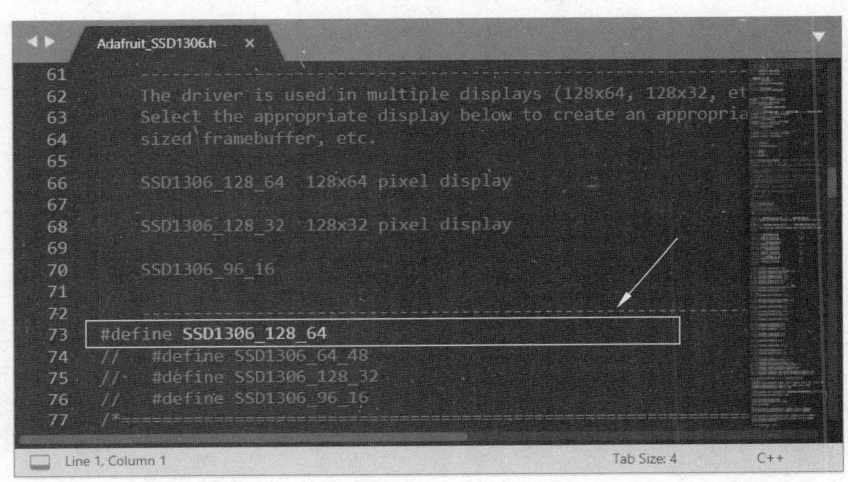

图 5-23 配置 OLED 显示屏像素为 128×64

修改完配置后,需定义 OLED 驱动库对应的头文件以及调用初始化函数,代码如下所示。

```
# include < Wire.h >
# include < Adafruit_GFX.h >
# include < Adafruit_SSD1306.h >

# define OLED_RESET 4
Adafruit_SSD1306 display(OLED_RESET);

void setup() {
  Serial.begin(115200);
  delay(500);
  display.begin(SSD1306_SWITCHCAPVCC, 0x3C);        //对于 128 * 64 的 I²C 地址为 0x3C

}
```

在初始化函数中需注意在 display.begin()函数中传递正确的 OLED 地址。初始化完成后即可利用 Adafruit_GFX 库函数在 OLED 显示屏中进行显示。这里介绍几个重要的显示函数,如表 5-3 所示,更多驱动函数可以查看其源码。

表 5-3　OLED 驱动库常用显示函数

函　数　名	函数功能
fillScreen()	全屏显示某一颜色,通常用来检测显示屏中是否有坏点
clearDisplay()	清屏操作
display()	数据显示到屏幕上,任意一个绘制操作后都需要调用此函数
drawPixel()	绘制点,传入点的坐标与颜色
drawLine()	绘制线段,传递线段起始坐标与颜色
drawRect()	绘制空心矩形,传入矩形左上角坐标、矩形的宽度和高度以及颜色
fillRect()	绘制实心矩形,传入矩形左上角坐标、矩形的宽度和高度以及颜色
drawCircle()	绘制画空心圆,传入圆心坐标、半径以及颜色
fillCircle()	绘制画实心圆,传入圆心坐标、半径以及颜色
setTextSize()	设置文字大小
setTextColor()	设置文字颜色
print()	打印字符串
println()	打印变量
drawBitmap()	画任意图形,传入左上角坐标、图形数据、图形高度与宽度以及颜色

下面的代码对常用函数进行实现。

```
//显示一个心形的数据
static const uint8_t PROGMEM Heart_16x16[] = {
  0x00,0x00,0x18,0x18,0x3C,0x3C,0x7E,0x7E,0xFF,0xFF,0xFF,0xFF,0xFF,0xFF,0xFF,0xFF,
  0xFF,0xFF,0x7F,0xFE,0x3F,0xFC,0x1F,0xF8,0x0F,0xF0,0x07,0xE0,0x03,0xC0,0x00,0x00
                            //未命名文件 0
};

void loop() {
  test_SSD1306();
}

void test_SSD1306(void){
  //实例 1.检测全屏显示(看看有没有大面积坏点)
  display.fillScreen(WHITE);
  display.display();
  delay(2000);

  //实例 2.画点,点坐标(10,10)
  display.clearDisplay();          //clears the screen and buffer
  display.drawPixel(10, 10, WHITE);
  display.display();
  delay(2000);

  //实例 3. 画线,从(0,0)到(50,50)
  display.clearDisplay();          //clears the screen and buffer
  display.drawLine(0, 0,50,50, WHITE);
  display.display();
  delay(2000);
```

```
//实例 4. 画空心矩形,左上角坐标(x0,y0),右下角坐标(x1,y1)
display.clearDisplay();                          //clears the screen and buffer
display.drawRect(0,0,128,64,WHITE);
display.display();
delay(2000);

//实例 5. 画实心矩形
display.clearDisplay();                          //clears the screen and buffer
display.fillRect(0,0,64,64,WHITE);
display.display();
delay(2000);

//实例 6. 画空心圆
display.clearDisplay();                          //clears the screen and buffer
display.drawCircle(20,20,20,WHITE);
display.display();
delay(2000);

//实例 7. 画实心圆
display.clearDisplay();                          //clears the screen and buffer
display.fillCircle(20,20,20,WHITE);
display.display();
delay(2000);

//实例 8. 画心形
display.clearDisplay();                          //clears the screen and buffer
display.drawBitmap(16,16,Heart_16x16,16,16,WHITE);
display.display();
delay(2000);

//实例 9. 显示英文数字
display.clearDisplay();                          //clears the screen and buffer
display.setTextSize(1);
display.setTextColor(WHITE);
display.setCursor(0,0);
display.println("Hello, Arduino!");
display.setTextColor(BLACK, WHITE);              //'inverted' text
display.println(3.141592);
display.setTextSize(2);
display.setTextColor(WHITE);
display.print("0x"); display.println(0xDEADBEEF, HEX);
display.display();
delay(2000);
}
```

代码中对应实例 1～9 的执行效果如图 5-24 所示。

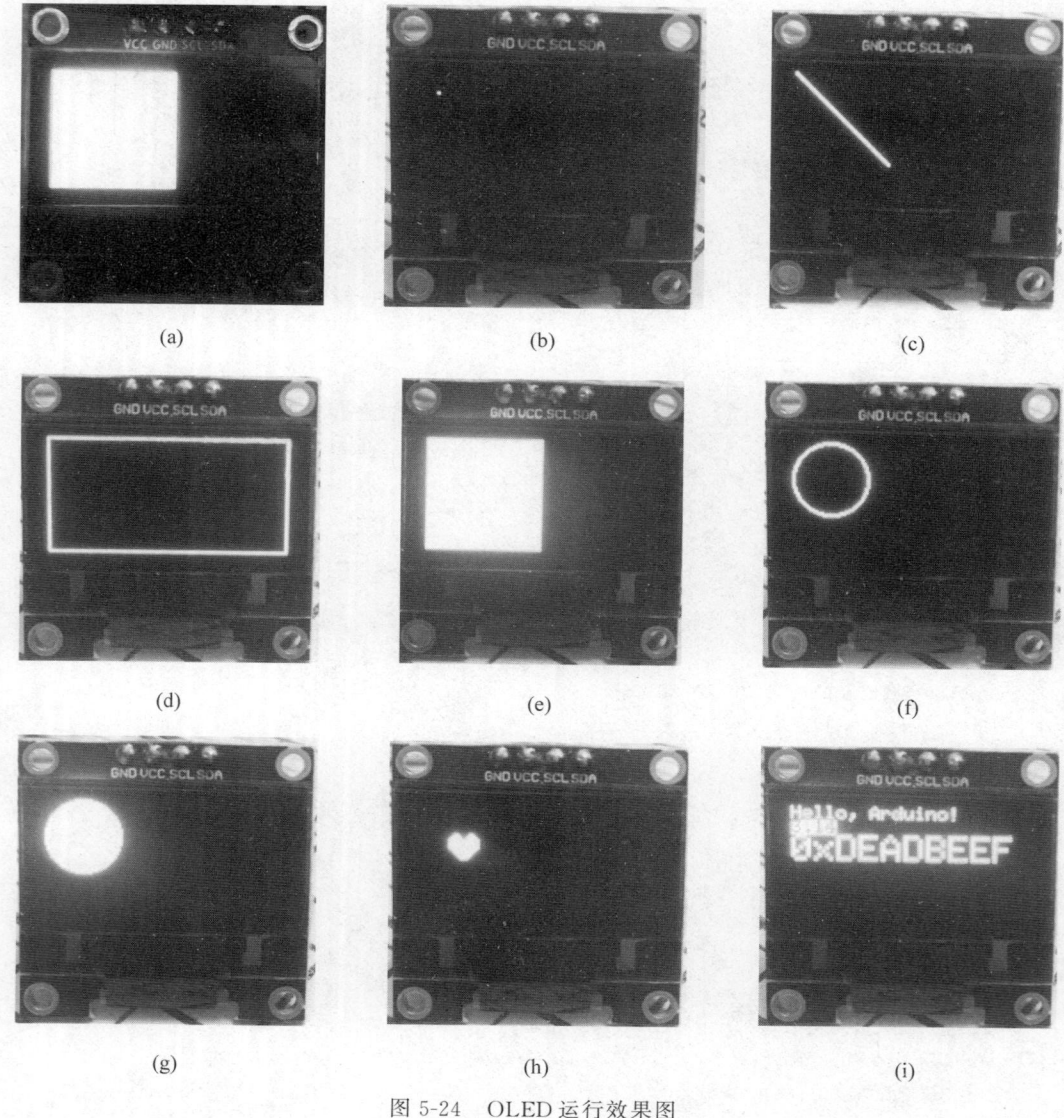

图 5-24　OLED 运行效果图

5.5　常用传感器

　　人类通过五官感知世界,传感器则是单片机系统的感知设备,涉及控制的领域几乎都会使用传感器。本节对 Arduino 中常用的传感器进行介绍。

5.5.1　空气温湿度传感器

　　DHT22(也称为 AM2302)是常用数字输出的空气温湿度传感器。它使用电容式湿度传感器和热敏电阻来测量周围空气,并在数据引脚上发送数字信号。实物与引脚定义如图 5-25 所示。DHT22 的电源输入范围为 3～5V。测量湿度范围为 0～100%,精度为 2%～

5％。测量温度范围为−40～80℃,精度为±0.5℃。

DHT22 与 Arduino 连接的示意图如图 5-26 所示,将 DHT22 的 DATA 引脚连接到 Arduino 的 2 号引脚号,V_{CC} 引脚连接到 Arduino 板的 5V 电压,GND 引脚连接到 Arduino 板的接地。

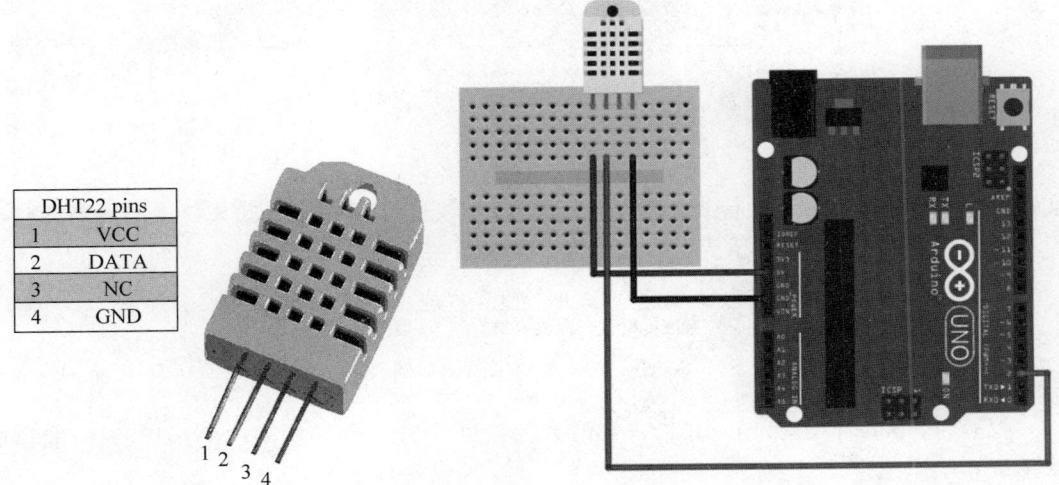

DHT22 pins	
1	VCC
2	DATA
3	NC
4	GND

图 5-25 DHT22 实物与引脚定义   图 5-26 DHT22 与 Arduino 连接的示意图

它们之间的通信采用单总线格式,具体时序图如图 5-27 所示。

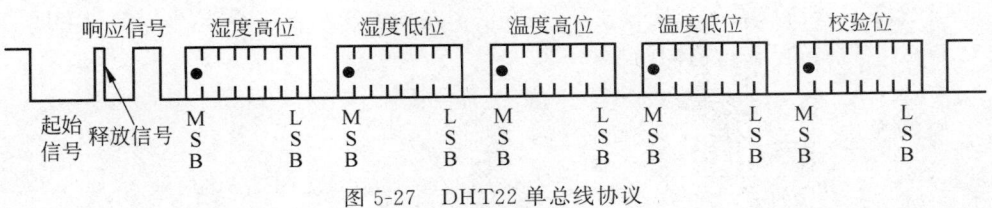

图 5-27 DHT22 单总线协议

可以分为 3 步完成数据读取:

(1) 传感器上电阶段。在 DHT22 上电后一般需要等待 2s 以越过传感器的不稳定状态,在此期间不建议向传感器发送任何指令。

(2) DHT22 发送响应。Arduino 控制引脚配置为输出模式,同时配置为低电平,且低电平保持时间不小于 800μs,典型值为 1ms。然后 Arduino 需要将控制引脚配置为输入,释放总线,DHT22 将会发送响应信号,即输出 80μs 的低电平作为应答信号,紧接着 80μs 的高电平通知外设准备接收数据。

(3) 接收数据阶段。DHT22 发送完响应后,随着由数据总线 DATA 连续输出 40 位数据,Arduino 可以通过引脚高低电平的变化来获取这 40 位数据。位数据为 0 的格式为:50μs 的低电平加 26～28μs 的高电平;位数据为 1 的格式为:50μs 的低电平加 70μs 的高电平。对应格式信号如图 5-28 所示。

在接收到的 40 位的数据中,第 1～16 位为湿度信息,高字节在前,传感器输出的湿度信息是实际湿度值的 10 倍。第 17～32 位为温度信息,高字节在前,传感器输出的温度值也是

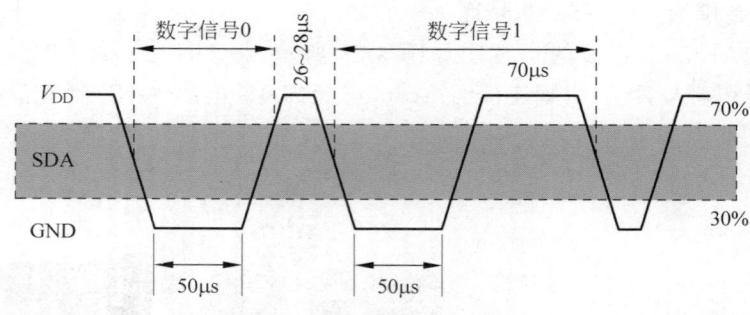

图 5-28　单总线分解时序图

实际值的 10 倍。第 33～40 位为校验位,校验位＝湿度高 8 位＋湿度低 8 位＋温度高 8 位＋温度低 8 位。如图 5-29 所示为 DHT22 传输数据示例。

$$\underset{\text{湿度高8位}}{00000010} \quad \underset{\text{湿度低8位}}{10010010} \quad \underset{\text{温度高8位}}{00000001} \quad \underset{\text{温度低8位}}{00001101} \quad \underset{\text{校验位}}{10100010}$$

图 5-29　单总线数据示例

校验位:00000010＋10010010＋00000001＋00001101＋10100010＝10100010,数据校验正确;

湿度:00000010＋10010010＝0X0292(十六进制)＝658,即湿度为 65.8％RH;

温度:00000001＋00001101＝0X10D(十六进制)＝269,即温度为 26.9℃。

需要特殊说明的是,当温度低于 0℃时温度数据的最高位为 1。

DHT22 单总线协议看起来比较复杂,但在 Arduino 中开发非常容易,可以通过 DHT.h 库函数对 DHT22 进行操作,具体代码如下:

```
# include "DHT.h"

# define DHTPIN 2                          //DHT22 连接 Arduino 的引脚
# define DHTTYPE DHT22                      //定义传感器型号
DHT dht(DHTPIN, DHTTYPE);                   //初始化 DHT22

void setup() {
    Serial.begin(9600);
    Serial.println("DHTxx test!");
    dht.begin();
}

void loop() {
    delay(2000);                           //在测试之前等待几秒钟
    float h = dht.readHumidity();          //读取温度或湿度大约需要 250ms
    float t = dht.readTemperature();       //默认读取摄氏度温度
    float f = dht.readTemperature(true);   //读取华氏温度

    if (isnan(h) || isnan(t) || isnan(f)) { //检查是否有任何读取失败并提前退出
        Serial.println("Failed to read from DHT sensor!");
```

```
        return;
    }

    float hif = dht.computeHeatIndex(f, h);              //计算热指数
    float hic = dht.computeHeatIndex(t, h, false);
    Serial.print("Humidity: ");
    Serial.print(h);
    Serial.print(" %\t");
    Serial.print("Temperature: ");
    Serial.print(t);
    Serial.print(" *C ");
    Serial.print(f);
    Serial.println(" *F");
}
```

结果如图 5-30 所示。

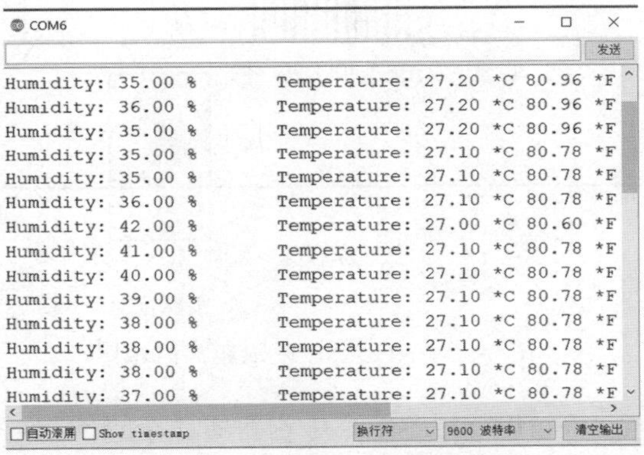

图 5-30 串口显示空气温湿度的结果

5.5.2 超声波传感器

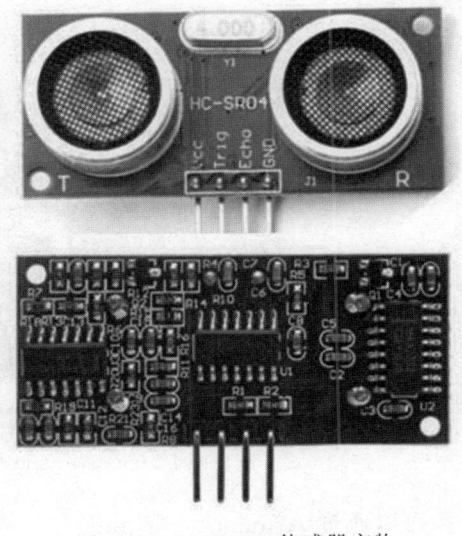

HC-SR04 是常用的超声波传感器,使用声呐来确定物体的距离,能够实现非接触式检测,且具有准确度高、读数稳定、易于使用等优点,其实物如图 5-31 所示。HC-SR04 输入电源电压为 5V,工作电流为 15mA,测距距离范围为 2~400cm,分辨率为 0.3cm,测量角度为 30°。

在 HC-SR04 传感器中配有超声波发射器和接收器模块,被测量材质需要反射超声波效果好,因此在布料等柔软材料上可能误差较大。

传感器有 4 个端子:+5V、Trigger、Echo 和 GND,Arduino 可以通过 Trigger 与 Echo 引脚获取测得距离。具体步骤为:

图 5-31 HC-SR04 传感器实物

（1）使用 Arduino 控制 HC-SR04 传感器的 TRIG 引脚最少维持 $10\mu s$ 的高电平信号；

（2）HC-SR04 传感器会自动发送 8 个 40kHz 的方波，传感器自动检测距离信号；

（3）若有信号返回，则通过 ECHO 输出一段时间的高电平，高电平持续的时间就是超声波从发射到返回的时间。测试距离 $d=($高电平时间 $t\times$声速 $v(340\text{m/s}))/2$，这里 t 的单位为 s。如果距离 d 的单位为 cm，可以简化公式为 $d=t/(29\times 2)$，这里 t 的单位为 ms。

对应时序图如图 5-32 所示。

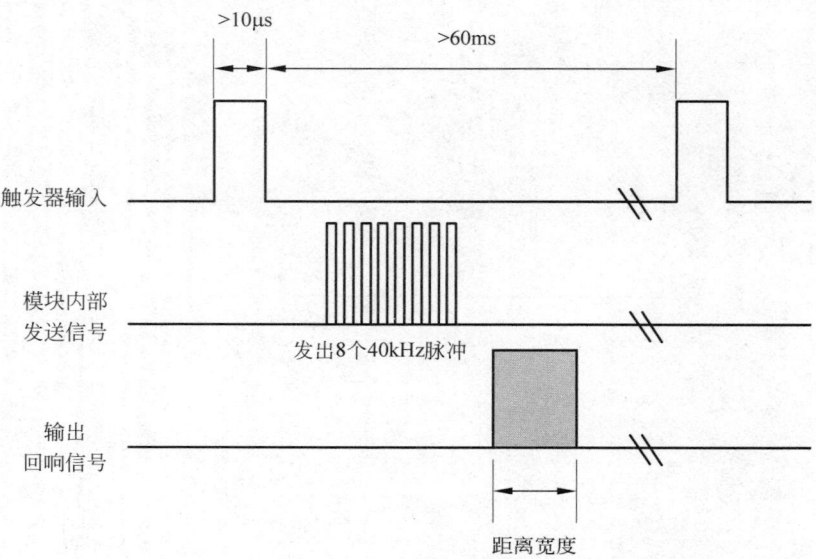

图 5-32　HC-SR04 获取距离时序图

如图 5-33 所示为 Arduino 与 HC-SR04 传感器连接示意图，将传感器的+5V 引脚连接到 Arduino 板上的+5V，传感器的 Trigger 连接到 Arduino 板上的数字引脚 7，将传感器的 Echo 连接到 Arduino 板上的数字引脚 6，将传感器的 GND 连接到 Arduino 上的 GND 引脚。

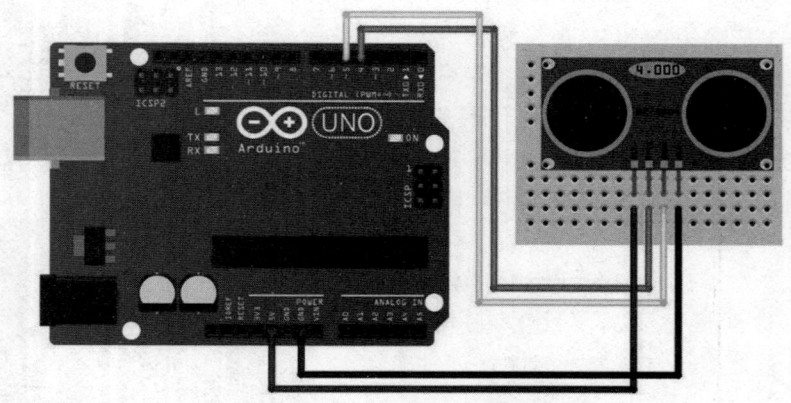

图 5-33　Arduino 与 HC-SR04 传感器连接示意图

可以通过 Arduino 自带 pulseIn()直接获取某一引脚高电平维持的时间，单位为 ms。

实现程序如下：

```
const int pingPin = 7;                              //Trigger 引脚
const int echoPin = 6;                              //Echo 引脚

void setup() {
    Serial.begin(9600);                             //串口调试初始化
}

void loop() {
    long duration, inches, cm;
    pinMode(pingPin, OUTPUT);
    digitalWrite(pingPin, LOW);
    delayMicroseconds(2);
    digitalWrite(pingPin, HIGH);
    delayMicroseconds(10);                          //10μs 高电平触发传感器采集
    digitalWrite(pingPin, LOW);
    pinMode(echoPin, INPUT);
    duration = pulseIn(echoPin, HIGH);              //计算脉冲维持时间
    cm = microsecondsToCentimeters(duration);       //将脉冲维持时间转换成距离
    Serial.print(cm);
    Serial.print("cm");
    Serial.println();
    delay(100);
}

long microsecondsToCentimeters(long microseconds) {
    return microseconds / 29 / 2;
}
```

打开串口界面，可以看到采集到的距离信息，如图 5-34 所示。

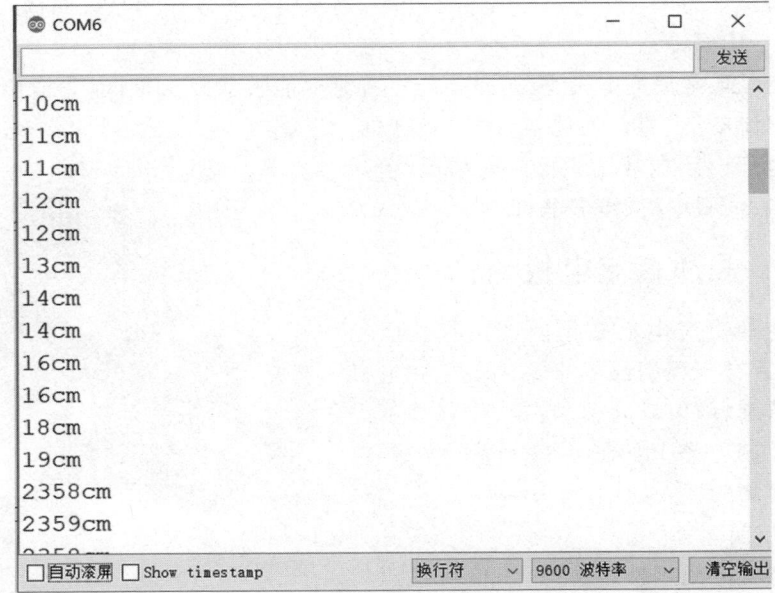

图 5-34 超声波运行效果图

5.5.3 红外传感器

在 Arduino 系统中常用的红外传感器型号为 TCRT5000,该传感器体积小、灵敏度较高,还可以通过转动上面的电位器来调节检测范围,实物如图 5-35 所示。

TCRT5000 包含两个红外二极管,分别为红外发射二极管和红外接收二极管。红外发射二极管不断发射红外线,当发射出的红外线没有被反射回来或被反射回来但强度不够大时,光敏三极管一直处于关断状态,此时模块的输出端为低电平,指示二极管一直处于熄灭状态。当红外线被反射回来且强度足够大,此时模块的输出端为高电平,指示二极管也会被点亮。

此传感器通常也用于循迹小车中。由于黑色具有较强的吸收能力,因此循迹线可为黑色、背景为白色,循迹小车会跟随黑色的轨迹行走。当循迹模块发射的红外线照射到黑

图 5-35 TCRT5000 传感器实物

线时,红外线将会被黑线吸收,模块会输出低电平,反之输出高电平。使用 Arduino 可以很方便地通过引脚读取此传感器结果,非常简单,此处不再赘述。

5.6 电机控制

电机的发明给人们的生活带来了极大的方便,天上的飞机、地上的汽车、水上的轮船均由电机提供机械动力。在一个自动控制系统中,通常将传感器作为系统的输入,电机作为系统的控制对象,依据传感器获得的环境参数对电机进行精准控制。

直流电机是最常见的电机类型,是指能将直流电能转换成机械能(直流电动机)或将机械能转换成直流电能(直流发电机)的旋转电机。本节将介绍电子设计中常见的直流电动机,包括普通直流电机、伺服电机、步进电机。

5.6.1 普通直流电机

本书中普通直流电机是指内部没有程序控制电路,对外只有两根引线的直流电机。此电机只要通电即可旋转,但其转速、转矩、位置等都需依靠额外的控制电路。如图 5-36 所示为一种普通直流电机实物图。

1. 开环控制

如果将直流电机直接接入电源,电机可以正常旋转,但是电机的转速等参数是不可调的。因

图 5-36 普通直流电机实物图

此为了准确控制电机,需要通过 Arduino＋驱动电路实现。但让电机旋转起来一般需要较大的电流,Arduino 的引脚不能直接控制电机旋转,否则会损坏 Arduino。在电子设计中,一般使用场效应管、三极管或继电器对电机进行驱动。

如图 5-37 所示为 Arduino 通过场效应管驱动 5V 直流电机的电路图。使用 Arduino 引脚 4 控制电机的旋转。驱动选用管 IRF730 场效应管,其 $V_{GS(th)}$ 的典型值为 3V,Arduino 可以让其完全导通。因为电动机是感性负载,因此选用 SS2D 二极管作为续流二极管。电阻 R_2 为下拉电阻,防止上电瞬间由于电压不确定引起的电机误动作。

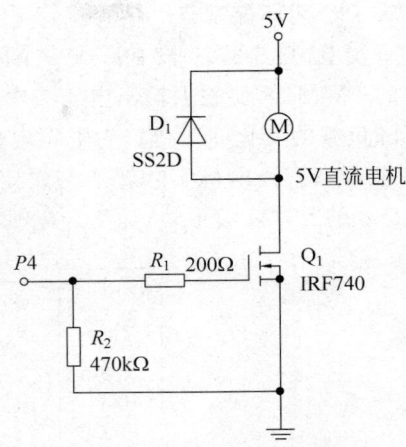

图 5-37 普通电机控制电路

让电动机全速旋转只需要让 $P4$ 为高电平即可。如需控制电机的转速,可使用 Arduino 的 DA 引脚输出 PWM,改变电机两端的有效值,达到改变电动机的转速的目的。这里通过电脑发送 PWM 的占空比给 Arduino,从而实现计算机控制电机转速的目的,代码如下所示:

```
int motorPin = 9;

void setup() {
    pinMode(motorPin, OUTPUT);
    Serial.begin(9600);
    while (! Serial);
    Serial.println("Speed 0 to 255");
}

void loop() {
    if (Serial.available()) {
        int speed = Serial.parseInt();
        if (speed >= 0 && speed <= 255) {
            analogWrite(motorPin, speed);
        }
    }
}
```

串口输出的调试信息如图 5-38 所示。

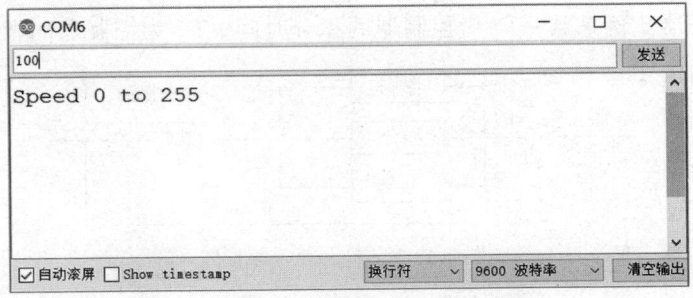

图 5-38 调试电机的串口调试信息

2. PID 闭环控制

事实上,图 5-37 并没有形成一个闭环,因此系统稳定性不够。类比于直流电源变换电路中的 PWM,需要根据输出电压与电流去动态调节 PWM 的占空比,这样才能保证输出电压不随负载的变化而变化。为了将电机转速稳定在设定值 $n_0(t)$,需要不断采集电机的实际转速 $n(t)$。当电机实际转速与设定值之间存在误差时,再根据闭环控制算法动态调节 Arduino 的 PWM 波形,从而稳定电机的转速,其示意图如图 5-39 所示。

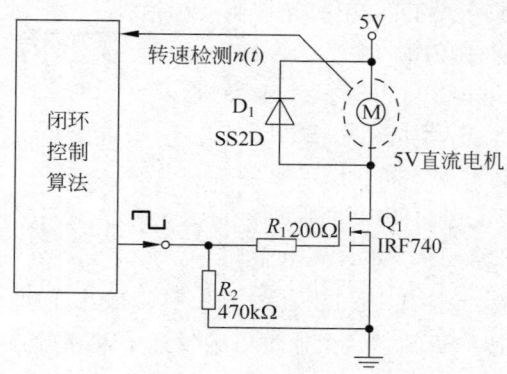

图 5-39　电机闭环控制示意图

其中,闭环控制算法为整个闭环控制的核心,直接影响整个系统的好坏。目前也有很多人对此做出研究,但实际应用中,PID 算法仍然是最为常用的,本书也着重介绍此控制算法。

PID 算法事实上是将偏差比例(Proportion)、积分(Integral)和微分(Differential)通过线性组合构成控制量,用这一控制量对被控对象进行控制的算法。这里的偏差是设定值与采集实际值之间的误差。例如,对于电机闭环控制来说,此偏差为电机实际转速 $n(t)$ 与设定转速 $n_0(t)$ 之间的误差;而对于电源变换来说,此偏差可以为实际输出电压 $u(t)$ 与设定输出电压值 $u_0(t)$ 之间的误差。

常规的 PID 控制算法的框图如图 5-40 所示。其中,$r(t)$ 是给定值,$y(t)$ 是系统的实际输出值,给定值与实际输出值构成控制偏差 $e(t)$,可得

$$e(t) = y(t) - r(t) \tag{5-2}$$

其中,$e(t)$ 作为 PID 控制的输入,$u(t)$ 作为 PID 控制器的输出以及被控对象的输入。所以模拟 PID 算法可以描述为

$$u(t) = K_{\mathrm{p}}\left[e(t) + \frac{1}{T_{\mathrm{i}}}\int_0^t e(t)\mathrm{d}t + T_{\mathrm{d}}\frac{\mathrm{d}e(t)}{\mathrm{d}t}\right] \tag{5-3}$$

其中,K_{p} 为控制器比例系数;T_{i} 为控制器的积分时间;T_{d} 为控制器的微分时间。

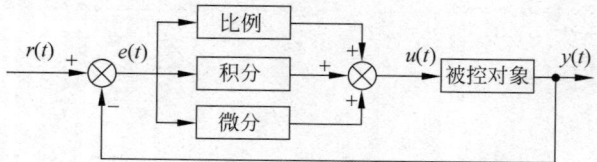

图 5-40　电机调速系统框图

从上式也可看出,PID算法包括 3 个部分。

(1) 比例部分:数学表达式为 $K_p \times e(t)$。它的作用是对偏差瞬间作出反应。偏差一旦产生控制器立即产生控制作用,使控制量向减少偏差的方向变化。控制作用的强弱取决于比例系数,比例系数越大,控制作用越强,则过渡过程速度越快,控制过程的静态偏差也就越小;但是比例系数越大,也越容易产生振荡,破坏系统的稳定性。故而,比例系数选择必须恰当,才能取得过渡时间少而又稳定的效果。

(2) 积分部分:数学表达式为 $\dfrac{K_p}{T_i}\int_0^t e(t)\,\mathrm{d}t$。从此表达式可知,只要系统存在偏差,它的控制作用就不断地增加,因此它最主要的作用是消除系统静态误差。例如,设定转速为 500r/min,如果没有积分部分,可能得到的控制结果为电机稳定在 490r/min 上,存在一个恒定且稳定的误差。另外,积分部分的调节作用虽然可以消除静态误差,但会降低系统的响应速度。

(3) 微分部分:数学表达式为 $K_p T_d \dfrac{\mathrm{d}e(t)}{\mathrm{d}t}$。微分环节的作用是阻止偏差的变化。它是根据偏差的变化趋势(变化速度)进行控制。偏差变化得越快,微分控制器的输出就越大,并能在偏差值变大之前进行修正,具有一定的预判能力。微分作用的引入,将有助于减小超调量,可以加快系统的跟踪速度。但微分的作用对输入信号的噪声很敏感,对那些噪声较大的系统一般不用微分,或在微分起作用之前先对输入信号进行滤波。

显然,比例、积分、微分 3 部分具有不同的功能特点,甚至彼此之间相互制约,因此需要根据实际的应用去合理选择这 3 个参数。

对于式(5-3)来说,积分与微分部分都需要对连续的 $e(t)$ 进行计算。但在 Arduino 这样的数字电子中,无法得到模拟电子中的连续信号。因此需要对此式中的连续信号进行离散化处理,如式(5-4)所示。

$$u_k = K_p\left[e_k + \frac{T}{T_i}\sum_{j=0}^{k} e_j + \frac{T_d}{T}(e_k - e_{k-1})\right] = K_p e_k + K_i \sum_{j=0}^{k} e_j + K_d(e_k - e_{k-1}) \quad (5\text{-}4)$$

其中,T 为采样周期;k 为采样序列;e_k 为第 k 次采样时刻输入的偏差值;u_k 为第 k 次采样时刻的 PID 控制的输出值;e_{k-1} 为第 $k-1$ 次采样时刻输入的偏差值。K_p、K_i、K_d 分别为比例、积分、微分系数。

只要采样周期足够小,式(5-4)的近似结果就可以足够准确。它是根据模拟 PID 算法直接得到的,其中也包含积分项,需要累加之前所有的偏差。因此被称为**全量式**或**位置式** PID 控制算法。显然,这种算法所需的计算资源较多。

对于计算资源受限的场合,可以使用**增量式** PID 算法,即数字控制器的输出只是控制量的增量 Δu_k。它是根据式(5-4)推导而来的。

由式(5-4)可得到控制器第 $k-1$ 次采样的输出值为

$$u_{k-1} = K_p e_{k-1} + K_i \sum_{j=0}^{k-1} e_j + K_d(e_{k-1} - e_{k-2}) \quad (5\text{-}5)$$

则有

$$\Delta u_k = u_k - u_{k-1} = K_p \left[e_k - e_{k-1} + \frac{T}{T_i} e_k + \frac{T_d}{T}(e_k - 2e_{k-1} + e_{k-2}) \right]$$

$$= K_p \left(1 + \frac{T}{T_i} + \frac{T_d}{T} \right) e_k - K_p \left(1 + \frac{2T_d}{T} \right) e_{k-1} + K_p \frac{T_d}{T} e_{k-2}$$

$$= Ae_k + Be_{k-1} + Ce_{k-2} \qquad (5\text{-}6)$$

显然，如果控制系统采用恒定的采样周期 T，一旦确定了式(5-6)中的 A、B、C，只要前后 3 次测量的偏差即可。则当前输出值应为

$$u_k = \Delta u_k + u_{k-1} \qquad (5\text{-}7)$$

增量式 PID 与全量式 PID 算法在数字电子控制中都被广泛应用，在本书中都会进行举例。在本章的循迹小车实验中会介绍全量式 PID 控制算法的使用；在第 6 章的数字电源实验中则会介绍增量式 PID 控制算法的使用。

5.6.2 伺服电机

伺服电机事实上本身包含一套内置的控制系统，即无须额外的检测、控制电路与算法即可实现速度、位置精准控制。对于使用者而言，只需要给伺服电机发送命令，它会迅速、准确地执行命令。在电子设计中常用舵机为一种微型伺服电机，其实物与引线定义如图 5-41 所示。

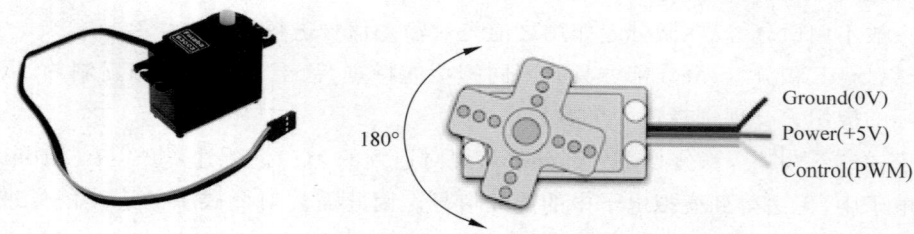

图 5-41 舵机实物图

对舵机控制只需要一根信号线，使用 PPM(脉冲比例调制)信号控制，这里的 PPM 即为伺服电机的控制命令，使得舵机角度和脉冲宽度有关。一般而言，脉宽分布应该为 $1\sim2\mathrm{ms}$，对应舵机转角为 $0°\sim180°$，示意图如图 5-42 所示。

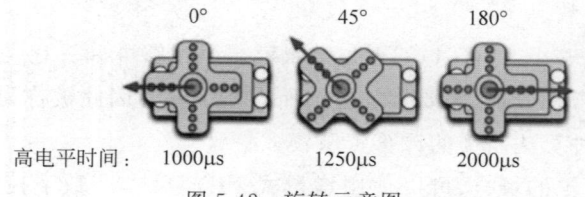

图 5-42 旋转示意图

如图 5-43 所示为 Arduino 控制舵机的原理图，在此图中旨在通过电位器控制舵机的转角。舵机 Power(一般为红色)接 Arduino 的电源 5V 引脚，Ground(一般为棕色)接 Arduino 的 GND 引脚，Control(一般为橙色)接 Arduino 板的数字引脚 9。

在 Arduino 中使用 Servo.h 库函数驱动舵机，使用 attach()函数绑定舵机控制线，使用

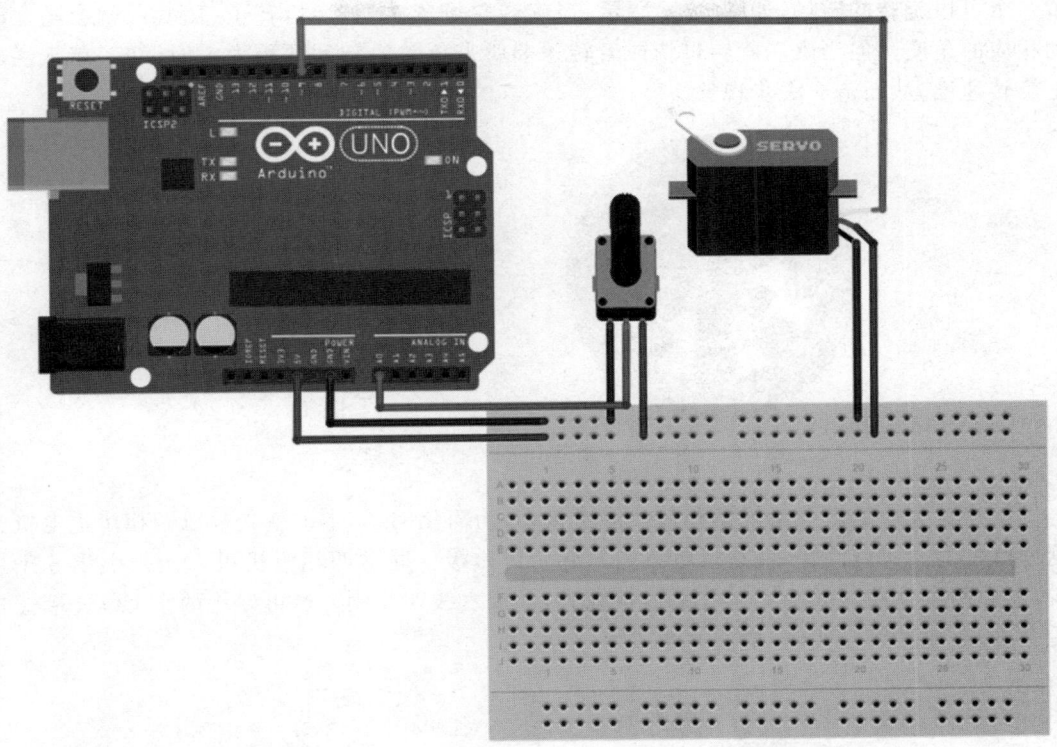

图 5-43 舵机控制电路

write()函数控制舵机的旋转角度,传递参数为 0～180。

```
# include < Servo. h >

Servo myservo;              //定义 Servo 对象来控制
int val;
int potpin = 0;

void setup() {
  myservo.attach(9);        //控制线连接数字 9
}

void loop() {
  val = analogRead(potpin);
  val = map(val,0,1023,0,179);
  myservo.write(val);
  delay(15);
}
```

5.6.3 步进电机

步进电机是将脉冲信号转换成机械运动的一种特殊电机。与伺服电机不同,其不需要额外的反馈即可完成对电机位置与速度的精准控制。它通过脉冲信号在步进电机内部产生了一个可以旋转的磁场,如图 5-44 所示,当旋转磁场依次切换时,转子(Rotor)就会随之转动相应的角度。但当磁场旋转过快或者转子上所带负载的转动惯量太大时,转子就无法跟上旋转速度,从而造成失步现象。

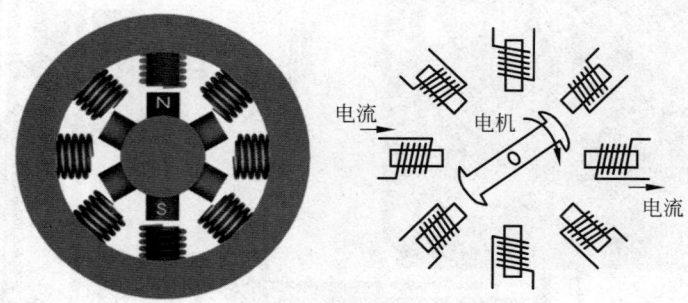

图 5-44　步进电机内部工作原理

步进电机的磁极数量规格和接线规格很多,为简化问题,本书就先只以四相步进电机为例进行讨论。所谓四相,就是指电机内部有 4 对磁极。通常四相电机可以向外引出 6 条接线,包括两个公共端 COM 与 ABCD 接线头,形成六线四相制。也可以将两个 COM 端短接后引出,形成五线四相制,如图 5-45 所示。

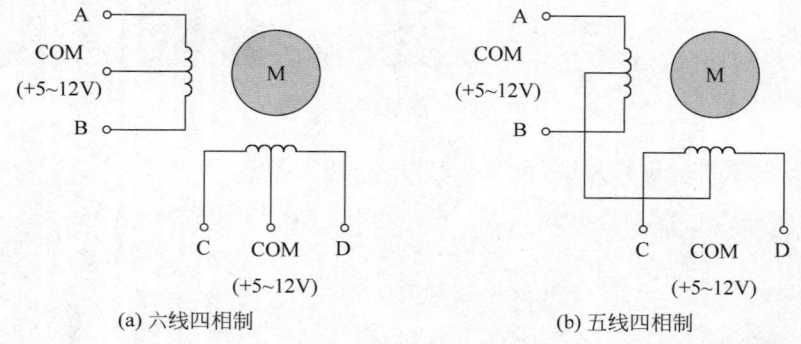

(a) 六线四相制　　　　　　　(b) 五线四相制

图 5-45　六线四相制与五线四相制

假如某一刻只有一相励磁通电,称为一相励磁方式。励磁通电顺序为 A→B→C→D→A 时,就会在步进电机中产生逆时针旋转的磁场,转子也会逆时针旋转,此方式励磁旋转一周需要 4 步。反之顺序为 D→C→B→A→D,电机则会顺时针旋转。在这种方式下,电机在每个瞬间只有一个线圈导通,消耗电力小但在切换瞬间没有任何的电磁作用转子上,容易造成振动,也容易因为惯性而失步。

假如某一时刻有两相励磁通电,称为二相励磁方式。当励磁通电顺序为 DA→AB→BC→CD→DA 时,会在步进电机内部产生逆时针旋转磁场,此方式励磁旋转一周也需要 4 步。反之则会顺时针旋转。这种方式输出的转矩较大且振动较少,切换过程中至少有一个线圈通电作用于转子,使得输出的转矩较大,振动较小,也比一相励磁较为平稳,不易失步。

综合上述两种驱动信号,提出一相励磁和二相励磁交替进行的方式,即逆时针旋转时励磁通电顺序为 A→AB→B→BC→C→CD→D→DA→A,每传送一个励磁信号,步进电机前进半个步距角,此方式励磁旋转一周需要 8 步。此方式电机旋转角度的分辨率高,运转也更加平滑。

如图 5-46(a)所示为 28BYJ-48 步进电机,减速比为 64∶1,在 5V 供电电压下转速约为
15r/min,适当升高供电电压可提高其转速。若使用 4 步控制信号序列,则每步旋转
11.25°,在减速机构前 32 步电机旋转 1 周,减速机构后旋转一圈需要 32×64＝2048(步)。
若使用 8 步控制信号序列,则每步旋转 5.625 步,64 步电机旋转一周。

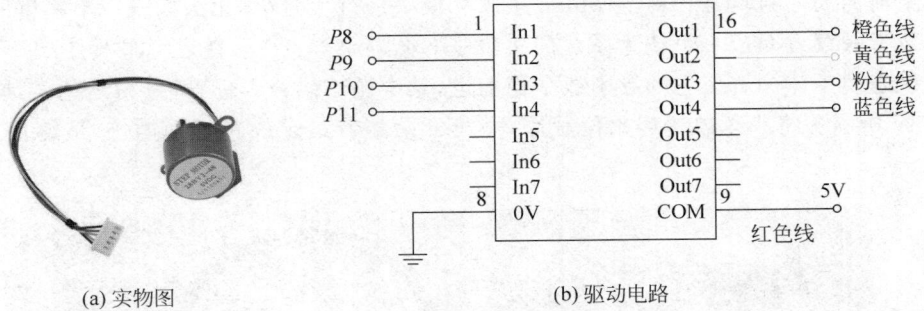

(a) 实物图　　　　　　　　　　(b) 驱动电路

图 5-46　步进电机驱动电路

可以使用 ULN2003 步进电机驱动板来控制 28BYJ-48 步进电机。驱动板的电机供电
连接到 Arduino 的 GND 和 5V 取电,使用引脚 8、9、10、11 接 ULN2003A 的 In1、In2、In3、
In4,ULN2003A 的输出接步进电机。电路如图 5-46(b)所示。

在 Arduino 中使用 Steeper. h 库函数驱动步进电机,使用 setSpeed()函数设定步进电
机旋转速度,即每分钟多少步。step()函数为执行电机驱动多少步,传入正整数则正向旋
转,传入负整数则反向旋转。

```
# include < Stepper. h >

//减速前旋转一周需要的步数
const int stepsPerRevolution = 64;

Stepper myStepper(stepsPerRevolution, 8,9,10,11);

int stepCount = 0;

void setup()
{ }

void loop()
{
  int sensorReading = analogRead(A0);
  int motorSpeed = map(sensorReading, 0, 1023, 0, 255);
  if (motorSpeed > 0)
  {
    myStepper.setSpeed(motorSpeed);
    myStepper.step(2048);
    delay(10);
  }
}
```

下载程序后会发现电机将沿着顺时针方向旋转,电位器的模拟量越高,步进电机的转速就越快。

5.7　Arduino 实战——循迹小车

本章前面的内容均只针对 Arduino 中某一模块进行了介绍,无法构成一个完整的系统。因此本节带领读者完成一个较为系统的实验——循迹小车:小车在运动过程中要不断地调整运行状态使车体循着黑色的导引线平稳前进,其中循迹线为黑色、背景为白色。具体轨迹如图 5-47 所示。将小车放置起始位置后,小车开始随着给定线路自动循迹,最终停止在终止线处。

图 5-47　小车运行轨迹

5.7.1　总体方案设计

如图 5-48 所示,循迹小车主要由以下几个部分组成:Arduino、电机驱动模块、黑线检测传感器。通过黑线检测传感器来感知轨迹线与当前车身的偏差,从而及时调整小车的前行方向,最终实现小车按预先给定路线实现自动循迹。

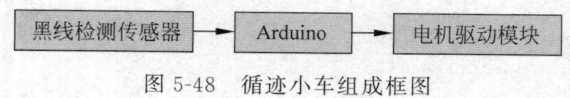

图 5-48　循迹小车组成框图

5.7.2　硬件设计

循迹小车使用的控制器为 Arduino。除此之外,小车的硬件设计还包括 3 个部分:小车车体设计、传感器设计以及电机驱动电路的设计。

1．车体

对于小车车体，本实验采用 DFRobot A4WD 型号的车体，如图 5-49(a)所示，其分解后各部分如图 5-49(b)所示。

(a)　　　　　　　　　　　　　(b)

图 5-49　DFRobot A4WD 车体与分解图

2．传感器设计

对于黑线检测传感器使用之前介绍的红外传感器去探测黑线的位置，其原理在前面已详细介绍过，此处不再赘述。在本实验中共使用 5 个红外传感器来感知小车车身与轨迹线的相对位置，并衡量小车车体与正常轨迹的偏差程度。以左偏为例，如图 5-50 所示，图 5-50(a)～图 5-50(f)所示表明小车左偏程度不断增大。

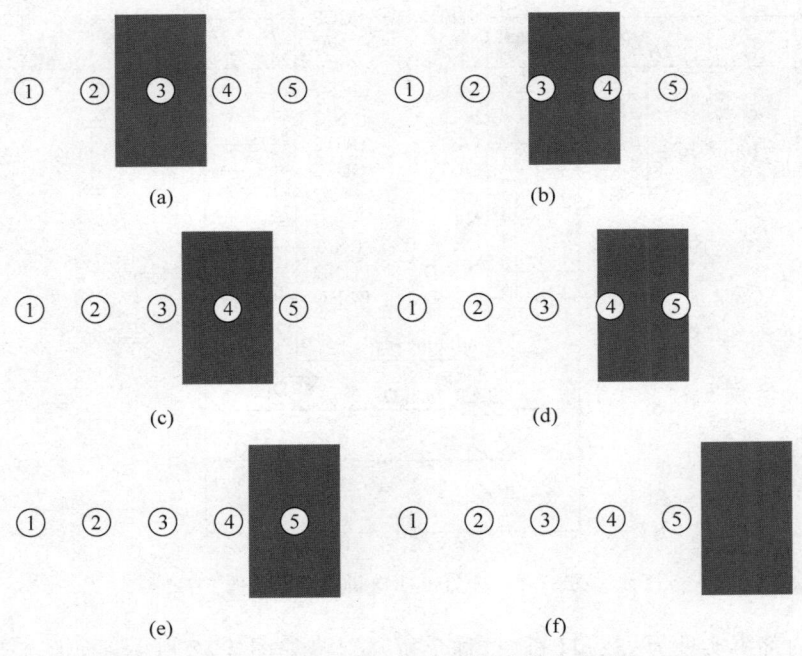

图 5-50　小车左偏的 6 种程度(标明从左到右分别为 1～5)

由于这 5 个传感器输出均为数字信号，因此直接接入 Arduino 对应的 5 个输入引脚即可，如表 5-4 所示。

表 5-4 传感器的接线

红外检测传感器 ID		Arduino 引脚
1	→	A0
2	→	A1
3	→	A2
4	→	A3
5	→	A4

3. 电机驱动电路设计

当小车偏离正常轨迹,则需要及时调整小车前进方向。在 DFRobot A4WD 车体中包含 4 个电机,本实验将左右两个电机各为一组,每侧的两个电机转速相同。当左右两侧电机转速不同或旋转方向不同,即可实现小车的转弯。例如,当左侧电机转速大于右侧或左侧电机正转、右侧电机反转时,小车会右转。这种调整小车前进方向的方式称为差速转向。

采用如图 5-37 所示的电路图,虽然能控制电机的转速,但无法控制电机的转向。为了同时控制左右两侧的电机的转速与转向,本书采用 MC33931 芯片对电机进行控制,控制左侧电机的原理图如图 5-51 所示。

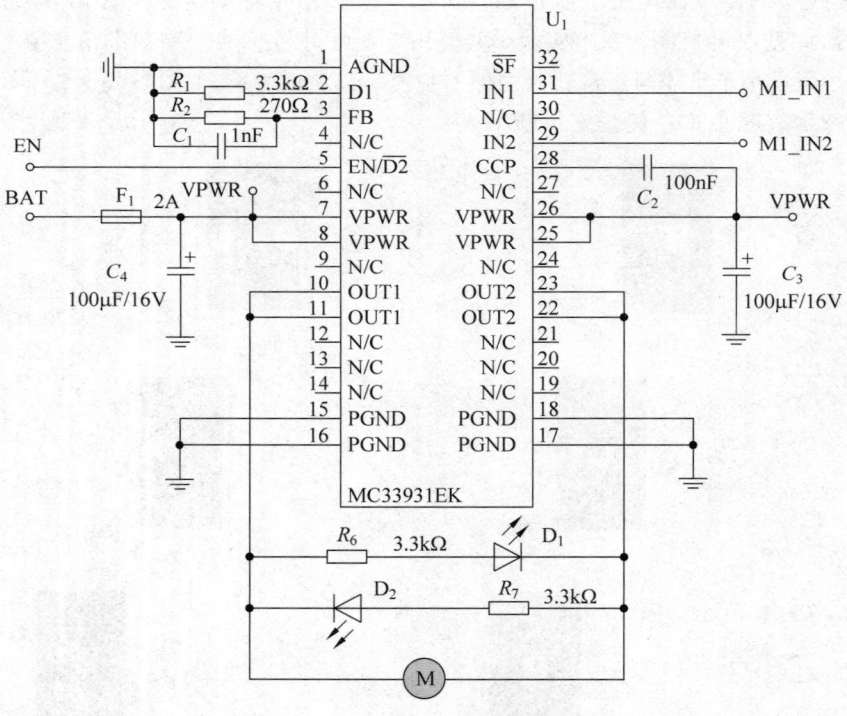

图 5-51 MC33931 电机驱动原理图

其芯片内部事实上为一个 H 桥(也称全桥)结构,如图 5-52 所示。如图 5-52(a)所示,左上角与右下角的 MOS 管同时导通,OUT1 大于 OUT2,此时电机正转。如图 5-52(b)中所示,右上角与左下角的 MOS 管同时导通,OUT1 小于 OUT2,此时电机反转。

可通过 MC33931 的 IN1(31 脚)、IN2(29 脚)、$D1$(2 脚)、EN/$\overline{D2}$(5 脚)对 OUT1 与

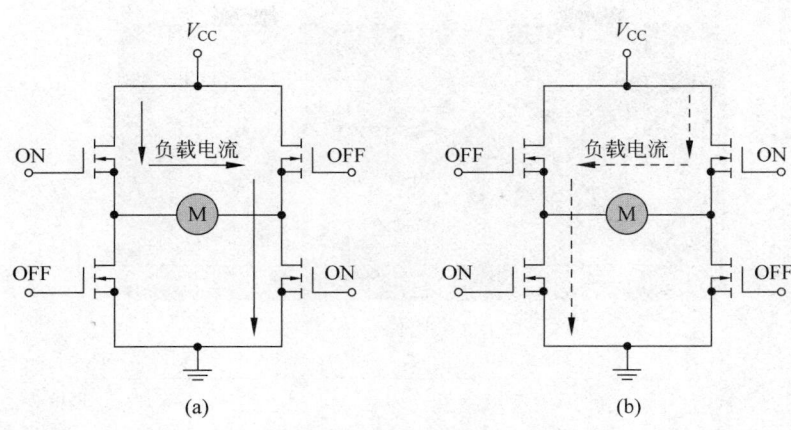

图 5-52 H 全球正反转

OUT2 引脚的电平进行控制,具体如表 5-5 所示。另外 $\overline{SF}$(32 脚)与 FB(3 脚)分别为状态输出与反馈引脚,本书并不使用。

表 5-5 MC33931 芯片输入与输出状态表。H 为高电平、L 为低电平、X 为高或低电平、Z 为高阻态

	输 入			输 出		设备状态
EN/$\overline{D2}$	D1	IN1	IN2	OUT1	OUT2	
H	L	H	L	H	L	正转
H	L	L	H	L	H	反转
H	H	X	X	Z	Z	禁止输入模式
L	X	X	X	Z	Z	睡眠模式

由表 5-5 可以看出,在 EN/$\overline{D2}$ 为高电平、D1 与低电平的情况下 MC33931 的 OUT1 与 OUT2 才能驱动电机。显然,IN2 引脚为低电平时,IN1 输入 PWM 波时电机正转,且转速会随着占空比的变化而变化;当 IN1 引脚为低电平,IN2 引脚输入 PWM 波时电机反转,且转速也会随着占空比的变化而变化。电机驱动电路设计图及实物图如图 5-53 所示。

本实验中,左侧驱动电路的 IN1 与 IN2 引脚连接 Arduino 的 PD5 与 PD6,右侧驱动电路的 IN1 与 IN2 引脚分别接入 Arduino 的 PD10 与 PD11。这 4 个引脚均能输出 PWM 波形,通过这 4 个引脚可实现小车任意角度的旋转。EN 引脚连接 Arduino 的 PD8,用于使能与失能控制。

5.7.3 软件设计

对于软件部分,可分为 3 部分:检测、分析与控制。Arduino 获取检测数据后进行分析,并控制小车动作。

1. 检测

由于本实验采用了 5 个红外传感器,根据这 5 个传感器的值就可判定小车的偏移轨迹是向左还是向右。图 5-50 显示出了小车左偏的 5 种情况以及无偏差的 1 种情况,再加上对应右偏的 5 种情况,可知本系统传感器功能输出 11 种情况,本实验采用 -9、-7、-5、-3、-1、0、1、3、5、7、9 这 11 个数字表示偏离轨道的情况,数字大于 0 代表小车左偏,且数字越

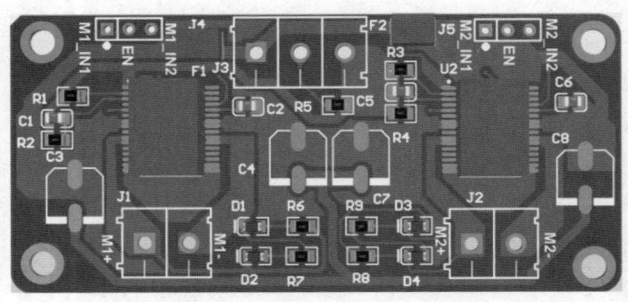

(a) 设计图

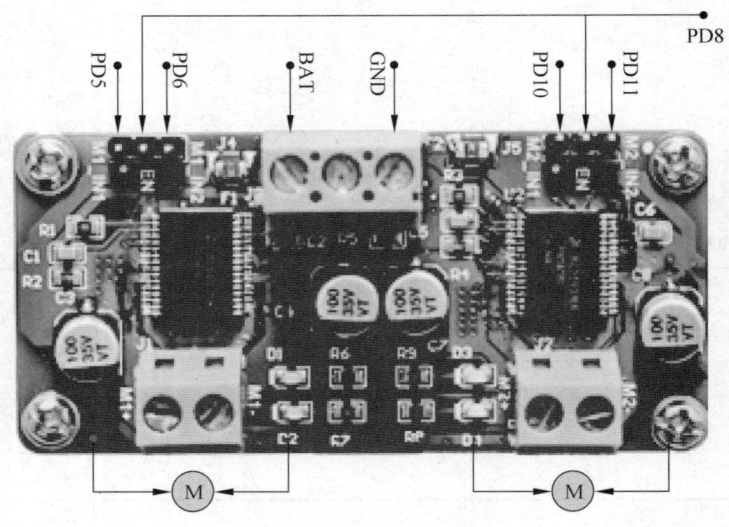

(b) 实物图

图 5-53　电机驱动原理及实物图

大偏离程度越大；相反地，数字小于 0 代表小车右偏，且数字越大偏离程度也越大。对应程序如下所示。

```
const int IR_PIN[] = {A0, A1, A2, A3, A4};    //红外传感器对应引脚定义
int irs = 0;                                  //保存所有红外传感器的值
bool is_running = true;                        //正在运动标志位
int last_input = 0;                            //传感器的上一次检测结果

void read_ir_values()
{
    irs = 0;                                   //初始化传感器的值
    for (int i = 0; i < 5; i++){
        //irs转换为二进制,每一位代表一个传感器的值
        irs |= digitalRead(IR_PIN[i]) << i;
    }
    switch (irs) {
```

```
        case B00000:
            if (error < 0) {
                if (last_input < -1) error = -9;              //向右偏离出了轨道
            } else {
                if (last_input > 1)error = 9;                 //向左偏离出了轨道
            }
            break;
        case B00001: error = -7; break;                       //右偏
        case B00011: error = -5; break;                       //右偏
        case B00010: error = -3; break;                       //右偏
        case B00110: error = -1; break;                       //右偏
        case B00100: error = 0; break;                        //无偏差
        case B01100: error = 1; break;                        //左偏
        case B01000: error = 3; break;                        //左偏
        case B11000: error = 5; break;                        //左偏
        case B10000: error = 7; break;                        //左偏
        case B11111:
        is_running = true;                                    //停止
        break;
    }
    last_input = error;
}
```

2. 分析

当 Arduino 得到小车偏离的数据后,则可根据不同偏离的程度,设定不同的策略,让小车始跟随轨迹运动,形如:

```
if(error == -11)        //右偏程度特别大
    //向左大角度转弯
else if (error == 1)    //轻微左偏
    //向右小角度偏移
//…
```

以上为循迹小车最基本的控制思想,虽然保证小车不偏离出跑道,但如果读者做实验就会发现,小车在行走过程中会不断来回摆动,特别是在过弯情况下表现特别不平稳。这也能说明此时小车缺失根据当前偏离程度动态调整的能力,导致最终控制效果不好。因此,可借助控制领域常用的 PID 算法进行优化。

PID 算法同时将过去、现在以及将来可能发生的误差同时进行分析,得出更适合当前状态下的运动参数。本实验使用的全量式 PID 算法,具体代码如下所示。

```
/* PID 参数以及初始值设定 */
float Kp = 10, Ki = 0.002, Kd = 1;
float error = 0, P = 0, I = 0, D = 0, PID_value = 0;
float previous_error = 0;

/* PID 计算 */
void calculate_pid()
{
```

```
//求得式(5-4)中各项参数
    P = error;                                    //P 为式(5-4)中比例部分的 e_k
    I = I + error;                                //所有 e_k 的求和
    D = error - previous_error;                   //与上一个误差的差值,即式(5-4)中的 e_k - e_{k-1}
    //计算 PID 输出值
    PID_value = (Kp * P) + (Ki * I) + (Kd * D);
    PID_value = constrain(PID_value, -100, 100);  //限制输出范围在[-100,100]之间
    //保存当前误差作为下一次使用
    previous_error = error;
}
```

3. 控制

在分析阶段,PID 算法得出了输出值(PID_value),由于误差大于 0 时,表明小车左偏于轨迹,左侧电机应该加速、右侧轮子应该减速。因此对于左侧电机实际速度应等于期望速度加上输出值,右侧电机则正好相反。因此很容易得到如下代码。

```
const int M_L_IN1 = 5;                      //电机 A1
const int M_L_IN2 = 6;                      //电机 A2
const int M_R_IN1 = 10;                     //电机 B1
const int M_R_IN2 = 11;                     //电机 B2
const int EN_PIN = 8;                       //使能引脚

static int initial_motor_speed = 80;        //期望速度
int left_motor_speed = 0;
int right_motor_speed = 0;

/* 左侧的电机控制 */
void left_forward_run(int m_speed)          //左侧电机正转,可根据实际接线修改
{
  analogWrite(M_L_IN1, m_speed);
  analogWrite(M_L_IN2, 0);
}

void left_reversal_run(int m_speed)         //左侧电机反转,可根据实际接线修改
{
  analogWrite(M_L_IN1, 0);
  analogWrite(M_L_IN2, m_speed);
}

/* 右侧的电机控制 */
void right_forward_run(int m_speed)         //右侧电机正转,可根据实际接线修改
{
  analogWrite(M_R_IN1, m_speed);
  analogWrite(M_R_IN2, 0);
}

void right_reversal_run(int m_speed)        //左侧电机反转,可根据实际接线修改
{
```

```
   analogWrite(M_R_IN1, 0);
   analogWrite(M_R_IN2, m_speed);
}

/* 电机的使能与失能 */
void enable_run()
{
   digitalWrite(EN_PIN, HIGH);
}

void disenable_run()
{
   digitalWrite(EN_PIN, LOW);
   analogWrite(M_L_IN1, 0);
   analogWrite(M_L_IN2, 0);
   analogWrite(M_R_IN1, 0);
   analogWrite(M_R_IN2, 0);
   delay(1);
}

void motor_control()
{
   //计算每个电机的速度
   left_motor_speed = initial_motor_speed - PID_value;
   right_motor_speed = initial_motor_speed + PID_value;
   constrain(left_motor_speed, -155,155);          //速度限定在(-155,155)
   constrain(right_motor_speed, -155, 155);
   if (left_motor_speed > 0) {                     /** 左侧 **/
       left_forward_run(left_motor_speed);         //正转
} else {
       left_reversal_run(abs(left_motor_speed));   //反转
   }
   if (right_motor_speed > 0) {/** 右侧 **/
       right_forward_run(right_motor_speed);       //正转
   } else {
       right_reversal_run(abs(right_motor_speed)); //反转
   }
}
```

4. 主函数编写

在主函数中相对比较简单,依次调用之前的检测、分析与控制代码即可,如下所示。

```
void setup()                                      //初始化
{
   pinMode(EN_PIN, OUTPUT);
   disenable_run();
   pinMode(M_L_IN1, OUTPUT);
   pinMode(M_L_IN2, OUTPUT);
   pinMode(M_R_IN1, OUTPUT);
```

```
    pinMode(M_R_IN2, OUTPUT);
    for (int i = 0; i < 5; i++) {
        pinMode(IR_PIN[i], INPUT);
    }
    right_forward_run(initial_motor_speed);        //正转
    left_forward_run(initial_motor_speed);         //正转
    delay(3000);                                   //通电3s后自动启动
    enable_run();                                  //启动
}

void loop()
{
    read_ir_values();                              //读取传感器的值
    if (is_running){
        calculate_pid();                           //计算PID值
        motor_control();                           //根据PID控制电机
    }else{
        analogWrite(M_L_IN1, 0);
        analogWrite(M_L_IN2, 0);
        analogWrite(M_R_IN1, 0);
        analogWrite(M_R_IN2, 0);
        while(1);                                  //停止
    }
}
```

第6章

单片机提高——STM32

前面介绍了使用 Arduino 的开发,发现通过 Arduino 不需要了解过多的软硬件知识就可以快速搭建电子设计的原型。即使做出来实物,对于 Arduino 的内部寄存器以及硬件原理也可能一无所知。这样带来的好处是初学者可以快速入手单片机的开发,但同时也降低了开发的灵活性。电子产品在人们的生活中无处不在,应用范围非常广,随着时代与科技的进步,电子产品的需求也在不断变化,只有对单片机系统有了更深层次的理解才能做到以不变应万变的效果。

本章以 STM32F103 系列单片机为例,让读者了解单片机的底层工作原理,从而提高对于单片机理解与对应的开发能力。但本章并不会详细介绍芯片中每个寄存器的具体含义,更注重讲述开发的思想与流程。另外,在本章中并不会对第 5 章中相同的内容进行赘述,着重介绍与 Arduino 开发不同或在第 5 章中没有涉及的内容,例如,外部中断、定时器、DMA 等。

在本章中涉及了很多寄存器的名称,例如,GPIOx_CRL 寄存器、ADC_CR2 寄存器等等,但并没有给出寄存器详细说明,这是因为本书想要更多介绍的是单片机开发的方式方法,并且在官方的《STM32 中文参考手册_V10》电子文档中也已经对相关寄存器进行了详细的介绍。因此建议读者配合官方手册来阅读本章内容,如碰到陌生的寄存器可根据名称在手册中进行查阅。

6.1 STM32F103 单片机简介

STM32F103xx 是一个完整的系列,其中 STM32F103x4 与 STM32F103x6 为小容量系列单片机,STM32F103x8 和 STM32F103xB 为中容量系列单片机,STM32F103xC、STM32F103xD 与 STM32F103xE 为大容量、增强型系列单片机。本书则采用STM32F103 增强型单片机,完整型号为STM32F103ZET6,对应实物如图 6-1 所示,共 144 个引脚,如图 6-2 所示,读者不需要记住这些引脚,在需要时查阅即可。另外,如无特殊说明,本书所述的 STM32F103

图 6-1　STM32F103ZET6 芯片实物图

单片机均为此型号。

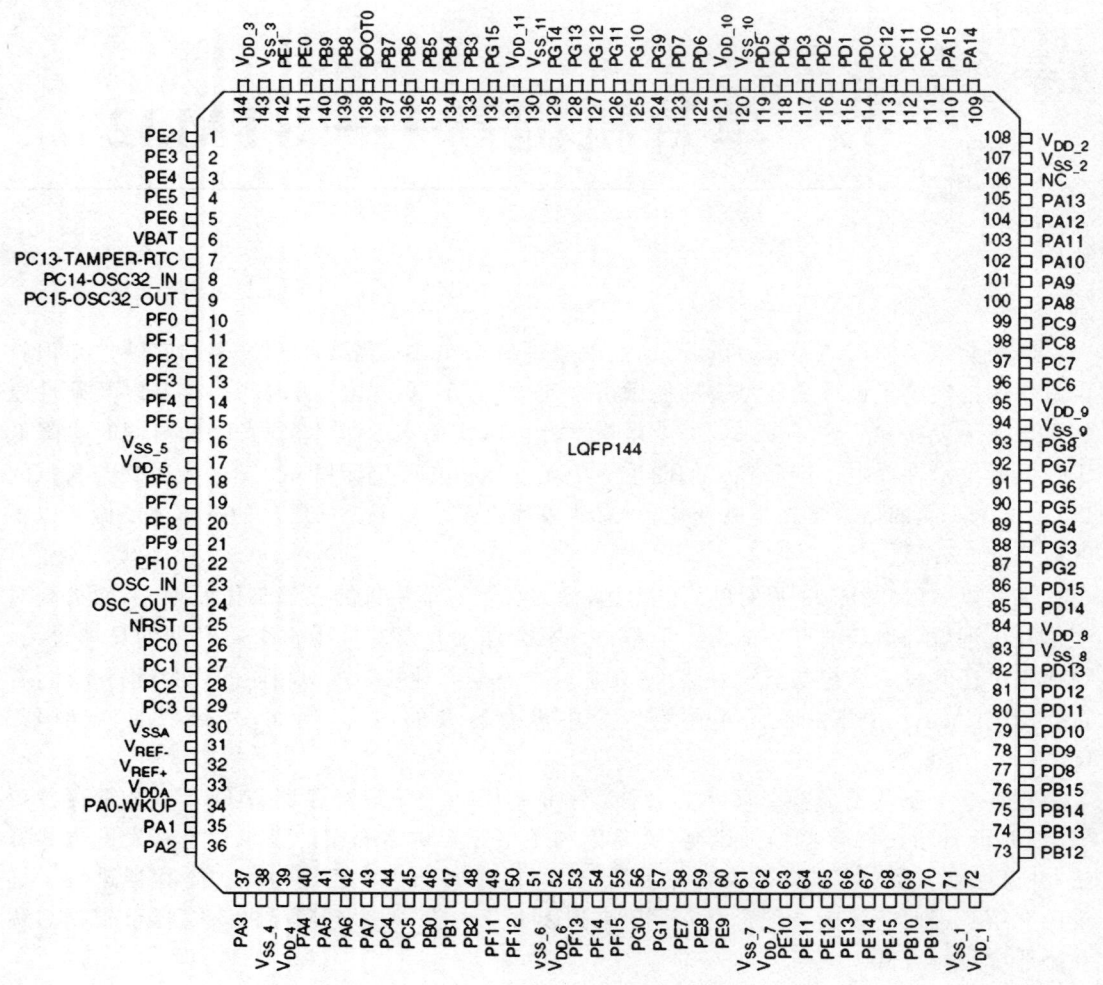

图 6-2　STM32F103ZET6 引脚图

STM32F103 单片机稳定性较高,可工作在 $-40℃\sim+105℃$ 范围内。工作最高频率为 72MHz,内置高达 512KB 的高速存储器(Flash)和 64KB 的 SRAM,而且具有丰富的 I/O 端口与外设,包括:3 个 12 位的 ADC、4 个通用 16 位定时器、1 个 SDIO 接口、5 个 USART 接口、3 个 SPI 接口、2 个 I^2C 接口、1 个 USB 接口以及 1 个 CAN 接口。

6.1.1　系统架构概述

STM32F103 中采用使用高性能的 ARM Cortex-M3 的 32 位 RISC 内核,如图 6-3 所示为对应系统架构图,可大致分为 4 个驱动单元与 4 个被动单元。4 个驱动单元具体包括:内核 DCode 总线、系统总线(System Bus)、通用 DMA1 以及通用 DMA2。4 个被动单元包括:AHB 到 APB 的桥(连接所有的 APBxd 的设备)、内部 Flash 闪存、内部 SRAM 和 FSMC。下面介绍图 6-3 中几个比较重要的总线。

(1) ICode 总线:该总线将 Cortex-M3 内核的指令总线与闪存指令接口相连接。指令预取在此总线上完成。

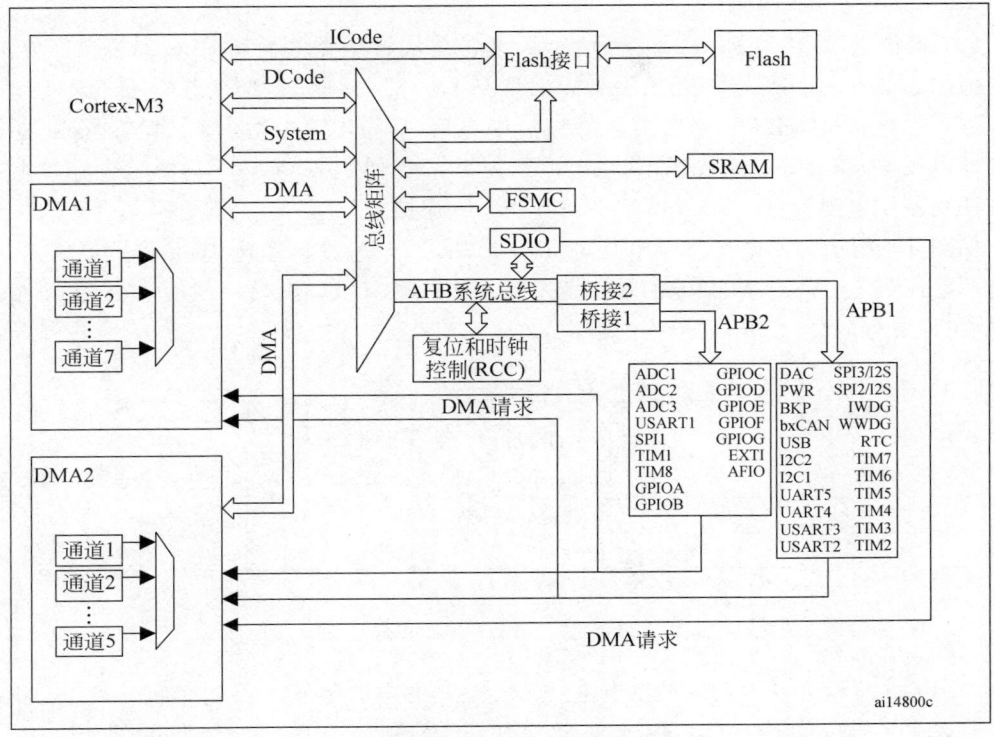

图 6-3　STM32F103 单片机的系统架构图

（2）DCode 总线：该总线将 Corte-M3 内核的 DCode 总线与闪存存储器的数据接口相连接，常量加载与调试的访问在该总线上面完成。

（3）系统总线：此总线连接 Corte-M3 内核的系统总线（外设总线）到总线矩阵，总线矩阵协调着内核和 DMA 间的访问。

（4）DMA 总线：此总线将 DMA 的 AHB 主控接口与总线矩阵相连，总线矩阵协调着 CPU 的 DCode 和 DMA 到 SRAM、闪存和外设的访问。

（5）总线矩阵：总线矩阵协调内核系统总线和 DMA 主控总线之间的访问仲裁，仲裁利用轮换算法。APB 外设通过总线矩阵与系统总线相连。

（6）AHB/APB 桥：这两个桥在 AHB 和两个 APB 总线间提供同步连接。APB1 与 APB2 包含了用户可以操作的全部外设，其中 APB1 操作速度最高为 36MHz，APB2 速度最高为 72MHz。

6.1.2　最小系统

在单片机中最小系统是指用最精简的元件组成可以正常工作的系统，也是该单片机正常工作必不可少的部分。STM32F103 的最小系统由系统电源电路、复位电路、时钟电路、调试/下载电路 4 部分组成。

1. 系统电源电路

在 STM32F103 中需要提供 3 种电源，分别为：

（1）主电源（V_{DD}）——可以为所有 I/O 引脚和内部调压器供电，供电范围为 2.0～3.6V，对应 0V 引脚标记为 V_{SS}；

（2）模拟电源（V_{DDA}）——可以为 ADC、复位模块、RC 振荡器和 PLL 的模拟部分供电，供电范围为 2.0～3.6V，对应 0V 引脚标记为 V_{SSA}；

（3）后备电源（VBAT）：当主电源 V_{DD} 断电后，后备电源会给 RTC、LSE 振荡器、后备寄存器以及 PC13、PC15 引脚供电，供电范围为 1.8～3.6V，对应 0V 引脚标记也为 V_{SS}。如没有使用备用电池给 V_{BAT} 供电，则必须将此引脚连接到 V_{DD} 上，否则电路不会正常工作。

如图 6-4 所示为主电源供电电路，使用 LM2596 与 D_2、L_7 组成 Buck 降压电路，将输入的电源降压到 3.3V。LM2596 的输入范围为 4.5～40V，可以满足一般的应用场景。F_1 为 1A 的可恢复保险丝，C_{31}～C_{34} 为滤波电容。

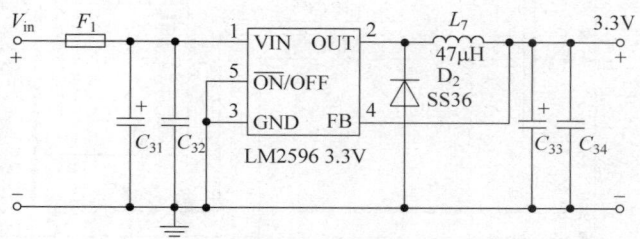

图 6-4　主电源供电电路

如图 6-5 所示为模拟电源的供电电路，V_{DDA} 是由主电源 V_{DD} 经过 L_5、C_{23}、C_{24} 滤波后产生的。为了 ADC 与 DAC 转换精度，这里使用 LM385 产生一个 2.5V 的基准电压，连接在 STM32F103ZET6 单片机的 $V_{REF}+$ 与 $V_{REF}-$ 引脚上。

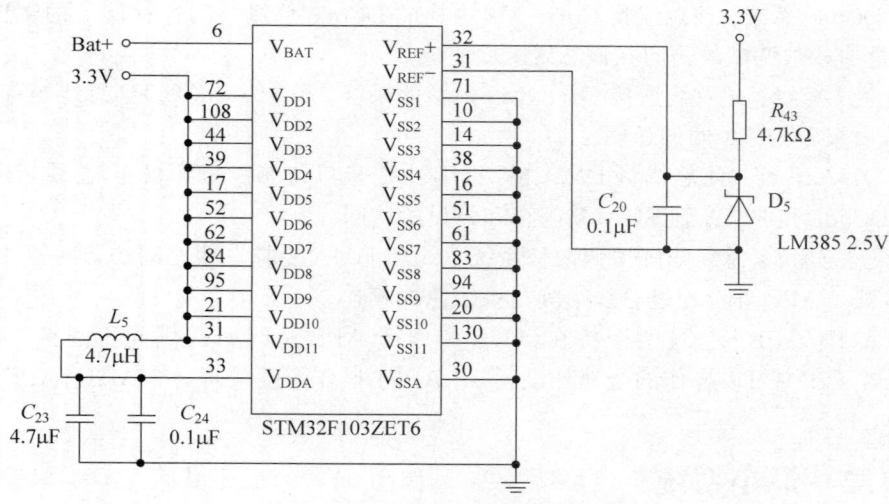

图 6-5　模拟电源电路

如图 6-6 所示为后备电源电路，采用 CR1220 纽扣电池与 V_{DD} 混合供电的方式，D_6 与 D_8 这两个二极管组成一个"或"门，用于切换 V_{BAT} 的供电方式，因为 CR1220 电压通常为 3.0V，因此当主电源存在的时候，D_8 二极管截止且 D_6 导通，此时由主电源给 V_{BAT} 供电，而且主电源 V_{DD} 会通过 R_{44} 给 CR1220 充电。当外部电源断开，主电源变成 0V，因此 D_8 导通、D_6 关断,此时切换使用 CR1220 给 V_{BAT} 供电。

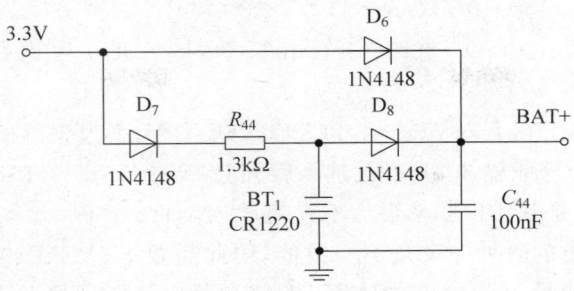

图 6-6　后备电源电路

2. 复位电路

事实上,在 STM32F103ZET6 内部有一个完整的上电复位(POR)和掉电复位(PDR)电路,当供电电压达到 2V 时系统才能正常工作。当 V_{DD}/V_{DDA} 低于指定的限位电压 V_{POR}/V_{PDR} 时,系统保持为复位状态,如图 6-7 所示为上电复位与调电复位波形图。

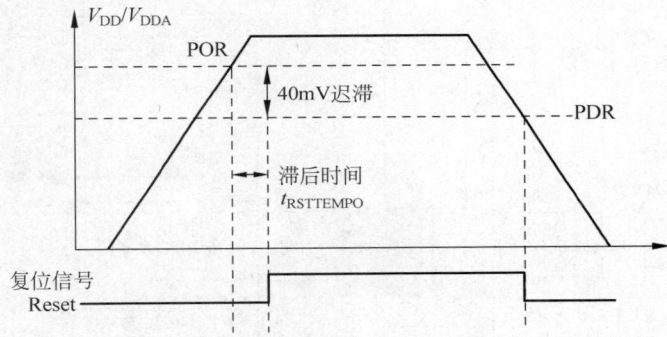

图 6-7　STM32F103ZET6 上电复位与调电复位波形图

除此之后,也可以通过外部信号来使芯片复位,从图 6-7 中可以看出,STM32F103ZET6 是低电平复位的,因此拉低 Reset 引脚,STM32F103 也会复位。为了后期调试方便,设计一个通过微动开关来触发复位的电路,如图 6-8 所示。

3. 时钟电路

时钟是单片机的脉搏,也是单片机的驱动源,因此时钟对于一个单片机系统是十分重要的。在 STM32F103ZET6 中外设非常多,如果同一时刻打开所有外设,那么功耗是非常大的。因此在 STM32F103ZET6 中包含多个时钟源,当任一个时钟源不需要被使用时都可被独立地关闭,由此优化系统功耗。

如图 6-9 所示为 STM32F103 芯片内部的时钟树,可以看出,在芯片中共包含了 5 种时钟源,在图中使用箭头指出,分别为:

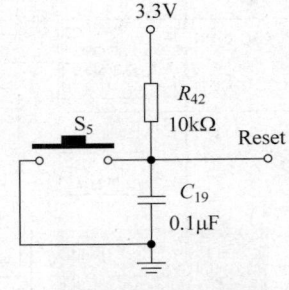

图 6-8　外部触发复位电路

(1) 高速内部时钟(High Speed Internal Clock,HSI),为内部 RC 振荡器,频率为 8MHz;

（2）高速外部时钟（High Speed External Clock，HSE），可接石英/陶瓷谐振器，或者接外部时钟源，频率范围为 4～16MHz。

（3）低速内部时钟（Low Speed Internal Clock，LSI），为内部 RC 振荡器，频率为 40kHz。

（4）低速外部时钟（Low Speed External Clock，LSE），接频率为 32.768kHz 的石英晶体。

（5）锁相环（PLL）倍频输出，其时钟输入源可选择为 HSI/2、HSE 或者 HSE/2。倍频可选择为 2～16 倍，但是其输出频率最大不得超过 72MHz。

由于不同外设需要的时钟频率是不一致的，因此需要 STM32F103 中的这 5 个时钟源给不同外设提供时钟信号，在图 6-9 中使用不同背景颜色进行了标注，具体如下：

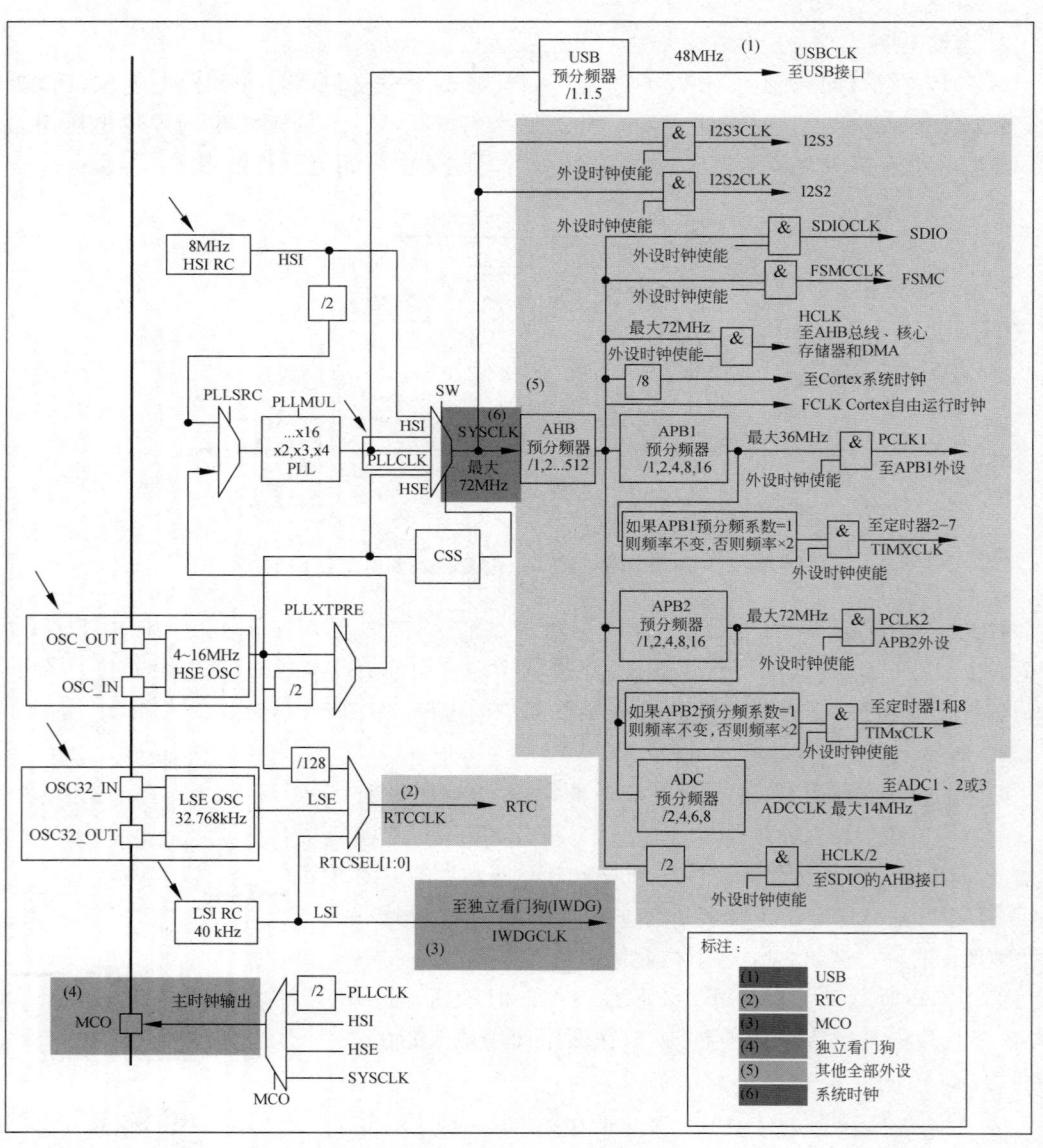

图 6-9　STM32 时钟树

（1）MCO——是 STM32 的一个时钟输出引脚（PA8），它可以选择一个时钟信号输出，可以选择为 PLL 输出的 2 分频、HSI、HSE 或者系统时钟。这个时钟可以用来给外部其他系统提供时钟源。

（2）IWDGCLK——是看门狗的时钟源，采用 LSI 作为时钟源。

（3）RTCCLK——RTC 时钟源，可以选择 LSI、LSE 以及 HSE 的 128 分频作为时钟源。

（4）USBCLK——STM32F103 中有一个全速功能的 USB 模块，时钟必须来自 PLL 时钟源，可以选择为 1.5 分频或者 1 分频。即当需要使用 USB 模块时，PLL 必须使能，且时钟频率配置为 48MHz 或 72MHz。

（5）SYSCLK——系统时钟，它是供 STM32 中绝大部分部件工作的时钟源。系统时钟可选择为 PLL 输出、HSI 或者 HSE。系统时钟最大频率为 72MHz，需要注意的是，如果选用 HSI 作为系统时钟输入，那么最高频率只能达到 64MHz。

（6）其他所有外设——从时钟树可以看出，其他所有外设的时钟源均是由系统时钟提供，多个预分频器用于配置 AHB 的频率、高速 APB（APB2）和低速 APB（APB1）区域，AHB 与 APB2 的最高频率为 72MHz，APB1 的最高频率为 36MHz。APB1 与 APB2 对应的外设可在图 6-3 中对应查找。

在以上的时钟输出中，有很多是带使能控制的，例如，AHB 总线时钟、内核时钟、各种 APB1 外设、APB2 外设等等。当需要使用某外设模块时，需首先开启对应时钟，本章后面会讲解时钟使能与失能方法。

因为内部 RC 振荡产生的时钟没有晶振频率准确，因此通常采用外部时钟作为单片机的输入。本书采用时钟电路如图 6-10 所示，其中高速外部时钟晶振频率为 8MHz，C_1、C_2 为起振电容，低速外部时钟晶振频率为 32.768kHz，C_{21} 与 C_{22} 为对应的起振电容，这两个频率也是官方给出的推荐晶振频率。

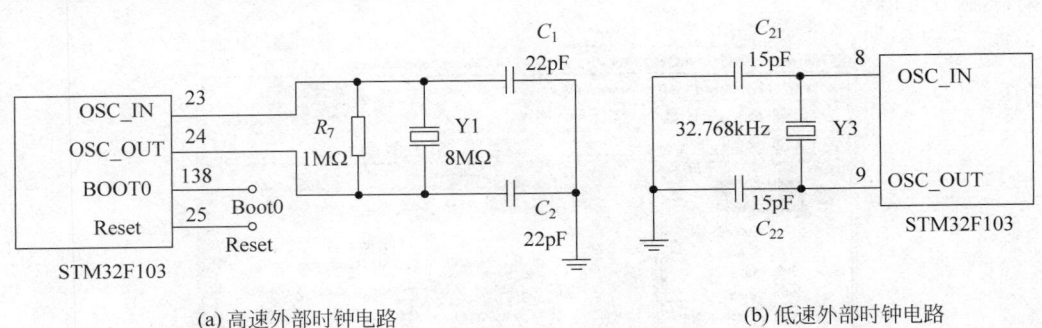

(a) 高速外部时钟电路   (b) 低速外部时钟电路

图 6-10 外部时钟电路

4. 调试/下载电路

在完成程序并编译成功后，需要将程序实际下载到单片机中运行。在 STM32F103 中提供了标准 JTAG/SWD 接口，具体电路如图 6-11 所示。

在程序下载到芯片中后，需要确定芯片选择启动程序的方式，在 STM32 中支持 3 种启动方式，可通过 BOOT0 与 BOOT1 引脚的高低电平组合实现，如表 6-1 所示。使用 JTAG/SWD 接口下载的程序是存放在 Flash 中的，因此需要将 BOOT0 置低，BOOT1 的电平可以是 0 或 1。

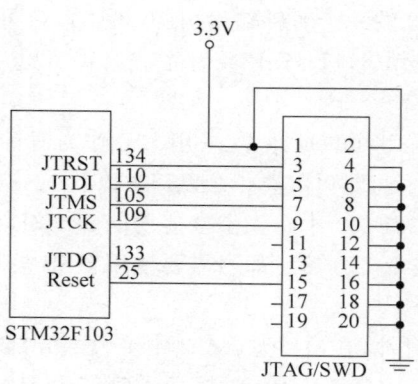

图 6-11　JTAG/SWD 接口电路

表 6-1　启动模式选择

BOOT0	BOOT1	启动模式	说　　明
0	X	用户 Flash 存取器	用户闪存启动
1	0	系统存储器	系统存储器启动,可用于串口下载
1	1	SRAM 启动	SRA 启动,用于在 SRAM 中调试代码

6.1.3　开发环境与 CMSIS 简介

在 Arduino 中有配套的开发环境供使用,但该环境并不适用 STM32。对于 STM32F103 开发来说本书推荐使用 MDK v5.20 以上版本(以下简称 MDK5)。如图 7-12 所示为 MDK5 软件界面,主要包括 4 个部分,分别为:①菜单栏,②工程窗口,③主窗口, ④编译输出窗口。

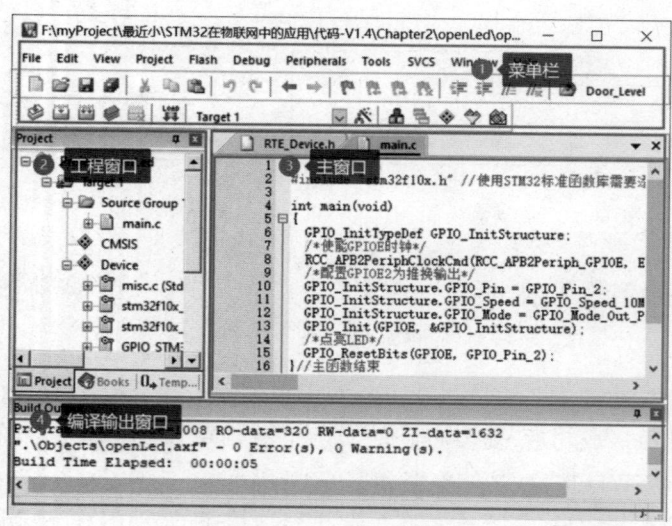

图 6-12　MDK5 软件界面

与 Arduino 开发环境一样,MDK5 也支持动态添加或删除加载其他库,MDK5 中可能默认不支持 STM32F1 系列单片机的开发,可以单击菜单栏的 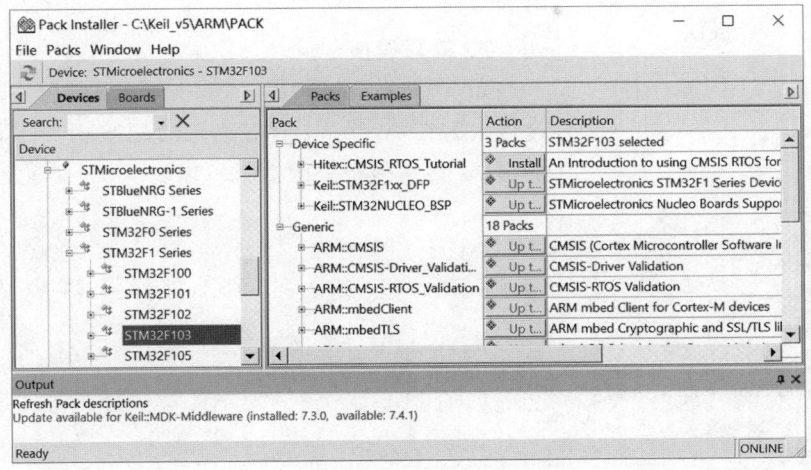 按钮打开 Pack Installer 窗口去安装对应的软件包,如图 6-13 所示。

图 6-13 Pack Installer 窗口

需要特别说明的是,在 MDK5 中可以很方便地对 CMSIS(Cortex Microcontroller Software Interface Standard)进行使用。CMSIS 是针对 Cortex-M 系列提供了一个统一的软件接口标准,此接口与硬件无关,因此使用 CMSIS 开发的程序可以运行在任何支持 CMSIS 的 Cortex-M 系列芯片中,可移植性非常高。CMSIS 是一个大家族,主要包括 CMSIS-CORE、CMSIS-Driver、CMSIS-DSP、CMSIS-RTOS、CMSIS-Pack、CMSIS-SVD、CMSIS-DAP 这几大部分。在本书中只对 CMSIS-RTOS 实时操作系统以及 CMSIS-Driver 外设驱动进行详细介绍,如图 6-14 所示为 MDK5 中包含的 CMSIS 相关组件。

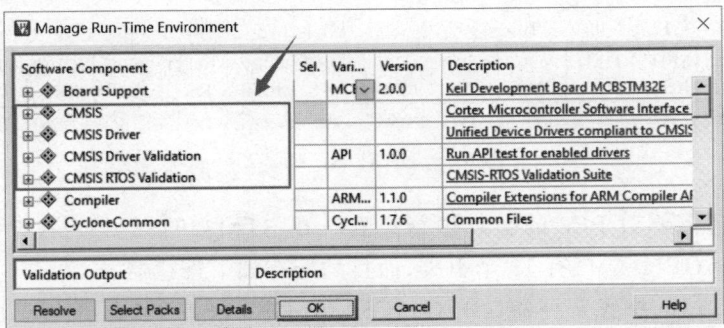

图 6-14 MDK5 中 CMSIS 相关组件

6.1.4 创建第一个工程

根据第 5 章内容,可将 Arduino 的开发流程进行简单归纳:确定硬件电路图→编写程序→编译与下载→验证并修改,在 STM32F103 开发也遵循此流程。本节以点亮一个 LED 为例让读者熟悉 STM32F103 的开发。

1. 确定硬件电路图

点亮 LED 的电路图十分简单，如图 6-15 所示，其中网络标号 L_1 连接的 STM32 的 PE2 引脚。

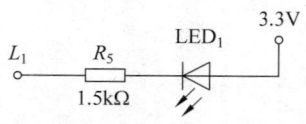

图 6-15　点亮 LED 的电路

2. 编写程序

如下是 Arduino 中点亮一个 LED 的程序，非常简单，这是因为在 Arduino 中将芯片的配置相关工作已经做好了，只需要调用相关函数就可以。

```
int led = 13;
void setup() {
  pinMode(led, OUTPUT);
}
void loop() {
  digitalWrite(led, HIGH);              //点亮 LED
}
```

那么在执行 digitalWrite() 函数时如何与硬件对应呢？实际上，digitalWrite() 函数执行的效果是改变 Arduino 主控芯片的某一寄存器值，通过寄存器实现软、硬件之间的连接。在 STM32F103 中也是同样的道理，针对每一个外设或配置，都存在一个寄存器与之对应。

由于需要通过 PE2 的高低电平来控制 LED 的亮灭状态，因此使用到了 GPIOE 端口。首先开启对应的时钟，在 STM32F103 中是通过 RCC_APB2RSTR 寄存器进行控制的，如图 6-16 所示。

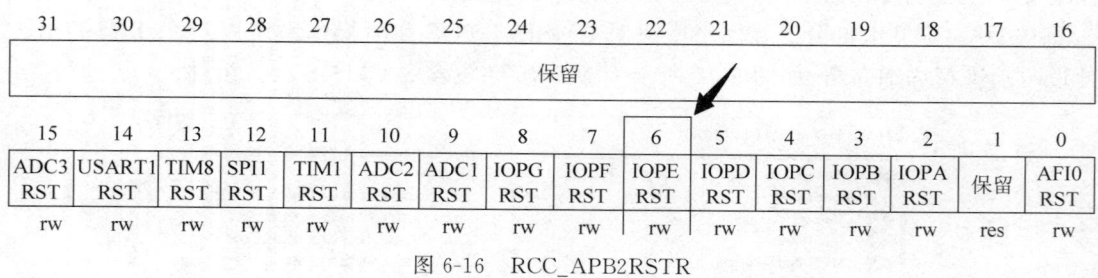

图 6-16　RCC_APB2RSTR

除此之外，还需要对 PE2 的引脚进行设置。在 STM32F103 中共有 PA～PG 共 7 个 GPIO 端口，每个 GPIO 端口有 16 个引脚，而且均配有如下寄存器。

（1）两个 32 位的配置寄存器（GPIOx_CRL 与 GPIOx_CRH）：配置引脚模式，可以配置为浮空输入、上拉输入、下拉输入、模拟输入、开漏输出、推挽输出、推挽式复用功能、开漏复用功能这 8 种模式。在输出模式下可以配置输出最大速度为 10MHz、2MHz 以及 50MHz 3 种模式。当此 I/O 引脚需要被其他外设使用时即为复用功能，例如 USART、PWM 输出等等，并需要开启功能复用时钟 RCC_APB2Periph_AFIO。

（2）两个 32 位的数据寄存器（GPIOx_IDR 与 GPIOx_ODR）：以 16 位的形式读取引脚输入与输出的高低电平的状态。

（3）一个 32 位的置位/复位寄存器（GPIOx_BSRR）：置位/复位对应引脚的高/低电平，通过写入此寄存器可以控制每个端口引脚的高低电平。

（4）一个 16 位的端口清除寄存器（GPIOx_BRR）：只能以 16 位的形式操作。

（5）一个 32 位的锁定寄存器（GPIOx_LCKR）：该寄存器用来锁定端口位的配置，当端口位锁定后，在下次系统复位之前不能再更改端口位的配置。

因此使用寄存器完成点亮一个灯的代码如下。

```
RCC -> APB2ENR | = 1 << 6;           //使能 PORTE 时钟
GPIOE -> CRL & = 0XFF0FFFFF;
GPIOE -> CRL | = 0X00000300;         //PE.2 推挽输出
GPIOE -> ODR & = ~(1 << 2);          //PE.2 输出低电平
```

可以看出，STM32F103 为了尽可能保留使用的灵活性，同一简单外设也会有很多配置，因此总共寄存器的个数非常多，具体更多寄存器的含义可以查阅官方的参考书《STM32 中文参考手册_V10》得知，读者可自行查阅。但是这样使用起来仍然十分麻烦，需要记下来每个寄存器中每位代表的含义。因此官方推出了标准函数库，将这些寄存器的操作封装起来，提供一套完整的应用程序接口（Application Programming Interface，API）供开发者调用，大多数应用场景中调用此库即可。

在 MDK5 中添加标准函数库的方法很简单。在菜单栏上单击 ◈ 按钮可以打开 Manage Run-Time Environment 对话框，如图 6-17 所示，在此对话框中可选择需要的组件，其中 Device 组件即为官方标准函数库的内容。除此之外，这里还介绍几个常用的组件。

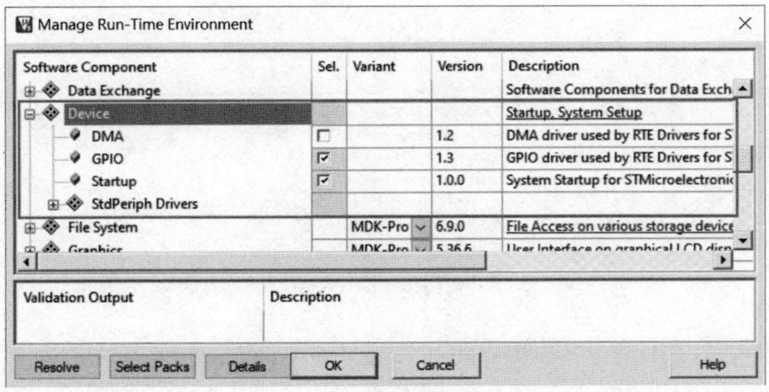

图 6-17　Manage Run-Time Environment 对话框

（1）CMSIS：包含 CMSIS 系统接口组件，里面包括 CMSIS-CORE、CMSIS-DSP 和 CMSIS-RTOS。

（2）CMSIS Driver：包含统一设备驱动程序，目前提供的驱动有 CAN、Ethernet、Ethernet PHY、Flash、I^2C、MCI、NAND、SPI、USART、USB Device。这里的驱动支持多线程，会在本书后面的章节中详细介绍。

（3）Compiler：包含编译相关组件，是 ARM 特有的。可以重定向标准 C 语言的 I/O 功能，例如，可以将 printf()、scanf() 和 fgetc() 这些输入/输出流函数定向到 USART 上。

（4）Device：包含标准设备驱动库函数组件。Device 类组件虽然封装程度以及通用性比 CMSIS-Driver 低，但是 Device 类组件可以操作芯片上的所有外设资源。所以在项目中往往将 Device 和 CMSIS-Driver 结合起来使用。

（5）File System：包含操作各种存储设备文件相关组件，可以在诸如 RAM、NAND、NOR Flash、SD 卡等存储设备上实现文件的操作。

（6）Graphics：实现图形用户界面的组件。

（7）Network：实现网络通信协议组件。

（8）USB：包含 USB 开发相关组件。

点亮一个 LED 灯必不可少的组件是::Device:GPIO，当选择选框后，此选框的背景颜色变为黄色时，代表警告，如图 6-18 所示。在界面中下方会提示需要添加其他必要的组件，例如关于时钟配置的组件（RCC）等，根据提示添加所有组件后选框的背景颜色会变成绿色，包括：

（1）::CMSIS:CORE；

（2）::Device:Startup；

（3）::Device:GPIO；

（4）::Driver:StdPeriph Drivers:Framework；

（5）::Device:StdPeriph Drivers:RCC。

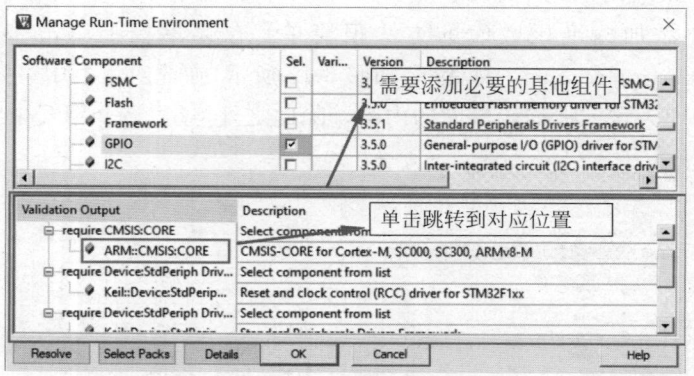

图 6-18　Manage Run-Time Environment 错误提示界面

单击 OK 按钮后，在工程窗口会出现如图 6-19 所示的文件列表。MDK 会将选择的组件对应的文件自动添加到工程里，其中比较重要的文件为 RTE_Device.h，在此文件中可以配置对应外设，在后面使用到时再详细介绍。

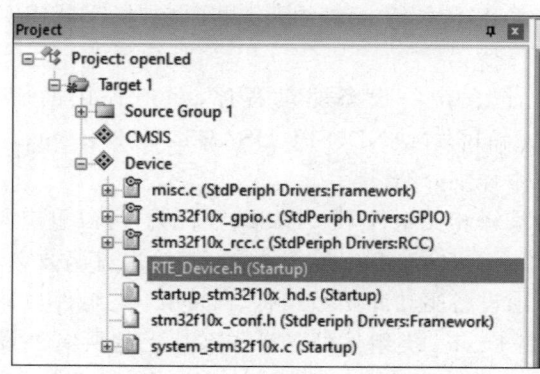

图 6-19　MDK 自动添加的文件

在 Source Group 1 中添加 main. c 文件,并包含 stm32f10x. h 即可使用标准函数库中相关函数了。例如,上面对于 PE2 实现电平控制的程序,使用标准函数库完成的代码如下。

```
# include "stm32f10x.h"                            //使用 STM32 标准函数库需要添加此头文件

int main(void)
{
    GPIO_InitTypeDef GPIO_InitStructure;
    /* 使能 GPIOE 时钟 */
    RCC_APB2PeriphClockCmd(RCC_APB2Periph_GPIOE, ENABLE);
    /* 配置 GPIOE.2 为推挽输出 */
    GPIO_InitStructure.GPIO_Pin = GPIO_Pin_2;          //第二个引脚定义
    GPIO_InitStructure.GPIO_Speed = GPIO_Speed_10MHz;  //输出频率为 10MHz 定义
    GPIO_InitStructure.GPIO_Mode = GPIO_Mode_Out_PP;   //推挽输出定义
    GPIO_Init(GPIOE, &GPIO_InitStructure);             //初始化
    /* 点亮 LED */
    GPIO_ResetBits(GPIOE, GPIO_Pin_2);
}//主函数结束
```

可以看出,相比于寄存器,使用标准函数库实现代码的可读性非常高。在本书中也只针对标准函数库进行使用,关于更多底层寄存器的含义读者自行参阅官方参考手册。

3. 编译与下载

单击菜单栏的 ⬛ 按钮即可对整个工程进行编译。如果是文件比较多的工程,编译整个工程会比较耗时,单击 ⬛ 按钮即可针对修改部分进行编译,减少等待时间。编译后在编译窗口会显示程序的错误信息,如图 6-20 所示。

```
Build Output
compiling stm32f10x_gpio.c...
compiling main.c...
compiling misc.c...
assembling startup_stm32f10x_hd.s...
compiling system_stm32f10x.c...
compiling stm32f10x_rcc.c...
linking...
Program Size: Code=1008 RO-data=320 RW-data=0 ZI-data=1632
".\Objects\openLed.axf" - 0 Error(s), 0 Warning(s).
Build Time Elapsed:  00:00:03
```

图 6-20　编译结果

只有错误个数为 0,才能单击 ⬛ 按钮进行下载,否则需要根据错误信息继续修改错误。STM32F103 支持 JTAG/SWD 接口进行下载程序,单击菜单栏的 ⬛ 按钮,并在 Debug 选项卡中选择使用的调试器即可,本书使用的调试器为 J-LINK,因此对应配置如图 6-21 所示。单击 Settings 按钮,如果 JTAG/SWD 调试接口连接正常 MDK5,则会自动获取调试器。

确定硬件连接成功后,单击菜单栏的 ⬛ 按钮即可完成程序的下载,按下复位按钮即可看到 LED 被点亮了。

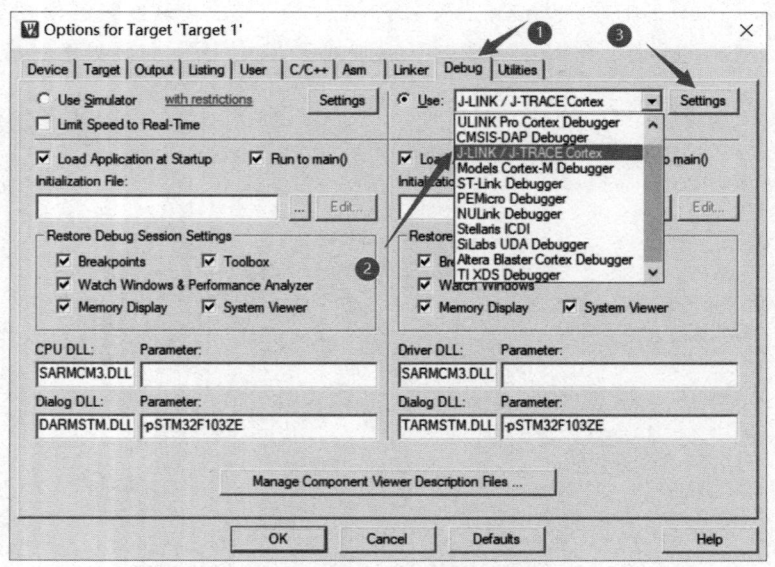

图 6-21 选择下载方式

6.1.5 一般调试方法

对于程序的调试过程也是非常重要的，一个好的调试方法可以事半功倍。在
STM32F103 中一般有两种调试方式：在线调试和串口输出调试信息。读者可根据自己的
喜好选择。

1. 在线调试

通过 JTAG/SWD 接口将计算机与单片机正确连接后，单击菜单栏的 ❹ 按钮，即可进
入在线调试界面，可以在程序的任意一行设置断点，程序执行时在此位置会自动停止，如
图 6-22 所示。

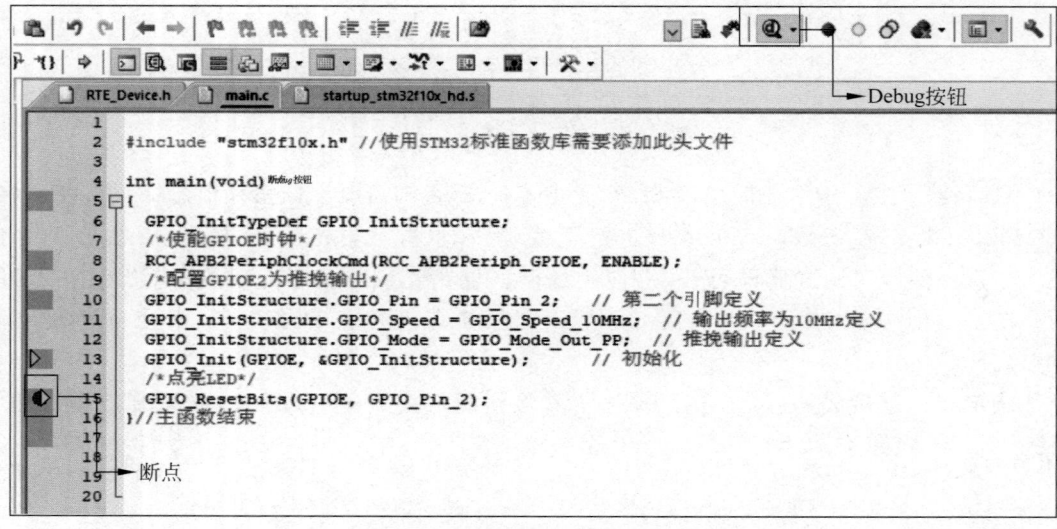

图 6-22 Debug 调试界面

同时,在在线调试界面中也可以查看某个变量的当前值,右击此变量,单击"Add 'XX' to"命令即可将之添加到 Watch 窗口,当程序在断点暂停后即可查看此变量的值,如图 6-23 所示。

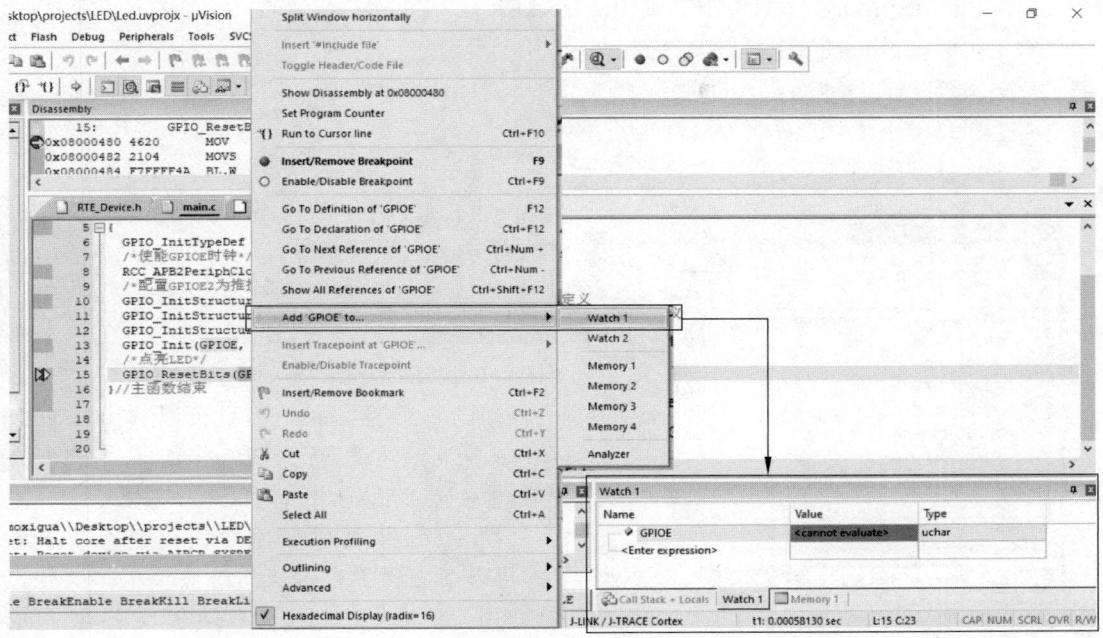

图 6-23　Watch 窗口

2. 串口输出调试信息

针对串口输出调试信息的方法在第 5 章中已经使用过。与 Arduino 开发板不同,STM32F103 只是一个芯片,因此需要额外扩展 USB 转串口电路,如图 6-24 所示,其中 CH340 为使用的 USB 转串口的芯片。

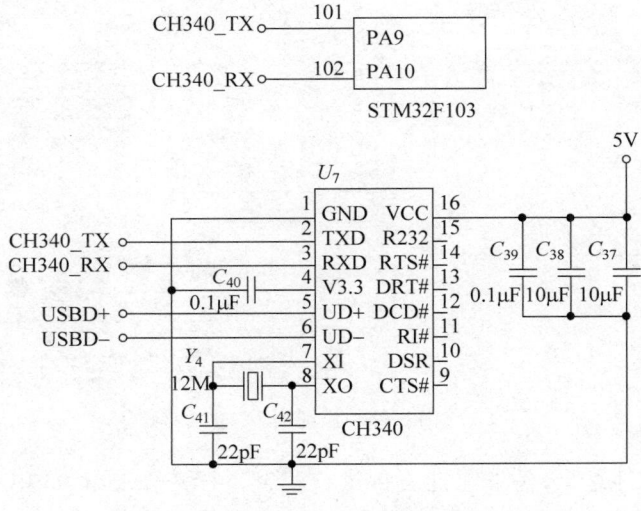

图 6-24　USB 转串口电路图

在 STM32F103 中可借助 CMSIS 来很方便地实现串口调试信息输出的功能。需要在"Manage Run-Time Environment"窗口中选择如下组件：

(1) ∷CMSIS∷CORE；

(2) ∷CMSIS Driver∷USART(API)∷USART；

(3) ∷Complier∷I/O∷STDOUT；

(4) ∷Device∷DMA；

(5) ∷Device∷GPIO；

(6) ∷Device∷Startup。

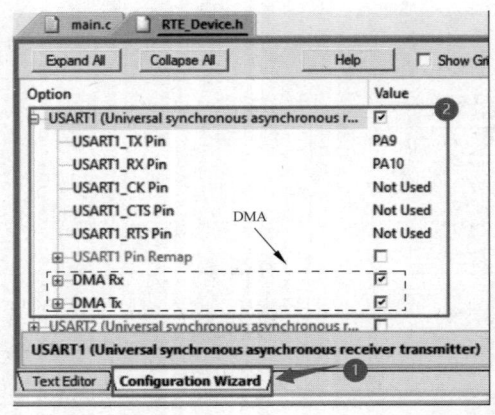

图 6-25　配置 STM32 中的 USART1 外设

接下来，需要将 printf()函数重映射到 USART1 上，这样再调用 C 语言的 printf()函数就可以将调试信息输出到计算机端的串口调试助手中。打开 RTE_Device.h 文件，单击 Configuration Wizard 选项卡，使能 USART1 并进行如图 6-25 所示的配置。可以看出，CMSIS Driver 是支持外设进行 DMA 操作的，只需要在配置中使能 DMA 操作即可，非常方便。

在 MDK 中提供了用户代码模板用于参考，可以在应用中直接使用这些模板。此处直接使用 stdout_USART.c 模板文件来完成 printf()函数的重定向。在 Project 窗口中，右击 Source Group1 组，选择"Add New Item to Group 'Source Group 1'"。在弹出的窗口中选择 User Code Template 选项，选择∷Compiler∷I/O∷STDOUT 模板文件，如图 6-26 所示。

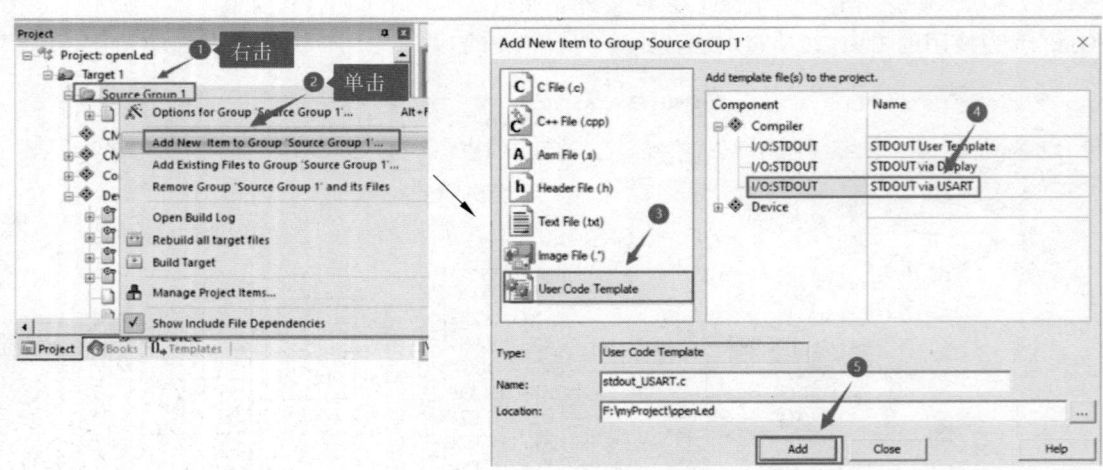

图 6-26　添加模板文件

添加完模板文件之后，需要对此文件进行配置。打开 stdout_USART.c 文件，将重定向的串口号设为 1，并将串口的波特率设置为 115200，如图 6-27 所示。

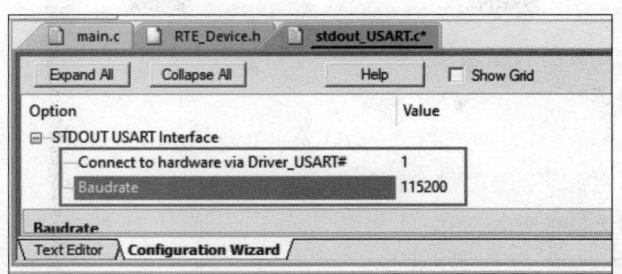

图 6-27 stdout_USART. c 文件配置

至此就完成了 CMSIS 相关的全部设置,创建 stdout_USART. h 文件并声明 stdout_init()函数后,即可在程序文件中使用,以下使用 printf()的示例代码。

```
# include < stdio. h >

int main( void)
{
    stdout_init();              //初始化 stdout
    printf("printf test.\r\n");
    while (1);
}//主函数结束
```

stdout_init()函数可以看成是 printf()函数的初始化函数。可以在串口调试助手中查阅打印的调试信息,如图 6-28 所示。

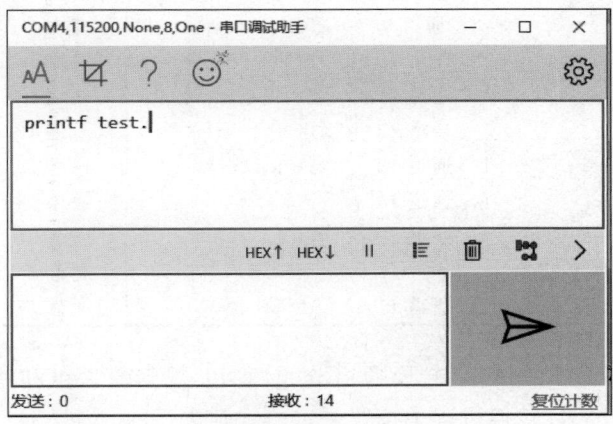

图 6-28 串口打印的调试信息

6.2 驱动外设的一般方法——以 ADC 为例

在 Arduino 中最先学习的是 ADC,通过 ADC 可以建立模拟与数字之间的桥梁,在 STM32F103 的学习过程中也由此入手。

在 STM32F103 中拥有 3 个精度为 12 位的 ADC 模块,每个 ADC 模块最多包含 16 个外部通道和 2 个内部内通道,比 Arduino 的 ADC 通道多很多。STM32F103 中 ADC 使用更加灵活,功能也更加强大。本书对 ADC 介绍的顺序为:基准电压的选择→输入通道的选择→确定 ADC 转换顺序→ADC 转换的触发源选择→转换时间确定→读取转换结果→电压转换。

1. 基准电压的选择

在 STM32 中,ADC 电压输入范围为:$V_{REF}-\sim V_{REF}+$,在设计最小系统时已经使用 LM385 产生基准源电源,因此此时 ADC 的输入范围为 $0\sim 2.5\mathrm{V}$。

2. 输入通道的选择

STM32F103 的 ADC 模块中 16 个外部通道名称为 ADCx_IN0~ADCx_IN15,其中 INx 对应表 6-2 中通道 x,这 16 个通道对应不同的 IO 口,另外,ADC 模块中还包含 2 个内部通道连接到芯片内部信号源,具体如表 6-2 所示。

表 6-2　STM32F103ZET6 ADC 通道列表

STM32F103ZET6　ADC_IO 分配					
ADC1	IO	ADC2	IO	ADC3	IO
通道 0	PA0	通道 0	PA0	通道 0	PA0
通道 1	PA1	通道 1	PA1	通道 1	PA1
通道 2	PA2	通道 2	PA2	通道 2	PA2
通道 3	PA3	通道 3	PA3	通道 3	PA3
通道 4	PA4	通道 4	PA4	通道 4	PF6
通道 5	PA5	通道 5	PA5	通道 5	PF7
通道 6	PA6	通道 6	PA6	通道 6	PF8
通道 7	PA7	通道 7	PA7	通道 7	PF9
通道 8	PB0	通道 8	PB0	通道 8	PF10
通道 9	PB1	通道 9	PB1	通道 9	连接内部 V_{SS}
通道 10	PC0	通道 10	PC0	通道 10	PC0
通道 11	PC1	通道 11	PC1	通道 11	PC1
通道 12	PC2	通道 12	PC2	通道 12	PC2
通道 13	PC3	通道 13	PC3	通道 13	PC3
通道 14	PC4	通道 14	PC4	通道 14	连接内部 V_{SS}
通道 15	PC5	通道 15	PC5	通道 15	连接内部 V_{SS}
通道 16	内部温度传感器	通道 16	连接内部 V_{SS}	通道 16	连接内部 V_{SS}
通道 17	内部 V_{refint}	通道 17	连接内部 V_{SS}	通道 17	连接内部 V_{SS}

可以将 STM32F103 的 ADC 转换通道分为两组:规则通道组和注入通道组。顾名思义,规则通道组是在 A/D 转换过程中按照一定的规则进行的。注入通道则可以看成是特殊通道,此通道可以打断规则通道的转换,优先得到信息,提高系统的响应能力。图 6-29 很形象地表示了两组通道的采样过程。

3. 确定 ADC 转换顺序

规则通道组有 3 个规则序列寄存器控制着 ADC 模块中通道的转换顺序,分别为 SQR3、SQR2、SQR1,其对应功能如表 6-3 所示。其中,SQR3 控制规则序列中的第 1~6 个转换通道,例如,如果首先转换通道 16,那么可以将 SQR3 寄存器的 SQ[4:0]位设置成 16。同理,SQR2 控制着规则序列中的第 7~12 个转换通道。SQR1 控制着规则序列中的第 13~16 个转换通道,但在 SQR1 中,SQL[3:0]决定了最终 ADC 实际使用多少个通道。

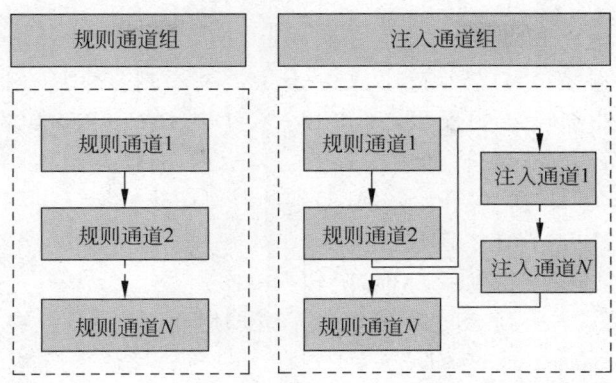

图 6-29　规则通道组与注入通道组采样过程

表 6-3　规则序列寄存器 SQRx

寄存器	寄存器位	功　　能	取　　值
SQR3	SQ1[4:0]	设置第 1 个转换通道	通道 1~16
	SQ2[4:0]	设置第 2 个转换通道	通道 1~16
	SQ3[4:0]	设置第 3 个转换通道	通道 1~16
	SQ4[4:0]	设置第 4 个转换通道	通道 1~16
	SQ5[4:0]	设置第 5 个转换通道	通道 1~16
	SQ6[4:0]	设置第 6 个转换通道	通道 1~16
SQR2	SQ7[4:0]	设置第 7 个转换通道	通道 1~16
	SQ8[4:0]	设置第 8 个转换通道	通道 1~16
	SQ9[4:0]	设置第 9 个转换通道	通道 1~16
	SQ10[4:0]	设置第 10 个转换通道	通道 1~16
	SQ11[4:0]	设置第 11 个转换通道	通道 1~16
	SQ12[4:0]	设置第 12 个转换通道	通道 1~16
SQR1	SQ13[4:0]	设置第 13 个转换通道	通道 1~16
	SQ14[4:0]	设置第 14 个转换通道	通道 1~16
	SQ15[4:0]	设置第 15 个转换通道	通道 1~16
	SQ16[4:0]	设置第 16 个转换通道	通道 1~16
	SQL[3:0]	确定需要转换多少通道	1~16

规则序列寄存器 SQRx,x＝1,2,3

针对注入通道组,可以通过序列寄存器 JSQR 进行设置转换序列,具体如表 6-4 所示。注入序列最多支持 4 个通道,实际数目由 JL[1:0]决定。

表 6-4　注入序列寄存器 JSQR

寄存器	寄存器位	功　　能	取　　值
JSQR	JSQ1[4:0]	设置第 1 个转换通道	通道 1~4
	JSQ2[4:0]	设置第 2 个转换通道	通道 1~4
	JSQ3[4:0]	设置第 3 个转换通道	通道 1~4
	JSQ4[4:0]	设置第 4 个转换通道	通道 1~4
	JL[1:0]	确定需要转换多少通道	1~4

注入序列寄存器 JSQR

4．ADC 转换的触发源选择

STM32F103 中触发 A/D 转换除了像 Arduino 一样在程序中调用函数进行触发，还支持芯片外设和其他外部设备的触发，可以通过 ADC_CR2 寄存器的 EXTSEL[2:0]与 JEXTSEL[2:0]进行设置。在软件触发条件下，ADC 转换可以由 ADC_CR2 寄存器的 ADON 位来控制，即写 1 的时候开始转换，写 0 的时候停止转换。

在触发 A/D 转换后，其转换模式有 3 种：

（1）单次转换模式——触发后，ADC 只转换一次；

（2）连续转换模式——当 ADC 转换结束后立即启动下一次；

（3）扫描转换模式——通过 ADC_CR1 寄存器的 SCAN 位来选择，此时 ADC 扫描所有被规则序列或注入序列选中的通道。

5．转换时间确定

STM32F103 中 ADC 为逐次逼近型的 A/D 转换器，需要若干个时钟周期完成对模拟电压的采样，采样的周期数可通过 ADC 采样时间寄存器 ADC_SMPR1 和 ADC_SMPR2 中的 SMP[2:0]位设置，ADC_SMPR2 控制的是通道 0～9，ADC_SMPR1 控制的是通道 10～17。每个通道可以分别用不同的时间采样。其中，采样周期最小是 1.5 个 ADC 的输入时钟 ADC_CLK，这是芯片支持的最快采样。转换的具体公式为：

$$T_{conv} = 采样周期 + 12.5 个周期 \tag{6-1}$$

由图 6-9 可知，ADC_CLK 是由 PCLK2 经过分频产生，最大是 14MHz，其分频因子由 RCC 时钟配置寄存器 RCC_CFGR 的 ADCPRE[1:0]位进行设置。一般情况下，PCLK2 与 HCLK 为 72MHz。采样周期设置为 1.5 个周期，得出最短转换时间为 $1.17\mu s$，这也是最常用的。

6．读取转换结果

针对规则通道组，一旦所选择的通道转换完成，转换结果就被存储在 ADC_DR 寄存器中。此数据可分为左对齐和右对齐，具体是以哪一种方式存放，由 ADC_CR2 寄存器的 ALIGN 位决定。同时 ADC_SR 寄存器中的 EOC 标志将被置位，如果设置了 EOCIE，则会产生中断。这里需要注意的是，规则组里可能有多个通道，但 ADC_DR 只有一个，如果使用多通道转换，那么前一个时间点转换的通道数据，会被下一个时间点的另外一个通道转换的数据覆盖掉，因此在当通道转换完成后应立即取走数据；或者开启 DMA 模式将数据传输到内存里面。最常见的做法就是开启 DMA 传输。关于 DMA 将会在本章后面部分详细介绍。

对于注入通道组则不会存在规则通道组的问题，ADC 的注入通道组最多有 4 个通道，并有 4 个对应存放数据的寄存器（ADC_JDRx）。

7．电压转换

模拟电压经过 ADC 转换后，是一个 12 位的数字值，如果通过串口以十六进制打印出来，则可读性比较差，可以通过将 12 位的数字值转换成真实的模拟电压值。

根据以上对 STM32F103 芯片中的 ADC 模块的讲解，可以得到如下 A/D 采集程序。

```
# include "stm32f10x.h"        //使用 STM32 标准函数库需要添加此头文件
# include "stdio.h"
```

```c
void ADC_RCC_Init(void)
{
    RCC_APB2PeriphClockCmd(RCC_APB2Periph_GPIOA |
    RCC_APB2Periph_ADC1, ENABLE);          //使能 ADC1 通道时钟
    RCC_ADCCLKConfig(RCC_PCLK2_Div6); //设置 ADC 分频因子 6,72MHz/6 = 12MHz,ADC 最大不能超
                                      //过 14MHz
}

void ADC_GPIO_Init(void)
{
    GPIO_InitTypeDef GPIO_InitStructure;

    GPIO_InitStructure.GPIO_Pin = GPIO_Pin_1;        //PA1 作为模拟通道输入引脚
    GPIO_InitStructure.GPIO_Mode = GPIO_Mode_AIN;    //模拟输入
    GPIO_Init(GPIOA, &GPIO_InitStructure);           //初始化 GPIOA1
}

void ADC_Mode_Config(void)
{
    ADC_InitTypeDef ADC_InitStructure;

    ADC_DeInit(ADC1);                                          //复位 ADC1
    ADC_InitStructure.ADC_Mode = ADC_Mode_Independent;         //ADC 独立模式
    ADC_InitStructure.ADC_ScanConvMode = DISABLE;              //单通道模式
    ADC_InitStructure.ADC_ContinuousConvMode = DISABLE;        //单次转换模式
    ADC_InitStructure.ADC_ExternalTrigConv = ADC_ExternalTrigConv_None;   //转换由软件而
                                                               //不是外部触发启动
    ADC_InitStructure.ADC_DataAlign = ADC_DataAlign_Right;     //ADC 数据右对齐
    ADC_InitStructure.ADC_NbrOfChannel = 1;          //顺序进行规则转换的 ADC 通道的数目
    ADC_Init(ADC1, &ADC_InitStructure);              //根据指定的参数初始化外设 ADCx
    ADC_Cmd(ADC1, ENABLE);                           //使能指定的 ADC1
    ADC_ResetCalibration(ADC1);                      //开启复位校准
    while(ADC_GetResetCalibrationStatus(ADC1));      //等待复位校准结束
    ADC_StartCalibration(ADC1);                      //开启 AD 校准
    while(ADC_GetCalibrationStatus(ADC1));           //等待校准结束
}

uint16_t Get_Adc(uint8_t ch)
{
    //设置指定 ADC 的规则组通道,设置它们的转化顺序和采样时间
    ADC_RegularChannelConfig(ADC1, ch, 1, ADC_SampleTime_239Cycles5);   //通道 1,规则采样
                                                     //顺序值为 1,采样时间为 239.5 周期
    ADC_SoftwareStartConvCmd(ADC1, ENABLE);          //使能指定的 ADC1 的软件转换功能
    while(!ADC_GetFlagStatus(ADC1, ADC_FLAG_EOC));   //等待转换结束
    return ADC_GetConversionValue(ADC1);             //返回最近一次 ADC1 规则组的转换结果
}

void ADC_Init()
{
    ADC_RCC_Init();                        //初始化 RCC
```

```
        ADC_GPIO_Init();                        //初始化 GPIO
        ADC_Mode_Config();                      //初始化 ADC 模式
}

int main(void)
{
    uint16_t adcx;float real_v;

    stdout_init();                              // 初始化 printf()函数
    while(1){
        ADC_Init();                             //ADC 初始化
        adcx = Get_Adc(1);                      //获得 AD 数据
        real_v = (float)adcx * (2.5/4096);      //转换成真实电压值
        printf("get value of adc is :%d\r\n",adcx);
        printf("real v is :%f\r\n",real_v);
    }
}
```

在计算机的串口调试助手中显示结果如图 6-30 所示。

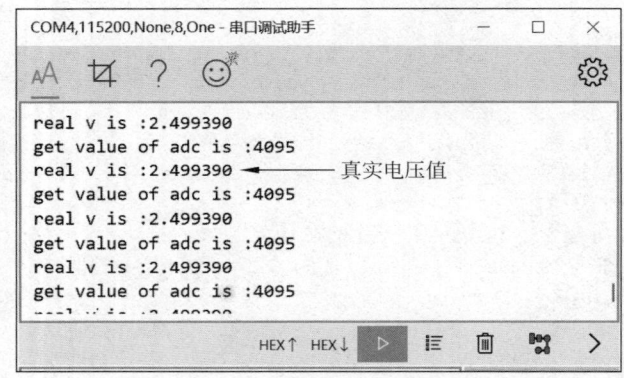

图 6-30　通过串口助手显示采样结果

对比 Arduino 与 STM32F103 的 ADC 外设开发,可以明显发现它们的优缺点:在 Arduino 中进行开发更为方便,但是牺牲了灵活性与硬件的性能,而在 STM32F103 中进行开发相对复杂,但是更加灵活,可适用于更多的场景。

事实上,在 STM32F103 中大多数外设的开发与 ADC 外设开发的思想是一致的,如图 6-31 所示,大致分为配置时钟、配置 GPIO 引脚模式、配置外设以及操作外设 4 个步骤,不同外设之间差别最大的地方在于配置外设,但也只需根据实际使用场景对寄存器进行配置,官方也给出了很多例子以供参考,本书不再赘述。

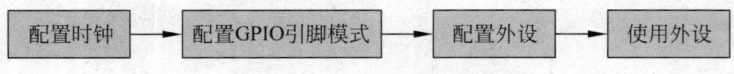

图 6-31　在 STM32F103 中开发外设基本流程

6.3 模块化编程思想

模块化编程(Modular Programming)是一种软件设计思想,它将整个软件分成若干独立、简单的模块(Model),可对每个模块进行单独管理,并且每个模块只对外暴露指定的接口,这样整个程序会变得特别规范且更加健壮。对于特别复杂的系统,一个模块可能调用或包含另外的多种模块,ST 官方给出的标准函数库就是如此,在包含 stm32f10x.h 头文件后即可使用单片机中的各个模块。

模块化编程通常采用以下步骤进行:

(1) 分析问题,明确需要解决的任务;

(2) 自顶向下地对任务进行逐步分解和细化,分成若干个子任务,每个子任务只完成部分完整功能,并且可以通过函数来实现;

(3) 确定模块之间的调用关系;

(4) 优化模块之间的调用关系;

(5) 在主函数中进行调用实现。

在 C 语言中一个功能模块通常由一个 .c 源文件与一个 .h 头文件组成。在 .c 文件中实现该模块的完整功能,在 .h 文件中给出可供调用的接口。例如,创建一个 Led 的模块,包括开(Open)和关(Close)两个功能。那么可以先创建一个 led.h 文件并在文件中声明 Open() 与 Close()接口的定义,在 led.c 文件中对具体函数进行实现,示例代码如下。

```
/*************** 以下为【led.h】文件中的内容 *******************/
#ifndef __LED_H__      //__LED_H__ 为全局唯一的模块名称,防止 led.h 在被不同文件包含时
#define __LED_H__      //被重复编译

extern void Open(void);
extern void Close(void);

#endif

/*************** 以下为【led.c】文件中的内容 *******************/
#include "led.h"

void Open(void){
    //打开 led 的代码
}

void Close(void){
    //关闭 led 的代码
}

/*************** 以下为【main.c】文件中的内容 *******************/
#include "led.h"
```

```
int main(void){
    while(1){
        Open();              //调用 Open()
        //此处延时 1s
        Close();             //调用 Close()
        //此处延时 1s
    }
}
```

在上面模块化的示例代码中，#ifndef、#define、#endif 的组合是为了防止头文件被多个文件引用时重复编译。extern 关键词的作用是声明此函数或变量能被外部模块或函数进行调用。对于初学者来说，需要注意的是，在.h 头文件中不要定义变量，因为此头文件被多次调用时，会出现变量重复定义的错误。通常做法是在.c 源文件中定义此变量，并在.h 头文件中使用 extern 关键词暴露变量的接口，示例代码如下。

```
/*************** 以下为【led.h】文件中的内容 ******************* /
#ifndef __LED_H__          //__LED_H__ 为全局唯一的模块名称,防止 led.h 在被不同文件包含时
#define __LED_H__          //被重复编译

extern int temp[10];

#endif


/*************** 以下为【led.c】文件中的内容 ******************* /
#include "led.h"

int temp[10] = {0};
```

接下来对 6.2 节中实现的 ADC 模块进行封装。在实例中共实现了 5 个方法：ADC_RCC_Init()、ADC_GPIO_Init()、ADC_Mode_Config()、Get_Adc()与 ADC_Init()，其中 ADC_Init()内部调用了 ADC_RCC_Init()、ADC_GPIO_Init()、ADC_Mode_Config()这 3 个函数，因此在 adc.h 文件中只需要暴露 Get_Adc()与 ADC_Init()两个方法即可。具体实现代码如下。

```
/*************** 以下为【adc.h】文件中的内容 ******************* /
#ifndef __ADC_H__
#define __ADC_H__

#include "stm32f10x.h"

extern uint16_t Get_Adc(uint8_t ch);
extern void ADC_Init(void);

#endif


/*************** 以下为【adc.c】文件中的内容 ******************* /
#include "adc.h"
```

```
void ADC_RCC_Init(void)
{ //省略对应代码 }

void ADC_GPIO_Init(void)
{ //省略对应代码 }

void ADC_Mode_Config(void)
{ //省略对应代码 }

uint16_t Get_Adc(uint8_t ch)
{ //省略对应代码 }

void ADC_Init()
{ //省略对应代码 }

/ *************** 以下为【main.c】文件中的内容 ********************* /
# include "stm32f10x.h"                    //使用 STM32 标准函数库需要添加此头文件
# include "stdio.h"
# include "adc.h"

int main(void)
{
    uint16_t adcx;float real_v;

    stdout_init();                        //初始化 printf()函数
    while(1){
        ADC_Init();                       //ADC 初始化
        adcx = Get_Adc(1);                //获得 AD 数据
        real_v = (float)adcx * (2.5/4096); //转换成真实电压值
        printf("get value of adc is : %d\r\n",adcx);
        printf("real v is : %f\r\n",real_v);
    }
}
```

可使用此方法建立更多的模块供以后使用,也可以利用已有的模块按需要快速搭建整个系统,极大地提高了系统的可移植性,缩短了开发时间。同时每个模块之间代码耦合性低,后期的维护变得更加容易。

6.4 中断

6.4.1 中断优先级管理

一个完整的系统可能包含多种功能,不同功能也可能具有不同的优先级。例如,工业控制领域中每个控制柜中均会有一个急停按钮,当出现任何事故发生时,拍下此按钮后设备会立即停止运行,将损失降到最小。因此这个按钮应具备很高的优先级,且会打断现有程序的运行,这就可以通过中断实现。在 CPU 中断执行效果如图 6-32 所示。

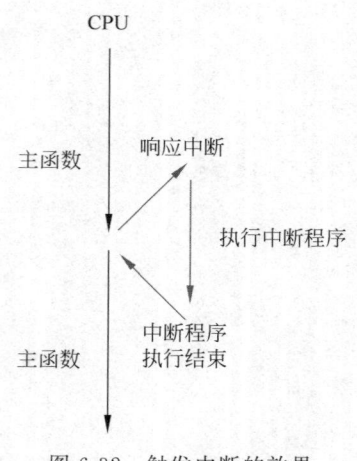

图 6-32　触发中断的效果

在 Cortex-M3 内核中支持 256 个中断,其中包含了 16 个内核中断和 240 个外部中断,通过 256 级的可编程中断设置。但 STM32F103 只使用到了 Cortex-M3 的一部分,共有 76 个中断,包括 16 个内核中断和 60 个可屏蔽中断,具有 16 级可编程的中断优先级。其中 60 个可屏蔽中断是最常用的,可以通过中断控制器 (NVIC)进行控制。在 STM32F103 中,几乎所有外设均能产生中断,例如,串口、定时器、ADC 等等,所有中断向量均可在《STM32 中文参考手册_V10》中进行查看。

在官方的标准函数库中也提供了 NVIC 对应的接口,通过 NVIC 可对所有中断根据抢占优先级与子优先级进行分组,具体分配关系如表 6-5 所示。

表 6-5　NVIC 分组情况

优先级分组	抢占优先级	子 优 先 级
0	0 级抢占优先级	0~15 级子优先级
1	0~1 级抢占优先级	0~7 级子优先级
2	0~3 级抢占优先级	0~3 级子优先级
3	0~7 级抢占优先级	0~1 级子优先级
4	0~15 级抢占优先级	0 级子优先级

其中,在抢占优先级中,高优先级可以中断低优先级的任务,而子优先级则不能中断当前中断任务的执行(无论子优先级是高还是低),需等待当前任务执行完毕后,从所有待执行的子优先级中断中选择优先级最高的中断执行。

实际上,中断优先级分组中抢占优先级与子优先级的个数是由 SCB→AIRCR 寄存器的 bit7~bit4 来决定的。分组号等于抢占优先级在 bit7~bit4 中所占的高 bit 的位数,剩余 bit 数用来表示子优先级,例如,分组为 3,那么 bit7~bit5 用来表示抢占优先级的个数(即 8 个),bit4 用来表示子优先级的个数(即 2 个),那么使用标准函数库实现此分组的代码如下:

```
NVIC_PriorityGroupConfig(NVIC_PriorityGroup_3);      //分组号 3
```

对芯片中断优先级分组后,则需要再对具体的芯片中外设产生的中断的优先级进行初始化,即设置此外设中断抢占优先级与子优先级对应为多少。例如,下面程序为初始化串口 1 中断的优先级。

```
NVIC_InitTypeDef NVIC_InitStructure;

NVIC_InitStructure.NVIC_IRQChannel = USART1_IRQn;              //串口 1 中断
NVIC_InitStructure.NVIC_IRQChannelPreemptionPriority = 1;     //抢占优先级为 1
NVIC_InitStructure.NVIC_IRQChannelSubPriority = 2;            //子优先级位 2
NVIC_InitStructure.NVIC_IRQChannelCmd = ENABLE;              //IRQ 通道使能
NVIC_Init(&NVIC_InitStructure);                              //根据上面指定的参数初始化 NVIC 寄存器
```

6.4.2 EXTI 外部中断

接下来以 EXTI 外部中断为例让读者对中断使用流程有一个整体的了解。STM32F103 中的所有 GPIO 经过配置后都能触发 EXTI 外部中断线，图 6-33 就是 GPIO 和 EXTI 的连接方式。

从图 6-33 中可以看出，一共有 16 个中断线：EXTI0～EXTI15。每个中断线都对应了从 PAx 到 PGx 一共 7 个 GPIO，且在同一时刻每个中断线只能设置与一个 GPIO 端口进行对应映射，但是可以分时复用。可通过 GPIO_EXTILineConfig() 函数进行配置，示例代码如下。

```
GPIO_EXTILineConfig(GPIO_PortSourceGPIOE, GPIO_
PinSource2);        //PE.2
```

EXTI 的中断触发的方式有 3 种：上升沿触发、下降沿触发和双边沿触发，需根据实际需求进行选择，以确保中断能被正常触发，对应示例代码如下所示。

```
EXTI_InitTypeDef EXTI_InitStructure;
EXTI_InitStructure.EXTI_Line = EXTI_Line4;
            //中断线 4
EXTI_InitStructure.EXTI_Mode = EXTI_Mode_
Interrupt;   //中断模式
EXTI_InitStructure.EXTI_Trigger = EXTI_Trigger_
Falling;   //下降沿触发
EXTI_InitStructure.EXTI_LineCmd = ENABLE;
            //使能
EXTI_Init(&EXTI_InitStructure);        //配置
```

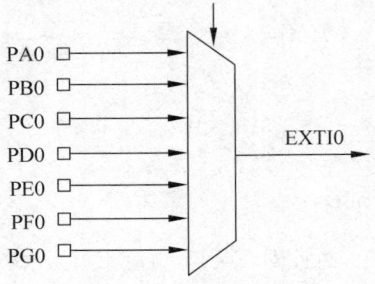

在AFIO_EXTICR1寄存器的EXTI0[3:0]位

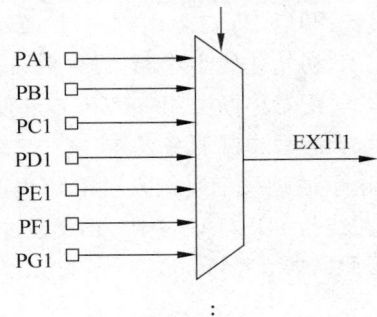

在AFIO_EXTICR1寄存器的EXTI1[3:0]位

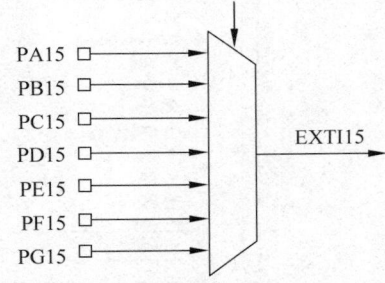

在AFIO_EXTICR4寄存器的EXTI15[3:0]位

图 6-33 在 STM32F103 中 GPIO 与中断线的映射关系图

当外 EXTI 外部中断被触发后，程序会自动跳转到指定中断服务程序入口并执行相应的代码。虽然在 STM32F103 中有 16 线 EXIT 中断，但是 EXIT 中断服务函数只有 7 个，可在 startup_stm32f10x_hd.s 文件中找到，具体为：EXTI0_IRQHandler、EXTI1_IRQHandler、EXTI2_IRQHandler、EXTI3_IRQHandler、EXTI4_IRQHandler、EXTI9_5_IRQHandler、EXTI15_10_IRQHandle。

中断线 0～4 的每个中断线对应一个中断函数，中断线 5～9 共用中断函数 EXTI9_5_IRQHandler，中断线 10～15 共用中断函数 EXTI15_10_IRQHandler。因此通常需要在中断服务函数中使用 ITStatus EXTI_GetITStatus() 函数判断哪一个中断线被触发了。因为在触发中断的同时对应的中断标志位是由硬件自动置位，因此在执行完中断程序后需要通过 EXTI_ClearITPendingBit() 函数清除对应的中断标志位，否则程序会不断触发此中断。针对共用中断服务程序的一般程序格式如下所示。

```
void EXTI9_5_IRQHandler(void)
{
    if(EXTI_GetITStatus(EXTI_Line6)!= RESET)        //判断某个线上的中断是否发生
    {
        //执行中断程序 …
        EXTI_ClearITPendingBit(EXTI_Line6);         //清除 LINE 上的中断标志位
    }
}
```

上面针对 EXTI 的重点知识点进行了详细介绍,下面给出使用 EXTI 的完整步骤:

(1) 配置初始化 IO 口为输入;

(2) 开启 IO 口复用时钟,设置 IO 口与中断线的映射关系;

(3) 初始化线上中断,设置触发条件等;

(4) 配置中断分组(NVIC),并使能中断;

(5) 编写中断服务函数。

这里通过一个实例来对中断程序进行验证,通过一个微动开关来切换 Led 的状态,微动开关连接 GPIOA0 引脚,Led 通过 GPIOE2 引脚进行控制。由于使用到了 EXTI 外部中断,因此需要在 Manage Run-Time Environment 窗口中选中 EXTI 组件,如图 6-34 所示。

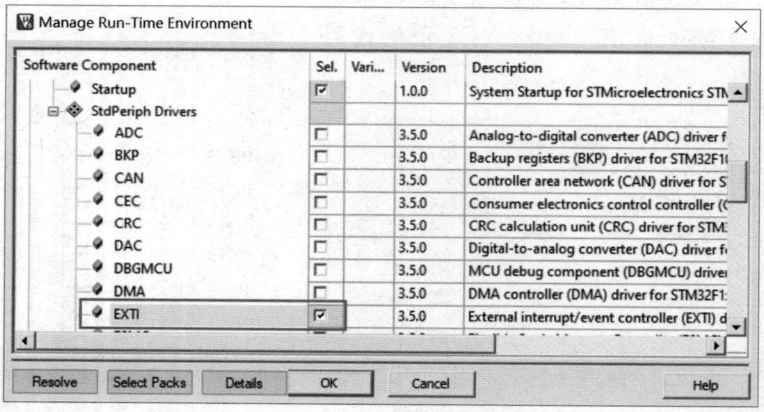

图 6-34　选中 EXTI 复选框

虽然此实例并不复杂,但是为了让读者熟悉模块化编程的思想,这里仍然使用模块化编程的思想编写程序。可自顶向下地从模块、文件与函数 3 个方面对整个项目进行逐步分解,如图 6-35 所示。exti 模块对 EXTI 中断部分进行管理,led 模块对 led 输出部分进行管理,delay 模块对延时部分进行管理。它们之间是并列关系,且可互相调用对方。

由于 led 模块与 delay 模块比较简单,读者可自己实现。根据使用 EXTI 的步骤可以得到如下程序。其中 Key_Init()函数是对微动开关对应的引脚进行初始化的函数,NVIC_Configuration()函数是对中断优先级进行配置的函数,EXTIX_Init()是 EXTI 初始化的函数,EXTI0_IRQHandler()是外部中断线 0 的中断服务函数。

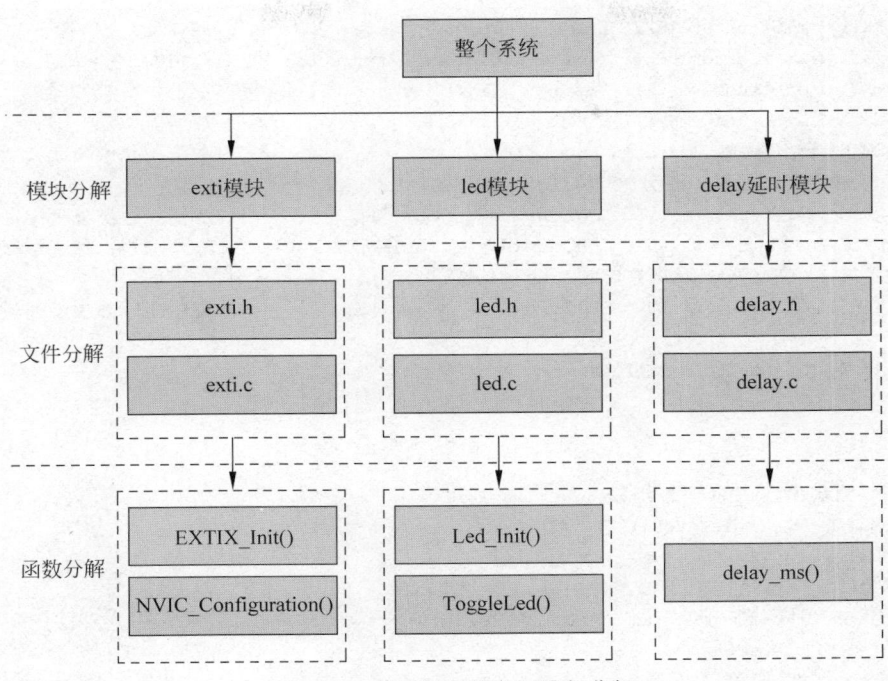

图 6-35 对项目自顶向下进行分解

```
/**************** 以下为【exti.c】文件中的内容 *******************/
# include "exti.h"
# include "led.h"
//# include "delay.h"          # 读者可自行实现

void Key_Init(void)
{
    GPIO_InitTypeDef GPIO_InitStructure;

    RCC_APB2PeriphClockCmd(RCC_APB2Periph_GPIOA,ENABLE);        //使能 PORTA 时钟
    GPIO_InitStructure.GPIO_Pin = GPIO_Pin_0;                  //初始化 WK_UP --> GPIOA.0
    GPIO_InitStructure.GPIO_Mode = GPIO_Mode_IPU;              //PA0 设置成输入,上拉
    GPIO_Init(GPIOA, &GPIO_InitStructure);                     //初始化 GPIOA.0
}

void EXTIX_Init(void)
{
    EXTI_InitTypeDef EXTI_InitStructure;
    NVIC_InitTypeDef NVIC_InitStructure;

    /* 第(1)步 配置 IO 为输入 */
    Key_Init();
    /* 第(2)步 开启 IO 口复用时钟,设置 IO 口与中断线的映射关系 */
    RCC_APB2PeriphClockCmd(RCC_APB2Periph_AFIO,ENABLE);
    GPIO_EXTILineConfig(GPIO_PortSourceGPIOA,GPIO_PinSource0);   //PA0
    /* 第(3)步 初始化线上中断,设置触发条件等 */
```

```
        EXTI_InitStructure.EXTI_Line = EXTI_Line0;                  //EXTI0
        EXTI_InitStructure.EXTI_Mode = EXTI_Mode_Interrupt;         //中断
        EXTI_InitStructure.EXTI_Trigger = EXTI_Trigger_Falling;     //下降沿触发
        EXTI_InitStructure.EXTI_LineCmd = ENABLE;                   //使能
        EXTI_Init(&EXTI_InitStructure);                             //初始化中断线参数
        /* 第(4)步 配置中断分组(NVIC),并使能中断 */
        NVIC_InitStructure.NVIC_IRQChannel = EXTI0_IRQn;            //使能按键外部中断通道
        NVIC_InitStructure.NVIC_IRQChannelPreemptionPriority = 0x02;  //抢占优先级 2,
        NVIC_InitStructure.NVIC_IRQChannelSubPriority = 0x02;       //子优先级 2
        NVIC_InitStructure.NVIC_IRQChannelCmd = ENABLE;             //使能外部中断通道

        NVIC_Init(&NVIC_InitStructure);

}

/* 第(5)步 编写中断服务函数 */
void EXTI0_IRQHandler(void)
{
        //delay_ms(10);                                             //消抖
        if(GPIO_ReadInputDataBit(GPIOA,GPIO_Pin_0) == 0){          //PA.0 是否被按下
            ToggleLed();                                           //切换灯的状态
        }
        while(GPIO_ReadInputDataBit(GPIOA,GPIO_Pin_0) == 0)        //等待按钮释放
        EXTI_ClearITPendingBit(EXTI_Line0);                        //清除 LINE2 上的中断标志位
}
```

main.c 文件中包含这 3 个模块对应的头文件,对相应设备进行初始化即可。初始化完成后主函数进入一个死循环,等待被触发中断。

```
# include "stm32f10x.h"          //使用 STM32 标准函数库需要添加此头文件
# include "exti.h"
# include "led.h"

int main(void)
{
        Led_Init();              //Led 初始化
        EXTIX_Init();            //外部中断初始化

        while(1);                //程序停留在这里等待中断
}//主函数结束
```

6.5 通用定时器

STM32F103 的定时器很多,包括 2 个基本定时器(TIM6、TIM7)、4 个通用定时器(TIM2~TIM5)和 2 个高级定时器(TIM1、TIM8)。通用定时器是在基本定时器的基础上扩展而来,增加了输入捕获与输出比较等功能。因此通用定时器除了精准计时/计数外,还

可被应用于测量输入信号的脉冲长度(输入捕获)或者产生输出波形(输出比较和 PWM)等场合中。

6.5.1　精准计时

通用定时器的核心部分还是计数器,经过一个单位时间后计数器中数值就会自动加 1 或减 1,当计数器到达某一设定值时就会产生事件并置位标志位,因此可依据此原理来实现精准计时。所述的单位时间会直接影响计时的精度,而且是可以人为设定的。从图 6-9 中的时钟树可知,定时器 2~7 的时钟频率由 APB1 提供,最大是 36MHz。但是在时钟树中规定,如果 APB1 预分频系数等于 1,则频率不变,否则频率乘以 2,因此通常来说定时器 2~7 的时钟频率为 72MHz。除此之外,还需要设定定时器的预分频系数(psc)对定时器时钟频率进行分频,计数器的最终频率 $f=$ 定时器时钟频率$/(psc+1)$。

在 STM32F103 中,计数器的计数模式有以下 3 种:

(1) 向上模式——计数器(CNT)从 0 计到设定值 ARR,产生溢出事件,CNT 从 0 重新开始;

(2) 向下模式——计数器(CNT)从设定值 ARR 计到 0,产生下溢事件,CNT 从 ARR 重新开始;

(3) 对齐模式——计数器(CNT)从 0 计到 ARR-1,产生溢出事件;再从 ARR 计到 1,产生下溢事件。

这里以向上模式为例确定定时器的计时值。计算公式如下所示

$$T_{out} = ((ARR+1)(PSC+1))/f_{clk} \tag{6-2}$$

上式中:

T_{out}——计时值;

ARR——设定值,取值范围为 0~65 535;

PSC——预分频系数,取值范围为 0~65 535;

f_{clk}——定时器时钟频率,通常为 72MHz。

例如,设置 ARR$=7199$,PSC$=9999$,得到 $T_{out}=(7199+1)\times(9999+1)/72\,000\,000=$1s。这里使用定时器 3 实现 1s 的定时,对应程序如下所示。

```
#include "stm32f10x.h"              //使用 STM32 标准函数库需要添加此头文件

void MY_TIM3_Init(u16 arr,u16 psc){
    TIM_TimeBaseInitTypeDef TIM_TimeBaseStructure;      //初始化结构体
    /* 1.分配时钟 */
    RCC_APB1PeriphClockCmd(RCC_APB1Periph_TIM3,ENABLE);
    /* 2.初始化定时器相关配置 */
    TIM_TimeBaseStructure.TIM_Period = arr;
    TIM_TimeBaseStructure.TIM_Prescaler = psc;
    /* 这个 TIM_ClockDivision 是设置与进行输入捕获相关的分频 */
    TIM_TimeBaseStructure.TIM_ClockDivision = TIM_CKD_DIV1;
    TIM_TimeBaseStructure.TIM_CounterMode = TIM_CounterMode_Up;   //向上计数
    TIM_TimeBaseInit(TIM3,&TIM_TimeBaseStructure);
    /* 3.打开定时器 */
    TIM_Cmd(TIM3,ENABLE);
}
```

```
int main(void){
    MY_TIM3_Init(7199,9999); //定时器初始化
    while(1){
        if(TIM_GetFlagStatus(TIM3,TIM_IT_Update)){        //检测更新标志位
            TIM_ClearFlag(TIM3,TIM_IT_Update);            //清除标志位
            //....(每隔一秒执行任务)
        }
    }
}
```

当然,定时器也是可以触发中断的,与 EXTI 外部中断设置流程类似,此处不再赘述。

6.5.2　PWM 输出

在 STM32F103 中除了 TIM6 与 TIM7,其他的定时器都可以用来产生 PWM 输出。其中高级定时器 TIM1 和 TIM8 可以同时产生多达 7 路 PWM 输出。通用定时器也能同时产生多达 4 路 PWM 输出,因此 STM32F103 最多可以同时产生 30 路 PWM 输出。

本节中以 TIM3 的第 3 路(CH3)与第 4 路(CH4)同时输出 PWM 为例进行介绍。TIM3 的 4 个 PWM 输出通道对应的引脚如表 6-6 所示。同时也可以看出 PWM 输出引脚支持重映射功能,当此引脚需要被其他外设使用时,可将 PWM 输出引脚设置为其他指定引脚。这里没有使用重映射功能。

表 6-6　TIM3 中 4 个 PWM 输出通道对应的引脚

复用功能	TIM3_REMAP[1:0]=00 (没有重映射)	TIM3_REMAP[1:0]=10 (部分重映射)	TIM3_REMAP[1:0]=11 (完全重映射)
TIM3_CH1	PA6	PB4	PC6
TIM3_CH2	PA7	PB5	PC7
TIM3_CH3	PB0		PC8
TIM3_CH4	PB1		PC9

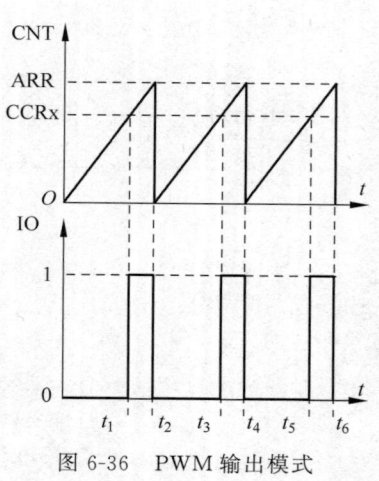

图 6-36　PWM 输出模式

PWM 输出核心功能还是计数器,以计数器的向上计数模式为例,计数器的值 CNT 会不断从 0 增加到设定值 ARR,此时可以设定比较寄存器 CCR,当 CNT<CCR 时,PWM 输出引脚为高或低电平,那么当 CNT>CCR 时对应引脚反转为相反的电平,这就形成了 PWM 的输出,使用定时器输出 PWM 示意图如图 6-36 所示。

在 PWM 输出功能中最为关心的是 PWM 的输出频率与占空比。其中,PWM 输出频率为定时器变化一个周期的倒数,与设定值 ARR 和预分频系统 PSC 有关。占空比则通过 TIM_SetComparex() 函数进行设置,通用定时器支持 4 个通道 PWM 输

出,对应函数为 TIM_SetCompare1()～TIM_SetCompare4()。

对应地,本书以 TIM3 为例输出 PWM 示例代码如下。

```c
#include "stm32f10x.h"                              //使用 STM32 标准函数库需要添加此头文件

void MY_TIM3_Init(u16 arr,u16 psc){ //省略重复代码 … }

void MY_TIM3_GPIO_Init(void){
    GPIO_InitTypeDef GPIO_InitStructure;
    /* 1.开启 AFIO 时钟 */
    RCC_APB2PeriphClockCmd(RCC_APB2Periph_AFIO,ENABLE);
    /* 2.根据当前的重映射的模式配置时钟和初始化相关引脚 */
    RCC_APB2PeriphClockCmd(RCC_APB2Periph_GPIOA|RCC_APB2Periph_GPIOB,ENABLE);
    GPIO_InitStructure.GPIO_Mode = GPIO_Mode_AF_PP;        //引脚设置为复用推挽
    GPIO_InitStructure.GPIO_Speed = GPIO_Speed_50MHz;      //输出频率最高 50MHz
    GPIO_InitStructure.GPIO_Pin = GPIO_Pin_6|GPIO_Pin_7;   //PA6、PA7
    GPIO_Init(GPIOA,&GPIO_InitStructure);
    GPIO_InitStructure.GPIO_Pin = GPIO_Pin_0|GPIO_Pin_1;   //PB0、PB1
    GPIO_Init(GPIOB,&GPIO_InitStructure);                  //初始化 IO 口
}

void MY_TIM3_PWM_Init(u16 arr,u16 psc){
    TIM_OCInitTypeDef TIM_OCInitstrcuture;                 //初始化结构体
    MY_TIM3_Init(arr,psc);                                 //初始化定时器 3
    MY_TIM3_GPIO_Init();                                   //对 PWM 输出引脚进行初始化
    //在向上模式中,PWM 模式 1 中有效电平在 CNT<CCR 时;PWM 模式 2 正好相反
    TIM_OCInitstrcuture.TIM_OCMode = TIM_OCMode_PWM1;      //设置 PWM 输出模式
    TIM_OCInitstrcuture.TIM_OutputState = TIM_OutputState_Enable;  //比较输出使能
    TIM_OCInitstrcuture.TIM_OCPolarity = TIM_OCPolarity_High;      //有效电平为高
//  TIM_OC1Init(TIM3,&TIM_OCInitstrcuture);                //设置通道 1 输出
//  TIM_OC2Init(TIM3,&TIM_OCInitstrcuture);                //设置通道 2 输出
    TIM_OC3Init(TIM3,&TIM_OCInitstrcuture);                //设置通道 3 输出
    TIM_OC4Init(TIM3,&TIM_OCInitstrcuture);                //设置通道 4 输出

    TIM_OC1PreloadConfig(TIM3, TIM_OCPreload_Enable);      //使能预装载寄存器
}

int main(void){
    //因为单片机引脚输出电压 3.3V 左右,这里设置 ARR 为 330
    MY_TIM3_PWM_Init(330,0);

    TIM_SetCompare3(TIM3,100);                             //设置 CCR3,对应引脚为 PB0
    TIM_SetCompare4(TIM3,100);                             //设置 CCR4,对应引脚为 PB1
    while(1);
}
```

因为在初始化时选择了 PWM1 模式,即 CNT<CCR 时输出高电平,所以比较值设定为 100 时,对应引脚输出应该为 1V 左右,在没有示波器的情况下,可以使用万用表进行测量与验证。另外,对于高级定时器(TIM1 与 TIM7)针对 PWM 输出的功能更为强大,支持

互补输出、死区插入等功能,读者可自行查阅相关资料。

6.5.3　输入捕获

输入捕获正好与 PWM 相反,通常用来测量脉冲宽度或者测量频率,与 PWM 输出一样,除了 TIM6、TIM7,其他的定时器都有输入捕获的功能。输入捕获可对上升沿与下降沿进行检测。如果先设置输入捕获为上升沿检测,记录发生上升沿时 TIMx_CNT 的值,然后配置捕获信号为下降沿捕获,当下降沿到来的时候发生捕获,并记录此时的 TIMx_CNT 的值,通过前后两次 TIMx_CNT 的值之差就是高电平的脉宽。根据定时器的计数频率即可知道高电平脉宽的准确时间。同理,如果测量两次上升沿的时间差,就可测量出脉冲的频率。

在标准函数库中,TIM_ICInit()函数对输入捕获进行配置,对应传入的结构体为 TIM_ICInitTypeDef,其中结构体的 TIM_ICPolarity 属性可用来配置捕获上升沿还是下降沿,也可以通过 TIM_OC1PolarityConfig()函数进行配置。TIM_ICPrescaler 属性设置分频系数,可以为 1 分频、2 分频、4 分频、8 分频,例如,2 分频则代表出现两次边沿才触发捕获事件或中断。

STM32F103 中的输入捕获还支持交叉捕获,通道 1 捕获通道 2 引脚上的边沿信号、通道 2 捕获通道 1 引脚、通道 3 可以捕获通道 4 对应引脚等等,但是只有相邻一对交叉捕获通道之间允许相互捕获,例如,通道 2 不能捕获通道 3 引脚边沿信号。通过 TIM_ICInitTypeDef 结构体的 TIM_ICSelection 属性进行设定,TIM_ICSelection_DirectTI 代表不进行交叉捕获,TIM_ICSelection_IndirectTI 代表进行交叉捕获。

此外,在 STM32F103 中还支持波形滤波(TIM_ICFilter)功能,参数设置如表 6-7 所示。例如设置参数为 0101,采样频率 $f_{\text{SAMPLING}}=$ 滤波器频率 $f_{\text{DTS}}/2=36\text{MHz}$,且 $N=8$,代表含义为:当检测到一个上升沿的时候,再以 f_{SAMPLING} 频率连续 8 次检测到高电平才确认是一个有效的上升沿。因此可以滤除那些高电平脉宽低于 8 个采样周期的脉冲信号,从而达到过滤高频波的效果。

表 6-7　波形滤波参数设置

TIM_ICFilter			
值	采样频率	值	采样频率
0000	无滤波器,以 f_{DTS} 采样	1000	$f_{\text{SAMPLING}}=f_{\text{DTS}}/8,N=6$
0001	$f_{\text{SAMPLING}}=f_{\text{CK\_INT}},N=2$	1001	$f_{\text{SAMPLING}}=f_{\text{DTS}}/8,N=8$
0010	$f_{\text{SAMPLING}}=f_{\text{CK\_INT}},N=4$	1010	$f_{\text{SAMPLING}}=f_{\text{DTS}}/16,N=5$
0011	$f_{\text{SAMPLING}}=f_{\text{CK\_INT}},N=8$	1011	$f_{\text{SAMPLING}}=f_{\text{DTS}}/16,N=6$
0100	$f_{\text{SAMPLING}}=f_{\text{DTS}}/2,N=6$	1100	$f_{\text{SAMPLING}}=f_{\text{DTS}}/16,N=8$
0101	$f_{\text{SAMPLING}}=f_{\text{DTS}}/2,N=8$	1101	$f_{\text{SAMPLING}}=f_{\text{DTS}}/32,N=5$
0110	$f_{\text{SAMPLING}}=f_{\text{DTS}}/4,N=6$	1110	$f_{\text{SAMPLING}}=f_{\text{DTS}}/32,N=6$
0111	$f_{\text{SAMPLING}}=f_{\text{DTS}}/4,N=8$	1111	$f_{\text{SAMPLING}}=f_{\text{DTS}}/32,N=8$

下面为输入捕获的核心代码。

```
//定时器输入捕获初始化
void MY_TIM3_Cap_Init(u16 arr,u16 psc){
```

```
        TIM_ICInitTypeDef TIM_ICInitStructure;                //初始化结构体
        /* 1.初始化定时器 和 相关的 IO 口 */
        MY_TIM3_Init(arr,psc);
        MY_TIM3_GPIO_Init();                                  //配置 GPIO
        /* 2.初始化定时器输入捕获 */
        TIM_ICInitStructure.TIM_Channel = TIM_Channel_1;      //设置输入捕获的通道
        //不使用过滤器
        TIM_ICInitStructure.TIM_ICFilter = 0x00;
        TIM_ICInitStructure.TIM_ICPolarity = TIM_ICPolarity_Rising;    //上升沿捕获
        TIM_ICInitStructure.TIM_ICPrescaler = TIM_ICPSC_DIV1;  /* 配置输入分频,这里不分频,1
次检测到边沿信号就发生捕获 */
        TIM_ICInitStructure.TIM_ICSelection = TIM_ICSelection_DirectTI;   //映射捕获对应通道
                                                              //的引脚
        TIM_ICInit(TIM3,&TIM_ICInitStructure);                //配置
}

int main(){
        MY_TIM3_Cap_Init(1000,0);                             //初始化输入捕获
        while(1){
            //检测是否捕获到上升沿
            if(TIM_GetFlagStatus(TIM3,TIM_IT_CC1)){
                TIM_ClearFlag(TIM3,TIM_IT_CC1);
                //处理捕获到上升沿之后的任务
                //一般测量高电平脉宽,先捕获上升沿再捕获下降沿
                //TIM_OC1PolarityConfig(TIM5,TIM_ICPolarity_Falling); 修改为下降沿捕获
            }
        }
}
```

在 STM32F103 中除了本书介绍的通用定时器外,还有另外 3 个与时间密切相关的外设：实时时钟(Real Time Clock,RTC)、看门狗(Watch Dog)与滴答定时器(SysTick)。其中,RTC 主要实现针对日历及相关功能,比如年月日、时分秒的计数定时等。特别地,由于 RTC 实时时钟功耗比较低,因此也通常用在低功耗应用中。看门狗是主要用来检测系统是否发生故障的定时器,设定看门狗后,需要在一定时间范围内"喂狗",如果系统发生故障(软件跑飞了等)导致软件功能代码没有及时喂狗,就会导致系统复位重启,以达到排除或减少系统危害发生的目的。滴答定时器是内核中的一个 24 位递减计数器,通常它用来进行操作系统任务和时间的调度与管理,后面章节会介绍的 CMSIS-RTOS 则默认使用此定时器来完成各任务之间的调度。由于篇幅原因,因此不再做详细说明,读者可自行查阅相关内容。

6.6　DMA

DMA(Direct Memory Access,直接存储器存取)是一种可以大大减轻 CPU 工作量的数据转移方式,这是因为在使用 DMA 进行数据传输的过程中不需要 CPU 参与。例如,在之前的实例中如果需要将 ADC 的数据读取到内存中,需要执行 CPU 的相关指令将 ADC 数据寄存器中的值转移到内存中的另外一个变量中,而 DMA 则可以在 ADC 与内存之间建立直接的数据通道,DMA 配置完成后不需要 CPU 的参与就可以将 ADC 采集到的数据发送到对应的变量中。

　　总的来说,DMA 的作用就是实现数据的直接传输,而去掉了传统数据传输需要 CPU 寄存器参与的环节,主要涉及 4 种情况的数据传输,分别为外设到内存、内存到外设、内存到内存、外设到外设。事实上,它们的本质是一样的,都是从内存的某一区域传输到内存的另一区域,因为外设的数据寄存器本质上就是内存的一个存储单元。

　　STM32F103 中最多有 2 个 DMA 控制器。DMA1 与 DMA2 专门用来管理来自一个或多个外设对存储器访问的请求。其中,DMA1 有 7 个通道,包括 $TIMx(x=1、2、3、4)$、ADC1、SPI1、SPI/I^2S2、$I^2Cx(x=1、2)$ 和 $USARTx(x=1、2、3)$,各个通道的 DMA1 请求如表 6-8 所示。

表 6-8　DMA1 的各通道一览表

通道 1	通道 2	通道 3	通道 4	通道 5	通道 6	通道 7
ADC1						
	SPI1_RX	SPI1_TX	SPI/I^2S_RX	SPI/I^2S_TX		
	USART3_TX	USART3_RX	USART1_TX	USART1_RX	USART2_RX	USART2_TX
			I^2C2_TX	I^2C2_RX	I^2C1_TX	I^2C1_RX
	CH1	CH2	TIM1_TX4 TIM1_TRIG TIM1_COM	TIM1_UP	TIM1_CH3	
TIM2_CH3	TIM2_UP			TIM2_CH1		TIM2_CH2 TIM2_CH4
	TIM3_CH3	TIM3_CH4 TIM3_UP			TIM3_CH1 TIM3_TRIG	
TIM4_CH1			TIM4_CH2	TIM4_CH3		TIM4_UP

　　DMA2 有 5 个通道,包括:$TIMx(x=5、6、7、8)$、ADC3、SPI/I2S3、UART4、DAC 通道 1、2 和 SDIO。各个通道的 DMA1 请求如表 6-9 所示。

表 6-9　DMA2 的各通道一览表

外　　设	通道 1	通道 2	通道 3	通道 4	通道 5
ADC3					ADC3
SPI/I^2S3	SPI/I^2S3_RX	SPI/I^2S3_TX			
UART4			UART4_RX		UART4_TX
SDIO				SDIO	
TIM5	TIM5_CH4 TIM5_TRIG	TIM5_CH3 TIM5_UP		TIM5_CH2	TIM5_CH1
TIM6/DAC 通道 1			TIM6_UP/ DAC 通道 1		
TIM7/DAC 通道 2				TIM7_UP/ DAC 通道 2	
TIM8	TIM8_CH3 TIM8_UP	TIM8_CH4 TIM8_TRIG TIM8_COM	TIM8_CH1		TIM8_CH2

　　在使用 DMA 时,最重要的是对 DMA 进行配置,配置过程大致如下:

（1）确定传输数据的源地址与目标地址；

（2）确定传输方向；

（3）确定每次传输的数据量；

（4）确定源地址与目标地址固定或者自加1；

（5）确定传输数据的位数，支持8位、16位以及32位的数据，源地址与目标地址数据位数尽量保持一致；

（6）确定是否循环传输；

（7）确定传输优先级，共有4类：很高、高、中等和低。

CMSIS-Driver 默认通信外设的 DMA 操作，如需使用外设的 DMA 操作只需在 RTE_Device.h 文件中选中对应选项即可，如图 6-37 所示为使能 USART1 外设 DMA 的操作图。

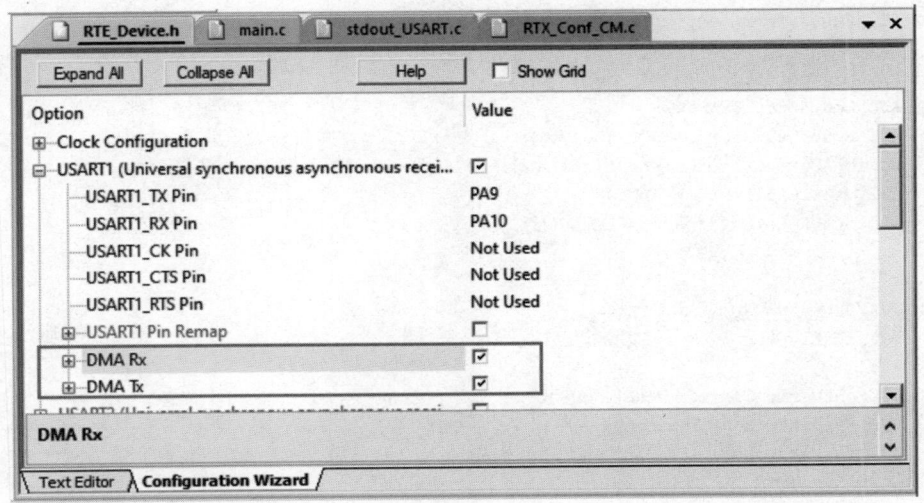

图 6-37　使用 USART1 的 DMA 操作

CMSIS-Driver 驱动库使用非常方便，但目前并不支持 ADC 与定时器等外设的操作，因此对于 CMSIS-Driver 不支持的外设，DMA 需手动配置寄存器进行实现。接下来以 ADC 的 DMA 为例，将之前的 ADC 采集程序升级为 DMA 传输的形式，可节约 CPU 资源，并同时采集 3 个通道的 ADC，为了进行对比，下面程序代码中对与之前不同之处进行了加粗显示。

```
#include "adc.h"

volatile uint16_t ADCConvertedValue[10][3];    //用来存放 ADC 转换结果,也是 DMA 的目标地址,
                                               //3 通道,每通道采集 10 次后面取平均数

void ADC_RCC_Init(void){//使能 GPIOA 与 ADC1 的时钟,并配置 ADC 分频因子为 6}
void ADC_GPIO_Init(void) {//配置相应管脚为模拟输入}

void ADC_Mode_Config(void){
    ADC_InitTypeDef ADC_InitStructure;
```

```
    ADC_DeInit(ADC1);                //复位 ADC1
    ADC_InitStructure.ADC_Mode = ADC_Mode_Independent;      //ADC 独立模式
    ADC_InitStructure.ADC_ContinuousConvMode = ENABLE;      //连续转换模式
    ADC_InitStructure.ADC_ScanConvMode = ENABLE;            //扫描模式
    ADC_InitStructure.ADC_ExternalTrigConv = ADC_ExternalTrigConv_None;  /*转换由软件而
不是外部触发启动*/
    ADC_InitStructure.ADC_DataAlign = ADC_DataAlign_Right; //ADC 数据右对齐
    ADC_InitStructure.ADC_NbrOfChannel = 3;                 //要转换的通道数目
    ADC_Init(ADC1, &ADC_InitStructure);                     //根据指定的参数初始化外设 ADCx
    //通道一转换结果保存到 ADCConvertedValue[0~10][0]
    ADC_RegularChannelConfig(ADC1,ADC_Channel_1,1,ADC_SampleTime_55Cycles5);
    //通道二转换结果保存到 ADCConvertedValue[0~10][1]
    ADC_RegularChannelConfig(ADC1,ADC_Channel_2,2,ADC_SampleTime_55Cycles5);
    //通道三转换结果保存到 ADCConvertedValue[0~10][2]
    ADC_RegularChannelConfig(ADC1,ADC_Channel_3,3,ADC_SampleTime_55Cycles5);

    ADC_DMACmd(ADC1,ENABLE);                                //使能数据传输
    ADC_Cmd(ADC1, ENABLE);                                  //使能指定的 ADC1
    ADC_ResetCalibration(ADC1);                             //开启复位校准
    while(ADC_GetResetCalibrationStatus(ADC1));             //等待复位校准结束
    ADC_StartCalibration(ADC1);                             //开启 AD 校准
    while(ADC_GetCalibrationStatus(ADC1));                  //等待校准结束
}

void ADC_DMA_Config(void){
    DMA_InitTypeDef DMA_InitStructure;

    RCC_AHBPeriphClockCmd(RCC_AHBPeriph_DMA1,ENABLE);       //开启 DMA1 的时钟
    DMA_DeInit(DMA1_Channel1);
    DMA_InitStructure.DMA_PeripheralBaseAddr = (uint32_t)&(ADC1->DR);   //ADC 外设基
                                                            //地址
    DMA_InitStructure.DMA_MemoryBaseAddr = (uint32_t)&ADCConvertedValue;  //内存地址
    DMA_InitStructure.DMA_DIR = DMA_DIR_PeripheralSRC;      //方向(从外设到内存)
    DMA_InitStructure.DMA_BufferSize = 3 * 10;              //传输内容的大小
    DMA_InitStructure.DMA_PeripheralInc = DMA_PeripheralInc_Disable; //外设固定
    DMA_InitStructure.DMA_MemoryInc = DMA_MemoryInc_Enable; //内存地址自加 1
    DMA_InitStructure.DMA_PeripheralDataSize = DMA_PeripheralDataSize_HalfWord;  //16 位
    DMA_InitStructure.DMA_MemoryDataSize = DMA_MemoryDataSize_HalfWord;  //16 位
    DMA_InitStructure.DMA_Mode = DMA_Mode_Circular;         //DMA 模式:循环传输
    DMA_InitStructure.DMA_Priority = DMA_Priority_High;     //优先级:高
    DMA_InitStructure.DMA_M2M = DMA_M2M_Disable;            //禁止内存到内存的传输

    DMA_Init(DMA1_Channel1, &DMA_InitStructure);            //配置 DMA1 的 1 通道
    DMA_Cmd(DMA1_Channel1,ENABLE);
}

void ADC_Init(){
    ADC_RCC_Init();                                         //初始化 RCC
    ADC_GPIO_Init();                                        //初始化 GPIO
    ADC_DMA_Config();                                       //DMA 配置
    ADC_Mode_Config();                                      //初始化 ADC 模式
}
```

这里需要注意的是，ADCConvertedValue 的定义用了 volatile 修饰词，这样可以避免因为编译优化导致读取的值不是实时的 AD 值的现象。另外，由于使用到了 DMA，需要在 Manage Run-Time Environment 窗口中选中::Device:StdPeriph Drivers:DMA 组件。

因为 ADC 转换设置了连续转换模式，因此只需要开启一次 ADC 转换。之后 ADC 的值均可通过数组 ADCConvertedValue 读取。由于 DMA 传输的数据个数是 30 个，相当于每个通道都采集 10 次。在主函数中可对这 10 次采集结果进行平均后显示，代码如下。

```c
# include "stm32f10x.h"            //使用 STM32 标准函数库需要添加此头文件
# include "stdio.h"
# include "adc.h"

void delay_ms(u32 ms) { //省略延时函数 }

int main(void){
    int sum; u8 i,j; float ADC_Value[3] = {0}; //用来保存经过转换得到的电压值

    stdout_init();                              //串口输出调试初始化
    ADC_Init();                                 //ADC 初始化
    ADC_SoftwareStartConvCmd(ADC1, ENABLE);     //开始采集

    while(1){
        for(i = 0;i < 3;i++){
            sum = 0;
            for(j = 0;j < 10;j++)
                sum += ADCConvertedValue[j][i];
            ADC_Value[i] = (float)sum/(10 * 4096) * 3.3;      //求平均值并转换成电压值
            printf("value of ADC_Channel_0 is % f",ADC_Value[0]);
            printf("value of ADC_Channel_1 is % f",ADC_Value[1]);
            printf("value of ADC_Channel_2 is % f",ADC_Value[2]);
        }
        delay_ms(1000);
    }
}
```

6.7　STM32 实战——数字电源

第 4 章介绍了使用 UC3843 芯片实现电源的变换。在整个系统中，UC3843 主要起到核心控制作用，它采集输入、输出端的电压与电流信号，并通过内部的硬件逻辑合理控制 PWM 波形，从而稳定输出电压。理论上，通过单片机可实现任意逻辑控制。因此能实现 UC3843 同样的效果，本节以 STM32 为控制核心，实现一个数字电源变换电路。实现目标为：

(1) 输入电压 $V_{IN} = 12 \sim 24V$；

(2) 输出电压 $V_{OUT} = 5V$；

(3) 输出电流 $I_{OUT} = 2A$；

（4）开关频率 $f_{SW}=200\text{kHz}$。

6.7.1 总体方案设计

本实验采用的总体方案如图 6-38 所示，包括 STM32 控制电路、电压采集电路、电流采集电路、辅助电源电路以及电源变换主电路。

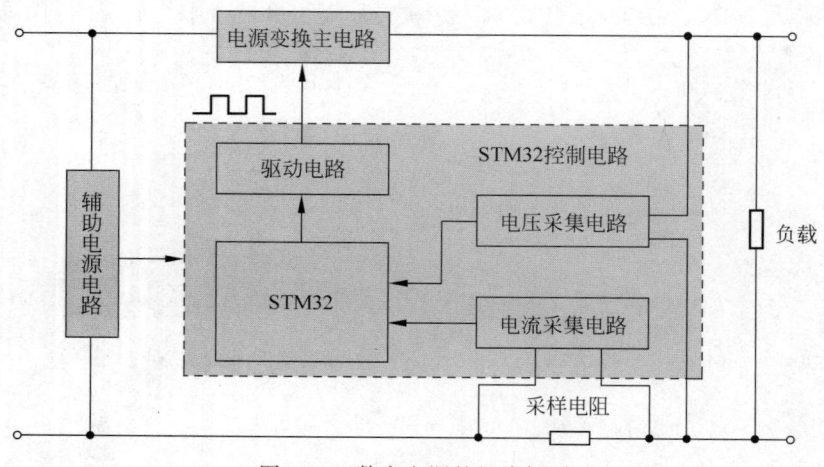

图 6-38　数字电源的组成框图

6.7.2 硬件电路设计

对于系统的硬件设计，主要包括五大部分：电源主电路、STM32 控制电路、驱动电路、电压与电流采集电路以及辅助电源电路。其中，STM32 控制电路采用与之前介绍的 STM32 最小系统相同（除供电电源部分），此处不再赘述。

1. 主电路设计

由于输入电压比输出电压高，因此控制主电路可以选择 Buck 电路。为了降低主电路中的输入与输出电容等效内阻的损耗，本实验采用多个小电容并联。关于电感的计算，可参考第 4 章的具体内容，此处不再赘述。

2. 驱动电路设计

在本实验中，使用开关管型号为 BSO083N03MS，其 $V_{DS_{MAX}}=30\text{V}$，$I_{D_{MAX}}=14\text{A}$，$R_{ON}=8.3\text{m}\Omega$，$V_{GS_{th}}=2\text{V}$。由于 STM32 的 GPIO 引脚输出电流不超过 5mA 且输出电压最高不超过 3.3V。因此，需要使用 MIC4424 将 3.3V 的 PWM 转换 9V 的 PWM 波形。另外，在 Buck 电路中，Q_1 需要浮空驱动，因此仍然使用 IR2117 驱动电路，如图 6-39 所示。

3. 采集电路设计

由组成框图可知，需要采集输出电压与电流值，从而实现数字电源的闭环控制。由于 STM32 最小系统中 ADC 的基准电源为 2.5V，因此需要将被采集的电压与电流值匹配到 ADC 的范围内。

对于输出电压，采用差分放大电路将电压衰减到 ADC 的范围内。对应电路如图 6-40 所示。运算放大器型号为 TLV2374，当 $R_{11}=R_{13}$ 且 $R_{10}=R_{12}$ 时，此电路的放大倍数为

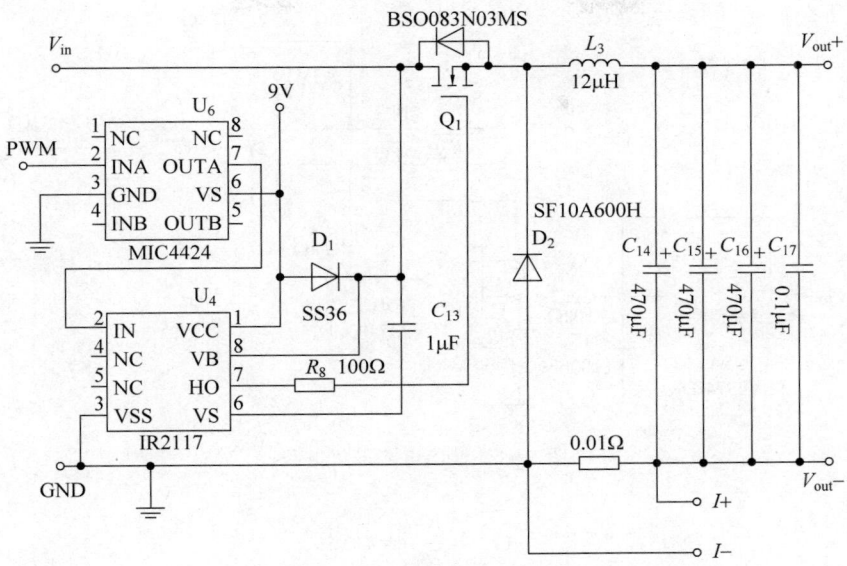

图 6-39　MOS 管驱动电路与主电路

$$G_1 = \frac{R_{10}}{R_{11}} = \frac{1}{30} \tag{6-3}$$

TLV2374 的输入端直接接输出电压端,这就导致运算放大器输出会包含输出电压的纹波。因此本实验在运算放大器与 STM32 对应 ADC 引脚中加上了由 R_{14} 与 C_{19} 组成的低通滤波器,其截止频率为

$$f_{\text{off}} = \frac{1}{2\pi \times R_{14} \times C_{19}} = 4.8\text{kHz} \tag{6-4}$$

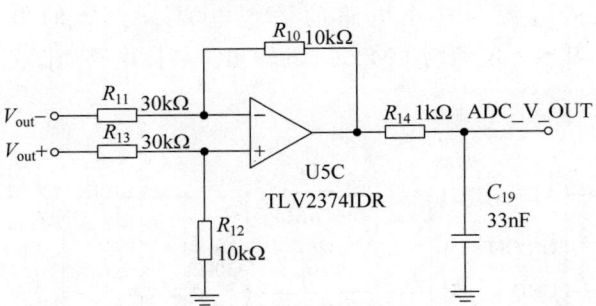

图 6-40　输出电压采集电路

对于输出电流采集,本实验采用低端采样法。即在负载与输入电源地之间串联 $10\text{m}\Omega$ 的采样电阻。电流流过采样电阻会产生与负载电流呈线性关系的电压。由于采样电阻值很小,需要将此电压放大到 ADC 的合理范围内。具体电路如图 6-41 所示。

此运算放大器 U5D 输出电压为

$$V_{\text{ADC\_I\_OUT}} = I_{\text{OUT}} \times R_{13} \times G_2 + V_b \tag{6-5}$$

其中,V_b 为偏置电压,设置为 ADC 基准电压的一半,即 1.25V; G_2 为运算放大器 U5D 的放大倍数,当 $R_{16} = R_{17}$ 且 $R_{14} = R_{19}$ 时,有

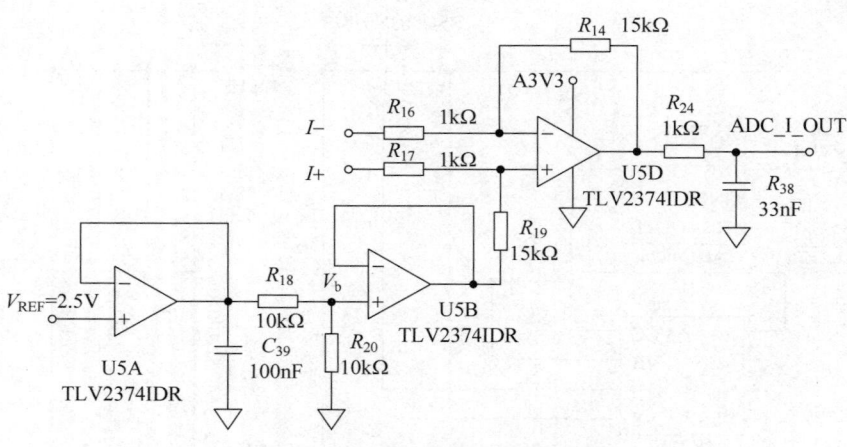

图 6-41 输出电流采集电路

$$G_2 = \frac{R_{19}}{R_{17}} = 15 \qquad (6\text{-}6)$$

则有

$$V_{\text{ADC\_I\_OUT}} = 0.15I + 1.25\text{V} \qquad (6\text{-}7)$$

显然,当 $V_{\text{ADC\_I\_OUT}}$ 高于 1.25V 时电流为正,小于 1.25V 时电流为负。即此电路可以采集双向的电流。

4. 辅助电源电路设计

由前面的电路介绍可知,本实验中的辅助电源需要产生两个等级的输出电压:9V 与 3.3V。其中,9V 的输出是作为 MOS 管的驱动电压,对纹波要求不高;3.3V 的输出作为 STM32 与运算放大器的电源,对纹波要求较高。因此本设计中,9V 的电源由开关电源芯片 LM2596 获得,其输入电源为整个电路的输入电源。3.3V 的电源由线性稳压芯片 AM1117-3.3V 获得,其输入电源为 LM2596 的输出。具体电路如图 6-42 所示。

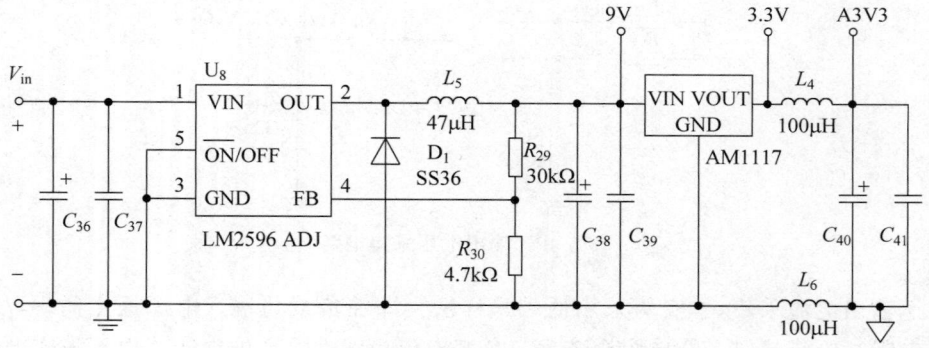

图 6-42 辅助电源电路

5. STM32 的输入/输出引脚分配

STM32 控制器主要负责电压与电流的采集与计算、PWM 波的产生以及数字闭环控制等功能。这里采用的 STM32 型号与前面介绍的一致,为 STM32F103ZET6。其引脚分配如表 6-10 所示。

表 6-10　STM32 控制器引脚分配

引 脚 名 称		信 号 名 称	说　　明
PA0	←	$V_{ADC\_U\_OUT}$	输出电压采集
PA1	←	$V_{ADC\_I\_OUT}$	输出电流采集
PA6	→	PWM1	开关管控制端
PB3	→	LED1	故障指示灯
PB4	→	LED2	运行指示灯

最终得到对应实物图如图 6-43 所示。

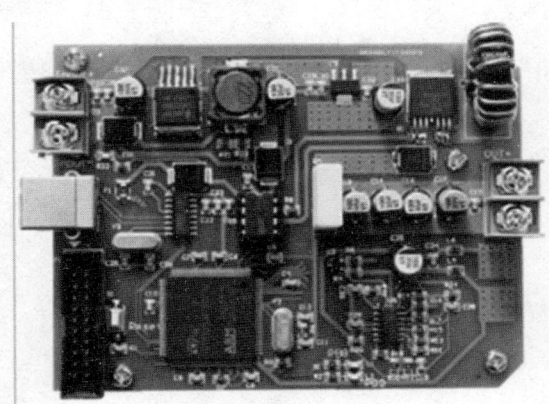

图 6-43　实物图

6.7.3　软件设计

对于此数字电源的软件设计最主要为三大部分：采集程序、PWM 波生成程序与闭环控制程序。其中,采集程序获取输出电压与电流参数；闭环控制程序用于生成控制策略,这里即为 PWM 的占空比；PWM 波生成程序负责将闭环控制程序得到的占空比进行输出。

1. 采集程序

采集程序比较简单,其核心代码如下：

```
typedef struct ADC_V_I{
    float V;
    float I;
}ADC_V_I;

ADC_V_I GetOutVI(){
    ADC_V_I adc_vi;
    uint16_t temp;
    temp = Get_Adc(0);                        //获取输出电压值,参考6.2节
    adc_vi.V = (float)temp * (2.5/4096) * 30;  //转换成真实电压值,加大了30倍
    temp = Get_Adc(1);                         //获取输出电流值,参考6.2节
    temp = temp - (1.25/2.5 * 4096);           //减去对应运算放大器的电流偏移
    adc_vi.I = (float)temp * (2.5/4096)/0.15;  //转换成真实电流值
    return adc_vi;
}
```

2．PWM 波生成程序

在本实验中 PWM 由定时器 3 产生，PWM 输出频率为 200kHz，关于 PWM 频率设定可参考 6.5 节。核心代码如下。当负载变化时，控制器的 PWM 也应该变化，在本书中使用 TIM_SetCompare1() 函数设置占空比。

```
int PWM_Period = 359;

void MY_PWM_Init(void){
    //PWM 与定时器初始化
    MY_TIM3_PWM_Init(PWM_Period,0);                       //设置频率为 200kHz，参考 6.5 节
    TIM_SetCompare1(TIM3, 0.05 * PWM_Period);             //设置初始的 CCR1，对应引脚为 PA6
}
void Update_PWM(int d){
    //更新占空比
    TIM_SetCompare1(TIM3, d);
}
void Stop_PWM(){
    TIM_Cmd(TIM3, DISABLE);
    TIM_CCxCmd(TIM3, TIM_Channel_1, TIM_CCx_Disable);
}
void Restart_PWM(int d){
    TIM_Cmd(TIM3, ENABLE);
    TIM_CCxCmd(TIM3, TIM_Channel_1, TIM_CCx_Enable);
    Update_PWM(d);
}
```

3．闭环控制程序

闭环控制程序为系统的核心部分，本实验采用与 UC3843 类似的双闭环控制框架，具体如图 6-44 所示。其中电源反馈作为外环，电流反馈作为内环。首先将输出电压与设定电压进行比较得到电压误差，电压 PID 调节器会对此误差进行补偿，并产生电流环的参考信号。电流参考信号将于测量的电流信号进行比较得到电流误差，电流 PID 调节器会根据此误差得到对应 PWM 参数，控制 MOS 管的开关，从而达到恒压的目的。

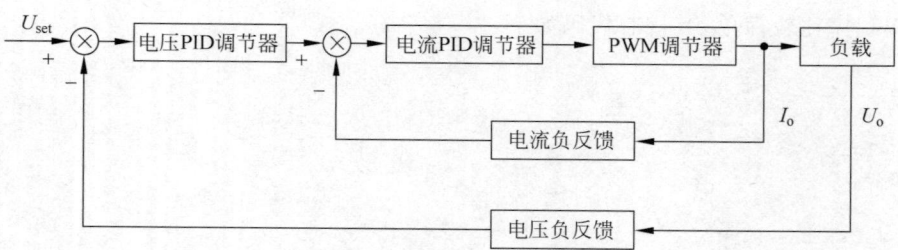

图 6-44　电压电流双闭环控制结构原理框图

由于在双闭环控制系统中，需要用到两个 PID 调节器，为此本书将 PID 参数进行封装，代码如下：

```
typedef struct struct_PID{
    float Kp;                            //比例常数
```

```
        float Ti;                      //积分时间
        float Td;                      //微分时间
        float T;                       //采样时间
        float a0;                      //系数 1:a0 = Kp(1 + T/Ti + Td/T)
        float a1;                      //系数 2:a1 = Kp(1 + 2Td/T)
        float a2;                      //系数 3:a2 = Kp * Td/T
        float Ek;                      //当前误差
        float Ek_1;                    //前一次误差
        float Ek_2;                    //第二次误差
        float Output;                  //输出值
        float Last_Output;             //上一次输出值
        float Increment;               //增量值
        float OutMax;                  //输出限制最大值
        float OutMin;                  //输出限制最小值
}PID_TypeDef;

void PID_init(PID_TypeDef * p){
    //计算 PID 公式中的参数
    p->a0 = p->Kp * (1 + 1.0 * p->T/p->Ti + 1.0 * p->Td/p->T);
    p->a1 = p->Kp * (1 + 2.0 * p->Td/p->T);
    p->a2 = 1.0 * p->Kp * p->Td/p->T;
}
void PID_clear(PID_TypeDef * p){
    //清除误差
    p->Ek_2 = 0;
    p->Ek_1 = 0;
    p->Last_Output = 0;
}
float PID_Calc(PID_TypeDef * p, float feedback, float ref){
    //增量式 PID 算法:ref 为设定值;feedback 为反馈值
    p->Ek = ref - feedback;        //计算当前误差
    p->Increment = (p->a0 * p->Ek - p->a1 * p->Ek_1 + p->a2 * p->Ek_2); //参考
                                                                        //5.6 节
    p->Output = p->Last_Output + p->Increment;        //得到 PID 输出值

    if(p->Output > p->OutMax) p->Output = p->OutMax;  //限制 PWM 的最大值
    if(p->Output < p->OutMin) p->Output = p->OutMin;  //限制 PWM 的最小值
    p->Ek_2 = p->Ek_1;
    p->Ek_1 = p->Ek;
    p->Last_Output = p->Output;
    return p->Output;
}
```

　　如下程序为电压环与电流环初始化程序,其中电压环的采样周期为 $250\mu s$,而电流环的采样周期为 $50\mu s$(PWM 波形周期的 10 倍)。这是由于在双闭环控制系统中,最终目的是维持电压的稳定,而电流环的调节应更快速,当输出电压有轻微变化时,电流环应及时调整。

```
struct_PID pid_voltage;                    //电压环 PID 控制器
pid_voltage.T = 250;                       //250μs
pid_voltage.Kp = 0.2;
pid_voltage.Ti = 2000;
pid_voltage.Td = 0;
pid_voltage.OutMax = 5;                    //限制最大增幅
pid_voltage.OutMin = -4;                   //限制最小增幅
PID_init(&pid_voltage);

struct_PID pid_current;                    //电流环 PID 控制器
pid_current.T = 50;                        //50μs
pid_current.Kp = 13;
pid_current.Ti = 90;
pid_current.Td = 0;
pid_current.OutMax = 0.95 * PWM_Period;    //最大为 95% 个周期
pid_current.OutMin = 0.05 * PWM_Period;    //最小增幅为 5% 个周期
PID_init(&pid_current);
```

那么初始化外设与 PID 参数后，就需要控制 PWM 的输出。内环采样周期为 $50\mu s$，外环采样频率则是内环频率的 $1/5$。因此在 while 循环中通过 count 变量来计算内环采样的次数，当 count 整除 5 时表明需要进行一个外环的 PID 计算。

```
count = 0, i = 0;                          //临时变量
float32 VoutREF = 5;                       //输出电压的参考值，即设定值
ADC_V_I adc_v_i;                           //采集结果
float PWM_Duty = 0;                        //控制 PWM 占空比
while(1)
{
    adc_v_i = GetOutVI();                  //获取电压与电流
    if (count % 5 == 0)                    //外环采样频率是内环频率的 1/5
    {                                      //电压环调节
        PID_Calc(&pid_voltage, adc_v_i.V, VoutREF);
    }
    PWM_Duty = PID_Calc(&pid_current, adc_v_i.I, pid_voltage.Output);
    Update_PWM(PWM_Duty);
    delay_us(50);                          //内环采样周期为 50μs，读者自行实现此延时
    if (i % 50 == 0){
        //过流等保护程序
    }
    count ++;
}
```

6.7.4 调试与改进

1. 调试

对于新手来说，一步完成整个实验比较困难，此时可分步完成此实验：先实现开环控制，即通过程序输出固定的 PWM，查看电路中各部分电路是否正常工作，最后再加上闭环

控制系统。

　　本次实验与第 5 章的小车循迹实验都是用到了 PID 算法,但是 PID 算法对应的参数会影响实验的结果。虽然本书对实验给出了对应的参数,但授人以鱼不如授人以渔。因此,本书还给出调节 PID 参数的一般方法——凑试法:按照先比例 P、后积分 I、最后微分 D 的顺序进行调参。首先将积分项时间 T_i 设置为无穷、微分项时间 T_d 设置为 0。逐渐增大比例项 K_p,直到得到较为满意的 1/4 过渡衰减曲线,如图 6-45 所示。然后将 K_p 设置为之前的 5/6,防止系统振荡;接着引入积分项,T_i 从大到小进行尝试,直到系统的静态误差消失;最后,如动态过程仍得不到令人满意的效果,可引入微分项,从小到大调整 T_d,直到系统满足要求。

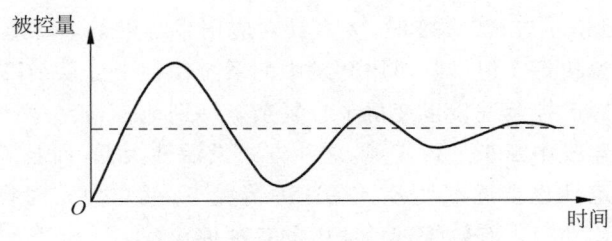

图 6-45　1/4 衰减过渡曲线

2. 实验改进

　　本实验主电路使用经典的 Buck 电路,在开关管断开期间,需要依靠二极管续流,其电流流通方向如图 6-46 所示。但由于二极管导通时有一定的正向导通电压,此时会有一定的能量损失在此二极管上。在小电流负载情况下,对系统效率影响不是很大,但在大电流负载情况下,二极管的损耗会很大。假设二极管导通压降为 0.6V,在满载情况下(例如,I_{OUT} = 8A),损失在二极管上的功率为 $P = U \times I = 4.8W$。

　　因此,为了降低在二极管上的压降,提高整体电路的效率,可以使用另一个 MOS 管替代此二极管,构成同步 BUCK 拓扑结构,如图 6-47 所示。由于 MOS 管导通电阻很小,以 BSO083N03MS 型号的 MOS 管为例,导通电阻为 8.3mΩ,则在截止续流期间,此 MOS 管的损耗功率为 $P = I^2 R_{ON} = 0.53W$,可以降低二极管带来的损耗。但由于此电路中,包含两个 MOS 管。使用 STM32 进行控制时,需特别注意,不能让两个 MOS 管同时导通,需引入 PWM 的死区控制。STM32 中的高级定时器可实现相关功能,读者可自行了解。

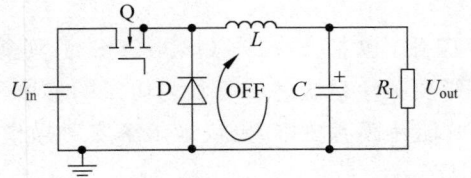

图 6-46　Buck 电路在开关管断开期间电流方向

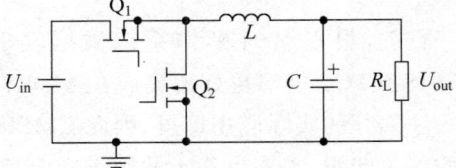

图 6-47　同步 Buck 电路

第 7 章

实时操作系统

在前面介绍 Arduino 与 STM32 时,大多针对应用系统中某个功能模块进行详细讲解,例如按钮输入、显示模块等。但实际应用开发中的系统往往十分复杂;需要组合不同功能模块来实现完整系统,因此控制逻辑也变得十分复杂。特别地,当其中两个功能需要同时运行时,通常是通过定时器或中断来进行实现,这种方式灵活性太低,而且随着实现功能的不断增加,整个程序的稳定性也会逐渐变差。在这种情况下,就需要实时操作系统(Real-Time Operating System,RTOS)来有效管理程序中的各种模块。

实时操作系统非常适合应用在复杂、多任务的场景下。它可以将不同的功能模块单独进行管理,通过内核完成各个功能模块之间的调度,实现整个系统的解耦,因此稳定性更高,而且可以提高整个系统的开发效率。当外界事件或数据产生时,实时操作系统也能够接收并以足够快的速度进行处理与响应。

在本章中以 CMSIS-RTOS 为例对实时操作系统相关知识进行介绍,包括多线程并行运行、线程安全、线程间通信等。另外,由于前面几章介绍的驱动方法均针对单线程的应用,因此本章也会介绍线程安全的驱动库 CMSIS-Driver,并以库中的 USART 接口为例介绍在多线程并行运行的场景下如何进行相关驱动开发。另外,CMSIS 是针对 Cortex-M 系列提供了一个统一的软件接口标准,CMSIS-RTOS 与 CMSIS-Driver 都属于 CMSIS(Cortex Microcontroller Software Interface Standard)的一部分,因此本章介绍的所有内容均适用所有 Cortex-M 系列的单片机。

7.1 CMSIS-RTOS 简介

目前,很多实时操作系统被成功开发并应用,包括 FreeRTOS、μCOS 系列等,但 CMSIS-RTOS 能够更好地集成在 MDK5 中,不需要关注系统底层驱动与协议的移植,只需要关注编写的实际应用即可,因此 CMSIS-RTOS 能让读者更好、更快地了解实时操作系统中的相关知识,本书也基于此操作系统实现各功能。

7.1.1 操作系统中的常见术语

在正式介绍实时操作系统相关知识之前,需了解操作系统中一些常见术语。

(1) **线程**(Thread):线程又称任务,是系统独立调度和分配的基本单元。可将实际项目划分的单个简单部分叫作线程,例如,按键的扫描、数据的显示等。一般线程设计为一个无限循环。

（2）**多线程**（Muti-Thread）：实际上在同一时刻只能执行一个线程，但是 CPU 可以使用线程调度策略将多个线程进行调度。每个线程执行设定的时间，设定的时间到了，就进行线程的切换，由于每个任务执行的时间很短，这就形成了多个线程在同时运行的感觉。在 CMSIS-RTOS 中，任务切换的时间默认是 1ms。

（3）**资源**（Resource）：任何线程所占用的实体都可以称作为资源，包括一个变量、常数、数组、结构体等。

（4）**共享资源**（Shared Resource）：至少被两个线程使用的资源称为共享资源。

（5）**内核**（Kernel）：在多线程系统中，内核负责管理各个线程，主要包括：为每个线程分配 CPU 时间，实现线程间的调度以及线程间的通信。

（6）**消息队列**（Message Queue）：消息队列用于线程间传递消息，通常包含线程间同步的消息。通过内核提供的服务、线程或者中断服务程序将一条消息放入消息队列，其他任务使用内核提供的服务从消息队列中获取属于自己的消息。为了减少传递消息的开支，通常传递指向消息的指针。

7.1.2　添加和配置 CMSIS-RTOS 相关文件

在 MDK5 中，::CMSIS:RTOS(API):Keil RTX 组件包含 CMSIS-RTOS 相关文件，而且此组件必须结合::CMSIS:CORE、::Device:Startup 组件一起使用，所以使用 CMSIS-RTOS 需要在 Manage Run-Time Environment 对话框中选中这 3 个组件，如图 7-1 所示。

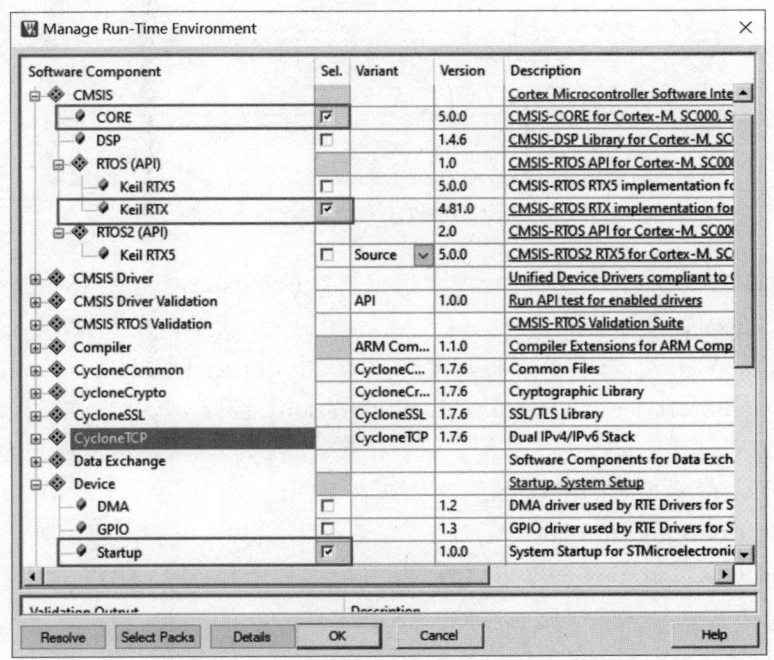

图 7-1　选择 CMSIS-RTOS 相关组件

以 STM32F103ZET6 为例，添加这 3 个组件后，MDK5 会再自动向工程中添加如图 7-2 所示的 CMSIS 相关文件。

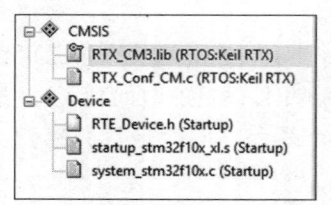

图 7-2 使用 CMSIS-RTOS 自动
添加的文件

其中,RTX_CM3.lib 是 RTOS 的函数库。RTX_Conf_CM.c 是一个配置文件,该文件中定义了线程、定时器以及内核的配置。还有一个重要文件没有在 Project 窗口中显示,即 cmsis_os.h 头文件。cmsis_os.h 头文件中提供 CMSIS-RTOS 函数库的相关接口,包含头文件 cmsis_os.h 后即可使用 CMSIS-RTOS 的相关函数以及定义进行项目的开发。

在 MDK5 中提供了 CMSIS-RTOS 相关的代码模板,使用步骤为:在 Project 窗口中右击 Source Group1,在弹出的快捷菜单中,选择"Add New Item to 'Source Group1'"选项,会出现如图 7-3 所示的对话框。选择 User Code Template 选项,在右侧可看到在 CMSIS-RTOS 相关的模板。MDK5 提供的操作系统的模板文件很全面,基本覆盖了 CMSIS-RTOS 这个操作系统的全部知识点。但是使用代码模板缺少灵活性,因此通常仅作参考使用。

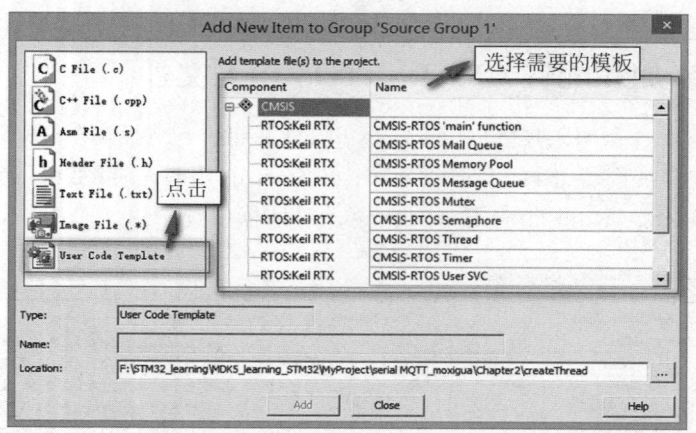

图 7-3 在 MDK5 中添加 CMSIS-RTOS 模板文件

添加 CMSIS-RTOS 相关文件后,需要根据自己的项目来对 CMSIS-RTOS 进行配置。CMSIS-RTOS 的配置文件是 RTX_Conf_CM.c,如图 7-4 所示。在 RTX_Conf_CM.c 文件的 Configuration Wizard 选项卡中将配置分成 3 类:Thread Configuration、RTX Kernel Timer Tick Configuration 和 System Configuration,接下来也按照这 3 类配置对 Configuration Wizard 选卡中的所有配置进行讲解。这部分内容读者可以先大致浏览,有一个粗略印象即可,待熟悉了操作系统后,再回头仔细阅读。

1. Thread Configuration

在 Thread Configuration 中又可以分成 3 类:线程个数以及分配空间、堆栈溢出检查、线程执行模式。

1) 线程个数以及分配空间

(1) Number of concurrent running user threads:允许运行的最多线程数。在 CMSIS-RTOS 中 main() 函数也是一个线程,而且是会最先执行的线程。因此,一般在 main() 函数中初始化 CMSIS-RTOS 以及其他外设。在 Text Editor 中对应的是 OS_TASKCNT 宏

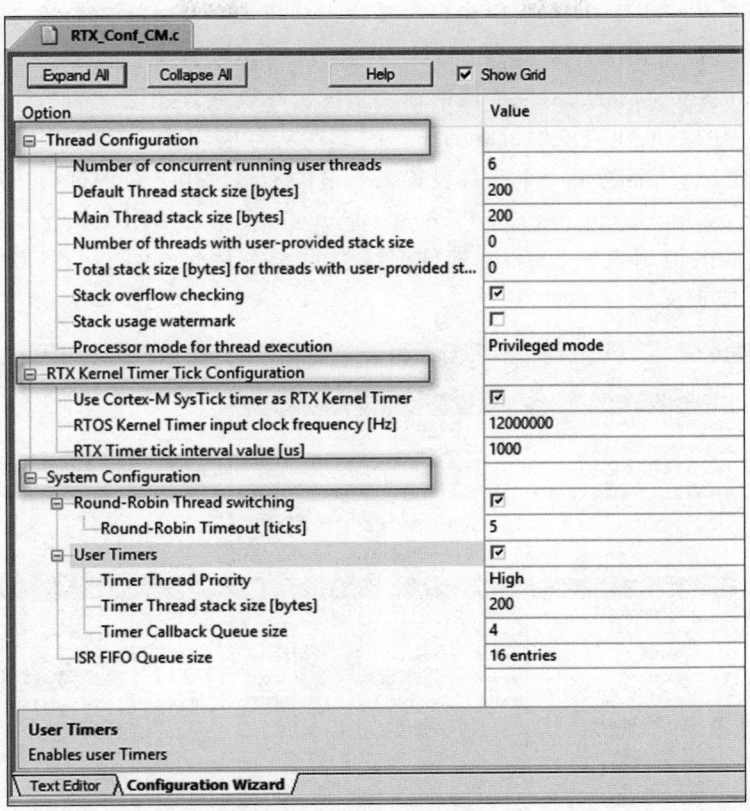

图 7-4 RTX_Conf_CM.c 配置文件

定义。

（2）Default Thread stack size［bytes］：创建的线程默认使用堆栈的大小。在 CMSIS-RTOS 中创建的线程可以分配大小，可以使用默认大小，也可以自定义大小，如何创建线程将在本章后面进行详细介绍。在 Text Editor 中对应的是 OS_STKSIZE 宏定义。

（3）Main Thread stack size［bytes］：CMSIS-RTOS 启动时给 main()函数这个线程分配的堆栈大小。在 Text Editor 中对应的是 OS_MAINSTKSIZE 宏定义。

（4）Number of threads with user-provided stack size：规定了用户自定义线程的个数。在 Text Editor 中对应的是 OS_PRIVCNT 宏定义。

（5）Total stack size［bytes］for threads with user-provided stack size：分配给用户自定义线程所能使用的堆栈大小的总和。在 CMSIS-RTOS 中如果创建的线程不是默认堆栈大小，则自定义堆栈大小的线程需要共享分配的堆栈。在 Text Editor 中对应的是 OS_PRIVSTKSIZE 宏定义。

2）堆栈溢出检查

（1）Stack overflow checking：在 CMSIS-RTOS 中实现了软件堆栈溢出检查。堆栈用于存放函数返回地址以及局部变量，如果过度地使用或者使用了不正确的堆栈配置（运行时线程所需要的堆栈大小大于配置给该线程的堆栈大小）都会引起堆栈的溢出。如果发生堆栈溢出，则会执行 RTX_Conf_CM.c 文件中的 os_error()函数，并传入参数 error_code＝1，此时函数将会进入死循环,停止用户代码的运行。此选项默认是被选中的,即默认检测堆栈是否溢出。在 Text Editor 中对应的是 OS_STKCHECK 宏定义。

(2) Stack usage watermark:堆栈的使用情况。在嵌入式系统中的内存是受限制的,所以应用程序使用的总堆栈应该尽可能的小。因此在实际应用中,需要知道应用程序运行时最大堆栈使用情况,从而为每一个线程设置最合适的堆栈大小。在调试模式下,单击菜单栏的 Debug→OS Support→System and Thread Viewer,会出现如图 7-5 所示的对话框,可查看每个线程堆栈的使用情况,从而合理分配线程的堆栈大小。在 Text Editor 中对应的是 OS_STKINIT 宏定义。

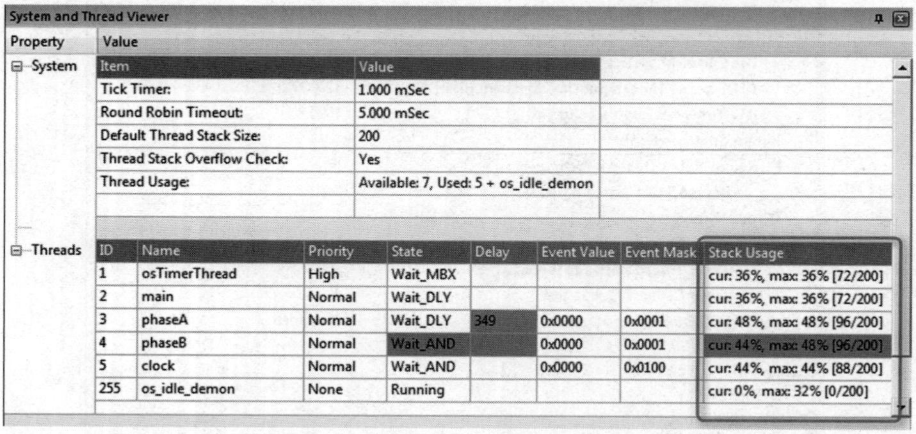

System and Thread Viewer

Property	Value						
⊟ System	Item				Value		
	Tick Timer:				1.000 mSec		
	Round Robin Timeout:				5.000 mSec		
	Default Thread Stack Size:				200		
	Thread Stack Overflow Check:				Yes		
	Thread Usage:				Available: 7, Used: 5 + os_idle_demon		

⊟ Threads	ID	Name	Priority	State	Delay	Event Value	Event Mask	Stack Usage
	1	osTimerThread	High	Wait_MBX				cur: 36%, max: 36% [72/200]
	2	main	Normal	Wait_DLY				cur: 36%, max: 36% [72/200]
	3	phaseA	Normal	Wait_DLY	349	0x0000	0x0001	cur: 48%, max: 48% [96/200]
	4	phaseB	Normal	Wait_AND		0x0000	0x0001	cur: 44%, max: 48% [96/200]
	5	clock	Normal	Wait_AND		0x0000	0x0100	cur: 44%, max: 44% [88/200]
	255	os_idle_demon	None	Running				cur: 0%, max: 32% [0/200]

图 7-5　使用 System and Thread Viewer 对话框查看当前线程的堆栈使用

3) 线程执行模式

Processor mode for thread execution:线程执行的处理器模式。对于使用 Cortex-M3 或者 Cortex-M4 内核的芯片来说,CMSIS-RTOS 可以让线程运行在特权模式和非特权模式下,这两种模式是 Cortex-M3 以及 Cortex-M4 内核所特有的。在非特权模式下,不能访问微处理器的定时器模块、NVIC 模块以及系统控制寄存器,否则会导致硬件异常错误。在特权模式下没有此限制,可以访问任意的寄存器和外设。在 Text Editor 中对应的是 OS_RUNPRIV 宏定义。

2. RTX Kernel Timer Tick Configuration

CMSIS-RTOS 默认使用滴答定时器作为系统的时钟,并提供了毫秒级别的延时函数。因此,建议配置滴答定时器生成 1ms 的间隔。在 RTX Kernel Timer Tick Configuration 中定义了 CMSIS-RTOS 系统时钟相关配置。

(1) Use Cortex-M SysTick timer as RTX Kernel Timer:选择滴答定时器作为 CMSIS-RTOS 的时钟源。在 Text Editor 中对应的是 OS_SYSTICK 宏定义。

(2) RTOS Kernel Timer input clock frequency [Hz]:指定 Cortex-M 系列系统时钟频率,单位是 Hz。在 Text Editor 中对应的是 OS_CLOCK 宏定义。

(3) RTX Timer tick interval value[us]这个值用来计算 CMSIS-RTOS 中的超时等待时间。建议设置为 1000。在 Text Editor 中对应的是 OS_TICK 宏定义。

在 STM32F10x 系列的单片机中,可以达到的最高频率是 72MHz,所以本书中一般进行如图 7-6 所示的配置。

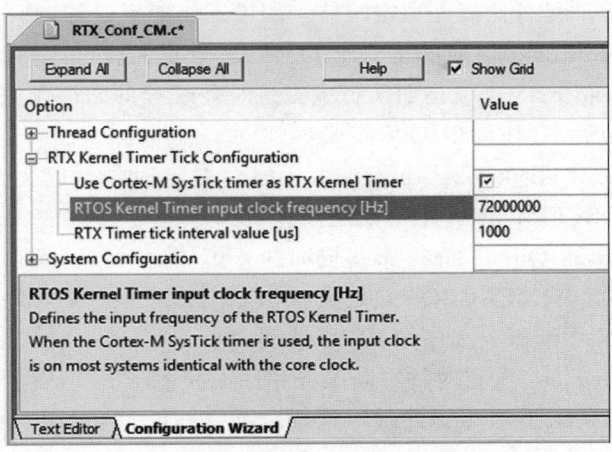

图 7-6 对 RTOS 时钟的配置

3. System Configuration

在 System Configuration 中可以分成 3 类,分别为配置轮询线程切换、配置用户定时器、配置时钟 ISR(Interrupt Service Routines,中断服务程序)的 FIFO(First Input First Output)队列大小。

1)配置轮询线程切换

(1) Round-Robin Thread switching:轮询线程切换。在 CMSIS-RTOS 中如果处于就绪状态线程之间具有不同的优先等级,那么会优先执行高优先级的线程。但是如果处于就绪状态的多个线程具有相同的优先级,那么只有当正在运行的线程进入等待状态才会切换至下个线程,线程的并行性就大大降低。这就需要按时间片来调度并行执行的多个线程。即 CMSIS-RTOS 会分配线程时间片给每个线程去运行,当该线程的时间片用完内核就会切换线程,多个线程轮换占用 CPU,感觉上就像多个线程在同时运行。CMSIS-RTOS 默认是支持轮询线程切换功能的。在 Text Editor 中对应的是 OS_ROBIN 宏定义。

(2) Round-Robin Timeout[ticks]:定义线程在切换之前执行多长时间。如果 RTX Timer tick interval value 设置为 1ms 的定时,Round-Robin Timeout 为 5,那么在每个线程最多执行 5ms 就进行线程切换。在 Text Editor 中对应的是 OS_ROBINTOUT 宏定义。这里需要注意的是,在电子设计中单片机等处理器通常需要与外部设备进行通信,此时对时序的要求也是很严格的,等待时间甚至是微秒级别的,例如,利用 DS18B20 读取环境温度的系统。如果在与传感器通信时,定时器触发了线程间的切换,可能导致与传感器通信失败而无法正常读取所要的信息,因此在对某些时序要求严格的场合中需要暂停 CMSIS-RTOS 中线程切换的定时器,待数据读取完成后重新开启切换线程的定时器。由于在 STM32 中提供线程切换的时钟默认是由滴答定时器产生的,而滴答定时器也会产生时钟中断,因此如果此电子产品对功耗要求严格,那么在休眠前也需要关闭相关外设的时钟。

2)配置用户定时器

用户定时器与 STM32 的硬件定时器不同,是由操作系统产生虚拟的定时器,因此也称为虚拟定时器,关于虚拟定时器的具体内容在本章后面详细介绍。下面先简单介绍虚拟定时器相关配置。

(1) User Timers：是否使能虚拟定时器。如果不使能定时器，则在代码中不能创建虚拟定时器。在 Text Editor 中对应的是 OS_TIMERS 宏定义。

(2) Timer Thread Priority：指明实行虚拟定时器线程的回调函数的优先级。在 Text Editor 中对应的是 OS_TIMERPRIO 宏定义。

(3) Timer Thread stack size［bytes］：分配虚拟定时器线程的堆栈大小。在 Text Editor 中对应的是 OS_TIMERSTKSZ 宏定义。

(4) Timer Callback Queue size：最多同时执行虚拟定时器回调函数的个数。在 Text Editor 中对应的是 OS_TIMERCBQS 宏定义。

3) 配置时钟 ISR 中断服务程序的 FIFO 队列大小

ISR FIFO Queue size：配置时钟中断服务程序 ISR 的 FIFO 队列大小。在中断处理程序中的处理函数会将请求类型存到此缓冲区中。在 Text Editor 中对应的是 OS_FIFOSZ 宏定义。

7.2 使用 CMSIS-RTOS 创建线程

在 CMSIS-RTOS 中允许定义、创建线程，并对线程进行控制。在 CMSIS-RTOS 中定义的线程有 4 种状态。

(1) 运行(Running)：系统正在运行此线程时此线程的状态是运行状态，在同一时刻只能有一个线程处于这个状态。

(2) 等待(Waiting)：线程等待事件的发生所处的状态。

(3) 就绪(Ready)：处于就绪状态的线程，可以由操作系统内核的调度变成运行状态。

(4) 无效(Inactive)：当线程没有被创建或者已经结束时所处的状态。处于此状态的线程并不会消耗系统的资源。

当线程处于运行、等待或者就绪状态时被称作有效线程。一个线程的生命周期的状态间的变化如下：

(1) 当线程被定义后，线程就会处于无效状态等待被创建。

(2) 被定义的线程被创建后，这个线程会处于就绪或者运行状态(由具体的线程优先级等级决定)。

(3) 如果系统中有多个线程同时存在，由于操作系统内核的调度，会使线程在就绪状态和运行状态之间切换。值得注意的是，由于 CMSIS-RTOS 是抢占式实时操作系统，处于就绪状态下的最高优先级线程会优先进入运行状态。

(4) 处于运行状态的线程如果需要等待某个事件发生，那么此线程会进入等待状态。若等待的事件发生了或者等待时间超时，则此线程会进入就绪状态。

(5) 当线程执行完毕或者被程序终止，线程就会变成无效状态。

线程的状态以及状态的转换如图 7-7 所示。

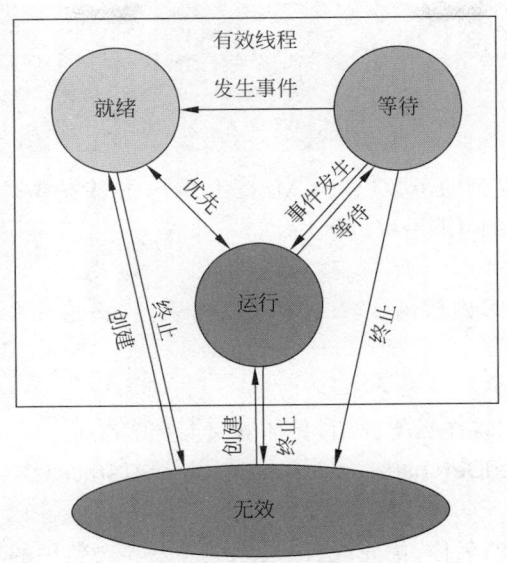

图 7-7　CMSIS-RTOS 中线程的状态以及状态的转换

7.2.1　创建线程的一般步骤与函数说明

在 CMSIS-RTOS 中让一个线程正常运行需要下面几个步骤：

第一步，调用 osKernelInitialize()函数对 CMSIS-RTOS 内核进行初始化。在 STM32 中执行任何操作系统都要对其进行初始化，CMSIS-RTOS 也不例外。前面已经介绍过，在 CMSIS-RTOS 中 main()函数是一个特殊的线程，需要在 main()函数里面对 CMSIS-RTOS 进行初始化。

第二步，定义并创建线程。在 CMSIS-RTOS 中使用 osThreadDef()函数对线程进行定义，并使用 osThreadCreate()函数来创建一个线程实例。

第三步，调用 osKernelStart()函数运行 CMSIS-RTOS。

下面将运行一个线程的方法用代码形式表现出来。

```
# include "cmsis_os.h"                              //包含 CMSIS-RTOS 头文件

void Thread_Name(void const * arg);                 //线程原型函数声明
osThreadDef(Thread_Name, osPriorityNormal, 3, 0);   //定义线程,最多运行创建 3 个实例

void Thread(void const * arg)
{
    //这里是线程执行的函数
}

int main(void) {
    osKernelInitialize();                           //初始化 CMSIS-RTOS 内核
/*
在这里初始化外设
```

```
  */
    tid_name = osThreadCreate(osThread(Thread_Name), NULL);   //创建一个线程实例
    osKernelStart();                      //启动 CMSIS－RTOS 内核
}
```

接下来对上面几个提到的函数以及 CMSIS-RTOS 的基本数据类型进行介绍。

1. osStatus osKernelInitialize(void)

1）描述

初始化 CMSIS-RTOS 内核函数,在使用 CMSIS-RTOS 应用中应该在 main()函数中最先调用此函数。

2）返回值

osStatus：枚举类型,将在后文介绍,具体含义参照表 7-1。

2. ♯define osThreadDef(name,priority,instances,stacksz)

1）描述

定义线程,确定线程的名称、优先级、函数原型以及需要使用的堆栈大小,定义后的线程才可以被创建。

2）参数

- name：线程函数原型的函数名；
- priority：线程的优先级；
- instances：可以依据函数原型创建线程实例最多的个数；
- stacksz：线程运行需要的堆栈大小,单位是字节。为 0 代表需要默认的堆栈大小,可以在 RTX_Conf_CM.c 配置文件中进行配置。

3. osThreadId osThreadCreate(const osThreadDef_t ∗ thread_def,void argument)

1）描述

将此线程添加到有效线程列表中去,此时线程的状态是就绪状态。如果此线程的优先级高于当前运行线程,创建的线程就会被立即执行,变成运行状态。在线程函数启动时可以通过 argument 传递给线程数据。

2）参数

- ∗ thread_def：被定义过的线程。通常传递 osThread(name),可以通过 osThread()获取被定义的线程。其中,name 与在使用 osThreadDef()定义线程时传递的 name 参数应该一致,是线程函数原型的函数名；
- argument：线程启动时传递给线程数据的指针。

3）返回值

如果线程创建成功,则返回唯一的线程 ID,可通过此 ID 来获取响应线程的信息并管理此线程。在 CMSIS-RTOS 中,线程 ID 是线程执行回调函数的指针。

4. osStatus osKernelStart(void)

1）描述

启动 CMSIS-RTOS 内核,开启线程调度。

2）返回值

osStatus：枚举类型,将在后文介绍,具体含义参照表 7-1。

5. enum osStatus

描述

这是个枚举值,定义线程中事件的状态以及 CMSIS-RTOS 中函数的返回值。具体含义如表 7-1 所示。

表 7-1　osStatus 枚举值的具体含义

标 识 符	值	含 义
osOK	0	函数执行完毕,没有发生错误
osEventSignal	0x08	函数执行完毕,发生了 signal 事件
osEventMessage	0x10	函数执行完毕,发生了 message 事件
osEventMail	0x20	函数执行完毕,发生了 mail 事件
osEventTimeout	0x40	函数执行完毕,出现超时
osErrorParameter	0x80	参数错误,传递的参数缺失或者类型错误
osErrorResource	0x81	资源不可用
osErrorTimeoutResource	0xC1	资源在给定时间内不可用
osErrorISR	0x82	在中断服务 ISR 中不允许,函数不能在中断服务 ISR 中调用
osErrorISRRecursive	0x83	函数被中断服务 ISR 中的同一对象重复调用
osErrorPriority	0x84	系统不能确定线程的优先级或者出现了不合法优先级
osErrorNoMemory	0x85	系统内存溢出
osErrorValue	0x86	传递的阐述值不在范围之内
osErrorOS	0xFF	未确定的操作系统错误:程序运行时发生错误但是没有合适的错误信息
os_status_reserved	0x7FFFFFFF	保留

6. enum osPriority

描述

这个枚举值用来确定线程的优先级,osPriority 枚举中优先级从低到高排序如表 7-2 所示。

表 7-2　osPriority 枚举值

标 识 符	值	含 义
osPriorityIdle	−3	最低优先级
osPriorityLow	−2	低优先级
osPriorityBelowNormal	−1	比正常优先级低,比低优先级高
osPriorityNormal	0	正常优先级
osPriorityAboveNormal	1	比正常优先级高,比高优先级低
osPriorityHigh	2	高优先级
osPriorityRealtime	3	实时,最高优先级

在 CMSIS-RTOS 中 main()函数线程优先级是 osPriorityNormal,定时器默认优先级是 osPriorityHigh。一般地,如果一个线程具有比当前正在执行的线程更高的优先级,那么 CMSIS-RTOS 内核会停止当前执行的线程,运行高优先级的线程,当高优先级的线程处于等待状态时,CMSIS-RTOS 内核才会执行低优先级的线程,因此默认情况下定时器会打断

普通线程的运行,所以在定时器中不适合运行耗时的程序。当然,为了防止优先级反转现象,CMSIS-RTOS 也支持优先级继承。

提示:

优先级反转是指某个共享资源被较低优先级的线程拥有,较高优先级的线程未获得该资源,使得较高优先级的线程反而被推迟调度执行的现象。例如,现在有两个线程: threadHigh()和 threadLow(),threadHigh()这个线程的优先级比 threadLow()高且它们同时共享一个资源 resource。在某一时刻 threadLow()正在使用 resource,此时 theadHigh()线程被创建,所以 CMSIS-RTOS 会优先执行 threadHigh()。在 threadHigh()线程中也需要使用 resource,所以需要等待 threadLow()线程释放 resource。这就出现了高优先级的线程 threadHigh() 必须等待低优先级线程 threadLow() 执行完才能继续执行,如果 threadLow()线程是很费时的操作,那么显然高优先级的线程被调度的时机不能保证,整个系统的实时性就很差了。

为了解决上面优先级反转引起的问题,一般的解决办法是支持优先级继承。即高优先级线程 threadHigh( )在等待低优先级线程 threadLow( )释放共享资源时,为了使 threadHigh()线程尽可能快地获得调度运行,操作系统会将 threadLow()线程的优先级提高到 threadHigh()线程优先级,让 threadHigh()线程和 threadLow()线程同时参与调度,尽快让 threadHigh()线程得到共享资源,做出实时响应。在 threadHigh()线程得到资源后,就会将 threadLow()线程优先级调整为以前的优先级。

7.2.2　创建第一个多线程应用

为了直观地表现出多线程中内核的线程切换现象,这里在 3 个线程中分别用串口打印出 a、b、c,这样可很方便地在串口助手中查看正在执行的线程。

首先需要对 CMSIS-RTOS 进行配置,并将线程默认堆栈大小设置为 496B。CMSIS-RTOS 滴答定时器的时钟源频率设置为 72MHz。本实验的具体配置如图 7-8 所示。

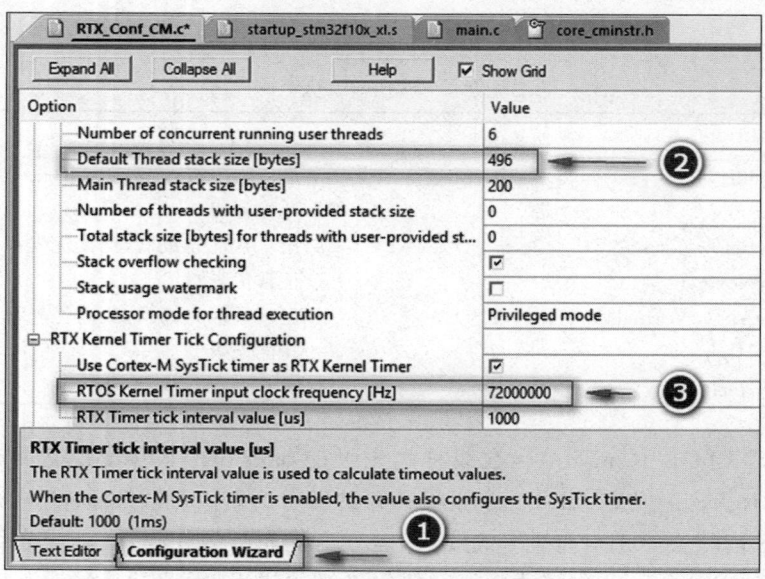

图 7-8　RTX_Conf_CM.c 文件配置

通常的思路是：创建 3 个线程实例对应 3 个函数原型，分别输出 a、b、c。这样实现起来很简单，但是这 3 个函数原型实现的功能都是一样的，都是使用串口打印数据，所以可在使用 osThreadCreate() 函数创建线程的时候传入需要打印的数据，这样就可以抽象成一个函数原型。在定义线程时，允许创建线程实例的个数为 3 个。在 main.c 文件中编写如下代码：

```
# include "cmsis_os.h"
# include "stdio.h"

//定义线程的函数原型
void Thread_Print(void const * arg)
{
    uint32_t i;
    for (i = 0; i < 200; i++) {
        printf(" % s", (char * )arg);              //输出 a、b、c
    }
}//结束

//定义线程 Thread_Print,
//线程等级是 osPriorityNorma
//允许创建 3 个线程实例
//使用默认堆栈大小
osThreadDef(Thread_Print, osPriorityNormal, 3, 0);

int main(void)
{
    osKernelInitialize();                          //初始化 CMSIS－RTOS 内核
    stdout_init();                                 //重定向 printf 函数到串口
    osThreadCreate(osThread(Thread_Print), "a");   //创建线程输出 a
    osThreadCreate(osThread(Thread_Print), "b");   //创建线程输出 b
    osThreadCreate(osThread(Thread_Print), "c");   //创建线程输出 c
    osKernelStart();                               //启动 CMSIS－RTOS 内核,开始线程调度
}
```

编译下载程序，可看到如图 7-9 所示的现象。可以看出，3 个线程在 CMSIS-RTOS 的调度下交替运行，分别输出字符 a、b、c。

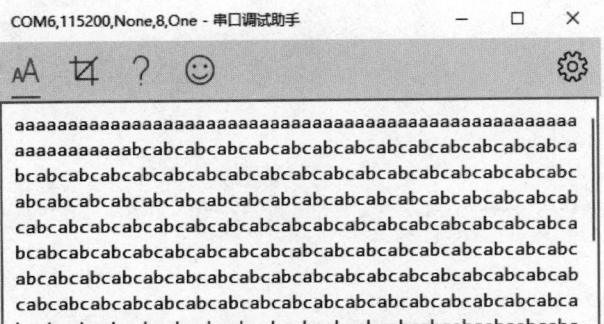

图 7-9　多线程运行结果

7.2.3 终止线程

在一个线程被创建之后,正常情况下只有当线程的函数原型返回此线程时才会从有效线程列表中删除,变成无效状态。但是一般情况下都会在线程中增加 while 死循环来不断地执行相应程序,如果需要终止此线程就必须手动终止线程的运行,CMSIS-RTOS 中可以使用 osThreadTerminate() 来终止线程。

osStatus osThreadTerminate(osThreadId thread_id)

描述:
通过线程 ID 来终止相应线程。
参数:
thread_id——使用 osThreadCreate() 函数创建线程成功后返回的线程 ID。
返回值:

- osOK——指定的线程已经被成功终止;
- osErrorParameter——传递的参数 thread_id 错误;
- osErrorResource——thread_id 对应的线程不是有效的线程;
- osErrorISR——osThreadTerminate 不能被中断服务 ISR 调用。

下面给出一个终止线程程序的例子。首先需要对 CMSIS-RTOS 进行配置,需要将线程默认堆栈大小设置为 496B。CMSIS-RTOS 滴答定时器的时钟源频率设置为 72MHz。本实验具体配置可以参考图 7-8。在 main.c 文件中添加如下程序:

```c
# include "cmsis_os.h"
# include "stdio.h"

//定义线程 ID 号
osThreadId thread1_ID, thread2_ID;

//定义线程的函数原型
void Thread_Print(void const * arg)
{
    if ( * (char * )arg == '1') {            //线程 1 运行
        while (1) {
            printf("thread 1 running...\r\n");
            osDelay(100);                     //延时 100ms 执行一次
        }
    }
    else if ( * (char * )arg == '2') {        //线程 2 运行
        if (osThreadTerminate(thread1_ID) == osOK) {
            printf("terminate thread 1 success.\r\n");
        }
    }
}//结束

//定义线程
```

```
osThreadDef(Thread_Print, osPriorityNormal, 2, 0);

int main(void)
{
    osKernelInitialize();              //初始化 CMSIS-RTOS 内核
    stdout_init();                     //重定向 printf()函数到串口
    thread1_ID = osThreadCreate(osThread(Thread_Print), "1");   //运行线程 1
    osKernelStart();                   //启动 CMSIS-RTOS 内核,开始线程调度
    osDelay(1000);                     //1s 后终止线程 1
    thread2_ID = osThreadCreate(osThread(Thread_Print), "2");   //运行线程 2
}
```

下载程序之后可以看到如图 7-10 所示现象。因为 thread1 是 100ms 执行一次,thread2 在 1s 之后终止线程,所以 thread1 会输出 10 次,然后被 thread2 终止后不再输出。

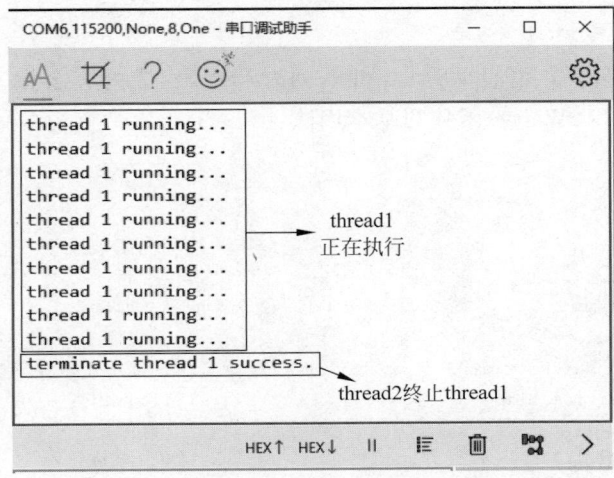

图 7-10 终止线程实验结果

7.2.4 CMSIS-RTOS 等待函数

在 CMSIS-RTOS 提供了很多延时等待函数,例如,在上面的例子中已经使用过的 osDelay() 函数,这个函数会使线程等待指定的时间后再运行,单位是毫秒(ms)。在 CMSIS-RTOS 中为了保证及时的响应,在线程中调用了等待函数会将此线程状态变成等待状态并将执行其他线程。

CMSIS-RTOS 除了提供等待时间的函数,还提供了等待事件的函数,定义如下:

osEvent osWait(uint32_t millisec)

描述:
使用此函数会使线程等待事件的发生,等待事件发生时当前线程进入等待状态。
参数:
millisec——等待事件发生的最长时间,单位为 ms。传递 0 则不进行等待,传递

osWaitForever 会一直等待事件的发生。

返回值:

返回事件的结构体 osEvent,可以使用 osEvent.status 查看发生事件类型以及错误信息,osEvent.status 包括:

- osEventSignal——发生了信号事件;
- osEventMessage——发生了消息事件;
- osEventMail——发生了邮件事件;
- osEventTimeout——在时间范围内没有发生事件;
- osErrorISR——此函数不能在 ISR(中断服务函数)中调用。

需要注意的是,默认 CMSIS-RTOS 是不包含 osWait()函数的,需要在 cmsis_os.h 文件中更改 osFeature_Wait 宏定义的值为 1。

```
#define osFeature_Wait      1       ///< osWait not available
```

事件一般在使用信号、消息队列、邮件队列时产生,相应内容会在 7.4 节中详细介绍。这里先简单了解使用 osWait()函数的基本用法:

```
#include "cmsis_os.h"

void Thread_1(void const * arg) {            //声明线程的函数原型
    osEvent Event;                           //定义事件变量
    uint32_t waitTime;                       //等待的最长时间

    waitTime = osWaitForever;                //osWaitForever 表示一直等待
    Event = osWait(waitTime);                //一直等待事件出现
    switch (Event.status) {
    case osEventSignal:                      //Signal 到达事件
        ; //Event.value.signals 包含 Signal 的标志
        break;
    case osEventMessage:                     //Message 到达事件
        ; //Event.value.p 包含 Message 具体内容的指针
        ; //Event.def.message_id 包含 Message 的 ID
        break;
    case osEventMail:                        //Mail 到达事件
        ; //Event.value.p 包含 Mail 内容的指针
        ; //Event.def.mail_id 包含 MailID
        break;
    case osEventTimeout:                     //发生超时事件
        break;
    default:                                 //出现错误
        break;
    }
}
```

osWait()和 osDelay()函数都会使当前线程进入等待状态,CMSIS-RTOS 内核会切换处于就绪状态的线程,如果没有就绪状态的线程,则会运行 os_idle_demon()线程(此线程的优先级最低)。可使用这两个函数达到内核切换线程的目的。除此之外,在 CMSIS-RTOS 中最常用来切换线程的函数还有 osThreadYield()。但是与前面两个等待函数不同的是,使用 osThreadYield()函数是将当前的线程状态变成就绪状态而不是等待状态,所以当没有处于就绪状态的其他线程时,程序还是会执行当前的线程并不进行切换。

7.3 锁

7.3.1 锁与线程安全性

如果程序或方法可以在任意多线程场景中正常运行,那么它就具有线程安全性。在多线程应用中经常需要用到锁来确保线程安全,比如使用下面的函数来说明必须使用锁的情况:

```
static int _val1 = 1, _val2 = 1;
void ThreadUnsafeFunction(void)
{
    if (_val2 != 0)
        printf("%d", _val1 / _val2);        //打印除法的结果
    _val2 = 0;
}
```

这个函数不具有线程安全性:如果两个线程同时调用 ThreadUnsafeFunction()函数,则可能出现除数是 0 的错误。比如,当其中一个线程 thread1 正在实现除法时,由于操作系统内核调度线程,开始执行另外一个线程 thread2,而 thread2 执行完毕之后将_val2 设置为 0,那么当线程切换回来的时候就会导致错误。

因此在多线程应用中一般需要"锁住"共享资源,只有当前线程使用完此资源后,才允许操作系统将线程调度至同样使用此资源的其他线程。使用锁可以将不具有线程安全性的代码转换为具有线程安全性的代码。现在假设使用 Lock()和 Unlock()函数实现锁与解锁功能,对上述代码进行改进:

```
static int _val1 = 1, _val2 = 1;
void ThreadSafeFunction(void)
{
    if (_val2 != 0) {
        Lock();                          //锁
        printf("%d", _val1 / _val2);//打印除法的结果
        Unlock();                        //解锁
    }
    _val2 = 0;
}
```

一般地,可将锁分为排他锁和非排他锁。

(1)排他锁:只有一个线程可以使用共享资源,而其他竞争此资源的线程都会阻塞在这个位置,直至解锁;

（2）非排他锁：只能实现有限的并发性,同一时刻可以让一定数量的线程同时使用共享资源。

对于非排他锁理解起来可能会比较困难,因此这里举一个形象的例子。比如在饭店吃饭,饭店有特定的容量,一旦饭店满座后,便不允许人再进入,只能在外面排队。当有人离开,队伍排头的人就可以进入。如果非排他锁限制的容量是1,那么此时的非排他锁与排他锁的效果是等价的。

在使用锁时需要特别注意死锁问题。如果两个线程互相等待对方所占用的资源,就会形成死锁,使得双方都无法继续执行。演示这个问题最简单的方法是使用两个锁,执行以下操作：

```
void locker1_thread(void)
{
    Lock1();            //锁住共享资源 1
    osDelay(1000);
    lock2();            //锁住共享资源 2
    osDelay(1000);
    Unlock2();          //释放共享资源 2
    Unlock1();          //释放共享资源 1
}

void locker2_thread(void)
{
    Lock2();            //锁住共享资源 2
    osDelay(1000);
    lock1();            //锁住共享资源 1
    osDelay(1000);
    Unlock1();          //释放共享资源 1
    Unlock2();          //释放共享资源 2
}
```

在 locker1_thread()线程中会一直等待 locker2_thread()线程释放共享资源 2,而 locker2_thread()线程中会一直等待 locker1_thread()线程释放共享资源 1,导致两个共享资源都无法释放,因此程序就无法继续执行了。当使用 3 个或者更多的线程时,可能形成更复杂的死锁链。死锁问题在多线程应用中往往是最难解决的问题,尤其值得注意。

接下来将介绍在 CMSIS-RTOS 中如何具体实现排他锁和非排他锁。

7.3.2 排他锁

在 CMSIS-RTOS 中可使用**互斥体**(Mutex)来实现排他锁。互斥体用于各种操作系统的资源管理。在一个微处理器设备中有许多资源会被多个线程使用,但是在同一时刻只能有一个线程使用这个资源(如通信通道、内存和文件),可以使用互斥体来实现对共享资源的保护。CMSIS-RTOS 中对互斥体操作的示意图如图 7-11 所示。

在 CMSIS-RTOS 中正确使用互斥体需要按照下面几个步骤：

第一步,使用 osMutexDef()函数定义互斥体并初始化此互斥体；

第二步,在一个线程中使用 osMutexCreate()函数创建互斥体；

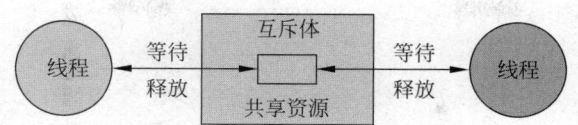

图 7-11 CMSIS-RTOS 使用互斥体示意图

第三步，当需要锁住共享资源时，使用 osMutexWait()函数请求获取互斥体，等待互斥体可用，如果没有其他线程占用互斥体，则会立即占用这个互斥体对象。当需要等待其他线程释放互斥体时，其线程状态会变成等待状态；

第四步，使用完共享资源后需要使用 osMutexRelease()函数来释放互斥体的使用权；

第五步，确定不会再使用互斥体对象后，可以使用 osMutexDelete()函数删除该互斥体对象，释放处理互斥体使用的内存，此后这个 mutex_id 不再有效。

接下来对上面几个提到的函数和定义进行介绍。

（1）♯define osMutexDef(name)const osMutexDef_t os_mutex_def_♯♯name ＝ {0}

描述：

定义互斥体并初始化互斥体。

参数：

• name：互斥体对象的名称。

（2）osMutexId osMutexCreate(const osMutexDef_t * mutex_def)

描述：

创建互斥体。

参数：

• mutex_def：被定义过的互斥体。通常传递的参数形式为 osMutex(name)，其中 name 与使用 osMutexDef 定义互斥体时传递的 name 参数一致。

返回值：

• osMutexId：互斥体的 ID，这个 ID 号是唯一确定的。创建成功会返回非 0 值；失败返回 NULL。

（3）osStatus osMutexWait(osMutexId mutex_id,uint32_t millisec)

描述：

请求获取互斥体，等待互斥体可用。

参数：

• mutex_id——使用 osMutexCreate 创建成功后返回的 MutexID；

• millisec——超时时间，等待锁释放的最长时间，单位是 ms。传递参数为 0 会立即返回；如传递参数是 osWaitForever 会一直等待，直到互斥体被释放。

返回值：

• osOK——成功获取到互斥体；

• osErrorTimeoutResource——在给定的时间内没有获取到互斥体；

• osErrorResource——获取互斥体发生错误；

• osErrorParameter——传递的 mutex_id 参数错误；

• osErrorISR——osMutexWait()不能在 ISR 中断服务程序中被调用。

（4）osStatus osMutexRelease（osMutexId mutex_id）

描述：

释放占用的互斥体。值得注意的是，在一个线程里面使用 osMutexWait（）函数获取互斥体成功后，只有在当前线程中才能使用 osMutexRelease（）函数释放互斥体。比如，在 thread1（）线程中获取互斥体成功，而在 thread2（）线程中想要释放该互斥体是行不通的，会返回 osErrorResource（0x81）错误。

参数：

• mutex_id——使用 osMutexCreate（）创建成功后返回的 MutexID。

返回值：

• osOK——成功释放互斥体；

• osErrorResource——释放互斥体发生错误；

• osErrorParameter——传递的 mutex_id 参数错误；

• osErrorISR——osMutexRelease（）不能在 ISR 中断服务程序中被调用。

（5）osStatus osMutexDelete（osMutexId mutex_id）

描述：

释放互斥体所占用的内存。

参数：

• mutex_id——使用 osMutexCreate（）创建成功后返回的 MutexID。

返回值：

• osOK——互斥体删除成功；

• osErrorResource——删除互斥体发生错误；

• osErrorParameter——传递的 mutex_id 参数错误；

• osErrorISR——osMutexDelete（）不能在 ISR 中断服务程序中被调用。

下面编写一个简单的程序来演示互斥体的使用方法，基本思想是：创建两个线程，其中一个线程时钟占用互斥体，另外一个资源会等待互斥体的释放，等待时间是 3s。这里需要对 CMSIS-RTOS 进行配置，需要将线程默认堆栈大小以及主函数线程的堆栈大小设置为 496B，CMSIS-RTOS 滴答定时器的时钟源频率设置为 72MHz。具体配置如图 7-12 所示。

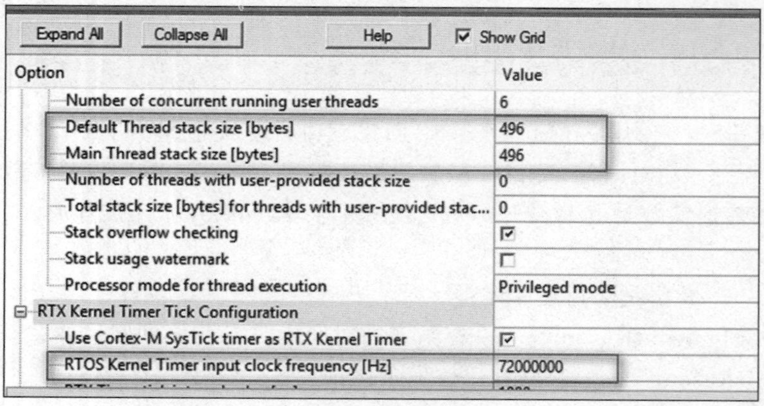

图 7-12　Mutex 实验的相关配置

在 main.c 文件中添加如下代码：

```c
# include "cmsis_os.h"
# include "stdio.h"


osMutexDef(lock);                              //定义互斥体
osMutexId MutexID;
void Thread_Mutex(void const * arg);           //函数原型声明
osThreadDef(Thread_Mutex, osPriorityNormal, 2, 0);  //定义线程

//定义线程的函数原型
void Thread_Mutex(void const * arg)
{
    if ( * (char * )arg == '1') {              //线程1部分
        printf("thread 1 attemp to obtain the Mutex...\r\n");
        if (osMutexWait(MutexID, osWaitForever))  //线程1尝试获取互斥体
            printf("thread 1 got Mutex.\r\n");
        printf("thread 1 got Mutex succed!\r\n");
        while (1);                             //线程1一直占用线程 Mutex
    }
    else if ( * (char * )arg == '2') {         //线程2部分
        while (1) {
            int ret;
            printf("thread 2 attemp to obtain the Mutex...\r\n");
            ret = osMutexWait(MutexID, 3000);  //线程2尝试获取互斥体,超时时间3s
            if (ret == osOK)                   //线程2获取 Mutex 成功
                printf("thread 2 got Mutes.\r\n");
            else if (ret == osErrorTimeoutResource)  //线程2获取互斥体超时
                printf("thread 2 obtain Mutex timeout.\r\n");
            else                               //线程2获取 Mutex 其他错误
                printf("thread 2 obtain Mutex occured errors.\r\n");
        }
    }
    else {
        printf("arg error.\r\n");              //只支持'1', '2'两个参数来启动两个线程
    }
}//结束

int main(void)
{
    osKernelInitialize();                      //初始化 CMSIS - RTOS 内核
    stdout_init();                             //重定向 printf 函数到串口
    osThreadCreate(osThread(Thread_Mutex), "1");  //创建线程输出 a
    osThreadCreate(osThread(Thread_Mutex), "2");  //创建线程输出 b
    MutexID = osMutexCreate(osMutex(lock));    //创建互斥体
    if (MutexID == NULL)
        printf("Mutex Create failed.\r\n");    //创建互斥体失败
    printf("Mutex Create success.\r\n");       //创建互斥体成功
    osKernelStart();                           //启动 CMSIS - RTOS 内核,开始线程调度
}
```

下载程序,可以看到如图 7-13 所示的现象。可以看出,当互斥体创建成功后,没有任何线程占用互斥体,所以当线程 thread1 开始运行时,尝试获取互斥体并可以成功获取到互斥体。而当线程 thread2 开始运行时,由于 thread1 进入了死循环没有释放互斥体,所以 thread2 总是获取互斥体失败。

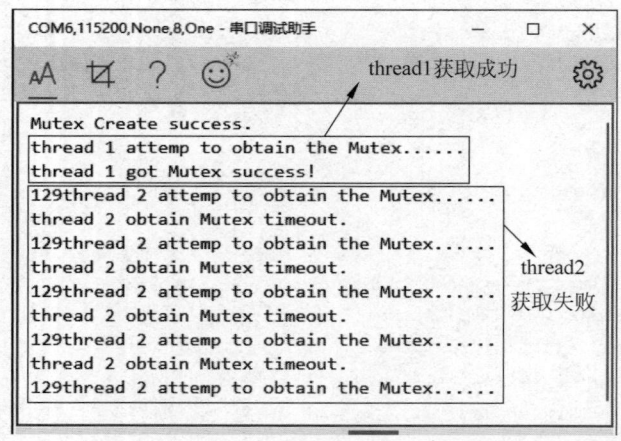

图 7-13　排他锁实验结果

7.3.3　非排他锁

在 CMSIS-RTOS 中的**信号量**(Semaphore)也是用来管理和保护共享资源的,和互斥体作用相似。但互斥体在同一时间只允许一个线程操作共享资源,而信号量可以允许有限多个线程同时使用共享资源。在 CMSIS-RTOS 中可利用信号量来实现非排他锁,使用信号量示意图如图 7-14 所示。

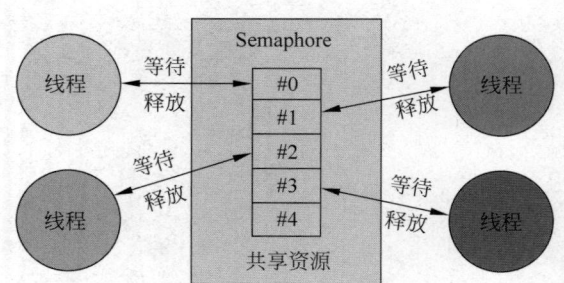

图 7-14　CMSIS-RTOS 中使用信号量示意图

在创建信号量对象时需要初始化信号量对象包含令牌的最大数目,而且线程只有在申请获取信号量令牌成功后才能使用共享资源。在线程每次成功获取一个信号量令牌后,对应可用信号量的令牌总数会减 1。相反,当线程释放一个信号量令牌后对应的可用信号量令牌总数会加 1。当信号量令牌的总数变成 0 的时候,再有线程请求获取信号量令牌时就需要等待直到有线程释放信号量令牌。

可以想象,如果设定可使用的信号量令牌数为 1,那么信号量和互斥体都可以实现排他锁。但是在这种情况下使用信号量和互斥体实现排他锁还是有一些区别的:

（1）初始状态不一样。创建信号量对象时令牌总数初始值是1，当一个线程使用信号量锁住共享资源后令牌总数从1变成0。而互斥体的初始值是0，当线程使用互斥体给锁住共享资源后其值从0变成1。

（2）用法不一样。在一个线程中使用信号量锁住一个共享资源，在另外一个线程中可以对这个共享资源进行解锁。这是因为使用信号量进行加锁与解锁的过程中只会增加和减少可用信号量令牌的总数。而互斥体则规定在一个线程中锁住一个共享资源，只有在此线程中解锁后其他线程才能使用此共享资源。

在CMSIS-RTOS中一般按照下面步骤使用信号量：

第一步，使用osSemaphoreDef()函数定义和初始化信号量。

第二步，在一个线程中使用osSemaphoreCreate()函数创建信号量对象，并确定允许使用的信号量令牌总数。这个函数的第二个参数传递的是可以使用的信号量令牌总数。

第三步，在需要使用共享资源时使用osSemaphoreWait()函数请求获取一个信号量令牌。如果获取信号量令牌成功，则可用的信号量令牌总数会减1。如果信号量令牌的总数为0，则需要等待有线程释放信号量令牌。

第四步，当使用完共享资源后，使用osSemaphoreRelease()函数释放信号量令牌，可用的信号量令牌总数会加1。

第五步，若不再使用此信号量对象，则可以使用osSemaphoreDelete()函数删除这个信号量对象。

接下来详细介绍以上提到的几个函数。

（1）＃define osSemaphoreDef(name)
        const osSemaphoreDef_t os_semaphore_def_＃＃name ＝{0}

描述：

定义和初始化信号量。

参数：

name——信号量对象的名称。

（2）osSemaphoreId osSemaphoreCreate(const osSemaphoreDef_t * semaphore_def, int32_t count)

描述：

创建信号量对象。

参数：

• semaphore_def——通常传递的参数形式为osSemaphore（name），其中name与使用osSemaphoreDef定义信号量时传递的name参数一致；

• count——初始化可使用的信号量令牌总数。

返回值：

semaphore_id——信号量的ID，这个ID号是唯一确定的。创建成功会返回非0值。

（3）int32_t osSemaphoreWait(osSemaphoreId semaphore_id, uint32_t millisec)

描述：

请求获取一个信号量令牌。

参数：

- semaphore_id——使用 osSemaphoreCreate()创建成功后的 semaphoreID 值;
- millisec——获取信号量令牌的超时时间。传递参数为 0 会立即返回;若传递的参数是 osWaitForever 则会一直等待,直到有可用的信号量令牌。

返回值:

申请获取 semaphore 令牌前的可用令牌总数,或者返回-1 表示传递的参数错误。

(4) osStatus osSemaphoreRelease(osSemaphoreId semaphore_id)

描述:

释放申请的信号量令牌。

参数:

- semaphore_id——使用 osSemaphoreCreate()创建成功后的 semaphoreID 值。

返回值:

- osOK——信号量被释放成功;
- osErrorResource——信号量对象已经被删除了;
- osErrorParameter——传递的参数错误。

(5) osStatus osSemaphoreDelete(osSemaphoreId semaphore_id)

描述:

删除创建的信号量对象。

参数:

- semaphore_id——使用 osSemaphoreCreate()创建成功后的 semaphoreID 值。

返回值:

- osOK——信号量对象被删除成功;
- osErrorISR——osSemaphoreDelete()不能在 ISR 中断服务中调用;
- osErrorResource——信号量对象不能被删除;
- osErrorParameter——参数 semaphore_id 错误。

在 CMSIS-RTOS 中,使用释放信号量令牌是否成功与创建信号量对象时初始化最大令牌数是无关的。比如,初始化信号量令牌总数是 0,那么没有线程可以获取到信号量令牌,但是在使用 osSemaphoreRelease()函数后令牌数还是会自加 1,令牌总数就会比初始化的令牌总数 0 个多。但是令牌总数也是有最大值的,默认是 65 535,是由 cmsis_os.h 头文件中的宏定义 osFeature_Semaphore 决定的。可认为 osSemaphoreRelease()是生产信号量令牌的,而 osSemaphoreWait()函数是消费信号量令牌的。

为了让读者更直观地了解信号量,这里做一个实验:创建一个信号量对象,允许同时使用信号量的令牌总数是 3 个。同时有 3 个线程:thread1、thread2、thread3。在 thread1 中占用两个信号量令牌不释放,在 thread2 中占用一个信号量令牌也不释放。同时在 thread3 中申请和释放信号量。

需要对 CMSIS-RTOS 进行配置,这里将线程默认堆栈大小以及主函数线程的堆栈大小设置为 496B,CMSIS-RTOS 滴答定时器的时钟源频率设置为 72MHz。具体配置参考图 7-8,在 main.c 文件中添加如下代码:

```
# include "cmsis_os.h"
# include "stdio.h"

osSemaphoreDef(my_semaphore);                  //定义信号量
osSemaphoreId my_semaphore_ID;                 //semaphoreID
//函数原型申明
void Thread_Semaphore(void const * arg);
//定义线程
osThreadDef(Thread_Semaphore, osPriorityNormal, 3, 0);

//定义线程的函数原型
void Thread_Semaphore(void const * arg)
{
    if ( * (char * )arg == '1') {              //线程1部分
        int semaphore_count = 0;              //信号量令牌总数
        /* thread1 中获取两个 semaphore 不释放 */
        if ((semaphore_count = osSemaphoreWait(my_semaphore_ID, osWaitForever)) != - 1)
            printf("thread1 get semaphore success. count of
                    semaphore: % d\r\n", semaphore_count);
            if ((semaphore_count = osSemaphoreWait(my_semaphore_ID,
                    osWaitForever)) != - 1)
                printf("thread1 get semaphore success. count of
                        semaphore: % d\r\n", semaphore_count);
            while (1)
                osThreadYield();              //切换至同优先级其他线程运行
    }
    else if ( * (char * )arg == '2') {        //线程2部分
        int semaphore_count = 0;              //信号量令牌总数
        /* thread1 中获取一个 semaphore 不释放 */
        if ((semaphore_count = osSemaphoreWait(my_semaphore_ID, osWaitForever)) != - 1)
            printf("thread2 get semaphore success. count of semaphore: % d\r\n", semaphore_
count);
        while (1)
            osThreadYield();                  //切换至同优先级其他线程运行
    }
    else if ( * (char * )arg == '3') {        //线程3部分
        int semaphore_count = 0;              //smeaphore 令牌总数
        osDelay(100); //等待 thread1 和 thread2 获取 semaphore
        //尝试获取 semaphore
        if ((semaphore_count = osSemaphoreWait(my_semaphore_ID, 3000))!= - 1)
        {
            uint8_t i = 0;
            printf("thread3 get semaphore failed! count of semaphore: % d\r\n", semaphore_
count);
            for (i = 0; i< 6; i++) {
                //尝试释放 6 个信号量
                if (osSemaphoreRelease(my_semaphore_ID) == osOK)
                    printf("thread3 releases semaphore success. \r\n");
            }
            //再尝试获取 semaphore
```

```
            if ((semaphore_count = osSemaphoreWait(my_semaphore_ID, 3000))!= - 1)
                printf("thread3 get semaphore success. count of semaphore: % d\r\n",
semaphore_count);
            else
                printf("thread3 get semaphore failed! count of semaphore: % d\r\n", semaphore
_count);
        }
        else {                                  //获取 semaphore 失败
            printf("thread3 get semaphore failed! count of semaphore: % d\r\n", semaphore_
count);
        }
        while (1);                               //thread3 停止在这
    }
    else {
        printf("arg error. \r\n");
    }
}//结束

int main(void)
{
    osKernelInitialize();                        //初始化 CMSIS - RTOS 内核
    stdout_init();                               //重定向 printf()函数到串口
    osThreadCreate(osThread(Thread_Semaphore), "1");   //创建线程输出 1
    osThreadCreate(osThread(Thread_Semaphore), "2");   //创建线程输出 2
    osThreadCreate(osThread(Thread_Semaphore), "3");   //创建线程输出 3
    if ((my_semaphore_ID =
        osSemaphoreCreate(osSemaphore(my_semaphore), 3)) == NULL) {
        printf("create semaphore failed!\r\n");
    }
    printf("create semaphore OK!\r\n");
    osKernelStart();                             //启动 CMSIS - RTOS 内核,开始线程调度
}
```

下载程序后可以看到如图 7-15 所示的现象。初始化信号量对象包含 3 个信号量令牌,并在 thread1 和 thread2 这两个线程中使用完毕,此时令牌总数会变成 0。所以当 thread3

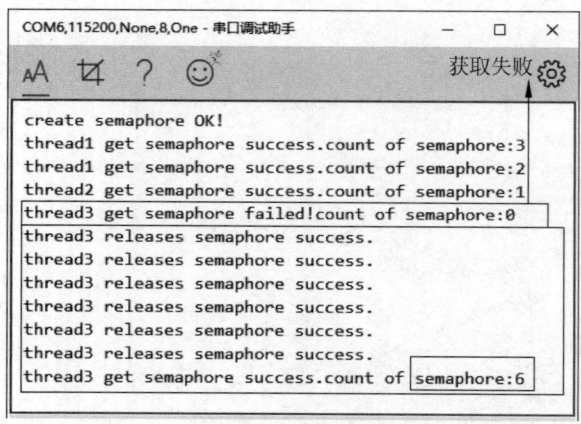

图 7-15 非排他锁实验结果

第一次尝试获取信号量令牌的时候会失败,程序中设定的超时时间是 3s。3s 之后在 thread3 线程中连续释放 6 次信号量令牌都成功了,所需令牌总数变成了 6 个。这证明了在一个线程中创建的信号量令牌是可以在另外一个线程中释放的,而且释放信号量令牌是否成功与初始化的令牌的最大数无关。

7.4　线程间通信

7.4.1　信号

信号(Signal)被用来触发线程之间的执行状态,使用信号等待函数可以让一个线程进入等待状态,等待另外的线程发送指定的信号值,线程接收到该信号值之后再继续执行。就好像打仗时士兵做好了埋伏,需要等待指挥官的一声令下痛击敌人。

下面给出了在 CMSIS-RTOS 中使用信号实现两个线程之间通信流程的例子,如图 7-16 所示。接收线程一直等待的信号是 0x0001,此后线程会一直处于等待状态,直到发送线程发送了一个为 0x0001 的信号,此线程才会重新进入运行状态执行其他指令。

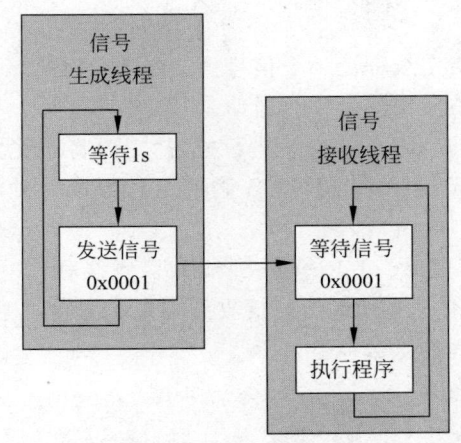

图 7-16　线程间使用信号通信的一个简单示例

所以在使用信号时只用两种线程——接收信号线程和发送信号线程。在对应线程中调用如下两个函数。

(1) osEvent osSignalWait(int32_t signals, uint32_t millisec)

描述:

在接收信号线程中使用该等待函数,此后当前线程会从运行状态变成等待状态,直到接收到指定的信号值才会重新进入运行状态。

参数:

- signals——需要等待的信号值。如果传入的信号值为 0,那么任何信号都会唤醒该线程。
- millisec——超时时间。传入 0 会立即返回;传入 osWaitForever 会一直等待直到接收到指定的信号值。

返回值：

返回是 osEven 结构体，可以通过 osEven.status 判断是否是成功收到了指定的信号值：

- osOK——当成功接收到信号时返回 osOK；
- osEventTimeout——正在指定时间内没有收到指定的信号值；
- osEventSignal——等待的信号出现，可以通过 osEvent.value.signals 查看此信号值；
- osErrorValue——信号值在允许范围之外；
- osErrorISR——osSignalWait() 函数不能用在中断服务程序中。

（2）int32_t osSignalSet(osThreadId thread_id,int32_t signals)

描述：

在发送信号线程中调用此函数来唤醒等待信号的线程。

参数：

- thread_id——等待信号线程的 ID；
- signals——等待线程中等待的信号值。

返回值：

在正常情况下会返回指定线程上一个信号值；在错误情况下会返回 0x80000000。

下面演示如何在线程中使用信号进行通信。

建立完工程后，需要对 CMSIS-RTOS 进行配置，需要将线程默认堆栈大小以及主函数线程的堆栈大小设置为 496B，CMSIS-RTOS 滴答定时器的时钟源频率设置为 72MHz，具体配置参考图 7-8。

接着创建两个线程——Thread_ReceiveSignal（接收线程）和 Thread_SendSignal（发送线程）。在接收线程中等待信号值 0x01，当接收到指定信号值之后会使用串口打印 osEven.status。下面是这两个线程的函数原型：

```
# include "cmsis_os.h"
# include "stdio.h"

//线程 ID
osThreadId Thread_Receive_ID, Thread_Send_ID;

//接收 Signal 线程原型
void Thread_ReceiveSignal(void const * arg)
{
    while (1) {
        osEvent even;
        printf(" - > waiting for signal(thread_rec).\r\n");
        even = osSignalWait(0x01, osWaitForever);       //等待指定的信号值
        switch (even.status) {
        case osOK:                                      //等待时间为 0 返回 osOK
            printf(" osOK.\r\n");
            break;
        case osEventTimeout:                            //在超时时间内没有收到指定信号
```

```
            printf("  osEventTimeout.\r\n");
            break;
        case osEventSignal:                        //收到了指定的信号
            printf(" osEventSignal -- % d.\r\n", even.value.signals);
            break;
        case osErrorValue:
            printf(" osErrorValue.\r\n");
            break;
        case osErrorISR:
            printf(" osErrorISR.\r\n");
            break;
        default:
            break;
        }
    }
}///结束

//发送 Signal 线程原型
void Thread_SendSignal(void const * arg)
{
    while (1) {
        osSignalSet(Thread_Receive_ID, 0x01);        //接收线程发送 0x01 的信号值
        printf(" - > set the signal(thread_send).\r\n");
        osDelay(2000);                                //两秒钟发送一次
    }
}
```

在主函数中只需要简单地初始化并创建这两个线程就可以了：

```
//定义线程 Thread_ReceiveSignal 与 Thread_SendSignal
osThreadDef(Thread_ReceiveSignal, osPriorityNormal, 1, 0);
osThreadDef(Thread_SendSignal, osPriorityNormal, 1, 0);

int main(void)
{
    osKernelInitialize();          //初始化 CMSIS - RTOS 内核
    stdout_init();                 //重定向 printf()函数到串口
    osKernelStart();               //启动 CMSIS - RTOS 内核，开始线程调度
    Thread_Receive_ID = osThreadCreate(osThread(Thread_ReceiveSignal), NULL);  //创建接
                                                                //收 Signal 线程
    osThreadCreate(osThread(Thread_SendSignal), NULL);    //创建发送 Signal 线程
}
```

下载程序可看到如图 7-17 所示的现象，等待线程会等待信号值，当发送线程发送指定的线程值之后就会将收到的信号值打印出来。

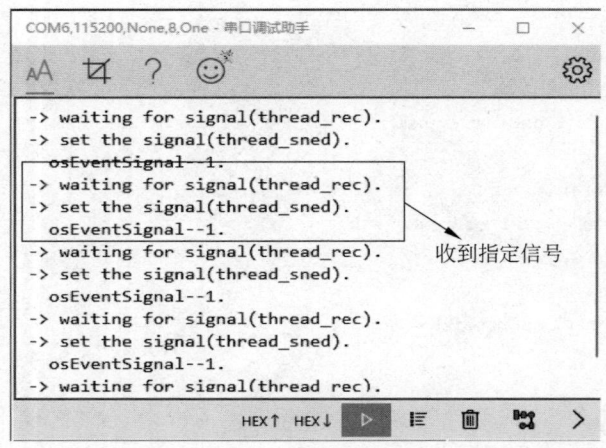

图 7-17 线程间使用 Signal 通信结果

7.4.2 消息队列

1. 传递数值

消息队列（Message Queue）可以实现线程间通过读/写出入队列的消息来通信，而无须专门的链接来连接它们。消息队列是典型的消费-生产者模型，一个线程向消息队列中不断地写入消息，而另外一个线程可以读取队列中的消息。在 CMSIS-RTOS 中使用消息队列来传送的数据可以是一个数值或者一个指针的形式。值得注意的是，消息队列能在 ISR 中断服务中使用，可在中断程序中及时地发送外设所获得的信息。CMSIS-RTOS 中消息队列工作示意图如图 7-18 所示。

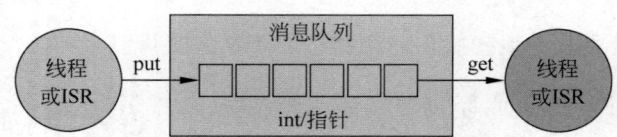

图 7-18 CMSIS-RTOS 中消息队列工作示意图

可按照如下步骤使用消息队列：

第一步，使用 osMessageQDef()函数定义消息队列。

第二步，在一个线程中使用 osMessageCreate()函数创建消息队列。

第三步，使用 osMessagePut()函数向消息队列中填充数据。若消息队列已经满了，则系统会在指定的超时时间内每毫秒尝试一次将数据放入消息队列中，此时当前线程会进入等待状态。

第四步，使用 osMessageGet()函数从消息队列中读取数据。此时会将当前运行的线程挂起，直到有消息到达。当有消息到达消息队列中时，这个函数会立即返回消息信息。

接下来对上面所述函数进行介绍：

（1）#define osMessageQDef(name,queue_sz,type)

描述：

定义消息队列。

参数：

- name——消息队列的名称；
- queue_sz——在消息队列中消息的个数的最大值；
- type——消息的数据类型。

（2）osMessageQId osMessageCreate（const osMessageQDef_t * queue_def，osThreadId thread_id）

描述：

创建消息队列。

参数：

- queue_def——通常传递的参数形式为 osMessageQ（name），其中 name 与使用 osMessageQDef 定义消息队列时传递的 name 参数一致；
- thread_id——线程的 ID，可以通过 osThreadCreate（）函数或 osThreadGetId（）函数获得，也可以为 NULL。

返回值：

返回消息队列的 ID，是唯一的。此 ID 可以被消息队列的其他相关函数引用，如果创建失败会返回 NULL。

（3）osStatus osMessagePut（osMessageQId queue_id，uint32_t info，uint32_t millisec）

描述：

向消息队列中填充数据。

参数：

- queue_id——使用 osMessageCreate（）函数创建的消息队列 ID；
- info——需要传递的消息；
- millisec——超时时间。传入 0 会立即返回；传入 osWaitForever 会一直等待直到消息队列有可用空间。

返回值：

- osOK——消息已经放入；
- osErrorResource——队列中没有内存可用；
- osErrorTimeoutResource——在给定的时间限制内，队列中没有可用的内存；
- osErrorParameter——参数无效或者超出允许范围。

（4）osEvent osMessageGet（osMessageQId queue_id，uint32_t millisec）

描述：

从消息队列中读取数据。

参数：

- queue_id——使用 osMessageCreate（）函数创建的消息队列 ID；
- millisec——超时时间。传入 0 会立即返回；传入 osWaitForever 会一直等待直到消息队列有消息到达。

返回值：

返回是 osEven 结构体，可以通过 osEven.status 判断是不是 message 事件，完整的 status 可以参考表 7-1。如果传递的 message 是数值类型的消息，则可以通过 messageEvent.value.v

直接获取；如果传递是指针形式的消息，则可以通过 messageEvent.value.p 获取消息的指针。

接下来做一个实验让读者更直观地了解消息队列的使用方法。创建两个线程 thread1 和 thread2，然后利用消息队列线程 thread1 每秒向线程 thread2 发送一个数值。为了方便查看结果，在 thread1 中将发送的数据自加 1。

建立完工程后，需要对 CMSIS-RTOS 进行配置，这里将线程默认堆栈大小以及主函数线程的堆栈大小设置为 496B，CMSIS-RTOS 滴答定时器的时钟源频率设置为 72MHz。具体配置参考图 7-8。并在 main.c 文件添加如下代码：

```c
# include "cmsis_os.h"
# include "stdio.h"


osMessageQDef(message_q, 5, uint32_t);              //定义消息队列
osMessageQId messageID;                             //定义 messageID
osEvent messageEvent;                               //存放 message 信息
//函数原型申明
void Thread_Message(void const * arg);
//定义线程
osThreadDef(Thread_Message, osPriorityNormal, 2, 0);

//定义线程的函数原型
void Thread_Message(void const * arg)
{
    if ( * (char * )arg == '1') {                   //线程 1 部分,发送 message
        uint32_t count;
        while (1) {
            osMessagePut(messageID, count++, 100);   //发送数据 count 且 count 自加 1
            osDelay(1000);                           //每秒钟发送一次数据
        }
    }
    else if ( * (char * )arg == '2') {              //线程 2 部分,接收 message
        while (1) {
            messageEvent = osMessageGet(messageID, 500);     //接收数据
            //确定此事件是 message 到达事件
            if (messageEvent.status == osEventMessage) {
                //通过 event.value.v 读取消息的值
                printf("recieved data is: % d\r\n", messageEvent.value.v);
            }
        }
    }
    else {
        printf("arg error.\r\n");                    //只支持'1'和'2'
    }
}///结束

int main(void)
{
```

```
    osKernelInitialize();                      //初始化 CMSIS-RTOS 内核
    stdout_init();                             //重定向 printf()函数到串口
    osThreadCreate(osThread(Thread_Message), "1");   //启动线程 1
    osThreadCreate(osThread(Thread_Message), "2");   //启动线程 2
    if ((messageID = osMessageCreate(osMessageQ(message_q), NULL)) == NULL) {
        printf("create Message Queue failed!\r\n");
    }
    printf("create Message Queue OK!\r\n");
    osKernelStart();                           //启动 CMSIS-RTOS 内核,开始线程调度
}
```

下载程序后可以看到现象如图 7-19 所示,可以看出 thread2 成功接收到了 thread1 发送的消息。

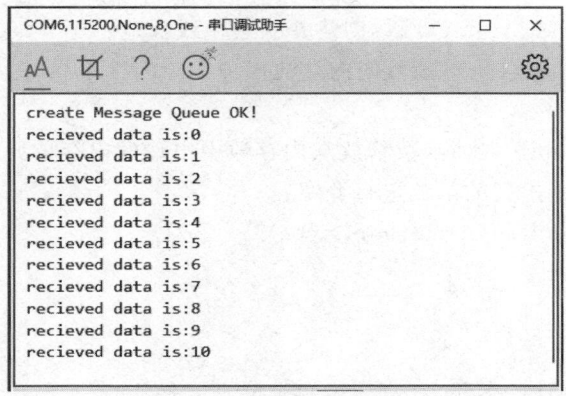

图 7-19 消息队列传递数值结果

2. 传递指针

在实际应用中,需要在线程之间传递的参数不限于一个简单的数值,还可能是一个复杂的数据类型,例如数组、结构体、链表等等。在应用程序中,这些复杂数据类型的数据项的传递是通过传递指针来实现的,所以可在消息队列中传递指针来实现线程之间的复杂数据类型的传递。

在 C 语言中支持 malloc()函数在内存堆中申请一定大小的内存,用来存放这些复杂数据类型的变量,使用完这些数据后通过 free()函数释放相应内存。在使用 malloc()函数申请内存时,系统首先查找内部维护的内存空闲块表,并且根据相应的算法找到合适大小的空闲内存块,如果该空闲内存块过大,则需要切割成已分配的部分和较小的空闲块,系统也会更新内存空闲块表,完成一次内存的分配。类似地,在释放内存时,系统把释放的内存块重新加入到空闲内存块表中,如果可能,可以把相邻的空闲块结合起来合成较大的空闲块,因此使用 malloc()和 free()函数时分配和管理内存时会增加系统的开销。而且在多线程应用中使用 malloc()和 free()函数,还需要在分配和释放内存时添加锁,同样增加了开销。如果应用程序频繁地在内存堆上分配和释放内存,则会导致性能的损失,并且会使系统中出现大量内存碎片,降低内存的利用率。

内存池(Memory Pool)会预先在内存堆中申请合适大小的内存,之后程序对内存的分

配和释放可以通过这个内存池来分配,向内存池申请内存比使用动态内存管理函数来向内存堆申请内存的速度快。在 CMSIS-RTOS 中,内存池的内存单元是事先确定,固定不变的,所以在程序利用内存池分配和释放内存时不会产生内存碎片。而且在 CMSIS-RTOS 中的内存池是线程安全的。同时在 ISR 中断服务程序中也支持从内存池中申请和释放内存。成功分配从内存池中申请内存之后就可以通过消息队列来传递内存中的数据。因此,在 CMSIS-RTOS 中结合内存池来实现线程之间的消息的传递是非常合适的。

下面给出了在 CMSIS-RTOS 中使用内存池的一般步骤:

第一步,声明需要内存池数据结构。因为 CMSIS-RTOS 中内存池内存单元是事先确定的。

第二步,使用 osPoolDef() 函数定义内存池。确定内存池存放的数据类型以及在内存池中允许存放内存单元(对象)的最大个数。

第三步,使用 osPoolCreate() 函数创建并初始化线程池。

第四步,使用 osPoolAlloc() 函数向内存池申请一个内存单元(对象),返回内存单元(对象)的地址。

第五步,使用 osPoolFree() 函数释放从内存池中申请的内存单元(对象)。

接下来对上面几个提到的函数进行介绍:

(1) ♯ define osPoolDef(name,num,type)

描述:

定义内存池。

参数:

* name——内存池的名称,在创建内存池时需要使用;
* num——在内存池中允许存放内存单元(对象)的最大个数;
* type——在内存池中允许存放数据的类型。

(2) osPoolId osPoolCreate(const osPoolDef_t * pool_def)

描述:

创建并初始化线程池。

参数:

pool_def——通常传递参数形式为 osPool(name),其中 name 应与使用 osPoolDef() 定义内存池时传递的 name 值相同。

返回值:

返回内存池的 ID,这是此内存池的标志,可以在其他相关函数中通过 ID 来引用此内存池。如果创建失败,则返回 NULL。

(3) void * osPoolAlloc(osPoolId pool_id)

描述:

向内存池申请一个内存单元(对象)。

参数:

pool_id——传递使用 osPoolCreate() 函数创建内存池成功后返回的 ID。

返回值:

返回内存单元(对象)的地址。

(4) osStatus osPoolFree(osPoolId pool_id,void * block)

描述：

释放从内存池中申请的内存单元(对象)。

参数：

- pool_id——传递使用 osPoolCreate()函数创建内存池成功后返回的 ID;
- block——向内存池申请的内存单元(对象)的地址。

返回值：

- osOK——该内存单元已经被释放了;
- osErrorValue——内存单元不属于该内存池;
- osErrorParameter——传递的参数不合法或者超出允许范围。

下面给出一个使用消息队列结合内存池传递一个结构体的实例。现在假设需要将采集到的电流信息和电压信息从 thread1 线程传递到 thread2 线程中。

建立完工程后,需要对 CMSIS-RTOS 进行配置,这里将线程默认堆栈大小以及主函数线程的堆栈大小设置为 496B,CMSIS-RTOS 滴答定时器的时钟源频率设置为 72MHz。具体配置参考图 7-8。

那么在初始化程序中需要完成以下初始化：CMSIS 系统的初始化、定义包含电流和电压信息的结构体(elec_message 结构体)并创建消息队列和内存池。在 thread1 中向内存池申请一个 elec_message 的内存单元并赋值,通过 osMessagePut()函数将 elec_message 放入消息队列中。在 thread2 中不断读取是否有消息到达,若有数据到达则做出相应的处理。可以在 main.c 文件中添加如下代码：

```
#include "cmsis_os.h"
#include "stdio.h"
#include "math.h"

/* 内存池相关申明 */
typedef struct {                             //定义在内存池中存放的内存单元(对象)
    float voltage;                           //采集的电压值
    float current;                           //采集的电流值
    uint32_t counter;                        //采集的次数
}elec_message;

osPoolDef(elecMessagePool, 16, elec_message);    //定义内存池
osPoolId poolID;                                 //定义内存池的 ID

/* 消息队列相关申明 */
osMessageQDef(message_q, 5, elec_message);        //定义消息队列
osMessageQId messageID;                           //定义 messageID
osEvent messageEvent;                             //存放 message 信息

/* 线程的相关定义 */
//函数原型声明
void Thread_Message(void const * arg);
//定义线程
```

```
    osThreadDef(Thread_Message, osPriorityNormal, 2, 0);

    //线程的函数原型
    void Thread_Message(void const * arg)
    {
        if ( * (char * )arg == '1') {                   //线程 1 部分,发送 message
            uint32_t count = 1;
            while (1) {
                elec_message message1;                  //每次传送两次数据
                elec_message message2;
                message1 = * (elec_message * )osPoolAlloc(poolID);   //在内存池中申请内存
                message1.counter = count++;                         //采集的次数
                message1.voltage = 100 * sin(count);               //电压为 sin()函数
                message1.current = 100 * cos(count);               //电流为 cos()函数
                //发送数据 count 且 count 自加 1
                osMessagePut(messageID, (uint32_t)&message1, osWaitForever);
                message2 = * (elec_message * )osPoolAlloc(poolID);   //在内存池中申请内存
                message2.counter = count++;                         //采集的次数
                message2.voltage = 100 * sin(count);               //电压为 sin()函数
                message2.current = 100 * cos(count);               //电流为 cos()函数
                //发送数据 count 且 count 自加 1
                osMessagePut(messageID, (uint32_t)&message2, osWaitForever);
                osDelay(1000);                                     //每秒钟发送一次数据
            }
        }
        else if ( * (char * )arg == '2') {        //线程 2 部分,接收 message
            elec_message message;
            while (1) {
                messageEvent = osMessageGet(messageID, osWaitForever);   //接收数据
                //确定此事件是 message 到达事件
                if (messageEvent.status == osEventMessage) {
                    message = * (elec_message * )messageEvent.value.p;
                    printf("recieved message --> \r\n ");
                    printf(" count: % d, voltage: % f V, current: % f A. \r \n", message.counter,
    message.voltage, message.current);
                    osPoolFree(poolID, &message);        //释放 message 在内存池中占用的空间
                }
            }
        }
        else {
            printf("arg error. \r\n"); //只支持'1'和'2'
        }
    }///结束

    /* 主函数,主要初始化线程,内存池和消息队列 */
    int main(void)
    {
        osKernelInitialize();                           //初始化 CMSIS - RTOS 内核
        stdout_init();                                  //重定向 printf 函数到串口
        osThreadCreate(osThread(Thread_Message), "1");  //启动线程 1
```

```
osThreadCreate(osThread(Thread_Message), "2");        //启动线程 2
if ((messageID = osMessageCreate(osMessageQ(message_q), NULL)) == NULL) {
    printf("create Message Queue failed!\r\n");       //创建 Message Queue 失败
}
printf("create Message Queue OK!\r\n");               //创建 Message Queue 成功
if (osPoolCreate(osPool(elecMessagePool)) == NULL) {  //创建内存池
    printf("create Memory Pool failed!\r\n");         //创建 Memory Pool 失败
}
printf("create Memory Pool OK!\r\n");                 //创建 Memory Pool 成功
osKernelStart();                                      //启动 CMSIS - RTOS 内核,开始线程调度
}
```

下载程序之后可看到如图 7-20 所示的结果,thread1()线程中将电压电流的信息成功地传递到 thread2()线程中了。

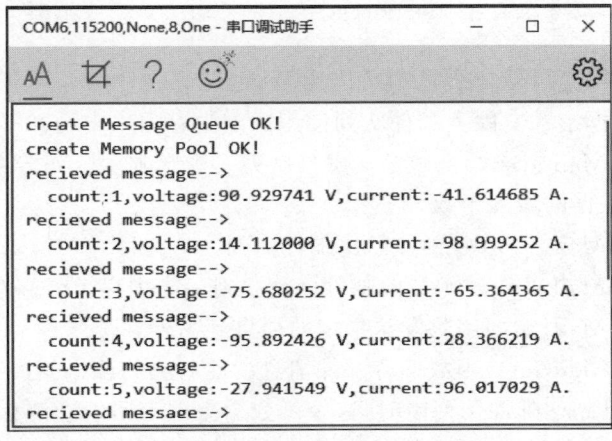

图 7-20　消息队列与内存池结合传递消息结果

需要注意的是,消息队列和内存池结合起来使用可以很好地实现线程间传递复杂数据类型的数据项,但消息队列传递复杂数据类型的数据项并不一定结合内存池,在 CMSIS-RTOS 中完全可以使用加锁后的 malloc()和 free()函数实现相同的功能(但会出现大量内存碎片,降低内存的利用率)。

7.4.3　邮件队列

在 7.4.2 节中介绍使用内存池会使编写的应用程序更健壮,消息队列和内存池通常会结合起来使用。但是在编写程序的过程中往往需要编写两份代码,分别实现对消息队列和内存池进行定义、创建等操作。所以在 CMSIS-RTOS 中定义了邮件队列来实现消息队列和内存池的相结合。

邮件队列(Mail Queue)类似于消息队列来传递消息。不同的是,邮件队列在传递数据前会自动向内存池申请一个内存单元来存放数据,在接收到消息之后会自动释放内存池中申请的数据。可以认为将内存池变成了邮件队列的一部分,所以使用邮件队列可以实现与消息队列和内存池同样功能和性能的程序,而且实现起来更加方便,因此推荐使用这种

方式。

邮件队列工作方式如图 7-21 所示,很像日常发送的邮件。在发送邮件时需要向邮局购买信封和邮票,将写好的信放在信封中后交给邮局,邮局就会将信送达目的地。在程序中表现为:在发送消息前需要向邮件队列申请一片内存空间存放消息,赋值完消息后将此消息放入邮件队列中,而邮件队列则会将消息送到其他线程中去。

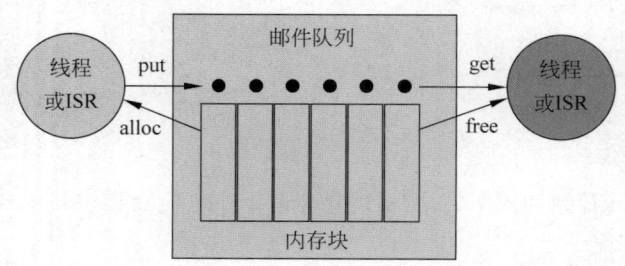

图 7-21　CMSIS-RTOS 中邮件队列工作方式示意图

在 CMSIS-RTOS 中实现邮件队列可以遵循如下步骤:

第一步,声明数据结构。因为邮件队列使用的是内存池来申请和释放内存。

第二步,使用 osMailQDef() 函数定义邮件队列。确定邮件队列传递数据类型以及在邮件队列中允许存放数据的最大个数。

第三步,使用 osMailCreate() 函数创建邮件队列。

第四步,使用 osMailAlloc() 函数向邮件队列申请一个内存单元来存放消息。

第五步,使用 osMailPut() 函数发送指定的消息到另外一个线程。

第六步,使用 osMailGet() 函数等待邮件消息。此时会将当前运行的线程挂起,直到有消息到达。当有消息到达邮件队列中时,这个函数会立即返回消息信息。

接下来对上述函数进行介绍:

(1) #define osMailQDef(name,queue_sz,type)

描述:

定义邮件队列。

参数:

- name——邮件队列的名称;
- queue_sz——在邮件队列中存在消息的最大个数;
- type——传递消息的数据类型。

(2) osMailQId osMailCreate(const osMailQDef_t * queue_def,osThreadId thread_id)

描述:

创建邮件队列。

参数:

- queue_def——通常传递的参数是 osMailQ(name),其中 name 是使用 osMailQDef 定义的邮件队列的名称;
- thread_id——线程 ID,不使用可以为 NULL。

返回值:

返回邮件队列的 ID,是此邮件队列的标志,可以在其他相关函数中通过 ID 来引用此邮件队列。如果创建失败,则返回 NULL。

(3) void * osMailAlloc(osMailQId queue_id,uint32_t millisec)

描述:

申请一个内存单元来存放消息。

参数:

- queue_id——邮件队列的 ID,使用 osMailCreate()函数创建后返回的 ID。
- millisec——超时时间。如果邮件队列中没有内存可以分配,则会在超时时间内等待邮件队列的空间被释放,在等待过程中线程会进入就绪状态。传入 0 会立即返回,传入 osWaitForever 会一直等待,直到邮件队列中有内存可以分配。

返回值:

返回对应内存的地址指针。如果为 NULL,则说明分配失败。

(4) osStatus osMailPut(osMailQId queue_id,void * mail)

描述:

发送指定的消息到另外一个线程。

参数:

- queue_id——邮件队列的 ID,使用 osMailCreate()函数创建后返回的 ID;
- mail——使用 osMailAlloc()或者 osMailCAlloc()函数分配成功的内存单元。

返回值:

- osOK——消息成功放入消息队列中;
- osErrorValue——事先没有为邮件分配内存;
- osErrorParameter——参数无效或超出允许范围。

(5) osEvent osMailGet(osMailQId queue_id,uint32_t millisec)

描述:

等待邮件消息。

参数:

- queue_id——邮件队列的 ID,使用 osMailCreate()函数创建后返回的 ID;
- millisec——超时时间。传入 0 会立即返回;传入 osWaitForever 会一直等待,直到邮件队列有消息到达。

接下来使用邮件队列完成 7.4.2 节中的实验,将采集到的电流信息和电压信息从 thread1 线程传递到 thread2 线程中。

建立完工程后,需要对 CMSIS-RTOS 进行配置,这里将线程默认堆栈大小以及主函数线程的堆栈大小设置为 496B,CMSIS-RTOS 滴答定时器的时钟源频率设置为 72MHz。具体配置参考图 7-8。

那么在初始化程序中需要完成以下初始化:CMSIS 系统的初始化、定义包含电流和电压信息的结构体(elec_message 结构体)并创建邮件队列。在 thread1 中申请一个 elec_message 的内存单元并赋值,通过 osMailPut()函数将 elec_message 放入邮件队列中。在 thread2 中不断读取是否有消息到达,若有数据到达则做出相应的处理。可以在 main.c 文件中添加如下代码:

```c
# include "cmsis_os. h"
# include "stdio. h"
# include "math. h"

/* 邮件队列相关申明 */
typedef struct {                         //定义邮件队列中存放的内存单元(对象)
    float voltage;                       //采集的电压值
    float current;                       //采集的电流值
    uint32_t counter;                    //采集的次数
}elec_message;

osMailQDef(mail, 16, elec_message);      //定义邮件队列
osMailQId mailID;                        //定义邮件队列 ID

/* 线程的相关定义 */
//函数原型申明
void Thread_Message(void const * arg);
//定义线程
osThreadDef(Thread_Message, osPriorityNormal, 2, 0);

//线程的函数原型
void Thread_Message(void const * arg)
{
    if ( * (char * )arg == '1') {        //线程 1 部分,发送 Mail
        uint32_t count = 1;
        while (1) {
            elec_message message1;
            elec_message message2;
            //申请空间填写邮件信息
            message1 = * (elec_message * )osMailAlloc(mailID, 100);
            message1.counter = count++;
            message1.voltage = 100 * sin(count);
            message1.current = cos(count);
            osMailPut(mailID, &message1);            //发送邮件
            //申请空间填写邮件信息
            message2 = * (elec_message * )osMailAlloc(mailID, 100);
            message2.counter = count++;
            message2.voltage = 100 * sin(count);
            message2.current = cos(count);
            osMailPut(mailID, &message2);            //发送邮件
            osDelay(1000);                           //每秒钟发送一次
        }
    }
    else if ( * (char * )arg == '2') {               //线程 2 部分,接收 Mail 消息
        elec_message message;
        while (1) {
            osEvent event = osMailGet(mailID, 500);  //等待邮件到达
            if (event.status == osEventMail) {       //判断是不是邮件到达
                //将邮件中的消息内容赋值给 message
                message = * (elec_message * )event.value.p;
```

```
            printf("receieved message-->\r\n ");
             printf("count:% d,voltage:% f V,current:% f A.\r\n", message.counter,
message.voltage, message.current);
            }
        }
    }
    else {
        printf("arg error.\r\n"); //只支持'1'和'2'
    }
}//结束

/* 主函数,主要初始化 CMSIS,邮件队列 */
int main(void)
{
    osKernelInitialize();                    //初始化 CMSIS - RTOS 内核
    stdout_init();                           //重定向 printf()函数到串口
    osThreadCreate(osThread(Thread_Message), "1");    //启动线程 1
    osThreadCreate(osThread(Thread_Message), "2");    //启动线程 2
    if ((mailID = osMailCreate(osMailQ(mail), NULL)) == NULL)
        printf("create Mail Queue failed!\r\n");
    printf("create Mail Queue OK!\r\n");
    osKernelStart();                         //启动 CMSIS - RTOS 内核,开始线程调度
}
```

下载程序后的现象如图 7-22 所示。

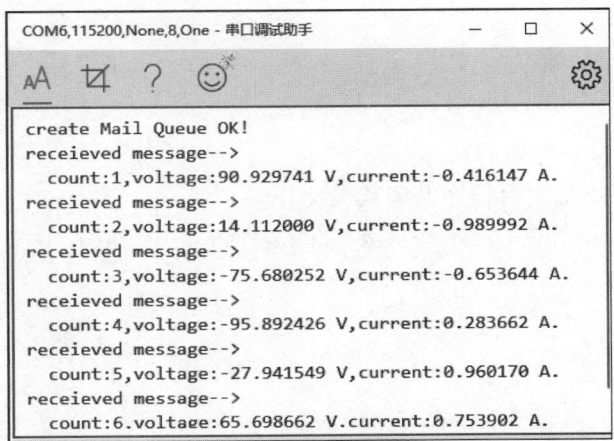

图 7-22　使用邮件队列实现线程间消息传递

7.5　虚拟定时器

　　CMSIS-RTOS 支持虚拟定时器。与 STM32 中的硬件定时器不同的是,**虚拟定时器**是通过对操作系统的时钟进行分频和管理得到的,所以精度没有硬件定时器好,但是对于一般

应用来说足够了。CMSIS-RTOS 中的虚拟定时器可以分为两种：第一种是单次定时器，这种定时器会在定时时间到了之后执行一次回调函数，随后将会被系统自动删除；第二种是周期定时器，这种定时器可以周期执行回调函数直到它被删除或者停止。在 CMSIS-RTOS 中可以对这两种虚拟计数器进行启动，重新启动或停止操作。

图 7-23 展现了周期定时器的一次完整的生命周期。调用 osTimerStart() 函数后，周期定时器开始计数，当定时时间到了之后会调用回调函数，然后重新计算。如果需要调整周期定时器的定时时间或者重新计数，那么只需调用 osTimerStart() 函数重新启动周期计数器即可，之后周期定时器就会按照新的周期调用回调函数。当然也可使用 osTimerStop() 函数停止周期定时器的计数。若不再使用此计数器，则可以使用 osTimerDelete() 函数删除它。

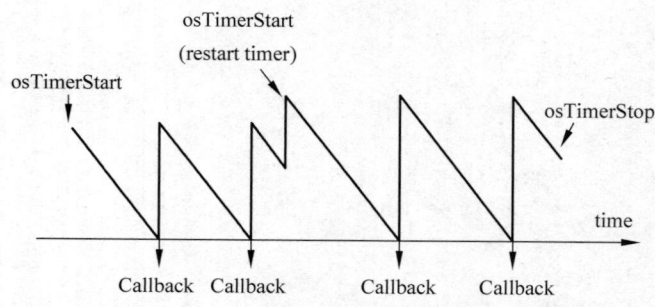

图 7-23　CMSIS-RTOS 中周期计数器的生命周期

接下来对 CMSIS-RTOS 中的虚拟定时器的相关函数进行讲解：

（1）#define osTimerDef(name, function)

描述：

定义定时器。

参数：

• name——虚拟定时器的名称；

• function——虚拟定时器回调函数名称。

（2）osTimerId osTimerCreate(const osTimerDef_t * timer_def, os_timer_type type, void * argument)

描述：

创建定时器。

参数：

• timer_def——一般传递 osTimer(name)，其中 name 是应该和使用 osTimerDef() 函数创建定时器时传入的 name 参数一致的。

• type——确定定时器是单次定时器类型还是周期定时器类型。传入 osTimerOnce 代表单次定时器，传入 osTimerPeriodic 代表周期定时器。

• argument——定时器回调函数的参数。

返回值：

返回定时器 ID，此 ID 是唯一确定的，是在对定时器进行开启、停止和删除时需要传入的参数。

（3）osStatus osTimerStart(osTimerId timer_id,uint32_t millisec)

描述：

启动定时器计数。

参数：

- timer_id——使用 osTimerCreate()函数创建定时器成功后返回的定时器 ID；
- millisec——确定定时器一个周期的时间，单位是 ms。

返回值：

- osOK——指定的定时器已经启动成功或者重启成功；
- osErrorISR——osTimerStart()函数不能在 ISR 中断服务函数中使用；
- osErrorParameter——传入的参数 timer_id 不正确。

（4）osStatus osTimerStop(osTimerId timer_id)

描述：

停止计数。

参数：

timer_id——使用 osTimerCreate()函数创建定时器成功后返回的定时器 ID。

返回值：

- osOK——指定定时器已经停止计数；
- osErrorISR——osTimerStop()函数不能在 ISR 中断服务函数中调用；
- osErrorParameter——传入参数 timer_id 错误；
- osErrorResource——定时器没有计数。

（5）osStatus osTimerDelete(osTimerId timer_id)

描述：

删除定时器。

参数：

timer_id——使用 osTimerCreate()函数创建定时器成功后返回的定时器 ID。

返回值：

- osOK——删除指定的定时器成功；
- osErrorISR——osTimerCreate()函数不能在 ISR 中断服务函数中使用；
- osErrorParameter——传入的参数 timer_id 不正确。

接下来完成定时器的实验：创建两个定时器 timer1 和 timer2，其中 timer1 是单次定时器，timer2 是周期定时器，分别在定时器的回调函数里面输出调试信息。

建立完工程后，需要对 CMSIS-RTOS 进行配置，这里将主函数线程的堆栈大小以及定时器堆栈大小设置为 496B，CMSIS-RTOS 滴答定时器的时钟源频率设置为 72MHz。具体配置如图 7-24 所示。

在 main.c 文件中添加如下代码：

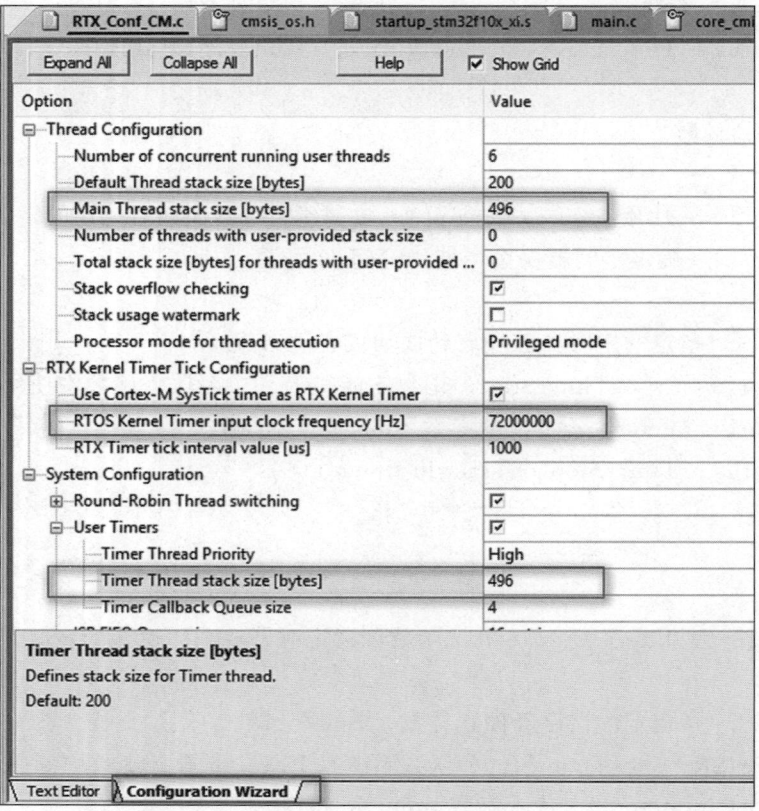

图 7-24 CMSIS-RTOS 配置

```c
#include "cmsis_os.h"
#include "stdio.h"

/* 单次定时器相关定义 */
void onc_timer_callback(void const * argument);

osTimerDef(once_timer, onc_timer_callback);          //定义单次定时器
osTimerId once_timer_ID;                             //单次定时器 ID

//单次定时器回调函数
void onc_timer_callback(void const * argument)
{
    printf("thread1 print is onc_timer,3s.\r\n");
}



/* 周期定时器相关定义 */
void periodic_timer_callback(void const * argument);

osTimerDef(periodic_timer, periodic_timer_callback);  //定义周期定时器
```

```
osTimerId periodic_timer_ID;                        //周期定时器 ID
//周期定时器回调函数
void periodic_timer_callback(void const * argument)
{
    printf("thread2 print is periodic_timer,1s.\r\n");
}



int main(void)
{
    osKernelInitialize();                       //初始化 CMSIS - RTOS 内核
    stdout_init();                              //重定向 printf()函数到串口
    //创建定时器 1,单次定时器,不传递参数
if ((once_timer_ID =
        osTimerCreate(osTimer(once_timer), osTimerOnce, NULL)) == NULL)
      printf("timer1 create failed!\r\n");
    printf("timer1 create OK!\r\n");
    //创建定时器 2,周期定时器,不传递参数
    if (( periodic_timer_ID = osTimerCreate(osTimer(periodic_timer), osTimerPeriodic,
NULL)) == NULL)
         printf("timer2 create failed!\r\n");
    printf("timer2 create OK!\r\n");
    osTimerStart(once_timer_ID, 3000);          //启动单次定时器,周期为 3s
    osTimerStart(periodic_timer_ID, 1000);      //启动周期定时器,周期为 1s
    osKernelStart();                            //启动 CMSIS - RTOS 内核,开始线程调度
}
```

下载程序后的现象如图 7-25 所示。由于定时器 2 是周期为 1s 的周期定时器,所以每秒都会有调试信息输出。而定时器 1 是周期为 3s 的单次定时器,所以会在定时器开启的 3s 后输出调试信息,然后会被系统删除。

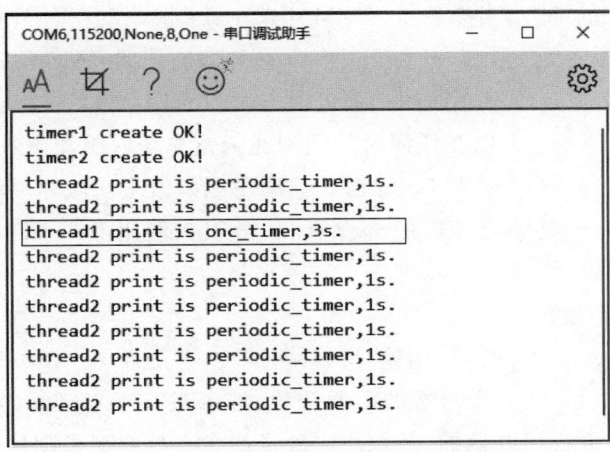

图 7-25　定时器输出调试信息结果

7.6 CMSIS-Driver

7.6.1 CMSIS-Driver 简介

前面虽然已经介绍了 STM32 中相关驱动的开发,但都是基于单线程的,因此不具有线程安全性。为了在多线程中安全驱动外设,将在后面内容中介绍支持多线程的外设驱动库——CMSIS-Driver。

目前 CMSIS-Driver 为驱动 Cortex-M 内核芯片的外设提供了统一的接口,几乎包含了全部的主流外设驱动,目前支持的外设有 CAN、Ethernet、I^2C、MCINAND、Flash、SAI、SPI、Storage、USART、USB。在 MDK5 中,可以很方便地在 Manage Run-Time Environment 窗口选择需要使用的外设,如图 7-26 所示。

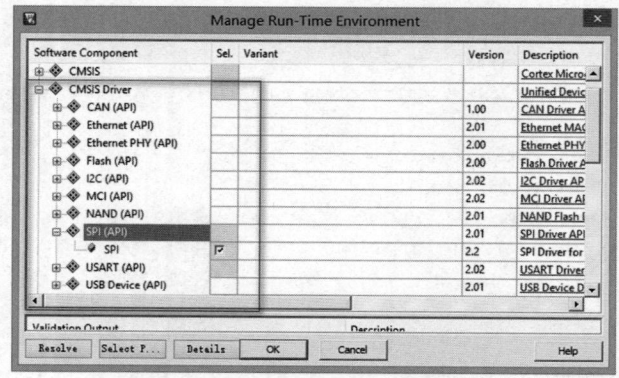

图 7-26 在 Manage Run-Time Environment 窗口选择使用的外设

CMSIS-Driver 为每个外设都定义了一个结构体,用来操作相应的外设。不同外设对应的结构体有很多相似的地方,当熟悉使用 CMSIS-Driver 来驱动一种外设后,驱动其他类型的外设,很容易做到举一反三。本书主要以串口通信为例介绍 CMSIS-Driver 的使用。

CMSIS-Driver 中规定每个外设都必须包含下面的函数:

(1) GetVersion()——可以在任何时候调用此函数来获取驱动函数的版本信息。

(2) GetCapabilities()——可以在任何时候调用此函数来获取驱动函数的功能。

(3) Initialize()——初始化相应的外设资源,必须在调用 PowerControl()函数之前调用。此函数会初始化如下内容:

① 外设的 I/O 资源;

② 注册 SignalEvent() 的回调函数(可选)。

(4) SignalEvent()——一个可选的回调函数,该函数在 Initialize()函数中被注册。该回调函数是从中断服务程序开始的,并在相应外设产生事件或者数据块传输完成时被调用。

(5) PowerControl()——控制外设的电源,在 Initialize()函数之后调用。通常情况下有 3 种电源选项可用:

① ARM_POWER_FULL——外设被打开并全速运行。驱动程序初始化外设寄存器、

中断和 DMA；

② ARM_POWER_LOW——外设处于低功耗模式和只启用外设的部分功能；通常情况下，它可以检测外部事件进行唤醒操作。

③ ARM_POWER_OFF——关闭外设，此时无法对此外设进行操作（挂起的操作也被终止）。这是设备复位后的状态。

（6）Uninitialize()——初始化的补充功能。释放接口所使用的 I/O 引脚资源。

（7）Control()——对于串口驱动程序提供此控制功能函数来配置通信参数或者执行各种控制功能。

如图 7-27 所示为驱动外设的一般步骤。其中，GetVersion() 函数和 GetCapabilities() 函数可以在任何时间被调用，函数会返回相同的信息，此处不再赘述。

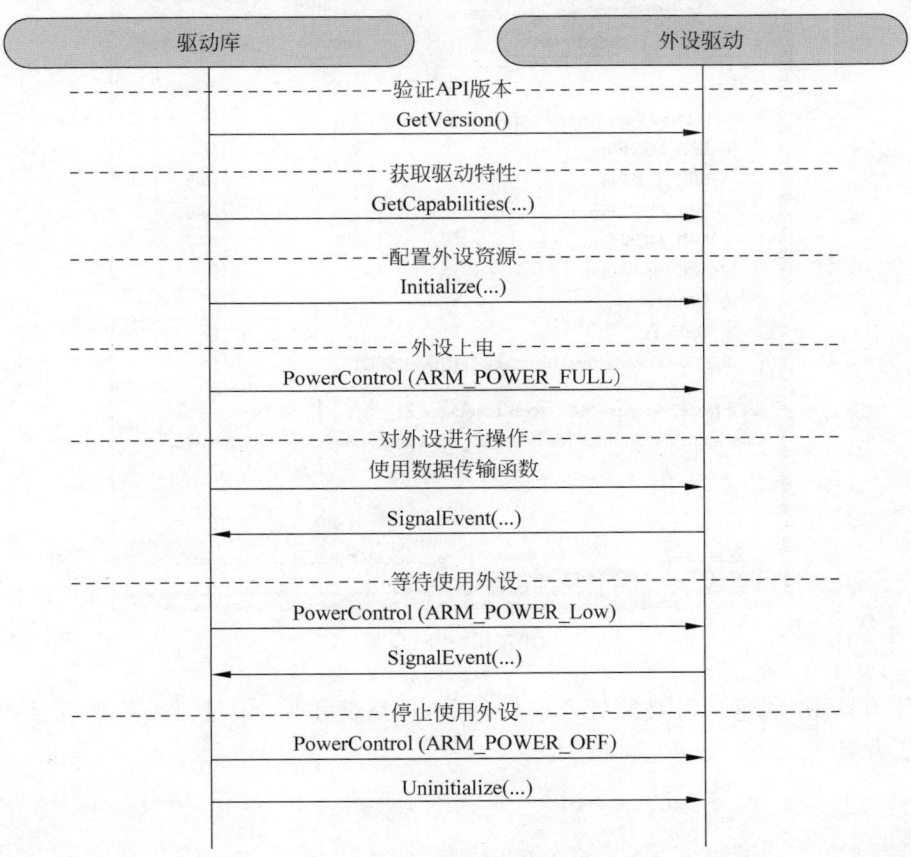

图 7-27　使用驱动函数的一般步骤

在使用外设通信之前，需要调用 Initialize() 函数和 PowerControl() 函数来初始化相应的外设寄存器：

```
drv -> Initialize(callback);              //配置对应 I/O 引脚资源
drv -> PowerControl(ARM_POWER_FULL);      //上电相应外设，并配置中断以及 DMA
```

其中：

Initialize()函数——通常配置相应外设 I/O 引脚资源。该函数可以被调用多次，如果外设的 I/O 资源已经被初始化了，那么此函数不执行任何操作，直接返回 ARM_DRIVER_OK。

PowerControl()函数——用于设置外设寄存器，包括外设寄存器、中断（NVIC）和 DMA（可选）。此函数可以被多次调用，如果寄存器已经被设置，那么此函数不执行任何操作，直接返回 ARM_DRIVER_OK。

对于大多数外设都可以在 RTE_Device.h 头文件中配置外设的实际引脚以及是否使能相应的 DMA。如图 7-28 中将 SPI 的 SCK、MISO 和 MOSI 分别对应的是 PA5、PA6 以及 PA7，并使能了 SPI 的接收和发送的 DMA。

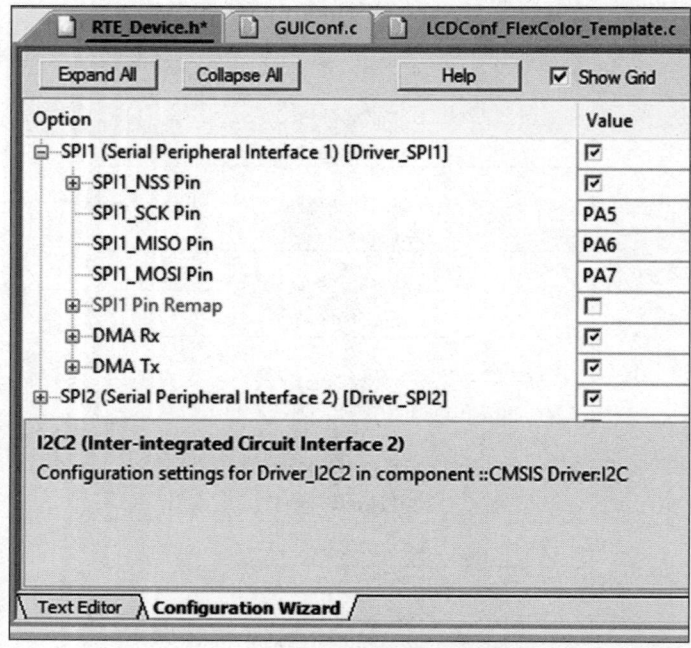

图 7-28 SPI 配置

对于有些串口驱动，需要配置通信的参数，可以使用 Control()函数来进行配置。以 SPI 通信为例：

```
/ *
配置 SPI 接口为主机模式、模式 3、高字节在前、
使能片选信号、8 个数据位、比特率为 10000000bps
* /
SPIdrv-> Control(ARM_SPI_MODE_MASTER | ARM_SPI_CPOL1_CPHA1 | ARM_SPI_MSB_LSB | ARM_SPI_SS_
MASTER_SW | ARM_SPI_DATA_BITS(8), 10000000);
```

完成对外设初始化之后即可使用外设进行数据传输了。在 CMSIS-Driver 中传送数据有下面 3 种方式：

（1）Send（发送）——通过外设发送数据；

（2）Receive（接收）——通过外设接收数据；

（3）Transfer（交换）——在通过外设发送数据的同时也从外设接收数据。

在应用代码中一次完整的发送流程如图 7-29 所示。当调用发送函数之后，CMSIS-Driver 会使用 ISR 中断服务程序或者 DMA 来传送数据，一旦数据开始发送函数就立刻返回到应用程序代码中，所以在 CMSIS-Driver 驱动中实现了非阻塞函数与外部设备进行数据交换。即，调用发送/接收数据的驱动函数时，并不会等待所有数据发送/接收完成才会返回，而是会在驱动函数配置完写/读外设后，立即返回执行应用程序代码中的下一条语句。

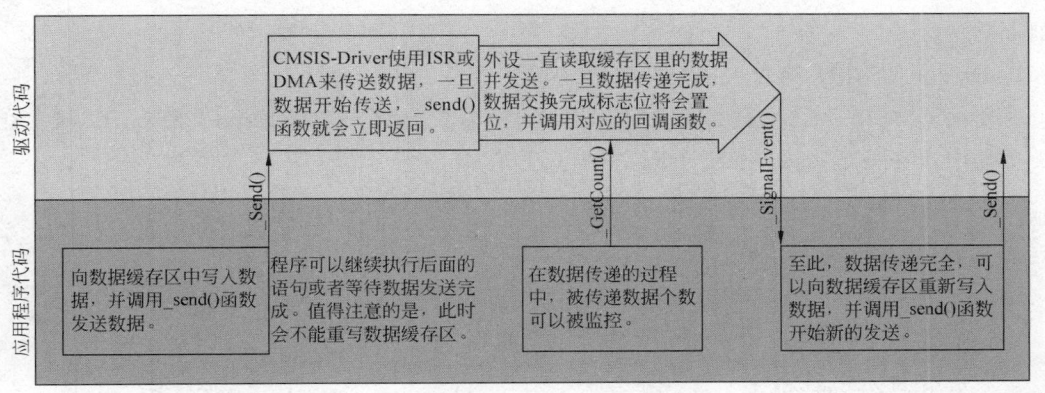

图 7-29　一次完整的发送流程

在通过外设传输数据时，可通过 GetXXXCount（）函数查询填充到发送/接收缓存区的数据个数。如果在初始化函数中注册了回调函数，那么当一个数据传送完成后会触发此回调函数。

当不再使用此外设或者暂时不需要使用此外设时，需调用 PowerControl（）和 Uninitialize（）函数停止相关外设并释放 I/O 引脚资源。

```
drv->PowerControl(ARM_POWER_OFF);    //终止数据传输,复位 IRQ/DMA,关闭外设电源
drv->Uninitialize();                 //释放外设的 I/O 引脚资源
```

所以，当两个外设需要共用一个 I/O 引脚时，可利用这两个函数共享 I/O 引脚资源。形如：

```
SPI1drv->Initialize(NULL);           //启动 SPI1
SPI1drv->PowerControl(ARM_POWER_FULL);
... //使用 SPI1 交换数据
SPI1drv->PowerControl(ARM_POWER_OFF); //停止 SPI1
SPI1drv->Uninitialize();             //释放 SPI 的 I/O 资源
...
USART1drv->Initialize(NULL);         //开启 USART1
```

```
USART1drv -> PowerControl(ARM_POWER_FULL);
... //使用 USART1 交换数据
USART1drv -> PowerControl(ARM_POWER_OFF);        //停止 USART1
USART1drv -> Uninitialize();                     //释放 USART1 的 I/O 引脚资源
```

7.6.2 Driver_USART 使用

为了加深对 CMSIS-Driver 的理解,本书重点介绍 Driver_USART 的使用,读者可在此基础上举一反三。

1. Driver_USART 简介

在使用 CMSIS-Driver 进行 USART 开发时,需要包含头文件 Driver_USART.h。在此头文件中定义了结构体 ARM_DRIVER_USART:

```
typedef struct _ARM_DRIVER_USART {
    ARM_DRIVER_VERSION( * GetVersion)              (void);
    ARM_USART_CAPABILITIES( * GetCapabilities) (void);
    int32_t( * Initialize)      (ARM_USART_SignalEvent_t cb_event);
    int32_t( * Uninitialize)    (void);
    int32_t( * PowerControl)    (ARM_POWER_STATE state);
    int32_t( * Send)            (const void * data, uint32_t num);
    int32_t( * Receive)         (void * data, uint32_t num);
    int32_t( * Transfer)        (const void * data_out,
                        void * data_in,
                        uint32_t num);
    uint32_t( * GetTxCount)     (void);
    uint32_t( * GetRxCount)     (void);
    int32_t( * Control)         (uint32_t control, uint32_t arg);
    ARM_USART_STATUS( * GetStatus) (void);
    int32_t( * SetModemControl) (ARM_USART_MODEM_CONTROL control);
    ARM_USART_MODEM_STATUS( * GetModemStatus) (void);
} const ARM_DRIVER_USART;
```

CMSIS-Driver 提供这个结构体来对 USART 外设进行控制。在此结构体中,大部分函数是 CMSIS-Driver 规定必须包含的,与其他外设驱动不同的有 4 个函数:SetModemControl()、GetModemStatus()、GetStatus()和 Control()。

其中,SetModemControl()函数和 GetModemStatus()函数是在硬件流模式下需要使用到的,由于在普通的控制通信中一般不会用到硬件流控制,所以这里也不过多介绍。Control()函数用来设置和控制外设,会根据不同的串口协议的不同而不同;GetStatus()函数会返回 USART 的状态标志,可以根据此函数判断 USART 的运行状态。接下来对Control()和 GetStatus()函数进行详细介绍。

(1) int32_t Control(uint32_t control,uint32_t arg)

描述:

配置 USART 通信的相关设置,也可以控制 USART 的相关操作。

参数：

- control——传递需要控制的操作或设置，如果参数 control 不要额外信息可以直接传递 NULL；
- arg——是参数 control 的补充，是可选的，参数 control 和对应的参数 arg 如表 7-3 所示。

返回值：

返回错误状态码，如表 7-4 所示。可以根据返回的错误状态码判断配置是否成功并分析错误的原因。

表 7-3　Control() 函数可传递的参数

参数 control	bit	类别	描　述
ARM_USART_MODE_ASYNCHRONOUS	0..7	操作模式	设置 USART 为异步通信模式，此时参数 arg 设置比特率
ARM_USART_MODE_SYNCHRONOUS_MASTER			设置为同步主模式，产生时钟信号，此时参数 arg 设置比特率
ARM_USART_MODE_SYNCHRONOUS_SLAVE			设置同步从机模式，需要外部提供时钟信号
ARM_USART_MODE_SINGLE_WIRE			设置 USART 为半双工模式，此时参数 arg 设置比特率
ARM_USART_MODE_IRDA			设置为 Infra-red 模式，此时参数 arg 设置比特率
ARM_USART_MODE_SMART_CARD			设置为 SMART CARD 模式，此时参数 arg 设置波特率
ARM_USART_DATA_BITS_5	8..11	字长	设置字长为 5
ARM_USART_DATA_BITS_6			设置字长为 6
ARM_USART_DATA_BITS_7			设置字长为 7
ARM_USART_DATA_BITS_8			设置字长为 8（默认）
ARM_USART_DATA_BITS_9			设置字长为 9
ARM_USART_PARITY_EVEN	12..13	奇偶校验位	奇偶校验
ARM_USART_PARITY_NONE			没有校验位（默认）
ARM_USART_PARITY_ODD			偶校验
ARM_USART_STOP_BITS_1	14..15	停止位	1 位停止位（默认）
ARM_USART_STOP_BITS_2			2 位停止位
ARM_USART_STOP_BITS_1_5			1.5 位停止位
ARM_USART_STOP_BITS_0_5			0.5 位停止位
ARM_USART_FLOW_CONTROL_NONE	16..17	流控信号	没有流控制信号（默认）
ARM_USART_FLOW_CONTROL_CTS			使用 CTS 流控制信号
ARM_USART_FLOW_CONTROL_RTS			使用 RTS 流控制信号
ARM_USART_FLOW_CONTROL_RTS_CTS			使用 RTS 和 CTS 流控制信号
ARM_USART_CPOL0	18	时钟极性	CPOL=0（默认）：在上升沿捕捉数据（低→高）
ARM_USART_CPOL1			CPOL=1：在下降沿捕捉数据（高→低）

续表

参数 control	bit	类别	描　述
ARM_USART_CPHA0	19	时钟相位	CPHA＝0(默认)：在第一个边沿开始采样
ARM_USART_CPHA1			CPHA＝1：在第一个边沿开始采样
ARM_USART_ABORT_RECEIVE	0..19	复杂操作(不能同时操作)	终止接收数据操作
ARM_USART_ABORT_SEND			终止发送数据操作
ARM_USART_ABORT_TRANSFER			终止交换数据操作
ARM_USART_CONTROL_BREAK			启用或禁用连续中断传输；此时参数 arg：0＝禁用；1＝启用
ARM_USART_CONTROL_RX			启用或禁用接收；此时参数 arg：0＝禁用；1＝启用
ARM_ USART _ CONTROL _ SMART _ CARD _NACK			启用或禁用 SMART CARD NACK 的生成；此时参数 arg：0＝禁用；1＝启用
ARM_USART_CONTROL_TX			启用或禁用发送；此时参数 arg：0＝禁用；1＝启用
ARM_USART_SET_DEFAULT_TX_VALUE			设置默认发送值(仅能在同步接收中使用)
ARM_USART_SET_IRDA_PULSE			设置 IrDA 脉冲值，单位是 ns
ARM_USART_SET_SMART_CARD_CLOCK			设置 SMAR 智能卡时钟频率，单位是 Hz
ARM_USART_SET_SMART_CARD_GUARD_TIME			设置智能卡的保护时间

表 7-4　错误状态码

错误状态码	值	含　义
ARM_DRIVER_OK	0	操作成功
ARM_USART_ERROR_MODE	−1	不支持指定的模式
ARM_USART_ERROR_BAUDRATE	−2	不支持指定的波特率
ARM_USART_ERROR_DATA_BITS	−3	不支持指定的字长
ARM_USART_ERROR_PARITY	−4	不支持指定的奇偶校验位类型
ARM_USART_ERROR_STOP_BITS	−5	不支持指定的停止位
ARM_USART_ERROR_FLOW_CONTROL	−6	不支持指定的流控制
ARM_USART_ERROR_CPOL	−7	不支持指定时钟极性
ARM_USART_ERROR_CPHA	−8	不支持指定的时钟相位

　　比如，需要使用串口进行异步通信且比特率是 9600bps，查表 7-3 可知传递的参数 control 为 ARM_USART_MODE_ASYNCHRONOUS，传递参数 arg 为 9600。代码可以编写如下：

```
extern ARM_DRIVER_USART Driver_USART1;
//配置
status = Driver_USART1.Control(ARM_USART_MODE_ASYNCHRONOUS, 9600);
```

细心的读者会发现表 7-3 中有一栏是 Bit，即 control 这个 uint32_t 类型的参数的每一位都代表不同的设置，因此可以使用 CMSIS-Driver 一行代码设置多个 USART 的设置，只需在每个设置之间使用"|"；"按位或"运算；连接即可。比如配置：比特率为 115 200bps、字长是 8 字节、停止位为 1 位、没有奇偶校验位、没有流控制，仅需一条语句：

```
status = Driver_USART1.Control(ARM_USART_MODE_ASYNCHRONOUS |
    ARM_USART_DATA_BITS_8 |
    ARM_USART_PARITY_NONE |
    ARM_USART_STOP_BITS_1 |
    ARM_USART_FLOW_CONTROL_NONE, 9600);
```

这个特性不是 USART 独有的，可以使用这种方法对每个外设进行设置。需要注意的是，一次只能操作一个复杂操作。例如，需要打开 USART 的接收和发送功能时，就必须分开书写代码：

```
//使能发送
status = Driver_USART1.Control(ARM_USART_CONTROL_TX, 1);
//失能接收
status = Driver_USART1.Control(ARM_USART_CONTROL_RX, 0);
```

（2）ARM_USART_STATUS GetStatus(void)

描述：

获取 USART 的状态。

返回值：

返回 ARM_USART_STATUS 结构体，可以根据这个结构体来了解 USART 的状态，此结构体在 CMSIS-Driver 中的完整定义如下所示：

```
typedef struct _ARM_USART_STATUS {
    uint32_t tx_busy : 1;          ///<发送忙标志
    uint32_t rx_busy : 1;          ///<接收忙标志
    uint32_t tx_underflow : 1;     ///<发送的数据不可用(在同步从机模式下,此标志位将在下一
次发送操作开始时清除)
    uint32_t rx_overflow : 1;      ///<接收数据溢出(此标志位将在下一次接收操作开始时清除)
    uint32_t rx_break : 1;         ///<接收数据中断(此标志位将在下一次接收操作开始时清除)
    uint32_t rx_framing_error : 1; ///<接收时检测到帧错误(此标志位将在下一次接收操作开始
时清除)
    uint32_t rx_parity_error : 1;  ///<接收时检测到奇偶校验错误(此标志位将在下一次接收操
作开始时清除)
} ARM_USART_STATUS;
```

2. 使用 Driver_USART 实现串口回环测试

CMSIS-Driver 是通过操作结构体来操作相应外设的。对 USART1 进行操作，需添加头文件以及定义相应结构体，代码如下：

```
# include "Driver_USART.h"

//定义 USART 驱动结构体
extern ARM_DRIVER_USART Driver_USART1;
```

在使用 USART1 之前需要对此外设进行初始化,分别调用 Initialize()函数、PowerControl()函数以及 Control()函数。这里设置 USART1 比特率为 115 200bps,具体代码如下。

```
void InitUSART1()
{
    /* 初始化 USART1 外设 */
    Driver_USART1.Initialize(NULL);
    /* USART1 上电 */
    Driver_USART1.PowerControl(ARM_POWER_FULL);
    /* 配置 USART1 为异步通信,比特率 115200bps,字长 8 位,停止位为 1,没有奇偶校验 */
    Driver_USART1.Control(ARM_USART_MODE_ASYNCHRONOUS |
        ARM_USART_DATA_BITS_8 |
        ARM_USART_PARITY_NONE |
        ARM_USART_STOP_BITS_1 |
        ARM_USART_FLOW_CONTROL_NONE, 115200);
    /* 使能串口发送和接收 */
    Driver_USART1.Control(ARM_USART_CONTROL_TX, 1);
    Driver_USART1.Control(ARM_USART_CONTROL_RX, 1);
}
```

初始化完成后即可调用发送与接收函数进行数据通信。以下代码可运行于一个线程中,不断接收并处理数据。

```
char buffer[512] = {0};                              //定义接收数据缓存
void ReceiveData(void){
    uint32_t oldCount = 0;
    memset((uint8_t *)buffer,0,sizeof(buffer));      //复位接收缓存
    //接收数据
    USARTdrv1 -> Receive((uint8_t *)buffer,512);
    while(!(oldCount = USARTdrv1 -> GetRxCount()))   //等待数据传入
        osThreadYield();                             //如果没有新的数据切换线程
    while(1){
        osDelay(5);                                  //延时 5ms
        if(oldCount == USARTdrv1 -> GetRxCount())    //判断此帧数据是否传输结束
            break;
        else{
            oldCount = USARTdrv1 -> GetRxCount();    //有新的数据传入
        }
    }
    USARTdrv1 -> Control(ARM_USART_ABORT_RECEIVE, 0); //停止接收数据
    /* 处理接收到的数据,这里将接收到的数据发送回去 */
    Driver_USART1.Send(buffer, oldCount);            //发送接收的数据
        while (Driver_USART1.GetStatus().tx_busy);   //等待数据发送完毕
}
```

第 8 章　Linux 操作系统应用

除实时操作系统外,还存在很多非实时的通用操作系统,它们之间主要的区别在于调度机制不同,实时操作系统最重要的是保证程序必须在严格的时间限制内及时响应,而通用的操作系统则关注如何在最短的时间内进行更多的计算。通用操作系统应用场景十分广泛,例如,在个人计算机中使用的 Windows 操作系统或 Mac 操作系统,以及手机端的 Android(基于 Linux)操作系统。因此可以看出这类系统更加复杂、更加通用。也可以将这类系统看成一个大的零件包,我们需要做的只是学会使用这些零件并借助已知零件开发出好用的工具。由于许多操作系统并不开源,这会在无形中增加设备应用的成本,因此在相关设计中开源的 Linux 操作系统得到了广泛应用。

本章的目的是帮助读者熟悉 Linux 操作系统,并可以开发出基于 Linux 的应用程序。本章以树莓派为例带领读者去熟悉基于 Linux 的嵌入式软、硬件的相关内容,包括 Linux 中的常用命令、相关程序开发的基本流程与方法以及常用外设驱动方法等。

8.1　Linux 操作系统与树莓派简介

今天各种场景都可能使用各种 Linux 操作系统的发行版,从嵌入式设备到超级计算机。严格来讲,Linux 只是一个操作系统中的内核,建立计算机软件与硬件之间通信的平台,主要提供系统服务,比如文件管理、虚拟内存、设备 I/O 等。但目前人们已经习惯了用 Linux 这个词来形容整个基于 Linux 内核的一系列操作系统。Linux 内核是完全免费且开源的,是由全世界程序员共同维护的,当中也不乏微软、谷歌等公司的顶级程序员,当然读者也可以在 Github 网站上自由下载并修改源码。正是由于它的开源,才导致 Linux 操作系统稳定性非常高。但对于初学者而言,直接理解或移植 Linux 内核是非常困难的,因此本书主要对 Linux 操作系统的使用与相关思想进行介绍,带领读者走进 Linux 操作系统的大门。

对于 Linux 操作系统的发行版本可以分为两类。一类是商业公司维护的发行版本,以 Redhat 系列最为出名,包括 RHEL(Redhat Enterprise Linux)、Fedora Core、CentOS 等。另一类是社区组织维护的发行版本,以 Debian 系列为代表。在本书中使用的树莓派就可以运行 Debian 系列 Linux 操作系统。树莓派官方支持的 Linux 操作系统为 Raspbian,后面会详细介绍。除此之外,Ubuntu 也是 Debian 系列中比较优秀的一个发行版,它拥有 Debian 所有的优点,树莓派也支持运行 Ubuntu。对于 Linux 操作系统的使用是大同小异的,因此本书只着重对 Raspbian 操作系统进行详细介绍。

树莓派是一个开源硬件,是只有信用卡大小的微型计算机,其初衷是为计算机编程教育而设计的。自2012年发布第一代树莓派起,树莓派在电子开发界一直都很受欢迎,是一款性价比高、体积小的可编程微机。到目前为止,树莓派的最新型号为 Raspberry Pi 4 Model B,即树莓派4B,而且相比于前几代树莓派,官方做出了全面升级,带来了3倍以上的计算性能。树莓派官方称树莓派4B能为大多数用户提供与 PC 相当的性能水平,同时也保留了经典的树莓派接口功能。

如图 8-1 为树莓派 4B 的实际图片,具体包括以下亮点:

(1) 采用了 1.5GHz 四核 64 位 ARM Cortex-A72 CPU,型号为博通 BCM2711 SoC;

(2) 1GB、2GB 或 4GB 可选的 LPDDR4 SDRAM;

(3) 全吞吐量千兆以太网;

(4) 双频 IEEE 802.11ac 无线网;

(5) 蓝牙 5.0;

(6) 包含 2 个 USB 3.0 以及 2 个 USB 2.0 接口;

(7) 支持双显示器,分辨率高达 4Kpx;

(8) 采用 VideoCore VI GPU,支持 OpenGL ES 3.x;

(9) 支持硬件解码 4Kp60 的 HEVC 视频;

(10) 与之前树莓派产品完美兼容。

图 8-1　树莓派 4B 实物

值得注意的是,树莓派 4B 在 USB Type-C 的兼容性上存在问题。按常理来说,USB Type-C 端口上两个 CC 引脚都应该接一个电阻,而在官方给出的树莓派 4B 的原理图中共用了同一电阻,因此会导致 Type-C 配件的不兼容。当使用带有电子标记的智能充电器会错误地将树莓派 4B 识别为音频适配器附件而拒绝为其供电。这个问题也很好解决,只需要使用不带电子标签的充电器即可,例如,官方配套的树莓派 4 的充电器,并且不会影响树莓派的性能与稳定性。

8.2 树莓派初体验

8.2.1 Raspbian 系统安装

在树莓派上安装 Raspbian 操作系统非常简单,大致可以分为 3 步:硬件准备、下载并导入系统镜像、接线与上电,下面对这几个步骤进行详细介绍。

1. 硬件准备

将 Raspbian 系统安装到树莓派 4B 中并正常使用需要准备的硬件清单如下:

(1) 树莓派 4B 主板 1 个;

(2) micro SD 卡 1 张以及对应读卡器 1 个;

(3) 1.5A 以上的充电器 1 个;

(4) micro HDMI 线 1 条;

(5) USB Type-C 电源线 1 条;

(6) 支持 HDMI 输入的显示器 1 个,如使用 VGA 接口的显示器需额外准备 HDMI 转 VGA 接口的扩展线;

(7) 键盘、鼠标等配件。

树莓派是在 SD 卡中加载系统镜像的,由于目前最新的桌面版的 Raspbian 系统镜像超过了 4GB,因此建议准备一张至少 8GB 的 SD 卡,但如果想使用精简版系统则 4GB 的 SD 卡也可以。其次,由于树莓派 4B 采用 micro HDMI 接口,与常规的 HDMI 接口不同,在选择 HDMI 接口时应特别注意。作为对比,图 8-2 给出了几种常见的 HDMI 接口,树莓派 4B 使用的是最右侧的接口。

对于树莓派 4B 主板来说,如果不连接任何其他设备启动,大约消耗 0.6A 电流。如果满负载的情况下,比如 USB 接口、网线、HDMI 接口全插满情况下,大约消耗 1.2A 电流。通常电源适配器输出要留一点冗余度,才能保证稳定,充电器的电流应大于 1.5A 且不应带有电子标记。

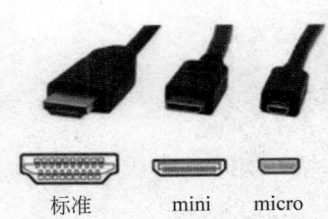

标准　　mini　　micro

图 8-2 常见的 3 种 HDMI 接口

2. 下载并导入系统镜像

可在树莓派官网中下载树莓派 4B 支持的操作系统。对于初学者本书推荐下载 Raspbian 桌面版(desktop)的操作系统。同时由于官方下载的文件是.zip 压缩文件,所以需要解压成.img 系统镜像文件。

系统文件下载完成后需要通过读卡器与 balenaEtcher 软件将系统导入到 SD 卡中。具体步骤为:打开 balenaEtcher→选择需要导入的系统的镜像文件→选择导入卡的路径→单击"Flash!"按钮,即可等待导入成功,如图 8-3 所示。

3. 接线与上电

将烧录完成的 SD 卡接入树莓派 4B 中,并连接好显示器、鼠标、键盘等配件。上电后可以通过树莓派上两个 LED 来判定是否运行正常。在正常情况下红色的 LED 处于常亮状态,绿色灯则会随机闪烁。桌面版的 Raspbian 系统桌面如图 8-4 所示,可以在上面菜单栏中配

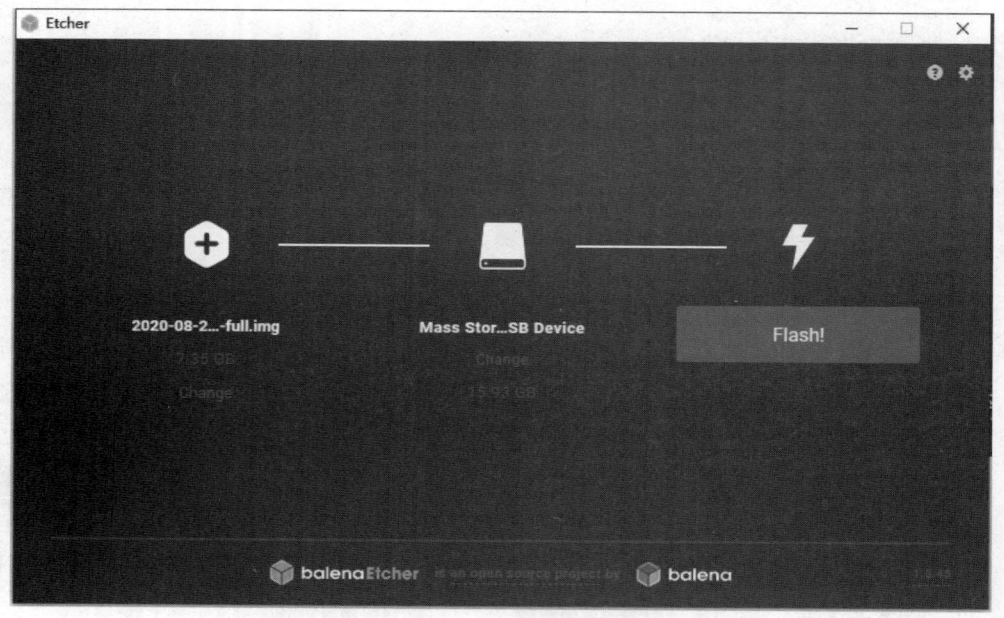

图 8-3　使用 balenaEtcher 导入系统

图 8-4　Raspbian 系统桌面

置蓝牙、WiFi 等设备。这个界面出现表明 Raspbian 系统在树莓派 4B 中已正常运行了。

8.2.2　Raspbian 中的目录结构与文件

1. 文件

在 Windows 操作系统中对文件、文件夹、外设等都有很细致的划分,它们具有不同的属性和功能。但是在 Linux 系统中所有内容都是以文件形式进行保存和管理的,即一切皆文件。在 Linux 系统中,文件具体可分为以下几种。

(1) 普通文件:类似 txt、mp4、html 这样的文件,直接拿来使用的文件都可认为属于普通文件。根据 Linux 用户根据访问权限的不同可以对这些文件进行查看、删除以及更改操作。

(2) 目录文件:目录文件对应 Windows 操作系统中的文件夹。在目录文件中保存着此目录中各个普通文件的文件名以及指向这些文件的指针。

(3) 字符设备文件与块设备文件:这些文件通常隐藏在/dev/目录下,如 USB 转串口设备等,当需要对外设进行操作时才会被使用。

(4) 嵌套字文件:一般隐藏在/var/run/目录下,用于进程间的网络通信。

(5) 符号链接文件:可类比于 Windows 中的快捷方式,是指向另一文件的间接指针(软链接)。

(6) 管道文件:主要用于进程间通信。例如,使用 mkfifo 命令创建一个 FIFO 文件,则可以启用进程 A 从 FIFO 文件读数据,启用进程 B 从 FIFO 文件中写数据。

这样设计有一个好处就是,开发者仅需要使用一套 API 和开发工具即可调取 Linux 系统中绝大部分的资源。例如,在 Linux 系统中几乎所有文件(普通文件、系统状态、socket、PIPE 等)的读操作都可以用 read()函数来完成;几乎所有文件的写操作都可以用 write()函数来完成。

2. 目录结构

Linux 系统中的目录结构也与 Windows 的目录结构有很大的不同,不仅是格式上的不同,其不同位置保存的内容也有很大区别。在 Windows 系统中,典型的路径可能是这样的"D:\Folder\subfolder\file. txt",表示在 D 盘的 Folder/subfolder 目录下的 file. txt 文件,而在 Linux 中路径则是/Folder/subfolder/file. txt。在 Linux 系统中没有 C 盘、D 盘的概念,在 Linux 系统启动之后,根分区就"挂载"在了根目录(/)下,并且所有的文件、文件夹、设备(硬盘、光驱等),也都挂载在了此根目录下。除此之外 Linux 是区分字母大小写的,因此在使用程序操作文件时需要特别注意。

Raspbian 操作系统为了对树莓派中文件与设备进行合理的管理,在根目录下有许多子目录,它们之间有不同的分工,具体如下:

(1) /boot/——放置 Linux 内核以及其他用来启动树莓派的软件包;

(2) /sys/——包含内核、固件以及系统相关文件;

(3) /bin/——包含单用户模式下的二进制文件以及工具程序,比如 cat、ls、cp 等命令;

(4) /dev/——这是虚拟目录之一,用来访问所有连接设备,包括存储卡、串口等;

(5) /etc/——系统管理和配置文件,其下的目录,比如/etc/hosts、/etc/resolv. conf、nsswitch. conf 以及系统默认设置、网络配置文件等。

(6) /home/——每一个非 root 用户都可以在此目录下找到与用户名相同的子目录,在这里保存着用户的个人设置文件,尤其是以 profile 结尾的文件。root 用户的数据单独保存在根目录,即/root 目录下;

(7) /lib/——各种应用需要的代码库;

(8) /media/——放置可移动存储驱动器;

（9）/mnt/——用来手动挂在外部硬件驱动器或存储设备；

（10）/opt/——可选软件目录，非系统部分的软件将会放置在这里；

（11）/sbin/——放置超级用户使用的系统管理命令；

（12）/tmp/——放置临时文件；

（13）/usr/——放置用户使用的程序；

（14）/var/——虚拟文件，用于程序保存数据。

8.2.3 控制台与命令

推荐读者下载并安装桌面版的 Raspbian 系统，是因为许多读者对 Windows 比较熟悉，能像操作 Windows 系统一样操作 Raspbian 系统，会让初学者快速了解 Linux 的文件结构。但事实上 Raspbian 的桌面运行与 Windows 相差甚远，在实际的开发过程中仍然推荐读者使用控制台界面对 Raspbian 系统进行操作。通过一段字符来对系统进行控制，与 DOS 命令类似。但 Linux 的控制命令更为方便，还有一个区别是，Linux 系统下的命令是区分字母大小的。

通过 Ctrl＋Alt＋T 组合按键或菜单栏的 ▇ 图标来打开控制台界面，如图 8-5 所示。

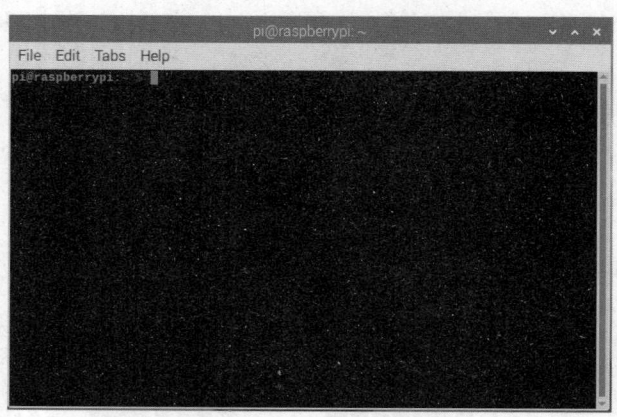

图 8-5　Raspbian 的控制台界面

在界面中，pi 表明正在使用的用户，事实上在默认的 Raspbian 系统中提供的一个 pi 用户，对应的密码为 raspberry。虽然第一次开机并没有发现需要登录，但是之后的开机过程都需要输入账号与密码进行登录，因为树莓派是一个支持多用户的操作系统，对于不同用户可以赋予不同的权限。再者，当需要获取管理员权限时，也需要输入密码。值得注意的是，在输入密码时界面不会变化，并不会像 Windows 界面那样出现多个"＊"。

在输入完命令后，按下回车键提交即可生效。输入不同的命令即可完成不同的任务，如图 8-6 为返回输入 whoami 命令后的结果，whoami 命令会显示出当前用户是谁，在这个例子中，可以看到当前用户是 pi。

当然也可以通过命令行重启或关机树莓派，重启命令是 sudo reboot，关机命令是"sudo shutdown -h now"。命令中的 sudo 是获取管理员权限，因为普通用户是没有权限执行关机与重启命令的，-h 与 now 都是 shutdown 命令的参数，彼此之间用空格隔开，不同命令可输入的参数是不同的。对于不了解的命令可

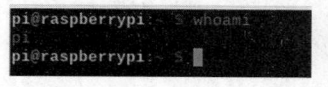

图 8-6　whoami 命令执行结果

使用man命令来查看其使用方法,则man shutdown的返回结果如图8-7所示。

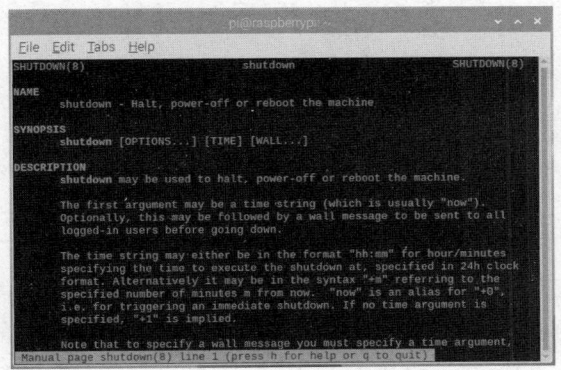

图 8-7　man shutdown 命令执行结果

表 8-1 列出了 Raspbian 系统中的常用命令,由于树莓派中使用到的命令非常多,本书不可能一一介绍,而且网上资料也非常多,更多命令可在网上查阅相关资料。事实上,在输入命令时,即在使用 Linux Shell 这个交互式工具,通过 Shell 命令可管理整个系统。不同的 Linux 使用不同的 Shell,但是大多数 Shell 的核心部分是大同小异的。Raspbian 默认使用的是 Dash Shell。

表 8-1　Raspbian 系统中的常用命令

命令关键字	含　义
raspi-config	打开树莓派功能配置界面
cd	更改当前目录,例如,cd /folder1/folder2 表示进入到目录 /folder1/folder2；特殊的,cd ～ 表示进入到当前用户的主目录；cd /表示进入根目录
ls	列出当前目录下的所有文件和目录。通常有以下 3 个参数：参数-a 表示列出包括隐藏文件(以".",开头的文件)的全部的文件；-d 表示仅列出目录本身；-l 表示使用长数据串形式列出,显示包含文件的属性与权限等等数据
mkdir	创建一个新的目录
rmdir	删除一个空的目录
cp	复制文件或目录
rm	移除文件或目录
pwd	返回当前目录

例如,"ls -l"的执行结果如图8-8所示。

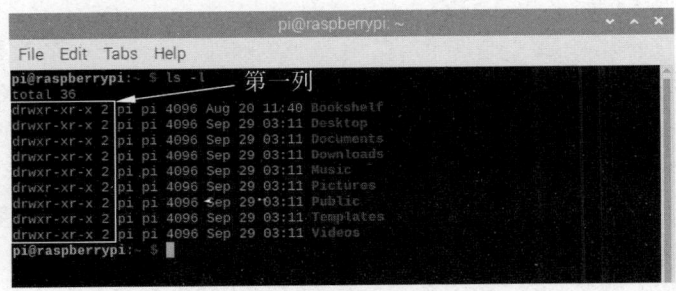

图 8-8　"ls -l"命令的执行结果

图 8-8 不仅列出了当前目录下所有的文件的名称,并给出了文件的很多其他属性。可以看到,在第一列中给出了文件权限。在 Linux 系统文件权限表达的完整格式如表 8-2 所示。

表 8-2　Linux 系统文件权限表达的完整格式

第 1 部分	第 2 部分	第 3 部分	第 4 部分
[文件或目录]	[所有者权限]	[所属组权限]	[其他人权限]
[文件是-,目录是 d]	[r/w/x 的组合]	[r/w/x 的组合]	[r/w/x 的组合]

共分 4 部分,第 1 部分用来表示文件的类型,第 2 部分表示所有者的权限,第 3 部分表示此文件在所属组中的权限,第 4 部分表示此文件对其他人的权限。r、w、x 分别代表可读、可写、可执行 3 种权限,第 2～4 部分中的"-"代表没有相应的权限还没有被授予。

文件的权限可以通过 chmod 命令进行更改,例如,"chmod 777 file"是给 file 文件赋予 777 的权限。这里有 3 个数字,从左到右分别代表所有者权限、所属组权限、其他人权限。如果将 rwx 看成 3 个二进制组成的数,且如果有相应的权限,则对应位置为 1,否则为 0,那么就可以得到 0～7 的数字。即 7 代表可读、可写、可执行的权限都有,0 代表都没有。那么 777 就代表所有者、所属组、其他人对 file 文件都具有可读、可写、可执行的权限。

有时候,在一个目录中的文件特别多,如果全部打印出来会特别难找到所需要的文件。此时可通过 grep 关键字进行筛选,grep 后面接正则表达式。例如,需要查找文件信息中包含 test 的文件,可以使用命令"ls -l ｜ grep test",其中"｜"也是必不可少的。事实上,grep 这个关键字不仅能结合 ls 使用,也能对其他命令返回的命令进行过滤。

8.2.4　apt-get 命令与 vim 编辑器

在树莓派中可以非常方便地通过 apt-get 命令来对软件进行安装。在 Raspbian 操作系统中默认带有 vi 编辑器,可通过 vi 编辑器在命令行中对文件进行编辑。vim 是 vi 编辑器的升级版,最大的区别是 vim 支持多种颜色的显示,这对在 Linux 环境下编写代码有很大的帮助。接下来就以安装 vim 为例介绍如何通过 apt-get 命令安装新的软件。

安装 vim 的命令是"sudo apt-get install vim",通过这条指令树莓派会在服务器上自动下载 vim 的安装文件。在安装期间,系统可能会提示是否继续安装等信息,通过自己需求选择输入字符即可,通常 y 代表继续,n 代表停止。如需卸载软件也非常方便,例如卸载 vim 的命令为"sudo apt-get remove vim"。

vim 安装完成后即可使用 vim 来编辑文件。输入"sudo vim test.txt"命令来打开当前目录下的 test.txt 文件,如果此目录下没有该文件,则系统会自动创建它。如果想要打开其他目录下的文件,直接指定对应目录即可,目录路径可以为绝对路径与相对路径,例如,"sudo vim ../test.txt"命令可以用来打开上级目录下的 test.txt 文件。当文件路径或文件名非常复杂时,很难记住全部的路径,但是 Raspbian 支持自动补全功能,例如,当在输入 te 后按下 Tab 键,系统会自动补全为 test.txt。

由于使用 vim 对文件操作的方式与在 Windows 中操作有较大的区别,因此这里也对 vim 基本操作进行简单的介绍。在 vim 中共有两种模式:命令模式、编辑模式。在编辑模式下才和 Windows 编辑器一样,在键盘上输入什么在字符,在光标处就会添加什么字符。

但是当用户使用 vim 打开文本之后,默认进入的是命令模式,此模式下用户可以使用各种快捷键快速地对文档进行编辑、查找、保存或退出等操作。这两种模式区分也比较容易,默认打开一个空文件的界面左下角是没有任何信息的,进入编辑模式后在界面左下角会有"-- INSERT --"字符,如图 8-9 所示。

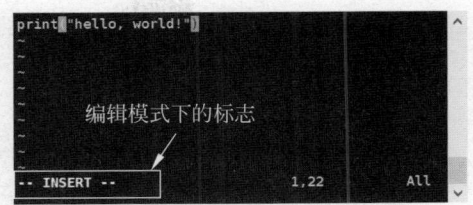

图 8-9　vim 编辑器的编辑模式

在命令模式下可按下 a 键进入编辑模式,在 vim 中还支持其他几种方式进入编辑模式,如表 8-3 所示。

表 8-3　vim 中不同的编辑模式

按　　键	模　　式
i	在当前字符前插入
I	在光标所在行的行首插入
a	在当前字符后插入
A	在光标所在行的行尾插入
o	在当前行的下一行插入新的一行
O	在当前行的上一行插入新的一行

在编辑模式中想要退回到命令模式中,则可以按 Esc 键。对于新手由于操作不熟练,往往忘记自己处于哪一种模式下,这会导致思绪的混乱。如果不知道当前处于什么状态,则可以按 Esc 键退回到命令模式,再想下一步应该要做什么,这样会让思路清晰很多。

编辑文档时复制与粘贴可以提高编辑效率,通过鼠标左键选择对应文字即实现了复制,按下鼠标右键可在将文字粘贴在光标处。当编辑完文档后,需要退回到命令模式对文件进行保存或退出:":w"命令是对文件进行保存;":q"命令是退出当前编辑文件,前提是没有对文件进行修改,否则会报错;":wq"命令是保存后退出;":q!"则是强制退出,不保留修改的地方。

vim 得到广大程序员的认可,并不是因为以上操作,而是因为它有着非常实用且便利的命令,比如"/word"命令就是查找光标之后的字符串"word",如果文档中存在多个包含"word"的单词,那么按下 n 键即可继续寻找下一个,这一命令可以方便地对文档进行查阅。表 8-4 列出了一些比较常用的 vim 命令。

表 8-4　vim 常用命令

类　　型	按键或命令字符	含　　义
按键输入	u	撤销
	Ctrl ＋ r	反撤销
	Ctrl ＋ d	向下翻半屏
	Ctrl ＋ u	向上翻半屏
	Ctrl ＋ f	向下翻一屏
	Ctrl ＋ b	向上翻一屏

类　型	按键或命令字符	含　义
按键输入	gg	光标移动到文件开头
	G	光标移动到文件末尾
	x	删除光标后一个字符
	3x	删除光标后 3 个字符,数字 3 可替换
	X	删除光标前一个字符
	dd	删除光标所在行
	3dd	删除光标后 3 行,数字 3 可替换
	yy	复制当前行
	3yy	复制光标所在行向下 3 行,数字 3 可替换
	p	将复制的内容粘贴到光标下一行
	P	将复制的内容粘贴到光标上一行
	3p	复制 3 遍,数字 3 可替换
	O	在当前行的上一行插入新的一行
字符输入	:s/字符串 1/字符串 2	当前行第一次出现的字符串 1 改成字符串 2
	:s/字符串 1/字符串 2/g	当前行所有的字符串 1 改成字符串 2
	:5 s/字符串 1/字符串 2/g	第 5 行所有的字符串 1 改成字符串 2
	:1,$ s/字符串 1/字符串 2/g:	从第一行到最后一行所有的字符串 1 改成字符串 2
	:w	保存
	:wq	保存后退出
	:q	在没有更改的情况下退出
	:q!	强制退出,不报错文档
	/word	查找单词 word,word 可替换。接着按 n 键查找下一个,按 N 键查找上一个

8.3　树莓派远程调试

　　虽然在树莓派中可以使用 vim 编辑器来编写程序,但是之前开发 STM32 的程序均是在 Windows 环境下进行的,而且大多数读者日常使用的计算机也是 Windows 操作系统。因此通过 Windows 操作系统远程访问树莓派可以极大地方便程序的调试过程。事实上,可通过 Xshell 软件来达到这一目的。

　　使用 Xshell 软件访问树莓派是通过 Secure Shell(SSH),它是由 IETF(The Internet Engineering Task Force)制定的,专为远程登录会话和其他网络服务提供安全性的网络协议。其中 Xshell 是 SSH 的客户端,而 SSH 服务器则部署在树莓派 4B 中。正因为 SSH 是基于网络的,因此需要保证 Xshell 与树莓派在一个局域网内。打开 Xshell 软件后新建一个会话,输入树莓派的 IP 地址后单击"连接"按钮即可完成连接。连接过程如图 8-10 所示。

　　当 Xshell 与树莓派之间完成通信后,Xshell 会弹出对话框提示进行登录,输入用户名与密码后即可。登录完成后如图 8-11 所示。如果在 Xshell 软件中输入命令,树莓派就会做出对应的响应。因此可在计算机上通过习惯的开发环境写好程序,再通过 Xshell 发送到树莓派中执行,即可实现远程调试。若 Xshell 提示无法连接或连接失败,需仔细检查以下 3 点:

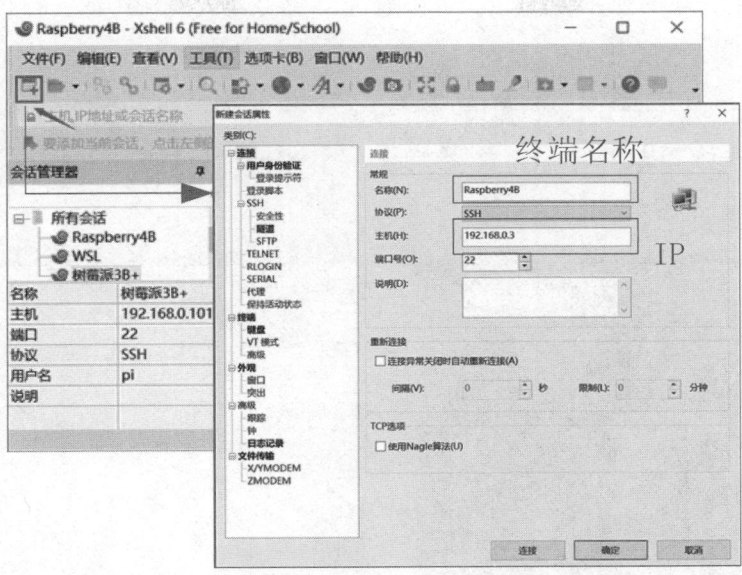

图 8-10　使用 Xshell 连接树莓派的过程

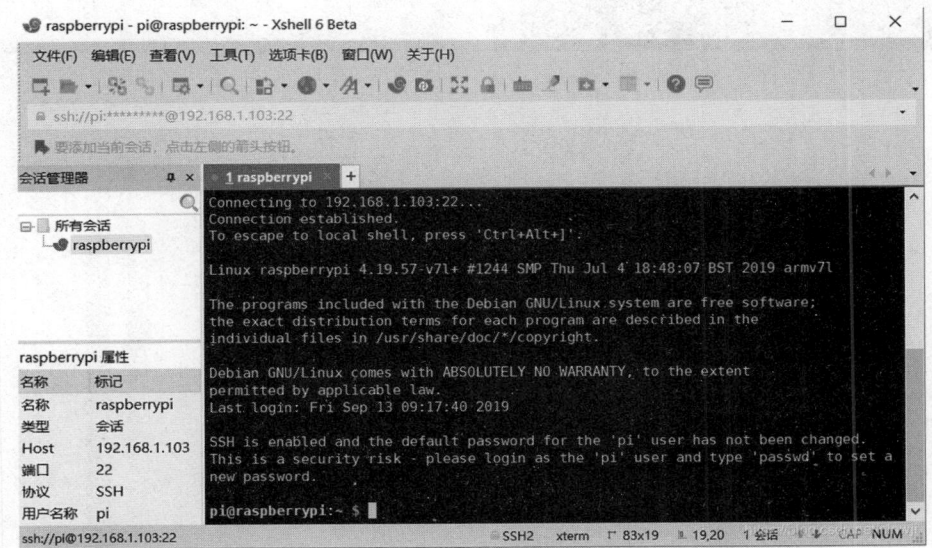

图 8-11　Xshell 成功连接上树莓派

(1) 树莓派是否成功连接 WiFi 且是否与 Xshell 在同一个局域网下;

(2) Xshell 设置的 IP 地址是否正确;

(3) 树莓派的 SSH 服务是否开启。树莓派中 SSH 服务默认是开启的,如果由于其他原因关闭了,可在通过 raspi-config 命令调出树莓派的配置页面,在"5 Interfacing Options"选项中使能 SSH。

Windows 与树莓派之间进行文件传输可借助 lrzsz 库,此库可通过 apt-get 进行安装: sudo apt-get install lrzsz。安装完成后可以通过输入 rz 命令将 Windows 上的文件传送到树莓派中,运行效果如图 8-12 所示。可以通过 sz 命令将树莓派中的文件传送到 Windows 中,运行效果如图 8-13 所示。

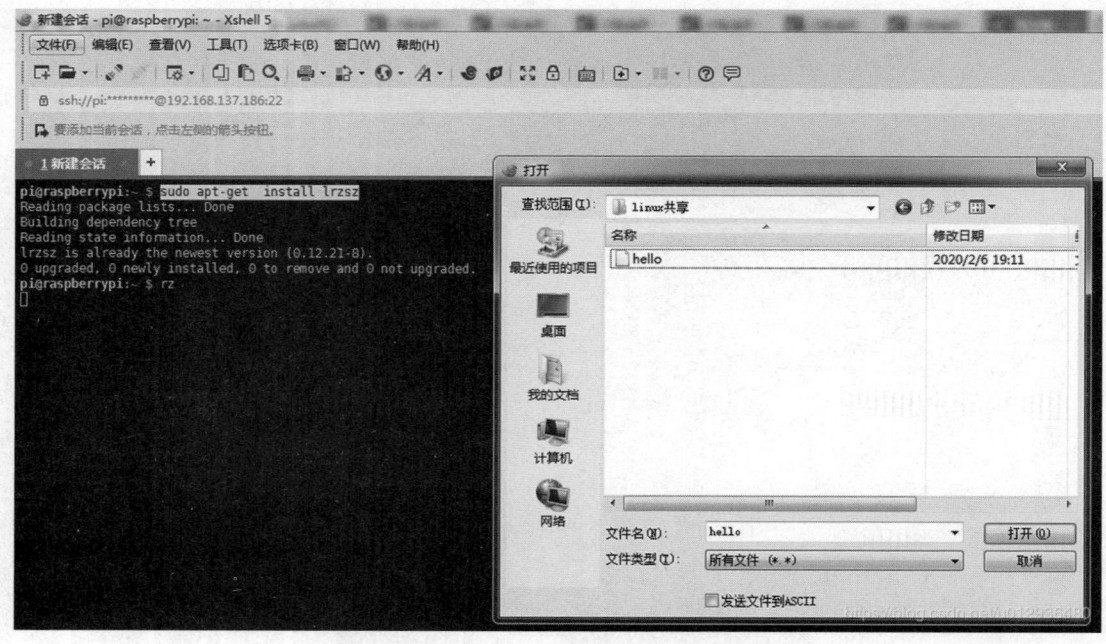

图 8-12　使用 rz 命令接收计算机端的文件

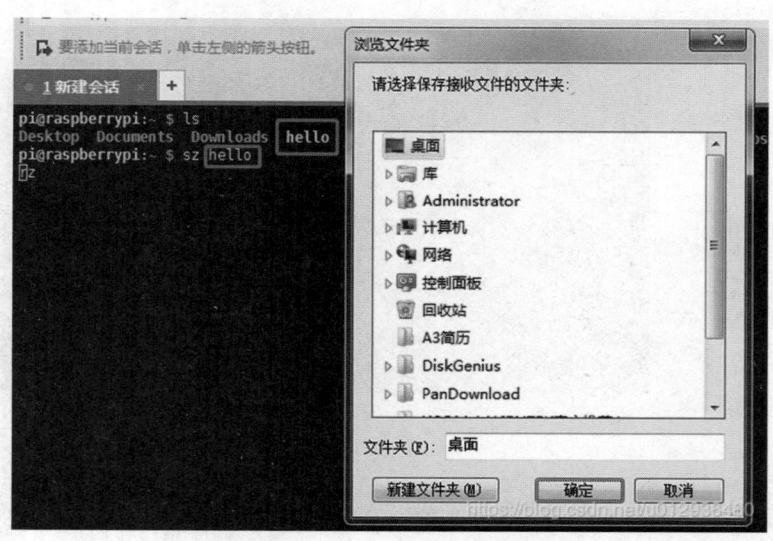

图 8-13　使用 sz 命令发送文件给计算机

事实上,一些开发环境,例如 PyCharm、VSCode 等,也支持对树莓派的在线调试(效果类似于在 MDK 上调试 STM32),它们实现的原理也是基于 SSH,只不过它们不需要手动传送程序文件等操作,可以更方便地对树莓派进行调试,读者可自行尝试。

8.4 Python 基础

虽然在之前对 STM32 进行编程都是基于 C 语言的,读者也已经对 C 语言十分熟悉了,而且在树莓派中也支持 C 语言,但是在树莓派上作者还是推荐使用 Python 进行开发。因为 Python 具有更高级的语言特性,会使开发效率更高、代码也更为优雅。Python 在许多领域都得到了成功的应用,特别是在目前比较流行的人工智能领域。当然 Python 也存在缺点:执行效率低。但是这一问题可以很好地被解决,因为 Python 提供了丰富的 API 和工具,能够轻松地使用高效率的 C、C++ 等语言来对耗时的算法进行实现。在树莓派 4B 中默认安装了两个版本的 Python,Python 2.7(以下简称 Python 2)与 Python 3.7(以下简称 Python 3),由于 Python 3 为目前最新版本,因此本书主要针对 Python 3 进行介绍。

8.4.1 hello world 工程

hello world 工程通常是学习新语言的第一个工程,即在屏幕上成功输出"hello,world!",这可以让用户理解从程序编写到程序部署的完整流程。在树莓派中支持两种方式运行 Python 程序。第一种方式是通过交互式编程,通过 Python 解释器的交互模式编写代码。在控制台中输入 python3 命令后即可启动交互式编程,并在">>"提示符后输入程序代码,然后按回车键即可实时查看运行效果,图 8-14 给出了通过 print()函数输出"hello,world!"的效果,可以看出交互式编程可以快速得到结果,非常方便,但其缺点是并不适合复杂的程序。

第二种方式为脚本式编程,即在文件中编写 Python 程序,并通过 Python 解释器来执行这个脚本文件,直至脚本执行完毕。这种开发模式与之前开发 STM32 的方式比较类似。对于简单的工程,可通过 vim 直接在树莓派中编写程序,但是对于较为复杂的工程,对于初学者来说建议在 Windows 的 Python 软件中进行开发,然后将程序文件上传到树莓派中运行。所有的 Python 文件都是以 .py 为扩展名,例如,在 hello.py 文件中添加输出"hello,world!"字符串的程序,然后运行此脚本文件,如图 8-15 所示。

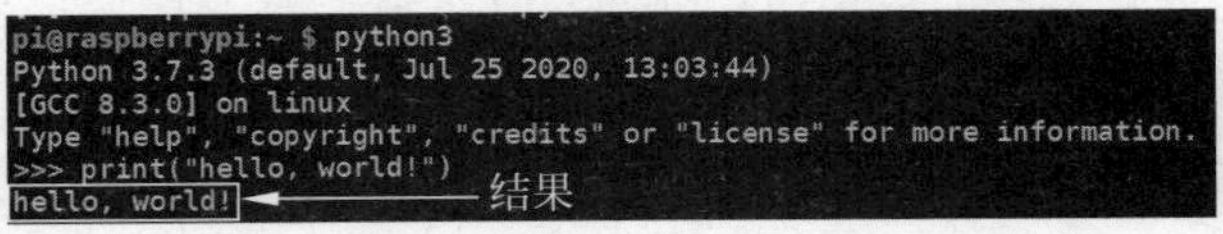

```
pi@raspberrypi:~ $ python3
Python 3.7.3 (default, Jul 25 2020, 13:03:44)
[GCC 8.3.0] on linux
Type "help", "copyright", "credits" or "license" for more information.
>>> print("hello, world!")
hello, world!          ←——结果
```

图 8-14 交互式编程输出"hello,world!"

```
pi@raspberrypi:~/myProjects $ sudo vim hello.py
pi@raspberrypi:~/myProjects $ python3 hello.py
hello, world!
pi@raspberrypi:~/myProjects $
```

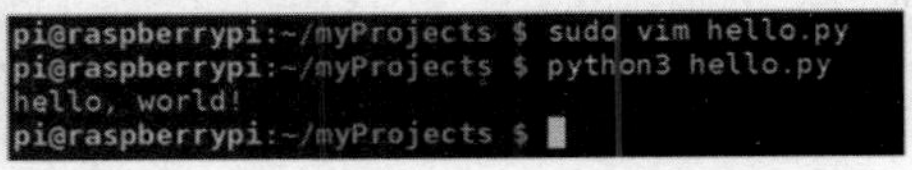

图 8-15 脚本式编程输出"hello,world!"

事实上,对于 print()函数,在之前 STM32 的学习过程中已经多次用到。这样输出的调试信息对错误的定位很有帮助。Python 中的 print()函数更为强大与方便。例如,print()函数可同时输出多个变量:

```
user_name = 'moxigua'
user_age = 18
print("name:",user_name, "age:",user_age)
# 输出结果为:name: moxigau age: 18
```

另外,上面代码中的"♯"符号表示注释,类似于 C 语言中的符号"//"。多个变量同时输出时默认使用空格隔开,但是有时也需要更改分隔符,可以通过 sep 参数进行设置。

```
user_name = 'moxigua'
user_age = 18
print("name:",user_name, "age:",user_age, sep = '|')
♯ 输出结果为:name:|moxigua|age:|18
```

在默认情况下,print()函数输出之后总会换行,这是因为 print()函数的 end 参数的默认值是"\n":

```
print(1)
print(2)
♯ 输出结果为:1
♯           2
```

如果希望 print()函数输出之后不会换行,则需重设 end 参数:

```
print(1, end = "")
print(2, end = "")
♯ 输出结果为:12
```

当然,print()函数也支持格式化的输出,例如:

```
name = 'moxigua'
age = 18
print("my name is % s, my age is % d." % (name,age))
♯ 输出结果为:my name is moxigua, my age is 18.
```

print()函数可以认为是输出函数,将数据输出到控制台上显示。与之对应,input()函数则是通过控制台获取用户的输入数据,读者可自行尝试。

从 print()输出函数可以看出 Python 与 C 语言有一个直观上的差异,即不存在符号";"。在 C 语言中,一个语句结束是以";"为标志的,而在 Python 中,语句结束时另起一行即可。另外 Python 是对缩进非常敏感的语言,对代码格式要求非常严格,因此使用 Python 写出的程序非常规整。

8.4.2 变量类型

在编写程序过程中,变量是经常需要被用到的。在 C 语言中变量必须先进行定义,即确定这个变量的类型。从之前编写的简单程序中可以看出,在 Python 中变量类型并不需要强制定义,通过"="给变量赋值后该变量的类型就被确定了。事实上,在 Python 中,每个变量在使用前也都必须赋值,因为变量在赋值以后才会被创建,后面程序中才能引用该变量。在 Python 中标准的变量有 5 类:Numbers(数字)、String(字符串)、Tuple(元组)、List(列表)、Dictionary(字典),下面对这 5 种基本变量进行介绍。

1. Numbers

Numbers(数字)类型用于存储数字,可以用来存储 int(整型)、float(浮点型)以及

complex(复数)。其中复数是 C 语言中不支持的,在 Python 中可以用"a + bj"或者 "complex(a,b)"进行表示。实际上,与 C 语言不同,在 Python 运算过程中可以不用太关心 Numbers 的具体类别,因为 Python 解释器会在运算过程中自动进行转换,例如:

```
a = 1
b = 2
print(a / b)          # 0.5
print(a //b)          # 0
print(a % b)          # 1
print(a * b)          # 2
# …
```

除了简单的加、减、乘、除基本运算外,还可导入 Python 的 math 模块来进行更复杂的 运算,例如三角函数等:

```
import math                    # import 导入其他模块,类似 C 语言中的 # include 关键字
print(math.sin(math.pi/2))     # 1.0
print(math.log(math.e))        # 1.0
print(math.isnan('a'))         # True
print(a * b)                   # 2
# 此处不再一一列举,读者可自行查阅资料
```

2. String

String(字符串)也是在写程序中经常需要用到的,在 Python 中可以使用单引号(')或双 引号(")来创建。与 C 语言一样,需要注意字符串是否包含需要转义的特殊字符,具体不再 赘述,例如:

```
str1 = 'Hello World!\''
print(str1)        # 输出:Hello World!'
```

在 Python 中可非常方便地获取字符串中的子字符串。访问子字符串时可以使用中括 号来截取字符串。例如,str1[0]就是获取字符串 str1 中第 1 个字符,即"H"。在 Python 中 还支持切片对字符串的访问。一个完整的切片表示形式为[start_index：end_index：step], 其中 start_index 为起始索引、end_index 为终止索引、step 为步长。当步长 step 为 1 时, step 可以不写,即表示成[start_index：end_index]形式。例如,str1[1:3]即代表获取 str1 字符串中的第 2 个字符到第 3 个字符,即"el"。可以看出,切片实际输出是包含 str1[start_index],而且不包含 str1[end_index]。对于切片还有更多方便的用法,通过例子进行了解更 为直观。

```
str1 = 'Hello World'
print(str1[0:-1])      # 输出第 1 个字符到最后一个字符,即 Hello Worl, -1 代表最后一个
                       # 但是实际输出并不包含 end_index,因此缺少了字符"d"
print(str1[:-1])       # 与上面的一致,即 start_index 省略表示从头还是选择
print(str1[0:])        # 从头到尾都输出,即 Hello World,end_index 省略表示最后一个字符
                       # 也要输出
```

```
print(str1[:])          # 效果同上,start_index 与 end_index 同时忽略
print(str1[::])         # 效果同上
print(str1[::-1])       # step 为负数,因此反向输出,即 dlroW olleH
```

切片不仅可在字符中使用,在后面要介绍的列表、字典类型中仍然适用。在实际的开发中切片能有效地提高开发效率,读者应熟练掌握。除此之外,Python 还有丰富的字符串处理函数,本书仍然配合例子来进行讲解:

```
s1 = 'Hello '
s2 = 'world!'
print(s1 + s2)                    # 实现字符串拼接,输出:Hello world!
print('string is {}, {}'.format(s1,s2))   # 字符串的格式化,将后面参数补充到对应的{}中
                                  # 且后面的参数可以为任意类型 输出:string is Hello, world!
print(s1.upper())                 # 转换为大写字母,输出:HELLO
print(s1.lower())                 # 转换为小写字母,输出:hello
print(s1.count('l'))              # 统计 s1 中的'l'的个数,输出:2
print(s1.replace(' ', '!'))       # 将 s1 中的空格替换为!,输出:Hello!
print(s1.find('l'))               # 查找第一次输出'l'的索引,输出:2
print(s1.split('l'))              # 通过'l'分割 s1,输出:['He', '', 'o ']
```

3. Tuple

Tuple(元组)与 C 语言的数组很类似,但是元组的元素是不能修改的。元组的创建很容易使用小括号"()"包含全部元素,并使用逗号隔开,并且在 Python 的元组中可以包含多类型的元素,例如:

```
tup1 = ('name', 'moxigua', 'age', 18)
```

如果元组中只包含一个元素,需要在元素后面添加逗号,例如,tup1=(50,)。对于元素的访问与字符串中子字符的访问形式差不多,也可通过切片进行访问,例如:

```
print(tup1[0])      # 输出:name
print(tup1[:2])     # 输出:('name', 'moxigua')
```

元组虽然不允许被修改,但是可以通过不同元组的组合生成新的元组,例如:

```
tup1 = ('age',)
tup2 = (18,)
print(tup1 + tup2)              # 输出:('age', 18)
```

4. List

List(列表)与元组很类似,不同之处在于列表是可以被修改的,而且是使用中括号"[]"包含各个元素。列表的创建也非常方便,例如,list1 = ['name','moxigua','age',18],可以看出,同一列表也可以包含不同类型的数据,并且列表也支持切片操作。但与元组相比,列表使用起来更加灵活,也更加复杂,如下:

```
list = ['age', 18]              # 创建原始数组
list.append('hello')            # 添加元素,list → ['age', 18, 'hello']
list.remove(list[2])            # 删除元素,list → ['age', 18]
list.reverse()                  # 列表反转,list → [18, 'age']
list.insert(0, 'new')           # 在位置 0 添加元素,list → ['new', 18, 'age']
list.pop(index = 0)             # 移除表中第一个元素,不指定 index 则默认删除最后一个
                                # list → [18, 'age']
list.index(18)                  # 返回 18 在 list 中的索引,返回:0
list.count(18)                  # 返回 list 中 18 出现的次数,返回:1
len(list)                       # 获得 list 的元素个数,返回:2
max([1,2,3])                    # 获取 list 的元素中的最大值,返回:3
min([1,2,3])                    # 获取 list 的元素中的最小值,返回:1

list = [123, 'Google', 'Runoob', 'Taobao', 'Facebook']    # 创建新的列表
list.sort(reverse = False)      # 排序
print(List)                     # 输出:[123, 'Facebook', 'Google', 'Runoob', 'Taobao']
```

5. Dictionary

字典(Dictionary)是另一种可变容器模型,也可存储任意类型数据,字典是以键(key)/值(value)的形式存在的,键与值之间通过":"隔开,使用大括号"{}"包含各个元素,如下所示:

```
d = {key1 : value1,key2 : value2}
```

在字典中,键是唯一的,值是可以重复的。设定键值对的好处是,可以较为人性化的方式访问数据,例如,存在以下字典数据

```
dict = {'name': 'moxigua','age': 18}
```

那么,可通过 dict['name'] 来访问 'moxigua',这样更符合人的思维方式。但是需要注意,通过键访问值的时候,这个键必须在字典中存在,否则会报错。

如下为使用字典的几个例子:

```
dict.update(sex = 'female')      # 向 dict 字典中添加新的键值对
                    # dict → {'name': 'moxigua', 'age': 18, 'sex': 'female'}
dict['sex'] = 'male'  # 修改字典的某一键值对
                    # dict → {'name': 'moxigua', 'age': 18, 'sex': 'male'}
dict.popitem()        # 删除最后一个键值对,dict → {'name': 'moxigua', 'age': 18}
dict.pop('name')      # 删除字典给定键 key 所对应的值,返回的 key 值必须给出
                    # dict → {'age': 18}
dict.has_key('name')  # 字典中是否有 'name' 这个关键字,返回:False
dict.items()          # 以列表返回可遍历的元组数组,返回:[('age', 18)]
dict.keys()           # 以列表返回列表中所有键,返回:['age']
dict.values()         # 以列表返回字典中的所有值,返回:[18]
dict.get('name', default = None)   # 返回指定键的值,如果值不在字典中返回 default 值
dict.copy()           # 返回一个字典的浅复制,即传递对象的引用
dict.clear()          # 删除字典内所有元素,dict → {}
```

8.4.3 逻辑控制语句

在编程中,if、for、while 等逻辑控制语句非常重要,也经常用到。在 Python 中,逻辑控制语句实现的功能和 C 语言是一致的,只是在格式上有所区别。通过现象看本质,理解了逻辑控制的基本思想,就能很快掌握 Python 中的逻辑控制语句。

1. 条件判定——if

在 Python 中实现条件判断的基本格式如下:

```
if 判定条件 1:
    执行语句 1
elif 判定条件 2:
    执行语句 2
else:
    执行语句 3
# 在 Python 中所有符号应该为英文,以上是为了表达 if 语句的逻辑关系
```

有了 C 语言的基础,很容易理解上面格式的含义,即如果满足条件 1 则执行语句 1,否则接着判定条件 2;如果满足条件 2 则执行语句 2,如果条件 2 也不满足,则执行语句 3。

Python 中的 if 语句与 C 语言中的最大的不同在于它的格式。首先 if、elif、else 等关键词后面的“:”是必须写的,其次程序块都必须缩进 4 个空格,在 Python 语句中,应需要严格执行缩进规则,否则会出现错误,在 for、while 循环中同样要遵守这些规则。

当然在 Python 中 if 语句也是可以嵌套的,例如:

```
if 判定条件 1:
    if 判定条件 2:
        执行语句 1
```

以上代码的含义是:只有同时满足条件 1 与条件 2 的情况下才执行语句 1。

2. 循环语句——for

C 语言中 for 循环的一般用法是通过变量与数字来确定循环的次数,典型用法如:

```
for(i = 0;i < 10;i++){
    function1();        //执行语句
}
```

以上代码通过 for 循环执行了 10 次 function1()函数。因此可以看出,在 C 语言中更多的是控制程序块执行的次数。而在 Python 中 for 循环有很大不同,其一般格式为:

```
for variable in [list]:
    function1()
```

事实上,Python 中的 for 循环更像是遍历一个列表。可以将 variable 看成临时变量,variable 按顺序获取 list 列表中的元素,因此 list 列表中有几个元素,function1()就会被执行几次。这样还有另外一个优势,即在 for 循环的程序块中可使用 variable 这个临时变量,

这样会增加程序的灵活性。

为了让读者直观地了解 for 循环,给出以下例子。

```
for num in [1,3,2]:
    print(num)
# 输出:1
#      3
#      2
```

事实上,在 Python 中可通过 range()函数来创建一个连续的数字列表,来控制循环的次数,例如:

```
for num in range(3):
    print(num)
# 输出: 0
#       1
#       2
```

另外,break 语句与 continue 语句的用法与 C 语言的一致。即,break 代表结束整个循环,而 continue 只结束当次循环。

3. 循环语句——while

Python 中 while 循环的一般格式如下:

```
while 条件1:
    执行语句1
```

即一直执行语句 1 直到条件 1 不成立。另外,在执行语句 1 中也可利用 break 语句跳出此 while 循环,这些都与 C 语言一致,因此不再赘述。

8.4.4 函数

在程序中,函数是对某一功能的抽象,借助函数,可不用重复编写代码。在 Python 中有很多内建函数,比如 print()函数,但是对于特定的功能还是需要创建用户自定义函数。Python 的函数与 C 语言的函数有很多相似的地方,由于读者已经对 C 语言比较熟悉了,因此本节更多的是介绍它们之间的不同之处。

在 Python 中定义函数的一般格式为:

```
def 函数名(参数):
    执行语句
    return 表达式
```

为了直观地理解 Python 的函数,下面给出一个简单的函数,实现两个数值的加法:

```
# 函数的定义
def addition(val1, val2):
    return_val = val1 + val2
    return return_val
# 函数的调用
val = addition(1, 2)
print(val)              # 输出:3
```

可以看出,在 Python 中调用函数(例如,addition()函数)时不需要指定参数的类型,可以传递任意类型的数据,例如,传递字符串、列表等,这能方便函数的定义与调用,但有时也不得不在函数里去判断传入的参数类型。

在调用函数时,传递的参数顺序按照创建函数时的参数顺序即可。当函数的参数特别多时,可指定传递参数,而忽略其顺序,例如:

```
val = addition(val2 = 1, val1 = 2)
```

在定义函数时可设定参数的默认值,即调用函数时如果不传入某个参数,那么此参数的值可以为默认值:

```
# 函数的定义
def addition(val1, val2 = 1):
    return_val = val1 + val2
    return return_val
# 函数的调用
val = addition(1)              # 没有传入参数 val2
print(val)                     # 输出:2
```

在 Python 中,调用函数时传递的参数大致分为两类:可更改(mutable)与不可更改(immutable)对象。字符串、元组和数字是不可更改的对象,而列表、字典等则是可以修改的对象。它们在作参数时是有区别的,例如,下面这个函数是传入一个不可变对象的实例:

```
def ChangeInt(a):
    a = 10
    b = 2
ChangeInt(b)
print(b)         # 在 ChangeInt()函数中更改了 a,但是不影响 b,输出: 2
```

这类似于 C 语言中的值传递,传递的只是 b 的值,在函数内部只是修改复制 b 的对象,并没有影响 b 对象本身。而传递可变对象则有所不同:

```
def changeList(myList):
    myList.append([1,2,3,4])
myList = [10,20,30]
changeList(myList)
print(myList)      # 在 changeList()函数中更改了列表 myList,输出:[10, 20, 30, [1, 2, 3, 4]]
```

可更改对象的传递更类似于 C 语言中的引用传递，传递是对象的地址，根据地址可以找到可变对象本身。因此在 changeList()函数内部修改了可变对象，会造成可变对象本身的变化。这是在实际程序中需要注意的，如果不想改变可变函数，那么可以传递复制后的对象，例如：

```
import copy

myList = [10,20,30]
myList2 = copy.copy(myList)
# myList2 = myList[:]          # 此代码也可以达到同样的效果，相当于新建了一个变量
changeList(myList2)
print(myList)                  # myList 并没有改变，输出:[10, 20, 30]
```

以上例子都是传入固定个数的参数，在 Python 中支持不定参数个数的函数定义（C 语言中有可实现类似功能）。

```
# 函数的定义
def printinfo(val1, * vartuple):
    print(val1)
    for val in vartuple:
        print(val)

# 函数调用
printinfo(10)
# 输出: 10
printinfo(70, 60, 50)
# 输出: 70
#       60
#       50
```

在 C 语言中，函数内部的变量称为局部变量，否则称为全局变量。在某个函数中是可以直接访问全局变量的。但是在 Python 中值得注意的是，对于不可更改类型的数据，如果在函数里面进行了赋值操作，则对函数外的全局变量不会造成影响，因为赋值操作相当于新建了一个与全局变量名称一致的局部变量。而对于可更改类型数据，如果使用了赋值语句，同样对外部产生影响。如果需在函数内部更改全局变量，则可以使用 global 关键字，例如：

```
g_b = 3
def t1():
    global g_b
    g_b = 2
t1()
print(g_b)        # 正常输出:2,如果没有 global 则输出 3
```

另外，在 Python 中还可以通过 lambda 表达式来创建匿名函数。使用 lambda 表达式可以更方便地完成一些简单的函数。lambda 函数的一般表达形式如下：

lambda [参数 1 [,参数 2,…,参数 n]]: 表达式

通过下面的例子更容易理解：

```
# 使用 lambda 定义函数
sum = lambda val1, val2: val1 + val2

# 函数调用
print("the result is : {}".format(sum(10, 20)))    # 输出：the result is: 30
```

8.5　Python 常用模块

Python 不仅使用起来特别方便，而且有特别多好用的模块（也称库）。本节中列举一些常用的模块，并在本节最后自定义一个模块。另外，对于不是 Python 内置的模块，可通过 pip 进行安装，即：

```
pip install 模块名       # 安装到 python 2 中
pip3 install 模块名      # 安装到 python 3
# 如果提示权限不够，则需要加上 sudo 关键字
```

8.5.1　时间管理

获取并转换时间是在程序中经常遇到的，在 Python 程序中可用 time 模块来处理时间操作。例如，获取当前时间可通过 time.time()方法，但需要注意的是，此方法返回的时间戳数据，即当前时间距离初始时间（1970 年 01 月 01 日 00：00：00）的总秒数：

```
import time                                # 引入 time 模块

ticks = time.time()
print("timestamp is:{}".format(ticks))     # 输出：timestamp is:1582602250.8564117
```

可以看出，时间戳是以秒为单位的浮点小数，因此可以利用此函数来计算函数执行的时间：

```
import time                  # 引入 time 模块

start_time = time.time()     # 记录起始时间
print(" … ")
end_time = time.time()       # 记录终止时间
print("running time is:{}s".format(end_time - start_time))
# 输出：running time is:0.0001354217529296875s
```

当然，时间戳的表示方式并不符合人的直观感受，在 Python 中也可以十分方便地获得格式化后的时间：

```
print time.strftime("%Y-%m-%d %H:%M:%S", time.localtime())
# 输出：2020-02-25 11:52:38
```

8.5.2　目录与文件管理

由本章前面的介绍可知,在 Linux 中是可以通过 Shell 命令来对目录与文件进行管理的,例如,使用 mkdir 来创建一个目录。那么在 Python 语言中可以通过 os 模块来调用 Shell 指令,从而实现对目录的管理。表 8-5 中列出了一些用来管理目录与文件的函数。

表 8-5　os 模块中对目录与文件管理的方法

函　　数	功　　能
os. chdir('directory_name')	将当前工作目录更改为 directory_name
os. getcwd()	返回当前目录的绝对路径
os. listdir('directory_name')	返回 directory_name 中的文件和子目录,如未提供 directory_name,则返回当前目录下的文件和子目录
os. mkdir('directory_name')	创建新目录
os. remove('file_name')	删除 file_name 文件
os. rename('from_file','to_file')	重命名文件
os. rmdir('directory_name')	删除目录,如果此目录包含文件,则不能被删除

os 模块还有很多功能,读者可自行查阅资料。另外,在 Python 中还存在可以调用 Shell 命令的库,例如 commands 模块,读者可自行尝试。

8.5.3　文件操作

在编写程序的过程中,对于文件最常用的操作有 4 种:打开、读、写和关闭。这些操作已经内嵌到 Python 中了,可直接调用。

1. 打开/关闭操作

在 python 中一般使用 open()函数打开一个文件,open()函数会返回一个文件对象,后续的读、写、关闭操作均需要使用这个对象。open()函数的完整定义如下:

```
open(file, mode = 'r', buffering = -1, encoding = None,
      errors = None, newline = None,
      closefd = True, opener = None)
```

其中,需要重点关注的只有 file 与 mode 参数。file 参数是必需的,为文件路径。mode 参数用于指定文件打开的模式,通常使用到的模式如表 8-6 所示。

表 8-6　常用的几种打开文件的模式

模　式	含　　义
a	打开一个文件用于追加。如该文件已存在,文件指针将会放在文件的结尾,新的内容将会被写入到已有内容之后。如文件不存在,则创建新文件进行写入
r	以只读方式打开文件,文件的指针将会放在文件的开头。这是默认模式
w	打开一个文件只用于写入。如果该文件已存在则打开文件,并从开头开始编辑,即原有内容会被删除。如果该文件不存在,则创建新文件

对于表 8-6 中的 3 种模式,都可结合"b"或"+"使用。其中"b"代表以二进制形式打开,例如,"rb"表示以二进制的方式读取。配合"+"使用则文件打开后指针会在文件开头,并且可对文件进行读写操作。

需要注意的是,为了数据的安全,一旦文件打开了,在文件关闭之前其他程序是无法对其进行操作的。因此文件一旦使用完毕一定要关闭。形如:

```
f = open("test.txt","w")
# 进行文件写操作
f.close()            # 关闭文件
```

由于关闭操作是文件操作所必备的,而且为了防止忘记使用 close()函数关闭文件,可以使用 Python 中的 with 关键字。当程序执行完 with 程序块后,对于 with 使用的资源会自动被释放。对于文件操作来说,即无须再写 close()函数:

```
with open("test.txt","w") as f:
    # 使用 f 对象来对文件进行操作
# 其他操作
```

2. 写/读操作

对于文件的写操作需使用 write()函数,形如:

```
with open("test.txt","w") as f:
    f.write("this is a test file.")        # 文字写入文字中
```

对于读操作,可以使用 read()函数,形如:

```
with open("test.txt","w") as f:
    f.read()          # 读取文件中全部数据
    f.read(2)         # 读取文件中 2 字节的数据
```

除以上两个函数,Python 还支持以下读/写函数:

(1) file.writelines(sequence)——向文件写入一个序列字符串列表,如果需要换行,则要自己加入每行的换行符;

(2) file.readline(size)——读取整行,包括 "\n" 字符;

(3) file.readlines(sizeint)——读取所有行并返回列表,若给定 sizeint>0,则是设置一次读多少字节,这是为了减轻读取压力。

8.5.4 异常处理

在 Python 程序运行时,如遇到错误,会立即停止程序的执行,并提示对应的错误信息。这就是所谓的异常。在程序开发阶段,很难将所有特殊情况都考虑在内,因此可能会出现错误(Bug)。Python 中给出了异常捕获机制,通过异常捕获可以针对突发异常做集中处理,从而保证程序的稳定性和健壮性。通过 try、except 等关键词的组合实现,一般格式为:

```
try:
    # 正常执行的代码块
    # ...
except error_name:
    # 发生异常,执行异常代码块,处理异常
else:
    # 没有发生异常时执行
finally:
    # 不管出现异常或没有出现异常都会被执行
```

上面代码中的 else 与 finally 语句不是必需的,如果没有特殊需求可省略。如果在正常执行的代码中出现 error_name 异常,则会跳转到处理异常代码块中;如果不指定 except_name,即出现任意类型的异常都会跳转到异常处理代码中。在 Python 中支持很多种类异常,具体可以在 docs. python. org/3/library/exceptions. html 中查询。

如果需要获取异常的文字信息可以使用 as 关键词,形如:

```
try:
    # 正常执行的代码块
    # ...
except error_name as name:
    print(name)          # 打印错误信息
```

对于除法来说,分母是不能为 0 的,这里人为设定此错误,程序执行效果如下:

```
########## 以下为 test. py 文件中的代码
try:
    ret = 1/0
except ZeroDivisionError:
    print("ZeroDivisionError is occurred.")        # 打印错误信息

########## 控制台运行效果
ZeroDivisionError is occurred.
```

异常捕获可以同时指定多个异常,但是如果出现了没有指定的异常,那么系统仍然会抛出(raise)异常。因此通常的做法是在处理异常代码块中处理对应的异常,对于未知异常做好记录或提示。形如:

```
try:
    # 正常执行的代码块
    # ...
except error_name1:
    # 发生异常 1,执行异常代码块,处理异常 1
except error_name2 as name2:
    # 发生异常 2,执行异常代码块,处理异常 2
    # print(name2)
except:
    #其他异常,进行记录或提示
```

在开发过程中,除了代码执行出错 Python 解释器会抛出异常之外,还可以根据应用程序特有的业务需求主动抛出异常。例如,提示用户设定密码,如果长度小于 6 位,则抛出异常,实现代码如下:

```python
def input_password():
    pwd = input("please enter the password:")
    if len(pwd) >= 6:
        return pwd
    else:
        ex = Exception("the password is too short!")
        raise(ex)

try:
    user_pwd = input_password()
    print(user_pwd)
except Exception as e:
    print("there is a error:{}".format(e))
```

8.5.5 多线程

1. 创建多线程

在 STM32 中可以通过 CMSIS-RTOS 创建稳定的多线程应用,在 Python 中则可以通过 threading 模块非常方便地实现多线程,并且功能更加强大。通过 threading 模块下的 Thread()方法创建线程实例,此方法具体定义如下:

threading.Thread(group = None, target = None, name = None, args = (), kwargs = {}, * , daemon = None)

其中:

group——默认为 None,是为以后实现 ThreadGroup 类保留的,不必关心。

target——开启线程后具体运行的函数或方法。

name——线程的名称。

args——在参数 target 中传入的可调用对象的参数元组,默认为空元组。

kwargs——在参数 target 中传入的可调用对象的关键字参数字典,默认为空字典。

daemon——默认为 None,即继承当前调用者线程(即开启线程的线程,一般就是主线程)的守护模式属性。如传递为 True,则被设置为守护模式;如传递为 False,则被设置为非守护模式。

提示:

守护线程:当程序退出时,程序会自动强制终止所有的守护线程。

非守护线程:一般创建的线程(包括主线程)默认为非守护线程,即在 Python 程序退出时,如果还有非守护线程在运行,那么程序会等待直到所有非守护线程都结束后才会退出。

因为守护线程会在程序正常或异常关闭时自动停止,所以它们占用的资源可能没有正确释放,比如正在修改的文档,因此需要特别注意这一点。

使用 threading.Thread()创建一个线程实例后,可以通过 start()方法开启线程活动。需要注意的是,同一个线程实例的 start()方法只能被调用一次。如果调用多次,则会报

RuntimeError 错误。关于线程的创建与运行的实例如下：

```
############### 以下代码在 thread_test.py 文件中
import time
import threading

def test_thread(para = 'thread1', sleep = 3):
    # 线程运行函数
    time.sleep(sleep)
    print(para)

def main():
    # 创建线程
    thread_1 = threading.Thread(target = test_thread)
    thread_2 = threading.Thread(target = test_thread, args = ('thread2', 1))
    # 启动线程
    thread_1.start()
    thread_2.start()
    print('Main thread has ended!')

if __name__ == '__main__':        # 相当于 C 语言中的主程序入口
    main()
```

运行结果如下，可以看出，主线程结束了，但 python 程序也并没有全部结束。直到程序中所有线程都运行结束了，才真正退出。

```
Main thread has ended!
thread2
thread1
pi@raspberrypi:~/Public $         # ← 程序退出
```

2. 线程安全

对于多线程来说，线程安全是非常重要的。多个线程同时访问统一资源，需要对此资源进行保护。在 CMSIS-RTOS 中已经介绍了如何使用信号、排他锁、信号量等技术来保证线程的安全。这种思想在 Python 的多线程应用中仍然适用。

对于排他锁，在 threading 模块中通过 Lock() 方法进行创建排他锁，acquire() 与 release() 函数分别实现锁的获取与释放，例如：

```
import time
import threading

# 创建锁
lock = threading.Lock()

def change_lock (para, sleep):
    lock.acquire()                    # 请求锁
    for i in range(3):
```

```
            time.sleep(sleep)              # 线程休眠
            print(para)
        lock.release()                     # 释放锁

    def main():
        thread_1 = threading.Thread(target = change_lock, args = ('thread1', 2))
        thread_2 = threading.Thread(target = change_lock, args = ('thread2', 1))
        thread_1.start()
        thread_2.start()

    if __name__ == '__main__':
        main()
```

以上程序输出会先输出 5 次 thread1 才会输出 thread2,这说明 thread2 一直在等待 thread1 释放锁,这与 CMSIS-RTOS 中排他锁的思想一致。由这个实例可看出这与在多线程中保证线程安全的思想是一致的,因此对于 threading 模块中与 CMSIS-RTOS 相同的地方不再赘述。

threading 模块也是使用信号量(Semaphore)实现非排他锁。通过 acquire()方法会减少计数器,release()方法则增加计数器,当然计数器的值永远不会小于零。当调用 acquire()时,如果发现该计数器为零,则阻塞线程,直到调用 release()方法使计数器的值增加。

CMSIS-RTOS 中信号(Signal)对应 threading 模块中的 event(事件),用来管理一个内部标志。set()方法可将它设置为 True,clear()方法可将它设置为 False,wait()方法将线程阻塞直到内部标志的值为 True。如果一个或多个线程需要知道另一个线程的某个状态才能进行下一步操作,则使用线程的 event 事件对象来处理。

3. 虚拟定时器

threading 模块也可以产生虚拟定时器,通过 Timer()函数实现,其完整定义如下:

```
threading.Timer(interval,
                function,
                args = None,
                kwargs = None)
```

其中:

interval——间隔时间,即定时器秒数;

function——执行的函数;

args——传入 function 的参数,如果为 None,则会传入一个空列表;

kwargs——传入 function 的关键字参数,如果为 None,则会传入一个空字典。

定时器和线程一样,可以通过 start()方法启动定时器,在定时器计时结束之前(线程开启之前)可以使用 cancel()方法停止计时器。需要注意的是,threading 模块中的定时器只能定时一次,如需循环执行需重新调用 start()方法。例如,以下代码实现每隔 3s 输出一段字符串(提示:对于这种后台一直运行的 Python 程序可以通过 Ctrl+C 快捷键手动停止)。

```
import threading

def func1():
```

```
        print('Do something.')
        # 重新计时
        timer = threading.Timer(3, func1)
        timer.start()
if __name__ == '__main__':
    t = threading.Timer(3,func1)              # 创建定时器
    t.start()                                  # 启动定时器
```

4. 生产者/消费者模式

在 CMSIS-RTOS 中介绍了生产者/消费者模式,这种模式非常适合数据的传输。在 Python 中可利用队列(Queue)模块实现此模式。Python 的 Queue 模块中提供了同步的、线程安全的队列类,包括先入先出队列 Queue、后入先出队列 LifoQueue 和优先级队列 PriorityQueue。这些队列的实现都是线程安全的,能够在多线程中直接使用。Queue 模块可以通过 put()方法将数据写入队列,通过 get()方法从队列中读取数据。

接下来通过程序模拟生产者/消费者模型,实现方法为:在主线程中一直接收用户在控制台输入的数据(生产数据),当接收到数据后通过队列发送给 thread_1 线程,并在此线程中将此数据进行打印(消费数据)。代码如下:

```
import threading
import queue

q = queue.Queue()                              # 创建队列

def ouput():                                   # 消费者函数
    while True:
        val = q.get()                          # 从队列中读取数据
        print("\nreceived data is :{}\n".format(val))

if __name__ == '__main__':
    thread_1 = threading.Thread(target = ouput)
    thread_1.start()
    while True:
        v = input("please input dat:.")  # 模拟生产者,通过控制台接收数据
        q.put(v)                          # 将数据写入队列
```

8.5.6 Numpy

本节最后介绍一个扩展模块——Numpy,它是一个支持大量的维度数组与矩阵运算的科学计算模块,同时里面也集成了傅里叶、线性代数等复杂算法。Numpy 是基于 C++实现的,因此对矩阵运算处理效率很高,在后期学习机器视觉与人工智能相关知识时也会经常用到它。Numpy 可以通过 pip 进行安装:

```
pip3 install numpy
```

创建一个 Numpy 数组非常容易。下面给出创建 Numpy 数组的几种方法:

```
import numpy as np                          # 导入模块

a = np.array([0, 1, 2, 3, 4])              # 通过列表创建,也可是此类型的变量,输出→ [0 1 2 3 4]
b = np.array((0, 1, 2, 3, 4))              # 通过元组创建,也可是此类型的变量,输出→ [0 1 2 3 4]
c = np.arange(5)                           # 生成连续数值的数组,输出→ [0 1 2 3 4]
d = np.linspace(0, 2 * np.pi, 5)           # 返回固定间隔数据的数组
            # 输出:→[ 0. 1.57079633 3.14159265 4.71238898 6.28318531]
e = np.array([[11, 12, 13, 14, 15],
            [31, 32, 33, 34, 35]])创建一个二维数组
```

对 Numpy 数组中元素中操作的方法与列表类似,支持对某一个元素的操作,也支持对数组进行切片操作:

```
print(a[2])      # 获取数组 a 中第 2 个数据,输出→2
print(e[0,2])    # 获取数组 e 中第 0 行、第 2 列数据,输出→13
print(e[0,0:3])  # 获取数组 e 中第 0 行、第 0~2 列的数据,输出→[11 12 13]
print(e[:,0])    # 获取数组 e 中第 0 列的数据,输出→[11 31]
```

支持数组的相关数学运算:

```
print(a * 2)     # 数组与标量相乘,逐元素相乘,输出→ [0 2 4 6 8]
print(a * b)     # 数组与数组的逐元素相乘,输出→ [0 1 4 9 16]
print(a/2)       # 数组的除法,逐元素相乘,输出→ [0. 0.5 1. 1.5 2. ]
# …加法、减法等
```

Numpy 模块支持很多好用的工具函数,例如:

```
print(np.max(e))    # 求最大值,输出→35
print(np.min(e))    # 求最小值,输出→11
print(np.sum(e))    # 求和,输出→230
print(np.sort(e))   # 排序,从小到大
```

对于元素特别多的数组,Numpy 支持按条件查找,例如:

```
print(a > 2)     # 数组 a 中大于 2 的元素设置为 True,输出:[False False False True True]
print(a[a > 2])  # 去除数组 a 中所有大于 2 的元素,输出:[3, 4]
                 # 即 a > 2 是条件,条件的产生与 a 数组无关,但是维度大小需与 a 相同
print(a[b > 2])  # 根据 b 数组产生条件,输出:[3, 4]
```

Numpy 还支持矩阵的运算,例如:

```
m1 = np.mat([[1, 2, 3], [2, 3, 4]])            # 生成 2 * 3 的矩阵
m2 = np.mat([[1, 0, 1], [1, 0, 1]]).reshape(3,2)
                        # 生成 3 * 2 的矩阵(reshape 为变换矩阵的维度)
                        # m2→matrix([[1, 0],
```

```
                                    #              [1, 1],
                                    #              [0, 1]])
print(m1.shape)                     # 输出矩阵维度,输出→(2,3)
print(np.linalg.matrix_rank(a))     # 矩阵的秩,输出→1
m3 = np.multiply(m1, m2.T)/* 矩阵对应元素相乘(.T 表示转置),m3→matrix([[1, 2, 0],[0, 3,
                              4]]) */
m3 = m1 * m2              /* 矩阵相乘(与数组相乘不同!),m3→matrix([[3, 5],[5, 7]]) */
m3 = np.dot(m1, m2)       /* 矩阵点乘,对于秩为 1 的数组,执行对应位置相乘,然后再相加;对
                             于秩不为 1 的二维数组,执行矩阵乘法运算 */
```

8.5.7　自定义模块

之前都是使用内置或者第三方的模块,可以看出,模块具有很好的封装性。当然,用户也可以自定义模块,并将相关的代码分配到一个模块中,让程序更具可读性。事实上,Python 中的一个模块就是一个 Python 文件。在模块中可以定义函数、变量、类(面向对象中会介绍),也能包含可执行的代码。

下面创建一个 support 模块。在当前目录下可以创建一个 support. py 文件,在文件中只实现一个很简单的函数:

```
############## 以下代码在 support.py 文件中
def print_func( par ):
    print("support.py print : {}".formate(par))
```

在同一个目录中创建新的文件 test. py,那么在 test. py 文件中就可包含 support 模块,即:

```
############## 以下代码在 test.py 文件中
import support

support. print_func("hello")    # 输出:support.py print : hello
```

如果程序模块的名称太长,则可使用 as 关键词对此模块重命名,即:

```
import support as s

s. print_func("hello")    # 同样输出:support.py print : hello
```

在之前的例子中一直通过"import 模块名"的形式加载模块。其实在 Python 中还有其他导入包的方式,即使用 from 与 import 的组合:

```
from support import print_func    # 导入 support 模块中的 print_func 函数
from support import *              # 导入 support 模块中的所有内容
```

以上两种方式的好处是,可以将 support. print_func("hello") 简化成 print_func("hello"),即调用模块内的内容,不用重复写模块的名称。

　　为了更好地对模块进行分类与管理,可以将很多类似或者同一个公司开发的模块放在一个文件夹中进行管理,这就形成了 Python 中的包(package)。值得注意的是,在 Python 中一个合法的包中必须包含__init__. py 文件,当加载此包的时候会优先调用此文件,当然这个文件中也可以没有任何内容。例如,在包 A 中包含 a、b、c 3 个模块,那么加载 a 模块的代码为"import A. a"。

8.6　Linux 操作系统实战——树莓派常用外设开发

　　树莓派提供了 40 个引脚来实现对其他设备的控制,如图 8-16 所示。也可通过 pinout 命令在控制台中将这些引脚的具体含义显示出来。从图 8-16 可以看出,树莓派 4B 支持的功能有:

　　(1) GPIO——普通输入输出引脚,在 40 个引脚中除去电源外的引脚均可以作 GPIO 使用,值得注意的是,GPIOx 的引脚不是第 x 个引脚,在实际接线中值得注意。

　　(2) PWM——所有的 GPIO 都可以实现(软中断)。

　　(3) SPI——同包含一通道的 SPI。其中,SPI0 的引脚为 MOSI(GPIO10)、MISO (GPIO9)、SCLK(GPIO11)、CE0(GPIO8)、CE1(GPIO7)。

　　(4) I^2C——共有两路,一路用于数据的传输,对应引脚为 SDA(GPIO2)、SCL (GPIO3);另外一路为 ID EEPROM 预留,对应引脚为 ID_SD(GPIO0)、ID_SC(GPIO1)。

　　(5) Serial——支持一路串口,引脚为 TXD(GPIO14)、RXD(GPIO15)。

　　另外,树莓派的这些数据引脚输入与输出支持的最高电压都是 3.3V,在实际应用中需要特别注意。

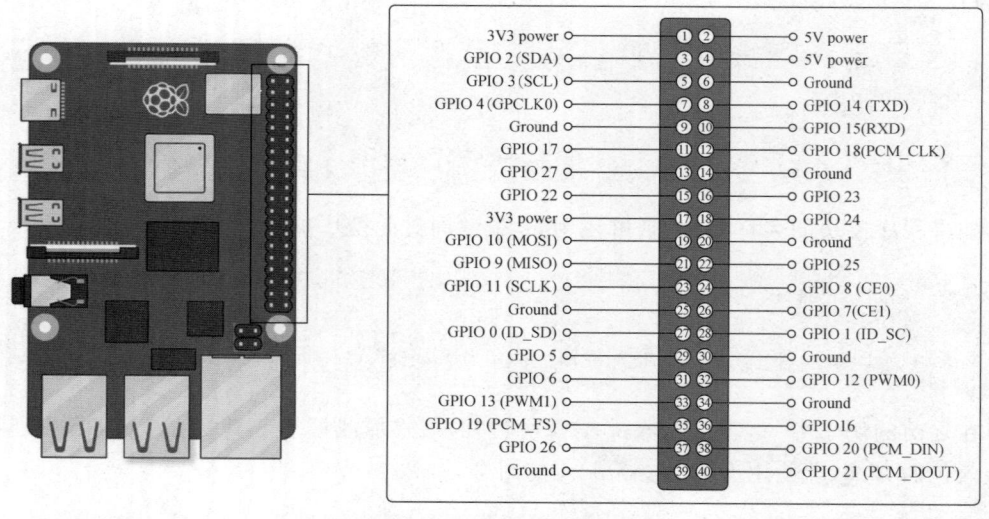

图 8-16　树莓派 4B 的扩展引脚

8.6.1　GPIO

使用树莓派控制 GPIO 信号,可以使用 RPi. GPIO 模块。安装命令如下:

```
sudo apt - get update                    # 更新 apt - get
sudo apt - get install python3 - rpi.gpio  # 将模块安装到 python3 中
```

在 RPi. GPIO 模块中支持两种方式对应的 GPIO 引脚:BOARD 编码和 BCM 编码。结合图 8-16 看,BOARD 编码即按照实际引脚顺序的编码,引脚的顺序如图 8-16 中圆圈内的数字所示,而 BCM 编码则是在图 8-16 中用 GPIOx 表示的。例如,BCM 编码格式的 GPIO2 对应 BCM 格式下的第 3 个引脚。

与 STM32 控制 GPIO 引脚一样,需要先配置 GPIO 模式为输入与输出,在 RPi. GPIO 模块中对应的函数名称为 pinMode()。如果配置为输出,则可以通过 digitalWrite() 函数控制引脚的高低电平,如果配置为输入,则可以通过 digitalRead() 函数读取引脚的高低电平。当不再使用 GPIO 后,可以使用 cleanup() 函数将 GPIO 重置。

下面的程序为控制一个 LED 的简单例子,LED 一共闪烁 5 个周期后自动退出程序:

```
import time
import RPi.GPIO as GPIO

GPIO.setmode(GPIO.BCM)         # 设置引脚编号为 BCM 编码方式
GPIO.pinMode(12, GPIO.OUTPUT)
for I in range(5):
    GPIO.digitalWrite(12, HIGH)
    time.sleep(1)
    GPIO.digitalWrite(12, LOW)
    time.sleep(1)
GPIO.cleanup()
```

8.6.2　PWM

在树莓派 4B 中,GPIO12、GPIO13、GPIO18 以及 GPIO19 可以输出硬件的 PWM。可以通过 PWM() 函数对相应的引脚进行配置,然后通过 start() 函数输出 PWM。下面的程序为通过改变 PWM 占空比形成呼吸灯的程序:

```
import RPi.GPIO as GPIO
import time

IO.setmode(GPIO.BCM)
IO.setup(19, GPIO.OUT)
p = GPIO.PWM(19,100)          # 将 GPIO19 配置为 PWM 模式,频率为 100Hz
p.start(0)                    # 输出占空比为 0% 的 PWM 波

while True:
    for x in range(50):
```

```
        p.ChangeDutyCycle(x)          # 改变 PWM 的占空比,从 0% → 50%
        time.sleep(0.1)
    for x in range(50):
        p.ChangeDutyCycle(50 - x)     # 改变 PWM 的占空比,从 50% → 0%
        time.sleep(0.1)
```

8.6.3　Serial

使用树莓派的串口,可以使用 serial 模块。安装命令如下:

```
sudo apt - get install python - serial
```

在树莓派 4B 的 40 个扩展引脚中,只有一个串口 TXD(GPIO14)、RXD(GPIO15)。但是这个串口在开机时输出控制台的调试信息,读者如果想要使用树莓派的串口去控制 STM32、Arduino 这样的从机,建议可以使用 USB 转串口模型。因为树莓派的 USB 资源比较丰富。

插上 USB 转串口模块后,可通过以下命令查看树莓派中可用的串口。

```
pi@raspberrypi:~ $ python - m serial.tools.list_ports
/dev/ttyAMA0
/dev/ttyUSB0
```

其中,"/dev/ttyAMA0"是树莓派默认蓝牙使用的串口,"/dev/ttyUSB0"是 USB 虚拟出来的串口,它们都在"/dev/"路径下。

使用 serial 模块通信,一般先使用 Serial()函数来初始化串口,可传入波特率等参数。然后使用 write()、read()或 readline()等函数实现串口的读写。下面给出实现串口回传的程序示例:

```
import time
import serial

ser = serial.Serial(
    port = '/dev/ttyUSB0',            # 使用 USB 转串口
    baudrate = 9600,                  # 比特率为 9600bps
    parity = serial.PARITY_NONE,      # 无奇偶校验
    stopbits = serial.STOPBITS_ONE,   # 停止位为 1 位
    bytesize = serial.EIGHTBITS,      # 数据为 8 个字节
    timeout = 1)                      # 延时 0.5s
while True:
    count = ser.inWaiting()           # 获取接收缓存区中的个数
    if count != 0:
        recv = ser.read(count)        # 接收数据
        ser.write(recv)               # 发送数据
```

8.6.4　摄像头与 OpenCV

树莓派与 Arduino、STM32 的最大区别是它的硬件资源要丰富得多,因此树莓派可以

非常容易地处理图片这种复杂的数据。树莓派有配套的摄像头模块,本节使用树莓派的
Camera V2 版本的模块,如图 8-17 所示。

该摄像头是通过 CSI 接口连接树莓派的(参考图 8-1)。
正确连接后需要通过 raspi-config 命令打开树莓派的设
置,并在 Interfacing Options→P1 Camera 中开启摄像
头。重启后即可使用该摄像头。

OpenCV(Open Source Computer Vision Library)
是一个开源的计算机视觉库,它提供了高效的计算机视
觉算法。默认树莓派中的 Python 的版本并不支持
OpenCV,作者推荐使用源码方式在树莓派中安装

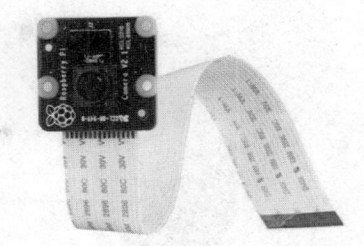

图 8-17 树莓派 4B 扩展摄像头模块

OpenCV。默认 OpenCV 库中并不支持树莓派的摄像头,需手动添加,在/etc/modules-
load. d/modules. conf 文件中添加 bcm2835-v4l2。

读者可运行下面的程序来验证 OpenCV 与摄像头是否安装成功:

```
import cv2                    # 导入 OpenCV 的模块

vcp = cv2.VideoCapture(0)  # 获取摄像头的句柄,后面程序中可以根据 vcp 对摄像头进行控制
while vcp.isOpened():        # 判断摄像头是否打开
    ret, frame = vcp.read()    # 从摄像头中获取一帧图片,ret 为是否成功,frame 为图片数据
    res = cv2.resize(frame,(500,300))                    # 调整图片的大小
    cv2.imshow('image source', frame)                    # 将获取到的图像显示出来
    gray = cv2.cvtColor(frame,cv2.COLOR_BGR2GRAY)        # 转换为灰度图片
    cv2.imshow('gray image',gray)                        # 将获取到的图像显示出来
    if(cv2.waitKey(10) & 0xff) == ord('q'):              # 按下 q 键结束程序
        break;
print('the capture is closed.')
vcp.release()                                            # 释放资源
cv2.destroyAllWindows()                                  # 关闭所有窗口
```

以上程序的执行效果是:有两个窗口显示摄像头获取的图片信息,在 image source 窗
口中显示的是 RGB 彩色的图片,在 gray image 窗口中显示的是灰度图片。另外,可按下字
母 q 键来结束程序。下面对程序中用到的函数进行简单介绍:

(1) cv2. VideoCapture()是获取摄像头的句柄。如果有多个摄像头,则按数字区分,例
如传递数字 1 即代表第二个摄像头。除此之外,还可以将图片或视频文件的路径传入,即可
通过 OpenCV 对图片或视频进行处理。

(2) isOpened()方法来判断这个摄像头是否打开。

(3) read()方法来获取摄像头的图像,如果 VideoCapture()传入的是视频文件,则读取
视频文件中的一帧图片。

(4) cv2. resize()用来改变图片的大小。

(5) 使用 cv2. cvtColor()用来转换图片显示的颜色格式。

(6) 使用 cv2. imshow()函数来将图像在窗口中显示出来。

(7) 这里使用 cv2. waitKey(10)来等待用户输入按键,最长等待 10ms,如果传入 0,则
永久等待。

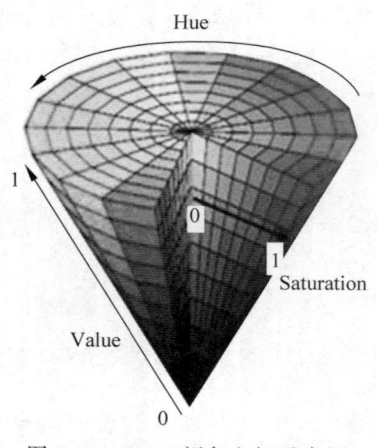

图 8-18　HSV 颜色空间示意图

在机器视觉领域,目标检测是主要研究方向之一。一个机器只有能准确发现目标才能进行后面的工作。本书用查找蓝色瓶盖的例子,模拟机器寻找目标的过程。其基本思路为:设定蓝色阈值→获取一帧图片→判定图片中每个像素点的颜色是否在阈值内→提取满足条件的像素点→得到结果。

为了更准确地找准蓝色阈值,本书将摄像头获取到的 RGB 的彩色数据通过 cvtColor() 函数转换到 HSV 的颜色空间中。其中 H 是色调(Hue)的缩写,S 是饱和度(Saturation)的缩写,V 是亮度(Value)的缩写。HSV 颜色空间的示意图如图 8-18 所示。

完整代码如下所示:

```python
import cv2
import numpy as np                                      # 科学计算库

cap = cv2.VideoCapture(0)
while(1):
    ret,frame = cap.read()                              # 获取图像
    hsv = cv2.cvtColor(frame,cv2.COLOR_BGR2HSV)         # 转换到 HSV
    lower_blue = np.array([110,50,50])                  # 设定蓝色阈值的下限
    upper_blue = np.array([150,255,255])                # 设定蓝色阈值的上限
    mask = cv2.inRange(hsv, lower_blue, upper_blue)     # 得到所有符合条件的像素
    res = cv2.bitwise_and(frame, frame, mask = mask)    # 与运算,得到的结果
    cv2.imshow('frame', frame)                          # 显示原始图片
    cv2.imshow('mask', mask)                            # 显示掩码
    cv2.imshow('res', res)                              # 显示结果
    k = cv2.waitKey(5)&0xFF                             # 等待
    if k == 27:                                         # 按下 Esc 键退出程序
        break
cv2.destroyAllWindows()                                 # 关闭窗口
```

程序执行效果如图 8-19 所示。可以看出,能很好地找到蓝色瓶盖。读者也可自行调节某种颜色的阈值来进行识别。

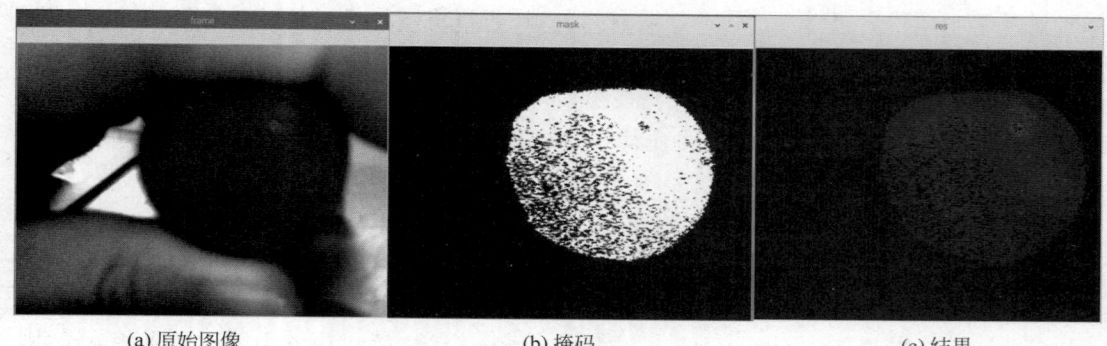

(a) 原始图像　　　　　　　　(b) 掩码　　　　　　　　(c) 结果

图 8-19　寻找蓝色盖子的实现效果

事实上,在 OpenCV 中还有很多用于机器学习的算法,限于篇幅,不再详述,读者可查阅相关资料(参考网站 www.opencv.org.cn/)。

8.7　面向对象思想初探

至此,本书所介绍的程序编写方式均属于过程式编程,即在代码中创建变量和函数来制定特定的步骤,通过不同变量与函数的组合来实现需求。但是这里的各个变量与程序都是相互独立的,没有通过语法来让它们建立起相应的联系。在面向对象程序设计中,可以将变量与方法进行进一步的抽象,并结合在一个通用对象中,这样在复杂的应用中能尽可能地减少重复代码,代码可读性会更高。

8.7.1　什么是面向对象

在面向对象思想中,一切皆对象,小到一粒沙子,大到一个星球,都可以被称为一个对象。本书通过人这个对象来详细介绍面向对象的思想。在地球上的人有很多共同点,例如都有名字和年龄,并且都会思考。那么可以基于人的这些共同点构建一个类(Class),将名字与年龄看成是类的属性,思考这个动作则看成是类的方法。因此不管哪个人都可以通过这个类统一进行描述,这就表现出了面向对象具有良好的封装性。

显然,人是属于动物的,因此也能找到与动物的共同点,比如都需要吃饭。那么可以认为人这个类是继承动物这个大类(也称父类)的,虽然人与老虎均继承动物这个大类,但是它们之间有很多不同点。通常做法是将吃饭这个更为通用的方法抽象在动物这个大类中,而其他不同的属性或方法均写在对应的子类中,这样就可减少在每个类中都编写吃饭这样重复的方法。进一步地,动物则继承了生物这个大类,由此可见,通过继承操作可以将很多很复杂的事物逐层分解,从而达到更合理地管理程序结构的目的。

人与老虎虽然都需要吃饭,但是吃的食物显然是不同的。对于这个问题的解决办法是:在动物这个大类中并不指定或默认指定所吃的食物,在人与老虎这个子类中再分开指定。这种方式在面向对象中被称为重写(Overriding)。另外,一个人在吃中餐与在吃西餐时使用的工具是不一样的,虽然都是吃饭,但是方式不同,即对于同一方法可以有多种实现方式,这在面向对象中称为重载(Overloading)。从代码层面上讲,方法的重写是重写子类继承父类的方法,且函数名称与传递的参数必须是一致的。方法的重载既可以重载同一类的方法,也可以重载父类中的方法,同时函数名必须一致,但是传递的参数不能相同。

对一个程序使用面向对象的思想进行设计,也更适合多人协作。一个程序的架构师会对这个程序中进行类的详细划分,并给出相应的接口(Interface),那么其他程序员根据接口去实现对应的方法即可,这样就能做到分工明确、各司其职,可大大提高程序开发的效率。

8.7.2　Python 中的面向对象方法

1. 类的定义与基本使用方法

在 Python 中定义一个类非常简单,是通过 Class 这个关键字来实现的。下面构建人的一个类:

```
class People:
    pass
```

在 Python 中赋予类属性与方法是通过 self 关键字进行的,例如:

```
class People:
    def __init__(self, name, age):
        self.name = name          # name 属性
        self.age = age            # age 属性

    def thinking(self, thing):     # thinking()方法
        print("My name is {}, I am thinking about {} ".format(self.name, thing))
```

由上面的代码可以看出,赋予类方法与定义个函数十分类似,但是传递的参数中第一个必须为 self。定义属性的方法是"self.属性名"。这里先不考虑以上代码的含义,先看现象。创建两个 People 的实例:小明和小红,年龄分别为 20 与 18。那么在 Python 中创建一个类实例的方法为:

```
ming = People("XiaoMing", 20)      # 创建 People 类的实例:ming
hong = People("XiaoHong", 18)      # 创建 People 类的实例:hong

print("the age of xiaoming is :{}".format(ming.age))
                                   # 输出→the age of xiaoming is :20
print("the age of xiaohong is :{}".format(hong.age))
                                   # 输出→ the age of xiaohong is :18
ming.thinking("eating.")           # 输出→ My name is XiaoMing, I am thinking about eating.
hong.thinking("dressing.")         # My name is XiaoHong, I am thinking about dressing.
```

虽然对象 ming 与 hong 都是通过 People 类创建的,但它们是两个独立的个体,并且可以看出,通过类将对应的属性与方法封装成了一个整体,访问属性或方法通过 object.name 的方式进行,非常方便。从上面代码也可以看出,虽然 self 关键词都用在了 People 类中,但不同对象实例代表了不同含义,可以将 self 理解为某一对象实例的映射。在创建 ming 这个对象实例时,传入的参数是 XiaoMing 与 20,那么 self.name 表示为 XiaoMing,因为此时 self 代表 ming 这个对象。相应地,在创建 hong 这个对象时,传入的参数是 XiaoHong 与 18,那么 self.name 表示 XiaoHong,即此时 self 代表为 hong 这个对象。

那么创建对象时,参数是如何传递到 self 中去的呢? 答案是 __init__()方法。__init__()方法是一种特殊的方法,被称为类的构造函数或初始化方法,当创建这个类的实例时程序会默认最先自动执行这个方法,无须手动调用。

通过 ming.age 访问到了 ming 这个对象的 age 属性,当然也可以对这个属性进行修改与删除:

```
ming.age = 22        # 修改 age 为 22
print(ming.age)      # 输出→22
del ming.age         # 删除 age 属性
print(ming.age)      # 此时会报错!因为此属性已删除了
```

除此之外,还可通过以下函数来获取一个对象的属性或方法:

(1) getattr(obj,name[,default])——访问对象的属性或方法,例如,getattr(ming, "age");

(2) hasattr(obj,name)——检查是否存在一个属性或方法,例如,hasattr(ming, "age");

(3) setattr(obj,name,value)——设置一个属性或方法,例如,setattr(ming,"sex")。如果属性不存在,则会创建一个新属性;

(4) delattr(obj,name)——删除属性或方法,例如,delattr(ming,"sex")。

通过这些函数访问对象的属性与方法的一个好处是可以根据字符串来对访问对象。例如,若树莓派串口或网络接收到一串字符串,在字符中包含的是方法名与参数,则可以通过串口或网络发送数据远程执行对象中的某个方法:

```python
# 假设网络接收到的字符串解析后的方法名为"thinking"、参数为"learning"
# 即:method_name = "thinking" param = "learning"

method_name = "thinking"
param = "learning"
if hasattr(ming, method_name):              # 如果 ming 对象包含 method_name 属性或方法
    func = getattr(ming, method_name, None)  # 则获得对象 ming 中的方法
    if func != None and callable(func):      # 如果获得的方法存在,并且是可执行的
        func(param)                          # 执行此方法,并传递参数
    else:
        print("there no method named {}".format(method_name))
# 程序最后输出:My name is XiaoMing, I am thinking about learning
```

对于使用 self.name 创建的属性,一旦对象实例被创建,此属性就可被任意访问。但是并不希望随意访问有些属性或方法,只能在内部访问,这些属性和方法即私有属性与私有方法。对于这种需求,在 Python 中只需要在属性或方法的名称前添加两个连续的下画线"_"即可,例如:

```python
class People:
    def __init__(self, salary):
        self.__salary = salary          # salary 属性
    def getSalary(self):
        self.__salary = 111             # 私有变量在类中能够正常访问
        return self.__salary
    def __thinking(self, thing):        # thinking 方法
        print("I am thinking")
p1 = People(1210)                       # 创建对象实例
print(p1.getSalary)                     # 输出→111
print(p1.__salary)                      # 会报错,因为__salary是私有属性
p1.__thinking("test")                   # 同样会报错,因为__thinking是私有方法
```

2. 类的继承

类的继承可以让程序架构更加规整,下面是类继承的一般格式。BaseClassName1～

BaseClassNameN 是需要继承的父类。

```
class ClassName(BaseClassName1, BaseClassName2, …, BaseClassNameN):
    pass
```

下面的代码创建了 People 的父类 Animal，在 Animal 中定义了 eating 方法，那么由于 People 继承了 Animal 类，因此 People 也会具有 eating()方法，具体代码如下：

```
class Animal:
    def __init__(self, species):
        self.species = species
    def eating(self):
        print("(animal) {} is eating.".format(self.species))

class People(Animal):
    def __init__(self, name, age):
        Animal.__init__(self, "people")      # 调用父类的构造函数
        self.name = name                      # name 属性
        self.age = age                        # age 属性

ming = People("XiaoMing", 18)
ming.eating()                                 # 输出→ (animal) people is eating.
```

显然老虎与人类吃的食物是一样的，因此需要通过重写父类中的方法来适应不同的场景。方法的重写是重写子类继承父类的方法，且函数名称与传递的参数必须是一致的。例如，下面的代码中创建了 Tiger 类，并且此类继承自 Animal 类，但是它需要重写父类中的 eating()方法，代码如下：

```
class Tiger(Animal):
    def __init__(self):
        Animal.__init__(self, "Tiger")       # 调用父类的构造函数
    def eating(self):
        print("(tiger) I want to eat a sheep.")

tiger1 = Tiger()
tiger1.eating()                               # 输出→ (tiger) I want to eat a sheep.
```

从运行结果看，tiger1.eating()方法调用的是子类中的方法，即重写成功了。

方法的重载可以重载同一类的方法也可以重载父类中的方法，同时函数名也必须一致，但是传递的参数不能相同。即重载主要针对两个场景：

（1）参数类型不同；

（2）参数个数不同。但是由于语言的特性，Python 完美支持这两种场景。因为在 Python 中传递的参数本就无须指定类型，而且传递的参数个数可以通过函数的默认参数确定，例如，重载 eating()方法可以如下操作：

```
class People:
    def eating(self, tools = None):
        if tools is not None:
            print("I am eating with {}".format(tools))
        else:
            print("I am eating without tools.")
ming = People()
# 调用 eating()方法以下两种方式均可
ming.eating()                   # 输出→ I am eating without tools.
ming.eating('chopsticks')  # 输出→ I am eating with chopsticks.
```

事实上,虽然 Python 在语法层面上支持面向对象方法,但是面向对象是一种编程的思想,即在 C 语言中也支持实现面向对象的思想。举一个简单的例子,通过 C 语言的结构体实现面向对象的封装特性。为了防止形成固定思维,下面介绍使用面向对象方法解决一个新的问题——计算两点间的距离,具体代码如下:

```
//以下代码写在 point.h 文件中
#ifndef __Point_H__
#define __Point_H__

struct Point;
struct Point * makePoint(double x, double y);
double distance(struct Point * P1, struct Point * P2);

#endif

//以下代码写在 point.c 文件中
#include "point.h"
#include "stdlib.h"
#include "math.h"

struct Point{
        double x, y;
};

struct Point * makePoint(double x, double y){
        struct Point * p = malloc(sizeof(struct Point));
        p -> x = x;
        p -> y = y;
        return p;
}

double distance(struct Point * p1, struct Point * p2){
        double dx = p1 -> x - p2 -> x;
        double dy = p1 -> y - p2 -> y;
        return sqrt(dx * dx + dy * dy);
}
```

```
//以下代码写在 test.c 文件中
# include "point.h"
# include "stdio.h"

int main(void){
    double d;
    struct Point * a = makePoint(1.5,1.5);
    struct Point * b = makePoint(2.5,2.5);
    d = distance(a,b);
    printf("distance is % f\n",d);
    return 0;
}

//以下是编译与运行命令
>> sudo gcc point.c test.c - lm - o test.o        //编译,其中 - lm 为连接数学库
>> ./test.o                                        //运行程序,输出结果→ distance is 1.414214
```

显然,使用 point.h 头文件的程序是没有 Point 结构体成员的访问权限的,它们只能调用 makePoint()函数与 distance()函数,但是函数内部的实现细节是不可见的。对于使用 C 语言比较多的读者,也应了解并尝试使用面向对象的思想,这样能更有效地管理复杂的工程。

第 9 章

电子设计与互联网

互联网(Internet)是人类最伟大的发明之一,现在人们越来越离不开互联网,因为互联网不仅是工作、学习的工具,也是一种生活方式,人们的很多思维习惯都因为网络而有所改变。因此将电子设备接入互联网,利用互联网实现数据的传输,可以极大地方便人们对电子设备的监控与管理,有效提高用户体验,更能符合现代人的思维方式与习惯。

树莓派的运行速度、计算资源与集成化程度相对较高,注重应用层的开发,进行网络开发相对容易,是嵌入式开发的代表。STM32(或 Arduino)则相反,其开发更接近于底层,要求对底层软硬件都需理解,进行网络开发相对困难,是单片机开发的代表。虽然它们使用同样的协议接入互联网,但开发方法与流程大不相同,且极具代表性。因此在本章中以树莓派和 STM32 为例介绍嵌入式与单片机接入互联网的方法与流程。

这里先声明,本书中所有关于网络通信部分均使用如图 9-1 所示的架构,其中包括 STM32+W5500 组成的网络设备、树莓派、计算机以及路由器,且三者都在同一网段中。另外,本章有些代码太长而不能全部进行展示,读者可在本书的 Github 上下载完整工程。

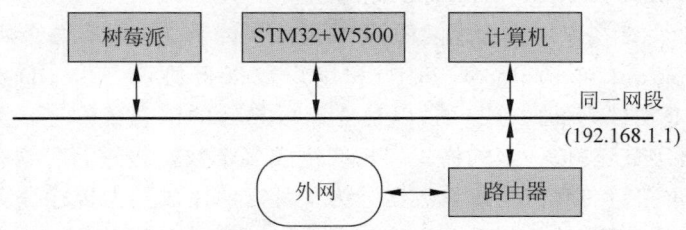

图 9-1 网络部分使用的系统架构

9.1 网络模型简介

9.1.1 TCP/IP 分层概述

互联网的核心是要实现网络中的信息、资源的互联互通,因此需要制定规则进行约束,只有大家都遵循这些规则才能实现不同的硬件、操作系统之间的数据交换。大家都遵守的规则就叫作"协议"(Protocol)。在互联网中定义了很多协议,并对这些协议进行了归纳与分层,从而构成了网络模型。

对于网络模型,ISO(国际标准组织)很早就对其进行了分层(OSI 参考模型),自上而下分别是应用层、表示层、会话层、传输层、网络层、数据链路层、物理层。OSI 参考模型分层的好处是利用层次结构把开放系统的信息交换问题分解到一系列容易控制的软硬件模块的层中,各层可以根据需要独立进行修改或扩充,有利于各个厂家之间的合作与交流。但是 ISO 制定的参考模型过于庞大,所以后来简化 OSI 模型的 TCP/IP 协议簇获得了更为广泛的应用,如图 9-2 所示,是 TCP/IP 参考模型和 OSI 参考模型的对比示意图。

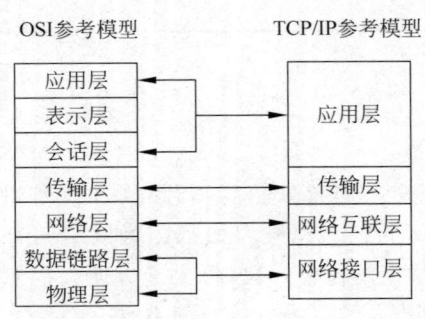

图 9-2　TCP/IP 参考模型和 OSI 参考模型比较

在 TCP/IP 参考模型中,去掉了 OSI 参考模型中的会话层和表示层,将这两层的功能合并到应用层中实现;同时将 OSI 参考模型中的数据链路层和物理层合并为网络接口层。所以 TCP/IP 参考模型自上而下分别是应用层、传输层、网络互联层、网络接口层。越下面的层,越靠近硬件;越上面的层,越靠近用户。下面,分别对 TCP/IP 模型各层进行介绍。

(1) 网络接口层:是网络中的最底层。它负责将数据包透明传送到电缆上。该层协议定义了主机如何连接到网络,管理着特定的物理介质。在 TCP/IP 模型中可以使用任何网络接口,如以太网、令牌环网、FDDI、X.25、ATM、帧中继等。

(2) 网络互联层:是整个 TCP/IP 协议簇的核心,它决定数据如何传送到目的地,主要负责寻址和路由选择等工作。在网络互联层中所使用最重要的协议是 IP 协议。IP 协议提供统一的 IP 数据报格式,以消除各通信子网的差异,从而为消息发送方和接收方提供透明的传输通道。该层还包括 4 个重要协议,即 Internet 控制消息协议 ICMP、地址解析协议 ARP、逆地址解析协议 RARP 和 Internet 组管理协议 IGMP。

(3) 传输层:负责在应用进程之间的端-端通信。传输层主要有两个协议:传输控制协议(Transmission Control Protocol,TCP)和用户数据报协议(User Datagram Protocol,UDP)。其中 TCP 协议是面向连接的,以建立高可靠性的消息传输连接为目的,它负责把输入的用户数据(字节流)按一定的格式和长度组成多个数据报进行发送,并在接收数据报之后按分解顺序重新组装和恢复用户数据。为了可靠地完成数据传输任务,TCP 具有数据报的顺序控制、差错检测、检验以及重发控制等功能。TCP 还可进行流量控制,以避免快速的发送方"淹没"低速的接收方而使接收方无法处理。UDP 是一个不可靠的、无连接的协议,被广泛用于端主机和网关以及 Internet 网络管理中心等消息通信,以达到控制管理网络运行的目的,或者应用于快速递送比准确递送更重要的应用程序,例如传输语音或者视频。

(4) 应用层:位于 TCP/IP 参考模型的最高层次,用于确定进程之间通信的性质,以满足用户的要求。它直接面向用户,按照用户的要求定义应用程序如何提供服务,根据不同的网络应用引入不同的应用层协议。其中,有基于 TCP 的,如文件传输协议(FTP)、超文本链接协议(HTTP)、消息队列遥测传输(MQTT)等,当然也有基于 UDP 协议的。

9.1.2　常用的基础概念

1. IP 地址

IP 地址是 Internet Protocol Address 的缩写,可译为"网际协议地址"。一个网络设备可以拥有一个独立的 IP 地址,一个局域网也可以拥有一个独立的 IP 地址,目前有 IPv4 与 IPv6 两类地址。在网络上进行通信时,必须要知道对方的 IP 地址。

2. MAC 地址

MAC 的英文全称是 Media Access Control,中文为"媒体访问控制",又称为物理地址,长度是 48 个二进制位。在底层网络数据传输中,是通过 MAC 地址去寻找实际的物理设备的。在 TCP/IP 参考模型中,网络互联层负责处理 IP 地址,在网络接口层中处理 MAC 地址。MAC 地址和 IP 地址转换通过 ARP 进行转换。在局域网中,路由器或者交换机根据传输来的数据包进行 ARP 解析,通过 IP 地址映射到 MAC 地址,然后转发给相应的设备。因此,局域网中任意一个 MAC 地址都是独一无二的。

3. 端口号

在网络系统中,虽然可以通过 IP 地址和 MAC 地址找到目标网络设备,但实际上这两个信息仍然不能进行通信。因为一个网络设备可能同时提供多种网络服务,例如,Web 服务(网站)、FTP 服务(文件传输服务)、SMTP 服务(邮箱服务)等,仅有 IP 地址和 MAC 地址,计算机虽然可以正确接收到数据包,但是却不知道要将数据包交给哪个网络程序来处理,所以通信失败。

为了区分不同的网络程序,计算机会为每个网络程序分配一个独一无二的端口号(Port Number),例如,Web 服务的端口号是 80,FTP 服务的端口号是 21,SMTP 服务的端口号是 25。因此端口是一个虚拟的、逻辑上的概念。可以将端口理解为一道门,数据通过这道门流入流出,每道门有不同的编号,即端口号。端口号为 16bit,因此取值范围为 $0 \sim 65\,535$。

4. 网关

网关(Gateway)又称网间连接器、协议转换器。网关在传输层上实现网络互联,是最复杂的网络互联设备,仅用于两个高层协议不同的网络互联。网关既可以用于广域网互联,也可以用于局域网互联。

在早期的 Internet 中,网关即指路由器,是网络中超越本地网络的标记。公共的、基于 IP 的广域网的出现和成熟促进了路由器的成长,现在路由器变成了多功能的网络设备,失去了原有的网关含义,然而作为网关仍然沿用了下来,它不断地应用到多种不同的功能中。按功能来划分,主要有 3 种类型的网关:协议网关、应用网关和安全网关。

1) 协议网关

此类网关的主要功能是在不同协议之间进行协议转换。网络发展至今,通用的已经有好几种,如 IEEE 802.3、红外线数据联盟 IrDa、广域网 WAN 等,不同的网络具有不同的数据封装格式、不同的数据分组大小、不同的传输率。在这些网络之间进行数据共享、交流是必不可少的,因此需要一个专门的"翻译人员",也就是协议网关。依靠它使得一个网络能理解其他网络,也是依靠它来使不同的网络连接起来成为一个巨大的 Internet。

2) 应用网关

此类网关主要是针对一些专门的应用而设置的,其主要作用是将某个服务的一种数据格式转换为该服务的另外一种数据格式,从而实现数据交流。这种网关常作为某个特定服务的服务器,但是又兼具网关的功能。最常见的此类服务器就是邮件服务器。

3) 安全网关

最常用的安全网关就是包过滤器,实际上就是对数据包的源地址、目的地址和端口号、网络协议进行授权。通过对这些信息的过滤处理,让有许可权的数据包传输通过网关,而对那些没有许可权的数据包进行拦截甚至丢弃。

5. Socket

Socket 的英文原意是"插座"的意思,通常也称作"套接字",是针对网络应用设计的一套接口,也是互联网中进行应用开发最为通用的接口,实现的是网络模型中传输层的 TCP 以及 UDP。

传输层实现的是端对端的通信,每一个传输层连接都有两个端点,可分为服务器端(Server)和客户端(Client),使用 Socket 实现彼此之间通信流程如图 9-3 所示。

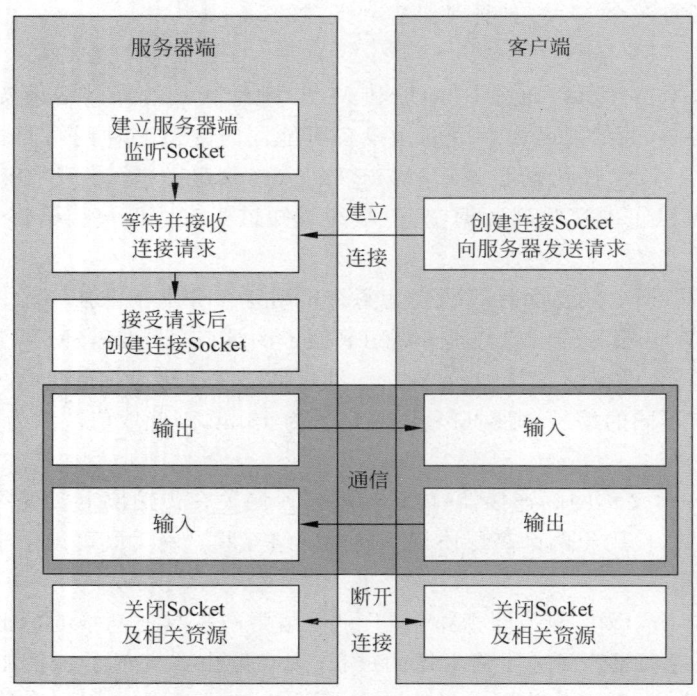

图 9-3 Socket 通信流程

对于服务端来说,一般处理流程为:创建监听 Socket→等待客户端的连接请求→接收请求后并创建与客户端通信的 Socket→与客户端进行通信→通信完成后释放 Socket 以及相关资源。

对于客户端来说,一般处理流程为:创建连接 Socket→连接成功则可以与服务端进行通信→通信完成后释放 Socket 以及相关资源。

对于不同的操作系统或硬件,Socket 的命名规则有一定的区别,但其命名的关键词一般相同:

(1) socket()——创建套接字。

(2) bind()——绑定本地地址。一个套接字用 socket()创建后,它其实还没有与任何特定的本地或目的地址相关联。此函数一般用于服务端,客户端一般不使用此函数,因为对于客户端只需要知道服务端的 IP 地址和端口号进行连接即可。

(3) listen()——设置等待连接状态,此时服务端可以接收客户端来的新连接,新连接完成以后会把客户端的 IP 地址、端口号以及连接句柄放在监听队列中,等待 accept()函数来取。如果监听队列满了,那么 listen()函数会拒绝新来的连接。

（4）accept()——从监听队列中将客户端的 IP 地址、端口号以及连接句柄取出。

（5）connect()——客户端连接服务器。在传输数据前需要调用此函数,连接成功后该 Socket 上发送的所有数据都送往对方。

（6）send()/recv()——TCP 协议的发送和接收数据函数。

（7）sendto()/recvfrom()——UDP 协议的发送和接收数据函数。

（8）close()——关闭套接字。

9.2　树莓派中的 Socket 编程

本节将会介绍如何在树莓派中对 TCP 服务器、TCP 客户端、UDP 服务器、UDP 客户端进行开发。

9.2.1　TCP 服务器

如下是使用 Python 的 Socket 接口实现的一个简单 TCP 服务器的实例代码:

```python
import socket
import time

HOST = '192.168.1.106'                              # 监听的 IP 地址
PORT = 8001                                         # 监听的端口号
sock = socket.socket(socket.AF_INET, socket.SOCK_STREAM)
# sock.setsockopt(socket.SOL_SOCKET, socket.SO_REUSEADDR,1)
sock.bind((HOST, PORT))                             # 执行监听操作
sock.listen(5)                                      # 允许 5 个客户端连接
while True:
connection,address = sock.accept()                  # 接收客户端的建立连接的请求
print('链接地址:{}'.format(address))                 # 打印建立连接的地址
    try:
        connection.settimeout(10)                   # 超时时间
        buf = connection.recv(1024)                 # 接收信息
        if buf:
            connection.send(b'welcome to server!')  # 接收到信息,发送欢迎字符串
            print('Connection success!')            # 打印调试信息
        else:
            connection.send(b'no message.')
    except socket.timeout:
        print ('time out')
    connection.close()                              # 断开连接
```

此服务器监听的 IP 地址为 192.168.1.106,即为本机地址,可通过 ifconfig 命令进行查看。调用 listen()函数并传入数字 5,代表最多同时与 5 个客户端建立连接。当有客户端成功连接后,如果客户端发送消息了,则此服务器会回复欢迎字符串；如果没有接收到消息则会给客户端回复 no message 字符串。

由于本代码实现的是TCP服务器，那么可通过网络调试助手来模拟一个TCP客户端来对代码进行验证。结果如图9-4所示。其中图9-4(a)中将客户端的地址打印出来。由于客户端没有发送消息，因此在图9-4(b)的调试助手中接收到了字符串no message。

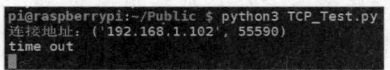

pi@raspberrypi:~/Public $ python3 TCP_Test.py
连接地址: ('192.168.1.102', 55590)
time out

(a) 树莓派中调试信息输出

网络调试助手
网络设置
(1) 协议类型
TCP Client
(2) 远程主机地址
192.168.1.106
(3) 远程主机端口
8001
断开
数据接收
NetAssist V4.3.25
no message.
接收到的信息

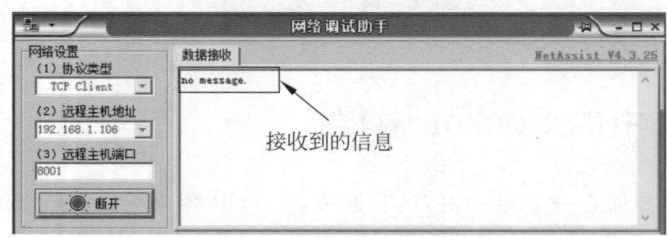

(b) 调试助手输出的调试信息

图 9-4 TCP服务器程序运行结果

9.2.2 TCP客户端

如下是使用Python的Socket接口实现的一个简单TCP客户端的实例代码：

```
import socket
sock = socket.socket()                    # 创建客户套接字
sock.connect(('192.168.1.106',8001))      # 尝试连接服务器
sock.send(b'hello!')
ret = sock.recv(1024)                     # 对话(发送/接收)
print(ret)                                # 打印接收到的消息
sock.close()                              # 关闭客户套接字
```

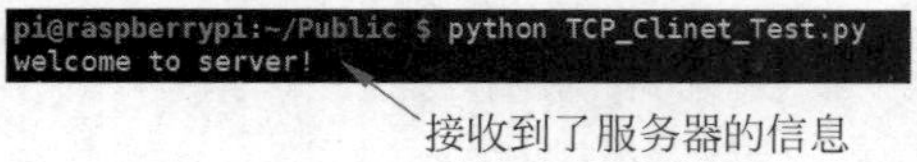

pi@raspberrypi:~/Public $ python TCP_Clinet_Test.py
welcome to server!
接收到了服务器的信息

(a) 客户端输出调试信息

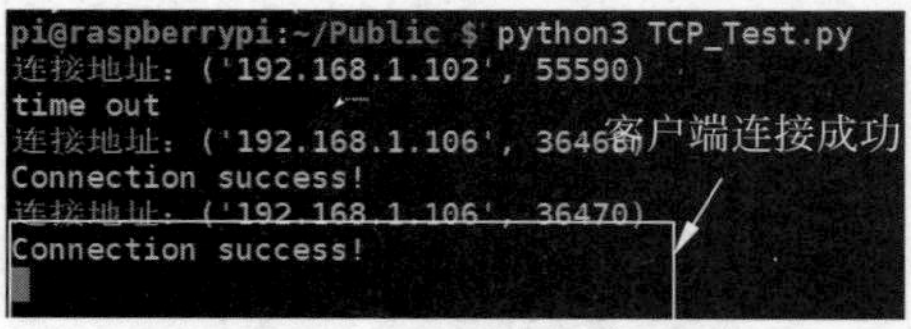

pi@raspberrypi:~/Public $ python3 TCP_Test.py
连接地址: ('192.168.1.102', 55590)
time out
连接地址: ('192.168.1.106', 36468)
Connection success!
连接地址: ('192.168.1.106', 36470)
Connection success!
客户端连接成功

(b) 服务器输出调试信息

图 9-5 TCP客户端程序运行结果

可以看出，客户端使用起来特别简单。在以上代码中，只进行了连接，并发送了一个"hello"字符串，结果如图9-5所示。

9.2.3 UDP服务器与客户端

在前面介绍中已经了解到UDP与TCP之间的区别，它们适用于不同的场景。在使用Python的Socket进行开发时，它们之间最大的区别只是在于发送与接收程序名字上的差别，分别为sendto与recvfrom。

如下代码为一个简单的UDP服务器：

```
import socket
server = socket.socket(socket.AF_INET,socket.SOCK_DGRAM)
server.bind(("127.0.0.1",8080))
```

```
while True:
    date,mag = server.recvfrom(1024)
    print(date)
    server.sendto(date.upper(),mag)
server.close()
```

如下代码为一个简单的 UDP 客户端：

```
import socket
client = socket.socket(socket.AF_INET,socket.SOCK_DGRAM)
while True:
    res = input(">>").strip()
    client.sendto(res.encode("utf - 8"),("127.0.0.1",8080))
    date,server_addr = client.recvfrom(1024)
    print(date)
client.close()
```

在 UDP 客户端代码中实现的功能是发送人工输入的字符串,而在 UDP 服务器代码中实现的功能是将接收到的字母转变成大写并返回。图 9-6 为此实验的测试结果。

(a) UDP服务器的测试结果

(b) UDP客户端的测试结果

图 9-6　UDP 测试结果

9.3　STM32F103 中的 Socket 编程

树莓派中集成了 WiFi 与网口,因此不需要关注底层的网络硬件与驱动即可实现网络通信功能。并且在 Python 中也将 Socket 封装得特别好,使用起来也非常方便。基于树莓派的 Socket 编程是利用丰富计算资源进行开发的代表。这种方式最大的缺点就是成本与功耗都特别高。对于电子产品来说,这两个指标都是至关重要的。由前面的介绍可知,STM32F103 的开发更接近于底层,虽然开发难度相比于树莓派更高,但其低成本与低功耗是树莓派无法比拟的。因此使用 STM32F103 实现网络通信也是非常重要的。本节对STM32F103 如何实现网络功能进行介绍。

9.3.1　网络接口硬件设计

1. 以太网芯片选择

按照 TCP/IP 参考模型,不同生产厂家设计出了各种网络连接方案来满足客户的不同要求。本书中使用的单片机型号是 STM32F103 系列,没有内部集成 TCP/IP 协议,所以需要一款以太网芯片来实现 TCP/IP 协议。

这里选择的是 WIZnet 公司的 W5500。W5500 是一款硬件协议栈芯片,所谓硬件协议栈,是指通过将传统的软件 TCP/IP 协议栈用逻辑门电路来实现。其内核结构如图 9-7 所示,由传输层的 TCP、UDP 协议,网络互联层的 IP、ARP、PPPoE 等协议,网络接口层的 MAC 和 PHY,以及外围的寄存器、内存、SPI 接口组成了一整套硬件化的以太网解决方案。这样,工程师们就不必再面对烦琐的通信协议代码,只需要了解简单的寄存器功能以及 Socket 编程便能完成网络功能部分的开发工作。而且 W5500 的稳定性很好,已经广泛应用于工业环境。

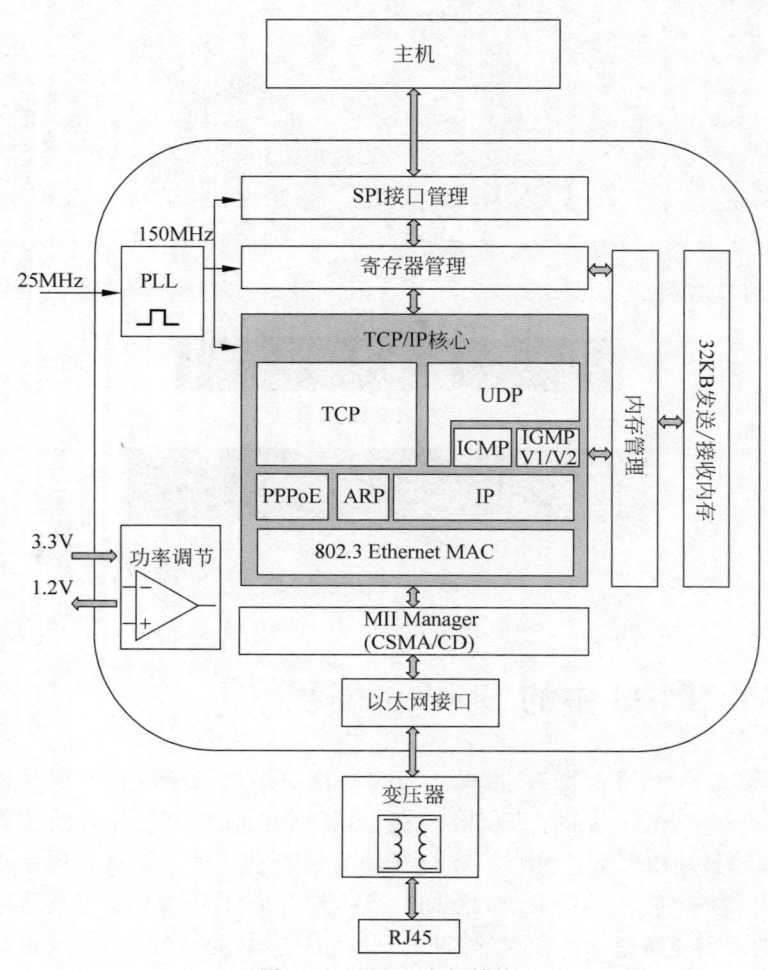

图 9-7 W5500 内部结构

硬件化的协议栈虽然减少了网络编程的难度,但同时失去了软件协议栈那样的灵活性。目前 W5500 只支持 8 个 Socket,而且这 8 个 Socket 之间是完全独立的,每个独立的 Socket 对应的是一个连接,彼此之间互不干扰。

2. 原理图设计

图 9-8 是 W5500 应用原理图,本书分为电源、模式选择、输入输出和固定外围电路这几部分进行设计与讨论。

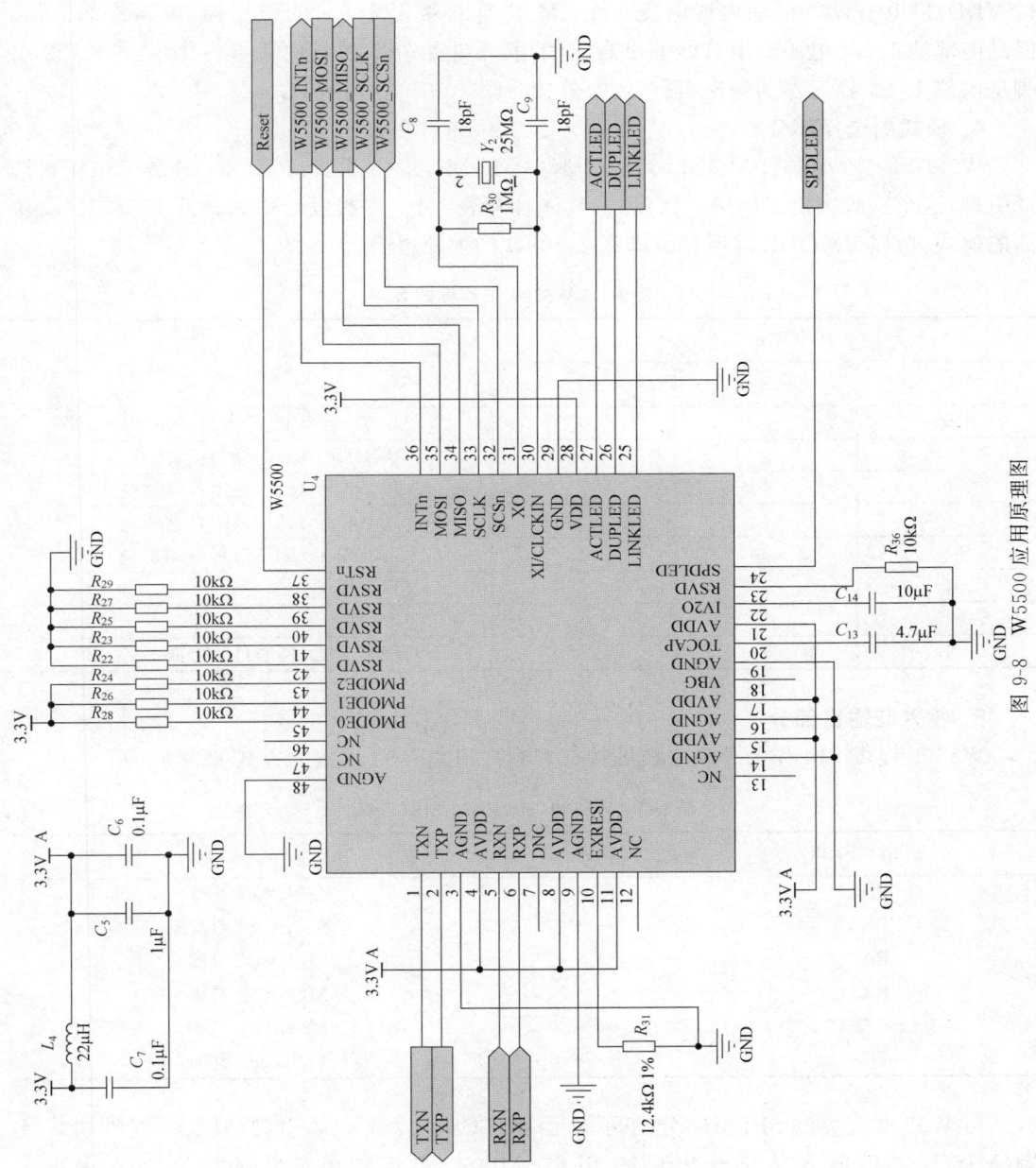

图 9-8 W5500 应用原理图

3. 电源部分

W5500 内部系统中有模拟电源和数字电源两部分。系统的数字电源部分采用 3.3V 供电。为降低数字部分对模拟部分干扰,一般把模拟部分和数字部分的电源隔离,所以这里把 3.3V 电源经过 $L4$、$C5$、$C6$ 组成的 LC 滤波器滤波之后再给 W5500 的模拟电源部分(AVDD)供电。W5500 的内核电压是 1.2V,内部自带了 1.2V 的稳压器,无须外部提供。但是内部的 1.2V 电源输出只能够供自己使用,不能给外部的其他元器件供电,它的 22 引脚是内部 1.2V 稳压器的输出引脚,需要外接一个 10nF 电容去耦。

4. 模式的选择部分

W5500 的 43 引脚(PMODE2)、44 引脚(PMODE1)、45 引脚(PMODE0)是工作模式选择引脚,这个引脚决定了网络工作模式,具体参考表 9-1。本次设计中选择所有功能自动协商的模式,所以 PMODE 的所有引脚都接 $10\text{k}\Omega$ 的上拉电阻。

表 9-1　W5500 工作模式表

PMODE[2:0]			说　　明
2	1	0	
0	0	0	10BT 半双工,关闭自动协商
0	0	1	10BT 全双工,关闭自动协商
0	1	0	100BT 半双工,关闭自动协商
0	1	1	100BT 全双工,关闭自动协商
1	0	0	100BT 半双工,启用自动协商
1	0	1	未启用
1	1	0	未启用
1	1	1	所有功能,启动自动协商

5. 输入与输出部分

W5500 提供 SPI 作为外设主机的接口,与 STM32F103 连接的方式如表 9-2 所示。

表 9-2　W5500 与 STM32 引脚连接

STM32F103		W5500
PA4	←→	SCSn(32 引脚)
PA5	←→	SCLK(33 引脚)
PA6	←→	MISO(34 引脚)
PA7	←→	MOSI(35 引脚)
RESET	←→	RSTn(37 引脚)
PG8	←→	INTn(36 引脚)

与 W5500 有关的 SPI 引脚分别是 32 引脚(SCSn,片选)、33 引脚(SCLK,时钟)、34 引脚(MISO,主机输入从机输出)、35 引脚(MOSI,主机输出从机输入),在本书中与 STM32F103 的 SPI1 口连接(PA4-CS、PA5-SCLK、PA6-MISO、PA7-MOSI)。36 引脚(INTn)是中断输出引脚,低电平有效,这里连接 STM32 的 PG8。37 引脚(RSTn)是复位引脚,也是低电平有效,与 STM32 的复位引脚连接在一起,当然如果需要程序控制 W5500 的硬件复位,也可以连接到 STM32 的一个普通 I/O 引脚,这样更加灵活。

W5500 的以太网差分输出引脚(1,2)和差分输入引脚(5,6)连接网线是需要网络变压器的,这是因为外部其他设备的网口芯片电平不是固定的,当外接不同电平网口时会受到影响,而且外部干扰会对设备造成很大的影响。使用网络变压器,可起到信号电平耦合、隔离外部干扰,增强抗干扰能力,实现阻抗匹配的作用,这样可以增加传输的距离。本书中选择HR911105A 网口座,其内部集成了网络变压器,可以简化电路的设计。同时 HR911105A 也集成了两个可以用来指示的 LED(绿色和黄色)——使用绿色的 LED 表示当前的连接状态,连接 W5500 的 25 引脚(LINKLED,低电平表示连接建立);黄色的 LED 是活动状态指示灯,表示当数据收/发时的物理介质子层的载波侦听活动情况,连接 W5500 的 27 引脚(ACTLED 低电平表示有物理介质依赖子层的载波监听信号)。如图 9-9 所示,是HR911105A 的典型应用图。

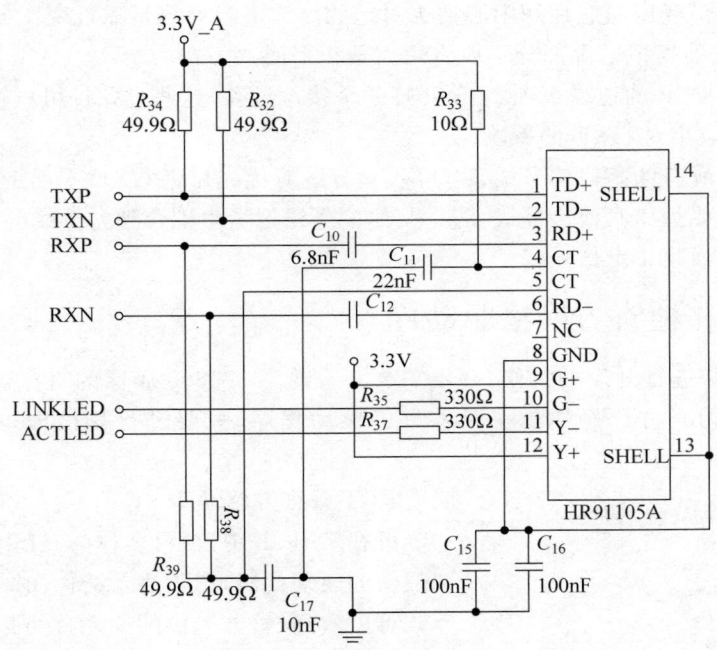

图 9-9　网络输入输出部分原理示意图

6. W5500 固定外围电路

在 W5500 的硬件设计中,还有很多是厂家规定好的或者推荐使用的设计:

(1) W5500 的 20 引脚(TOCAP)必须连接一个 $4.7\mu F$ 电容(C_{13}),而且该电容的走线尽量短一些,从而保证内部信号稳定;

(2) W5500 所有的 RSVD 必须接地,这里选用 $10k\Omega$ 的下拉电阻(R_{22}、R_{23}、R_{25}、R_{27}、R_{29});

(3) W5500 的 10 引脚(EXRES1),连接一个精度为 1% 的 $12.4k\Omega$ 外部参考电阻,为内部模拟电路偏压;

(4) W5500 的 30 引脚和 31 引脚是晶振输入与输出,这里使用 25MHz 晶振(Y2)和$1M\Omega$(R_{30})电阻并联,并且加上两个 18pF(C_8、C_9)的起振电容。

7．PCB 设计注意事项

本书选择的方案是 W5500＋HR911105A，电路设计起来比较简单，但是在设计 PCB 时仍有几个地方值得注意，主要是针对以太网的差分信号进行保护。

（1）W5500 的以太网的差分输入和差分输出需要与 HR911105A 之间的走线尽可能短，它们之间的距离最大为 10～12cm，元器件布局的原则是通常按照信号流向放置，切不可绕来绕去；

（2）差分输入和差分输出信号的走线最好不用过孔，在不可避免的时候过孔的尺寸应尽量减小；

（3）差分输入和差分输出信号要进行隔离，两者要保证距离足够远，必要时使用 GND 平面进行隔离；

（4）注意网口变压器芯片侧中心抽头对地的滤波电容要尽量靠近变压器；

（5）W5500 的模拟电源部分不要占用大面积平面；

（6）沿单板 PCB 的边缘每隔 250mil 打一个接地过孔，这些过孔排可以切断单板噪声向外辐射的途径，减小对 GND 的影响；

（7）推荐把所有的高速信号线、I/O 线、差分线对优先靠近 GND 平面走线；

（8）差分线要远离其他信号线，防止其他信号线把噪声耦合到差分线上；

（9）晶振下面禁止走信号线。

9.3.2　移植官方网络驱动库

在用 W5500 进行开发的时候，并不需要非常熟悉 W5500 底层的寄存器就可进行相关项目的开发，因为官方已经提供了足够好的驱动程序，只要进行移植即可。接下来介绍 W5500 驱动库的移植。

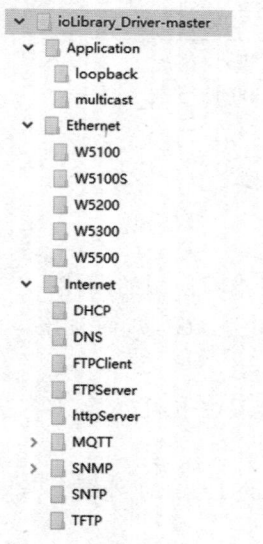

图 9-10　ioLibrary_Driver-master 官方
　　　　驱动库目录结构

1．下载官方驱动库

可在 Github 中（项目名称为 ioLibrary_Driver）下载最新的驱动代码，工程目录结构如图 9-10 所示。

可以看到，官方提供的驱动库可以划分为 3 个主要的文件夹：Application、Ethernet、Internet。接下来就对这 3 个文件夹存放的文件以及文件的主要作用进行描述。

Application 文件夹中存放了 loopback.h 和 loopback.c 文件，它们是提供相关功能测试的文件。在 loopback.c 文件中定义了 3 个函数：

（1）int32_t **loopback_tcps**(uint8_t sn,uint8_t * buf,uint16_t port)；

（2）int32_t **loopback_tcpc**(uint8_t sn,uint8_t * buf,uint8_t * destip,uint16_t destport)；

（3）int32_t **loopback_udps**(uint8_t sn,uint8_t * buf,uint16_t port)。

这 3 个函数的作用分别是 TCP 服务端的回环测试、TCP 客户端的回环测试、UDP 服务器的回环测试,可以使用这 3 个函数测试移植的代码是否正确。

Internet 文件夹中是关于 TCP/IP 模型的应用层需要用到的函数,如何使用里面的函数会在本章后面做详细介绍。

Ethernet 这个文件夹里面存放着关于 TCP/IP 模型的传输层的一些封装库,与移植关系最密切的文件都在这个文件夹里面。下面列出了在移植的时候需要特别注意的几个文件:

(1) ioLibrary_Driver-master /Ethernet/socket. h;

(2) ioLibrary_Driver-master /Ethernet/socket. c;

(3) ioLibrary_Driver-master /Ethernet/wizchip_config. h;

(4) ioLibrary_Driver-master /Ethernet/wizchip_config. c;

(5) ioLibrary_Driver-master /Ethernet/W5500/w5500. h;

(6) ioLibrary_Driver-master /Ethernet/W5500/w5500. c。

其中,socket. c 与 socket. h 文件提供了 socket 接口。w5500. c 和 w5500. h 文件里面是关于 w5500 的一些定义,不用修改。

wizchip_config. c 和 wizchip_config. h 文件是 W5500 的配置文件,在移植时需要使用里面的函数。打开 wizchip_config. h 头文件,会看到 reg_wizchip_XXX_cbfunc()风格的函数声明,即为注册 XXX 功能的回调函数。

因此,只需要调用头文件里面的"注册函数"方法来对回调函数进行"注册"即可,并不需要对库函数里面的代码进行任何修改。移植过程中需要调用的函数有下面几个:

(1) void **reg_wizchip_cris_cbfunc**(void(* cris_en)(void), void(* cris_ex)(void))

这个函数是在使用多线程时需要用到的,进入临界区来保证共享资源的线程安全性。第一个参数是进入临界区的函数指针,第二个参数是退出临界区的函数指针。

(2) void **reg_wizchip_cs_cbfunc**(void(* cs_sel)(void), void(* cs_desel)(void))

这个函数是对 W5500 片选信号的控制,第一个参数是 W5500 片选信号有效的函数指针,第二个参数是 W5500 片选信号失效的函数指针。

(3) void **reg_wizchip_spi_cbfunc**(uint8_t(* spi_rb)(void), void (* spi_wb)(uint8_t wb))

这个函数是控制 SPI 发送和接收的函数,第一个参数是通过 SPI 接收一个字节的函数指针,第二个参数是通过 SPI 发送一个字节的函数指针。

在使用上层封装好的 Socket 接口来进行网络通信时,程序会通过函数指针调用相应的回调函数,在合适的时候实现 SPI 发送和接收数据的部分。

另外,值得注意的是,wizchip 有不同多个系列,它们都共用这个驱动库。需要在 wizchip_config. h 头文件中修改宏_WIZCHIP_为 W5500,即

```
//此段代码存在于 wizchip_config.h 头文件中,可通过搜索_WIZCHIP_快速定位
#ifndef _WIZCHIP_
#define _WIZCHIP_ W5500     //W5100, W5100S, W5200, W5300, W5500
#endif
```

2. 在 Software Components 中添加文件

使用 MDK5 创建一个工程,并在 Manage Run-Time Environment 对话框中添加需要

的文件：

（1）选择::CMSIS:CORE 与::CMSIS:RTOS(API):Keil RTX 应用 CMSIS；

（2）选择::CMSIS Driver:SPI(API):SPI，用于与 W5500 进行通信；

（3）选择::CMSIS USART(API):USART，使用串口输出调试信息；

（4）选择::Compiler:I/O:STDOUT，使用 printf()函数。

选择::Device:DMA ｜ GPIO ｜ Startup ｜StdPeriph、Drivers:Framework|GPIO|RCC，这些是使用 STM32 基本的函数外设需要使用到的文件。

配置完成后的对话框如图 9-11 所示。

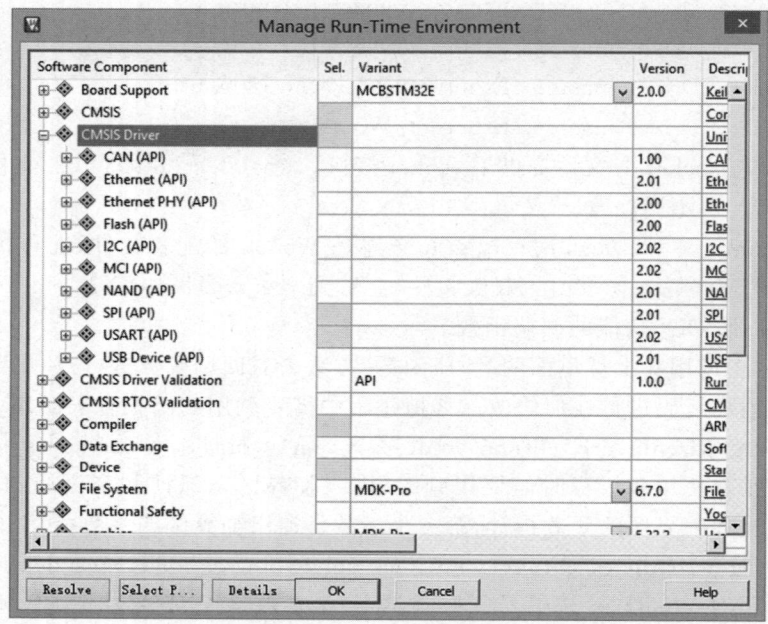

图 9-11　添加工程相关组件

3．配置中间件

在 Project 窗口打开 CMSIS 下的 RTX_Conf_CM.c 配置文件，进行如下配置：

（1）时钟频率 12 000 000 修改为 72 000 000，初始化 STM32F103 之后的时钟是 72MHz；

（2）默认堆栈大小改为 496B，读者需根据自己项目实际设定；

（3）主线程的堆栈大小改为 496B，读者需根据自己项目实际设定。

完成之后的配置如图 9-12 所示。

4．配置驱动

打开 Device:RTE_Device.h 文件来选择和配置需要的外设。在这个测试工程中用到的外设有两个——SPI1 和 USART1。选中 SPI1 与 USART1，具体配置文件如图 9-13 所示。

5．添加系统需要的文件

在 MDK 中添加分组 W5500_Driver 和 W5500_Application，其中 W5500_Driver 存放

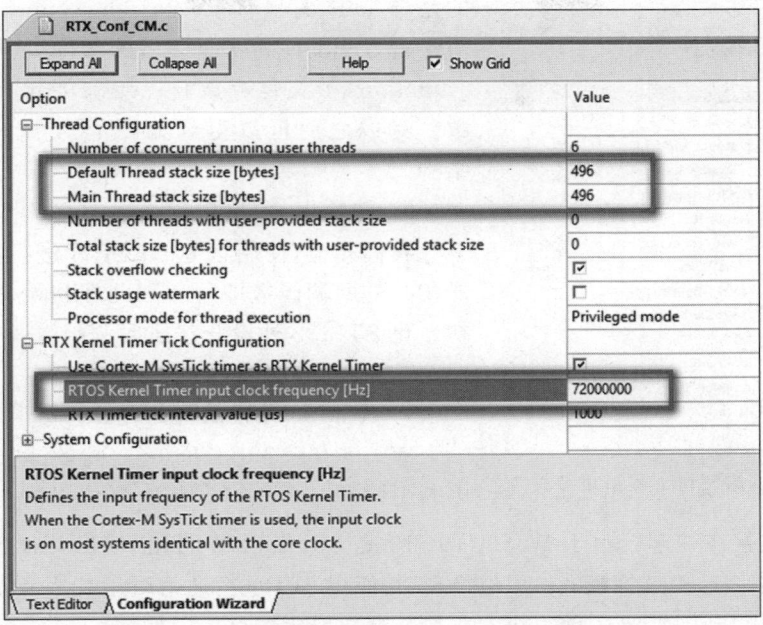

图 9-12 配置 CMSIS 中的线程和时钟

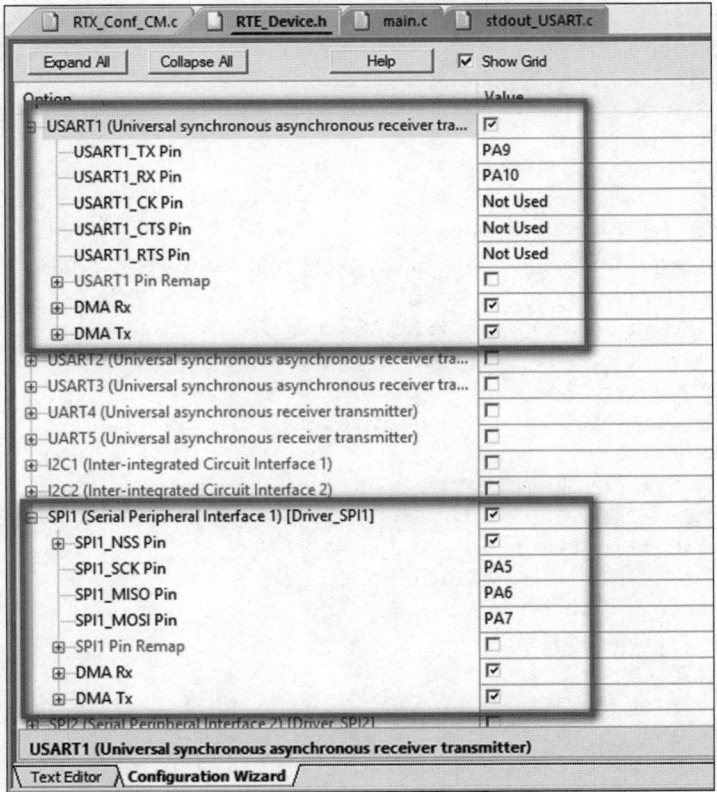

图 9-13 使能 USART1 与 SPI1

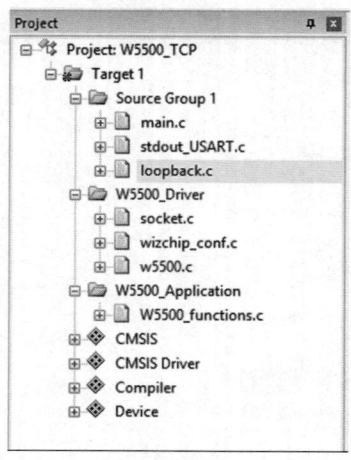

图 9-14　网络测试工程目录结构

的是 W5500 的驱动库，W5500_Application 存放的是对于官方驱动库再次封装后的文件，这里新建 W5500_functions. c 文件存放自己编写的 W5500 的相关函数。完成之后可以得到如图 9-14 所示的工程目录结构。

6. 初始化 W5500

我们知道，使用官方的驱动库进行移植只需要注册相关的回调函数即可。因此在初始化函数中按照：初始化 STM32 外设→注册回调函数→使用驱动库配置 W5500 的顺序进行。

1）STM32 外设的初始化

W5500 与 STM32F103 之间的连接有复位引脚、中断引脚和 SPI 接口。其中复位引脚与 STM32F103

的复位引脚连接在一起。由于 W5500 的 SPI 是上升沿锁存下降沿输出，因此 SPI 可以选择模式 0 与模式 3，这里选择模式 0。与 W5500 使用 SPI 进行通信时是高字节先传输，这也是在初始化 SPI 驱动中需要注意的地方。其外设初始化部分代码如下：

```
//PG8 是中断输入引脚
#define W5500_INT_Pin GPIO_Pin_8
//定义 SPI 驱动
extern ARM_DRIVER_SPI Driver_SPI1;
ARM_DRIVER_SPI * SPIdrv;
//W5500 外设的配置
void W5500_GPIO_Config(void)
{
    GPIO_InitTypeDef GPIO_InitStructure;
    RCC_APB2PeriphClockCmd(RCC_APB2Periph_GPIOE | RCC_APB2Periph_GPIOG, ENABLE);
    //配置 W5500 Reset
    GPIO_InitStructure.GPIO_Pin = W5500_Reset_Pin;
    GPIO_InitStructure.GPIO_Speed = GPIO_Speed_50MHz;
    GPIO_InitStructure.GPIO_Mode = GPIO_Mode_Out_PP;
    GPIO_Init(SPI_W5500_Port, &GPIO_InitStructure);
    //配置 W5500 INT
    GPIO_InitStructure.GPIO_Pin = W5500_INT_Pin;
    GPIO_InitStructure.GPIO_Speed = GPIO_Speed_50MHz;
    GPIO_InitStructure.GPIO_Mode = GPIO_Mode_IPU;
    GPIO_Init(SPI_W5500_Port, &GPIO_InitStructure);
    //配置 SPI
    SPIdrv = &Driver_SPI1;
    //初始化 SPI driver
    SPIdrv -> Initialize(NULL);
    //SPI 外设上电
    SPIdrv -> PowerControl(ARM_POWER_FULL);
    //配置 SPI 为主机，数据位为 8 字节，模式 0,高字节在前
    SPIdrv -> Control(ARM_SPI_MODE_MASTER | ARM_SPI_CPOL0_CPHA0 |
```

```
                    ARM_SPI_MSB_LSB | ARM_SPI_SS_MASTER_SW |
                    ARM_SPI_DATA_BITS(8), 36000000);
}
```

2）注册回调函数

如果项目是单线程的应用,那就只需要定义注册片选信号的使能与失能回调函数 reg_wizchip_cs_cbfunc() 以及 SPI 的读与写回调函数 reg_wizchip_spi_cbfunc()。W5500 片选信号以及 SPI 发送和接收的回调函数可以利用 CMSIS 中的 SPI_Driver 进行控制,本书中使用 SPI_Driver 中的 Transfer() 函数完成 SPI 数据的发送和接收。需要注意的是,因为 CMSIS-Driver 发送数据时并不会等待数据发送完成再执行下一条指令,所以在调用 Transfer() 函数发送和接收数据后,要判断 busy 标志位,等待数据传输完成。代码如下所示:

```
//W5500 片选信号拉低
void W5500_CS_Enable(void)
{
    SPIdrv->Control(ARM_SPI_CONTROL_SS, ARM_SPI_SS_ACTIVE);
}
//W5500 片选信号拉高
void W5500_CS_Disable(void)
{
    SPIdrv->Control(ARM_SPI_CONTROL_SS, ARM_SPI_SS_INACTIVE);
}
//W5500 发送 1 字节
void W5500_SPI_sendByte(uint8_t wb)
{
    uint8_t b;
    SPIdrv->Transfer(&wb, &b, 1);
    while (SPIdrv->GetStatus().busy);
}
//W5500 接收 1 字节
uint8_t W5500_SPI_recByte(void)
{
    uint8_t a = 0, b;
    SPIdrv->Transfer(&a, &b, 1);
    while (SPIdrv->GetStatus().busy);
    return b;
}
```

对于多线程应用需要增加进入和退出临界区的代码来保证共享资源的线程安全。这里选用 CMSIS-RTOS 中的 Semaphore 来实现,Semaphore 的使用在第 7 章进行了详细的说明。代码如下:

```
/********************* 使用 Semaphore 实现锁 ***********************/
osSemaphoreDef(W5500Semaphore);           //semaphore object
static osSemaphoreId sid_W5500_Semaphore;  //semaphore id
//初始化锁
```

```
int Init_Lock(void) {

    sid_W5500_Semaphore = osSemaphoreCreate(osSemaphore(W5500Semaphore), 1);
    if (!sid_W5500_Semaphore) {
        ; //Semaphore 对象没有被创建,这里处理此错误
    }
    return(0);
}


void W5500_Lock(void)
{
    osSemaphoreWait(sid_W5500_Semaphore, osWaitForever);
}

void W5500_Unlock(void)
{
    osSemaphoreRelease(sid_W5500_Semaphore);
}
```

对于 W5500 的复位可以有两种方式。一种是硬件复位,通过拉低 W5500 的复位引脚。硬件复位后 W5500 所有寄存器恢复默认设置,包括 IP 地址等网络基本信息。另一种是软件复位,置位 MR 寄存器的 RST 标志位,对应的寄存器会被复位。

对于软件复位,可以调用官方驱动库中 wizchip_sw_reset()函数进行复位。使用此函数进行复位时不会对网关 IP 地址、MAC 地址、本地 IP 地址以及子网掩码基本的网络信息进行复位。这并不是由置位 RST 标志位引起的,而是在复位函数内没有置位 RST 标志位之前将这些基本网络信息保存到临时数组中,待复位完成后重新配置 W5500 的网络信息。这里将两种方式都写入 W5500 的复位函数里面。代码如下:

```
void W5500_Reset(void)
{
wizchip_sw_reset();                              //软件复位
/*
注意:
在本书中已经将 W5500 的复位引脚与 STM32 的复位引脚连接在一起了,硬件复位代码仅仅为了介绍
如何使用普通 GPIO 对 W5500 进行硬件复位
*/
    GPIO_ResetBits(SPI_W5500_Port, W5500_Reset_Pin); //硬件复位
    osDelay(100);
    GPIO_SetBits(SPI_W5500_Port, W5500_Reset_Pin);    //硬件复位结束
}
```

完成这些基本函数之后,就可调用驱动库的注册函数进行注册,代码如下:

```
void W5500_FuctionRegist(void)
{
    Init_Lock();              //初始化锁
    //注册进入和退出临界区回调函数
```

```
    reg_wizchip_cris_cbfunc(W5500_Lock, W5500_Unlock);
    //注册片选信号回调函数
    reg_wizchip_cs_cbfunc(W5500_CS_Enable, W5500_CS_Disable);
    //注册 SPI 读写回调函数
    reg_wizchip_spi_cbfunc(W5500_SPI_recByte, W5500_SPI_sendByte);
}
```

3) 配置 W5500

在对 W5500 进行配置时,可以利用官方提供的驱动代码的结构体 wiz_NetInfo 来对 W5500 的初始化进行配置。wiz_NetInfo 是在 wizchip_config.h 头文件中定义的,具体定义如下:

```
typedef struct wiz_NetInfo_t
{
    uint8_t mac[6];         ///< Source Mac Address
    uint8_t ip[4];          ///< Source IP Address
    uint8_t sn[4];          ///< Subnet Mask
    uint8_t gw[4];          ///< Gateway IP Address
    uint8_t dns[4];         ///< DNS server IP Address
    dhcp_mode dhcp;         ///< 1 - Static, 2 - DHCP
}wiz_NetInfo;
```

wiz_NetInfo 结构体包含了网络通信的基本配置信息,可以对此结构体赋值之后调用函数 ctlnetwork(CN_SET_NETINFO,(void *)&ConfigMsg)来对 W5500 的本地网络信息进行配置。

为了验证 W5500 配置已经成功,可以调用函数 ctlnetwork(CN_SET_NETINFO,(void *)&ConfigMsg)来将 W5500 配置信息取回到结构体中,然后再用串口打印出结构体的内容。当然这里设置 W5500 的 IP 地址不能与局域网中的其他设备的 IP 地址重复,并且要和路由器在同一个网段中。同一局域网中的任意两个网络设备的 MAC 地址不能相同。

除了需要对网络信息的配置外,还需要分配每个 Socket 的发送/接收缓存区大小。在 W5500 中共有 8 个 Socket,这 8 个 Socket 共用 16KB 的发送缓存和 16KB 的接收缓存,需要根据具体项目来合理分配,但对发送或接收缓存进行分配的时候需要注意其总和均不能超过 16KB,默认发送和接收缓存区的配置是每个 Socket 各拥有 2KB 内存。在官方驱动库中可以使用下面的函数来对发送和接收缓存区进行配置:

```
int8_t wizchip_init(uint8_t * txsize,uint8_t * rxsize)
```

第一个参数(txsize)是发送缓存区大小配置数组,由 8 个字节组成,第 0～7 个字节分别代表 Socket 0～Socket 7 的发送缓存区的相应大小配置。第二个参数(rxsize)是接收缓存区大小配置数组,和第一个参数的格式是一样的。wizchip_init()函数返回 0 表示分配缓存区成功,返回−1 表示失败。

完整的配置函数如下所示:

```
/****** W5500 默认配置 ********************/
wiz_NetInfo ConfigMsg;          /* 定义 W5500 的配置字 */
uint8_t buffer[2048];           //定义一个 2KB 的数组,用来存放 Socket 的通信数据

/* W5500 初始化配置 */
void W5500_Ini(void)
{
    uint8_t tmp;
    uint8_t memsize[2][8] = { { 2,2,2,2,2,2,2,2 },{ 2,2,2,2,2,2,2,2 } };

    /* 定义 MAC 地址,如果多块 W5500 网络适配板在同一现场工作,请使用不同的 MAC 地址 */
    uint8_t macAddress[6] = { 0x00,0x08,0xdc,0x11,0x11,0x11 };   //默认 MAC 地址
    uint8_t local_ip[4] = { 192,168,1,88 };              //定义 W5500 默认 IP 地址
    uint8_t subnet[4] = { 255,255,255,0 };               //定义 W5500 默认子网掩码
    uint8_t gateway[4] = { 192,168,1,1 };                //定义 W5500 默认网关
    uint8_t dns_server[4] = { 114,114,114,114 };         //定义 W5500 默认 DNS 服务器地址
    /* 把默认的配置 MAC 地址 和 IP 地址之类的赋值到 ConfigMsg 这个结构体中 */
    memcpy(ConfigMsg.mac, macAddress, 6);
    memcpy(ConfigMsg.ip, local_ip, 4);
    memcpy(ConfigMsg.sn, subnet, 4);
    memcpy(ConfigMsg.gw, gateway, 4);
    memcpy(ConfigMsg.dns, dns_server, 4);
    /* 配置 W5500 中 Socket 的缓存区的大小 */
    if (wizchip_init(memsize[0], memsize[1]) == -1)
    {
        printf("WIZCHIP Initialized fail.\r\n");
        while (1);
    }
    /* 等待网线连接正常 */
    do
    {
        if (ctlwizchip(CW_GET_PHYLINK, (void *)&tmp) == -1)
            printf("Unknown PHY Link stauts.\r\n");
    } while (tmp == PHY_LINK_OFF);
    /* 配置 W5500 */
    ctlnetwork(CN_SET_NETINFO, (void *)&ConfigMsg);
    /* 输出调试信息 */
#ifdef Debug
    printf("\r\n=== NET CONF ===\r\n");
    printf(" ip is : %d.%d.%d.%d\r\n",
        ConfigMsg.ip[0], ConfigMsg.ip[1],
        ConfigMsg.ip[2], ConfigMsg.ip[3]);
    printf(" gw is : %d.%d.%d.%d\r\n",
        ConfigMsg.gw[0], ConfigMsg.gw[1],
        ConfigMsg.gw[2], ConfigMsg.gw[3]);
    printf(" mac is : %d.%d.%d.%d.%d.%d\r\n",
        ConfigMsg.mac[0], ConfigMsg.mac[1], ConfigMsg.mac[2],
        ConfigMsg.mac[3], ConfigMsg.mac[4], ConfigMsg.mac[5]);
#endif
}
```

在上述代码中有一个函数在之前没有进行介绍,即

```
int8_t ctlwizchip(CW_GET_PHYLINK,(void * )&tmp)
```

这行代码的作用是判断网线是否正常连接。其实 ctlwizchip()函数不仅实现判断网线是否成功连接这一个功能,还会根据传入的第一个参数来实现相应的功能。此函数在wizchip_conf.c 文件中定义,有兴趣的读者可以查看相关源代码。

提示:

memcpy()函数实现的功能是从源起始内存地址开始复制 n 个字节到目标所指的起始内存地址的位置中。memcpy()是标准 C 语言函数库里的函数,MDK 默认是包含此函数。

例如,代码

```
memcpy(ConfigMsg.mac,macAddress,6);
```

实现的功能是,将 macAddress 数组中 6 个字节的内容复制到 ConfigMsg.mac 中。只要包含 string.h 这个头文件就可以使用,非常方便。

在 string.h 中还有很多对字符串进行操作的函数,这些函数的使用可以保证项目开发的快速、有效。

7. 编写测试程序主函数

在主函数中进行的工作比较少,只需要调用初始化函数和回环测试代码就可以了:

```
# include "cmsis_os.h"
# include "loopback.h"
# include "W5500_functions.h"

void W5500_Setup(void)
{
    W5500_GPIO_Config();        //外设初始化
    W5500_FuctionRegist();      //注册回调函数
    W5500_Reset();              //复位 W5500
    W5500_Ini();                //配置 W5500 的网络信息
}

int main(void)
{
    osKernelInitialize();       //初始化 CMSIS_OS
    stdout_init();              //初始化调试串口
    W5500_Setup();              //W5500 初始化
    osKernelStart();            //CMSIS_OS 启动
    while (1)
    {
        loopback_tcpc(0, buffer, ips, 8086);    //使用 W5500 的 Socket0,监听端口是 8086,
                                                //buffer 用来存放发送和接收的数据
    }
}
```

8. 程序下载和现象

下载并运行程序,如图 9-15 所示,串口调试助手将 W5500 的网络信息打印出来了,这里设置 W5500 的 IP 地址是 192.168.1.88,端口是 8086。通过网络调试助手连接上 W5500 之后向其发送数据。由图 9-16 可以看到网络调试助手发送的数据"TCP_DRIVER TEST."被原封不动地返回来,说明回环测试成功。

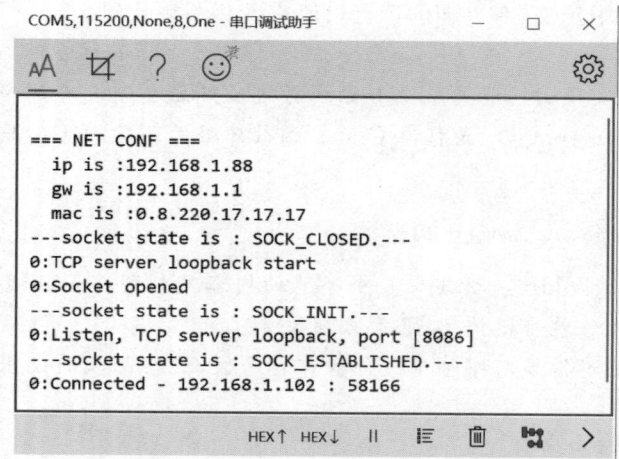

图 9-15 测试工程使用串口打印的调试信息

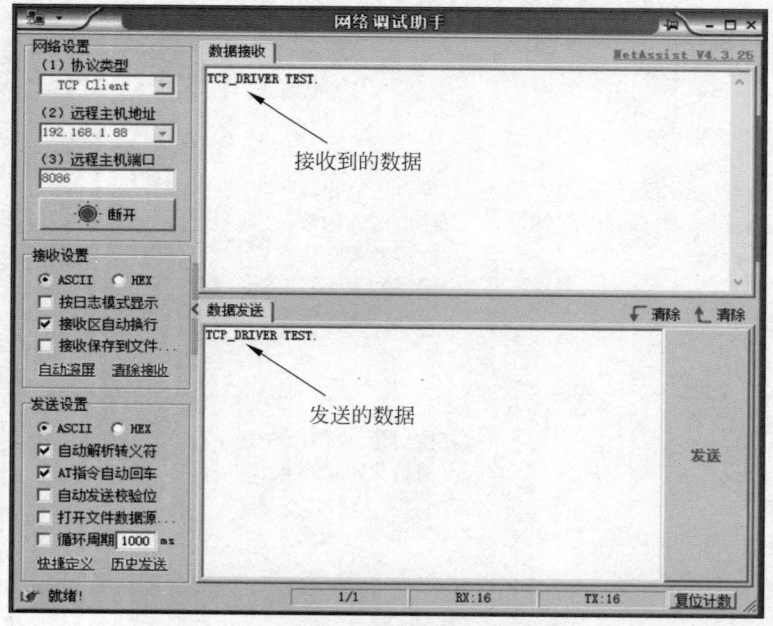

图 9-16 TCP 调试助手回环测试

9.3.3 网络开发的一般思路

前面已经讲解了 TCPServer、TCPClient、UDPServer 与 UDPClient 这 4 种协议在树莓

派中的实现方式,而 W5500 的实现方式与树莓派类似,此处不再赘述。本章主要通过 W5500 的 TCPServer 工作过程,了解 W5500 开发相关协议的思路与流程。

在前面实现回环测试代码的主函数为:

```
while(1)
{
    loopback_tcps(0, buffer, 8086);
}
```

在死循环中使用的是官方驱动库里面的回环测试代码。为了方便查看,下面将 while 放在 loopback_tcps()函数中,并且去掉了打印调试信息:

```
int32_t loopback_tcps(uint8_t sn, uint8_t * buf, uint16_t port)
{
    int32_t ret;
    uint16_t size = 0, sentsize = 0;
    while (1) {
        switch (getSn_SR(sn)) {
        case SOCK_ESTABLISHED:
            if (getSn_IR(sn) & Sn_IR_CON) {
                setSn_IR(sn, Sn_IR_CON);
            }
            if ((size = getSn_RX_RSR(sn)) > 0) {
                if (size > DATA_BUF_SIZE) size = DATA_BUF_SIZE;
                ret = recv(sn, buf, size);
                if (ret <= 0) return ret;
                //对接收到的数据进行处理
                sentsize = 0;
                while (size != sentsize) {
                    ret = send(sn, buf + sentsize, size - sentsize);
                    if (ret < 0) {
                        close(sn);
                        return ret;
                    }
                    sentsize += ret;
                }
            }
            break;
        case SOCK_CLOSE_WAIT:
            if ((ret = disconnect(sn)) != SOCK_OK) return ret;
            break;
        case SOCK_INIT:
            if ((ret = listen(sn)) != SOCK_OK) return ret;
            break;
        case SOCK_CLOSED:
```

```
                if ((ret = socket(sn, Sn_MR_TCP, port, 0x00)) != sn) return ret;
                break;
            default:
                break;
            }
            return 1;
        }
    }
```

可以看出,程序的基本思路就是不断地判断当前 Socket 的状态,根据现在的 Socket 状态来进行相应的处理。为了更好地理解这段代码,下面对代码中的几个重要的函数进行简单的介绍。

(1) getSn_SR(sn):获取 W5500 里面第 sn 个 Socket 的状态。对于主要的 4 个状态已经在 switch 语句块表现出来了(其他状态参阅 W5500 手册中的 Sn_CR 寄存器)。

- SOCK_ESTABLISHE:Socket 已经成功建立连接了。在代码中,Socket 在这个阶段会实现数据的交换。当客户端发送断开请求会进入 SOCK_CLOSE_WAIT 状态。

- SOCK_CLOSE_WAIT:Socket 正在关闭。当连接的另外一方请求断开连接时就会进入这个状态。在上面的代码中,当 Socket 在这个阶段会调用 disconnect(sn)来断开连接,随之会进入 SOCK_CLOSED 状态。

- SOCK_INIT:Socket 已经初始化完成了。在上面的代码中,由于当前 Socket 是作为服务器的,所以调用了函数 listen(sn)来进行监听,等待客户端的连接。如果是作为客户端,则可以使用函数 connect(sn,destip,destport)连接相应的服务器。双方建立连接之后,Socket 会进入 SOCK_ESTABLISHED 状态。

- SOCK_CLOSED:Socket 处于关闭的状态。在上面的代码中,Socket 处于这个阶段的时候会调用函数 socket(sn,Sn_MR_TCP,port,0x00)来初始化,确定 Socket 的工作方式在 TCP 还是 UDP,并绑定端口号,之后程序会进入 SOCK_INIT 状态。

(2) getSn_DIPR(sn,destip):获取与 Socket sn 连接设备的 IP 地址,并存放在 destip 数组中。

(3) getSn_DPORT(sn):获取与 Socket sn 连接设备开放的端口。

(4) getSn_IR(sn):读取 Socket sn 的 Sn_IR 寄存器,查看是否产生中断。

(5) setSn_IR(sn,Sn_IR_CON):清除 Socket sn 的连接成功中断标志位。

(6) getSn_RX_RSR(sn):返回 Socket 接收缓存了多少字节的数据。

(7) recv(sn,buf,size):接收缓存区里面的 size 个字节数据,并将接收到的数据存放在 buf 里面,返回值是接收成功数据的值,在接收完成之后即可对数据进行处理。

需要注意的是,在使用 recv()函数接收数据之前一定要使用 getSn_RX_RSR()函数来判断接收缓存中是否有数据。如果接收缓存中没有数据,那么使用 recv()函数接收时,会进入死循环,直到接收到数据或者发生错误才会返回,这对单线程的应用是非常致命的。出现死循环的原因是 recv()函数中的 while 循环,在 while 循环中没有判断接收缓存是否为 0。recv()内部代码结构如下:

```
int32_t recv(uint8_t sn, uint8_t * buf, uint16_t len)
{
    /* 变量初始化部分 */
    recvsize = getSn_RxMAX(sn);                //获取可以从 W5500 读取的数据,返回字节数
    if (recvsize < len) len = recvsize;
    while (1) {
        recvsize = getSn_RX_RSR(sn);        //接收数据
        tmp = getSn_SR(sn);
        if (tmp != SOCK_ESTABLISHED) {
            /* 如果与服务器没有建立连接,则返回相关错误信息 */
        }
        if ((sock_io_mode & (1 << sn)) && (recvsize == 0)) return SOCK_BUSY;
        if (recvsize != 0) break;
    };
    return (int32_t)len;
}
```

（8）send(sn,buf＋sentsize,size-sentsize)：发送 buf 数组中的 size 个字节数据,返回值如果是正数,则表示发送成功数据的个数；若为负数则表示发送数据失败。为了保证数据全部发送完成,在 loopback_tcps()函数中的实现如下：

```
sentsize = 0;
while (size != sentsize) {
    ret = send(sn, buf + sentsize, size - sentsize);
    if (ret < 0) {
        close(sn);
        return ret;
    }
    sentsize += ret;
}
```

由于 send()函数会返回发送成功字节的个数,那么只有当函数返回发送成功的字节个数总和与要发送的字节个数相等时才算数据全部发送完成。sentsize 用于累计已经发送完成的数据字节数,判断 sentsize 是否和需要发送的字节相等,相等则表示发送完成,不相等则需要发送剩下的数据确保所有数据被完整地发送出去。

为了直观地了解例程中 Socket 的状态变化,本书使用 printf()函数来打印当前状态信息。调试信息如图 9-17 所示。

根据调试信息和前面的介绍,可以总结出 W5500 作为 TCPServer 时 Socket 的状态变化：起初的 Socket 状态是 SOCK_CLOSED；使用 socket()函数初始化之后变成 SOCK_INIT 状态,使用 listen()函数监听客户端,等待连接；待客户端发起连接操作并成功与之建立连接后,Socket 就会变成 SOCK_ESTABLISHED 状态,这时就可以与客户端交换数据了；当客户端请求断开连接会进入 SOCK_CLOSE_WAIT 状态,再调用 disconnect(sn)函数后会重新回到 SOCK_CLOSED 状态。

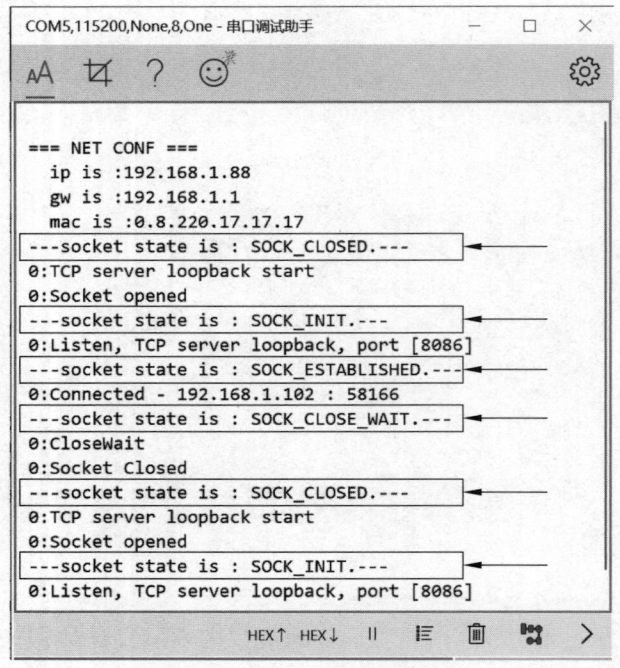

图 9-17 串口调试助手显示 W5500 的各个状态

由此,可以总结出使用 W5500 进行 TCP 服务器的网络开发的基本流程,如图 9-18 所示。

在 W5500 中进行 TCPClient 开发和 TCPServer 很类似,区别仅仅是在 SOCK_INIT 状态下服务器使用 listen()函数监听等待客户端的连接,而客户端则是使用 connect()函数连接服务器。在后面章节使用 MQTT 协议连接云服务时,STM32+W5500 是作客户端。因此读者学完本章之后可以自行对 TCPClient 模式进行类似的分析,进行总结,此处不再赘述。

使用驱动库进行项目开发的时候,使用官方驱动尽管可以很好地工作,但是编写程序的时候难免会出错,在发现问题时可以结合相关寄存器来分析。关于 W5500 中的几个重要的寄存器可以查看《W5500 数据手册 V1.3》。

9.3.4 DHCP 简介与实现

1. DHCP 简介

DHCP 是 Dynamic Host Configuration Protocol 的缩写,是基于 UDP 的网络应用层的协议。DHCP 使用客户端/服务器模式,请求配置信息的设备叫作 DHCP 客户端,而提供信息的计算机叫作 DHCP 服务器。DHCP 主要的作用是给网络客户机分配动态的 IP 地址。在现实生活中,使用 DHCP 最直观的例子就是使用路由器,在使用路由器上网时不需要手动设置 IP,也不需要考虑 IP 冲突的问题。

可以借助官方驱动库来实现 DHCP 功能,所以不需要详细了解 DHCP 客户端要向 DHCP 服务器发送的具体数据,但是了解 DHCP 的工作流程还是很重要的,DHCP 客户端

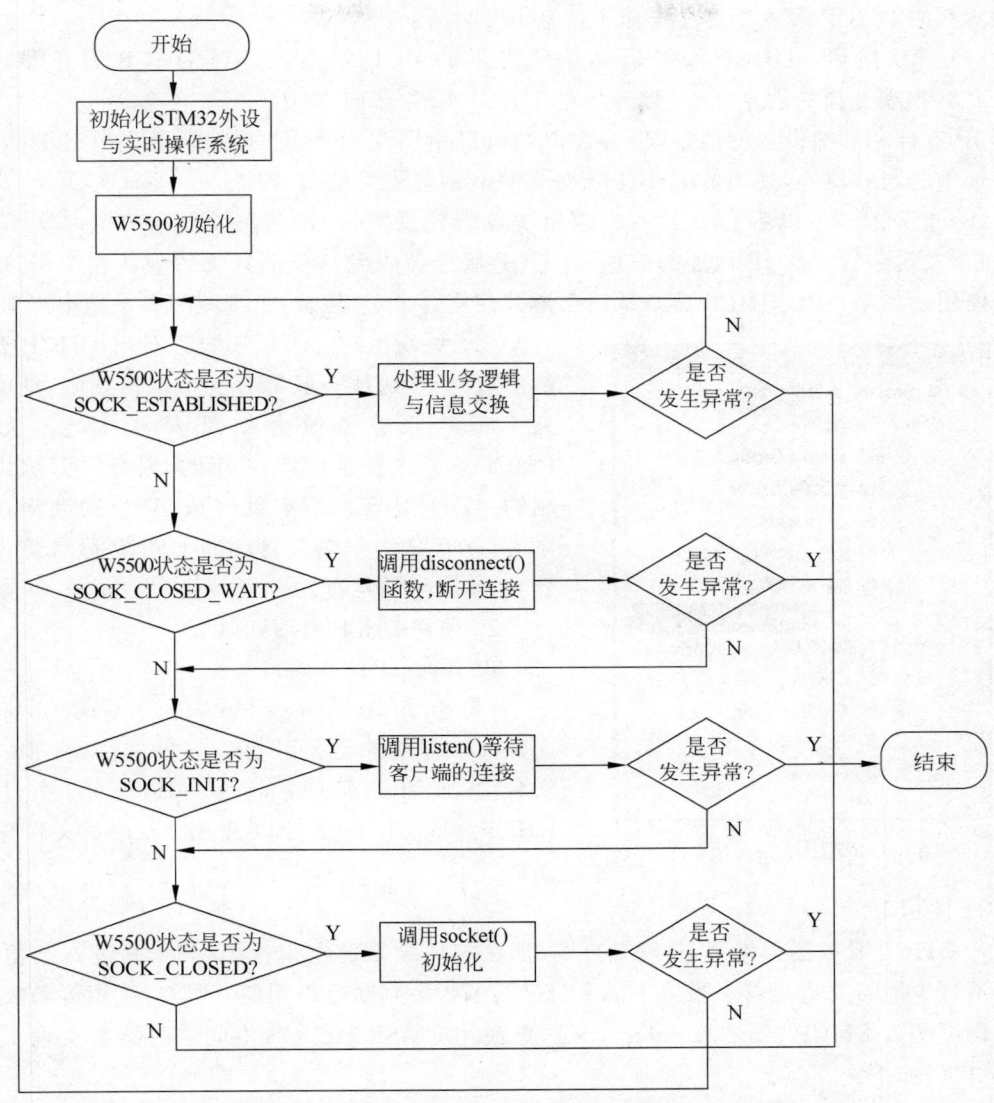

图 9-18　使用 W5500 进行 TCP 服务器的网络开发的基本流程

向 DHCP 服务器请求 IP 地址的流程分为下面几个阶段。

（1）发现阶段：DHCP 客户端查找 DHCP 服务器的阶段。客户端以广播的方式来查找 DHCP 服务器，因为客户端并不知道 DHCP 服务器的 IP 地址。在局域网中的每个设备都会收到这个广播信息，但是只有 DHCP 服务器才会做出响应。

（2）提供阶段：DHCP 服务器提供 IP 地址的阶段。DHCP 服务器收到广播信息之后会做出响应，从没有出租的 IP 地址中挑选一个分配给 DHCP 客户端，向其发送一个包含出租 IP 地址和其他信息。

（3）选择阶段：DHCP 客户端选择某台 DHCP 服务器提供的 IP 地址的阶段。如果在局域网中有多台 DHCP 服务器，那么它们收到广播信号之后都会做出响应。但是 DHCP 客户端只接收第一个 DHCP 服务器发出的响应。然后 DHCP 客户端会广播收到的信息，告诉所有的 DHCP 服务器自己选择了这个 IP 地址。

（4）确认阶段：DHCP 服务器确认所提供的 IP 地址阶段。当 DHCP 服务器收到 DHCP 客户端选择的消息之后，被选中的 DHCP 服务器向 DHCP 客户端发送一个包含出租的 IP 地址和其他设置的消息，告诉客户端可以使用该 IP 地址了。另外，除了 DHCP 客户端选中的服务器外，其他的 DHCP 服务器将收回曾提供的 IP 地址。

（5）重新登录：以后 DHCP 客户端每次重新登录网络时，不需要重新申请一次 IP 地址，而是发送包含上次 IP 地址的信息。DHCP 服务器收到这条消息之后确认这个 IP 地址能否使用。如果可以，DHCP 客户端就会继续使用这个 IP 地址，否则就需要重新申请 IP。

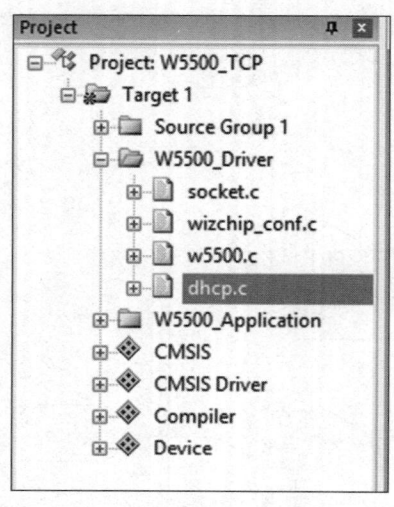

图 9-19　引入 dhcp.c 文件

（6）更新租约：DHCP 服务器向 DHCP 客户端出租的 IP 地址一般都有一个租借期限，期满之后 DHCP 服务器便会收回该 IP 地址。如果 DHCP 客户端要延长其 IP 租约，则必须更新其 IP 租约。DHCP 客户端启动时或 IP 租约期限过一半时，DHCP 客户端会自动向 DHCP 服务器发送延长 IP 租约的信息。

2. 使用 DHCP 自动获取 IP

1）添加 DHCP 相关文件

在 ioLibrary_Driver-master/Internet/DHCP 文件夹中存放的是关于 DHCP 的文件，将 dhcp.c 文件添加到工程中，如图 9-19 所示，并引入 DHCP/dhcp.h 头文件以使用 dhcp.c 文件中的函数。

2）续租 IP

若 DHCP 服务器租借了 IP 给客户端，那么客户端需要在租赁期内对 IP 进行续租，所以必不可少地需要定时器。当然不需要自己写函数去判断是否到期、到期后续租等函数，仅需要调用函数 DHCP_time_handler()。这里使用 CMSIS_RTOS 中的定时器来实现 1s 的定时，代码如下：

```
#define SOCK_DHCP 7              //使用 Socket7 进行 DHCP 的开发
#define MY_MAX_DHCP_RETRY 3
uint8_t dhcp_ok = 0;            //置 1 表示 DHCP 成功获取 IP
//定义一个 1s 的定时器,供 DHCP 使用
osTimerId DHCP_TimerID;
void DHCP_Timer_Function(void const * arg);
osTimerDef(DHCP_Timer, DHCP_Timer_Function);
void DHCP_Timer_Function(void const * arg)
{
    DHCP_time_handler();        //触发 DHCP 里面的一个函数,时间计数器 +1
}

void W5500_DHCP_Timer(void)
{
```

```
    osStatus status;                    //返回的状态
    DHCP_TimerID = osTimerCreate(osTimer(DHCP_Timer), osTimerPeriodic,NULL);
    //每秒钟触发一次
    if(DHCP_TimerID != NULL)
    {
        status = osTimerStart(DHCP_TimerID,1000); //function return status
        if(status != osOK)
        {
            # ifdef Debug
                printf("osTimer Started failed.");
            # endif
        }
    }
    else
    {
        # ifdef Debug
            printf("osTimer Started failed.");
        # endif
    }
}
```

3）使用 DHCP 获取 IP

W5500 使用 DHCP 向路由器自动获取 IP 需要按照以下几个步骤进行：

（1）初始化 W5500 的 MAC 地址。调用函数 setSHAR(macAddress)，参数 macAddress 是存放 MAC 地址的数组。

（2）调用 DHCP 初始化函数。调用函数 DHCP_init(SOCK_DHCP,buffer)初始化 DHCP。参数 SOCK_DHCP 表示使用 W5500 的第几个 Socket 实现 DHCP，参数 buffer 是存放发送和接收 DHCP 消息的数组。

（3）注册地址分配和更新的回调函数。调用函数 reg_dhcp_cbfunc(my_ip_assign,my_ip_assign,my_ip_conflict)。其中，参数 my_ip_assign()是 DHCP 服务器分配好 IP 或者当 IP 有变化的时候会调用的回调函数，所以可以在这个回调函数中配置 W5500。参数 my_ip_conflict 是 IP 冲突时调用的回调函数，本例中直接让程序停在这里，用了一个 while 死循环，以方便程序的调试。代码如下：

```
void my_ip_conflict(void)
{
# ifdef Dubug
    printf("CONFLICT IP from DHCP\r\n");
# endif
    //halt or reset or any...
    while(1); //this example is halt.
}

void W5500_DHCP_Init(void)
{
    //初始化 DHCP 时间基准
```

```
        W5500_DHCP_Timer();
        //在使用 DHCP 服务之前需设置 MAC 地址
        setSHAR(macAddress);
            //初始化使用 DHCP
        DHCP_init(SOCK_DHCP, buffer);
        //注册回调函数,有 IP 分配和更新回调函数,IP 冲突回调函数
        //这里 IP 分配和更新都调用 my_ip_assign()函数
        reg_dhcp_cbfunc(my_ip_assign, my_ip_assign, my_ip_conflict);
    }


    void my_ip_assign(void)
    {
        getIPfromDHCP(ConfigMsg.ip);
        getGWfromDHCP(ConfigMsg.gw);
        getSNfromDHCP(ConfigMsg.sn);
        getDNSfromDHCP(ConfigMsg.dns);
        ConfigMsg.dhcp = NETINFO_DHCP;
        /* Network initialization */
        W5500_DHCP_Config();        //apply from DHCP
    //DHCP 分配的地址是有时间限制的
    # ifdef Debug
        printf("DHCP LEASED TIME : % ld Sec.\r\n", getDHCPLeasetime());
    # endif
    }
```

（4）获取 IP 地址。调用运行函数 DHCP_run()。之前定义了定时器来作 DHCP 的时间基准,在定时器中定义了函数 DHCP_time_handler(),这个函数定义如下:

```
void DHCP_time_handler(void)
{
    dhcp_tick_1s++;
}
```

函数中仅仅实现了 DHCP 滴答时间的增加,为什么会这样呢? 其实,关于 DHCP 有关的逻辑和操作全部都在 DHCP_run()函数中,所以需要开启一个线程来一直运行 DHCP_run()函数。当然 DHCP 服务器给客户端发送 IP 信息之后,在 DHCP_run()函数中会调用在上一步中注册的回调函数来对 W5500 进行配置。

DHCP_run()函数也会有返回值,分别是 DHCP_IP_ASSIGN、DHCP_IP_CHANGED、DHCP_IP_LEASED 和 DHCP_FAILED。这些返回值反映现在 DHCP 的运行状态,其命名已经表示得很明白了,此处不做过多的介绍,获取 IP 地址的代码如下:

```
void W5500_DHCP_Loop(void)
{
    uint8_t my_dhcp_retry = 0;
    while (1) {
        switch (DHCP_run()) {
        case DHCP_IP_ASSIGN:
```

```
                case DHCP_IP_CHANGED:
                    break;
                case DHCP_IP_LEASED:
                    //说明 IP 地址已经可以使用了
                    dhcp_ok = 1;
                    break;
                case DHCP_FAILED:
                    dhcp_ok = 0;
                    my_dhcp_retry++;
                    (my_dhcp_retry > MY_MAX_DHCP_RETRY) {
#ifdef Debug
                        printf(">> DHCP % d Failed\r\n", my_dhcp_retry);
#endif
                        my_dhcp_retry = 0;
                        DHCP_stop();
                        DHCP_init(SOCK_DHCP, buffer); //DHCP 获取失败则重新初始化
                    }
                    break;
                default:
                    break;
            }
            osDelay(500);
        } //end of Main loop
}
```

4) 调试

为了验证 DHCP 自动获取 IP 成功,此处进行如下实验:在进行 TCPServer 实验回环测试之前,先使用 DHCP 从路由器中自动获取 IP 地址,如果使用网络调试助手成功对自动获取的 IP 完成了回环测试,那么说明 STM32 成功地使用 DHCP 从路由器中自动分配到了 IP 地址。

本次实验只需在 TCPServer 实验(见 9.3.3 节中的 loopback_tcps()函数之前运行 W5500_DHCP_Loop()函数就可以了。在 DHCPThread 线程中运行 W5500_DHCP_Loop()函数,并通过变量 dhcp_ok 来判断是否已经成功获取了 IP 地址。具体代码如下:

```
void DHCPThread(void const * arg);
osThreadDef(DHCPThread, osPriorityNormal, 1, 0);

void DHCPThread(void const * arg)
{
    while (1) {
        W5500_DHCP_Loop();
    }
}

int main(void)
{
    osKernelInitialize();                    //初始化 CMSIS_OS
    stdout_init();                           //初始化调试串口
```

```
    W5500_Setup();                          //W5500 初始化
    W5500_DHCP_Init();                      //初始化 DHCP
    osThreadCreate(osThread(DHCPThread), NULL);  //DHCP 循环线程
    osKernelStart();                        //CMSIS_OS 启动
    while (!dhcp_ok);                        //等待 DHCP 完成
    while (1)
    {
        loopback_tcps(1, buffer, 8086);     //TCPServer 进行测试
    }
}}
```

下载程序后,打开调试助手可以看到如图 9-20 所示的调试信息,第一次输出的 IP 地址 (192.168.1.99)是 W5500 使用默认数组注册的,第二次输出的 IP 地址(192.168.1.104)是通过 DHCP 获取到的。

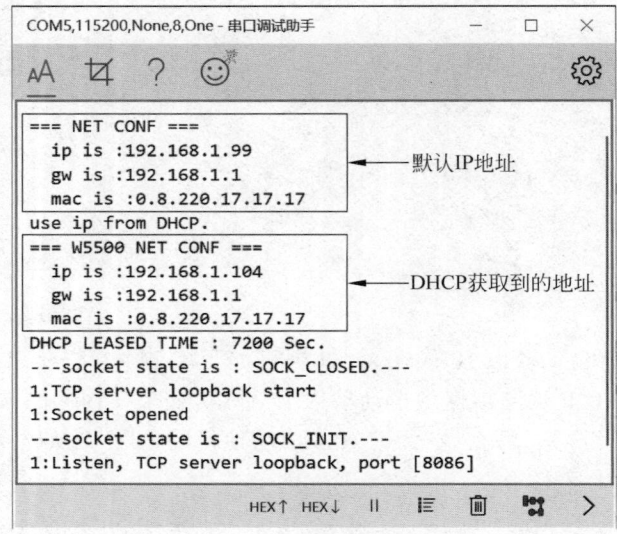

图 9-20 DHCP 实验输出的调试信息

为了验证通过 DHCP 成功地从路由器中获取了 IP 地址,这里使用 TCP 调试助手向 DHCP 获得的 IP 地址(192.168.1.104)发送消息,调试信息如图 9-21 所示。

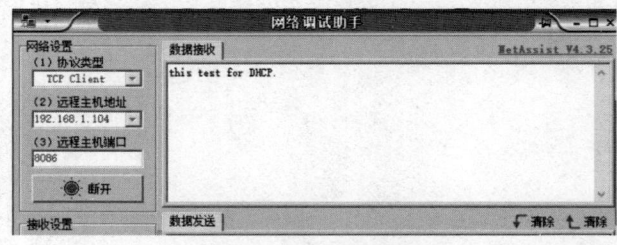

图 9-21 验证 DHCP 成功从路由器获取了 IP 地址

9.3.5 DNS 协议简介与实现

1. DNS 简介

DNS 是 Domain Name System(域名系统)的英文缩写,是 Internet 上作为域名和 IP 地址相互映射的一个分布式数据库,能够使用户更方便地访问 Internet,而不用去记住 IP 数串。通过主机名,最终得到该主机名对应的 IP 地址的过程叫作域名解析。DNS 协议运行在 UDP 协议之上,使用端口号 53。在 DNS 中,可以执行两种类型的查询。

(1) 迭代查询。从客户机向 DNS 服务器进行的查询。在这种查询中,服务器根据其高速缓存或者区域中的数据,返回它能提供的最佳答案。如果被查询的服务器没有针对该请求的精确匹配,它就提供一个指针,该指针指向较低级的域名称空间中的一个有权威的服务器。然后,客户机查询这个有权威的服务器。如果依旧没有,则客户机继续这一过程,直到它找到了一个有权威的服务器,而这个服务器有权访问所请求的名称,或者直到出现了错误或者满足了超时时间条件为止。

(2) 递归查询。从客户机向 DNS 服务器进行的查询。在这一查询中,该服务器承担了全部的工作量和责任,为该查询提供完全的答案。这样,该服务器对其他服务器执行独立的迭代查询,以协助为客户机提供答案。

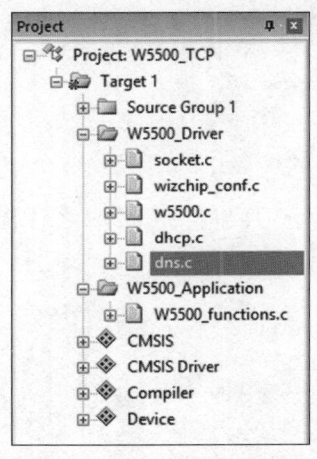

图 9-22 将 dns.c 文件添加到工程中

下面介绍如何使用 W5500 来实现 DNS 功能。

2. 实现 DNS 功能

1) 添加源文件

DNS 文件在 ioLibrary_Driver-master/Internet/DNS 文件夹下,将 dns.c 文件添加到工程中,如图 9-22 所示,并在对应文件中包含头文件:♯include "DNS/DNS.h"。

2) DNS 查询超时

当向域名服务器查询域名的 IP 地址时,需要有超时的限制,不能无休止地去等待服务器的回复。在官方驱动库中,默认超时时间是 3s,在处理超时的问题上只需每秒调用函数 DNS_time_handler()一次,函数中对 dns_1s_tick 变量自加 1。DNS 解析时会通过判断 dns_1s_tick 变量值来确定是否超时。可以利用 CMSIS-RTOS 定时器来实现。对定时器的部分初始化代码如下所示:

```
void DNS_Timer_Function(void const * arg);
osTimerId osDNSTimerID;
osTimerDef(DNS_Timer, DNS_Timer_Function);
void DNS_Timer_Function(void const * arg)
{
    DNS_time_handler();
}

void DNS_Timer_Init(void)
```

```
{
    osStatus status;          //函数返回的状态值
    osDNSTimerID = osTimerCreate(osTimer(DNS_Timer), osTimerPeriodic, NULL); //每秒钟触发
                                                                              //一次

    if (osDNSTimerID != NULL) {
        status = osTimerStart(osDNSTimerID, 1000);
        if (status != osOK){
# ifdef Debug
            printf("osDNSTimer Started failed.");
# endif
        }
    }
    else {
# ifdef Debug
        printf("osDNSTimer Started Succeesfully.");
# endif
    }
}
```

当程序解析完 DNS 之后就可以停止定时器的计数。启动与停止 DNS 定时器的代码
如下：

```
void DNS_Timer_Start()
{
    osTimerStart(osDNSTimerID, NULL);
}


void DNS_Timer_Stop()
{
    osTimerStop(osDNSTimerID);
}
```

由于 DNS 的时间基准是用定时器实现的，所以应该将定时器的优先级设置为高，如
图 9-23 所示，在 RTX_Conf_CM. c 文件中将 Timer Thread Priority 设置为 High。

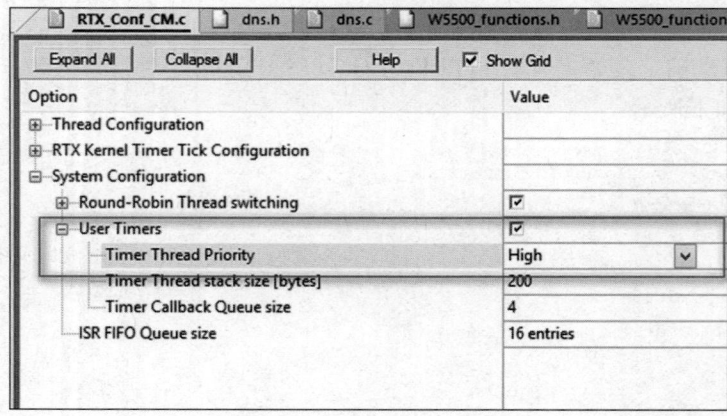

图 9-23 将定时器的优先级设置为高

3）封装 DNS 解析函数

在官方驱动库里进行 DNS 解析需要使用的函数是：

```
int8_t DNS_run(uint8_t * dns_ip,uint8_t * name,uint8_t * ip_from_dns)
```

第一个参数是 DNS 服务器，首选的 DNS 服务器地址是 114.114.114.114，备选的 DNS 服务器地址是 114.114.114.115；在初始化 W5500 时已经定义了 ConfigMsg 结构体，这个结构体中定义了 DNS 服务器的地址，可以直接拿过来用。

第二个参数是要解析的域名。

第三个参数是用来存放解析完成 IP 地址后存放的数组。

返回值是 1 代表解析成功；返回值是 0 表示失败；返回值是 −1 代表设置的最大域名字符长度设置太小。

可以将 DNS 封装成子函数，在子函数里面实现的过程：初始化 DNS→开启定时器→解析域名→关闭定时器。代码如下所示：

```
uint8_t DNS_2nd[4] = { 114,114,114,115 };
int8_t DNS(uint8_t SOCK_DNS, char * hostName, uint8_t * IP)
{
    int ret;
    /* 初始化 DNS 客户端 */
    DNS_init(SOCK_DNS, buffer);
    //DNS_Timer 的定时器
    if ((DNS_Timer_Start())) {
# ifdef Debug
        printf("DNS time start failure.\r\n");
# endif
        return - 2;
    }
    /* 运行 DNS,解析域名 */
    if ((ret = DNS_run(ConfigMsg.dns, (unsigned char * )hostName, IP)) > 0) {    //尝试首选
                                                                //DNS 服务器解析
# ifdef Debug
        printf("> 1st DNS Reponsed\r\n");
# endif
    }
    else if ((ret != -1) && ((ret = DNS_run(DNS_2nd, (unsigned char * )hostName, IP))> 0))
{   //尝试使用备份 DNS 服务器
# ifdef Debug
        printf("> 2nd DNS Reponsed\r\n");
# endif
    }
    else if (ret == -1) {
# ifdef Debug
        printf("> MAX_DOMAIN_NAME is too small. Should be redefined it.\r\n");
# endif
    }
    else {
```

```
# ifdef Debug
        printf("> DNS Failed\r\n");
# endif
    }
    /* 关闭 DNS 的定时器 */
    DNS_Timer_Stop();
    if (ret > 0) {
# ifdef Debug
        printf("> Translated %s to %d.%d.%d.%d\r\n", hostName, IP[0], IP[1], IP[2], IP
[3]);
# endif
        return 0;
    }
    return - 1;
}
```

注意:

当出现"Error: L6218E: Undefined symbol **wizchip_close** (referred from dns.o)."错误时,双击此错误,将对应位置的代码"wizchip_close();",换成"close(DNS_SOCKET);"即可。

另外,在 dns.h 头文件中存放着一些关于 DNS 的配置定义,这里需要改变 DNS 默认域名字符的最大长度。默认是 16B,但是可能会出现地址长度大于 16B,所以这里需要将其修改为 40B:

```
# define  MAX_DOMAIN_NAME  40      //for example www.google.com
```

3. 下载调试

这里编写一个简单的测试函数测试 DNS 功能,解析百度的 IP 地址。主函数的代码如下:

```
uint8_t server_tcp_ip[4] = {0};
int main(void)
{
    osKernelInitialize();              //初始化 CMSIS_OS
    stdout_init();                     //初始化调试串口
    W550_Setup();                      //W5500 初始化
    DNS_Timer_Init();                  //DNS 定时器
    osKernelStart();                   //CMSIS_OS 启动
    DNS(6,"www.baidu.com",server_tcp_ip); //DNS 解析百度的地址
    while(1);
}
```

使用串口打印出百度的 IP 地址,如图 9-24 所示。

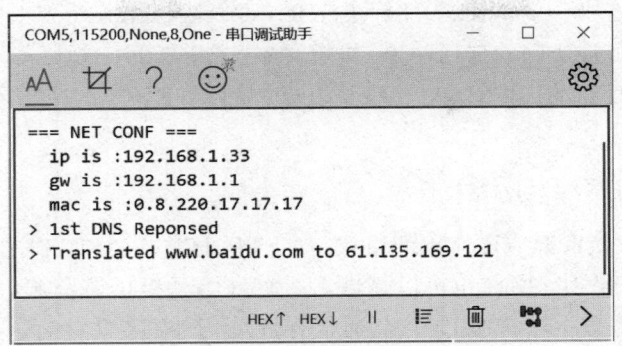

图 9-24　使用串口打印百度的 IP 地址

9.4　HTTP 协议简介

9.4.1　HTTP 简介

使用 TCP 与 UDP 实现服务端与客户端之间的通信需要建立长时间的连接。在互联网时代,如果每个人使用 TCP 去连接服务器并保持连接,会造成资源的极大浪费。因为在浏览网页时,当页面刷新出来之后,通常不需要与服务端继续进行数据交换,这时可以断开连接来节约资源,针对这种场景设计出了 HTTP,在互联网中得到了广泛应用。HTTP 协议可具体分为服务器端与客户端,且需要客户端主动发送 HTTP 请求来与服务器进行通信。日常使用的浏览器则属于 HTTP 的客户端。当访问某一网站时,浏览器会与对应的 HTTP 服务器建立连接,并获取网页中的相关信息。

HTTP 是一个属于应用层的面向对象的协议,由于其简洁、快速的方式,适用于分布式超媒体信息系统,广泛应用于互联网中。其主要特点可概括如下。

（1）支持客户端/服务器模式。

（2）简单快速——客户向服务器请求服务时,只需传送请求方法和路径。请求方法常用的有 GET、HEAD、POST 等。每种方法规定了客户与服务器联系的类型不同。由于 HTTP 协议简单,使得 HTTP 服务器的程序规模小,因而通信速度很快。

（3）灵活——HTTP 允许传输任意类型的数据对象。正在传输的类型由 Content-Type 加以标记。

（4）无连接——无连接的含义是限制每次连接只处理一个请求。服务器处理完客户的请求,并收到客户的应答后,即断开连接。采用这种方式可以节省传输时间。

（5）无状态——HTTP 是无状态协议。无状态是指协议对于事务处理没有记忆能力。缺少状态意味着如果后续处理需要前面的信息,则它必须重传,这样可能导致每次连接传送的数据量增大。另一方面,在服务器不需要先前信息时其应答速度就较快。

9.4.2　URL 简介

HTTP 中的 URL（Uniform Resource Locator,统一资源定位符）是一种特殊类型的URI（Uniform Resource Identifier,统一资源标识符）,可以用来标识 Internet 上的超文本,

每一个超文本都具有唯一的 URL。实际上 URL 可以表示 Internet 上的任何资源,这里的资源指 Internet 上可被访问的任何对象,如超文本、音乐、图片、视频等,这些资源在计算机中都是以文件形式存在的。URL 由 4 部分组成,并且 URL 中的字母不区分大小写,URL 的一般形式是:

> <协议>://<计算机>:<端口>/<路径>

其中,<协议>是获取该资源应该使用的协议,如 FTP、HTTP、HTTPS;<计算机>是该资源所在的计算机,可以是 IP 地址,也可以是域名;<端口>是提供该资源的服务器程序的端口号;<路径>指明服务器上某资源的位置(通常有目录/子目录/文件名这样的结构组成)。例如,http://www.baidu.com:80/index.html 就是一个完整的 URL,它说明要获得位于 www.baidu.com 计算机根目录下的 index.html 文件。

很多使用 URL 并不需要写全,除了<计算机>不能省略外,其他的内容都可以省略,在浏览器中输入 www.baidu.com 与输入 http://www.baidu.com:80/index.htm 的效果是一样的。对于 IE 浏览器来说,省略<协议>,就是使用默认协议 HTTP;省略<端口>就使用 HTTP 的默认端口 80;省略<路径>,服务器就返回默认文件。如果不使用默认值,URL 就必须写全。

9.4.3 HTTP 协议分析

1. HTTP 工作过程

通常在浏览器输入网址并按回车键后,直到看到对应的页面,在此期间浏览器会多次使用 HTTP 协议向服务器获取相关资源。下面介绍一次完整的 HTTP 工作流程。

(1)地址解析:如果使用客户端浏览器请求这个页面 http://localhost.com:8080/index.html。首先浏览器会从此 URL 中分解出协议名、主机名、端口、路径的相关信息,对于输入的地址进行解析可得:

- 协议名——http
- 主机名——localhost.com
- 端口——8080
- 路径——/index.html

(2)封装 HTTP 请求数据包:将以上部分结合自己的信息,封装成一个 HTTP 请求数据包。

(3)建立 TCP 连接:在 HTTP 工作开始之前,客户端先要通过网络与服务器建立连接,该连接是通过 TCP 完成的。HTTP 是比 TCP 更高层次的应用层协议,只有低层协议建立之后,才能进行更高层协议的连接,因此,首先要建立 TCP 连接,默认 HTTP 端口是 80。

(4)客户机发送请求命令:建立连接后,客户机发送一个请求给服务器,告诉服务器此客户端想要知道的资源。

(5)服务器响应:服务器接到请求后,给予相应的响应信息。

(6)服务器关闭 TCP 连接:一般情况下,一旦 Web 服务器向浏览器发送了浏览器想要请求数据,它就要关闭 TCP 连接。

在 HTTP 协议中,HTTP 的请求与响应这两部分也是非常重要的,下面对这两部分进行详解。

2. HTTP 请求

HTTP 请求由请求行、消息报头、请求正文 3 部分构成,其中消息报头由多个头域组成(一行为一个头域),如表 9-3 所示。

表 9-3　HTTP 请求格式

请求行		请求方法	(空格)	URL	(空格)	HTTP 协议版本	CRLF(换行)
消息报头	头域	字段名(Name)	:	(空格)		值(Value)	CRLF(换行)
		...					
	头域	字段名(Name)	:	(空格)		值(Value)	CRLF(换行)
		空行(只有 CRLF 的行)					
请求正文		请求正文					

3. 请求行

请求行主要由请求方法、URL 字段和 HTTP 协议版本 3 部分构成,总的来说,请求行定义了本次请求的请求方式、请求的地址以及所遵循的 HTTP 协议版本,例如:

```
GET /example.html HTTP/1.1 (CRLF)
```

其中,GET 代表请求方法;/example.html 表示 URL;HTTP/1.1 代表协议和协议的版本;(CRLF)代表回车换行。值得注意的是,在请求行中有两个空格也是不能省略的。

URL 完整地指定了要访问的网络资源,通常只要给出相对于服务器的根目录的相对目录即可,因此总是以"/"开头。

根据 HTTP 标准,HTTP 请求可以使用多种请求方法。表 9-4 列出 HTTP1.1 的 8 种请求方式。

表 9-4　HTTP1.1 的 8 种请求方式

方　　法	作　　用
GET	请求获取由 URL 所标识的资源
POST	向服务器添加消息
HEAD	请求获取由 URL 所标识的资源的响应消息报头
PUT	请求服务器存储一个资源,并用 URL 作为其标识符
DELETE	请求服务器删除由 URL 所标识的资源
TRACE	请求服务器回送到的请求信息,主要用于测试或诊断
CONNECT	用于代理服务器
OPTIONS	请求查询服务器的性能,或者查询与资源相关的选项和需求

在实际应用中,最常用的方法是 GET 和 POST 请求,所以本书对这两种请求方式做简单的介绍。

GET 请求:GET 请求是默认的 HTTP 请求方法,例如,当在浏览器的地址栏中直接输入网址的方式去访问网页的时候,浏览器采用的就是 GET 方法向服务器获取资源。也可以使用 GET 方法来向服务器发送数据,用 GET 方法提交的表单数据只经过了简单的编码,同时它将作为 URL 的一部分向服务器发送,例如,http://localhost/login. php?
username=aa&password=1234,"?"之后的内容是 Query String(查询字段),每个字段之
间用"&"隔开。上面的代码传递给服务器的信息就是"username=aa"以及"password=
1234",即服务器可以获取到用户发送的 username 以及 password 字段的信息。

POST 请求:POST 请求主要也是向 Web 服务器提交数据。通过 POST 方法提交数据
时不会像 GET 请求一样将数据作为 URL 请求的一部分,而是将数据放在请求正文里面,
为了解析方便,通常会将提交的数据封装成 JSON 格式的数据。

4. 请求报头

请求报头允许客户端向服务器端传递请求的附加信息以及客户端自身的信息。每个头
域由 4 部分组成:

字段名 + : + 空格 + 值 + (CRLF)

同样,在请求报头中,空格也是不能省略的。常用的请求报头有:

(1) Accept:用于指定客户端接收哪些类型的信息。例如,Accept:image/gif 表明客
户端希望接收 GIF 图像格式的资源;Accept:text/html 表明客户端希望接收 html 文本。

(2) Accept-Charset:用于指定客户端接收的字符集。例如,Accept-Charset:iso-8859-
1,gb2312。如果在请求消息中没有设置这个头域,那么默认是任何字符集都可以接收。

(3) Accept-Encoding:类似于 Accept,但是它是用于指定可接收的内容编码。例如,
Accept-Encoding:gzip. deflate。如果请求消息中没有设置这个头域,服务器则假定客户端
对各种内容编码都可以接收。

(4) Accept-Language:类似于 Accept,但是它用于指定一种自然语言。例如,Accept-
Language:zh-cn。如果请求消息中没有设置这个头域,服务器则假定客户端对各种语言都
可以接收。

(5) Authorization:主要用于证明客户端有权查看某个资源。当浏览器访问一个页面
时,如果收到服务器的响应代码为 401(未授权),可以发送一个包含 Authorization 请求头
域的请求,要求服务器对其进行验证。

(6) Host:主要用于指定被请求资源的 Internet 主机和端口号,它通常是从 HTTP
URL 中提取出来的。

(7) Content-Type:表示后面的文档类型,默认为 text/plain,但通常需要显式地指定为
text/html。

(8) Content-Length:表示请求正文的长度,默认为长度为 0。

(9) Connection:通常此字段名对应的值为:keep-alive,发送完请求之后 TCP 连接仍然
保持打开状态,因此浏览器可以继续通过相同的连接发送请求,这样节省了为每个请求建立
新连接所需的时间,还节约了网络带宽。

5. 请求正文

只有在发送 POST 请求时才会有请求正文,POST 请求会将发送给服务器的数据放在
请求正文里面。如果响应正文存在,则一定要包含 Content-Length 报头,否则服务器会认
为 Content-Length 为 0,可能导致服务器不会去读取请求正文里面的内容。

6. HTTP 响应

HTTP 响应也由 3 部分组成,包括状态行、消息报头、响应正文,与 HTTP 请求相同,消

息报头也是由多个头域组成，如表9-5所示。

表 9-5　HTTP 响应格式

状态行		HTTP 协议版本	（空格）	状态码	（空格）	短语	CRLF（换行）
消息报头	头域	字段名（Name）	：	（空格）	值（Value）		CRLF（换行）
		...					
	头域	字段名（Name）	：	（空格）	值（Value）		CRLF（换行）
		空行（只有 CRLF 的行）					
响应正文		响应正文					

状态行：由 HTTP 协议版本、数字形式的状态码及解释状态码的简单短语组成，各元素之间以空格分隔，空格不能省略，结尾时有回车换行符，例如：

HTTP/1.1 200 OK (CRLF)

其中，HTTP/1.1 代表协议和协议的版本；200 代表状态码；OK 是解释 200 的短语；(CRLF) 代表回车换行。

在 HTTP 响应中，状态码有 5 种可能取值，如下所示：

(1) 1xx：指示信息——表示请求已接收，继续处理；

(2) 2xx：成功——表示请求已被成功接收、理解、接收；

(3) 3xx：重定向——要完成请求必须进行更进一步的操作；

(4) 4xx：客户端错误——请求有语法错误或请求无法实现；

(5) 5xx：服务器端错误——服务器未能实现合法的请求。

表 9-6 给出了常见状态码、短语以及说明。

表 9-6　常见状态码及含义

状态码	短语	说明
200	OK	客户端请求成功
400	Bad Request	客户端请求有语法错误，不能被服务器所理解
401	Unauthorized	请求未经授权
403	Forbidden	服务器收到请求，但是拒绝提供服务
404	Not Found	请求资源不存在
500	Internal Server Error	服务器发生不可预期的错误
503	Server Unavailable	服务器当前不能处理客户端的请求，一段时间后，可能恢复正常

消息报头：允许服务器传递不能放在状态行中的附加响应信息，与 HTTP 请求类似，此处不再赘述。

响应正文：即服务器返回的资源的具体内容。

9.4.4　HTTP 协议实现

由于 HTTP 是基于 TCP 实现的，只是发送的内容需要符合一定的规范。以下是一个生成 HTTP 规范的示例代码（此函数会在后面直接使用）：

```c
//定义 HTTP 头的格式
typedef struct HEADER{
  const char * name;
    uint8_t nameLength;
    const char * value;
    uint8_t valueLength;
}Header;

void getHttpString(
char * outbuffer,                              //输出缓存寄存器
const char * host,                             //主机地址
char * content)                                //发送内容
{
    unsigned char i;
    const char * HTTPMethod = "POST";
    const char * path = "/setCollections";     //必须以"/"开头
    Header headers[5];
    char len[10] = {0};

    /* 生成请求行 */
    sprintf(outbuffer,"%s %s",HTTPMethod,path);
    strcat(outbuffer," HTTP/1.1\r\n");          //注意空格
    /* 生成请求头 */
    headers[0].name = "Host";
    headers[0].nameLength = strlen("Host");
    headers[0].value = host;
    headers[0].valueLength = strlen(host);
    headers[1].name = "Content-type";
    headers[1].nameLength = strlen("Content-type");
    headers[1].value = "application/JSON;charset = UTF-8";
    headers[1].valueLength = strlen("application/JSON;charset = UTF-8");
    headers[2].name = "Connection";
    headers[2].nameLength = strlen("Connection");
    headers[2].value = "keep-alive";
    headers[2].valueLength = strlen("keep-alive");
    for(i = 0; i < 3; i++)                      //例子中只包含 3 个头
    {
        if(headers[i].name){
            strcat(outbuffer,headers[i].name);
            strcat(outbuffer,": ");
            strcat(outbuffer,headers[i].value);
            strcat(outbuffer,"\r\n");
        }
    }
    sprintf(len,"%d", strlen(content));
    strcat(outbuffer,"Content-Length: ");       //Content-Length
    strcat(outbuffer,len);
```

```
    strcat(outbuffer,"\r\n");
    /* 加上一个换行隔开头域与正文 */
    strcat(outbuffer,"\r\n");
    /* 添加请求正文 */
    if(content != NULL)
        strcat(outbuffer,content);
    strcat(outbuffer,"\r\n");                    //注意回车
//合成 HTTP 字符串完成
}
```

在 HTTP 字符串生成成功之后,再通过 TCP 发送出去即可,示例代码如下:

```
int SendHTTPString(
uint8_t sn,                                  //发送数据使用的 Socket
char * string,                               //需要发送的字符串
uint32_t count)                              //字符串的长度
{
    while (1) {
        uint32_t size = 0, httpStringSize;
        uint32_t sentsize = 0;
        int ret = 0;
        switch (getSn_SR(sn)) {
        case SOCK_ESTABLISHED:               //是否与服务器建立连接
            if (getSn_IR(sn) & Sn_IR_CON) {  //连接成功标志位是否置位
                setSn_IR(sn, Sn_IR_CON);     //清除连接成功标志位
                sentsize = 0;
                httpStringSize = count;
                /* 发送数据,之后数据全部发送完成 */
                while (httpStringSize != sentsize) {
                    ret = send(sn,
                               (uint8_t *)string + sentsize,
                               httpStringSize - sentsize);
                    if (ret < 0) {
                        close(sn);           //关闭 Socket n
                        return ret;          //发送错误返回
                    }
                    sentsize += ret;
                }
            }
            if ((size = getSn_RX_RSR(sn)) > 0) {  //是否收到服务器返回的数据
                if (size > 2047) size = 2047;     //Socket 最大缓存是 2048B
                ret = recv(sn, (uint8_t *)string, size); //接收数据
                if (ret <= 0) return ret;            //小于 0 说明发生错误
                if (getSn_RX_RSR(sn) == 0) {
                    //如果此时接收缓存区的数据个数是 0,则说明接收数据完成,可以关闭连接了
                    osDelay(100);            //需要延迟一段时间再来判断是否有数据进来
                    if (getSn_RX_RSR(sn) == 0) {
```

```
                            disconnect(sn);              //断开连接
                            close(sn);
                            return 0;                    //返回成功
                        }
                    }
                }
                break;
        /*服务请关闭连接*/
        case SOCK_CLOSE_WAIT:
            if ((ret = disconnect(sn)) != SOCK_OK) return ret;
            close(sn);
            return 0;
        /*socket n初始化完成*/
        case SOCK_INIT:
            //server_tcp.ip为树莓派的IP地址,端口号port为5000
            if ((ret = connect(sn, server_tcp_ip, port)) != SOCK_OK)
                return ret;                //尝试连接服务器,server_tcp_ip通过DNS获得
            break;
        /*socket n处于关闭状态*/
        case SOCK_CLOSED:
            close(sn);
            if ((ret = socket(sn, Sn_MR_TCP, local_port++, 0x00)) != sn)
                return ret;                //初始化socket n
            break;
        default:
            break;
        }
    }
}
```

9.5 互联网实战——基于 Web 的远程监控系统

互联网无处不在,它的优势在于数据的共享与传输。通过互联网与电子技术相结合,能将电子技术中需要检测的信息更加友好地进行展现。本章实验为基于 Web 的远程监控系统,其需要实现的功能有:

(1) 可使用手机或计算机实时查看环境信息;

(2) 在 Web 界面中对电气设备进行控制(模拟电气设备的开与关)。

9.5.1 总体架构设计

本实验使用的总体架构如图 9-25 所示。其中树莓派作为 Web 的服务端,STM32 作为客户端。当 STM32 采集完数据后向树莓派发送 HTTP 数据,树莓派则将此数据进行存储。用户则可通过手机或计算机来对树莓派进行访问。

9.5.2 基于树莓派的 Web 服务器搭建

本书使用 Flask 框架去搭建所需要的 Web 框架,Flask 可以使用 pip 进行安装:

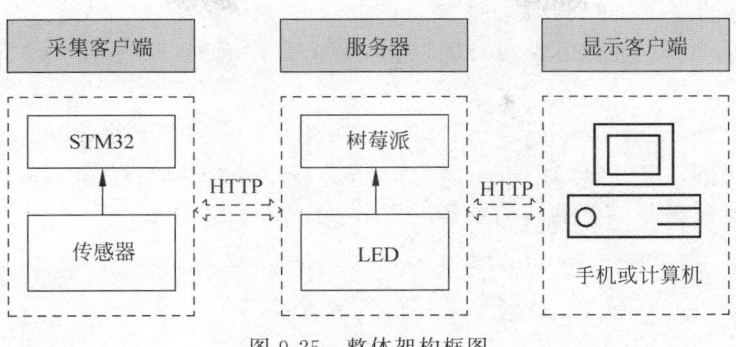

图 9-25　整体架构框图

```
sudo pip3 install flask
```

搭建整个 Web 架构需要 HTML＋CSS＋JavaScript 的相关知识,由于篇幅原因,本书对这些内容不进行详细的介绍,读者可在本书提供的 Github 网站上进行下载。关于 Flask 的核心代码如下所示:

```
# - * - coding: utf - 8 - * -
from flask import Flask
from flask import render_template
from flask import request
import logging
import time
import json

logging. basicConfig( level = logging. INFO)        # 配置调试信息等级

app = Flask(__name__)                                # 获取 Flask 的句柄

@app. route('/')
def hello_world():
    return render_template('index.html')            # 默认页面为采集节点的信息

@app. route('/collections')
def collections():
    return render_template('index.html')            # 显示采集节点的网页

@app. route('/devices')
def devices():
    return render_template('devices.html')          # 显示设备控制的网页

if __name__ == '__main__':
    # 运行 Flask
    app. run( host = '0.0.0.0')
```

其中:

(1) app. run(host＝'0.0.0.0',port＝'5000')为运行 Flask。运行成功后,即可使用浏

览器访问 Flask 所在设备的 IP 地址＋端口的方式进行访问；

(2) @app. route()为设置路由规则，例如"@app. route('/collections')"即代表通过"主页/collections"来进行访问；

(3) render_template('index. html')会返回 templates 目录下的 index. html 文件。

当浏览器访问"192.168.1.106:5000/devices"时，服务器(树莓派)会返回预先编辑好的 devices. html 文件给浏览器。浏览器的显示界面如图 9-26 所示。

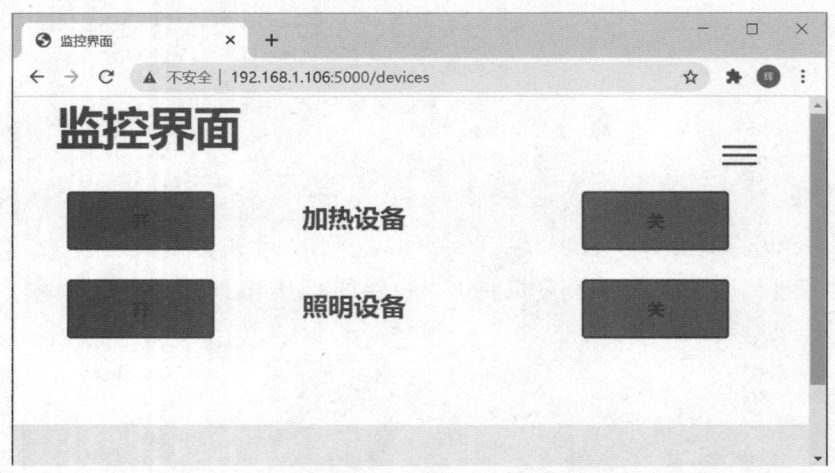

图 9-26　设备监控界面

实际上，对于用户来说，单击"开"或"关"按钮时浏览器会发送一个 POST 请求给树莓派，树莓派再对相应的设备进行操作，从而实现了用户使用网页对设备的远程控制。如下为树莓派使用 Flask 接收控制命令的代码：

```
@app. route('/changeStatus', methods = ['POST', 'GET'])        # 改变设备的状态
def changeStatus():
    id = request. form. get('id')                            # 电气设备的 ID 号
    status = request. form. get('status')                    # 电气设备的状态
    print("id is {}, status is {}". format(id, status))
    # 执行开启或关闭操作
    error_code = 0x0
    ret = {'error_code':error_code}
    return json. dumps(ret)                                 //返回操作结果
```

可以看出，单击按钮时发送 POST 请求的路由地址为"/changeStatus"。发送的信息包含设备的 ID 以及期望的状态。单击加热设备的"开"按钮时服务器输出的调试信息如图 9-27所示。

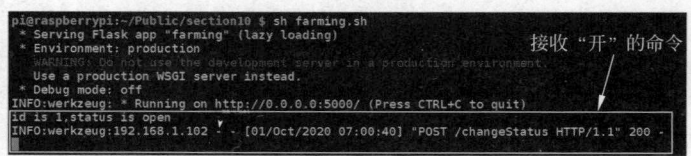

图 9-27　开启设备时服务器的调试信息

　　在系统中,树莓派作为服务器只起到转发与存储数据的作用,即当 STM32F103 成功采集到数据时会将信息发送过来,此时服务器需要将此信息进行存储(即写操作)。而对于用户来说,需要一个接口来获取当前的环境信息,即读操作。

　　当服务器接收到 STM32F103 发送过来的环境信息时,需要将此信息进行保存,本系统直接将这些信息保存在变量中。对应接口代码如下:

```python
# 定义环境参数,环境信息缓存在这些变量中
air_temp = 0            # 保存空气温度数据
air_hum = 0             # 保存空气湿度数据
soil_temp = 0           # 保存土壤温度数据
soil_hum = 0            # 保存土壤湿度数据
light = 0               # 保存光照强度数据

@app.route('/setCollections',methods = ['POST','GET'])        # 获取采集节点的信息
def setCollections():
    global air_temp
    global air_hum
    global soil_temp
    global soil_hum
    global light
    global co2
    try:
        rec_data = json.loads(request.data)
        air_temp = rec_data['air_temp']
        air_hum = rec_data['air_hum']
        soil_temp = rec_data['soil_temp']
        soil_hum = rec_data['soil_hum']
        light = rec_data['light']
        print("air_temp is {},air_hum is {}".format(air_temp,air_hum))
        error_code = 0x0
        ret = {'error_code':error_code}
    except Exception as e:
        error_code = 0x82
        ret = {'error_code':error_code}
return json.dumps(ret)    # 返回是否保存成功
```

　　当服务器接收到用户刷新数据的请求时,服务器需将缓存的实时环境信息返回回去。对应的接口代码如下:

```python
@app.route('/getCollections',methods = ['POST','GET'])        # 获取采集节点的信息
def getCollections():
    global air_temp
    global air_hum
    global soil_temp
    global soil_hum
    global light
    data = {
            "id":1,
            "air_temp":air_temp,
            "air_hum":air_hum,
            "soil_temp":soil_temp,
```

```
            "soil_hum":soil_hum,
            "light":light,
            "refresh_time":time.time()
        }
    return json.dumps(data)              # 返回环境信息
```

9.5.3 STM32 通过 HTTP 发送环境信息

STM32F103 作为一个采集设备,采集到环境信息后,需要通过 HTTP 将此信息发送给树莓派。前面已经实现 HTTP 相关代码,即 GetHttpString() 函数用于生成 HTTP 字符串,SendHTTPString() 函数用于发送此字符串。发送信息的核心代码如下:

```c
int main(void)
{
    /* 省略 W5500 初始化相关代码 */
    uint8_t buffer[2048] = {0};
    char message[128] = {0};
    while(1)
    {
        printf("start to post data.\r\n");
        //采集数据,使用下面代码进行模拟
        sprintf(message,"{\"air_temp\":%f,
            \"air_hum\":%f,
            \"soil_temp\":%f,
            \"soil_hum\":%f,
            \"light\":%d}",
            23.2,45.0, 22.0,86.0,1000);
        //通过 HTTP 发送数据
        getHttpString(buffer, "192.168.1.106:5000", message );
        SendHTTPString(6, buffer, strlen(buffer));

        printf("end to post data.\r\n");
        osDelay(3000);
    }
}
```

当 STM32F103 成功将信息发送到树莓派中时,输出的调试信息如图 9-28 所示。

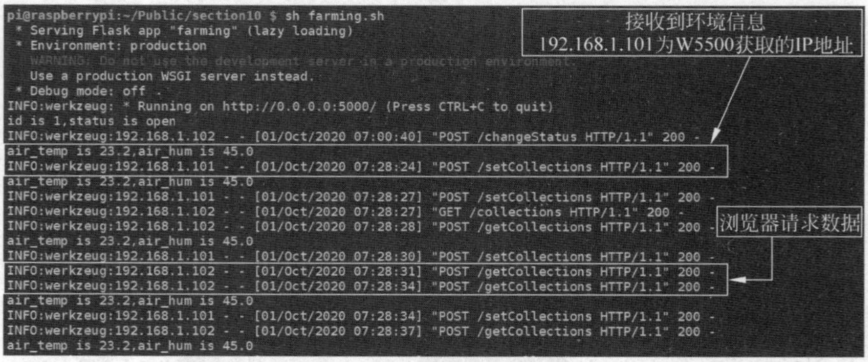

图 9-28 调试信息

当浏览器接收到环境信息后,即可将信息显示出来。显示界面如图 9-29 所示。

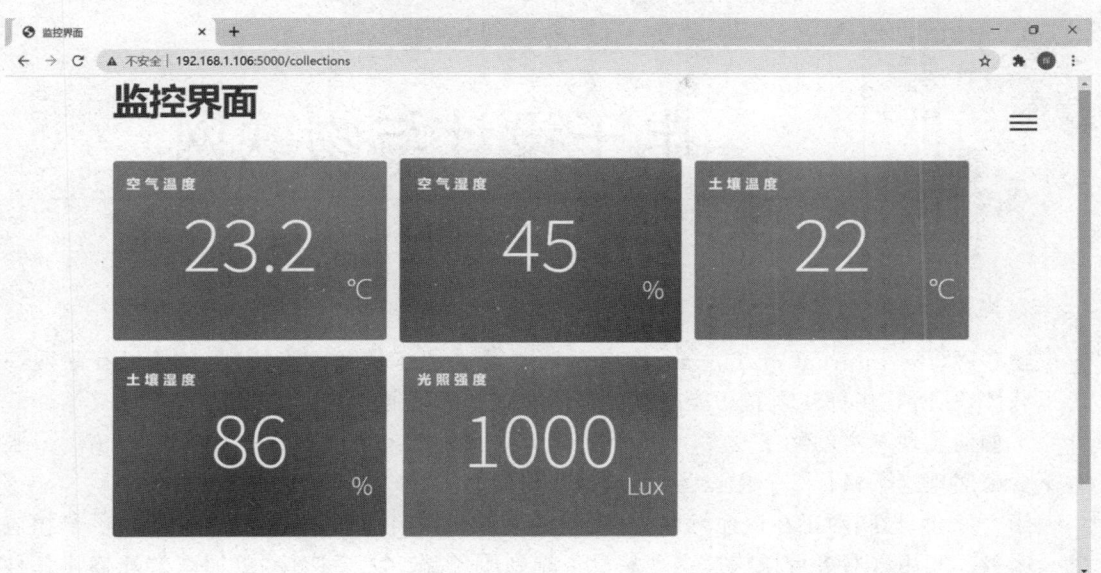

图 9-29　实时查看环境信息界面

第 10 章

电子设计与物联网

物联网(the Internet of Things,IoT)系统被看成是互联网系统的延伸,是以互联网等为承载体,让所有能行使独立功能的普通物体实现互联互通的网络,实现万物互联。第 9 章介绍了如何实现基本的网络开发,但是要实现万物相连还是远远不够的,这就需要借助云服务平台来实现这个目标——以云为枢纽,将物与物连接起来。

当今社会,物联网正在迅速发展,为此国内很多互联网公司,都针对物联网提供了相应的云服务。利用云服务可以快速实现从设备端到服务端的无缝连接,更加高效地构建各种物联网应用。本章以百度云服务为例介绍如何与云服务之间建立连接,共同构建物联网系统。在物联网系统中,设备的性能、功能相比于互联网设备更加多样,因此本章仍然以树莓派与 STM32 为例介绍不同类型的设备在物联网中的应用。

10.1 物联网的核心套件——IoT Core

10.1.1 IoT Core 简介

百度的云服务平台针对物联网应用给出了专门的解决方案——IoT Core(物联网核心套件)。IoT Core 是全托管的云服务,可以在智能设备与云端之间建立安全的双向连接,并通过主流的物联网协议通信,快速实现物联网项目。IoT Core 服务支持 MQTT 协议(后面将会介绍),使用的发布/订阅(Publish/Subscribe)模式,适用于机器之间(Machine-to-Machine,M2M)的大规模沟通,非常适合低功耗和网络带宽有限的场景。用 IoT Core 搭建的物联网系统具有如下几方面的优势:

(1) 独特的全托管服务——支持从设备到云端以及从云端到设备安全稳定地进行大规模消息传输。实现与大数据服务无缝对接,以数据分析驱动业务进步。

(2) 多场景支持——支持 MQTT 协议,兼容主流硬件设备。

(3) 多语言环境——可以多种语言开发,支持 C、C♯、Python、Java、PHP 等。

(4) 稳定强大——设备认证与权限管理,并保证数据安全传输。个别实例故障不会影响整体服务。

使用百度云服务的系统整体框架如图 10-1 所示。

在使用 IoT Core 服务之前,需要先了解 IoT Core 中的几个概念:

(1) 设备——实体世界一个设备的云端映射,是 IoT Core 连接的最小单元,每个设备均可拥有自己的身份(DK/SK)及主题列表。

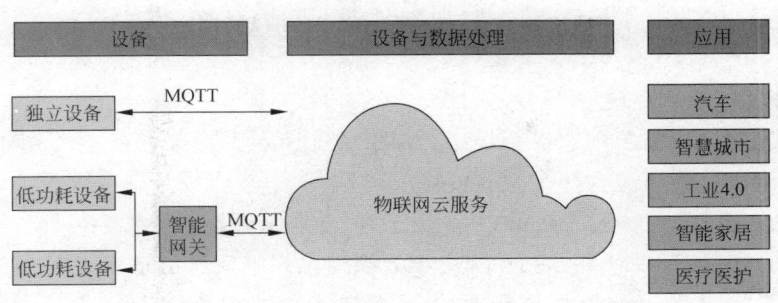

图 10-1 使用百度云服务构成物联网的系统框图

(2) DK——为 Device Key 的缩写,是设备连接所需的密钥之一,用于生成 MQTT 连接所需的用户名。

(3) SK——为 Device Secret Key 的缩写,是设备连接所需的密钥之一,用于生成 MQTT 连接所需要的密码。

(4) 影子——设备影子反映物理世界中的一个物(设备),是物在云端的"影子"或"数字双胞胎"。运行时,物将监控值上报给影子,影子会用一个 json 文档存储设备的最后一次上报的状态,可以直接通过 MQTT 或 HTTP 访问。同时,影子也提供反控功能。

(5) 模板——设备的模板用于批量创建一类设备,当前提供主题模板。使用相同主题模板创建的设备,其对主题的权限一致。

(6) 主题——主题应用于 MQTT 客户端。topic 规则允许字符串可以带通配符"♯"或"＋"。

(7) 操作权限——在主题模板中可定义设备对 topic 的操作权限。目前基于 MQTT 协议,IoT Core 支持发布(Publish)和订阅(Subscribe)两种权限。

10.1.2 创建并配置 IoT Core 实例

在使用百度云服务进行项目开发时需要有百度开放云的账号,登录成功后在导航栏选择"产品服务"→"物联网核心套件 IoT Core",开始创建 IoT Core 应用。

连接 IoT Core 服务需要创建一个 IoT Core 实例,每个实例都是一个独立的命名空间,不同实例间相互隔离。登录 IoT Core 控制台页面,单击"创建 IoT Core",填写需要创建 IoT Core 服务的实例名称。如图 10-2 所示为创建后的实例列表,这里使用的实例名称是 iot_test。IoT Core 中的实例名称是不能一样的,所以需要根据自己的项目来取名字。

图 10-2 IoT Core 实例

成功创建 IoT Core 实例后,单击实例名称,进入详情页面,单击"设备列表"即可创建和管理设备。

1. 设备模板

在新增实例之前,需要创建一个模板,如图 10-3 所示。这个模板主要用于配置设备的主题信息,默认设备模板包含两个主题:

(1) ＄iot/{deviceName}/events——用于客户端向云端发送信息;

(2) ＄iot/{deviceName}/msg——用于云端向客户端发送信息。

当然,读者也可进入此模板详情页自行添加所需的模板主题。这里添加主题 ＄iot/ForBooks/user/temperature 用于传输温度信号。

图 10-3　配置模板

2. 新增设备

如图 10-4 所示,单击"新增设备"按钮,填写设备名称(此名称在当前 IoT Core 下唯一)、认证方式、描述(可选),并选择所需要使用的设备模板,单击"提交"按钮即可完成设备创建。这里需要强调的是认证方式有两种:证书认证与密钥认证。本书主要介绍密钥认证方式。

图 10-4 新增设备

创建完成后,会弹出"连接配置"对话框,显示连接信息,包括 Device Key 与 Device Secret。当读者不小心遗忘此连接信息时,也可在创建设备列表中单击对应设备名称进入设备详情页。在连接信息栏目,找到 DeviceSecret 字段,单击右侧的小眼睛图标,便可查看连接信息,包含 IoTCoreId、DeviceKey 和 DeviceSecret,如图 10-5 所示。

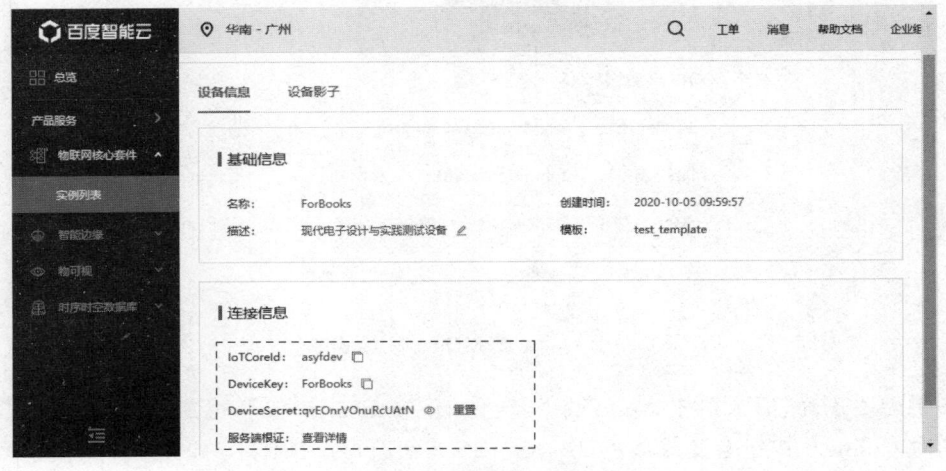

图 10-5 查看设备的连接信息

3. MQTT 客户端测试

成功创建 IoT Core 实例后,根据实际应用场景可以使用 TCP、TLS/SSL、WSS 3 种方式连接 IoT Core,对应端口如表 10-1 所示。

表 10-1　连接 IoT Core 的 3 种方式

协　　议	端　口　号	描　　述
TCP	1883	非加密 MQTT 连接
TLS/SSL	1884	基于 TLS 加密的 MQTT 连接
WSS	443	基于 WebSocket 及 MQTT 连接

为了让读者对 IoT Core 有一个感性的认识,先介绍如何使用第三方的工具(MQTT.fx)连接 IoT Core 并通信。使用 MQTT 的应用客户端,可以快速验证是否可以实现与 IoT Core 服务发送或者接收消息,而且客户端还有人性化界面可以辅助调试 MQTT 协议。读者登录 MQTT.fx 官网下载并安装 MQTT.fx 客户端。本书中使用的是 MQTT.fx-v1.7.1。

打开 MQTT.fx 软件,需要对其进行配置来匹配 IoT Core 里创建的设备。这些信息可在百度给出的网址(iotalk.cdn.bcebos.com/mqtt-sign/)中生成,如图 10-6 所示。需要填入 IoTCoreId、DeviceKey 以及 DeviceSecret 信息后单击"点击计算"按钮,在此网页中会生成 MQTT 的连接信息,包括 Broker 地址、MQTT 用户名、MQTT 密码。将这些信息填入 MQTT.fx 软件便完成了配置,如图 10-7 所示。

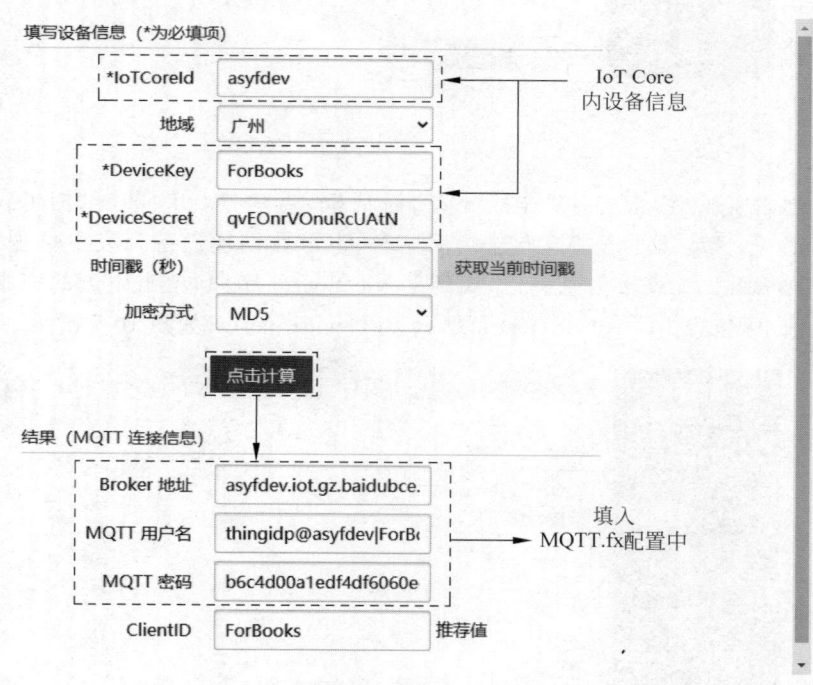

图 10-6　生成 MQTT 连接信息

如果配置正确,那么单击 MQTT.fx 软件的 Connect 按钮后可成功连接 IoT Core 服务。同时 Connect 按钮会变成灰色,Disconnect 按钮就可以操作了,如图 10-8 所示。

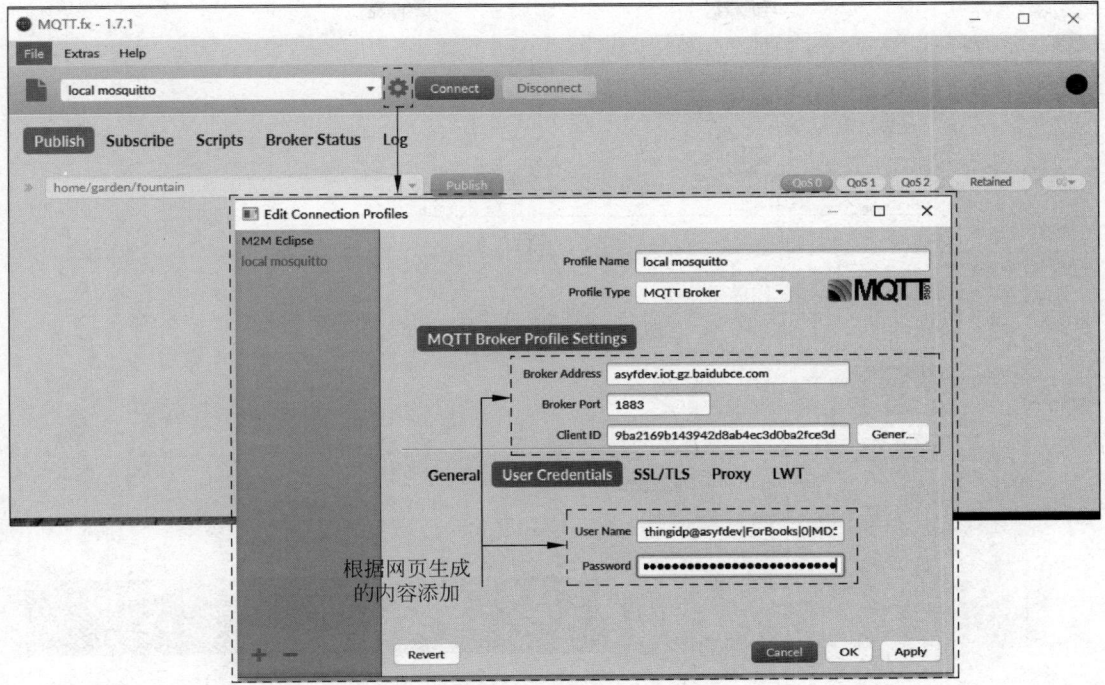

图 10-7　配置 MQTT. fx 软件

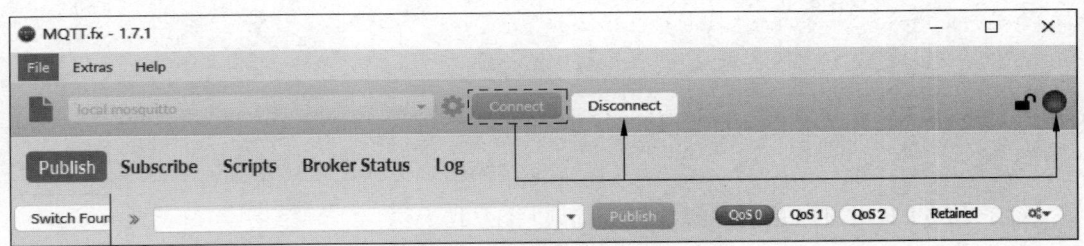

图 10-8　连接成功后的界面

接下来即可通过此软件与 IoT Core 进行通信了。打开 Subscribe 选项卡,填写需订阅的主题。由于在创建模板时新建了一个温度主题:＄iot/｛deviceName｝/user/temperature,因此这里使用 MQTT. fx 软件在＄iot/ForBooks/user/temperature 主题下完成订阅与发布,如图 10-9 所示。

4.生成连接信息程序

可以看出,MQTT 的连接信息是根据 IoT Core 中的设备信息生成的,其中最主要的信息为:Broker 地址、MQTT 用户名、MQTT 密码与端口。其中端口是根据连接协议固定的,剩下的则需要通过拼接或加密算法计算得到。

对于 Broker 地址比较容易得到,其命名规范为:

```
{IoTCoreId}.iot.gz.baidubce.com
```

C 语言实现代码如下:

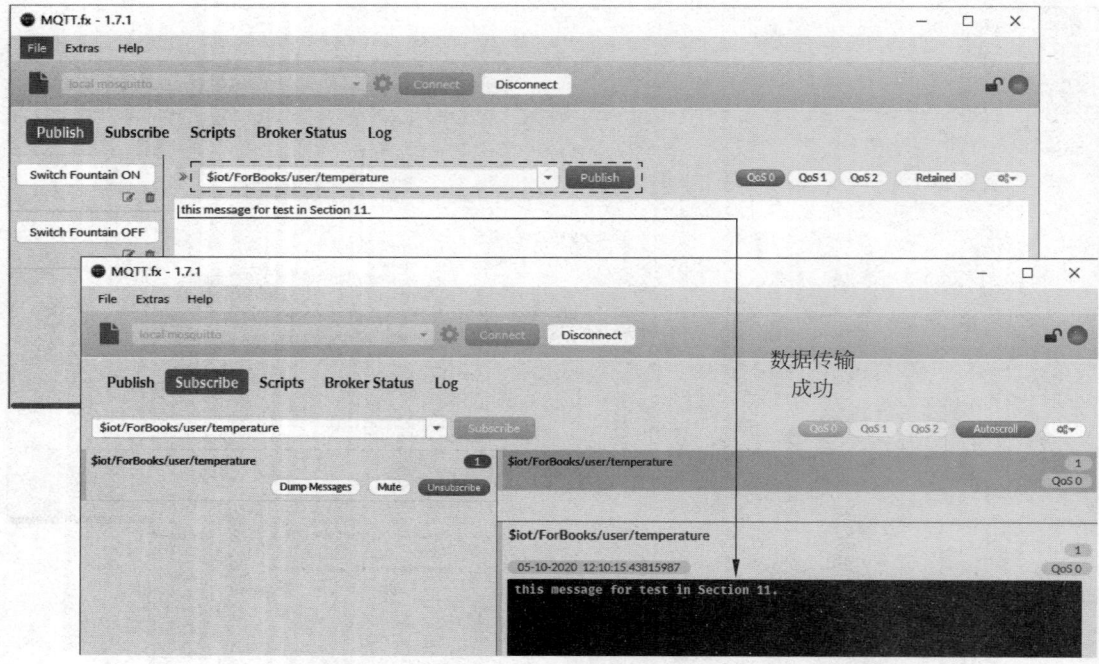

图 10-9　通信成功效果图

```
# define IoTCoreID "asyfdev"          //申请时随机生成
# define BrokerCommonPart ".iot.gz.baidubce.com"
# define getBrokerAddress() IoTCoreID""BrokerCommonPart

//printf("%s\r\n", getBrokerAddress());
//输出:asyfdev.iot.gz.baidubce.com
```

对于 MQTT 用户名是通过拼接得到的,拼接方式为:

{adp_type}@{IoTCoreId}|{DeviceKey}|{timestamp}|{algorithm_type}

其中:

adp_type——认证方式类型,当前仅支持取值 thingidp。

IoTCoreId——对应 IoT Core 的 ID。

DeviceKey——设备标识,一般为设备名称。

timestamp——生成签名时的时间戳,以秒为单位,长整数。可以传入 0 或不传入。

algorithm_type——字符串签名算法类型,取值 MD5 或 SHA256,不传入则默认为 MD5。

C 语言实现代码如下:

```
# define adp_type "thingidp"
# define IoTCoreID "asyfdev"          //申请时随机生成
# define DeviceKey "ForBooks"
# define timestamp "0"
```

```
#define algorithm_type "MD5"

#define getUserName() adp_type"@"IoTCoreID"|"DeviceKey"|" timestamp "|" algorithm_type

//printf(" % s \r\n", getUserName ());
//输出:thingidp@asyfdev|ForBooks|0|MD5
```

MQTT 密码获取最为复杂,需要先拼接,然后再通过加密方式获得。拼接方式为:

```
{DeviceKey}&{timestamp}&{algorithm_type}{DeviceSecret}
```

其中,DeviceKey、timestamp、algorithm_type 与 MQTT 用户名拼接方式中的含义一致; Device Secret 为平台提供的密钥。

拼接此字符串的 C 语言代码如下:

```
#define DeviceSecret "qvEOnrVOnuRcUAtN"

#define getPWDString() DeviceKey"&"timestamp"&"algorithm_type""DeviceSecret
//printf(" % s\r\n",getPWDString());
//输出:printf(" % s\r\n",getPWDString());
```

得到拼接后的密码字符串后,需要通过 MD5 或 SHA256 方式进行加密。具体过程为: 获取加密字符串的 UTF-8 字符集比特数组,按选定的加密方式,对此数组使用 MD5 或者 SHA256 进行加密,并将结果转换为小写形式。

为了实现 MD5 算法,本书使用 MDK5 中集成的 wolfSSL 库,如图 10-10 所示。

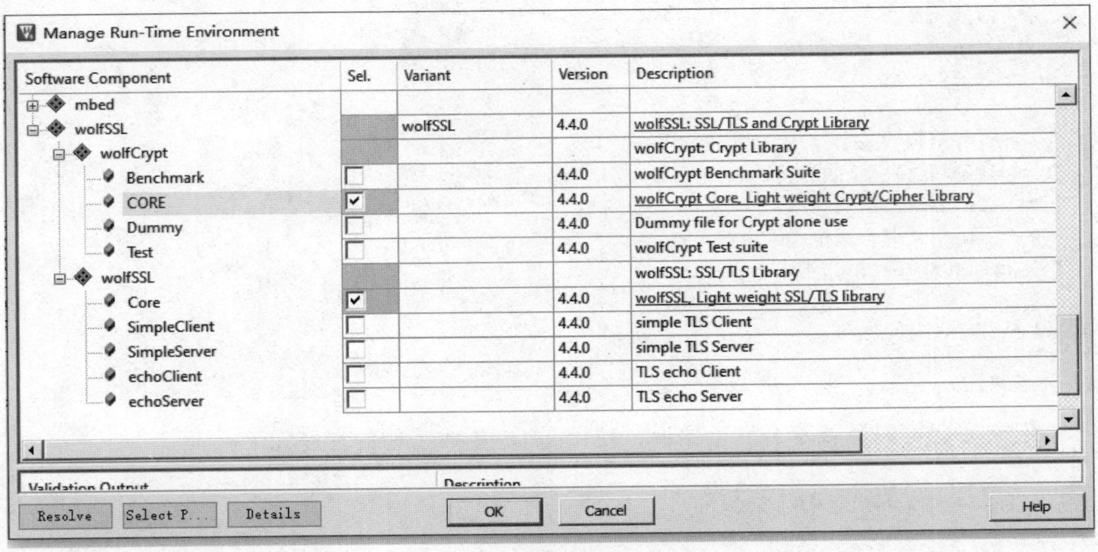

图 10-10 加载 wolfSSL 库

添加完库函数之后,如果编译会发现很多错误。因为 wolfSSL 默认配置是不适合在 stm32 上面运行的,因此需要进行如下操作。

(1) 定义全局宏。在"Options for Target 'Target 1'"窗口中定义：WOLFSSL_USER_SETTINGS 和 HAVE_CONFIG_H。这两个宏定义代表需自定义 wolfSSL 相关设置。定义后,wolfSSL 会包含 config.h 头文件。需要创建此文件,并包含文件路径。

(2) 编辑 SSL 配置文件。打开 config.h 文件,并向里面填写适合本系统的配置文件。这里使用的配置文件如下所示。在程序中已经对各宏定义进行了注释,故不再赘述。如果读者需要根据自己的项目来更改其他相关配置,则需要查阅 wolfSSL 的参考手册。

```
/* 操作系统 */
#define __CORTEX_M3__              //STM32F103ZET6 是 Cortex - M3 内核
#define WOLFSSL_CMSIS_RTOS         //操作系统使用的是 CMSIS - RTOS
/* TCP 的发送和接收函数 */
#define WOLFSSL_USER_IO            //需要自己定义 TCP 发送和接收函数
/* 文件系统 */
#define NO_FILESYSTEM              //没有文件系统
/* 产生随机数 */
#define NO_DEV_RANDOM
#define WOLFSSL_GENSEED_FORTEST
/* 内存分配 */
#define USE_WOLFSSL_MEMORY         //分配内存空间函数
#define WOLFSSL_MALLOC_CHECK       //分配后检查

#define USE_FAST_MATH              //快速计算 RSH、DH 等算法
#define TFM_TIMING_RESISTANT       //在小堆栈系统中适用,会使用避免使用大量静态阵列

#define NO_WRITEV                  //禁用 writev()

/* 调试 */
#define DEBUG_WOLFSSL
#define WOLFSSL_LOG_PRINTF

/* 需要用到 SHA512 加密 */
#define WOLFSSL_SHA512
#define WOLFSSL_SHA384
/* 不使用大概会减少 3KB 内存 */
#define NO_SESSION_CACHE

/* 自定义时间 */
#define USER_TIME                  //通过 RTC 实现获取当前时间算法
```

定义完后再编译就不会发生错误。使用 MD5 生成密钥的程序如下:

```
#define MD5_MAX_Length 250

int getPassword(char * array)
{
    wc_Md5 myMD5;                  //MD5 结构体
    int ret = 0, i;
    byte * p;
```

```c
char PWMString[1024] = {0};
sprintf(PWMString, "%s",getPWDString());              //获得密钥字符串
p = malloc(MD5_MAX_Length);                            //申请临时空间
if(p == NULL){
    return -1;
}
if ((ret = wc_InitMd5(&myMD5)) != 0) {                 //初始化 wolfSSL 中的 MD5 算法
    printf("wc_Initmd5 failed");
    return -1;
}
ret = wc_Md5Update(&myMD5, PWMString, strlen(PWMString));   //加载加密字符串
if (ret != 0) {
    printf("Md5 Update Error Case\r\n");
}
ret = wc_Md5Final(&myMD5, p);                          //执行 MD5 算法
if (ret != 0) {
    printf("Md5 Final Error Case\r\n");
}
// * array = '\0';
for(i = 0;i < MD5_MAX_Length;i++)                      //转换为字符串形式
{
    char temp[2] = {0};
    if (p[i] == '\0')
        break;
    sprintf(temp,"%02x",p[i]);
    strcat(array,temp);
}
wc_Md5Free(&myMD5);
free(p);
return ret;
}

//测试代码
char data[1024] = {0};
getPassword(data);
printf("%s\r\n",data);
//输出:b6c4d00a1edf4df6060ee5e10fefdcaa
```

以上代码只给出了比较重要的部分,忽略了 CMSIS 组件、内存分配等设置,读者可在本书的 Github 上查看完整代码。

10.2　初探 MQTT

MQTT(Message Queuing Telemetry Transport)是一个客户端/服务器端架构的发布/订阅模式的消息传输协议。它的设计思想是轻巧、开放、简单、规范,易于实现。这些特点使得它对很多场景来说都是很好的选择,特别是对于受限的环境,如机器与机器的通信(M2M)以及物联网环境(IoT)。

支持 MQTT 底层传输协议的相关设备有两种——客户端和服务器端。使用 IoT Core 建立的物联网系统中的服务器端是 IoT Core 服务。主要实现的功能有:

(1) 接收来自客户端的网络连接;

（2）接收客户端发布的应用消息；

（3）处理客户端的订阅和取消订阅请求；

（4）转发应用消息给符合条件的客户端订阅。

客户端则是任何连接服务器的设备，这个设备没有特殊的要求，可以是单片机、PLC、计算机等，只要满足通信的协议即可。客户端需要实现的功能有：

（1）发布应用消息给其他相关的客户端；

（2）订阅以请求接收相关的应用消息；

（3）取消订阅以移除接收应用消息的请求；

（4）从服务器端断开连接。

为了更形象地理解 MQTT 的工作流程，这里举一个例子：假设现在有 3 个设备——设备 A、设备 B 和设备 C。其中，设备 A 的作用是采集温度；设备 B 的作用是采集压力；设备 C 的作用是显示温度。它们之间的关系如图 10-11 所示。

由于 MQTT 是发布/订阅模式，那么当设备 A 采集完温度之后会发布（publish）一个温度主题（topic），告诉服务器现在的温度值，服务器收到消息后会将这个温度值转发给订阅（subscribe）了这个主题的设备——设备 C，这样温度就传送到设备 C 了。当设备 B 采集完压力数据之后发布压力的主题，服务器收到了但是 C 没有订阅这个主题，所以不会把压力的主题转发给 C。那么设备 A 与设备 C 就通过主题联系在一起了。可以把 MQTT 更加形象地比喻成报刊，设备 C 就好像是订阅报刊的用户，设备 A 是发布报刊内容的作者，服务器则是报社。值得注意的是，一个设备是可以订阅一个或者多个主题，而且设备也可以订阅自己发布的主题，只要客户端订阅了主题，服务器就会把主题的内容发送给订阅者。显然，这里的服务器即 IoT Core 服务。而如何实现设备 A、B、C 则是本书的重点。

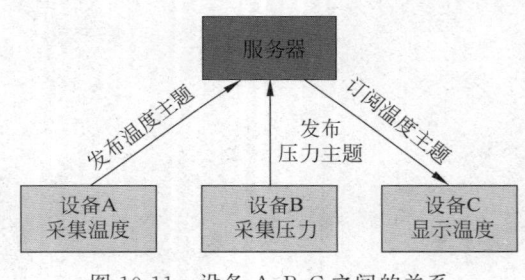

图 10-11　设备 A、B、C 之间的关系

10.3　物联网实战——树莓派接入云端

通过前面的讲解，将树莓派接入云端，实际上最重要的是实现 MQTT 协议。在树莓派中，可以通过 paho-mqtt 模块来完成此功能，安装代码如下所示：

```
sudo pip3 install paho-mqtt
```

下面是使用 paho-mqtt 模块连接 IoT Core 的实例代码。其中，mqtt.Client()函数用来创建一个 MQTT 客户端的实例。创建完此实例后，就可通过 connect()、publish()、subscribe()等函数来实现 MQTT 的连接、发布与订阅。事实上与 MQTT.fx 软件连接 IoT Core 的流程是一致的。

```
import paho.mqtt.client as mqtt

user = "thingidp@asyfdev|ForBooks|0|MD5"          # 用户名
```

```
pwd = "b6c4d00a1edf4df6060ee5e10fefdcaa"          # 密码
endpoint = "asyfdev.iot.gz.baidubce.com"          # 链接地址
port = 1883                    # 1883 为服务端口号,如果是安全认证,端口号需要修改为 1884
topic = " $ iot/ForBooks/user/temperature"          # 发布消息主题

# 客户端从服务器接收到连接响应时的回调函数
def on_connect(client, userdata, flags, rc):
    print("Connected with result code " + str(rc))    # 连接成功
    client.subscribe(topic)                           # 订阅主题

# 从服务器接收发布消息时的回调函数
def on_message(client, userdata, msg):
    print(msg.topic + " " + str(msg.payload))         # 将接收到的信息打印出来

client = mqtt.Client()                                # 创建 MQTT 实例
client.on_connect = on_connect                        # 绑定连接成功的回调函数
client.on_message = on_message                        # 绑定消息到达的回调函数
client.username_pw_set(user, pwd)                     # 设置用户名、密码

# 连接 MQTT 服务器
client.connect(endpoint, port, 60)
# 发布主题
client.publish(topic, payload = "pi message", qos = 0)
# 开启一个线程接收信息
Thread
client.loop_start()
# 处理其他事情,例如串口、摄像头等
While(True):
    print(" … ")
    Thread. s
```

如图 10-12 所示为调试记录。可以看出,运行上面的代码后,连接成功后 MQTT.fx 会接收到树莓派发送的数据。同样在 MQTT.fx 软件中发布主题,树莓派也能成功接收到消息。

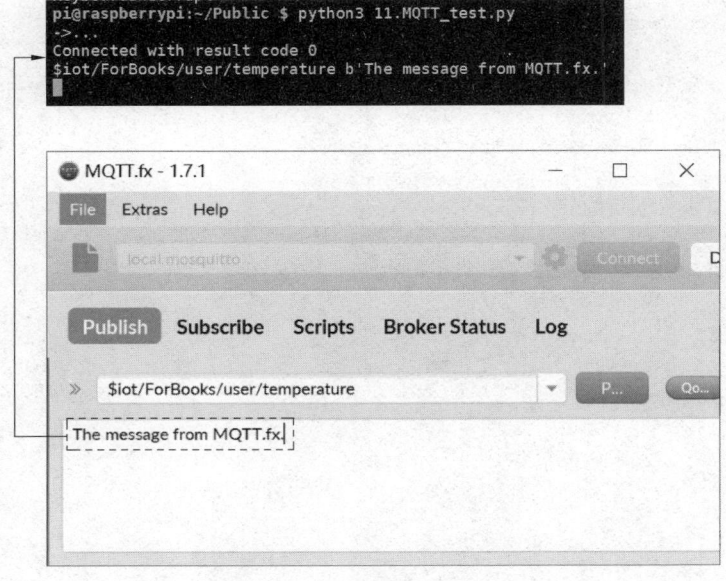

图 10-12　实验结果

10.4 物联网实战——STM32 接入云端

从第 9 章的内容可以看出，由于 STM32 与 W5500 的硬件资源比较匮乏，其网络项目的开发难度要比在树莓派中大。前面已经实现了树莓派中的 MQTT 协议，其 MQTT 使用方法与流程实际上与在 STM32 中进行开发是相似的，可以借鉴。接下来带领读者在 STM32 ＋W5500 中实现 MQTT 协议。

10.4.1 wolfMQTT 的移植

1. 初探 wolfMQTT

虽然 W5500 官方给的驱动库中包含了相关 MQTT 的库函数，但是不够完整与稳定，例如，不支持安全协议 TLS。为此，本书使用 wolfMQTT 库来实现 MQTT 协议。读者可在 Github 中（项目名称为 wolfMQTT）获取最新版的 wolfMQTT 源码。本书使用库函数版本为 wolfMQTT-v0.8。

在 wolfMQTT 库中 src 与 wolfmqtt 这两个文件夹是比较重要的，分别存放着 wolfmqtt 客户端的源文件和头文件，里面包含了 3 类重要的文件。

（1）mqtt_client：这里存放的是 wolfmqtt 顶层的接口。当移植好库函数后，就可使用这里面的函数与服务器进行连接、发布、订阅等操作。

（2）mqtt_packet：根据 MQTT 协议来编码要发送的数据，解码接收的数据。

（3）mqtt_socket：这里面存放着使用 Sokcet 进行通信的相关函数，也可以使用 TLS 连接与通信。在头文件 mqtt_socket.h 中定义了 MQTT 网络结构体 MqttNet，一般通过这个结构体实现与服务器建立连接，发送、接收数据和断开连接的操作。

在以上 3 类文件中，mqtt_socket 的相关文件最接近底层，打开 mqtt_socket.h 可以看到以下代码：

```
/* Function callbacks */
typedef int( * MqttTlsCb)(struct _MqttClient * client);
typedef int( * MqttNetConnectCb)(void * context,
    const char * host, word16 port, int timeout_ms);
typedef int( * MqttNetWriteCb)(void * context,
    const byte * buf, int buf_len, int timeout_ms);
typedef int( * MqttNetReadCb)(void * context,
    byte * buf, int buf_len, int timeout_ms);
typedef int( * MqttNetDisconnectCb)(void * context);

/* Strucutre for Network Security */
# ifdef ENABLE_MQTT_TLS
typedef struct _MqttTls {
    WOLFSSL_CTX        * ctx;
    WOLFSSL            * ssl;
} MqttTls;
# endif
```

```
/* Structure for Network callbacks */
typedef struct _MqttNet {
    void * context;
    MqttNetConnectCb connect;
    MqttNetReadCb read;
    MqttNetWriteCb write;
    MqttNetDisconnectCb disconnect;
} MqttNet;
/* MQTT SOCKET APPLICATION INTERFACE */
int MqttSocket_Init(struct _MqttClient * client, MqttNet * net);
int MqttSocket_Write(struct _MqttClient * client, const byte * buf, int buf_len,
    int timeout_ms);
int MqttSocket_Read(struct _MqttClient * client, byte * buf, int buf_len,
    int timeout_ms);

int MqttSocket_Connect(struct _MqttClient * client, const char * host,
    word16 port, int timeout_ms, int use_tls, MqttTlsCb cb);
int MqttSocket_Disconnect(struct _MqttClient * client);
```

代码中仅仅实现了关于 MqttSocket 的初始化、连接和断开、发送和接收这 5 个函数,因此在移植过程中也仅仅需要重写这 5 个函数。细心的读者会发现,这 5 个函数的第一个参数都是_MqttClient 结构体,这个结构体定义在 mqtt_client.h 文件中,完整定义如下所示:

```
typedef struct _MqttClient {
    word32          flags; /* MqttClientFlags */
    int             cmd_timeout_ms;

    byte            * tx_buf;
    int             tx_buf_len;
    byte            * rx_buf;
    int             rx_buf_len;

    MqttNet         * net;      /* Pointer to network callbacks and context */
#ifdef ENABLE_MQTT_TLS
    MqttTls         tls;        /* WolfSSL context for TLS */
#endif

    MqttMsgCb       msg_cb;
} MqttClient;
```

从代码中可以看出,_MqttClient 结构体中包含了 MqttNet 结构体,而 MqttNet 结构体存放的是实现 Socket 相关函数的指针。初始化函数 MqttSocket_Init()是将 MqttNet 结构体指针赋值给_MqttClient→net。因此只需要完成 Socket 底层函数,并把函数指针赋值给 MqttNet 结构体就可以了。关于 W5500 实现 Socket 可参考前面章节内容。

因此,移植 wolfMQTT 库过程中仅仅需要写关于 TCP 层的建立连接、发送、接收、断开

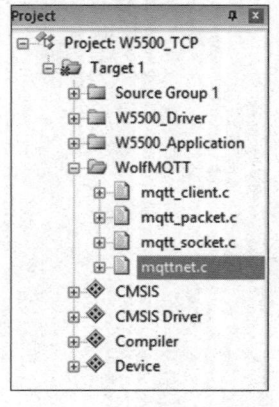

图 10-13　引入 wolfMQTT
相关源文件

连接函数,并赋值给 MqttClient 结构体即可。但是其形式(传递的参数和返回值)必须和它的规定一致,具体格式在 mqtt_socket.h 文件中都有定义。

2. 引入源文件与头文件

将 wolfMQTT 库文件中,将 src 文件夹下的 mqtt_clinet.c、mqtt_packet.c、mqtt_socket.c 源文件添加到工程中。图 10-13 为添加文件后的目录结构,其中 mqttnet.c 需要读者自行创建,用来实现 TCP 相关的函数。

在头文件搜索路径中包含 wolfmqtt 文件夹,本书中直接包含 wolfMQTT-0.8 的根目录,因此写程序时应包含对应的子路径,例如:

```
# include "wolfMQTT/mqtt_client.h"
# include "wolfMQTT/mqttnet.h"
# include "socket.h"            //W5500 底层的 Socket 通信
# include "stm32f10x.h"         //stm32f103 头文件
# include "W5500_functions.h"   //需要用到 DNS,来解析 IoT 的域名
```

另外,需要注意的是,还需要将 wolfmqtt 文件夹下的 options.h.in 的文件名修改为 options.h,否则编译时会报错。

3. 实现连接函数

MqttNet 结构体中规定了与服务器建立连接的回调函数 MqttNetConnectCb()。不需要关心传递的 context 参数。需要注意的是,传递的 host 参数是域名,所以需要在 TCP 连接函数 NetConnect() 中先用 DNS 解析域名,再通过 IP 地址连接服务器,连接部分代码如下:

```
static int NetConnect(void * context, const char * host, word16 port, int timeout_ms)
{
    uint8_t dns_socket = 3, errorCount = 0;
    socket(dns_socket, Sn_MR_TCP, MQTT_Server_Port, Sn_MR_ND);
    DNS(dns_socket, (char * )host, MQTT_Server_IP);       //DNS 解析 IoT 服务器
    while (1) {
        /* 开始连接服务器 */
        switch (getSn_SR(MQTT_Client))                    //获取 Socket 的状态
        {
        case SOCK_INIT:          //Socket 处于初始化完成(打开)状态
                                 //配置 Sn_CR 为 CONNECT,并向 TCP 服务器发出连接请求
            if (connect(MQTT_Client, MQTT_Server_IP, port) != SOCK_OK) {
                osDelay(3000);
                if (errorCount > 3) {
                    return - 1;                          //连接失败返回 -1
                }
                errorCount++;
            }
```

```
            break;
        case SOCK_ESTABLISHED:                    //Socket 处于连接建立状态
            if (getSn_IR(MQTT_Client) & Sn_IR_CON) {
                setSn_IR(MQTT_Client, Sn_IR_CON);//清理中断标志位
            }
            return 0;                             //连接成功直接返回
        case SOCK_CLOSE_WAIT:
            disconnect(MQTT_Client);              //断开连接
            break;
        case SOCK_CLOSED:                         //Socket 处于关闭状态
            close(MQTT_Client);
                //打开 Socket0,并配置为 TCP 无延时模式,打开一个本地端口
            socket(MQTT_Client, Sn_MR_TCP, MQTT_Local_Port++, Sn_MR_ND);
            break;
        }
    }
}
```

4. 实现发送数据函数

MqttNet 结构体中规定了发送数据给服务器的回调函数 MqttNetWriteCb()。传递的参数比 W5500 官方驱动中的 send()函数传递的参数多了 timeout_ms 和 context,这里均不使用。剩下的参数只有 buf 和 buf_len,正好和 W5500 官方驱动的参数一样。发送数据部分代码如下:

```
static int NetWrite(void * context, const byte * buf, int buf_len, int timeout_ms)
{
    int ret;
    uint32_t sentsize = 0;
    while (buf_len != sentsize) {        //判断是否所有数据都发送完毕
        ret = send(MQTT_Client, (unsigned char * )buf + sentsize, buf_len - sentsize);
        if (ret < 0) {
            close(MQTT_Client);
            return ret;
        }
        sentsize += ret;                 //累加以及发送成功的数据个数
    }
    return ret;
}
```

5. 实现接收数据函数

MqttNet 结构体中规定了接收服务器发送数据的回调函数 MqttNetReadCb()。依然不使用 context 参数。但是传递 timeout_ms 参数在接收函数中是需要使用的,因为在 wolfMQTT 中读取报文是有超时限制的。在接收函数(NetRead)中不能直接使用 W5500 驱动里面的接收函数 recv(),需要先判断接收缓存区中是否为空,否则程序会一直读取。因为在 recv()函数中有一个 while(1)死循环,没有数据时会一直进行读取,直到有数据到达或者发送错误程序才能返回,有兴趣的读者可以查看其源代码。

在 wolfMQTT 库函数中等待的超时时间参数是以 ms 为单位的，可以直接使用 CMSIS-RTOS 的延时函数。接收函数代码如下：

```
static int NetRead(void * context, byte * buf, int buf_len,
    int timeout_ms)
{
    int ret = 0;
    int size = 0;
    while(timeout_ms -- ){
        if((size = getSn_RX_RSR(MQTT_Client)) > 0){      //判断是否有数据未读取
                if(size > buf_len) size = buf_len;
                    ret = recv(MQTT_Client, buf, size);
                if(ret < 0){
                    return MQTT_CODE_ERROR_NETWORK;
                }
                else if(ret == 0){
                    return MQTT_CODE_ERROR_TIMEOUT;
                }
                return ret;
        }
        else{
            osDelay(1);                                    //延时 1ms
        }
    }
}
```

6. 实现断开连接函数

MqttNet 结构体中规定了与服务器断开连接的回调函数 MqttNetDisconnectCb()。这部分比较简单，直接调用 W5500 库中的断开连接函数即可。代码如下所示：

```
static int NetDisconnect(void * context)
{
    disconnect(MQTT_Client);
    close(MQTT_Client);
    return 0;
}
```

7. 注册回调函数

在 wolfMQTT 库函数中会在 MQTTClient_Init() 函数中初始化网络函数部分，通过调用 MqttClientNet_Init(MqttNet * net) 函数，来将写好的网络函数注册到 MqttNet 结构体中，这里注册回调函数如下所示：

```
int MqttClientNet_Init(MqttNet * net)
{
    if (net) {
        XMEMSET(net, 0, sizeof(MqttNet));
        net -> connect = NetConnect;
```

```
        net -> read = NetRead;
        net -> write = NetWrite;
        net -> disconnect = NetDisconnect;
        net -> context = NULL;
    }
    return 0;
}
```

8. 释放 MqttNet

在注册回调函数中使用 XMEMSET() 函数来分配一个内存给 MqttNet 结构体，所以当客户端不再与服务器进行通信时需要释放程序分配的内存，代码如下所示：

```
int MqttClientNet_DeInit(MqttNet * net)
{
    if (net) {
        WOLFMQTT_FREE(net -> context);
        XMEMSET(net, 0, sizeof(MqttNet));
    }
    return 0;
}
```

至此，wolfMQTT 库函数移植完成。

10.4.2　wolfMQTT 库函数介绍

在介绍如何使用 wolfMQTT 库连接云服务之前，本节先对 wolfMQTT 中常用的函数进行介绍。

（1）const char * MqttClient_ReturnCodeToString(int return_code)

描述：

把 wolfMQTT 库函数 int 型的返回值转换成相应格式为字符串型的错误代码，在后面介绍的函数中都会有这个 int 型的返回值，主要用来打印调试信息。

参数：

在 wolfMQTT 中库函数有如下返回值：

- MQTT_CODE_SUCCESS = 0——成功；
- MQTT_CODE_ERROR_BAD_ARG = -1——函数传递的参数不合法；
- MQTT_CODE_ERROR_OUT_OF_BUFFER = -2——RX 或 TX 数组溢出；
- MQTT_CODE_ERROR_MALFORMED_DATA = -3——数据格式不合法；
- MQTT_CODE_ERROR_PACKET_TYPE = -4——报文类型不合法；
- MQTT_CODE_ERROR_PACKET_ID = -5——没有匹配的报文标识符；
- MQTT_CODE_ERROR_TLS_CONNECT = -6——TLS 连接错误；
- MQTT_CODE_ERROR_TIMEOUT = -7——网络通信超时；
- MQTT_CODE_ERROR_NETWORK = -8——网络通信错误。

（2）int MqttClient_Init(MqttClient * client, MqttNet * net, MqttMsgCb msg_cb, byte * tx_buf, int tx_buf_len, byte * rx_buf, int rx_buf_len, int cmd_timeout_ms)

描述：

初始化 MQTT 客户端需要的使用的函数，必须在发布/订阅之前调用。

参数：

- client——MqttClient 结构体指针。这个结构体在 mqtt_packet.h 文件中定义。具体如下：

```
typedef struct _MqttMessage {
    word16      packet_id;           //报文标识符
    MqttQoS     QoS;                 //服务质量
    byte        retain;              //是否保留 PUBLISH 的主题内容
    byte        duplicate;           //是不是重复发送
    const char  * topic_name;        //主题名
    word16      topic_name_len;      //主题名的长度
    word32      total_len;           //消息的长度
    byte        * buffer;            //存放消息的数组
    /* TX/RX 内部使用 */
    word32      buffer_len;
    word32      buffer_pos;
} MqttMessage;
```

- net—— MqttNet 结构体指针。这个结构体在 mqtt_sockett.h 文件中定义。具体如下：

```
typedef struct _MqttNet {
    void                * context;
    MqttNetConnectCb    connect;         //TCP 连接服务器的回调函数
    MqttNetReadCb       read;            //TCP 读取数据的回调函数
    MqttNetWriteCb      write;           //TCP 发送数据的回调函数
    MqttNetDisconnectCb disconnect;      //TCP 与服务器断开连接的回调函数
} MqttNet;
```

- msg_cb——接收到消息之后的回调函数；
- tx_buf——存放发送数据的数组；
- tx_buf_len——发送数据的最大长度；
- rx_buf——存放接收数据的数组；
- rx_buf_len——接收数据的最大长度；
- connect_timeout_ms——超时时间，以 ms 为单位。

（3）int MqttClient_Connect(MqttClient * client,MqttConnect * connect)

描述：

MQTT 协议层上与服务器连接。发送 CONNECT 报文后等待返回 CONNACK 报文，完成与服务器的连接。

参数：

- client——使用 MqttClient_Init()函数初始化后的 MqttClient 结构体指针。
- connect——MqttConnect 结构体，结构体里包含 MQTT 连接服务的相关配置。在文件 mqtt_packet.h 中定义。具体如下：

```
typedef struct _MqttConnect {
    word16          keep_alive_sec;          //发送心跳包最长时间
    byte            clean_session;           //清理标志位
    const char * client_id;                  //客户端 ID
    /* 遗嘱 */
    byte            enable_lwt;              //遗嘱标志位
    MqttMessage * lwt_msg;                    //MQTT 主题消息结构体

    /* Optional login */
    const char * username;
    const char * password;

    /* Ack data */
    MqttConnectAck ack;
} MqttConnect;
```

（4）int MqttClient_Publish(MqttClient * client, MqttPublish * publish)

描述：

向服务器发布主题消息。发送 PUBLISH 报文，如果服务质量 QoS＝1，发送 PUBLISH 报文后等待 PUBACK 报文，完成主题的发布；如果服务质量 QoS ＝2，则发送 PUBLISH 报文后等待 PUBREC 报文，然后发送 PUBREL 报文，最后等待 PUBCOMP 报文完成一次完整的主题发布。

参数：

- Client——使用 MqttClient_Init()函数初始化后的 MqttClient 结构体指针。
- publish——MqttPublish 结构指针，结构指针里面带有发布主题的消息。这个结构体在 mqtt_packet.h 文件中定义。具体如下：

```
typedef struct _MqttMessage {
    word16          packet_id;               //报文标识符
    MqttQoS         QoS;                      //服务质量
    byte            retain;                   //是否需要保留 PUBLISH 消息
    byte            duplicate;                //该消息是否是重复的消息
    const char * topic_name;                  //PUBLISH 主题名
    word16          topic_name_len;           //PUBLISH 主题名字符串的长度
    word32          total_len;                //PUBLISH 内容的长度
    byte          * buffer;                   //存放 PUBLISH 内容的数组
    /* TX/RX 内部使用 */
    word32          buffer_len;
    word32          buffer_pos;
} MqttMessage;
typedef MqttMessage MqttPublish;
```

（5）int MqttClient_Subscribe(MqttClient * client, MqttSubscribe * subscribe)

描述：

MQTT 客户端订阅主题。发送 SUBSCRIBE 报文，并等待 SUBACK 报文，完成一次主题的订阅。

参数：

- client——使用 MqttClient_Init()函数初始化后的 MqttClient 结构体指针。
- subscribe——MqttSubscribe 结构体指针。这个结构体里面还包含一个结构体 MqttTopic。因为 MQTT 客户端是可以一次性订阅多个主题的。这两个结构体都在文件 mqtt_packet.h 中定义，具体如下：

```
typedef struct _MqttSubscribe {
    word16        packet_id;
    int           topic_count;
    MqttTopic * topics;
} MqttSubscribe;
typedef struct _MqttTopic {
    const char * topic_filter;

    /* 这些只在订阅中使用 */
    MqttQoS       QoS; /* Bits 0-1 = MqttQoS */
    byte          return_code; /* MqttSubscribeAckReturnCodes */
} MqttTopic;
```

（6） int MqttClient_Unsubscribe（MqttClient * client，MqttUnsubscribe * unsubscribe）

描述：

MQTT 客户端取消订阅主题。发送 UNSUBSCRIBE 报文并等待 UNSABACK 报文，完成一次主题取消。

参数：

- client——使用 MqttClient_Init()函数初始化后的 MqttClient 结构体指针。
- unsubscribe——MqttUnsubscribe 结构体指针，和 MqttSubscribe 结构体一样。

（7） int MqttClient_Ping(MqttClient * client)

描述：

向服务器发送心跳包，表明该客户端依然存活。

参数：

Client——使用 MqttClient_Init()函数初始化后的 MqttClient 结构体指针。

（8） int MqttClient_Disconnect(MqttClient * client)

描述：

在 MQTT 协议层上断开服务器。

参数：

Client——使用 MqttClient_Init()函数初始化后的 MqttClient 结构体指针。

（9） int MqttClient_WaitMessage(MqttClient * client,int timeout_ms)

描述：

等待主题发布消息。在函数内部调用 TCP 接收函数，等待的时间是传递的 timeout_ms。

参数:

- MqttClient——使用 MqttClient_Init()函数初始化后的 MqttClient 结构体指针。
- timeout_ms——等待超时时间。

(10) int MqttClient_NetConnect(MqttClient * client,const char * host,word16 port,
int timeout_ms,int use_tls,MqttTlsCb cb)

描述:

在 TCP 层上与服务器建立连接。

参数:

- Client——使用 MqttClient_Init()函数初始化后的 MqttClient 结构体指针。
- Host——服务器的地址。这里传递域名,因为在 9.3.5 节实现 TCP 连接函数时增加了 DNS 解析。
- port——服务器开放的端口。本文需要连接百度云的 IoT Core 服务,使用 TCP 连接端口是 1883,TLS 连接端口是 1884。
- use_tls——该位为 1 进行 TLS 连接。
- cb——进行 SSL 验证的回调函数。

(11) int MqttClient_NetDisconnect(MqttClient * client)

描述:

在 TCP 层与服务器断开连接。

参数:

Client——使用 MqttClient_Init()函数初始化后的 MqttClient 结构体指针。

10.4.3 使用 wolfMQTT 库函数

为了验证移植好的代码,这里做一个实验,实现两个 MQTT 客户端之间通信。第一个是 STM32+W5500 构成的 MQTT 客户端(下面简称 STM32 客户端);第二个使用软件 MQTT.fx 客户端。服务器使用本章开头创建的 IoT Core 服务。STM32 客户端订阅 $iot/ForBooks/user/led 主题(以下简称 led 主题),发布 $iot/ForBooks/user/temperature 主题(以下简称 temperature 主题);MQTT.fx 订阅 temperature 主题、发布 led 主题。这样就可以实现 MQTT.fx 客户端控制 STM32 客户端的 led,STM32 客户端会把温度信息发送到 MQTT.fx 客户端。整体框架如图 10-14 所示。

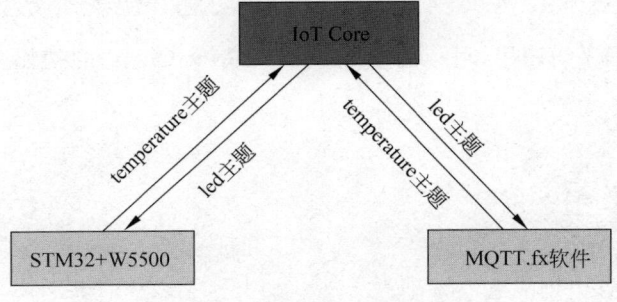

图 10-14 实验原理框图

本节分为下面几个步骤来完成此次实验。

1. 初始化

初始化包括两部分：第一部分是将 TCP 函数注册到 MqttNet 结构体中；第二部分是初始化 MqttClient 结构体。对于 MqttNet 结构体赋值较为简单，直接调用之前写好的 MqttClientNet_Init() 函数即可。而关于 MqttClient 的结构体初始化就相对复杂，里面需要定义接收到消息后的回调函数。在实际的开发中，回调函数里面是收到消息后的业务处理。在本次实验中只是将收到的消息的 Topic 主题和消息体的内容通过串口打印出来。读者可根据自己的应用场景进行调整。回调函数代码部分如下所示：

```
static int mqttclient_message_cb(MqttClient * client, MqttMessage * msg,
    byte msg_new, byte msg_done)
{
    byte buf[PRINT_BUFFER_SIZE + 1];
    word32 len;
    (void)client;        /* 这个参数在这里没有用到 */

    if (msg_new) {        //如果这个消息不是重发的
        len = msg -> topic_name_len;
        if (len > PRINT_BUFFER_SIZE) { len = PRINT_BUFFER_SIZE; }
        XMEMCPY(buf, msg -> topic_name, len);
        buf[len] = '\0';
        /* 打印 Topic 主题信息 */
        printf("MQTT Message: Topic % s, QoS % d, Len % u\r\n",
            buf, msg -> QoS, msg -> total_len);
    }
    /* 打印 Topic 消息体 */
    len = msg -> buffer_len;
    if (len > PRINT_BUFFER_SIZE) { len = PRINT_BUFFER_SIZE; }
    XMEMCPY(buf, msg -> buffer, len);
    buf[len] = '\0';
    printf("Payload ( % d - % d): % s\r\n",
        msg -> buffer_pos, msg -> buffer_pos + len, buf);
    if (msg_done) { printf("MQTT Message: Done\r\n"); }
    /* 返回成功标志 */
    return MQTT_CODE_SUCCESS;
}
```

为了方便后期程序的调用，可以将 MqttNet 与 MqttClient 的初始化封在函数里，具体代码如下：

```
# define MQTT_Client 4
//定义 MQTT 最大传输数据的大小
# define MAX_BUFFER_SIZE 1024
# define PRINT_BUFFER_SIZE 1024
//设置超时时间
# define DEFAULT_CMD_TIMEOUT_MS 1000
# define DEFAULT_CON_TIMEOUT_MS 500000
```

```
//定义 MQTT 客户端和连接的结构体
MqttClient client;
MqttNet net;
//定义存放 MQTT 发送和接收的数据数组
byte tx_buf[MAX_BUFFER_SIZE] = { 0 }, rx_buf[MAX_BUFFER_SIZE] = { 0 };

int MQTTClient_Init(void)
{
    int rc;
    /* 初始化网络函数,注册网络相关回调函数 */
    rc = MqttClientNet_Init(&net);          //将 TCP 相关函数注册在 net 结构体中
# ifdef Debug
    printf("MQTT Net Init: % s ( % d)\r\n",
        MqttClient_ReturnCodeToString(rc), rc);
# endif
    if (rc != MQTT_CODE_SUCCESS) { goto exit; }
    /* 初始化 MqttClient 结构体 */
    rc = MqttClient_Init(&client, &net, mqttclient_message_cb,
        tx_buf, MAX_BUFFER_SIZE, rx_buf, MAX_BUFFER_SIZE,
        cmd_timeout_ms);
# ifdef Debug
    printf("MQTT Init: % s ( % d)\r\n",
        MqttClient_ReturnCodeToString(rc), rc);
# endif
    if (rc != MQTT_CODE_SUCCESS) { goto exit; }
    return 0;
exit: //失败
    State = 0;
    /* Cleanup network */
    MqttClientNet_DeInit(&net);
    return - 1;
}
```

2. 连接 IoT Core

连接 IoT Core 服务实际上包括两个部分:第一部分是与服务器在 TCP 层上的连接,通过使用 MqttClient_NetConnect()进行连接;第二部分是通过 MqttClient_Connect()函数进行 MQTT 层上的连接(发送 PUBLISH 报文)。PUBLISH 类型报文的可变报头中定义了很多标志位,并且 PUBLISH 报文消息体的具体内容会根据标志位来决定,具体内容读者可查阅参考 MQTT 协议的官方手册。

在连接过程中有一些基础配置,可预先定义好:

```
/* 一些默认配置 */
# define MAX_PACKET_ID        ((1 << 16) - 4)
# define DEFAULT_MQTT_QOS      MQTT_QOS_0
# define DEFAULT_KEEP_ALIVE_SEC 60
# define DEFAULT_CLIENT_ID     "IoT_Core_Client"
# define DEFAULT_TOPIC_NAME    " $ iot/ForBooks/user/temperature"
```

```
/* TCP 连接的一些定义 */
uint8_t MQTT_Server_IP[4] = { 0,0,0,0};        //存放 DNS 解析 IoT Core 后的 IP 地址
uint16_t port = 1883;        //连接 IoT Core 端口,TCP 连接时 1883;TLS 连接时 1884
```

为方便后期调用,这里将与服务器建立 TCP 层的连接和 MQTT 层上的连接封装在一个子函数中:

```
int MQTTClient_Connect_With_Name(char * host, char * user, char * pwd)
{
    int rc;
    const char * topicName = DEFAULT_SUBSCRIBE_TOPIC;
    const char * username = user;              //连接时的用户名
    const char * password = pwd;               //连接时的密码
    MqttQoSqos = DEFAULT_MQTT_QOS;             //服务质量 0

    MqttConnect connect;                       //定义 MQTT 连接结构体
    MqttMessage lwt_msg;                       //遗嘱消息结构体
    /* TCP 层连接服务器 */
    rc = MqttClient_NetConnect(&client, host, MQTT_Server_Port,
        DEFAULT_CON_TIMEOUT_MS, use_tls, mqttclient_tls_cb);
#ifdef Debug                                   //打印错误信息
    printf("MQTT Socket Connect: % s ( % d)\r\n",
        MqttClient_ReturnCodeToString(rc), rc);
#endif
    if (rc != MQTT_CODE_SUCCESS) {
        goto exit;                             //连接失败,跳转
    }
    if(rc == MQTT_CODE_SUCCESS)                //连接成功
    {
        XMEMSET(&connect, 0, sizeof(MqttConnect));
        connect.keep_alive_sec = DEFAULT_KEEP_ALIVE_SEC;
        connect.clean_session = clean_session;
        connect.client_id = client_id;
        /* 遗嘱信息相关的 */
        XMEMSET(&lwt_msg, 0, sizeof(lwt_msg));
        connect.lwt_msg = &lwt_msg;
        connect.enable_lwt = enable_lwt;
        if (enable_lwt) {
            /* Send client id in LWT payload */
            lwt_msg.qos = qos;
            lwt_msg.retain = 0;
            lwt_msg.topic_name = topicName;
            lwt_msg.buffer = (byte * )client_id;
            lwt_msg.total_len = (word16)XSTRLEN(client_id);
        }
        /* 连接时的验证信息 */
        connect.username = username;
        connect.password = password;
```

```
        /* 发送连接报文,并等待回应 */
        rc = MqttClient_Connect(&client, &connect);
# ifdef Debug                          //打印错误信息
        printf("MQTT Connect: % s ( % d)\r\n",
            MqttClient_ReturnCodeToString(rc), rc);
# endif
        if (rc == MQTT_CODE_SUCCESS) {
            State = 1;
            return 0;
        }
    }
exit:
    State = 0;
    /* Cleanup network */
    MqttClientNet_DeInit(&net);
    return -1;
}
```

细心的读者会发现,在使用 MqttClient_NetConnect() 函数连接服务器时,传递的最后一个参数是 mqttclient_tls_cb。这个回调函数中实现的是 TLS 的验证。如果需要使用 TLS 连接则需要宏定义 ENABLE_MQTT_TLS,那么在回调函数内部需要进行 TLS 验证。wolfMQTT 库实现 TLS 时基于 wolfSSL 库函数实现的,读者可自行完善。目前不需要使用 TLS 连接,因此只需要在 mqttclient_tls_cb() 中返回 0 即可。

```
/* 没有 TLS 验证,所以一直返回 0 */
static int mqttclient_tls_cb(MqttClient * client)
{
    (void)client;
    return 0;
}
# endif /* ENABLE_MQTT_TLS */
```

3. 互锁

在多线程的应用中,要考虑不同线程之间互锁的问题。本次实验也不例外,可以通过 CMSIS-RTOS 中的 Semaphore 来实现操作之间的互锁,代码如下:

```
osSemaphoreDef(MQTT_Semaphore);          //MQTT object
# define Lock

void MQTT_Lock(uint32_t ms)
{
    osSemaphoreWait(MQTT_Semaphore, ms);
}

void MQTT_Unlock(void)
{
    if (osSemaphoreRelease(MQTT_Semaphore) != osOK);
}
```

```
int Init_MQTT_Lock(void) {

    MQTT_Semaphore = osSemaphoreCreate(osSemaphore(MQTT_Semaphore), 1);
    if (!MQTT_Semaphore) { //Semaphore 创建
        return -1;
    }
    return(0);
}
```

4. 订阅/取消订阅/发布主题

wolfMQTT 通过 MqttClient_Subscribe() 函数来向服务器发送 SUBSCRIBE 报文,并等待服务器返回 SUBACK 报文。取消订阅则是通过函数 MqttClient_Unsubscribe() 来实现,这个函数向服务器发送 UNSUBSCRIBE 报文,并等待 UNSUBACK 报文。订阅与取消订阅函数有返回值,根据返回值判断是否成功做出相应的处理。这部分的代码比较简单,而且订阅与取消订阅操作很相似,所以下面只列出订阅主题的子函数:

```
int MQTTclient_Subscribe(char * topicName, MqttQoS QoS)
{
    int rc;
    int i;
    MqttSubscribe subscribe;
    MqttTopic topics[1], * topic;
    /* 主题信息 */
    topics[0].topic_filter = topicName;
    topics[0].QoS = QoS;
    /* 订阅主题 */
    XMEMSET(&subscribe, 0, sizeof(MqttSubscribe));
    subscribe.packet_id = mqttclient_get_packetid();
    subscribe.topic_count = sizeof(topics) / sizeof(MqttTopic);
    subscribe.topics = topics;
#ifdef Lock
    MQTT_Lock(osWaitForever);
#endif
    rc = MqttClient_Subscribe(&client, &subscribe);
#ifdef Lock
    MQTT_Unlock();
#endif
    printf("MQTT Subscribe: %s (%d)\r\n",
        MqttClient_ReturnCodeToString(rc), rc);
    if (rc != MQTT_CODE_SUCCESS) {
        goto exit;
    }
    for (i = 0; i < subscribe.topic_count; i++) {
        topic = &subscribe.topics[i];
        printf(" Topic %s, QoS %u, Return Code %u\r\n",
            topic->topic_filter, topic->QoS, topic->return_code);
    }
    return 0;
```

```
exit:
    State = 0;
    /* Cleanup network */
    MqttClientNet_DeInit(&net);
    return -1;
}
```

注意:

在上面的代码中,订阅/取消订阅主题的子函数一次只能订阅/取消订阅一个主题,实际上,使用 MqttClient_Subscribe()函数是可以实现一次订阅多个主题的。读者可以自己尝试。

发布主题函数是通过 MqttClient_Publish()函数来实现。调用此函数会向服务器发送 PUBLISH 报文,服务器会根据服务质量的不同返回不同的结果。发布函数与订阅/取消订阅函数也相近,封装成子函数,代码如下所示:

```
int MQTTClient_Publish(char * topicName, MqttQoS QoS, char * message, uint32_t length)
{
    int rc;
    MqttPublish publish;
    /* Publish Topic */
    XMEMSET(&publish, 0, sizeof(MqttPublish));
    publish.retain = 0;              //不保留 PUBLISH 的消息
    publish.QoS = QoS;
    publish.duplicate = 0;           //是最新的消息,不是重发的消息
    publish.topic_name = topicName;
    publish.packet_id = mqttclient_get_packetid();
    publish.buffer = (byte * )message;
    publish.total_len = length;
#ifdef Lock
    MQTT_Lock(osWaitForever);
#endif
    rc = MqttClient_Publish(&client, &publish);
#ifdef Lock
    MQTT_Unlock();
#endif
#ifdef Debug
    printf("MQTT Publish: Topic %s, %s (%d)\r\n",
        publish.topic_name, MqttClient_ReturnCodeToString(rc), rc);
#endif
    if (rc != MQTT_CODE_SUCCESS) {
        goto exit;
    }
    return 0;
exit:
    State = 0;
    /* Cleanup network */
    MqttClientNet_DeInit(&net);
    return -1;
}
```

报文标识符用于区分同类报文的内容是重复的还是最新,所以在发送新的报文的时候需要产生一个有效的标识符。这里用一个简单的方式来实现,即对报文标识符自加 1,代码如下所示:

```
# define MAX_PACKET_ID           ((1 << 16) - 4)
static int mPacketIdLast;
static word16 mqttclient_get_packetid(void)
{
    mPacketIdLast = (mPacketIdLast >= MAX_PACKET_ID) ?
        1 : mPacketIdLast + 1;
    return (word16)mPacketIdLast;
}
```

5. 接收报文

通过 MqttClient_WaitMessage()函数来接收服务器发布的主题内容。如果服务器向该客户端发布了主题,则会触发 mqttclient_message_cb()回调函数,接收到主题相关的信息,该回调函数在初始化的时候已经介绍过。如果服务器没有发布主题到客户端,那么在cmd_timeout_ms 之后函数会返回超时的错误代码。需要在一定时间内给服务器发送心跳报文,否则服务器会主动断开连接,正好可以利用这个超时时间。在每次超时后累计这个超时的时间,如果超过设定的阈值就向服务器发送心跳报文,并清除累计的超时时间。这部分代码如下:

```
int MQTTclient_ReadLoop(void)
{
    int rc;
    uint8_t readCount = 0, temp = 1;
    /* 读取报文循环 */
# ifdef Debug
    printf("MQTT Waiting for message...\r\n");
# endif
    while (IsConnnected) {
        /* 尝试读取报文 */
        IsReadingMessage = 1;
        rc = MqttClient_WaitMessage(&client, cmd_timeout_ms);
        IsReadingMessage = 0;
        if (rc == MQTT_CODE_ERROR_TIMEOUT) {
            //Ping
            readCount++;
            temp = 1;
            if (cmd_timeout_ms / 1000)
            {
                temp = cmd_timeout_ms / 1000;
            }
            if (readCount > DEFAULT_KEEP_ALIVE_SEC / 4 / temp)
            {
                readCount = 0;
```

```
# ifdef Lock
                MQTT_Lock(osWaitForever);
# endif
                rc = MqttClient_Ping(&client);
# ifdef Lock
                MQTT_Unlock();
# endif
                if (rc != MQTT_CODE_SUCCESS) {
# ifdef Debug
                    printf("MQTT Ping Keep Alive Error: % s ( % d)\r\n",
                        MqttClient_ReturnCodeToString(rc), rc);
# endif
                    break;
                }
                else{
# ifdef Debug
                    printf("Ping...\r\n");
# endif
                }
            }
        }
        else if (rc != MQTT_CODE_SUCCESS) {
            /* There was an error */
            printf("MQTT Message Wait: % s ( % d)\r\n",
                MqttClient_ReturnCodeToString(rc), rc);
            break;
        }
    }
    /* Check for error */
    if (rc != MQTT_CODE_SUCCESS) {
        goto exit;
    }
    /* Disconnect */
    rc = MqttClient_Disconnect(&client);
    printf("MQTT Disconnect: % s ( % d)\r\n",
        MqttClient_ReturnCodeToString(rc), rc);
    return 0;
exit:
    State = 0;
    /* Cleanup network */
    MqttClientNet_DeInit(&net);
    return - 1;
}
```

6. 断开连接

通过 MqttClient_Disconnect() 函数向服务器发送 DISCONNECT 报文来断开连接。
代码如下所示:

```
int MQTTclient_Disconnect(void)
{
    int rc;
    State = 0;
    /* Disconnect */
#ifdef Lock
    MQTT_Lock(osWaitForever);
#endif
    rc = MqttClient_Disconnect(&client);
    printf("MQTT Disconnect: %s (%d)\r\n",
        MqttClient_ReturnCodeToString(rc), rc);
    /* Cleanup network */
    MqttClientNet_DeInit(&net);
#ifdef Lock
    MQTT_Unlock();
#endif
    return 0;
}
```

7. 主程序

在主函数中只需要实现初始化并不断尝试读取服务器发布的主题消息。初始化包括对 W5500、DNS 和 DHCP 的初始化,具体可以查看对应章节的介绍。代码如下所示:

```
int main(void)
{
    osKernelInitialize();                //初始化 CMSIS_OS
    stdout_init();                       //初始化调试串口
    W5500_Setup();                       //W5500 初始化
    Init_MQTT_Lock();                    //MQTT 操作之间互锁
    ButtonThread_Init();                 //Button 按钮读取线程
    W5500_DHCP_Init();                   //初始化 DHCP
    osThreadCreate(osThread(DHCPThread), NULL);    //DHCP 循环线程
    DNS_Timer_Init();                    //DNS 定时器
    osKernelStart();                     //CMSIS_OS 启动
    while (!dhcp_ok);                    //等待 DHCP 完成
    while (1){
        if (IsConnnected) {              //是否已经连接上了服务器标志位
            MQTTclient_Subscribe(DEFAULT_SUBSCRIBE_TOPIC,MQTT_QOS_0);
            MQTTClient_Publish(DEFAULT_PUBLIC_TOPIC,MQTT_QOS_0,
                    "Current temperature is 23.",
                    strlen("Current temperature is 23."));
            MQTTclient_ReadLoop();       //读取云端报文
        }
        else{
            osDelay(300);
        }
    }
}
```

10.4.4 验证与总结

编译下载，完成初始化之后串口输出的调试信息如图 10-15 所示。从结果看，IoT Core 架起了 MQTT.fx 与 STM32 之间的通信桥梁。实际上在物联网系统中最核心的其实就是数据，对于不同应用来说，只是数据的表征或含义的不同。例如，在智能温室中，传输的数据是空气温湿度、土壤温湿度、光照强度等环境信息；在智能家居系统中，传输的数据就是家用电器的一些状态信息。因此本章介绍的内容广泛用于涉及远程监控的应用领域。

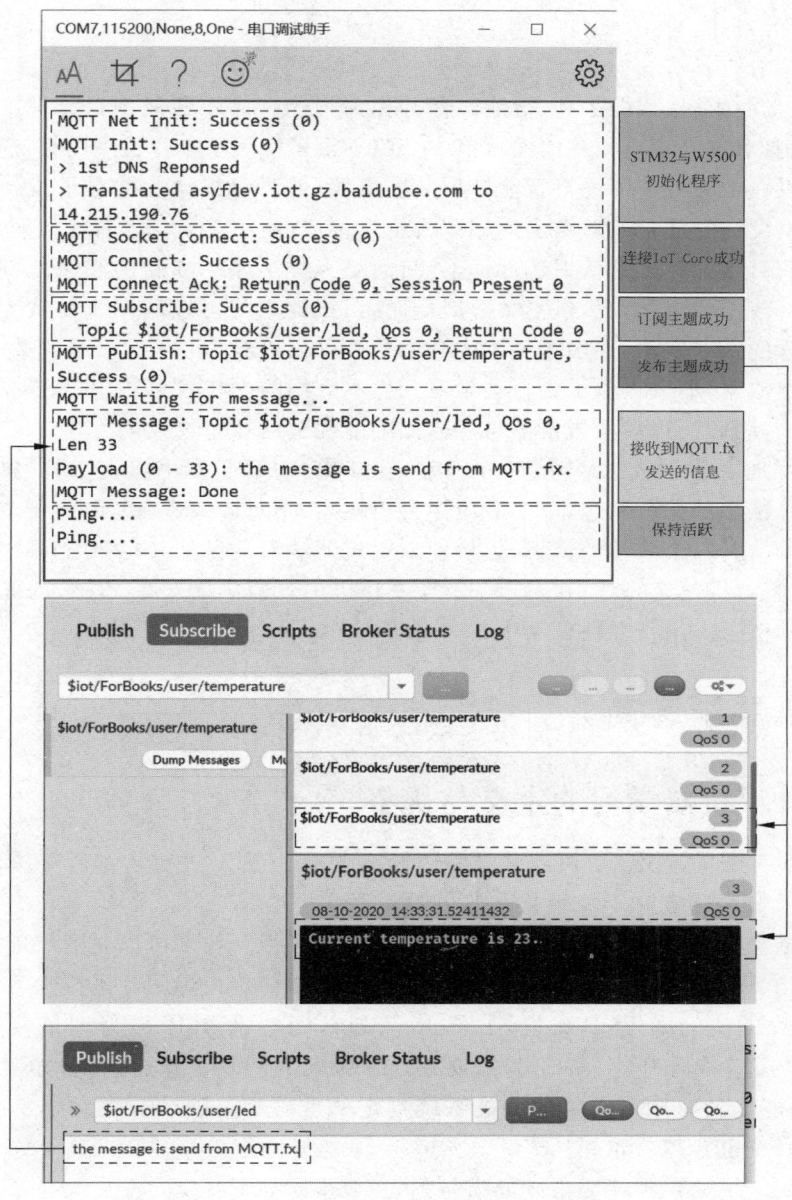

图 10-15 实验结果

## 第 11 章

电子设计与机器学习

近年来,智能手表、智能手环、智能眼镜等相关智能产品不断涌现,人们对电子产品(或机器)的智能要求越来越高。在前面章节中介绍了很多应用于单片机中的算法,通过这些算法单片机可以在某种特定情况下智能处理某些事情,此时可以认为此电子设备具备一定的智慧。人类将设定的规则或总结出的知识教给设备,从而使设备获得智能。

由于人们对于大自然的认识还远远不够,而且人类突破一项新的知识瓶颈需要花费很多人力、物力。在这种背景下,机器学习应运而生,机器学习可以利用机器从大量数据中挖掘出其中隐含的内在规律,并用于预测或分类。可以将机器学习看成一个黑盒子,向黑盒子输入训练样本数据,那么黑盒子会自动学习到样本数据的内在规律,这些规律甚至是人类目前还未发现的,因此在很多领域机器学习算法的准确度已经超过人类。

机器学习是一个非常庞大且复杂的学科,由于篇幅原因,本书以人工神经网络为例,介绍机器学习算法中的相关思想,以实际应用为出发点,不对公式进行详细推导。这样可以让读者对机器学习有一个感性的认识,更快地入门机器学习。另外,因为在机器学习中涉及很多矩阵微分、积分等复杂算法,在 STM32 等单片机中计算资源严重不足,因此本章中使用的机器学习的例子均运行在树莓派中。

11.1 机器学习简介

11.1.1 机器学习的定义与优势

机器学习算法的定义为:可以从经验数据 E 中对任务 T 进行学习的算法,它在任务 T 上的性能度量 P 会随着对于经验数据 E 的学习而变得更好。

机器视觉是机器学习主要应用领域之一,通过机器视觉技术可以对图片进行分类,比如判断哪些是狗,哪些是猫。完成这个图片分类系统需要使用大量图片进行学习,训练分类系统的所有图片的集合称为训练集(Training Set),每一张图片称为训练实例(Training Instance)。在这个例子中,任务 T 是需要判定一张新的图片是猫还是狗,经验数据 E 是训练的图片,性能度量 P 则可以是此分类系统判定的准确率。随着分类系统不断地被训练,其分类的准确率也会越来越好。

如果使用传统的识别算法来区分猫与狗,一般步骤如下:

(1) 首先需要找出猫与狗区别的特征,比如猫有胡须而狗没有等;

(2) 根据第(1)步区分猫与狗的特征来写对应的识别算法,并在程序中制定一系列的判定规则；

（3）不断重复第(1)步与第(2)步，直到程序能很好地进行区分。

传统方法可以归纳为如图 11-1 所示的流程。

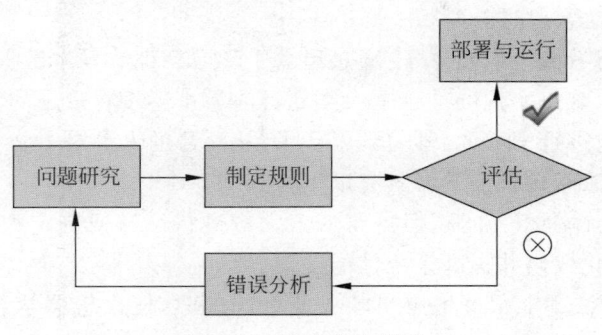

图 11-1 传统方法流程

当需要区分更多种动物时，对应程序会需要越来越多的判定规则与算法，最终程序会变得越来越复杂与臃肿。

如果利用机器学习来完成此分类程序，机器学习算法可以从猫与狗的图形数据中自动获取其特征用于分类，因此这个程序会更加精简，甚至更加准确，简化流程如图 11-2 所示。

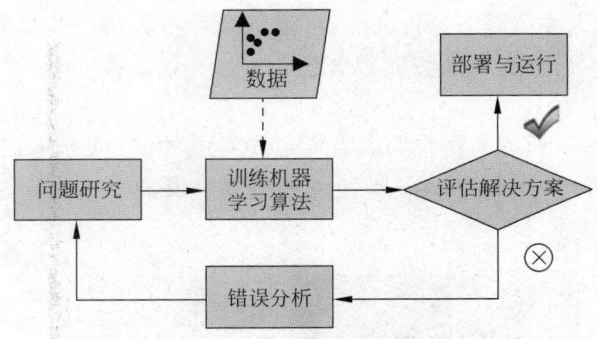

图 11-2 机器学习算法处理流程

当需要识别新的动物种类时，只需要提供新的动物的图片信息用于训练，基于机器学习的分类系统就会学习到新的特征，并不需要不断地去重新编写新的规则，即机器学习能进行自我迭代与自我优化，如图 11-3 所示。

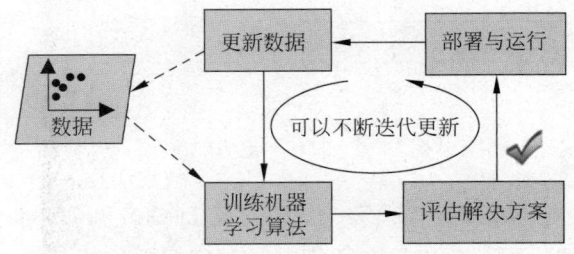

图 11-3 自动适应改变处理流程

机器学习给很多传统算法难以实现的场景提供了很好的解决方案。例如，使用传统方法识别"1"与"2"的中文发音,可以使用快速傅里叶变换或卡尔曼滤波等算法获取语音中音调或音色等信息来进行区分,但是在中国的方言中"1"与"2"的读法是多种多样的,因此传统方法很难实现对全部方言的识别,而且很容易受噪声干扰的影响。因此,最好的方式是使用机器学习方法,让算法自己进行学习。

可以将机器学习看成一个黑盒子,通过黑盒子学习到训练样本数据的内在规律,而这些规律可能是传统算法难以实现的甚至是人类到目前为止还没有发现的。因此也可通过查看机器学习算法是如何进行学习的、学习到了什么,从而帮助人类对未知领域进行探索。

因此,与传统算法相比机器学习具有以下特点:

(1)传统算法能解决相关问题但需要人工大量进行调整或制定大量的规则时,应用机器学习算法,可以简化代码并提高系统性能度量;

(2)目前传统算法不能很好地解决相关复杂问题时,应用机器学习算法能找到很好的解决方案;

(3)机器学习算法能够适应新的数据,具有自我迭代与自我优化的特点;

(4)可以通过大量数据获得到数据内部之间的关联与特征,因此容易找到问题的本质解决方案,构成的系统抗干扰能力强。

11.1.2　机器学习方法分类

根据是否需要在人类监督下进行训练,可将机器学习算法分为监督学习、无监督学习、半监督学习和强化学习,下面对这些机器学习算法做一个简单的介绍。

1. 监督学习

在监督学习中,用于训练的样本数据需要包含对应的结论(即标记)。例如在猫与狗的分类任务中,在输入样本的图片中,需要告诉机器学习模型哪些是猫、哪些是狗,如图 11-4 所示。

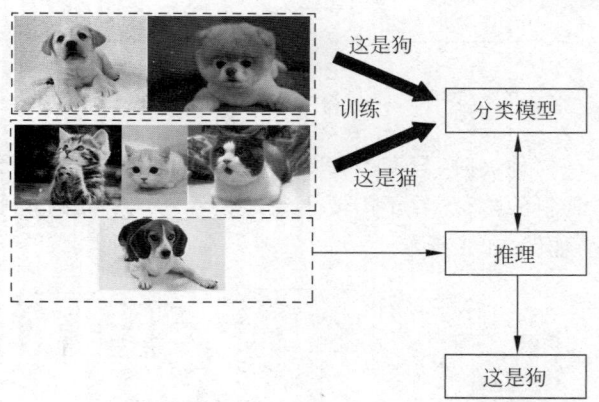

图 11-4　带有标记的训练集

除分类任务外,还有一个典型的监督学习任务是回归。例如,对于房价的预测,首先需要使用带有房屋的位置、面积、年份等特征值以及对应房价的标记数据,训练出一个机器学习模型,此模型可以表征房价与特征值之间的函数关系。因此当有新房源出现时,可使用此模型来预测新房源的房价,如图 11-5 所示。

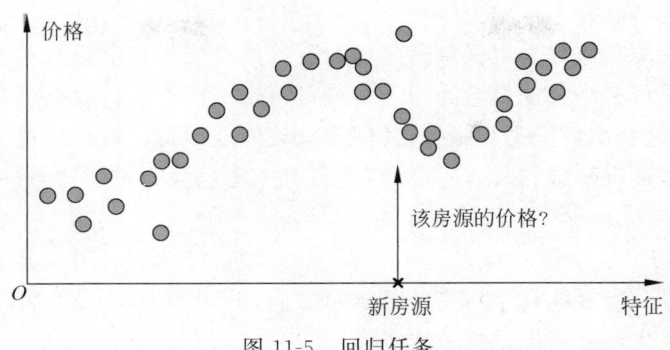

图 11-5　回归任务

　　值得注意的是,一些回归算法也可以应用到分类任务中,例如,逻辑回归通常用于分类,因为它可以输出某一类别的概率。例如,输入一张图片,它可以判定此图片为猫的概率,当概率大于某一阈值时即可判定图片为猫。同样,一些分类算法也可以应用到回归任务中。

　　分类与回归任务是本节主要学习的内容,在本章后面会重点介绍使用神经网络完成回归与分类任务。

2. 无监督学习

　　无监督学习算法与监督学习算法相反,在训练样本中不需要给定标记。

　　聚类是无监督学习中的典型应用,聚类是将数据集划分为由若干相似对象组成的多个组或簇的过程,使得同一组中对象间的相似度最大化,不同组中对象间的相似度最小化,如图 11-6 所示。

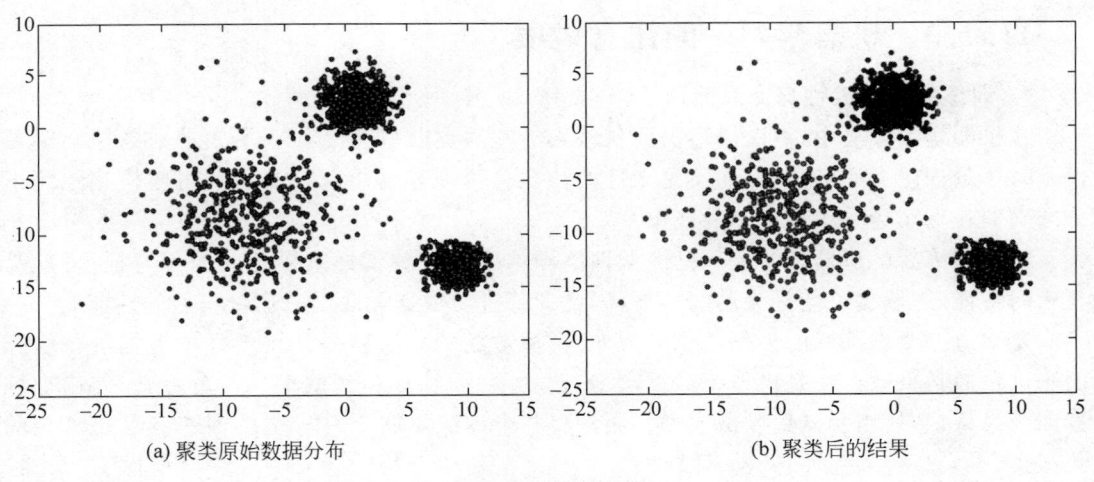

(a) 聚类原始数据分布　　　　　　　　　　(b) 聚类后的结果

图 11-6　聚类任务

　　聚类分析起源于分类学,但是聚类不等于分类,聚类与分类的不同在于:聚类不知道真实的样本标记,只把相似度高的样本聚合在一起,而分类是利用已知的带有标记的样本训练模型用于预测未知样本的类别。

　　例如,淘宝的推荐系统就是通过聚类算法实现的。在用户浏览淘宝时,系统会根据用户的浏览行为,发现一些购买行为相似的其他用户,并将之划分为一类,从而向该用户推荐这类用户最"喜欢"的商品。

另外一个相关的非监督学习任务是降维。降维的目的是在不损失过多信息的同时简化数据。一种方式是将多个特征融合为一个特征,例如,一辆车的行驶里程与它的车龄关联度很高,因此可以将这两个特征进行融合,使用磨损程度这个特征进行描述。在训练机器学习算法之前先对数据进行降维,算法的训练速度会有一定程度的提高,同时也会节约很多存储空间。

3. 半监督学习

半监督学习是介于无监督学习与监督学习之间的,通常在训练样本数据中包含大量没有标记的数据以及少量带有标记的数据。

在一些图片相册应用中经常用到半监督学习,例如 Google Photos。当用户上传照片集到服务器中时,服务器会自动识别在不同照片中的同一人(如小明),这是算法的无监督学习部分。当用户告知检测的结果为小明,那么系统会在照片集中找到包含小明的所有照片,这在相册中的图片搜索中很有用。

4. 强化学习

强化学习与之前的机器学习算法不一样,它强调如何基于环境而行动,以取得最大化的预期利益。它不在意学习细节,注重学习结果的最优化。

例如,训练小狗也可以看成一个强化学习过程。当在小狗成功握手后奖励一个骨头,如此反复,小狗就会有"握手"就会有"骨头(奖励)"的记忆,那么最终小狗就会学习到握手这个技能;如果小狗随地大小便,就要有惩罚措施,让小狗认为它的行为会带来惩罚,下次它就会避免随地大小便。

11.1.3 机器学习中的注意事项

1. 训练数据真实性与交叉验证

在机器学习算法中,算法模型需要从输入给它的数据中进行学习,因此在训练机器学习模型时尽量选用真实的数据,而不是人造的数据。否则容易出现在测试的时候模型预测十分准确但在真实场景中表现差的现象。

经过训练后的机器学习模型已经从训练样本中学习到了样本数据的内部特征,可能是正确的特征,当然也可能是无用的特征,因此训练过的数据无法用来衡量模型的性能。

要知道一个训练好的模型泛化能力如何,最常用的方法就是使用新样本数据进行实际的测试。通常采取办法是将整个数据集分成两组:训练集和测试集。顾名思义,使用训练集训练模型,并使用测试集测试模型。通常将整个训练集划分为 80% 的训练集以及 20% 的测试集。

机器学习模型在训练数据集上表现出的误差叫作训练误差,在除训练数据外的任意一个测试数据样本上表现出的误差的期望值叫作泛化误差。可以通过在测试集上对模型进行测试,从而得到泛化误差的估计值。通过这个值则可估计此模型是否能很好地在真实的场景中进行应用。

2. 过拟合

如果训练误差很低,即模型在训练集上很少出错,但泛化误差很高,则表示此模型可能出现过拟合(Over Fitting)现象。这是由于训练数据中包含抽样误差,训练时,复杂的模型将抽样误差也考虑在内,并对抽样误差进行了很好的拟合。如图 11-7(b)所示为一个过拟合的例子,可以看出它学习到的更多是噪声特征。

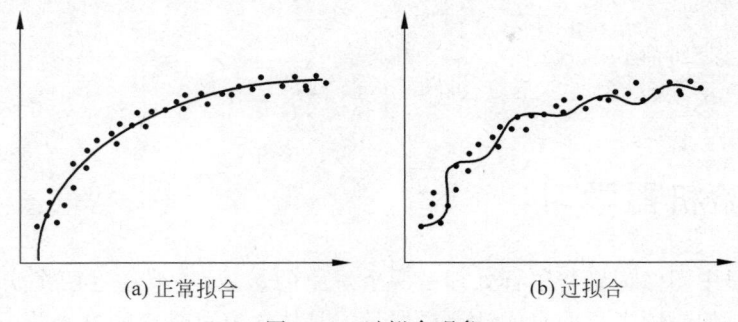

(a) 正常拟合　　　　　　　　　(b) 过拟合

图 11-7　过拟合现象

在机器学习中过拟合现象非常普遍,因为类似深度学习等复杂的机器学习算法为了尽可能满足复杂的任务要求,其模型的拟合能力一般远远高于问题的复杂度,导致模型不仅学习了数据中正确的特征,也进一步拟合了无用的特征。即在数据量太少或模型过于复杂的情况下会出现过拟合现象。通常的解决办法为:

(1) 获得更多的训练数据;

(2) 可以通过使用参数较少的模型、减少训练样本的属性值或对模型进行约束等方法来简化训练模型;

(3) 减少训练样本中的噪声。

3. 欠拟合

欠拟合与过拟合正好相反,当模型太过简单而无法学习到数据的特征时,会出现欠拟合现象,此时模型的准确率一般很低,需要选择更为复杂的训练模型,例如,增加新特征、减少对模型的约束等。

11.2　机器学习库——TensorFlow

TensorFlow 是谷歌开源的一款深度学习框架,首次发布于 2015 年,现在 TensorFlow 已被很多企业与创业公司广泛用于自动化工作任务和开发新系统中。TensorFlow 使用数据流模型(即计算图)来描述计算过程,并可以将它们映射到各种不同的硬件平台上,包括 Linux、Mac OS、Windows、Android 和 iOS 等,从 x86 架构到 ARM 架构,从拥有单个或多个 CPU 的服务器到大规模 GPU 集群。凭借着统一的架构,TensorFlow 可以跨越多种平台进行部署,显著地降低了机器学习系统的应用部署难度。

目前 TensorFlow V2 为 TensorFlow 的最新版本,相比于 V1 版本它提供多个抽象级别,因此可以根据自己的需求选择合适的级别,并且可以使用高阶 Keras API 构建和训练模型,可以非常轻松地入门 TensorFlow 框架与机器学习。本书中如无特殊说明,TensorFlow 均指 TensorFlow V2 版本。

在树莓派中安装 TensorFlow 需要在 Github 网站中(tensorflow-on-arm 项目的 releases)下载编译好的安装文件。python 3.7 版本的 TensorFlow 库对应的文件命名为

tensorflow-2.3.0-cp37-none-linux_armv7l.whl,下载后安装步骤如下：

```
# 更新最新版本的 pip
pip install -- upgrade pip
# 安装只支持 CPU 的 TensorFlow
sudo pip3 tensorflow - 2.2.0 - cp37 - none - linux_armv7l.whl
```

11.3　体验机器学习

在机器学习中图像识别与语音处理是两个重要的领域,本节通过两个实例让读者感受机器学习之美。如果读者想要直接学习机器学习具体内容可直接跳过本节内容。

通常在电子设计中,其硬件资源相对比较匮乏,因此对于十分复杂的机器学习算法,例如深度学习网络,很难在其中进行训练。但又急需借助机器学习算法提高电子产品的智能化水平,可以使用以下两种方式：

(1)可以在云端或硬件资源丰富的一端进行训练,在硬件资源匮乏的电子系统中移植并使用训练好的模型,流程如图 11-8 所示,类似嵌入式系统中部署、运行交叉编译的应用。因为相比于模型的训练,使用成功训练后的模型所需要的运算资源会少很多。本节中的人脸识别例子则采用这种方式。

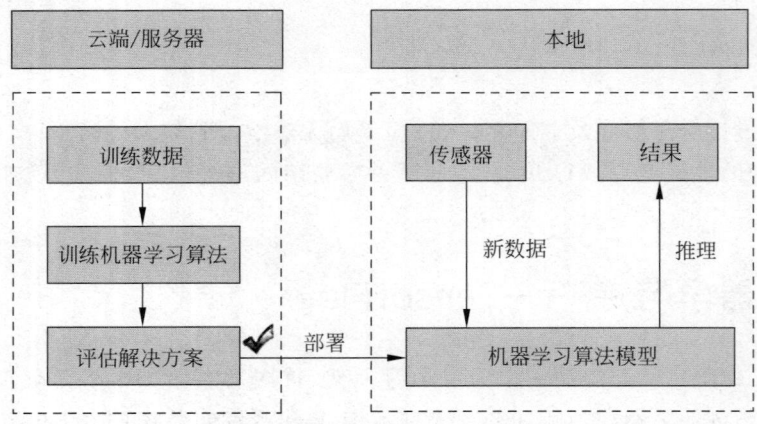

图 11-8　云端训练并在本地部署机器学习算法方式

(2)将模型的训练与推理均放在云端,此时电子产品承担的任务有：获得机器学习算法需要的数据、通过网络将数据发送给云端并接收机器学习算法推理后的结果,如图 11-9 所示。所有复杂运算均不在本地,因此这种方式需要的硬件资源最少,但严重依赖网络。本节中的语音识别实例则采用这种方式。

11.3.1　人脸识别

人脸识别在日常生活中很常见,人脸考勤、人脸支付等应用逐渐流行起来,通过机器学习算法可以极大地提高人脸识别的准确率。face_recognition 是一个开源的人脸识别项目,在里面包含已经训练好的人脸识别机器学习模型,直接将此项目移植到树莓派中,即可完成

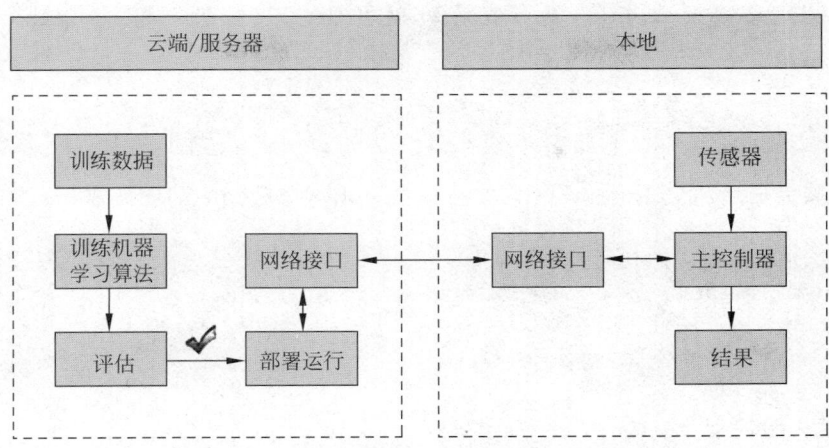

图 11-9 通过网络接口访问机器学习模型方式

人脸识别功能。

1. 安装移植 face_recognition 项目

（1）通过 apt-get 命令安装 face_recognition 项目的依赖包，安装命令如下：

```
sudo apt－get update          ＃ 更新 apt－get 软件列表
sudo apt－get upgrade         ＃ 更新 apt 软件
sudo apt－get install build－essential cmake gfortran git wget curl \
    graphicsmagick libgraphicsmagick1－dev libavcodec－dev \
    libavformat－dev libboost－all－dev libgtk2.0－dev libjpeg－dev liblapack－dev\
    libswscale－dev pkg－config python3－dev python3－numpy python3－pip zip    ＃ 安装所
                                                                        ＃ 需要的依赖包

sudo apt－get clean           ＃ 清除安装的垃圾
```

（2）在 face_recognition 项目中使用到了 dlib 库，它是一个包含机器学习算法的 C++开源工具包，可以实现很多复杂的机器学习算法，但是在编译安装此库之前需要更改 dphys-swapfile 文件中的 dphys-swapfile 配置大小，否则后面编译 dlib 库时会因为内存限制而失败，对应命令如下：

```
sudo vim /etc/dphys－swapfile              ＃ 编辑配置文件
＃ 更改 CONF_SWAPSIZE = 100→CONF_SWAPSIZE = 1024,保存并退出 vim

sudo /etc/init.d/dphys－swapfile restart    ＃ 重启生效配置
```

（3）更改完配置后即可下载并安装 dlib 库，本书指定 dlib 库版本为 v19.6。安装命令如下：

```
sudo mkdir － p dlib                         ＃ 创建新文件夹存放 dlib 源码
sudo git clone － b 'v19.6' －－ single－branch
https://github.com/davisking/dlib.git dlib/  ＃ 下载源码
cd ./dlib                                    ＃ 进入 dlib 文件夹
sudo python3 setup.py install －－ compiler－flags "－mfpu = neon"    ＃ 安装 dlib
```

（4）安装完 face_recognition 所有依赖库，就可通过 pip 安装 face_recognition。安装命令如下：

```
sudo pip3 install face_recognition
```

（5）安装完成后将 dphys-swapfile 文件中的 dphys-swapfile 配置恢复。

```
sudo vim /etc/dphys - swapfile
# 更改 CONF_SWAPSIZE = 1024→CONF_SWAPSIZE = 100,保存并退出 vim

sudo /etc/init.d/dphys - swapfile restart
```

2. 测试人脸识别

在 face_recognition 库中，可以使用 load_image_file()函数加载图片信息，face_encodings()函数会调用已经训练好的机器学习模型对人脸进行特征提取，compare_faces()函数则会对人脸进行比对。通过这 3 个函数的组合即可完成人脸识别的功能，完整的测试代码如下：

```python
import face_recognition          # 包含库

# 加载图片
picture_of_me = face_recognition.load_image_file("me.jpg")
# 提取人脸特征,在 my_face_encoding 变量中包含了 me.jpg 图片中人脸的特征,通过此人脸特征可
# 与任何人脸进行匹配.
my_face_encoding = face_recognition.face_encodings(picture_of_me)[0]

# 加载未知人脸的图片
unknown_picture = face_recognition.load_image_file("unknown.jpg")
unknown_face_encoding = face_recognition.face_encodings(unknown_picture)[0]

# 通过 compare_faces()函数比较 my_face_encoding 与 unknown_picture 后,可判定这两个图片是否
# 为同一个人
results = face_recognition.compare_faces([my_face_encoding],
                                          unknown_face_encoding)

if results[0] == True:
    print("It's a picture of me!")
else:
    print("It's not a picture of me!")
```

首先对同一张人脸进行测试，测试图片如 11-10 所示，并将这两张图片放在与代码同一目录下。

测试结果如图 11-11 所示，输出"It's a picture of me!"，代表程序已经识别出这是同一个人。

接下来测试不同人脸的对比，将测试图片更换为图 11-12 所示。同时测试结果如图 11-13 所示，输出"It's not a picture of me!"信息，代表程序成功识别出这两个图片不是同一个人。

(a) me.jpg

(b) unknown.jpg

图 11-10　测试相同的人脸

图 11-11　测试相同人脸的结果

(a) me.jpg

(b) unknown.jpg

图 11-12　测试不同的人脸

图 11-13　测试不同人脸的结果

face_recognition 库还可以完成更复杂的应用,感兴趣的读者可自行查阅。

11.3.2　语音识别

1. 硬件准备

语音识别需要语音输入的话筒,本书选用 PS3 EYE 的 USB 视频摄像头中的话筒作为相应的输入,对应的实物如图 11-14 所示。

图 11-14　PS3 EYE 摄像头实物

2. 更换驱动与录音

1) 更换 DuerOS 的声卡驱动

由于树莓派默认音频输入不是 USB 驱动,因此需要进行对应修改。插上 PS3 EYE 之后执行"arecord -l"指令来获取当前支持话筒的设备,代码与执行结果如下所示:

```
pi@raspberrypi:~ $ arecord -l
**** List of CAPTURE Hardware Devices ****
card 1: CameraB409241 [USB Camera – B4.09.24.1], device 0: USB Audio [USB Audio]
  Subdevices: 0/1
  Subdevice #0: subdevice #0
```

这里使用的 PS3 EYE 的话筒为结果中的 card1：CameraB409241。执行"aplay -l"来显示支持音频输出的接口,运行效果如下所示:

```
pi@raspberrypi:~ $ aplay -l
**** List of PLAYBACK Hardware Devices ****
card 0: ALSA [bcm2835 ALSA], device 0: bcm2835 ALSA [bcm2835 ALSA]
  Subdevices: 8/8
  Subdevice #0: subdevice #0
  Subdevice #1: subdevice #1
  Subdevice #2: subdevice #2
  Subdevice #3: subdevice #3
  Subdevice #4: subdevice #4
  Subdevice #5: subdevice #5
  Subdevice #6: subdevice #6
  Subdevice #7: subdevice #7
```

上述调试信息中的 car0 device0 表示树莓派默认的音频输出接口。找到对应的设备后,接下来需要配置树莓派默认的音频输入输出设备。执行以下命令:

```
touch .asoundrc
```

编辑.asoundrc 文件就可以指定音频的输入和输出设备了。在此文件中填写如下内容:

```
pcm.!default {
    type asym
    playback.pcm {
        type plug
        slave.pcm "hw:0,0"
    }
    capture.pcm {
        type plug
        slave.pcm "hw:1,0"
    }
}

ctl.!default {
    type hw
    card 0
}
```

其中,playback.pcm 配置的是音频输出,此处使用树莓派默认音频接口。capture.pcm 配置的是话筒,使用的是 PS3 EYE 设备。

2) 录取语音

驱动移植完成后,可以使用以下代码录取一段语音,录完后保存的文件名为 temp.wav。

```
arecord -D "plughw:1,0" -r 16000 temp.wav
```

3. 识别

首先通过 pip 安装百度的语音库：

```
pip3 install baidu - aip
```

测试代码如下：

```
from aip import AipSpeech
import os

''' APPID AK SK 可在百度云平台上自主申请'''
APP_ID = '22779964'
API_KEY = 'eC76mRT7SWULhFsETQ2LMaCn'
SECRET_KEY = 'LSQGbpcSVedyyEOOER1i23G2IQPLtWQM'

# 读取文件
def get_file_content(test): # filePath 待读取文件名
    with open(test, 'rb') as fp:
        return fp.read()

def stt(test):
    # 语音识别实例
    client = AipSpeech(APP_ID, API_KEY, SECRET_KEY)
    result = client.asr(get_file_content(test),
            'wav',
            8000, # 16000
            # dev_pid 参数表示识别的语言类型 1537 表示普通话
            {'dev_pid': 1537,})
    # 解析返回值,打印语音识别的结果
    print(result)

# main() 函数识别本地录音文件 yahboom.wav
if __name__ == '__main__':
stt('temp.wav')
```

运行结果如图 11-15 所示,可以看到成功识别出了"祝你身体健康,万事如意。"。

```
pi@raspberrypi:~/Public $ python3 stt_test.py
{'corpus_no': '6878631623124223291', 'err_msg': 'success.', 'err_
no': 0, 'result': ['祝你身体健康, 万事如意。'], 'sn': '7104951971
11601556228'}
```

图 11-15 语音识别效果图

11.4 动手搭建第一个机器学习算法——曲线拟合

11.4.1 人工神经网络简介

在前面已经看到了机器学习算法的强大,接下来以人工神经网络为例,让读者入门机器学习,并理解机器学习模型的构建、训练、评估、优化的相关方法与思想。

　　大自然启发了人类很多发明,人类也从未停止过对大自然的探索,包括探索人类自己,人工神经网络(Artificial Neural Networks,ANN)则是科学家受到大脑结构启发而设计的一种机器学习算法。

1. 生物神经元

　　在讨论人工神经网络之前,先看生物体中的一个神经元,如图 11-16 所示。神经元通过位于细胞膜或树突上的突触接收信号。当接收到的信号足够大时(超过某个门限值),神经元被激活然后通过轴突发射信号,发射的信号也许会被另一个突触接收,并且可能激活其他神经元。

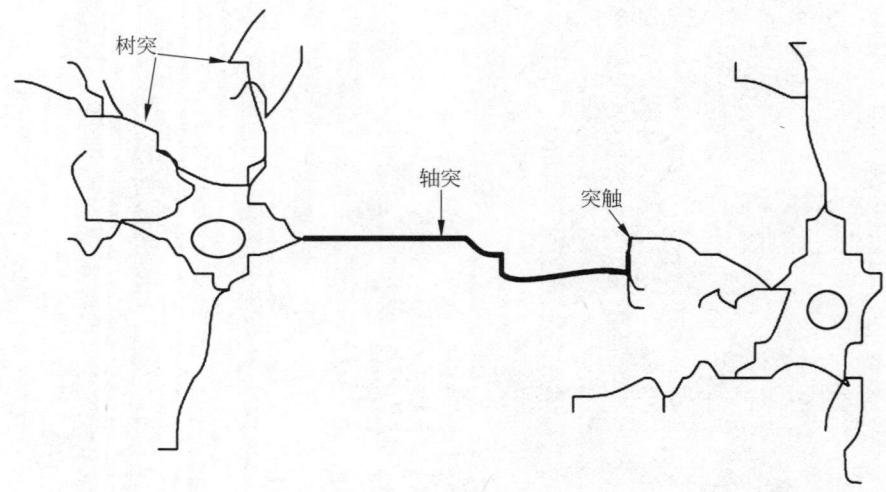

图 11-16　生物神经元

　　可以看出一个独立神经元的结构并不复杂,但事实上,人体中的神经系统是由亿万个神经元组成的,每一个神经元可能连接着成千上万个其他的神经元,因此生物神经网络特别复杂,如图 11-17 所示,到目前为止,人工神经网络仍然无法与之媲美。

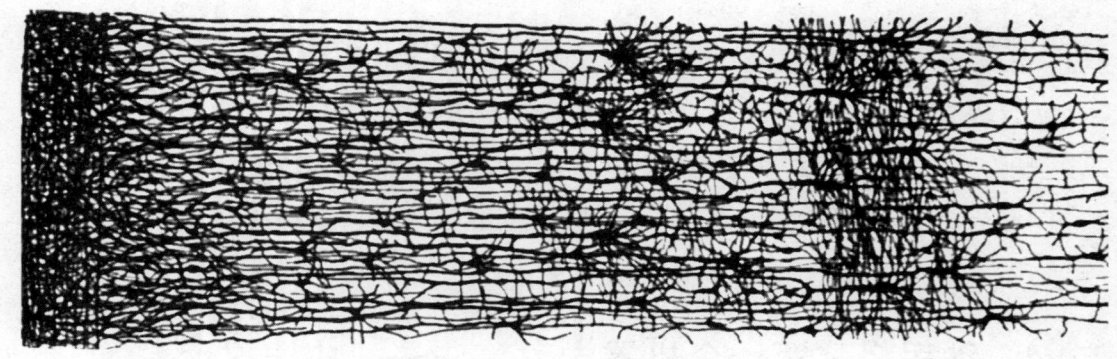

图 11-17　真实的生物神经网络

2. 人工神经元与感知机

　　人工神经元是把生物神经元进行高度抽象的符号性概括,如图 11-18 所示,具体包括多个输入 x(类似突触),这些输入分别被不同的权值 w 相乘(收到的信号强度不同),对各个

乘积结果以及偏置 b 进行求和,然后再传送到激活函数 f 中,其计算结果决定是否激发神经元。

在实际应用中一般使用多个神经元的组合来构成人工神经网络,一般网络结构如图 11-19 所示,由输入层、若干层的隐含层以及输出层组成,除了输出层外的每层都会有一个偏置神经元,而且每层均全连接着下一层,这种结构也被称为多层感知机(Multi-Layer Perceptron,MLP)。

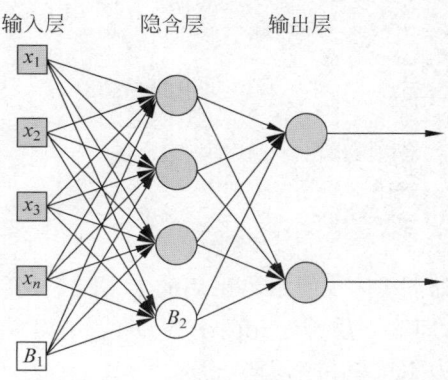

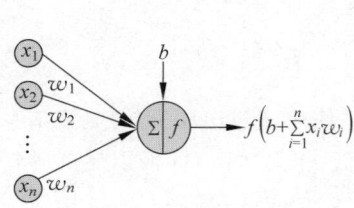

图 11-18　人工神经元图形符号　　　　图 11-19　人工神经网络的一般结构

构建机器学习模型的最终目的是学习样本数据的内在特征与规律,当给定某一输入情况时,机器学习模型的实际输出值越接近输出的期望值,则说明这个模型被训练得越好。因此可以用模型的实际输出值 $\hat{y}$ 与期望值 y 之间的误差 E 来衡量这个模型的好坏,误差 E 的计算公式也通常被称为损失函数(Loss Function)或代价函数(Cost Function)。

在机器学习中,使用训练样本训练机器学习模型的过程就是期望将模型的损失函数降到最低的过程。通常使用优化器(Optimizer)更新模型参数,不断优化模型从而最小化(或最大化)损失函数。例如,在人工神经网络中使用优化器更新神经元的权重 w 与偏置 b,从而形成 w 与 b 的最优组合。

下面以使用人工神经网络实现回归与分类任务为例,介绍机器学习中训练模型的核心思想。

11.4.2　拟合欧姆定律曲线

在自然规律中有很多是可以通过线性函数来进行描述的,在电子系统中典型的为欧姆定律:$U = R \times I$,因此可使用采集到的电压、电流信息训练人工神经网络,教会此模型欧姆定律。

如图 11-20 所示为检测电阻两端电压、电流的原理图。假设电压变化范围为 $-1 \sim 1V$,电阻阻值为 0.8Ω,则电流变化范围为 $-0.8 \sim 0.8A$。

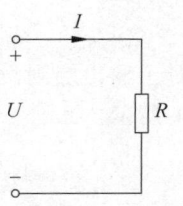

图 11-20　电压电流采集电路

这里使用 numpy 库生成符合图 11-20 的训练与测试数据,代码如下所示。I_train 与 V_train 为训练的电流与电压数据集合,即训练集。I_test 与 V_test 为测试使用的电流与电压数据集合,即测试集。noise_train 为模拟的采样噪声。

```
import tensorflow as tf
from tensorflow.keras import layers
import numpy as np
import matplotlib.pyplot as plt

'''→生成 测试集与训练集 数据 '''
# 生成 - 0.8A~0.8A 的均匀分布的电流值(500 个点),
# 同时将数据变为二维数据,一行代表一个输入矩阵
I_train = np.linspace( - 0.8, 0.8, 500)[:, np.newaxis]
I_test = np.linspace( - 0.8, 0.8, 500)[:, np.newaxis]
# 生成一些噪声数据,模拟采样噪声
noise_train = np.random.normal(0, 0.05, I_train.shape)
# 根据欧姆定律生成的期望电压值
V_train = 0.8 * I_train + noise_train
V_test = 0.8 * (I_test)
```

如图 11-21 所示为采用的人工神经网络的具体模型。使用流过电阻 R 的电流信息作为输入,即输入层神经元的个数为 1。电阻 R 两端的电压信息作为输出,即输出层的神经元的个数为 1。采用一层隐含层,共 10 个神经元。

使用 TensorFlow 的 keras 接口构成此人工神经网络,使用 Dense() 函数用来构建全连接层。隐含层激活函数选用 ReLU() 函数,如图 11-22 所示。

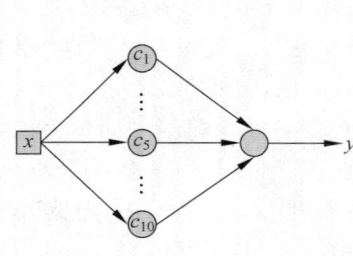

输入层　　隐含层　　输出层

图 11-21　曲线拟合神经网络

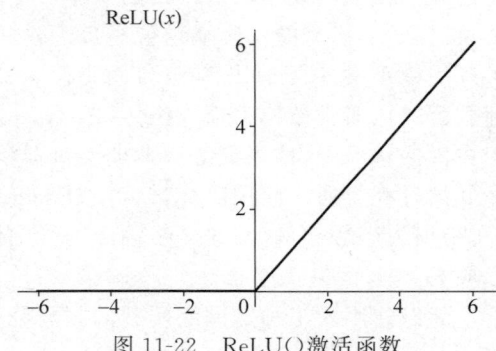

图 11-22　ReLU()激活函数

ReLU()激活函数的数学表达形式与其导数公式如下。

$$f(x) = \begin{cases} 0, & x \leqslant 0 \\ x, & x > 0 \end{cases} \qquad f'(x) = \begin{cases} 0, & x \leqslant 0 \\ 1, & x > 0 \end{cases} \tag{11-1}$$

对于输出层则没有使用激活函数,即对隐含层的输出与偏置求和后直接输出。对应代码如下所示。

```
'''→定义神经网络 输入层 1 个神经元,隐含层 10 个神经元,输出层 1 个神经元 '''

model = tf.keras.Sequential()        # 生成网络模型的序列实例

# 增加 10 个神经元的隐含层,输入为 1 个神经元,使用 input_shape 指定输入个数
model.add(layers.Dense(10, input_shape = (1,), activation = tf.nn.relu))
```

```
# Add a softmax layer with 10 output units:
model.add(layers.Dense(1, activation = None))
```

训练机器学习模型时,需要使用优化器将损失函数的误差降到最小。在此人工神经网络中使用的损失函数为均方误差(Mean Square Error,MSE),MSE 在回归任务中经常用到,数学表达形式为

$$\mathrm{MSE}(\boldsymbol{X}, h_\theta) = \frac{1}{m}\sum_{i=1}^{m}(h_\theta(\boldsymbol{x}^{(i)}) - y^{(i)})^2 \tag{11-2}$$

式中:

m——模型训练一次传入的训练样本实例数;

$\boldsymbol{x}^{(i)}$——训练模型中第 i 个训练样本的特征值向量;

$y^{(i)}$——$\boldsymbol{x}^{(i)}$ 的期望输出值;

$\boldsymbol{\theta}$——参数向量,例如,人工神经网络中为权重与偏置的向量;

$h_\theta(\boldsymbol{x}^{(i)})$——$\boldsymbol{x}^{(i)}$ 的实际输出值,也可以用 $\hat{y}$ 表示;

$\boldsymbol{X}$——包含模型训练一次所有特征向量的矩阵的数据集,每一行代表一个训练样本的特征向量,等于 $\boldsymbol{x}^{(i)}$ 的转置,记作 $(\boldsymbol{x}^{(i)})^{\mathrm{T}}$。

在此人工神经网络中,MSE 值越小,代表实际输出值与期望输出值误差越小,即此模型的预测效果越好,实现代码如下所示。其中优化器使用随机梯度下降优化器(Stochastic Gradient Descent Optimizer,SGD),将在本章后面详细介绍。

```
'''→定义损失函数与优化器 '''
model.compile(optimizer = tf.keras.optimizers.SGD (0.1),    # 定义优化器
              loss = tf.losses.mean_squared_error)          # 定义损失函数
```

构建完人工神经网络后,就可以对模型进行训练。代码如下所示。使用 plt.plot()函数将训练的数据用散点图表示,模型预测值用折线表示。

```
'''→训练人工神经网络 '''
for i in range (501):
    model.fit( I_train, V_train, batch_size = 500 )
    if(i == 2) or (i == 5) or (i == 100) or (i == 200) or (i == 300) or (i == 500):
        predict = model.predict(I_test)
        plt.figure()                          # 创建图层
        plt.title("epoch = {}".format(i))
        plt.scatter(I_train, V_train)         # 画出散点
        plt.plot(I_test, predict, 'r - ', lw = 5)   # 画出实际预测曲线
        plt.show()                            # 显示曲线
```

图 11-23(a)~图 11-23(f)分别表示训练 2、50、100、200、300、500 次后模型拟合的曲线。可以看出,随着训练的增加,模型逐渐学习到了在数据中隐藏的欧姆定律。

图 11-24 为训练过程中损失函数输出的误差结果。可以看出,在梯度下降优化器的作用下,损失函数输出值越来越小,反映出模型越来越好。与图 11-23(a)~图 11-23(f)所展现的图完全相符。

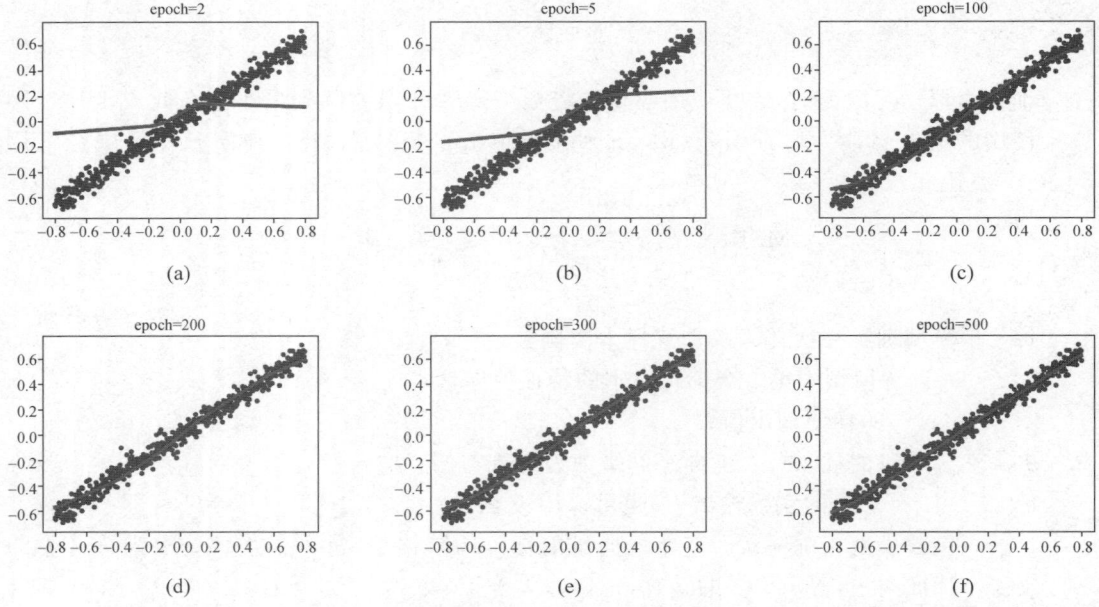

图 11-23 人工神经网络拟合电阻伏安特性曲线

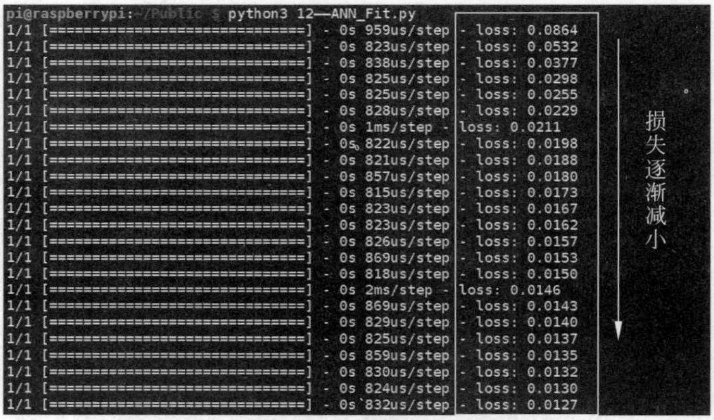

图 11-24 训练过程中损失函数输出的误差结果

人工神经网络除了能拟合线性曲线,还可以拟合非线性曲线,例如正弦曲线。只需要将数据修改为正弦曲线对应的点即可,修改代码如下。

```
''' --> 生成 测试集与训练集 数据 '''
# 生成 -0.8A 到 0.8A 间均匀发布的电流值(500 个点)
# 同时将数据变为二维数据,一行代表一个输入矩阵
I_train = np.linspace(-0.8, 0.8, 500)[:, np.newaxis]
I_test = np.linspace(-0.8, 0.8, 500)[:, np.newaxis]
# 生成一些噪声数据,模拟采样噪声,如何正态分布
noise_train = np.random.normal(0, 0.05, I_train.shape)
# 生成正弦曲线
```

```
V_train = np.sin(I_train * np.pi ) + noise_train
V_test = np.sin(I_test * np.pi)
```

图 11-25(a)～图 11-25(f)分别表示训练 2、20、40、120、800、2000 次后模型拟合的正弦曲线,可以看出,同样的网络因为数据的不同学习到的规律也不同。

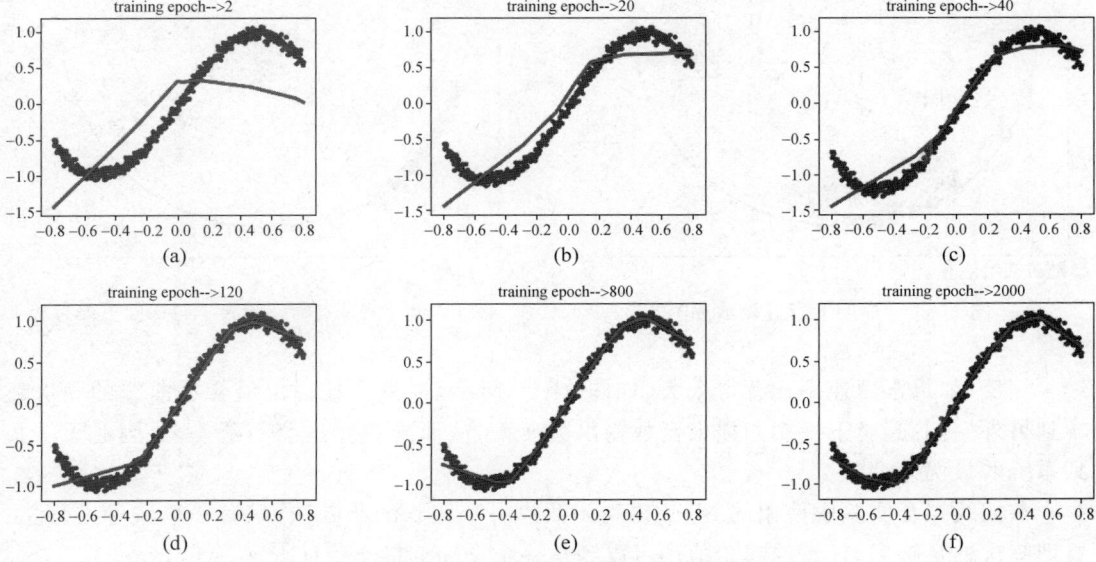

图 11-25　人工神经网络拟合正弦曲线

随着隐含层与神经元不断增加,理论上人工神经网络是可以拟合出任何函数,但是实际上随着隐含层数和神经元的增加,人工神经网络会出现梯度爆炸等现象,导致深度神经网络无法被训练,具体解决方法会在第 12 章中详细讨论。

11.5　梯度下降

11.5.1　梯度下降过程

在微积分里面,对多元函数的参数求偏导数∂,把求得的各个参数的偏导数以向量的形式表示,就是梯度。从几何意义上讲,梯度是函数变化增加最快的地方,沿着梯度向量的方向,能最快地找到函数的最大值;反过来说,沿着梯度向量相反的方向,梯度减少最快,也就能更快地找到函数的最小值。

在曲线拟合实现中采用的优化器为梯度下降优化器,从曲线拟合的现象看出它可以让机器学习模型损失函数的输出值不断减小,从而让预测值不断拟合期望值。

在实际应用中,梯度下降(Gradient Descent)也是一个非常常用的优化算法,能够很好地解决大多数实际问题。它的基本原理是利用损失函数对网络模型中的参数向量 θ 求梯度,然后不断调整参数向量 θ 的值,从而使得损失函数输出沿着梯度方向不断下降。一旦梯度为 0 了,就说明找到了最小值。就像站在山顶,梯度下降法就是在下山时选择最陡的坡下去,从而缩短下山的时间,过程如图 11-26 所示。

图 11-26 中学习步长(Learning Step)代表每次下降的步长,也称学习速率(Learning Rate),是梯度下降中很重要的超参数。在曲线拟合实验中,通过 tf. keras. optimizers. SGD (0. 1)函数设置学习速率为 0. 1。如果学习速率设置得太小,那么需要花费很长的时间去找到最小值,如图 11-27 所示。

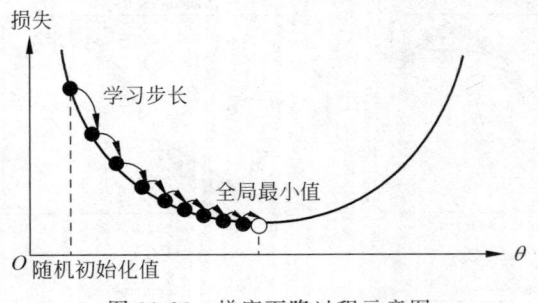

图 11-26　梯度下降过程示意图

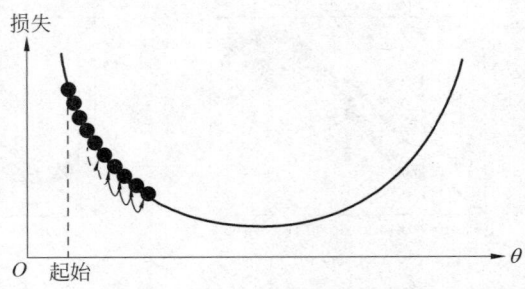

图 11-27　学习速率设置太小的梯度下降过程

相反,如果学习速率设置得太大,如图 11-28 所示,损失函数输出值会从曲线的一次跳转到另外一侧,甚至下一次的损失函数输出会变大,从而导致算法会不断发散,因此无法找到系统的最优模型。

在曲线拟合实验中使用的 MSE 损失函数为一个碗状的凸函数,只有一个波谷,因此主要训练次数足够多,任意的起始值均可以到达一个全局的最小值(Global Minimum)。

但实际上,并不是所有的损失函数曲线都是很规则的碗状形式,可能会有多个波谷,这会给机器学习模型训练过程带来较大的困难。如图 11-29 所示,如果初始化参数让损失函数起始在左侧,那么损失函数汇聚到的是局部最小值(Local Minimum),而不是全局最小值,机器学习模型没有达到最优。如果损失函数起始在右边,梯度下降过程中会经过一段十分缓慢的区域,这会导致需要花费很长时间去到达最小值点。针对这些问题将会在第 12 章中进行详细讨论。

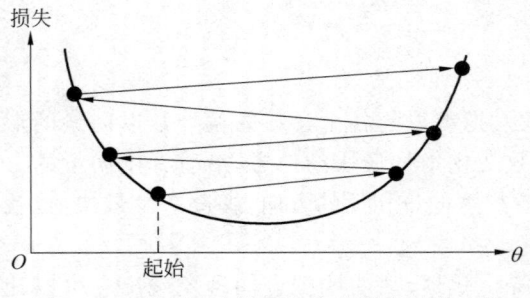

图 11-28　学习速率设置太大的梯度下降过程

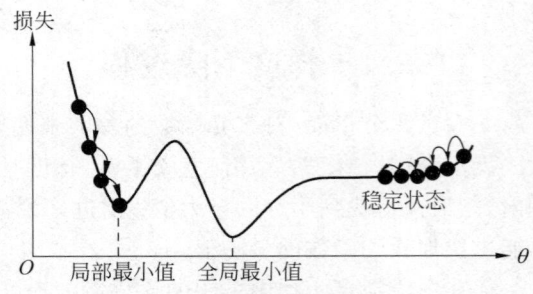

图 11-29　包含多个波谷的梯度下降过程

另外,构建的机器学习模型通常带有多个特征,例如,交流电信号有两个特征信息:幅值与相位,其中相位的尺度范围是 $0\sim 2\pi$,而幅值可以从几伏到几千伏。如图 11-30 所示为带有两个特征的梯度下降过程示意图,如果这两个特征尺度(Feature Scaling)相同,那么梯度下降过程如图 11-30(a)所示;如果不相同,则梯度下降过程如图 11-30(b)所示。很明显,当两个特征值相同时梯度下降得更快。因此在使用梯度下降时需要将所有的特征转换成相同的尺度。同时该图也表明了一个机器学习模型包含的特征越多,越难搜索到全局最小值点。

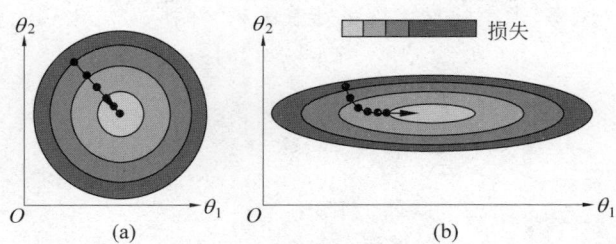

图 11-30 相同与不同特征尺度的梯度下降过程

因此通常在训练机器学习模型时,需要将数据转换到统一的尺度范围,通常有两种方式。

(1) 归一化(Min-Max Scaling):可将数据规范到 0～1。其计算公式为如式(11-3)所示。其中 x 为需要归一化的数据,x_{min} 为数据集中最小值,x_{max} 为数据集中的最大值,x_{new} 表示归一化后的结果。

$$x_{new} = \frac{x - x_{min}}{x_{max} - x_{min}} \tag{11-3}$$

(2) 标准化(Standardization):公式如式(11-4)所示,其中 x 为需要标准化的数据,μ 为方差,σ 为标准差。虽然标准化后的数据不像归一化处理后范围处于 0～1,但是经过处理的数据符合标准的正态分布,即均值为 0、标准差为 1。

$$x_{new} = \frac{x - \mu}{\sigma} \tag{11-4}$$

11.5.2 批量梯度下降

在曲线拟合实验中,为了实现损失函数梯度的下降,需要计算损失函数对每个参数 θ_j 的偏导,即需要求得 θ_j 应该变化的方向与大小,因此可以得到如下偏导等式:

$$\frac{\partial}{\partial \theta_j} \mathrm{MSE}(\boldsymbol{\theta}) = \frac{2}{m} \sum_{i=1}^{m} (\boldsymbol{\theta}^{\mathrm{T}} \boldsymbol{x}^{(i)} - \boldsymbol{y}^{(i)}) \boldsymbol{x}_j^{(i)} \tag{11-5}$$

由于计算这些偏导数太过烦琐,因此在实际应用中对矩阵求导,一次性得到所有参数的偏导,得到对应的梯度向量,记作 $\nabla_{\boldsymbol{\theta}} \mathrm{MSE}(\boldsymbol{\theta})$,公式如下所示

$$\nabla_{\boldsymbol{\theta}} \mathrm{MSE}(\boldsymbol{\theta}) = \begin{cases} \dfrac{\partial}{\partial \theta_0} \mathrm{MSE}(\boldsymbol{\theta}) \\ \dfrac{\partial}{\partial \theta_1} \mathrm{MSE}(\boldsymbol{\theta}) \\ \vdots \\ \dfrac{\partial}{\partial \theta_n} \mathrm{MSE}(\boldsymbol{\theta}) \end{cases} = \frac{2}{m} \boldsymbol{X}^{\mathrm{T}} (\boldsymbol{X}\boldsymbol{\theta} - y) \tag{11-6}$$

上式也表达出,要计算此梯度,需要输入整个训练集 $\boldsymbol{X}$,因此该算法被称为批量梯度下

降(Batch Gradient Descent),每一次的训练都需要输入整批的训练数据集,因此这种方法找到最小值点的速度会非常慢。

默认求得的梯度向量是增量的,因此需要乘以−1得到相反的梯度方向,如式(11-7)所示。等式中 η 为学习速率,表示每次下降的步长。$\boldsymbol{\theta}^{(nextstep)}$ 为优化后的参数矩阵。

$$\boldsymbol{\theta}^{(\text{next step})} = \boldsymbol{\theta} - \eta \nabla_\theta \text{MSE}(\boldsymbol{\theta}) \tag{11-7}$$

可使用 numpy 快速实现这个算法,如下所示:

```python
import numpy as np

'''→生成 测试集与训练集 数据 '''
X = 2 * np.random.rand(100, 1)
y = 4 + 3 * X + np.random.randn(100, 1)          # 初始化参数为 4 与 3

'''→初始化参数 '''
X_b = np.c_[np.ones((100, 1)), X]                # 偏置
eta = 0.1                                         # 学习率 η
n_iterations = 1000                               # 迭代次数
m = 100                                           # 训练样本总数

'''→梯度下降 '''
theta = np.random.randn(2,1)                      # 随机初始化参数 θ
for iteration in range(n_iterations):
    gradients = 2/m * X_b.T.dot(X_b.dot(theta) - y)   # 依据式(11-6)求梯度下降
theta = theta - eta * gradients

'''→打印输出 '''
print(theta)
```

运行结果如图 11-31 所示。可以看出等式中的参数 4 与 3 被拟合完成。

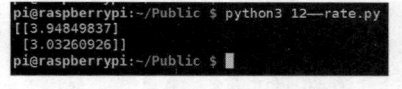

图 11-31　批量梯度求导结果

当设置不同的学习速率,可得到参数前 10 次变化过程,如图 11-32 所示,其中虚线为起始参数绘制的直线。图 11-32(a)中设置学习速率为 0.01,学习速率设置太小,梯度下降的速度太小。图 11-32(b)中设置的学习速率为 0.1,学习速率设置得适合,经过几次迭代之后能够找到最优解。图 11-32(c)中学习速率为 0.5,学习速率设置过大导致拟合曲线越来越发散。

11.5.3　随机梯度下降

批量梯度下降存在一个最大的问题是每次训练都需要输入整个训练样本,因此当数据量特别大的时候,消耗的计算资源非常多,计算速度也非常慢。

随机梯度下降(Stochastic Gradient Descent,SGD)每次随机在训练样本中抽取一个样本训练模型,也根据此样本进行梯度下降。显然,这种方式要比批量梯度下降方式更快,消耗的计算资源也较少。

另一方面,随机梯度下降由于需要随机抽取样本数据,因此梯度下降具有随机性,损失函数的输出会不断上下调整,但是从长远看会到达最小值点,其梯度下降过程如图 11-33

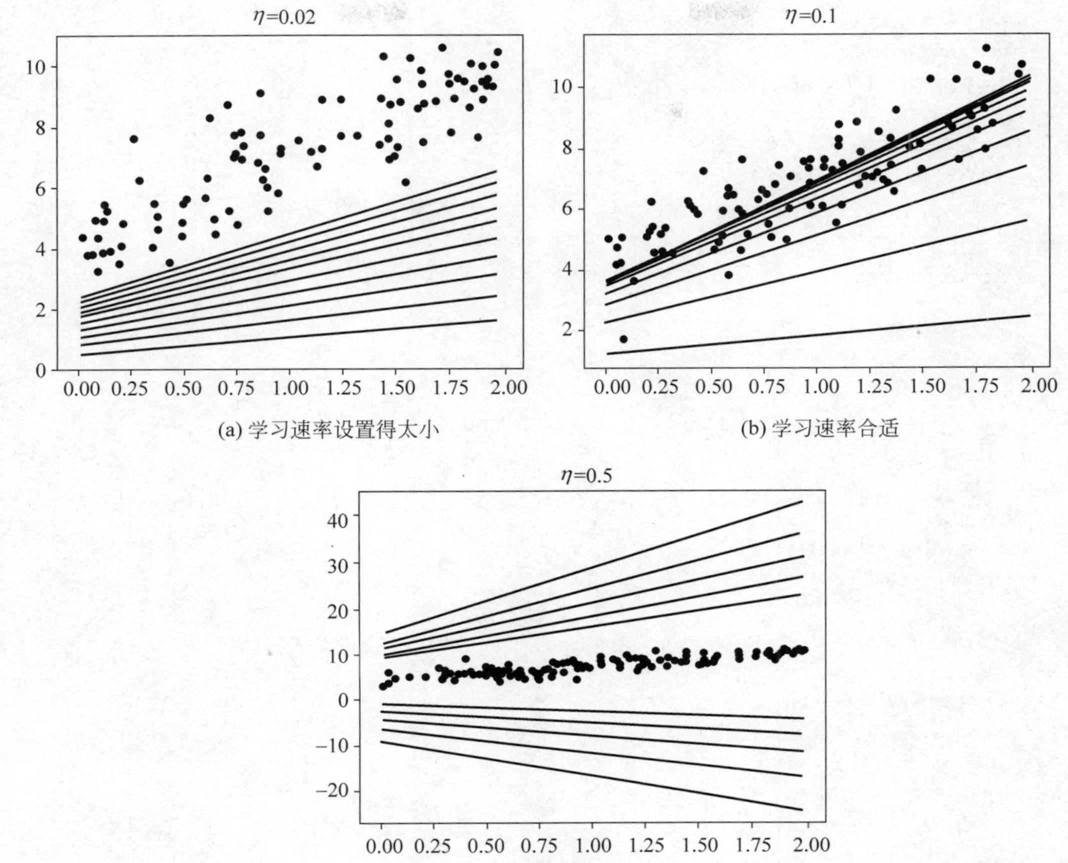

$\eta=0.02$

$\eta=0.1$

(a) 学习速率设置得太小

(b) 学习速率合适

$\eta=0.5$

(c) 学习速率设置得太大

图 11-32 不同学习速率拟合过程

所示。

由于随机梯度下降的随机性,因此可以帮助在训练过程中跳出局部最小值点,即随机梯度下降相比于批量梯度下降更容易找到全局最小值点;同时,随机梯度下降的结果也无法稳定在最小值点。但可以通过逐渐减少学习速率来解决这个问题:在开始训练阶段设置学习速率较大,这能够帮模型快速跳出局部最小值,找到趋近全局最小值的位置,接着将学习率的值逐渐减小,最终将损失函数输出值稳定在全局最小值处。因为这个过程类似于冶金中金属缓慢

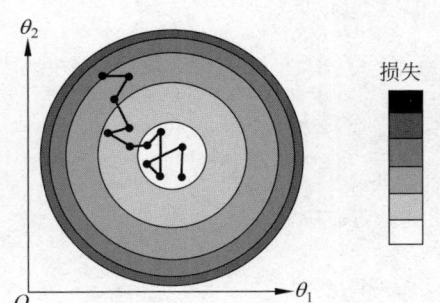

图 11-33 随机梯度下降过程示意图

冷却的退火过程,因此该方法通常被称为模拟退火(Simulated Annealing)。因此可创建一个学习速率时间表(Learning Rate Schedule),并依据此规则来更新学习速率。

下面这段代码是使用学习速率表的一个简单例子。在随机梯度下降一次训练一个样本,当所有样本都被用于训练称为一个阶段(Epoch)。

```python
import numpy as np
import numpy as np
import matplotlib.pyplot as plt

'''→生成 测试集与训练集   数据 '''
X = 2 * np.random.rand(100, 1)
y = 4 + 3 * X + np.random.randn(100, 1)      # 初始化参数为 4 与 3
plt.figure()                                  # 创建图层
plt.scatter(X, y)                             # 画出散点

'''→初始化参数 '''
n_epochs = 50                                 # epoch = 50 次
t0, t1 = 5, 50                                # 学习速率表的超参数
X_b = np.c_[np.ones((100, 1)), X]             # 偏置
eta = 0.5                                     # 学习率 η
m = 100                                       # 训练样本总数

def learning_schedule(t):
    return t0 / (t + t1)

theta = np.random.randn(2,1)                  # 随机初始化参数 θ

'''→梯度下降 '''
for epoch in range(n_epochs):
    if epoch < 10:
        tx = np.linspace(0, 2, 50)
        ty = tx * theta[0] + theta[1]
        if epoch != 0:
            plt.plot(tx, ty,'r-', linewidth = 1.0)
        else:
            plt.plot(tx, ty, 'r--', linewidth = 1.0)
    for i in range(m):
        random_index = np.random.randint(m)           # 随机抽取样本
        xi = X_b[random_index:random_index+1]         # 随机抽取样本 x
        yi = y[random_index:random_index+1]           # 随机抽取样本 y
        gradients = 2 * xi.T.dot(xi.dot(theta) - yi)  # m =1
        eta = learning_schedule(epoch * m + i)
        theta = theta - eta * gradients

'''→打印输出 '''
plt.show()
print(theta)
```

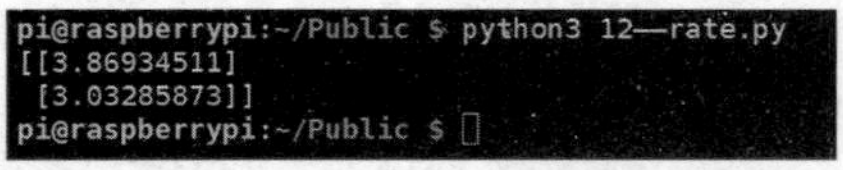

图 11-34　随机梯度下降输出结果

使用随机梯度下降算法经过 50 次 epoch 后,参数 θ 结果如图 11-34 所示,结果已经十分接近,而在批量梯度下降中需要遍历 1000 次整个样本。

图 11-35 为训练前 10 个阶段(epoch)的效果图,虚线为经过第一个阶段的拟合结果,可

以看出直线拟合的速度很快。

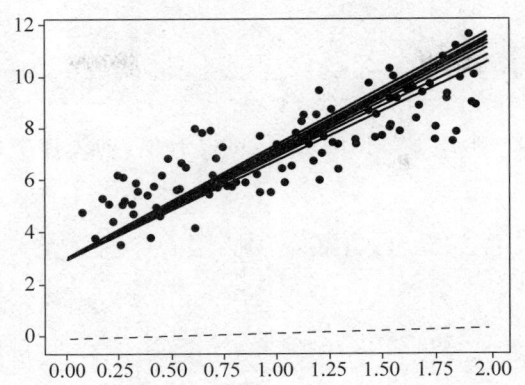

图 11-35　随机梯度下降前 10 个阶段(epoch)的拟合结果

11.5.4　小批量梯度下降

小批量梯度下降(Mini-batch Gradient Descent)是介于批量梯度下降与随机梯度下降之间的一种算法,它随机抽取样本中的几个样本一起来对模型进行训练,一次抽取的样本数量为批次大小(batch size)。当批次大小等于 1 时即为随机梯度下降,当批次大小等于整个训练集即为批量梯度下降。

小批量梯度下降算法最大的优势是更适合使用 GPU 进行加速,因此在深度学习中被广泛应用,在一些深度学习库中将小批量梯度下降直接简称为 SGD,这是在实际开发中应注意的。通常,一般将批次大小设置为 2^N,这样更利于 GPU 加速。

11.6　分类任务

除了回归任务,分类任务在机器学习领域中也十分常见。本节将利用经典的 MNIST 例子来了解机器学习的分类任务。在本章最后的无人驾驶小车实例中通过对标线实时判定来控制小车左转、右转还是直行,最终实现小车的自动驾驶。它实际上也是一个分类任务,与 MNIST 分类思想是一致的。

11.6.1　MNIST 数据集简介

在 MNIST 数据集是美国国家标准与技术研究院收集整理的大型手写数字数据库,包含 60 000 个示例的训练集以及 10 000 个示例的测试集,部分 MNIST 数据集图 11-36 所示。因此本节的分类任务是判断图片中的手写数字为多少。

因为 MNIST 是非常经典的分类任务,因此在很多机器学习库中都会包含此数据集,在 TensorFlow 中也不例外。导入 MNIST 数据集代码如下所示。在创建 mnist 实例后,需要调用 load_data()函数进行加载。x_train 与 y_train 分别为用于训练的图形数据数组与对应的标记值数组。x_test 与 y_test 是用于测试的图形数据数组与对应的标记值数组。

```
import tensorflow as tf

mnist = tf.keras.datasets.mnist
(x_train, y_train),(x_test, y_test) = mnist.load_data()    # 导入 mnist 数据集
```

随机打印 x_train 内一个图形数据的维度，可以看出，训练样本包含 28×28 个像素点，即 784 个特征值。

```
print(" the shape of x_train is {} ".format(x_train[123].shape))

# 输出结果:
# the shape of x_train is (28, 28)
```

通过 matplotlib 库可将训练图形样本显示出来，如图 11-37 所示为 x_train 中的第 123 个样本。

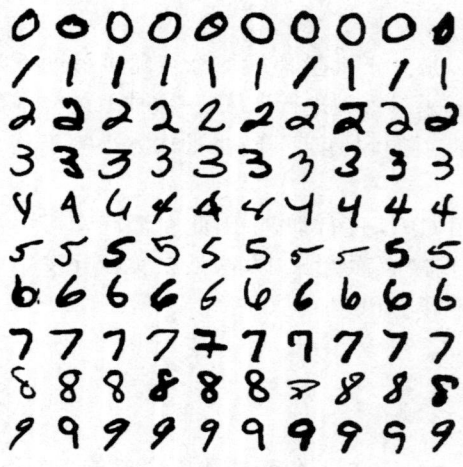
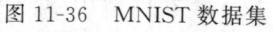

图 11-36　MNIST 数据集

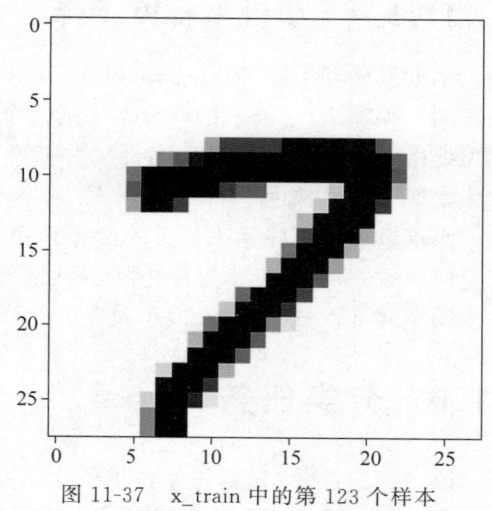

图 11-37　x_train 中的第 123 个样本

打印 y_train 中的第 123 个标记值，与对应图片样本相符。

```
print("the value is y_train[123] is : {}".format(y_train[123]))
# 输出结果
# the value is y_train[123] is : 7
```

11.6.2　训练手写识别模型

在 MNIST 数据集中，图片样本数据中每个像素点的取值为 0 或者 255，首先需要对输入的图片信息进行归一化处理。

```
# 归一化处理
(x_train, y_train),(x_test, y_test) = mnist.load_data()
x_train, x_test = x_train / 255.0, x_test / 255.0
```

如图 11-38 为采用的人工神经网络的具体模型。输入层包含 784 个神经元代表训练样本的 784 个特征值。隐含层包含 128 个神经元，使用 ReLU 作为激活函数。输出层包含 10 个神经元，即代表 0～9 数字的输出，激活函数使用 softmax()函数。

输出
x1
x2
x784
C1
C2
C128
y1
y2
y10
输入层
隐含层
输出层

图 11-38　曲线拟合神经网络

具体实现代码如下所示。其中 Flatten()函数将 28 行×28 列的图像矩阵变成 728 行×1 列的矩阵。

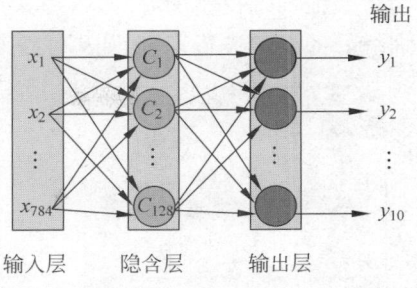

```
'''→定义神经网络 输入层 28 × 28,隐含层 128 个神经元,输出层 1 个神经元 '''

model = tf.keras.models.Sequential([
  tf.keras.layers.Flatten(input_shape = (28, 28)),       # 定义输入层
  tf.keras.layers.Dense(128, activation = 'relu'),       # 定义隐含层
  tf.keras.layers.Dense(10, activation = 'softmax')      # 定义输出层
])
```

这里神经网络中使用的优化器与曲线拟合实验相同，依旧使用 SGD，学习速率为 0.1。但在分类问题中通常不适用 MSE 作为损失函数，因为 MSE 作为分类问题的损失函数时并不是一个凸函数，因此使用梯度下降等算法很难找到全局最优解。而使用交叉熵(cross entropy)作为损失函数可以将分类问题变成凸优化问题，因此只要训练时间够长就可找到全局最优解，关于交叉熵内容将在后面的章节进行介绍。如下代码为构建神经网络的损失函数与优化器。

```
'''→定义损失函数与优化器 '''
model.compile(optimizer = tf.keras.optimizers.SGD (0.1),                   # 定义优化器
              loss = tf.keras.losses.sparse_categorical_crossentropy,    # 定义损失函数
              metrics = ['accuracy'])                                     # 计算预测正确率
```

可以使用 fit()函数训练模型，epoch 次数为 5。看出最终结果正确率可达 0.9705，如图 11-39 所示。在 TensorFlow 中调用 save()函数可以很方便地将训练完成的模型保存在本地。

```
'''→模型训练与保存 '''
model.fit(x_train, y_train, epochs = 3)          # 训练模型
model.save('my_mnist_model.h5')                  # 保存模型
```

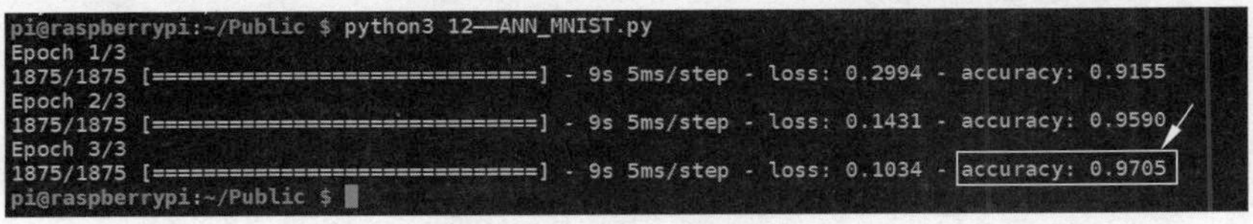

pi@raspberrypi:~/Public $ python3 12—ANN_MNIST.py
Epoch 1/3
1875/1875 [==============================] - 9s 5ms/step - loss: 0.2994 - accuracy: 0.9155
Epoch 2/3
1875/1875 [==============================] - 9s 5ms/step - loss: 0.1431 - accuracy: 0.9590
Epoch 3/3
1875/1875 [==============================] - 9s 5ms/step - loss: 0.1034 - accuracy: 0.9705
pi@raspberrypi:~/Public $

图 11-39　训练结果

为了验证训练模型的好坏,这里在计算机的画图软件中任意手写一个数字用于测试,并使用训练好的模型进行识别,如图 11-40 所示。

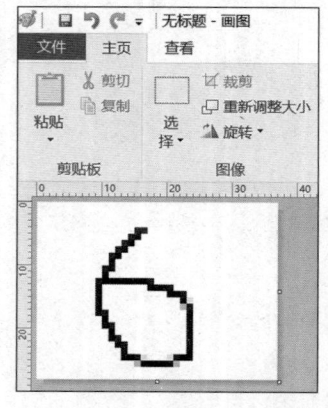

图 11-40　使用计算机画出 28×28 的手写数字

首先使用 OpenCV(参考 8.6.4 节)读取测试图片,将图片进行二值化,最后将大小调整为 28×28,与训练图片的大小一致,代码如下。

```
import tensorflow as tf
import numpy as np
import cv2

img = cv2.imread('myTestNumber.png ')
                        ♯ 加载需要预测的图片
img = cv2.cvtColor(img,cv2.COLOR_BGR2GRAY)
                        ♯ 转成灰度图片
ret,th_img = cv2.threshold(img,127,255,cv2.THRESH
_BINARY_INV)   ♯ 转换成二进制图片
img = cv2.resize(th_img,(28,28))
                        ♯ 调整图片大小为 28 × 28
```

在 TensorFlow 中通过 load_model()函数加载训练好的模型,用 summary()函数打印模型的结构,代码如下所示。

```
model = tf.keras.models.load_model('my_mnist_model.h5')   ♯ 加载训练完成的模型
model.summary()                                            ♯ 打印模型的结构
```

最后使用 predict()函数进行预测,由于 predict()函数需要输入测试数据的数组,因此需要使用 numpy 的 reshape()函数将图像变成 $1 \times 28 \times 28$ 的图像数组,代码如下。

```
predict = model.predict(np.reshape(img,(1,28,28)))   ♯ 预测模型
print(predict)                                        ♯ 输出结果
```

程序运行结果如图 11-41 所示,在输出数组中第六位被置 1,因此预测的结果为 6。

Layer (type)	Output Shape	Param #
flatten (Flatten)	(None, 784)	0
dense (Dense)	(None, 128)	100480
dropout (Dropout)	(None, 128)	0
dense_1 (Dense)	(None, 10)	1290

Total params: 101,770
Trainable params: 101,770
Non-trainable params: 0

`[[0. 0. 0. 0. 0. 1. 0. 0. 0. 0.]]`

打印的模型结构

执行结果为6

图 11-41　程序运行结果

11.7　交叉熵

交叉熵(Cross Entropy)是机器学习中常用的损失函数,可用来求目标与预测值之间的差距。本节以"信息量→熵→KL散度→交叉熵"的顺序对交叉熵进行介绍。

11.7.1　信息量

信息量是指信息多少的量度。一般信息量的计算公式如下:

$$I(x_0) = -\log(P(x_0)) \tag{11-8}$$

上式中,$I(x_0)$代表事件x_0发生的信息量,$P(x_0)$为此事件发生的概率。

比如当出现如下两个新闻:

(1) 新闻A——今年男篮世界杯美国夺冠了;

(2) 新闻B——今天男篮世界杯中国夺冠了。

从直观上考虑,显然新闻B的信息量比新闻A的信息量要大,因为新闻B发生的概率太小。现假设,新闻A发生的概率为$P(x_A)$为0.95,新闻B发生的概率$P(x_B)$为0.1。可求新闻A与新闻B的信息量,如下

$$\begin{cases} I(x_A) = -\log(0.95) \approx 0.22 \\ I(x_B) = -\log(0.1) = 1 \end{cases} \tag{11-9}$$

可以看出,计算结果与直观的感受是相同的。

11.7.2　熵

在信息论中,熵(Entropy)是接收的每条消息中包含的信息的平均量,又被称为信息熵。计算公式如下所示

$$H(\boldsymbol{X}) = \sum_{i=0}^{m} P(x_i) I(x_i) = -\sum_{i=0}^{m} P(x_i) \log_b(P(x_i)) \tag{11-10}$$

上式中,$H(\boldsymbol{X})$代表事件集合$\boldsymbol{X}$的信息熵。m为每条信息的包含事件的个数。b是对数所使用的底,通常是2、自然常数e或10。当$b=2$,熵的单位是bit(比特);当$b=e$,熵的单位是nat(纳特);而当$b=10$时,熵的单位是Hart(哈特)。

如不同事件是独立的,那么消息的信息量为各事件的信息量之和。例如,有消息"a:小明今天中午踢球了;b:小红今天上午吃了面包。",那么该消息的信息量之和就为a与b的信息量之和。可用以下公式表示

$$S(\boldsymbol{X}) = -\sum_{i=0}^{m} P(x_i) \log_2(P(x_i)) \tag{11-11}$$

上式中,$S(\boldsymbol{X})$代表独立事件集合$\boldsymbol{X}$的信息熵。

现假设日本与中国举办一场篮球友谊赛,其中中国赢球的概率为0.999,日本赢球的概率为0.001,那么友谊赛的信息熵为

$$S(\boldsymbol{X}) = -0.999 \times \log_2 0.999 - 0.001 \times \log_2 0.001 = 0.0114 \tag{11-12}$$

如假设上海与北京举办一场篮球友谊赛,其中上海与北京赢球概率均为0.5,那么这场

友谊赛的信息熵为

$$S(\boldsymbol{X}) = -0.5 \times \log_2 0.5 - 0.5 \times \log_2 0.5 = 1 \tag{11-13}$$

可以将熵理解为事件不确定性的量度,即事件的随机性越大,其熵越大。

11.7.3　KL 散度

KL 散度(Kullback-Leibler divergence)又称相对熵(relative entropy),是两个随机分布距离的度量。即对于事件 A 与事件 B 的概率分布之间的度量可以定义为

$$
\begin{aligned}
D_{kl}(\text{A} \parallel \text{B}) &= \sum_{i=0}^{m} P_{\text{A}}(x_i) \log_b \left(\frac{P(x_{\text{A}})}{P(x_{\text{B}})} \right) \\
&= \sum_{i=0}^{m} P(x_{\text{A}}) \log_b (P(x_{\text{A}})) - \sum_{i=0}^{m} P(x_{\text{A}}) \log_b (P(x_{\text{B}})) \\
&= -S(\text{A}) - \sum_{i=0}^{m} P(x_{\text{A}}) \log_b (P(x_{\text{B}}))
\end{aligned}
\tag{11-14}
$$

如果上式中 $P(x_{\text{A}}) = P(x_{\text{B}})$,即两个事件分布完全相同,那么 KL 散度等于 0。可以理解当 KL 散度越小,A 与 B 两个分布越接近。

在机器学习中,可以用事件 A 的概率分布与事件 B 的概率分布代表样本分布与预测分布。KL 散度值越小,预测分布越接近样本分布,即对应机器学习预测模型性能越好。

11.7.4　交叉熵

在式(11-14)中,$-\sum_{i=0}^{m} P(x_{\text{A}}) \log_b (P(x_{\text{B}}))$ 即为交叉熵的数学公式,则有 A 与 B 的交叉熵＝A 与 B 的 KL 散＋A 的熵。即

$$H(\text{A},\text{B}) = D_{kl}(\text{A} \parallel \text{B}) + S(\text{A}) \tag{11-15}$$

上式中,$H(\text{A},\text{B})$ 即为 A 与 B 的交叉熵。

通常某一信息对应的熵 $S(\text{A})$ 是一个常量,即 KL 散度和交叉熵在特定条件下是等价的,因此也可以用交叉熵来衡量机器学习模型的性能。这里需要注意的是,虽然 $D_{kl}(\text{A} \parallel \text{B})$ 描述的是 A 与 B 分布距离,但是 $D_{kl}(\text{A} \parallel \text{B})$ 不等于 $D_{kl}(\text{B} \parallel \text{A})$,因此 $H(\text{A},\text{B})$ 也不等于 $H(\text{B},\text{A})$。

在 TensorFlow 中常用以下 3 种交叉熵损失函数:

(1) binary_crossentropy——通常与 sigmoid 激活函数配合,用于两类的分类任务中。

(2) categorical_crossentropy——通常与 softmax 激活函数配合,用于多类的分类任务中。但用于训练的目标值应该独热码编码方式,即如果有 10 个类,每个样本的目标值应该是一个 10 维的向量,这个向量除了表示正确类别的索引为 1,其他均为 0,例如,MNIST 数字为 7 的图形对应标记值应为[0,0,0,0,0,0,0,1,0,0,0,]。

(3) sparse_categorical_crossentropy——与 categorical_crossentropy 类似,用于多类的分类任务中。不同的是用于训练的标记值只需要给定正确的标记即可,例如,MNIST 数字 6 的图形对应标记值应为 6。

11.8　分类任务的性能评估

11.8.1　正确率评估的缺陷

正确率(accuracy)评估方法为:一共预测 N 个样本,其中预测正确的有 M 个样本,则正确率 accuracy=M/N。在之前的 MNIST 分类实例中,通常是使用此方法来评判分类任务的性能。本书中也先使用此方法对 MNIST 分类器进行评估,得到的最终正确率的结果为 0.9710。

但这种方式在有些场景并不能很好的反应模型的好坏,比如二分类模型,假设二分类模型只需要猜测 MNIST 数据集的图片是否为数字 3。那么当一个不好的模型固定输出为"非3",也可以得到 90% 左右的正确率! 这是因为在所有样本中包含有 90% 的"非 3"样本,以及 10% 的"3"样本。

因此正确率评估并不是适用任何场景,特别是在处理有偏差的数据集时。下面介绍分类应用中其他几种性能评估方法。

11.8.2　准确率与召回率

在正式介绍之前,需要先了解在准确率与召回率中需要使用的变量的定义。

(1) TP(True Positive):将正例预测为正例,即真实为 1,预测也为 1;

(2) FN(False Negative):将正例预测为负例,即真实为 1,预测为 0;

(3) FP(False Positive):将负例预测为正例,即真实为 0,预测为 1;

(4) TN(True Negative):将负例预测为负例,即真实为 0,预测也为 0。

准确率(precision)的计算公式如下所示。即为在所有预测的正例数中预测的正确率。

$$precision = \frac{TP}{TP + FP} \tag{11-16}$$

召回率(recall)的计算公式如下所示,为所有预测正确的正例数比上测试样本中正例的总数。可以将召回率理解为覆盖面的度量,度量所有测试样本中有多少个正例被正确划分。

$$recall = \frac{TP}{TP + FN} \tag{11-17}$$

如果对于"非 3"的分类器来说,如果模型一直输出为"非 3",则 TP 恒为 0,其召回率也都为 0,可以衡量出此模型其实并不好。

由以上公式可以看出,准确率指标保证的是模型所做出的决策正确率是最高的,而召回率则是保证模型能使所有正确的样本均被找到。

在实际应用中,准确率与召回率往往是相对矛盾的,当准确率增加时,召回率就会减小。因此需要根据实际场景选择合适的性能评价方法。例如,若训练一个分类器去检测某一件样品是否是合格的,通常采用准确率作为评价方法,因为可以保证所有通过的样本尽可能是合格的。相反地,若需要训练一个样本去识别图像中所有的嫌疑人,则应该采用召回率作为评价方法,因为能尽可能保证所有嫌疑犯都会被识别出来。

11.9 超参数调整

在人工神经网络中,神经元的权重 w、偏置 b 等参数可以通过梯度下降等优化器不断调整。但是在模型中还存在一些无法通过优化器进行调整的变量,但这些变量又能影响网络模型的效果,需要凭借经验进行设定,这些变量被称为超参数(hyperparameter)。例如,迭代次数、隐含层的层数、每层神经元的个数、学习速率、批次大小等等。

下面对隐含层层数、每层的神经元个数以及激活函数这些超参数进行讨论。

(1) 隐含层层数。对于大多数问题,使用一个隐含层即可。但对于例如人脸识别、语音识别等复杂的任务,需要不断加大隐含层的层数,但同时训练过程也变得更加复杂。对于一般问题可以从一两个隐含层开始训练。对于复杂问题,可以逐步增加隐含层,直到过拟合。特别复杂的问题,比如图片分类和语音识别,一般需要几十层(或者上百层),此时全连接神经网络已不再适用,如何训练深层神经网络在第 12 章中介绍。

(2) 每层的神经元个数。很明显,对于输入层与输出层的神经元个数是由具体问题特征值与分类个数决定的,比如 MNIST 任务需要 $28 \times 28 = 784$ 个输入神经元和 10 个输出神经元。因为神经网络提取的低级别的特征会被合并到高级别特征中,因此对于隐含层,通常随着隐含层深入,其神经元个数逐层减少。

(3) 激活函数选择。在大多数场景中,在隐含层中通常使用 ReLU 激活函数,因为它比其他激活函数求导速度更快。对于输出层,在多分类任务中通常使用 softmax 激活函数,在只有两类的分类任务中通常使用 sigmoid 激活函数,而对于回归任务则可以不使用任何激活函数。

11.10 机器学习实战——无人驾驶小车

本实验旨在制作一款简易的无人驾驶小车,无须在人的干预下,自动在轨道内运动。小车通过摄像头采集前方路况,通过机器学习算法来分析路况,并自动决策小车前进方向。本实验小车的运动轨迹为一个"8"字形跑道,如图 11-42 所示。

图 11-42 无人驾驶小车驾驶轨迹

11.10.1　硬件搭建

在第 5 章中已经实现了 Arduino 控制小车的循迹,在第 8 章中则实现了使用树莓派对图片信息的采集。本章的硬件是以这两章为基础,基本框图如图 11-43 所示。树莓派通过 CSI 接口获取路况的图片信息,然后对图片进行分析。最后将决策结果(左转、右转与前进的命令)通过串口发送给 Arduino,由 Arduino 驱动小车行走。本章的重点在于机器学习相关内容,使用串口控制小车左转、右转与前进可自行实现。

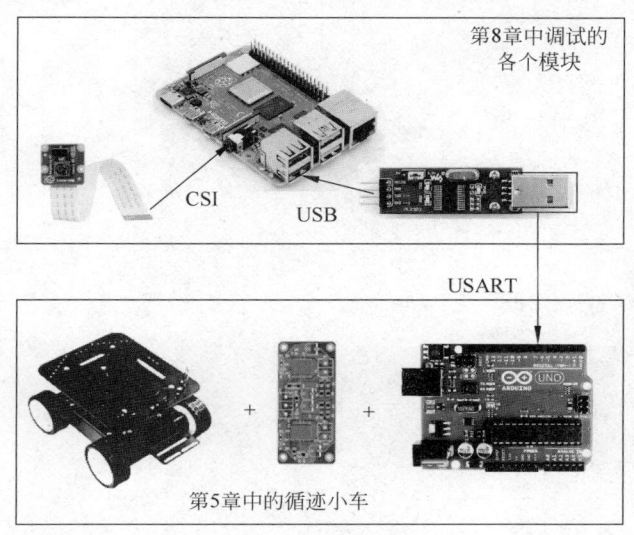

图 11-43　硬件搭建

11.10.2　数据采集与预处理

由前面的内容可知,机器学习模型需要基于数据才能发挥出它的能量。因此在构建模型之前需要采集合适的数据。为了获得足够多且合适的数据,本节先人为地控制(基于 SSH)小车在轨道中行走,并让小车在行走过程中同时记录当时路况(图像)以及对应的指令(标签)。

在指导小车前进的过程中,通过 ↑、←、→ 方向键来控制小车的前进、左转与右转。为了防止误操作,还设定了后退按钮(z 键)防止误操作,按下后退按钮不会保存数据。另外,对于图像数据,像素越多,处理起来所占用的内存也越多。因此为了提高处理的实时性,这里设置采集的图像为 320×240 像素。数据采集的代码如下所示:

```python
import cv2
import pygame
from pygame.locals import *

cap = cv2.VideoCapture(0)                 # 调用 video0
cap.set(3,320)                            # 设置像素宽度
cap.set(4,240)                            # 设置像素高度
pygame.init()                             # 初始化 pygame
screen = pygame.display.set_mode((320,240)) # 显示,否则无法读取键盘
```

```python
saved_frame = 1                              # 统计保存了多少帧数据
flag = True
while flag:
    ret, cam = cap.read()
    cam = cv2.cvtColor(cam,cv2.COLOR_RGB2GRAY)
    for event in pygame.event.get():
        if event.type == KEYDOWN:            # 按方向键"↓"
            keys = pygame.key.get_pressed()
            if keys[pygame.K_UP]:
                saved_frame += 1
                car_up()                     # 控制小车前进
                # 保存数据,0 为前进的标志
                cv2.imwrite('./training_images/{:1}_frame{:>05}.jpg'.format(0,
saved_frame),cam)
            elif keys[pygame.K_LEFT]:        # 按方向键"←"
                saved_frame += 1
                car_left()                   # 控制小车左转
                # 保存数据,1 为左转的标志
                cv2.imwrite('./training_images/{:1}_frame{:>05}.jpg'.format(1,
saved_frame),cam)
            elif keys[pygame.K_RIGHT]:       # 按方向键"→"
                saved_frame += 1
                car_right() # 控制小车右转
                # 保存数据,2 为 右转 的标志
                cv2.imwrite('./training_images/{:1}_frame{:>05}.jpg'.format(2,
saved_frame),cam)
            elif keys[pygame.K_z]:           # 按字母"z"键
                car_back()                   # 小车后退,此时不记录数据,误操作是可返回
            elif keys[pygame.K_q]:           # 按字母"q"键
                print("exit")                # 退出程序
                flag = False

cap.release()
cv2.destroyAllWindows()
```

如图 11-44 所示为采集样本数据的示例。

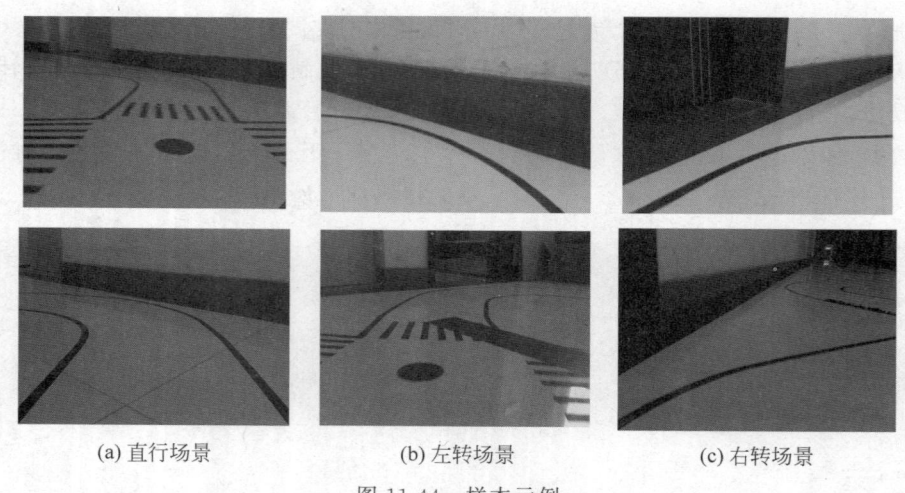

(a) 直行场景 (b) 左转场景 (c) 右转场景

图 11-44 样本示例

由图 11-44 可以看出,获取的图像中还存在其他无用的信息。为了尽可能排除其他信息的干扰,需要对采集的数据进行预处理。处理流程为：ROI 区域选取→高斯滤波→大津二值化。对应代码如下所示：

```
# 图像预处理
roi = cam[120:240, :]
gauss = cv2.GaussianBlur(roi,(5,5),0)
ret,th3 = cv2.threshold(gray,0,255,cv2.THRESH_BINARY + cv2.THRESH_OTSU)


roi = cam[120:240, :]                        # ROI 区域提取
gauss = cv2.GaussianBlur(roi, (5, 5), 0)  # 高斯滤波
gray = cv2.cvtColor(gauss, cv2.COLOR_RGB2GRAY)
ret, th = cv2.threshold(gray,0,255,cv2.THRESH_BINARY + cv2.THRESH_OTSU)   # 二值化
```

图 11-45 为处理流程中每步得到的结果。

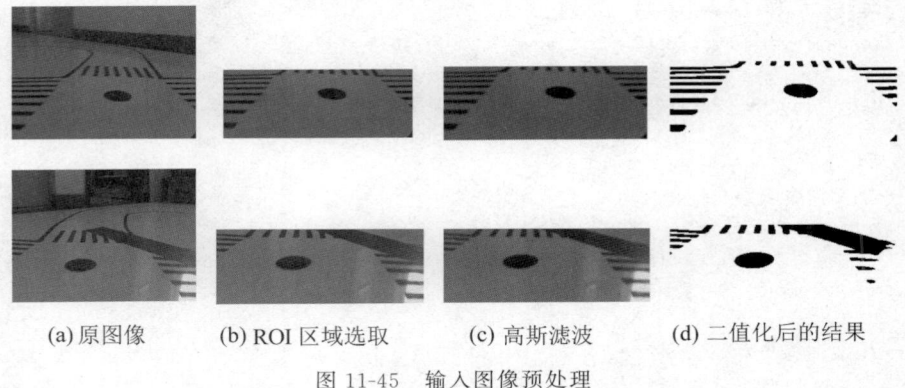

(a) 原图像　　　　　(b) ROI 区域选取　　　　(c) 高斯滤波　　　　(d) 二值化后的结果

图 11-45　输入图像预处理

11.10.3　模型构建、训练与保存

在前面保存的图像数据中,其标记的样本标签包含在了文件的名称中。因此在读取标记文件的过程中也得到了其对应的标注,代码如下：

```
import cv2
import os
import numpy as np


filePath = './training_images'
file_list = os.listdir(filePath)                        # 获取该目录下的全部文件


x_train = []
y_train = []                                             # 训练数据集
for n in file_list:
    try:
        img = cv2.imread('./training_images/{}'.format(n))
        gray = cv2.cvtColor(img, cv2.COLOR_RGB2GRAY)
```

```
            x_train.append(gray)                        # 记录输入数据
            y = n[0]
            y = int(y)                                   # 获取标记
            y_train.append(y)                            # 记录输出数据
        except:
            pass
x_train = np.array(x_train); y_train = np.array(y_train)  # 得到的结果
x_train = x_train / 255.0                                 # 归一化
```

本实验通过 ANN 构建此模型,输入神经元为 $120 \times 240 = 28\,800$ 个,隐含层神经元个数为 64,激活函数为 ReLU。由于输出只有左转、右转与前进,因此输出神经元为 3 个,激活函数为 softmax。在训练阶段优化器选用 SGD,学习速率设置为 0.001。实验证明经过 30 个 epoch 后,该模型准确率可达到 93% 左右。

```
'''→ 定义神经网络 输入层 120 * 240 个神经元,隐含层 64 个神经元,输出层 3 个神经元 '''
model = tf.keras.models.Sequential([
    tf.keras.layers.Flatten(input_shape = (120, 240)),   # 定义输入层
    tf.keras.layers.Dense(64, activation = 'relu'),       # 定义隐含层
    tf.keras.layers.Dense(3, activation = 'softmax')      # 为 3,代表小车的三个方向
])

'''→ 定义损失函数与优化器 '''
model.compile(optimizer = tf.keras.optimizers.SGD (0.001),    # 定义优化器
            loss = tf.keras.losses.sparse_categorical_crossentropy,  # 定义损失函数
            metrics = ['accuracy'])                           # 计算预测正确率

'''→ 模型训练与保存 '''
model.fit(x_train, y_train, epochs = 30, batch_size = 8, validation_split = 0.2) # 训练
model.save('my_car_model.h5')                             # 保存模型
```

11.10.4　模型预测

在实际运行阶段,只需要加载此模型后,不断对当前路况进行判定,并将模型预测的结果传送给小车即可。如下为自动驾驶小车运行程序:

```
import tensorflow as tf
import numpy as np
import cv2

model = tf.keras.models.load_model('./my_car_model.h5')   # 加载训练完成的模型
cap = cv2.VideoCapture(0)                                 # 调用 video0
cap.set(3, 320)                                           # 设置像素宽度
cap.set(4, 240)                                           # 设置像素高度

while True:
    ''' 获取数据与预处理 '''
    ret, cam = cap.read()
```

```
        img = cv2.cvtColor(cam,cv2.COLOR_RGB2GRAY)
        roi = img[120:240, :]                             # ROI 区域提取
        img = cv2.GaussianBlur(roi, (5, 5), 0)            # 高斯滤波
        ret,th = cv2.threshold(img,0,255,cv2.THRESH_BINARY+cv2.THRESH_OTSU)    # 二值化
        '''预测'''
        predict = model.predict(np.reshape(th,(1,120,240)))        # 预测模型
        '''下发指令'''
        predict = predict[0]                              # 原结果形如:[[1,0,0]]
        res = np.argmax(predict)                          # 获取最大值对应的索引值
        if res == 1:
            car_left()                                    # 控制小车左转
        elif res == 2:
            car_right()                                   # 控制小车右转
        else:
            car_up()                                      # 控制小车直行
cap.release()
cv2.destroyAllWindows()
```

第 12 章

电子设计与深度学习

在第 11 章中以人工神经网络为例介绍了机器学习模型的构建、训练、评估、调优的基本思想,并实现了基本的回归与分类任务。事实上,深度学习也属于机器学习的范畴,也可以将人工神经网络看成是一个非常浅的深度学习网络(只有 1 或 2 个隐含层)。但近年来随着深度学习的发展,它在图像与语音领域的优势非常明显,但构建与训练方法相对较难,因此在本章中将深度学习单独列出进行讲解。

对于一个复杂的问题,期望使用更深层的网络模型,因为模型越深,其能拟合的问题越复杂。在现实生活中,往往需要通过深度学习模型去解决更加复杂的问题,需要更加多隐含层与神经元,隐含层数甚至需要到达千层级别。而适用于简单模型的相关基本方法不能满足复杂网络的需求,主要面对的问题有以下 3 点:

(1) 在训练深度学习网络中会出现梯度爆炸与梯度消失的问题,导致低层的网络很难被训练;

(2) 因为深度学习网络结构复杂,因此非常容易出现过拟合现象;

(3) 网络结构越复杂,消耗的运算资源也就越多,因此在嵌入式系统中会导致训练过程十分缓慢。

本章将引导读者去逐一去解决或优化以上问题,在深度学习中广泛使用的方式方法同样适用浅层的神经网络,也的确会优化简单模型。近年来,深度学习在图像与语音处理领域取得了非常明显的进展,因此在本章中也介绍了相关的几种典型的网络模型,例如 CNN、LSTM 等。

12.1　梯度消失与梯度爆炸解决方法

12.1.1　梯度消失与梯度爆炸成因

一个神经网络模型输出结果是需要输入信号经过一层一层的隐含层得到的,输出的预测结果与实际期望的结果会形成误差,在训练过程中使用梯度下降等方法将误差信息传递给网络中的各参数,从而完成对模型参数的调整。即信号正向传递,误差反向传递,如图 12-1 所示。

当在对误差求梯度时,如果梯度小于 1,那么误差信号就会逐层衰减,由于神经网络不同层级之间的信号传递是乘法关系,经过层数越多衰减得越快,最终导致误差信号无法传递到浅层神经元上的参数,因此在训练过程中这些参数不会改变,这就是梯度消失问题

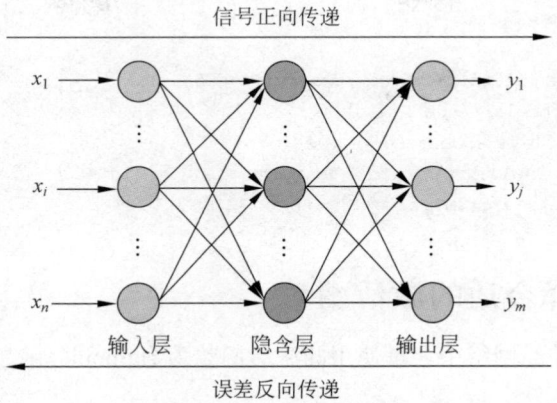

图 12-1　神经网络中误差与信号传递方向

（Vanishing Gradients Problem）。相反地，如果梯度大于 1，那么在浅层会导致参数有非常大的调整，导致发散，这就是梯度爆炸问题（Exploding Gradients Problem）。实际上，在浅层网络结构中也会发生误差衰减和放大的现象，只是这种现象不够明显而已。

下面针对梯度爆炸/消失问题给出常用的几种解决办法。

12.1.2　Xavier 初始化与 He 初始化

Glorot 和 Bengio 在他们的论文中提出了一种显著缓解梯度问题的方法，他们认为，在训练过程中需要每层的输出等于输入的方差。在神经网络中，信号在两个方向流动：信号正向传递、误差反向传递，因此也需要保证梯度在相反方向上传递时输入与输入的方差相等（具体推导过程读者可自行查阅对应论文）。

但实际上，除非某层神经元具有相同数量的输入与输出连接，否则不能保证两者完全相同。因此在实际应用中有一个折中的办法，即随机初始化连接权重，使其满足均值为 0 的正态分布，即

$$N(0,\sigma)=N\left(0,\sqrt{\frac{2}{n_{\text{in}}+n_{\text{out}}}}\right) \tag{12-1}$$

或服从 $[-r,r]$ 上的均匀分布，其中

$$r=\sqrt{\frac{6}{n_{\text{in}}+n_{\text{out}}}} \tag{12-2}$$

式（12-1）与式（12-2）中 n_{in} 为输入连接的数量，n_{out} 为输出连接的数量。这种初始化策略通常被称为 Xavier 初始化或者 Glorot 初始化。

Xavier 初始化虽然很好，但它是针对 sigmoid() 与 tanh() 函数设计的。近年来，也针对 ReLU() 等激活函数提出了类似的策略，被称为 He 初始化，如下

$$\begin{cases} \sigma=\sqrt{2}\sqrt{\dfrac{2}{n_{\text{in}}+n_{\text{out}}}} \\[2mm] r=\sqrt{2}\sqrt{\dfrac{6}{n_{\text{in}}+n_{\text{out}}}} \end{cases} \tag{12-3}$$

在 TensorFlow 中实现 He 初始化特别方便，如下所示：

```
import tensorflow as tf

he_init = tf.keras.initializers.he_normal(seed = None)
model = tf.keras.models.Sequential()
model.add(tf.keras.layers.Dense(64,
                kernel_initializer = he_init,
                bias_initializer = 'zeros'))
```

12.1.3 选择合适的激活函数

在 2010 年前,在神经网络中大量使用的激活函数为 sigmoid()函数,其数据表达形式如下

$$\text{sigmoid}(x) = \frac{1}{1 + \text{e}^{-x}} \tag{12-4}$$

对应函数与导数图像如图 12-2 所示,可以看出,sigmoid()激活函数梯度最大为 0.25,而且当信号过大(趋近 1)或过小(趋近 0)时,其梯度变化几乎为 0,因此这会导致梯度消失问题特别严重。

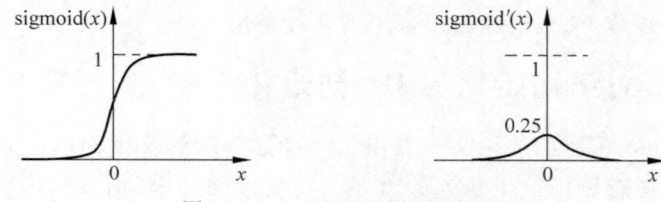

图 12-2 sigmoid()激活函数图

因此需要一个导数为 1 的激活函数,那就不存在梯度消失或梯度爆炸的问题了。即第 11 章使用的 ReLU()激活函数,如图 12-3 所示,可以看出当大于 0 的时候其导数恒为 1,不存在信号衰减与放大的现象。而且由于此函数特别简单,导致求导过程十分容易,因此可以大大提高训练与预测的速度。

图 12-3 ReLU()函数与其导数图形

但是 ReLU()函数也存在一些问题,即 ReLU()死区问题:在训练过程中,一些神经元会出现"死亡现象"(一直输出 0)。当训练过程中,神经元的输入加权和为负数,就会导致神经元输出 0,而且当神经元为负数其梯度也为 0,因此该神经元会一直输出 0。

为了解决这个问题,出现了一些类似 ReLU 的函数,例如,leaky ReLU()函数与 ELU()(Exponential Linear Unit)函数,如图 12-4 所示。它们在神经元的输入加权和为负数时,会产生非 0 的输出与梯度。因此它们可能"休眠"很长时间,但是最终可以"复苏"。

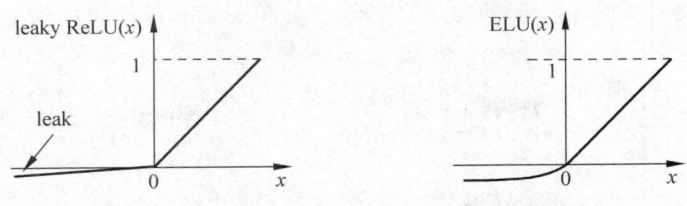

图 12-4　leaky ReLU()与 ELU()激活函数图形

12.1.4　批正则化

与使用 ReLU 激活函数不同,批正则化(Batch Normalization,BN)是由 Sergey Ioffe 和 Christian Szegedy 在 2015 年提出的。他们认为,每一个批次输入的数据都具有不同的分布,而且在训练过程中,每层输入的分布会随着前一层参数的改变而发生变化,而这种分布的改变会对下一层网络的学习带来困难,他们称之为内协变量移位(Internal Covariate Shift)。

批正则化将网络中每一层输出后的数据都作归一化,符合统一分布,这样就解决了不同层之间分布不同的问题。但是神经网络模型的学习过程也可以认为是学习数据分布的过程,如果直接做归一化而不做其他处理,神经网络是学不到任何东西的,因此引入了平移参数(β)和缩放参数(γ)。这就保证了每一次数据经过归一化后还保留有学习来的特征,在训练过程中完整的计算步骤如下:

(1) 先求出此次批量输入数据 $\boldsymbol{x}$ 的均值,即 $\mu_B = \dfrac{1}{m_B}\displaystyle\sum_{i=1}^{m_B} \boldsymbol{x}^{(i)}$;

(2) 求出此批次输入的方差,即 $\sigma_B^2 = \dfrac{1}{m_B}\displaystyle\sum_{i=1}^{m_B}(\boldsymbol{x}^{(i)} - \mu_B)^2$;

(3) 接下来就是对 $\boldsymbol{x}$ 做归一化,即 $\hat{\boldsymbol{x}}^{(i)} = \dfrac{\boldsymbol{x}^{(i)} - \mu_B}{\sqrt{\sigma_B^2 + \varepsilon}}$;

(4) 最重要的一步,引入缩放 γ 和平移 β,计算归一化后的值,即 $\boldsymbol{z}^{(i)} = \gamma\,\hat{\boldsymbol{x}}^{(i)} + \beta$。
其中:

μ_B——整个小批量数据集 B 的经验均值;

σ_B——经验性的标准差,也是来评估整个小批量的;

m_B——小批量中的实例数量;

$\hat{\boldsymbol{x}}^{(i)}$——归一化后的输出;

γ——层的缩放参数;

β——层的平移参数(偏移量);

ε——一个很小的数字,以避免被零除(通常为 10^{-3});

$\boldsymbol{z}^{(i)}$——批正则化操作的输出,它是输入的缩放和移位版本。

在训练过程中每次训练输入小批量数据集 B,因此非常方便计算经验均值与标准差。但是在测试过程中,没有小批量数据集 B 用来计算经验均值和标准差,因此在训练过程中需要将经验均值与方差通过一个动态平均值方法进行保存,然后在测试过程中将保存结果直接使用。动态平均的基本思想为:通过一个动量参数 momentum 保存每次小批量训练的经验均值与方差。如式(12-5)所示,其中 run_μ 为在测试时最终使用的均值。run_σ 为在测试时最终使用的标准差。momentum 为动量参数,通常设置接近与 1,例如 0.9、0.99、0.999 等。x_μ 为本次训练中计算得到的经验均值,x_σ 为本次训练中计算得到的标准差。

$$\begin{cases} run_\sigma = momentum * run_\sigma + (1 - momentum) * x_\sigma \\ run_\mu = momentum * run_\mu + (1 - momentum) * x_\mu \end{cases} \tag{12-5}$$

批正则化可以大大地改善深度学习的梯度消失问题,甚至在网络模型中使用 sigmoid() 激活函数。在 TensorFlow 中可以使用 tf.keras.layers.BatchNormalization() 函数实现批正则化,其下面给出函数常用参数说明,如下所示:

```
tf.keras.layers.BatchNormalization(
    axis = -1,                                  # 整数,指定要规范化的轴,通常为特征轴
    momentum = 0.99,                            # 动量参数
    epsilon = 0.001,                            # ε
    center = True,                              # 设置为 True,则加上平移参数 β
    scale = True,                               # 设置为 True,则乘以缩放参数 γ
    beta_initializer = 'zeros',                 # β初始化方法
    gamma_initializer = 'ones',                 # γ初始化方法
    moving_mean_initializer = 'zeros',          # 动态均值的初始化方法
    moving_variance_initializer = 'ones',       # 动态方差的初始化方法
    # 省略其他参数
)
```

BatchNormalization() 函数通常在激活函数之前或上一次神经元输出之后使用,完成对神经元的输入进行正则化。示例具体代码如下所示。

```
# 在激活函数之前使用
model = tf.keras.models.Sequential()
model.add(tf.keras.layers.Dense(10, input_shape = (1,)))
model.add(tf.keras.layers.BatchNormalization())
model.add(tf.keras.layers.Activation('softmax'))

# 在激活函数之后使用
my_seq = tf.keras.Sequential([tf.keras.layers.Dense(128, input_shape = (1,)),
                              tf.keras.layers.BatchNormalization(),
                              tf.keras.layers.Dense(64, activation = 'sigmoid'),
                              tf.keras.layers.BatchNormalization(),
                              tf.keras.layers.Dense(32, activation = 'sigmoid'),
                              tf.keras.layers.BatchNormalization()])
```

需要注意的是,批正则化虽然解决了梯度问题,却带来了网络性能退化的问题,即当网络深度不断加深,模型的错误率反而上升,因此批正则化也只能将网络深度提高到几十层。

12.1.5　残差网络结构

残差网络是由多个残差单元组成的。一个残差单元的结构比较简单,如图 12-5 所示。相比于传统的神经元单元,多了一个短接的连线,其数学表达形式如下

$$H(x) = x + F(x) \tag{12-6}$$

其中,$H(x)$ 为此残差单元输出,$F(x)$ 为常规神经元的输出。由残差单元组成的残差网络

的基本形式如图 12-6 所示,其中 conv 代表卷积操作,相关内容将在本章后文做出详细介绍。

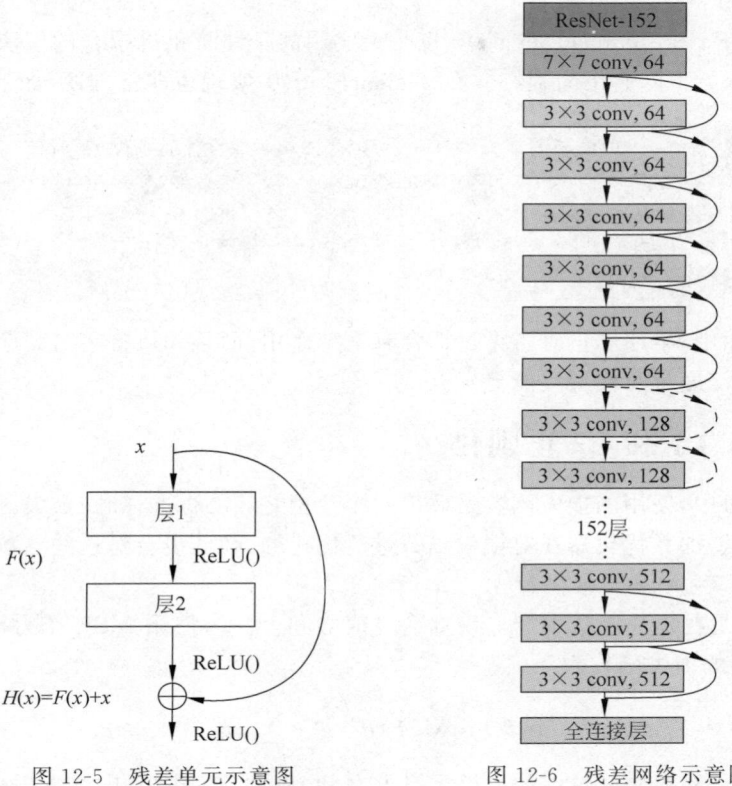

图 12-5　残差单元示意图　　　　图 12-6　残差网络示意图

现假设网络得到的误差为 loss,则误差到达 1 层的梯度如式(12-7)所示。

$$\frac{\partial \text{loss}}{\partial \boldsymbol{x}_l} = \frac{\partial \text{loss}}{\partial \boldsymbol{x}_L} \times \frac{\partial \boldsymbol{x}_L}{\partial \boldsymbol{x}_l} = \frac{\partial \text{loss}}{\partial \boldsymbol{x}_L}\Big(1 + \frac{\partial}{\partial \boldsymbol{x}_L}\sum_{i=l}^{L-1}\boldsymbol{F}(\boldsymbol{x}_i,\boldsymbol{W}_i)\Big) \tag{12-7}$$

其中,$\dfrac{\partial \text{loss}}{\partial \boldsymbol{x}_L}$ 为误差到达 L 层的梯度,可以看出,误差可以通过两个方式从 L 层传递到 1 层。"$\dfrac{\partial}{\partial \boldsymbol{x}_L}\sum\limits_{i=1}^{L-1}\boldsymbol{F}(\boldsymbol{x}_i,\boldsymbol{W}_i)$" 代表残差梯度,是经过权总参数传递回来的误差信息,"1"代表通过短接路径传递回来的误差信息,并且误差信息在短路路径中进行无损传递,因此网络学习更加容易,也不会产生梯度消失的问题。

同理,由于短接路径的存在,输入信号也在无损地传递,因此解决梯度问题的同时不会引起网络性能的退化。在实际应用中,基于残差结构的深度学习网络深度可达千层级别。

12.2 深度学习中过拟合解决办法

随着网络模型深度的不断加深,其模型的复杂度必然上升,因此深度学习模型非常容易过拟合。本节介绍几种在深度学习领域常用防止过拟合方法:早期停止、L1 和 L2 正则化、

Dropout 以及数据增强。

12.2.1　早停法

早停法(Early Stopping)是最简单,也是最实用的一种防止过拟合的解决方案:只要在训练集的性能开始下降时中断训练。在 TensorFlow 中实现也非常方便,如下所示。

```
# 当在连续 3 次 epoch 后模型的损失没有改善,则此回调函数会停止模型的训练
callback = tf.keras.callbacks.EarlyStopping(monitor = 'val_loss', patience = 3)

model.fit(data, labels, epochs = 100, callbacks = [callback],
    validation_data = (val_data, val_labels))
```

在实际应用中,早期停止对防止过拟合有一定作用,而且如果将它与其他正则化技术相结合,往往能让深度学习模型性能更好。

12.2.2　L1 和 L2 正则化

在机器学习中,使用的损失函数是评价一个模型好坏的标准,如在损失函数中加上某些模型的参数变量,那么优化器在对损失函数进行优化的同时,也会对这些参数进行优化。最常用的方法为 L1 和 L2 正则化。

L1 正则化是在损失函数中加上权重绝对值之和,例如,使用 MSE 作为损失函数时,通过 L1 正则化后的损失函数为

$$J(\boldsymbol{\theta}) = \text{MSE}(\boldsymbol{\theta}) + \alpha \sum_{I=1}^{n} |\boldsymbol{\theta}_i| \tag{12-8}$$

L2 正则化是在损失函数中加上权重平方之和,例如,使用 MSE 作为损失函数时,通过 L2 正则化后的损失函数为

$$J(\boldsymbol{\theta}) = \text{MSE}(\boldsymbol{\theta}) + \alpha \sum_{I=1}^{n} \boldsymbol{\theta}_i^2 \tag{12-9}$$

在式(12-8)与式(12-9)中,$\boldsymbol{\theta}$ 为需要正则化的参数,可以为神经网络中每层的权重 $\boldsymbol{W}$,α 为需要输入正则化的系数。值得注意的是,在训练过程中需要使用到这些正则化参数进行优化,但是当模型训练完成后对模型进行评估时,应取消这些正则化参数。

在 TensorFlow 中可以非常方便地在任意层中进行正则化,示例代码如下所示。

```
import tensorflow as tf

tf.keras.layers.Dense(32, kernel_regularizer = tf.keras.regularizers.l2(0.01))
tf.keras.layers.Dense(32, kernel_regularizer = tf.keras.regularizers.l1(0.01))
```

针对回归问题使用 L1 正则化的模型叫作 Lasso 回归,使用 L2 正则化的模型叫作 Ridge 回归(岭回归)。

12.2.3　Dropout

Dropout 是在深度神经网络中最流行的正则化技术,它的基本思想为:在每次训练步

骤中随机丢弃一定比例的神经元,如图 12-7 所示,通常丢弃比例为 20％～50％,当模型训练完成后所有的神经元都参与推理和预测。

Dropout 通过这种丢弃神经元操作,可降低整体网络的复杂程度。虽然 Dropout 原理特别简单,但实际效果非常好,仅仅通过增加 Dropout 操作就可以提高 1％～2％ 的准确度。在 TensorFlow 中实现 Dropout 操作特别容易,代码如下所示。

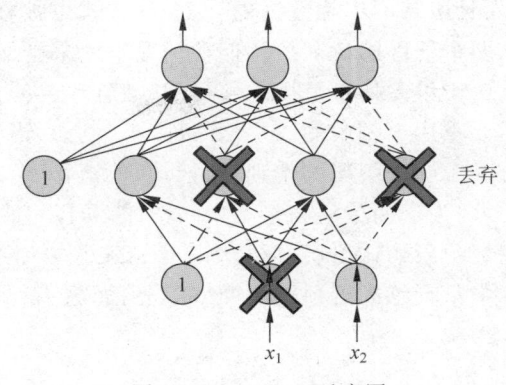

图 12-7　Dropout 示意图

```python
model = tf.keras.models.Sequential([
  tf.keras.layers.Flatten(input_shape = (28, 28)),
  tf.keras.layers.Dense(128, activation = 'relu'),
  tf.keras.layers.Dropout(0.2),
  tf.keras.layers.Dense(10, activation = 'softmax')
])
```

12.2.4　数据增强

除了网络模型过于复杂外,数据量不够也是产生过拟合的原因之一。数据增强(data augmentation)是从现有的训练实例中产生新的训练实例,人为地增加了训练集的大小。

在图像处理领域中,可利用 TensorFlow 中提供的图像处理操作,例如,旋转、翻转和裁剪等,对原始图像进行变换。因为神经网络的学习特点与数据关联非常大,因此数据增强的理想情况应是通过肉眼不能分辨出哪些是生成的、哪些不是生成的。

12.3　深度学习速度优化

随着模型网络的加深,不仅模型复杂程度提高,对应消耗的计算资源也加大,因此深度学习的训练过程相对比较缓慢。相比于计算机,在电子设计中硬件资源往往比较稀缺,因此需要通过一些方法来对训练与预测过程进行提速。

前面介绍的某些方法也能起到提速的作用,例如,由于 ReLU 激活函数求导与计算过程简单,相比于其他激活函数的训练过程更快,能对深度学习训练有一定程度的提速。再如,Dropout 操作能丢弃一定比例的神经元,显然训练所需要的计算资源相对较小。在本节从其他角度介绍如何对深度学习训练速度进行优化。

12.3.1　重用预训练模型

在现实生活中,当一个人学会了处理某件事情,通常也能很快学会处理相似的事情,因为已经了解了其本质规律。在训练机器学习模型也是同样道理,若某一模型已经从大量数据中学会了该任务的内在特征,则以此模型为起点训练类似的任务,不仅能大大加快训练速度,而且所需的训练数据更少,这种方式也被称作迁移学习(transfer learning),当然迁移学习在两个任务的特征值相似的情况下效果是最好的。

由于误差信息是反向传播的,而且浅层的神经元是最难被训练的,因此在实际应用中通常需要重用模型中的浅层网络部分。例如,当已经构建好了一个网络模型 A,能很好地将图片分为 100 个不同的类别,包括动物、植物、车辆和日常物品等。现在需要对指定植物进行分类,因为这两个任务是非常相似的,所以可重用网络模型 A 的浅层网络,并根据自己的需求指定顶层的输出层(通常为 softmax 层)。同时,对于浅层网络的参数进行固定,即在训练过程中只训练靠近顶层的网络部分,如图 12-8 所示。

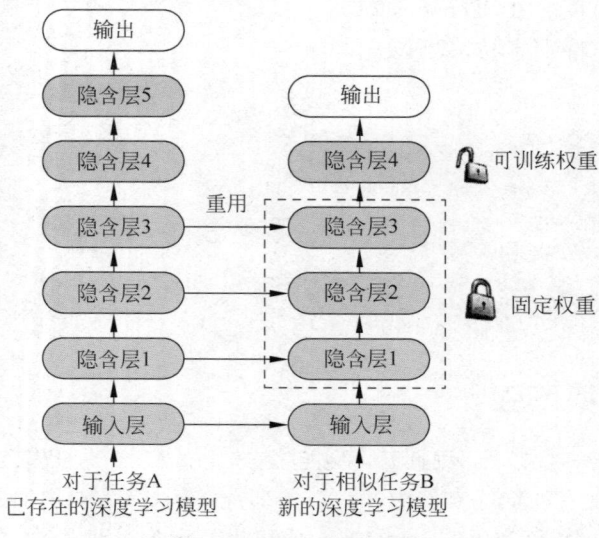

图 12-8　重用预训练模型

当训练好了一个可以实际运行模型,假设该模型性能足够优良,那么需要将此模型进行保存以供迁移学习使用。第 11 章介绍了可以使用 save()和 load_model()对模型进行保存与加载,此方法保存的模型信息包含:

(1) 模型的结构,以便重构该模型;

(2) 模型的权重;

(3) 训练配置(损失函数、优化器等);

(4) 优化器的状态,以便于从上次训练中断的地方开始。

当然,在 TensorFlow 中也支持将模型结构与权重信息单独保存的方法,这样在重用预训练模型时更加灵活,因此在迁移学习中推荐使用这种方式保存与加载模型。

在保存模型结构时,先使用 to_json()函数将模型保存为一个 JSON 对象,在此 JSON 对象中包含了网络结构的相关信息,因此将 JSON 对象保存后即对整个模型结构进行了保存。同时在 TensorFlow 中提供了 save_weights()函数来保存模型权重信息。在需要加载模型时,调用 models. model_from_json()和 load_weights()函数加载保存的模型。因为此方法没有保存优化器的相关内容,因此如需调用 fit()函数进行训练时,应先定义优化器等信息。具体代码如下所示:

```
''' ▶ 保存模型结构与权重信息 '''
json_config = model.to_json()                              # 将模型转换为 JSON 格式的对象
with open('model_config.json', 'w') as json_file:
    json_file.write(json_config)                           # 将 JSON 格式的模型对象保存在本地
model.save_weights('path_to_my_weights.h5')                # 保存权重信息

''' ▶ 加载模型结构和权重信息 '''
with open('model_config.json') as json_file:
    json_config = json_file.read()                         # 加载 JSON 对象
    # JSON 对象转换为 tf 模型
    new_model = tf.keras.models.model_from_json(json_config)
    new_model.load_weights('path_to_my_weights.h5')        # 加载模型权重信息

''' ▶ 继续训练,需要重新定义编译参数 '''
new_model.compile(optimizer = tf.keras.optimizers.SGD (0.1),    # 定义优化器
                loss = tf.keras.losses.sparse_categorical_crossentropy,  # 定义损失函数
                metrics = ['accuracy'])                    # 计算预测正确率
new_model.fit(x_train, y_train, epochs = 5)
```

在 TensorFlow 中提供了 trainable 属性,用来确定是否允许训练权重信息,当设置为 False 时该层的网络参数不参与训练,即处于被冻结状态,当设置为 True 时该层网络参数参与训练,即处于解冻状态或活动状态。

可以通过 summary() 打印出可训练的参数个数。当将 new_model 模型的 trainable 属性设置为 False 时,可以看出可训练的参数显示为 0。

```
''' ▶ 同时加载模型结构和权重信息 '''
with open('model_config.json') as json_file:
    json_config = json_file.read()
    new_model = tf.keras.models.model_from_json(json_config)
    new_model.trainable = False        # 模型设置为不可训练
    new_model.load_weights('path_to_my_weights.h5')

    new_model.summary()

# ▶输出结果 '''
# 省略模型结构信息
# =================================================================
# Total params: 101,770
# Trainable params: 0
# Non - trainable params: 101,770
# _____
```

在实际应用中并不需要冻结整个模型,通常需要重用模型中浅层的网络结构,并冻结相关参数。在 TensorFlow 中可以直接使用 layers[n] 获取网络结构中第 n 层(第 0 层为输入),对 layers[n] 的 trainable 属性设置为 False 即可完成对该层进行冻结。

在如下代码中,加粗部分为冻结模型的地方,只有第 0、6、7 层没有被冻结,因此结果输出的可训练的参数为 330 个。

```python
''' ➞ 原始构建的模型 '''
# model = tf.keras.models.Sequential([
#    tf.keras.layers.Flatten(input_shape = (28, 28)),      # layers[0]
#    tf.keras.layers.Dense(128, activation = 'relu'),       # layers[1]
#    tf.keras.layers.Dropout(0.2),                          # layers[2]
#    tf.keras.layers.Dense(64, activation = 'relu'),        # layers[3]
#    tf.keras.layers.Dropout(0.2),                          # layers[4]
#    tf.keras.layers.Dense(32, activation = 'relu'),        # layers[5]
#    tf.keras.layers.Dropout(0.2),                          # layers[6]
#    tf.keras.layers.Dense(10, activation = 'softmax')      # layers[7]

''' ➞ 同时加载模型结构和权重信息 '''
with open('model_config.json') as json_file:
    # model_config.json 存放为 model 的结构信息
    json_config = json_file.read()
    new_model = tf.keras.models.model_from_json(json_config)

    # new_model.trainable = False
    new_model.layers[1].trainable = False
    new_model.layers[2].trainable = False
    new_model.layers[3].trainable = False
    new_model.layers[4].trainable = False
    new_model.layers[5].trainable = False

    new_model.load_weights('path_to_my_weights.h5')
    new_model.summary()

# ➞ 输出结果 '''
# Model: "sequential"
# _____
# Layer (type)              Output Shape              Param #
# ================================================================
# flatten (Flatten)         (None, 784)               0
# _____
# dense (Dense)             (None, 128)               100480
# _____
# dropout (Dropout)         (None, 128)               0
# _____
# dense_1 (Dense)           (None, 64)                8256
# _____
# dropout_1 (Dropout)       (None, 64)                0
# _____
# dense_2 (Dense)           (None, 32)                2080
# _____
# dropout_2 (Dropout)       (None, 32)                0
# _____
# dense_3 (Dense)           (None, 10)                330
# ================================================================
# Total params: 111,146
# Trainable params: 330
# Non - trainable params: 110,816
```

12.3.2　更快的优化器

在机器学习训练过程中,需要使用优化器对模型不断优化,因此一个好的优化器能让机器学习模型学习得更快、更好。深度学习的优化器有很多种,其核心思想大多是基于梯度下降的思想,其最终目的是让损失函数以最快速度到达全局最优点,从而缩短模型训练时间。在众多优化器中,Adam 优化器是应用最广泛的,它的效果一般都很好,使用也非常方便,如使用 Adam 优化器的默认参数,则可直接使用 Adam() 函数替代之前代码中 SGD() 函数。

本节对比较有代表性的优化器做简单的介绍,包括动量、Nesterov 加速梯度、AdaGrad、RMSProp 以及 Adam 优化器,从而了解优化器在不断进化的思想。

1. 动量

动量(Momentum)优化器是为了解决随机梯度下降法经过局部最优点时会振荡的问题。可将梯度下降过程看成一个小球从山顶滚到全局最优点位置的过程。常规梯度下降算法计算公式为: $\boldsymbol{\theta}^{(\text{next step})} = \boldsymbol{\theta} - \eta \nabla_{\boldsymbol{\theta}} J(\boldsymbol{\theta})$,即表明小球的只沿着斜坡进行小范围的下降,当小球经过区域有较多壕沟(局部最优点)时,需要更多的时间才能到达底部。

动量优化器则不仅考虑当前的梯度大小,也考虑之前的梯度大小,计算公式如下所示:

$$\begin{cases} g_t = \eta \nabla_{\boldsymbol{\theta}} J(\boldsymbol{\theta}) \\ \boldsymbol{m}_t = \gamma \boldsymbol{m}_{t-1} + \eta g_t \\ \boldsymbol{\theta}_{t+1} = \boldsymbol{\theta}_t - \boldsymbol{m}_t \end{cases} \tag{12-10}$$

上式表明,参数更新不仅由当前的梯度决定,也与之前累计的下降方向有关。γ 表明动量 $\boldsymbol{m}$ 的衰减系数,模拟小球下降过程中的摩擦力,取值范围为 0(高摩擦力)~1(无摩擦力),典型值为 0.9。动量 $\boldsymbol{m}$ 可以使得小球在梯度方向不变的维度上速度变快,在梯度方向有所改变的维度上的更新速度变慢,因此,在小球下降过程中的局部最优点对小球影响相对减小,这样就可以加快模型的收敛速度。

在 TensorFlow 中实现 Momentum 优化器,只需要在 SGD 优化器中指定动量即可,代码如下所示:

```
model.compile(
        optimizer = tf.keras.optimizers.SGD(0.1,momentum = 0.9),    # 定义优化器
        loss = tf.keras.losses.sparse_categorical_crossentropy,    # 定义损失函数
        metrics = ['accuracy'])                                    # 计算预测正确率
```

2. Nesterov 加速梯度

Nesterov 加速梯度(Nesterov Accelerated Gradient,NAG)优化器对动量优化器进行了一点改进,它的思想是测量损失函数的梯度不应该在当前位置,而应该在稍微靠前的地方,对应公式如下所示:

$$\begin{cases} \boldsymbol{m}_t = \beta \boldsymbol{m}_{t-1} + \eta \nabla_{\boldsymbol{\theta}} J(\boldsymbol{\theta} + \beta \boldsymbol{m}_{t-1}) \\ \boldsymbol{\theta}_{t+1} = \boldsymbol{\theta}_t - \boldsymbol{m}_t \end{cases} \tag{12-11}$$

在 TensorFlow 中实现 Nesterov 加速梯度优化器,只需要在 SGD 优化器中传递 nesterov 参数即可。

```
''' ➡ 定义损失函数与优化器 '''
model.compile(optimizer = tf.keras.optimizers.SGD(0.01, momentum = 0.9, nesterov = True),
              loss = tf.keras.losses.sparse_categorical_crossentropy,
              metrics = ['accuracy'])
```

3. AdaGrad

在前面几种优化器中只考虑了梯度大小,而没有考虑到学习速率 η。通常在梯度下降过程中,需要在最陡峭的斜坡快速下降,然后在快要接近全局最优值的地方缓慢下降。AdaGrad 优化器则是沿着梯度方向减少学习速率,计算公式如下:

$$\begin{cases} s_t = s_{t-1} + \nabla_{\boldsymbol{\theta}} J(\boldsymbol{\theta}) \otimes \nabla_{\boldsymbol{\theta}} J(\boldsymbol{\theta}) \\ \boldsymbol{\theta}_{t+1} = \boldsymbol{\theta}_t - \eta \nabla_{\boldsymbol{\theta}} J(\boldsymbol{\theta}) \oslash \sqrt{s_t + \varepsilon} \end{cases} \tag{12-12}$$

第一步将梯度的平方累加到向量 s_t 中($\otimes$ 符号表示元素乘法),损失函数越陡,s 会越大。第二步与传统梯度下降基本相同,只是在学习速率 η 会随着 s_t 的增大而减小。$\oslash$ 符号表示元素的除法。ε 是避免除零的参数,通常设置为 10^{-10}。在 AdaGrad 优化器中会让学习速率变慢,但是它不需要手动调节学习速率 η。

4. RMSProp

RMSProp 优化器是针对 AdaGrad 优化器的改进。在 RMSProp 优化器中,仅累积了最近的迭代梯度,而不是从训练开始以来的梯度。计算公式如下所示:

$$\begin{cases} s_t = \beta s_{t-1} + (1 - \beta) \nabla_{\boldsymbol{\theta}} J(\boldsymbol{\theta}) \otimes \nabla_{\boldsymbol{\theta}} J(\boldsymbol{\theta}) \\ \boldsymbol{\theta}_{t+1} = \boldsymbol{\theta}_t - \eta \nabla_{\boldsymbol{\theta}} J(\boldsymbol{\theta}) \oslash \sqrt{s_t + \varepsilon} \end{cases} \tag{12-13}$$

式中,衰减系数 β 通常设置为 0.9。在 TensorFlow 中实现通过 RMSprop() 构建该优化器,代码如下所示:

```
''' ➡ 定义损失函数与优化器 '''
model.compile(
optimizer = tf.keras.optimizers.RMSprop(0.1, decay = 0.9, epsilon = 1e - 10),
              loss = tf.keras.losses.sparse_categorical_crossentropy,
              metrics = ['accuracy'])
```

5. Adam

Adam 优化器是目前应用最为广泛的优化器。可以看成是动量与 RMSProp 优化器思想的结合。计算公式如下:

$$\begin{cases} \boldsymbol{m}_t = \beta_1 \boldsymbol{m}_{t-1} + (1 - \beta_1) \nabla_{\boldsymbol{\theta}} J(\boldsymbol{\theta}) & \text{(第 1 步)} \\ \boldsymbol{s}_t = \beta_2 \boldsymbol{s}_{t-1} + (1 - \beta_2) \nabla_{\boldsymbol{\theta}} J(\boldsymbol{\theta}) \otimes \nabla_{\boldsymbol{\theta}} J(\boldsymbol{\theta}) & \text{(第 2 步)} \\ \hat{\boldsymbol{m}}_t = \dfrac{\boldsymbol{m}_t}{1 - \beta_1^t} & \text{(第 3 步)} \\ \hat{\boldsymbol{s}}_t = \dfrac{\boldsymbol{s}_t}{1 - \beta_2^t} & \text{(第 4 步)} \\ \boldsymbol{\theta}_{t+1} = \boldsymbol{\theta}_t - \eta \hat{\boldsymbol{m}}_t \oslash \sqrt{\hat{\boldsymbol{s}}_t + \varepsilon} & \text{(第 5 步)} \end{cases} \tag{12-14}$$

式中，t 代表迭代次数，从 1 开始。第 1、2、5 步与动量和 RMSProp 优化器十分相似，不同的是，在第 1 步中梯度有一个衰减系数（$1-\beta_1$）。由于 m 与 s 初始值趋近 0，因此在第 3、4 步会将 $\hat{m}_t$ 与 $\hat{s}_t$ 拉大。例如，$\beta_1=0.5$、$t=1$，那么经过第 3、4 步的调整后 $\hat{m}_t=m/0.5=2m$，这样就把 m 从 0 拉了回来。

在实际应用中，动量衰减系数 β_1 通常设为 0.9，衰减系数 β_2 通常设置为 0.999，ε 通常设置为 10^{-8}，这些也是 TensorFlow 中 Adam 优化器的默认参数。通过 Adam() 函数进行创建，并传入学习速率 η 的参数（实际上，使用默认的 η 效果一般也会很好）。

```
''' 定义损失函数与优化器 '''
model.compile(optimizer = tf.keras.optimizers.Adam(0.1),          # 定义优化器
              loss = tf.keras.losses.sparse_categorical_crossentropy,  # 定义损失函数
              metrics = ['accuracy'])                             # 计算预测正确率
```

可以看出 Adam 的使用非常方便。在实际应用中，Adam 优化器效果一般是最好的，不仅有很高的计算效率，而且内存需求很低。

12.3.3　GPU 加速

前面介绍的都是从深度学习模型与算法的角度进行优化，还可以通过硬件的方法进行加速，而且往往加速效果更为明显。使用 GPU（Graphics Processing Unit，图形处理单元，简称显卡）是最常用的硬件加速方案。GPU 最初的设计目的是为了减轻了 CPU 对图形计算的负担，提高计算机图形显示能力和显示速度。

深度学习的训练与推理过程大多使用矩阵运算完成，例如第 11 章中人工神经网络的训练与推理使用的都是矩阵数据，而图形相关算法同样需要涉及很多矩阵运算，因此可以利用 GPU 来对深度学习中的矩阵运算进行加速。相对于 CPU，GPU 的并行计算能力更强，通常 CPU 只有一个或少量几个核，而 GPU 具有几百个核，对于大量的矩阵运算可以同步进行，大大缩短了算法训练过程。GPU 专于计算，可以认为 GPU 是牺牲了 CPU 的通用性来达到更快的计算速度。

由于目前树莓派中的 GPU 无法用于深度学习的开发，感兴趣的读者可使用 NVIDIA 公司推出的 Jetson Nano 开发板进行测试。事实上，Jeston Nano 的开发与树莓派十分相似，读者请自行查阅相关资料。

通过以下代码可以打印出当前设备支持的 GPU 数，从执行结果可以看出 Jetson Nano 中包含一个可用的 GPU。

```
import tensorflow as tf

print("Num GPUs Available: ", len(tf.config.experimental.list_physical_devices('GPU')))

# 执行结果如下：
# Num GPUs Available: 1
```

如硬件同时支持 CPU 与 GPU 执行计算操作，在不指定计算方式的情况下 TensorFlow 会从计算速度考虑，优先将计算操作分配给 GPU。例如，以下代码实现矩阵的乘法，在

Jetson Nano 中具有 CPU:0 与 GPU:0,因此将优先选择 GPU:0 设备运行乘法计算,程序打印结果也对此进行了验证。

```
tf.debugging.set_log_device_placement(True)        # 允许打印计算分配结果

# 创建矩阵以及矩阵的乘法
a = tf.constant([[1.0, 2.0, 3.0], [4.0, 5.0, 6.0]])
b = tf.constant([[1.0, 2.0], [3.0, 4.0], [5.0, 6.0]])
c = tf.matmul(a, b)

print(c)

# 执行结果:
# Executing op MatMul in device /job:localhost/replica:0/task:0/device:GPU:0
# tf.Tensor(
# [[22. 28.]
# [49. 64.]], shape = (2, 2), dtype = float32)
```

当然,在 TensorFlow 中可以通过 tf.device(device_string)函数很方便地指定 CPU 或 GPU 来执行相应的计算,传递 device_string 参数为设备的字符串,通常有以下 3 种方式。

(1) "/device:CPU:0": 指定设备上第 1 个 CPU 执行计算;

(2) "/GPU:0": 省略"device:"后的简写,指定设备上第 1 个 GPU 执行计算;

(3) "/job:localhost/replica:0/task:0/device:GPU:1": 设备字符串的全部信息,用于指定设备上第 2 个 GPU 执行计算。

在特定方式执行计算操作时,通常结合 with 关键字来限定范围,例如以下代码:

```
tf.debugging.set_log_device_placement(True)

# Place tensors on the CPU
with tf.device('/CPU:0'):
    a = tf.constant([[1.0, 2.0, 3.0], [4.0, 5.0, 6.0]])
    b = tf.constant([[1.0, 2.0], [3.0, 4.0], [5.0, 6.0]])

c = tf.matmul(a, b)
print(c)

# 执行结果:
# Executing op MatMul in device /job:localhost/replica:0/task:0/device:GPU:0
# tf.Tensor(
# [[22. 28.]
# [49. 64.]], shape = (2, 2), dtype = float32)
```

从结果可以看出,矩阵 a 与 b 在 CPU:0 中创建乘法操作在 GPU:0 中执行,因此在计算矩阵 c 的时候需要先将 CPU 中的矩阵 a 与 b 复制到 GPU 中,而数据在 CPU 与 GPU 之间传输也会消耗一定的时间,因此通常将相关算法放在同一 GPU 或 CPU 中执行。虽然 GPU 执行运算能力强,但其通用性较差,在实际开发中需要配合起来使用,一般不会将所有操作全部放在 GPU 中执行,而是将计算密集型运算放在 GPU 中,把其他操作放在 CPU 中。

　　显然,在合理的范围内增加 GPU 的个数,深度学习训练与推理的速度也会加快。在 TensorFlow 中支持在多 GPU 模式下的分布式训练,可利用 tf.distribute.Strategy 中的相关函数实现。但由于在 Jetson Nano 中只存在一个 GPU,因此本书中并不会对分布式训练进行过多介绍。以下代码为使用 TensorFlow 中实现分布式训练的一个简单示例,更多资料读者可自行查阅。

```python
mirrored_strategy = tf.distribute.MirroredStrategy()
with mirrored_strategy.scope():
    model = tf.keras.Sequential([tf.keras.layers.Dense(1,input_shape = (1,))])
    model.compile(loss = 'mse', optimizer = 'sgd')
```

12.4　卷积神经网络 CNN

　　在第 11 章中通过神经网络实现了对 MNIST 手写数字图片进行分类,但是输入到神经网络模型的数据是将 28×28 的图片矩阵信息变换后的 784×1 的单列矩阵,因此实际上此神经网络模型更多的是根据图片列向量的信息进行推理。这与人类通过视觉对世界进行感知的方式不同。David H. Hubel 和 Torsten Wiesel 在 1958 年和 1959 年对猫进行了一系列实验,他们发现在视觉皮层中存在需要神经元组成的局部感受野,它们只感受全部视野中有限的一部分区域,如图 12-9 所示,通过不同局部感受野实现对整个视野的感知。另外作者也认为,在这些局部感受野的神经元中,有一些是感受水平线方向的信息,另一些则只感受垂直方向的信息。

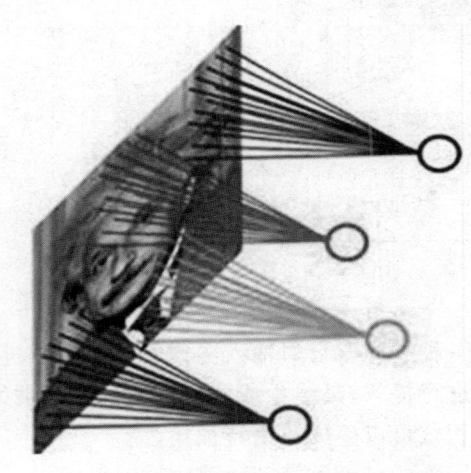

图 12-9　视野中的局部感受野示意图

　　卷积神经网络(Convolutional Neural Networks,CNN)是从视觉皮层研究中得到启发的,自 20 世纪 80 年代被发明后一直广泛应用于图像识别的相关领域,例如,自动驾驶、视频分类、图像搜索等。在过去的几年里,由于计算能力与训练深度网络技术的发展,CNN 对某些复杂的视觉任务已经超过人类的表现。

　　本节将介绍 CNN 的核心思想以及 CNN 发展过程中几种典型的网络结构。

12.4.1　CNN 中核心概念

1. 卷积层

　　卷积层(Convolutional Layer)是 CNN 中最重要的组成部分,它是模拟视觉皮层中的局部感受野形成的。如图 12-10 所示为一层卷积层的网络结构,包括卷积的输入层、输出层以及对应的卷积核(或过滤器)。在深度学习中卷积的输入层与卷积核一般为矩阵,经过矩阵的卷积操作后即可得到卷积输出矩阵,也被称为特征图(Feature Map)。

卷积符号为"＊",矩阵卷积运算的大致步骤为：先将卷积核翻转180°,再对两个矩阵中对应元素相乘后求和。这里值得注意的是,图12-10中的卷积核为已经反转后形成的矩阵。

可认为一次卷积层的操作是对输入图像的一次特征提取,这些提取的特征信息即可用于图片的分类中,因此在CNN网络中通常将卷积层得到的特征信息输入到一个全连接层中进行分类。在卷积神经网络模型中可以将一个卷积核看成模型的一个参数,在训练过程中对卷积核不断进行调整,这样训练完成后的卷积核可以更好地对图片进行特征提取。

卷积核的一次计算可得到输出矩阵中的一个元素,如需得到完整的特征输出矩阵,则需使用卷积核遍历整个输入矩阵。卷积核在输入矩阵上的移动步长直接影响输出矩阵的大小。例如,在如图12-10所示的例子中,输入矩阵大小为5×5,如果在卷积核遍历过程中横向与纵向移动的步长都为1个像素点,则容易得到最终的输出矩阵大小为3×3,显然此时输入与输出矩阵的大小不一致。如需使卷积层的输出与输入具有相同尺寸,可以在输入周围添加元素零,此操作称为零填充。如图12-11所示,输入矩阵尺寸为5×5,卷积核尺寸为3×3、步长为1,经过零填充(外层的灰色区域为填充的0)操作后得到的输出矩阵也为5×5。

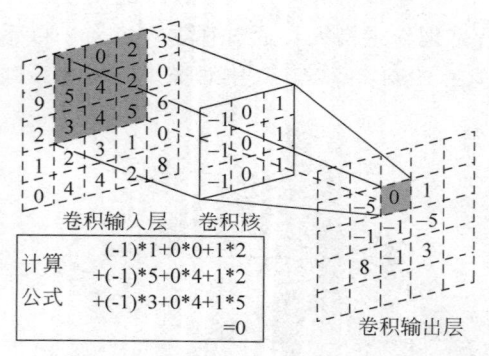

图 12-10　一层卷积层的网络结构

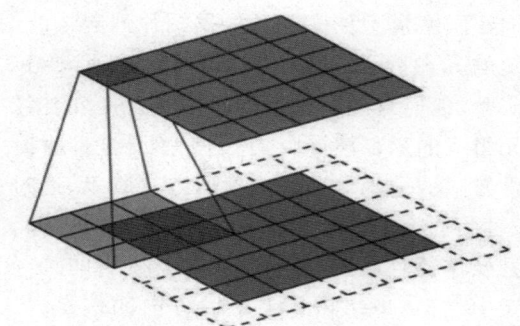

图 12-11　零填充操作

一种卷积核可对输入图像的一种特征进行提取,因此可以构建多个卷积核对图像不同特征进行提取,最终生成的特征矩阵的个数取决于卷积核的个数。如图12-12所示,通过4个卷积核可以生成4个特征矩阵。

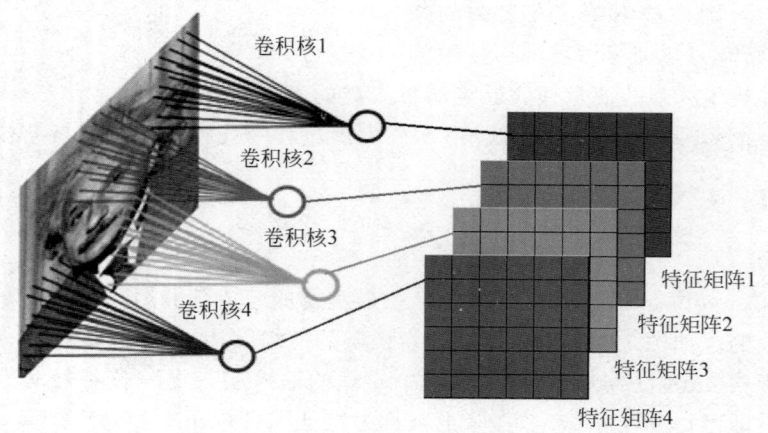

图 12-12　多卷积核输出结果示意图

　　为了理解方便,在前面介绍卷积操作中输入的都是单通道的图像信息,即为灰度图像。但在现实生活中彩色图像有 3 个颜色通道:红色(R)、绿色(G)、蓝色(B),如果以彩色图像作为卷积层的输入,那么卷积层的输入为 $n \times n \times 3$ 的三维矩阵,此时需要对应修改卷积核的维度与输入层的维度保持一致。例如如图 12-13 所示的卷积操作,输入为 $6 \times 6 \times 3$ 的图像矩阵,其中 3 为图片的通道数(Channel),需要注意的是,卷积核的通道数也应与输入矩阵通道数一致(即为 3),将卷积核滑动设置步长为 1,则对应生成的特征图为单个 4×4 的矩阵。

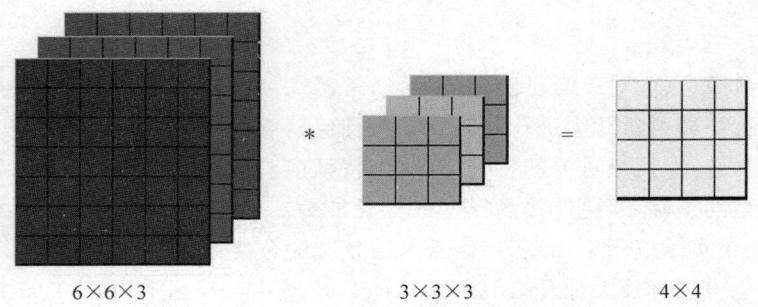

$$6 \times 6 \times 3 \qquad\qquad 3 \times 3 \times 3 \qquad\qquad 4 \times 4$$

图 12-13　彩色图像作为输入的卷积

　　如图 12-14 所示,三通道的卷积操作具体过程如下:滤波器的每层通道卷积核在各自的输入通道执行卷积操作,产生各自的计算结果。一些内核可能比其他内核具有更大的权重,以便比某些内核更强调某些输入通道(例如,滤波器的红色通道卷积核可能比其他通道的卷积核有更大的权重,因此,对红色通道特征的反应要强于其他通道)。

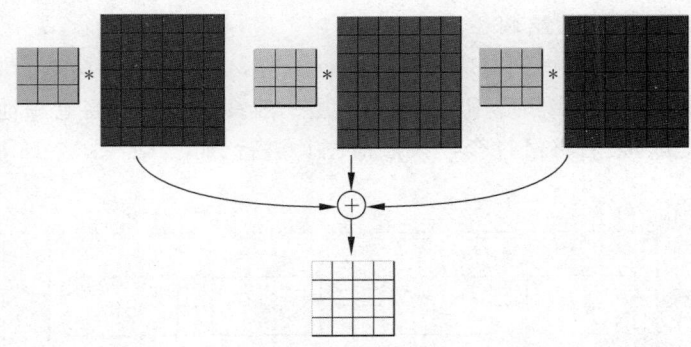

图 12-14　三通道图像卷积操作

　　在 TensorFlow 中可以通过 tensorflow.keras.layers.Conv2D() 函数非常容易地创建卷积层,此函数比较重要的参数有以下几个:

　　(1) filters——卷积核的个数,可以确定输出矩阵的维度,值的形式为整数;

　　(2) kernel_size——指定卷积核的尺寸大小;

　　(3) strides——指定卷积核的滑动步长,为一个整数或两个整数的元组或列表;

　　(4) padding——为"valid"或"same"之一,传递"same"则输出与输入矩阵尺寸一致;传递"valid"则不一致,在卷积过程中不进行填充操作;

　　(5) activation——需要使用的激活函数。

下面代码为在网络模型中添加一层卷积层的代码示例。

```
model.add(layers.Conv2D(
    input_shape = (28,28,3),        # 输入图像为 28×28×3,即为三通道图片
    filters = 32,                   # 卷积核个数为 32
    kernel_size = (3,3),            # 卷积核尺寸为 3×3
    strides = (1,1),                # 滑动步长为 1
    padding = 'valid',              # 不进行填充操作
    activation = 'relu'))           # 激活函数为 relu()
```

2. 池化层

在现实生活中,人们对于自己熟悉的人,通常不需要仔细查看正脸,只通过一个侧脸或一个标志性的特征即可对此人进行判断。卷积神经网络的识别过程也是如此,因此需要对特征矩阵进行筛选,保留最重要的特征,且这个特征应具有不变性,将这样的特征提取出来不仅能提高模型的正确率,更能提高模型的泛化能力。池化层(Pooling Layer)即可完成这样的功能,因此在实际应用中,卷积层经常与池化层配合使用。

常用的池化方法有最大池化(Max Pooling)、均质化(Mean Pooling)、高斯池化(Gauss Pooling)和可训练池化(Trainable Pooling)。其中最常用的是最大池化,过滤器尺寸一般为 2×2,顾名思义就是取过滤器中的最大值作为输出。如图 12-15 所示为对 4×4 矩阵进行最大池化的操作,其中步长为 1、过滤器尺寸为 2×2,池化后的矩阵大小变为了 2×2。

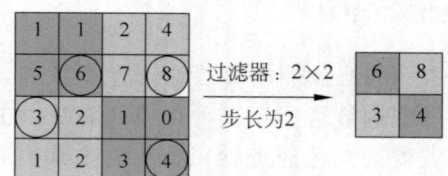

图 12-15　最大池化示例

3. 卷积神经网络的一般结构

图片经过一次卷积层后得到对应图片的特征矩阵,再对特征矩阵进行特征提取后可得到更高级的特征信息,因此实际应用 CNN 卷积层一般都包含若干层卷积池化层,对图片进行多级别的特征提取,最后再经过全连接层对图片进行分类。如图 12-16 所示为卷积神经网络的一般结构。

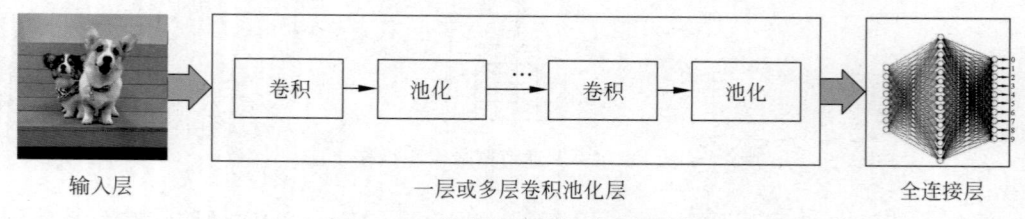

图 12-16　卷积神经网络的一般结构

12.4.2　实现基础 CNN 模型

本节构建一个基础的 CNN 网络模型对 MNIST 中手写数字进行识别。整个模型架构组成包括一层输入层、一层卷积层、一层池化层、一层全连接层以及最后的输出层,每层的具体参数如表 12-1 所示。

表 12-1 网络模型参数表

层 名 称	具 体 参 数
卷积层	输入为 28×28×1 的单通道图片 32 个 3×3 卷积核,步长为 1、无填充、激活函数为 ReLU()
池化层	采用最大池化方法,过滤器尺寸为 2×2
Flatten 层	将二维矩阵变换成 1×5408 的单列矩阵
全连接层	包含 128 个神经元的隐含层
Dropout 层	丢弃率为 0.2
输出层	输出神经元个数为 10

由于卷积层输入为 28×28×1 的三维矩阵,而在 TensorFlow 中默认 MNIST 数据集中的图片信息为 28×28 的二维矩阵,因此在构建模型之前需要将数据进行转化,代码如下所示:

```python
import tensorflow as tf
import matplotlib
import matplotlib.pyplot as plt


'''→ 加载数据集 '''
mnist = tf.keras.datasets.mnist
(x_train, y_train),(x_test, y_test) = mnist.load_data()
# 将(-1,28,28)的图片变成(-1,28,28,1)
x_train = x_train.reshape((-1,28,28,1))
x_test = x_test.reshape((-1,28,28,1))
# 归一化处理
x_train, x_test = x_train / 255.0, x_test / 255.0
```

接下来按照表 12-1 构建基础 CNN 模型,优化器选择 Adam,具体实现代码如下所示:

```python
'''→ 构建 CNN 模型 '''
model = tf.keras.models.Sequential([
tf.keras.layers.Conv2D(input_shape = (x_train.shape[1],
                    x_train.shape[2], x_train.shape[3]),
                    filters = 32,kernel_size = (3,3), strides = (1,1),
                    padding = 'valid',activation = 'relu'),
    tf.keras.layers.MaxPool2D(pool_size = (2,2)),
    tf.keras.layers.Flatten(),
    tf.keras.layers.Dense(128, activation = 'relu'),
    tf.keras.layers.Dropout(0.2),
    tf.keras.layers.Dense(10, activation = 'softmax')
])

'''→ 定义损失函数与优化器 '''
model.compile(optimizer = tf.keras.optimizers.Adam (),        # 定义优化器
        loss = tf.keras.losses.sparse_categorical_crossentropy,      # 定义损失函数
        metrics = ['accuracy'])                          # 计算预测正确率
```

模型构建与配置完成之后即可开始训练,可以在 fit() 函数中传递参数 validation_split,

用来将一定比例的训练样本划分出来进行验证,本次划分 20% 的样本用来验证。具体代码
如下所示:

```
''' → 训练模型 '''
history = model.fit(x_train, y_train, epochs = 5, validation_split = 0.2)
```

如图 12-17 所示为训练的正确率,可以看出,仅仅使用一层的卷积池化层就可以将正确
率提高到 98.61%。相比于第 11 章的全连接层神经网络其正确率更高,但可以明显感觉到
模型训练速度变慢了。

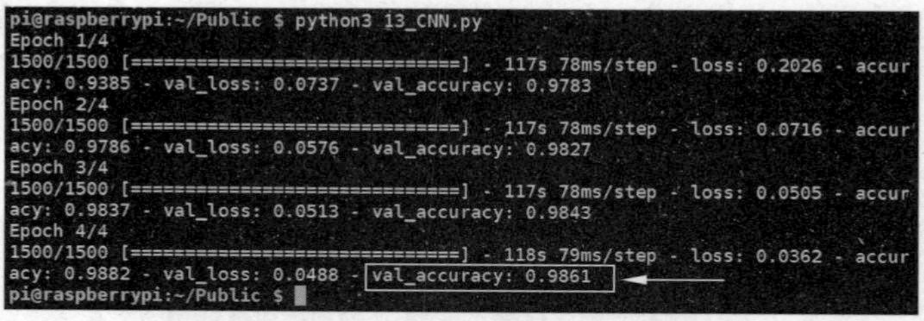

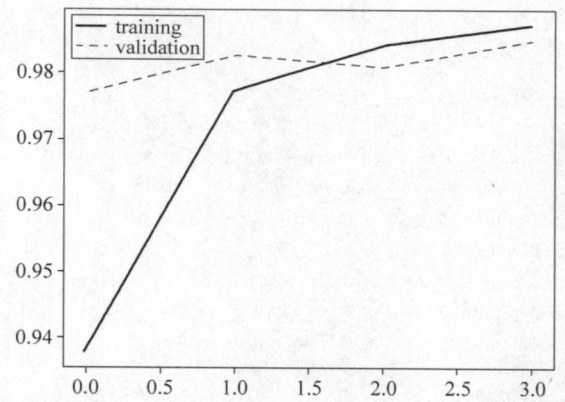

图 12-17 基于 CNN 手写数字识别正确率

可以通过 fit() 函数返回的 history 对象来打印历史正确率曲线,代码如下所示。

```
''' → 显示正确率曲线 '''
plt.plot(history.history['accuracy'])
plt.plot(history.history['val_accuracy'])
plt.legend(['training', 'validation'], loc = 'upper left')
plt.show()
```

显示训练与验证正确率的历史曲线如图 12-18 所示。

图 12-18 基于 CNN 手写数字识别训练与验证的正确率变化曲线

12.4.3 Lenet-5 模型简介与实现

Lenet-5 是最早被推广的 CNN 架构,于 1998 年由 Yann LeCun 开发,用于手写数字识

别(MNIST),其正确率可达 99.2%,其结构如图 12-19 所示。

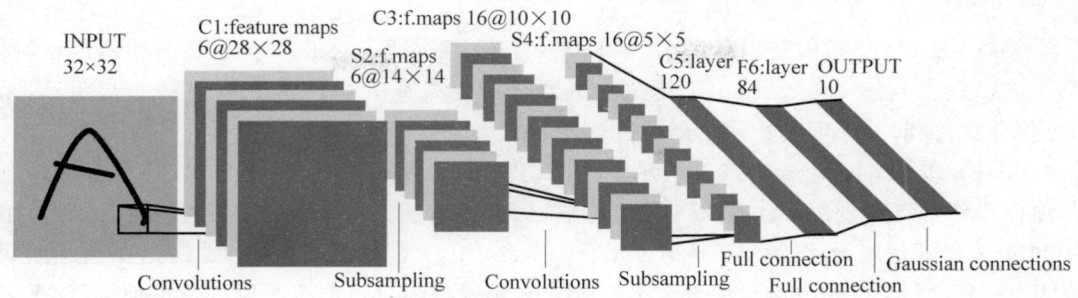

图 12-19 Lenet-5 网络结构

可以看出,在 Lenet-5 网络模型中共包含 8 层,分别为:

(1) 第 1 层为输入层——因为在 MNIST 中原始数据为 28×28 像素,在图 12-19 中显示输入尺寸为 32×32,是因为使用了零填充操作;

(2) 第 2 层为卷积层——卷积核为尺寸 5×5、步长为 1、输出维度为 6,因此输出尺寸为 $28 \times 28 \times 6$;

(3) 第 3 层为池化层——过滤器尺寸 2×2、步长为 2,因此输出矩阵尺寸为 $14 \times 14 \times 6$;

(4) 第 4 层为卷积层——卷积核为尺寸 5×5、步长为 1、输出维度为 16,因此输出尺寸为 $10 \times 10 \times 16$;

(5) 第 5 层为池化层——同样采用平均池化层,过滤器大小为 2×2、步长为 2,本层输出矩阵尺寸为 $5 \times 5 \times 16$;

(6) 第 6 层为卷积层——卷积核为尺寸 5×5、步长为 1、输出维度为 120,因此输出尺寸为 $1 \times 1 \times 120$,该层作用类似 TensorFlow 的 Flatten();

(7) 第 7 层为全连接层——神经元个数为 84 个;

(8) 第 8 层为输出层——神经元个数为 10,代表输出 10 类。

使用 TensorFlow 构建 Lenet-5 模型的代码如下:

```
import tensorflow as tf
LetNet5_model = tf.keras.Sequential( [
        tf.keras.layers.Conv2D(input_shape = ((28,28,1)),
                    filters = 6, kernel_size = (5, 5), strides = (1, 1), padding = 'same',
activation = 'relu'),
        tf.keras.layers.MaxPool2D(pool_size = (2, 2), strides = (2, 2)),
        tf.keras.layers.Conv2D(filters = 16, kernel_size = (5, 5), strides = (1, 1), padding
= 'valid', activation = 'relu'),
        tf.keras.layers.MaxPool2D(pool_size = (2, 2), strides = (2, 2)),
        tf.keras.layers.Conv2D(filters = 120, kernel_size = (5, 5), strides = (1, 1), padding
= 'valid', activation = 'relu'),
        tf.keras.layers.Flatten(),
        tf.keras.layers.Dense(84, activation = 'relu'),
        tf.keras.layers.Dense(10, activation = 'softmax')
    ])
```

12.4.4 AlexNet 模型简介与实现

AlexNet CNN 架构获得了 2012 年 ImageNet 竞赛冠军,它可以达到 17% 的错误率,而第二名错误率高达 26%。相比于传统的机器学习分类算法,AlexNet 的优势非常明显,因此这个网络掀起了深度卷积网络的研究热潮。

AlexNet 网络结构如表 12-2 所示。该网络的输入为三维的 RGB 图像,经过多层卷积与池化操作最终得到 $13\times13\times256$ 的矩阵输出,紧接着为两个 4096 的全连接层,最后使用 1000 个神经元进行分类。为了减小过拟合;作者采用了两种正则化技术:一是在训练期间在 F8 和 F9 层采用 Dropout,丢弃率为 50%;二是通过随机对训练图像进行各种偏移、水平翻转或改变照明条件等操作来实现数据增强。

表 12-2 AlexNet 网络结构

标志	类型	维度	尺寸	内核尺寸	步长	零填充	激活函数
In	输入层	3(RGB)	224×224	—	—	—	—
C1	卷积层	96	55×55	11×11	4	是	ReLU()
S2	最大池化层	96	27×27	3×3	2	不	—
C3	卷积层	256	27×27	5×5	1	是	ReLU()
S4	最大池化层	256	13×13	3×3	2	不	—
C5	卷积层	384	13×13	3×3	1	是	ReLU()
C6	卷积层	384	13×13	3×3	1	是	ReLU()
C7	卷积层	256	13×13	3×3	1	是	ReLU()
F8	全连接层	—	4096	—	—	—	ReLU()
F9	全连接层	—	4096	—	—	—	ReLU()
Out	输出层	—	1000	—	—	—	Softmax()

在 TensorFlow 中构建 AlexNet 的代码如下所示:

```
import tensorflow as tf
Alexnet_model = tf.keras.Sequential([
        tf.keras.layers.Conv2D(96,(11,11),strides = (4,4),input_shape = (224,224,3),
        padding = 'same',activation = 'relu',kernel_initializer = 'uniform'),
        tf.keras.layers.MaxPooling2D(pool_size = (3,3),strides = (2,2)),
        tf.keras.layers.Conv2D(256,(5,5),strides = (1,1),padding = 'same',
                activation = 'relu',kernel_initializer = 'uniform'),
        tf.keras.layers.MaxPooling2D(pool_size = (3,3),strides = (2,2)),
        tf.keras.layers.Conv2D(384,(3,3),strides = (1,1),padding = 'same',
                activation = 'relu',kernel_initializer = 'uniform'),
        tf.keras.layers.Conv2D(384,(3,3),strides = (1,1),padding = 'same',
                activation = 'relu',kernel_initializer = 'uniform'),
        tf.keras.layers.Conv2D(256,(3,3),strides = (1,1),padding = 'same',
                activation = 'relu',kernel_initializer = 'uniform'),
        tf.keras.layers.MaxPooling2D(pool_size = (2,2),strides = (2,2)),
```

```
        tf.keras.layers.Flatten(),
        tf.keras.layers.Dense(2048,activation = 'relu'),
        tf.keras.layers.Dropout(0.5),
        tf.keras.layers.Dense(2048,activation = 'relu'),
        tf.keras.layers.Dropout(0.5),
        tf.keras.layers.Dense(1000,activation = 'softmax')
])
```

AlexNet 引领了卷积深度学习的研究热潮,不断有人基于 AlexNet 提出不同的深度架构,例如,VGG 等网络,它们的思路与构建方法类似,此处不再赘述。

12.4.5 GoogleNet 模型简介与实现

GoogleNet 由 Christian Szegedy 等人开发,赢得了 2014 年 ILSVRC 的挑战赛的冠军,它可以将错误率下降到 7%。这个网络表现非常好的原因在于它比之前的 CNN 网络更深。它使用了大量的 inception 模块,从而使得 GoogleNet 比之前的架构能够更加有效地使用参数。

inception 模块的基本结构如图 12-20(a)所示,与之前串联的卷积池化层不同,inception 采用并联的方式进行卷积操作。输入信号会复制并传送到 4 个并联的卷积层中,但这 4 个并联卷积层中卷积的结构是不相同的,而且卷积操作都使用了零填充操作,因此这 4 个并联卷积层输出的尺寸是一致的,不仅通过不同大小卷积核获取到了不同的特征,同时又保证了输出尺寸的一致性,方便后期处理。最后通过 concat()函数将所有输出连接在一起,即完成了特征的融合,图 12-20(b)形象地对融合操作进行了表示。

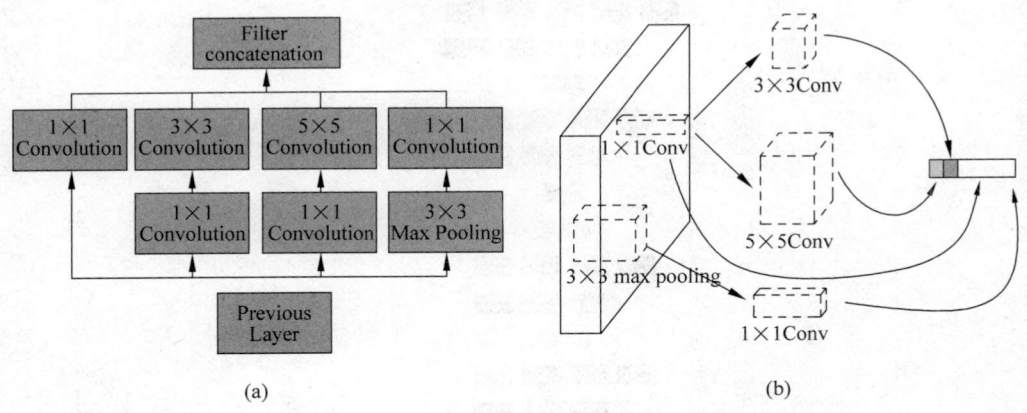

图 12-20 inception 模块结构

由于 GoogleNet 模型太深,因此本书重点介绍其思想,如图 12-21 所示为 GoogleNet 模型示意图,通过不同颜色块来表示不同的层,其中大箭头指出之处为 inception 模块融合操作,通过它可以看出在 GoogleNet 模型中共有 9 个 inception 模块。虽然 GoogleNet 模型比 AlexNet 模型的深度要深,但实际上由于 inception 模块的作用,GoogleNet 的参数个数是 AlexNet 的参数的 $\frac{1}{10}$。

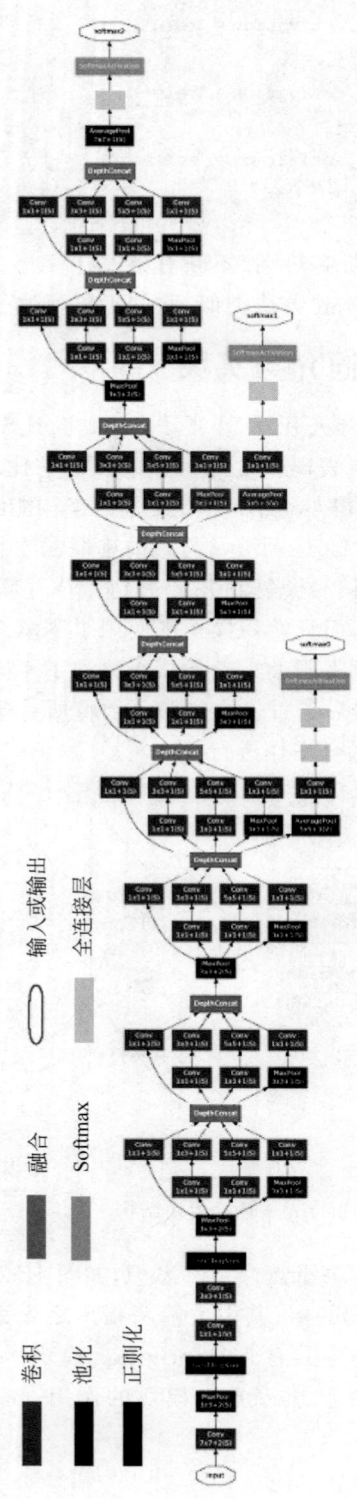

图 12-21 GoogleNet 模型示意图

可以看出,随着网络不断加深,模型的性能也在不断增强。结合前面介绍的一些深度学习方法,例如批正则化、残差网络等,可以形成更加优良的模型,例如,ResNet 模型等,这些模型甚至可以将网络深度提高到千层级别。而且目前基于深度学习的图片分类准确率也已经超过人眼。值得注意的是,随着网络模型深度的加深,其所需要的运算资源也在成倍增加,而在电子设计领域计算资源往往相对比较稀缺,因此对于要求网络模型深度很深的应用,建议将其模型部署在云端或服务器中来提高整体的响应速度。

由于在 TensorFlow 中没有可供使用的 inception 模块,因此需要自行创建。从 inception 的结构中看,可以先将卷积层抽象出来,抽象的目的是为了重复利用。

定义一个 ConvBNRelu 类并继承 tf.keras.Model 类,在 __init__() 函数中创建自定义的模型。在 call() 函数里实现模型的正向传递。代码如下所示:

```python
class ConvBNRelu(tf.keras.Model):
    def __init__(self, filters, kernelsz = 3, strides = 1, padding = 'same'):
        '''
        ConvBNRelu 的构造函数
        :param filters: 滤波器个数
        :param kernelsz: 卷积内核尺寸
        :param strides: 滑动步长
        :param padding: 是否使用零填充
        '''
        super(ConvBNRelu, self).__init__()             # 调用父函数方法

        self.model = tf.keras.models.Sequential([
            tf.keras.layers.Conv2D(filters, kernelsz, strides = strides,
                                   padding = padding),   # 卷积
            tf.keras.layers.BatchNormalization(),        # 批量归一化
            tf.keras.layers.ReLU()                       # 激活函数
        ])
    def call(self, x, training = None):
        '''
        信号的前向传递
        :param x: 训练集中的输入
        :param training: 是否可以被训练
        :return:
        '''
        x = self.model(x, training = training)          # 自定义的模型
        return x
```

接着创建 inception 模块的类。由图 12-20 所示的 inception 结构可知,此模块中包含一个最大池化过滤核,尺寸为 3×3;以及 3 种不同尺寸的卷积核,尺寸分别为 1×1、3×3、5×5,它们滑动步长均为 1,因此在 __init__() 函数中事先定义好这些模块,在 call() 函数中进行组装即可,具体代码如下所示。

```python
class InceptionModule(tf.keras.Model):
    def __init__(self, filters, strides = 1):
        '''
```

```
                    Incption 模块的初始化函数
                    :param filters: 滤波器个数
                    :param strides: 滑动步长
                    '''
                    super(InceptionModule, self).__init__()  # 父类方法
                    self.filters = filters
                    self.strides = strides
                    # 构造 1×1 卷积
                    self.conv1_1 = ConvBNRelu(self.filters, kernelsz = 1, strides = strides)
                    # 构造 3×3 卷积
                    self.conv3_3 = ConvBNRelu(self.filters, kernelsz = 3, strides = strides)
                    # 构造 5×5 卷积
                    self.conv5_5 = ConvBNRelu(self.filters, kernelsz = 5, strides = strides)
                    self.pool = tf.keras.layers.MaxPooling2D( pool_size = (3,3), strides = 1,
padding = 'same')                              # 最大池化层,same
def call(self, x, training = None):
                    '''
                    信号的前向传递
                    :param x: 训练集中的输入
                    :param training: 是否可以被训练
                    :return:
                    '''
                    x1 = self.conv1_1(x1, training = training)      # 生成第一个输出
                    x2 = self.conv1_1(x, training = training)
                    x2 = self.conv3_3(x2, training = training)      # 生成第二个输出
                    x3 = self.conv1_1(x, training = training)
                    x3 = self.conv5_5(x3, training = training)      # 生成第三个输出
                    x4 = self.pool(x)
                    x4 = self.conv1_1(x4, training = training)      # 生成第四个输出
                    # 合并所有输出
                    x = tf.concat([x1, x2, x3, x4], axis = 3)       # 融合卷积结果
                    return x
```

创建好此类后,即可创建基于此类更复杂的模型,并应用于训练。例如,MNIST 的识别:

```
'''→ 生成数据 '''
mnist = tf.keras.datasets.mnist
(x_train, y_train), (x_test, y_test) = mnist.load_data()
x_train, x_test = np.expand_dims(x_train, axis = 3),
                  np.expand_dims(x_test, axis = 3)
x_train, x_test = x_train / 255.0, x_test / 255.0
'''→ 构造网络模型 '''
iceptionLayer = InceptionModule(filters = 3)
model = tf.keras.models.Sequential([
    iceptionLayer,
    tf.keras.layers.Flatten(),
    tf.keras.layers.Dense(10, activation = 'softmax')]
)
```

```
model.build(input_shape = (None, 28, 28, 1))
# model.summary()
''' → 定义损失函数与优化器 '''
model.compile(loss = 'sparse_categorical_crossentropy',
              optimizer = tf.keras.optimizers.Adam(),
              metrics = ['accuracy'])
''' → 训练模型 '''
model.fit(x_train,y_train,epochs = 5)

# ''' → 输出结果 '''
# 正确率为 0.9860
```

12.5 循环神经网络

CNN 模型中的卷积层会对当前输入的特征信息进行提取,最后基于此特征信息用于分类。但现实生活中还有很多场景的预测不仅需要当前的输入信息,还需依据系统之前的状态。一些典型的例子是预测关于时间序列的数据,例如,股票的预测、自动驾驶领域中目标的轨迹预测、自动翻译等等,循环神经网络(Recurrent Neuron Net,RNN)非常适合此类场景。在之前介绍的网络模型中只能在固定长度输入的场景中使用,而 RNN 的输入可以为任意长度的序列,因此它适用于更多样化的场景,具有处理各种输入和输出类型的能力,例如,情感分析场景:输入为文字信息并判定文字所表达的是积极的还是消极的情绪,因此输入是任意长度的文字,而输出则为固定的分类。另外,由于 RNN 强大的预测能力,往往也被应用于艺术创造领域,例如,它可根据一段旋律预测接下来的音符,然后依据新的音符再预测下一段音符,周而复始便可完成完整的曲谱。类似地,RNN 还可以完成看图说话、图片标注等。

12.5.1 RNN 中的核心概念

1. 循环神经元
循环神经元(Recurrent Neuron)与普通的神经网络模型不同,当前时刻的输出不仅与当前输入有关,还与前一时刻的输出有关,如图 12-22(a)所示,其简化后的表示形式如图 12-22(b)所示。

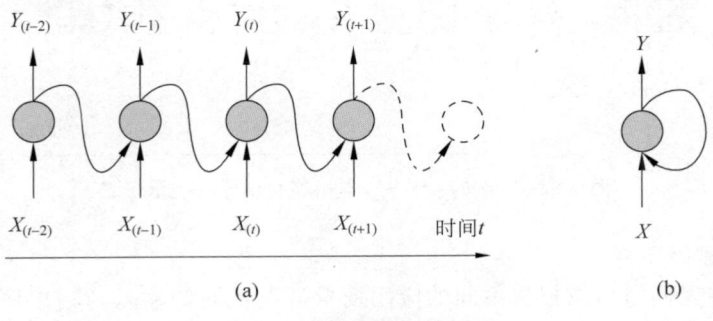

图 12-22 单个循环神经元

因此可非常容易地构建一层循环神经元,如图 12-23 所示。

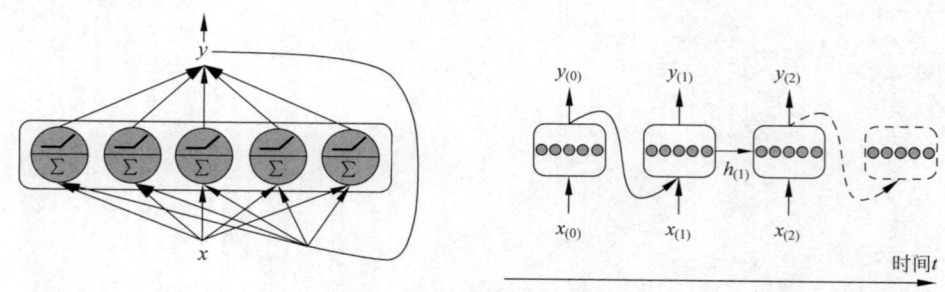

图 12-23 一层循环神经元

每个神经元有两组权重:一组用于与 $x_{(t)}$ 计算,另一组用于与前一时刻的输出 $y_{(t-1)}$ 进行计算,可将这两组权重表述为 $\boldsymbol{W}_x$ 与 $\boldsymbol{W}_y$,因此单个循环神经元的输出可以表示如下:

$$y_{(t)} = \phi(x_{(t)}^{\mathrm{T}} \boldsymbol{W}_x + y_{(t-1)}^{\mathrm{T}} \boldsymbol{W}_y) + \boldsymbol{B} \tag{12-15}$$

另外,在式中,$\phi(\cdot)$ 为激活函数;$\boldsymbol{B}$ 为偏置项。

2. 记忆单元

因为在某个时间步(Time Step)t,神经网络的输出是关于前面所有时间步的输入的函数,也可以认为循环神经网络是具有记忆功能的。经过若干时间步后,网络中可以保留之前状态信息的基础单元称为记忆单元(Memory Cell),简称单元(Cell),因此图 12-22 以及图 12-23 中的神经元都可以称为单元,而且这是最基础的单元,在本章后面会介绍更为复杂的单元。

通常,在时间步 t 处的单元的状态记作 $h_{(t)}$,它是关于当前时间步的输入 $x_{(t)}$ 与之前状态 $h_{(t)}$ 的函数,即

$$h_{(t)} = f(h_{(t-1)}, x_{(t)}) \tag{12-16}$$

则在当前时间步神经元的输出记作 $y_{(t)}$,显然它也与当前时间步的输入 $x_{(t)}$ 及之前的状态 $h_{(t)}$ 有关。在图 12-22 与图 12-23 中,单元的状态 $h_{(t)}$ 与输出 $y_{(t)}$ 是相等的,但是在实际应用中这两个值不一定是相等的,需要根据具体的情况定义相关函数,因此单元可以表示为如图 12-24 所示。

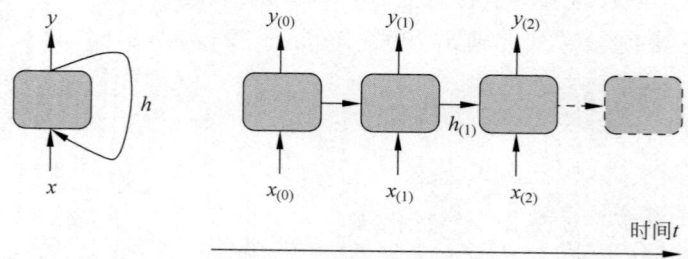

图 12-24 当 $h_{(t)}$ 与 $y_{(t)}$ 不相等时单元的表示形式

3. 输入与输出序列

由于循环神经网络可以根据不同的应用场景调整不同的输入与输出序列。如图 12-25 所示的循环神经网络模型,可以针对一系列的输入产生一系列的输出,例如,根据 N 天内温

度的变化值,预测未来 N 天的温度变化。

训练神经网络也支持一系列输入,并忽略最后一个以外的所有输出,如图 12-26 所示,例如,评价某一段文字所表达的是积极的情绪还是消极的情绪。

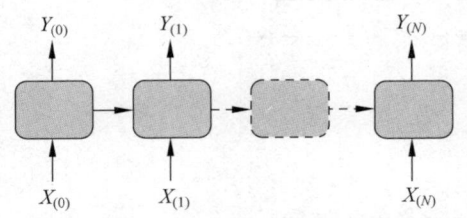

图 12-25　多输入与多输出的循环神经网络模型

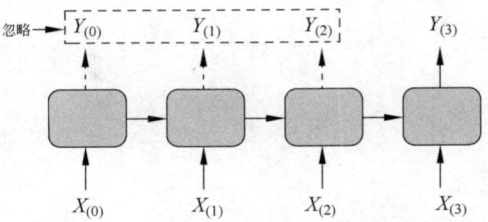

图 12-26　多输入与单输出的循环神经网络模型

同理,循环神经网络也支持单输入多数输出的应用场景,如图 12-27 所示。例如,输入为图片信息,输出该图片的标题。

最后一个常用循环神经网络结果为编码/解码结构,即输入为一个序列的向量网络(编码器),后面跟着输出为一个序列的向量网络(解码器),如图 12-28 所示。例如,此网络可以应用于翻译场景,将句子从一种语言翻译成另一种语言。当输入为一种语言的句子时,编码器会将这个句子转换成某一向量,然后解码器会将这个向量解码成另一种语言的句子。

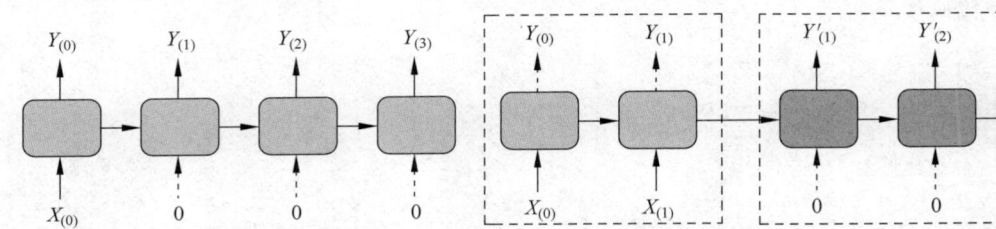

图 12-27　单输入与多输出的循环神经
网络模型

图 12-28　编码/解码循环神经网络

12.5.2　实现基础 RNN 模型

1. 基于 RNN 的分类器

之前章节多次使用了 MNIST 数据集,读者应对数据集已十分熟悉,因此本节构建的 RNN 模型仍然对 MNIST 的手写数字进行分类。由于 MNSIT 图片尺寸为 28×28,因此可以将此图片看成 28 个 28 像素的序列,序列数据输入给包含 64 个循环神经元的单元,且此单元包含 24 个输入神经元以及 10 个输出神经元。接着对单元的输出进行批量正则化,最后连接一个全连接层用于分类,此全连接层包含 10 个神经元且激活函数使用 softmax,得到的最终模型如图 12-29 所示。

在 TensorFlow 中可以使用 tf. keras. layers. SimpleRNN()函数构建一个全连接的循环网络层,传递比较重要的参数,具体如下:

(1) units——值为正整数,确定输出空间的维度。

(2) activation——激活函数,默认为 tanh 激活函数。

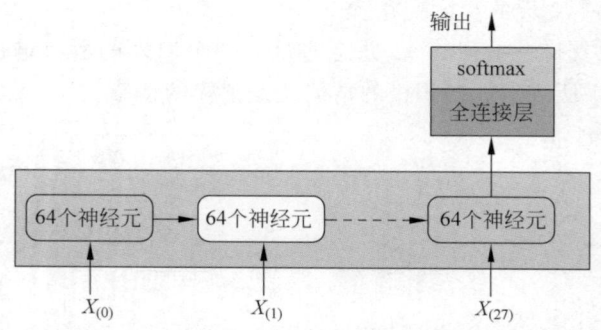

图 12-29 使用 RNN 识别手写数字网络模型结构

（3）dropout——为 0～1 的浮点数，指定单元的丢弃比例，用于输入的线性转换。

（4）recurrent_dropout——为 0～1 的浮点数，指定单元的丢弃比例，用于循环层状态的线性转换。

（5）return_sequences——布尔值，是返回输出序列中的最后一个输出（False），还是全部序列（True），默认为 False。

（6）input_shape——一个二维元组，第一个数代表训练的时间步，第二个数代表单元的输入维度。

完整代码如下所示。

```python
import tensorflow as tf
import matplotlib.pyplot as plt


''' ➤ 加载数据集 '''
mnist = tf.keras.datasets.mnist
(x_train, y_train), (x_test, y_test) = mnist.load_data()
x_train, x_test = x_train / 255.0, x_test / 255.0


''' ➤ 构建 RNN 模型 '''
simple_RNN_layer = tf.keras.layers.SimpleRNN(
                     units = 64,                             # 64 神经元
                     input_shape = (28, 28))

model = tf.keras.models.Sequential([
    simple_RNN_layer,                                       # 循环神经网络层
    tf.keras.layers.BatchNormalization(),                  # 批量正则化
    tf.keras.layers.Dense(10, activation = 'softmax')])    # 全连接层
)


''' ➤ 定义损失函数与优化器 '''
model.compile(loss = 'sparse_categorical_crossentropy',
              optimizer = tf.keras.optimizers.Adam(),
              metrics = ['accuracy'])


''' ➤ 训练模型 '''
```

```
history = model.fit(x_train, y_train,
          validation_data = (x_test, y_test),
          batch_size = 64, # 最小批量为 64
          epochs = 5)
```

运行结果如图 12-30 所示，可以看出最终正确率在 96%左右。

```
pi@raspberrypi:~/Public $ python3 13_RNN.py
Epoch 1/5
938/938 [==============================] - 63s 67ms/step - loss: 0.5104 - accuracy
: 0.8443 - val_loss: 0.2567 - val_accuracy: 0.9212
Epoch 2/5
938/938 [==============================] - 45s 48ms/step - loss: 0.2325 - accuracy
: 0.9311 - val_loss: 0.1898 - val_accuracy: 0.9434
Epoch 3/5
938/938 [==============================] - 36s 39ms/step - loss: 0.1857 - accuracy
: 0.9448 - val_loss: 0.1821 - val_accuracy: 0.9438
Epoch 4/5
938/938 [==============================] - 37s 39ms/step - loss: 0.1641 - accuracy
: 0.9517 - val_loss: 0.1454 - val_accuracy: 0.9549
Epoch 5/5
938/938 [==============================] - 37s 40ms/step - loss: 0.1488 - accuracy
: 0.9563 - val_loss: 0.1281 - val_accuracy: 0.9610
pi@raspberrypi:~/Public $
```

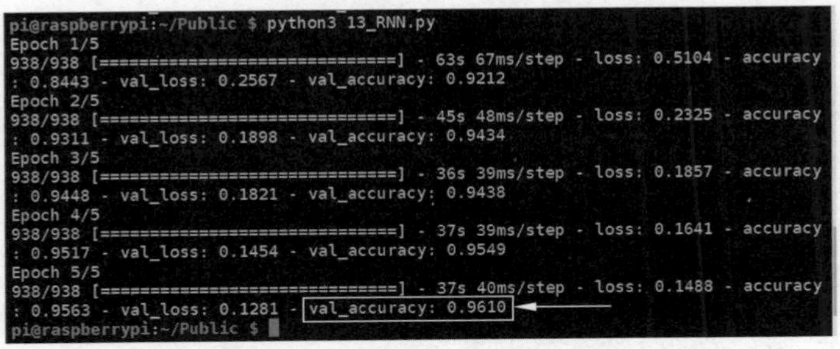

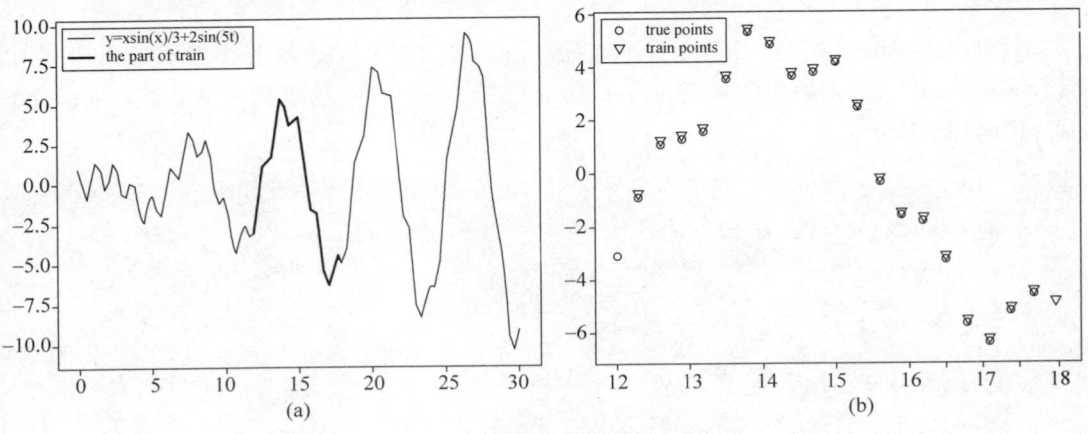

图 12-30 运行结果

在 TensorFlow 中除了使用 SimpleRNN()函数创建循环层外，还可以通过 RNN()函数来创建，并在 RNN()函数中需要传递对应的单元，例如 SimpleRNNCell()，代码如下所示。

```
simple_RNN_layer = tf.keras.layers.RNN(
        # units:单元内具有的神经元个数
        tf.keras.layers.SimpleRNNCell() (units),
          # timesteps:训练的时间步,input_dim:单元的输入维度
        input_shape = (timesteps, input_dim)
        )
```

2. 基于时间序列的预测

循环神经网络具有记忆功能，因此非常适合处理时序数据，例如，环境的预测、轨迹的预测、脑电波的匹配等等。因此本节模拟生成一个时序数据的序列，并训练一个 RNN 模型来预测下一时刻的输出值。预测的曲线公式为 $y = x\sin(x)/3 + 2\sin(5t)$，曲线如图 12-31(a)

图 12-31 生成的时序数据以及对应的训练数据

所示,这里从生成的时间序列中随机取 20 个点作为序列输入。需要注意的是,因为需要使用 RNN 来对时间序列进行预测,因此训练数据集中的 y 值应为实际输出的下一个序列值,如图 12-31(b)所示。

首先,先用 numpy 生成所需要的数据,代码如下所示:

```
import tensorflow as tf
import numpy as np
import matplotlib.pyplot as plt

''' → 生成时序数据 '''
x = np.linspace(0, 30, 101)[:, np.newaxis]
y = x * np.sin(x)/3 + np.cos(5 * x)
```

接下来构建 RNN 模型,其中单元包含 1 个输入神经元、100 个循环神经元以及 1 个输出神经元,训练的时间步为 20,单元输出紧接一个神经元输出预测值。即可得到如下配置变量,并可根据变量来划分训练与测试数据。代码如下所示:

```
n_steps = 20            # 时间步
n_inputs = 1            # 单元输入
n_neurons = 100         # 单元中全连接层的隐层神经元个数
n_outputs = 1           # 单元输出

X_Instance = x[0:-1].reshape(-1,n_steps,n_inputs)[2:3,:,:]    # 训练集 X
Y_Instance = y[0:-1].reshape(-1,n_steps)[2:3,:]              # 实际值,Y 不平移

X_Train = x[:-1].reshape(-1,n_steps,n_inputs)               # 训练集 X
Y_Train = y[1:].reshape(-1,n_steps)                         # 训练集 Y,Y 值需要平移

X_Test = x[1:].reshape(-1,n_steps,n_inputs)[2:3,:,:]         # 测试 X,取第三个序列
Y_Test = y[1:].reshape(-1,n_steps)[2:3,:]                   # 测试 Y,Y 值需要平移

np.delete(X_Train, 3)                                       # 在训练集中删除测试集
np.delete(Y_Train,3)
```

对应网络模型如图 12-32 所示,与 MNIST 手写分类不同,RNN 模型需要输出序列值,因此 SimpleRNN()函数中需要传递 return_sequences = True,说明 RNN 需要返回序列值。代码如下所示:

```
''' → 构建 RNN 模型 '''
simple_RNN_layer = tf.keras.layers.SimpleRNN(units = n_neurons,
                    return_sequences = True,          # 返回序列值
                    input_shape = (n_steps, n_inputs)) # 时间步为 20,输入为 1

model = tf.keras.models.Sequential([
    simple_RNN_layer,
    tf.keras.layers.Dense(n_outputs, activation = None)]
    )
```

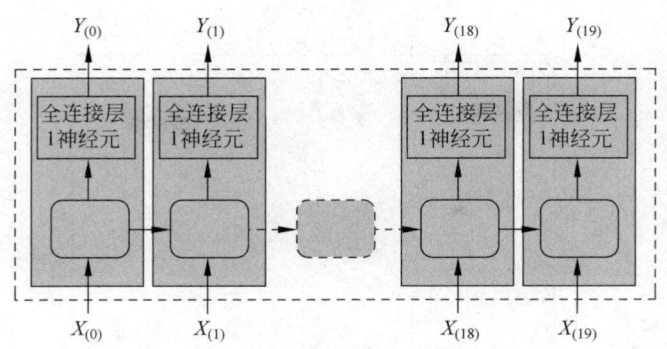

图 12-32　RNN 作为预测的模型结构

最后定义损失函数、优化器,并进行训练,代码如下所示:

```
''' → 定义损失函数与优化器 '''
model.compile(loss = tf.losses.mean_squared_error,
              optimizer = tf.keras.optimizers.Adam())

''' → 训练模型 '''
for i in range(200):
    model.fit(X_Train, Y_Train, batch_size = 8, epochs = 5)
    predict = model.predict(X_Test)
```

这里将实际序列的输入输出、预测集的输入输出以及预测的输入输出显示,图 12-33 展示了 RNN 的训练过程。可以看出,RNN 网络不仅能很好地拟合此曲线,而且能预测下一时间步的输出。

同样,也可以不断加深循环神经网络来提高模型的复杂程度,如图 12-34 所示为一个典型的深度循环神经网络的模型。

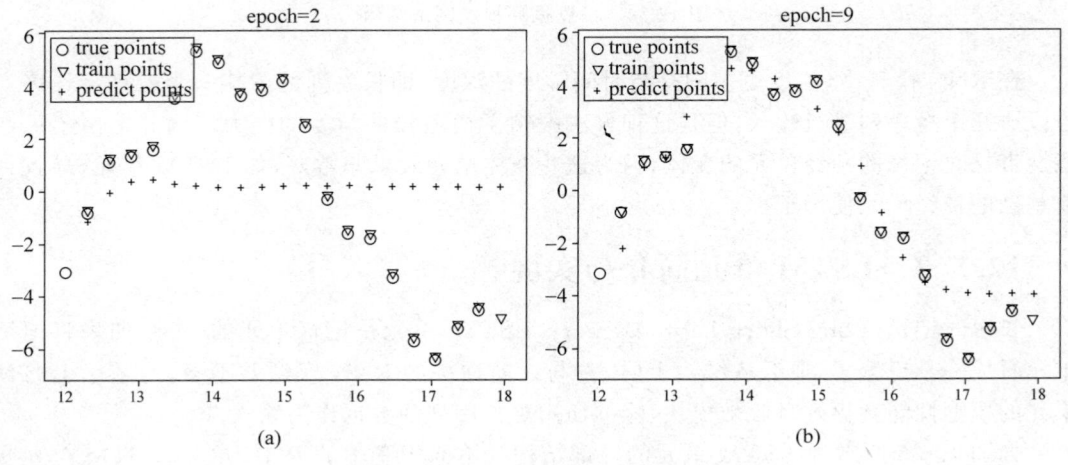

图 12-33　RNN 预测结果过程

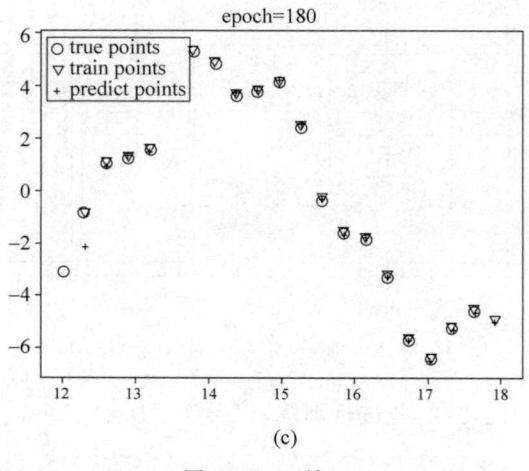

(c)

图 12-33 （续）

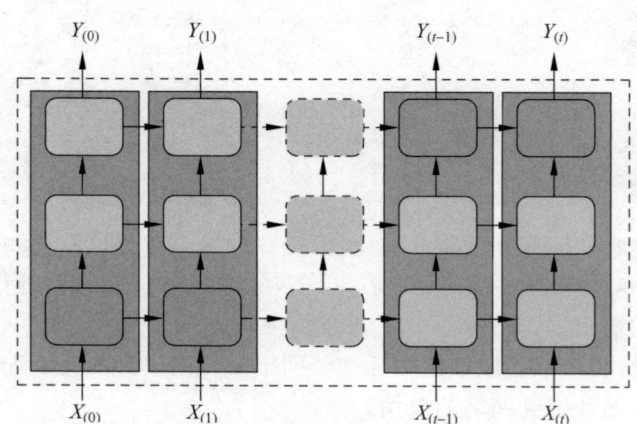

图 12-34　深度循环神经网络结构

　　在 RNN 模型中，深度更多的是指时间维度的深度，即长序列的 RNN，当然可将长序列分段成几个短序列进行输入，但是这种方法限制了模型长期学习的能力。因此提出了一些能携带长时记忆的神经单元的变体，因为这些变体单元效果非常好，如 LSTM 单元，导致目前基础的神经单元使用很少。

12.5.3　LSTM 单元简介与实现

　　长短时记忆（Long Short-Term Memory，LSTM）单元是记忆单元的一种，如果将记忆单元看成一个黑盒子，那么从结构上看，它与之前训练的 RNN 模型差不多，但基于 LSTM 单元的模型性能会更好且收敛更快，能够使用更长序列的数据作为输入。

　　如图 12-35 所示为 LSTM 单元的内部结构。不同于基本的 RNN 单元，LSTM 单元状态有两个：$h_{(t)}$ 与 $c_{(t)}$，可以将 $h_{(t)}$ 理解为短时状态，$c_{(t)}$ 为长时状态。同时为了使循环神经网络更有效的保存长期记忆，在 LSTM 中增加了 3 个门，分别为输入门（Input Gate）、遗忘门（Forget Gate）和输出门（Output Gate）。其中最核心的是输入门与遗忘门，其中遗忘门的作用是让循环神经网络"忘记"之前没用的信号,因此保存下载的都是长期有用的信号,而输入门则用于提取当前输入的有用信息。

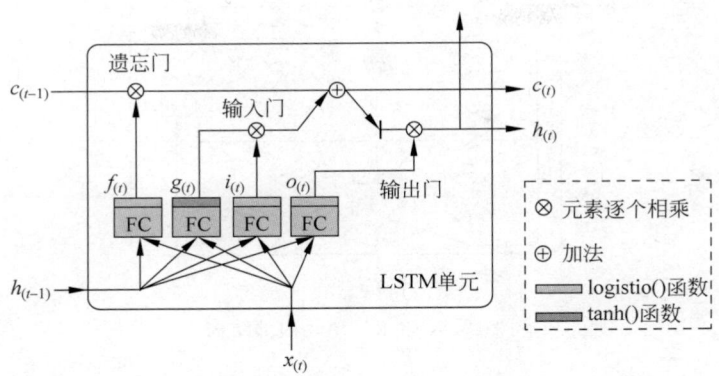

图 12-35　LSTM 单元内部结构

在长期状态 $c_{(t-1)}$ 在网络中从左向右传播的过程中,会经过遗忘门,此时会让此单元"忘记"之前一些没用的信息,之后再通过加法操作加上从输入门中选择的一些信息,这就形成了输出 $c_{(t)}$。另外,在 LSTM 单元内通过 tanh 激活函数将长时状态 $c_{(t)}$ 变成短时状态 $h_{(t)}$,并且此短时状态也为该单元的输出 $y_{(t)}$。

在 LSTM 单元内还存在 4 个全连接层,其输入都为前一时间步的短时状态 $h_{(t-1)}$ 以及当前时间步的输入 $x_{(t)}$。其中全连接层 $g_{(t)}$ 的任务是解析并提取 $h_{(t-1)}$ 和 $x_{(t)}$ 的信息,这与基本的 RNN 单元的功能相同,并且也默认采用 tanh 激活函数。剩下的 3 个全连接层 $f_{(t)}$、$i_{(t)}$、$o_{(t)}$ 称为门控制器,分别控制遗忘门、输入门和输出门,其激活函数采用 logistic 函数,当激活函数输出 0 时门关闭,输出 1 时门开启。

简要来说,LSTM 单元能够知道读取什么、忘记什么以及存储什么,这是为什么 LSTM 单元特别适用于长时序列、长文本、录音等场景的原因。

在 TensorFlow 中使用 LSTM 单元构建和使用方法与 SimpleRNN 非常类似。代码如下:

```
''' ➡ 方法一 '''
lstm_layer = tf.keras.layers.LSTM(units, input_shape = (None, input_dim))


''' ➡ 方法二 '''
lstm_layer = tf.keras.layers.RNN(
        tf.keras.layers.LSTMCell(units),
        input_shape = (None, input_dim))
```

12.5.4　GRU 简介与实现

门控循环单元(Gated Recurrent Unit,GRU)是 LSTM 单元的简化版本,其内部结构如图 12-36 所示。

GRU 对 LSTM 进行了简化,具体如下:

(1) 将长时状态与短时状态合并为 $h_{(t)}$。

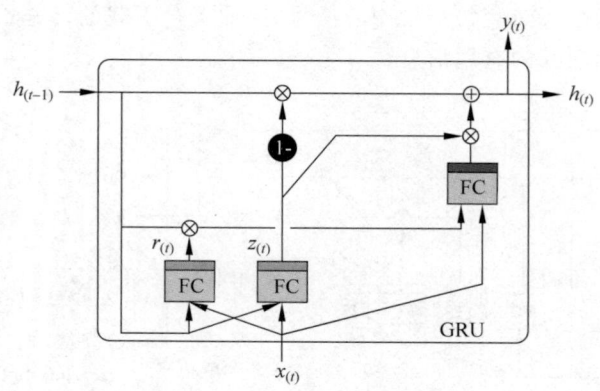

图 12-36　GRU 单元内部结构

（2）使用同一的控制门 $z_{(t)}$ 来控制输入门与遗忘门，即如果门控制输出为 1，那么输入门打开，遗忘门关闭；反之亦然。可以理解为，如果有新的记忆需要记录，那么相对应位置的旧的记忆则需要擦除。

（3）取消了输出门，单元的全部状态就是该时刻的单元输出。与此同时，增加了一个控制门（由 $r_{(t)}$ 控制）来决定前一时间步的状态 $h_{(t-1)}$ 是否在该时间步内呈现。

虽然 GRU 简化了 LSTM 单元，但是其表现性能却相差无几，因此应用也十分广泛。

在 TensorFlow 中使用 GRU 也十分简单，代码如下所示。

```
''' → 方法一 '''
gru_layer = tf.keras.layers.GRU(units, input_shape = (None, input_dim))

''' → 方法二 '''
gru_layer = tf.keras.layers.RNN(
        tf.keras.layers.GRUCell(units),
        input_shape = (None, input_dim))
```

参 考 文 献

[1] 童诗白,华成英.模拟电子技术基础[M].4版.北京:高等教育出版社,2006.

[2] 邱关源,罗先觉.电路[M].5版.北京:高等教育出版社,2006.

[3] 周文良.电子电路设计与实践[M].北京:国防工业出版社,2011.

[4] Bruce,Carter,Ron Mancini. *Op Amps for Everyone*[M]. 3rd ed. USA:Elsevier Ltd.,2010.

[5] Sanjaya Maniktala. *Switching Power Supplies A-Z*[M]. 2nd ed. USA:Elsevier Ltd.,2012.

[6] Aurélien Géron. *Hands-On Machine Learning with Scikit-Learn and TensorFlow*[M]. USA:O'Reilly Media,Inc.,2017.

[7] Trevor Martin. *The Designer's Guide to the Cortex-M Processor Family*[M],2nd ed. USA:Elsevier Ltd,2013.

[8] 黄克亚.ARM Cortex-M3 嵌入式原理及应用——基于 STM32F103 微控制器[M].北京:清华大学出版社,2020.

[9] 陈吕洲.Arduino 程序设计基础[M].2版.北京:北京航空航天大学出版社,2015.

[10] 王凤英,程振,赵金玲.计算机网络[M].北京:清华大学出版社,2010.

[11] 百度.物联网核心套件 IoT Core[OL]. https://cloud.baidu.com/doc/IoTCore/index.html.

[12] Richard Blum,Christine Bresnahan. Python Programming for Raspberry Pi[M]. USA:Sams Publishing,2014.

[13] Simon Monk. Programming Arduino:Getting Started with Sketches. USA:McGraw-Hill Companies,Inc.,2012.

[14] Arm. CMSIS-RTOS Documentation[OL]. arm-software.github.io/CMSIS_5/RTOS/html/index.html.

[15] Arm. CMSIS-Driver Documentation[OL]. arm-software.github.io/CMSIS_5/Driver/html/index.html.

图书资源支持

感谢您一直以来对清华大学出版社图书的支持和爱护。为了配合本书的使用，本书提供配套的资源，有需求的读者请扫描下方的"书圈"微信公众号二维码，在图书专区下载，也可以拨打电话或发送电子邮件咨询。

如果您在使用本书的过程中遇到了什么问题，或者有相关图书出版计划，也请您发邮件告诉我们，以便我们更好地为您服务。

我们的联系方式：

教学资源·教学样书·新书信息

地　　址：北京市海淀区双清路学研大厦 A 座 714

邮　　编：100084

电　　话：010-83470236　010-83470237

资源下载：http://www.tup.com.cn

客服邮箱：tupjsj@vip.163.com

QQ：2301891038（请写明您的单位和姓名）

人工智能科学与技术
人工智能|电子通信|自动控制

资料下载·样书申请

书圈

用微信扫一扫右边的二维码，即可关注清华大学出版社公众号。